第 2 章

2.1 户外音乐摇椅产品建模

01 主体部分建模
02 音乐播放器部分建模
03 拉手部分建模
04 中间凳子部分建模

2.2 锯子产品建模

01 主体和把手部分建模
02 把手细节部分建模

第 3 章

3.1 家用普及型机器人产品建模

02 背部和头部制作

01 主体建模

3.2 电热水壶产品建模

02 壶身及把手部分连接制作

01 主体画线操作

第 4 章

4.1 吸尘器产品建模

01 基本主体建模

02 把手和轮子部分建模

03 倒角操作

4.2 Logear无线会议专用鼠标建模

01 空间曲线制作

02 鼠标主体和轨迹球的制作

03 面衔接与上下按钮的处理

第 5 章

5.1 电钻产品建模

01 基本主体建模
02 其他部分建模

5.2 电动剃须刀产品建模

01 主体部分建模
02 刀口部分处理
03 底座建模

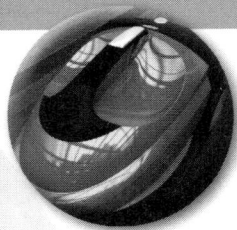

造型设计完美风暴

Rhino 4.0

完全实例教程

叶德辉 刘伟元 / 编著

科学出版社

内容简介

本书立足于工业设计，主要讲述了利用 Rhino 软件来进行三维建模的方法。书中大部分篇幅都采用实例的方式来讲解如何利用 Rhino 对各种不同的产品进行建模，比如家电产品、家具和各种小产品。通过这些精选的例子，给读者展示出不同的建模思路和方法，后面部分主要讲述如何把用 Rhino 建出来的模型渲染出真实的产品效果。

全书内容安排由浅入深，从基础到高级，讲述了计算机辅助三维建模的相关知识。第1章是Rhino软件与计算机辅助工业设计，讲述了基本的计算机辅助工业设计的发展情况以及Rhino 4.0软件的基础操作知识。第2～5章为分叉形曲面产品建模、圆柱形主体曲面产品建模、凹陷曲面产品建模、表面多凹凸细节产品建模，利用几个典型的产品例子，如户外音乐摇椅、锯子、家用普及型机器人、电热水壶、吸尘器、Logear无线会议专用鼠标、电钻、电动剃须刀等产品，详尽剖析Rhino的基本建模思路和建模方法。第6～7章讲述应用Cinema 4D和VFR（Vary For Rhino）渲染软件或插件进行三维模型的渲染工作。

本书配套两张 DVD 多媒体教学光盘，包含了书中所有实例的模型文件和素材文件，同时还提供了长达 16 小时作者亲自录制讲解的多媒体教学视频课程。另外，光盘中附赠了常用的拖点插件和鼠标中键文件，对读者的学习有极大的帮助。同时赠送了姊妹版畅销书《造型设计完美风暴——Rhino 4.0 完全学习手册》中近 3 小时的视频教程，使读者以一本书的价格获得两本书的知识含量，真正物超所值。

书中选择的例子都非常具有代表性，涵盖了多个领域，读者可以举一反三，用同样的方法对相关产品进行建模操作。当然，书中同时将很多 Rhino 的技巧单独进行了讲解，这些不仅仅能用于工业设计的产品建模，也可以用于包装设计以及环境艺术设计等多个领域的实际三维模型的建模工作。本书特别适合于各大院校的工业设计专业的学生使用，也适合于设计公司和企业从事产品设计的设计师参考，同时也是广大 Rhino 自学爱好者的理想学习用书。

图书在版编目（CIP）数据

造型设计完美风暴：Rhino 4.0 完全实例教程/叶德辉，刘伟元编著.—北京：科学出版社，2010.9
ISBN 978-7-03-028798-4

I. ①造… II. ①叶… ②刘… III. ①工业设计：计算机辅助设计—应用软件，Rhino 4.0—教材 IV. ①TB47-39

中国版本图书馆 CIP 数据核字（2010）第 166894 号

责任编辑：魏　胜　徐晓娟 / 责任校对：高宝云
责任印刷：新世纪书局　　 / 封面设计：彭琳君

科 学 出 版 社 出版

北京东黄城根北街 16 号
邮政编码：100717
http://www.sciencep.com

中国科学出版集团新世纪书局策划
北京市鑫山源印刷有限公司
中国科学出版集团新世纪书局发行　　各地新华书店经销

*

2010 年 11 月 第 一 版　　　　开本：16 开
2016 年 7 月 2 次印刷　　　　　印张：25
印数：1—4 000　　　　　　　　字数：608 000

定价：56.00 元（含 2DVD 价格）
（如有印装质量问题，我社负责调换）

Preface 前　言

　　对于工业设计而言，三维设计表现占据着非常重要的位置，能否快速地把自己的创意用实际的三维模型的方式表现出来，是考察工业设计师能力的一个重要标志，所以拥有良好的空间想象能力和具备良好的三维建模能力是非常必要的。

　　通过计算机辅助三维设计表现的方式来展开设计，不仅可以锻炼自己对整体空间的想象力和对结构的理解力，也可以促进自己对产品细节的把握，是视觉思维能力、想象创造能力和表达能力三者的综合。

　　Rhino是美国Robert McNeel & Associates公司推出的三维建模软件。基于个人计算机上强大的专业三维造型软件，它可以广泛地应用于三维动画制作、工业制造、科学研究以及机械设计等领域。同时，该软件简单易学，功能强大，深受国内外广大设计人员的喜爱。

内容导读

　　本书立足于工业设计，主要讲述利用Rhino 4.0软件来进行实际产品建模的操作思路和方法，用Step by Step的方式，让读者能够从不同难度和种类的产品建模方法上体会到利用Rhino进行三维建模的乐趣，同时借助Rhino自身的渲染插件和Cinema 4D软件进行渲染操作。笔者使用Rhino软件多年，加上几年在企业利用Rhino进行实际产品设计的经历，积累了丰富的使用经验，以及很多Rhino软件的使用技巧和方法，书中对其进行了详细的讲解。

　　本书的内容安排如下。

　　第1章　主要讲解计算机辅助工业设计的发展概况，以及Rhino软件在计算机辅助工业设计中的应用，同时讲解了Rhino软件的一些基本用法，为读者学习本书后面的内容打下基础。

　　第2章　主要讲解Rhino建模中常见的分叉形曲面产品，包含把手融合曲面和特殊的Y形曲面产品的建模方法和技巧，同时结合一款Y形户外音乐摇椅和一款电锯产品，讲解具体的分叉形曲面产品的建模方法和思路。

　　第3章　介绍以圆柱形为主体曲面的产品创建和处理方法，同时结合典型的普及型机器人和电热水壶两种看起来不同而实质上都是圆柱形主体的产品，围绕圆柱形主体介绍创建细节建模的方法和技巧。

　　第4章　介绍在Rhino建模中典型的凹陷面的构建和匹配方法，同时结合典型的吸尘器和会议用鼠标等不同产品，进行大弧面的构建、匹配和处理，给这种典型的建模方式提供具体可以借鉴的建模思路和方法。

　　第5章　讲解在Rhino建模中处理表面凹凸的方法和技巧，同时结合典型的电动工具和剃须刀产品进行细节建模，主要给读者讲授类似细节丰富的产品的详细建模思路和方法。

　　第6章　主要介绍如何利用Cinema 4D进行渲染的基本知识，讲解利用该软件进行渲染的基本方法和技巧，同时结合两款典型的不同产品进行实际渲染操作。

　　第7章　主要介绍渲染插件V-ray for Rhino的基本参数、基本使用方法和思路，同时结合两款书中介绍的典型产品进行渲染操作和实例讲解。

本书特色

(1) 笔者将多年的产品设计建模经验和教学经验，以及相当的软件使用经验和技巧，在书中尽数奉献。

(2) 以 Rhino 4.0 为基础，讲解其功能和用法，提高使用效率。

(3) 本书从初级到高级，采用循序渐进的方式，一步一步带领读者从熟悉 Rhino 4.0 软件到能够应用软件来建模，适合于不同层次的读者使用。

(4) 突出实例教学，读者可以举一反三，融会贯通。

(5) 介绍了快捷而方便的渲染软件和相应的渲染方法，使读者可以快速渲染出想要的真实效果。

(6) 2DVD 大型多媒体教学系统，提供长达 16 小时全部实例视频教学课程，并超值附赠近 3 小时视频教学课程，使读者真正感觉到物超所值。

光盘介绍

本书配套两张DVD多媒体教学光盘，包含了书中所有实例的模型文件和素材文件，同时还提供了长达16小时作者亲自录制讲解的多媒体教学视频课程。另外，光盘中附赠了常用的拖点插件和鼠标中键文件，对读者的学习有极大的帮助。同时赠送了姊妹版畅销书《造型设计完美风暴——Rhino 4.0完全学习手册》中近3小时的视频教程，使读者以一本书的价格获得两本书的知识含量，真正物超所值。

学习建议

(1) 使用本书，推荐系统配置为 CPU P4 1.6GHz 以上，内存 512MB 以上，操作系统为 Windows 2000 SP4 以上版本。

(2) 由于本书基本都是实例讲解，对于基础部分的讲解，请参照 Rhino 帮助文件或者其他教程进行学习，同时利用实例操作，反复训练，举一反三，以领会不同的建模思路对应的不同建模方法。

读者对象

本书特别适合于各大院校的工业设计专业的学生使用，也适合于设计公司和企业从事产品设计的设计师参考。当然，平面设计、环境艺术设计等相关专业的学生也可以从中得到收获，对计算机辅助设计的工作人员也有极大的参考价值。

希望本书能够给您的学习带来一定的帮助。本书得到了我的朋友和学生的帮助，在此表示感谢。

书中如有疏漏和不完善之处，敬请读者批评指正。如果您对本书有任何意见或建议，欢迎与本书策划编辑联系（ws.david@163.com）。

作　者
于桂林电子科技大学艺术与设计学院

配套2DVD多媒体教学光盘使用说明

如果您的计算机不能正常播放视频教学文件，请先单击"视频播放插件安装"按钮❶，安装播放视频所需的解码驱动程序。

多媒体光盘主界面

1 单击可安装视频所需的解码驱动程序
2 单击可进入本书实例多媒体视频教学界面
3 单击可打开书中实例的最终模型文件和素材文件
4 单击可打开赠送的Rhino拖点插件和鼠标中键文件
5 单击可进入附赠视频的多媒体视频教学界面
6 单击可浏览光盘文件
7 单击可查看光盘使用说明

视频播放界面

1 单击可打开相应视频
2 单击可播放/暂停播放视频
3 拖动滑块可调整播放进度
4 单击可关闭/打开声音
5 拖动滑块可调整声音大小
6 单击可查看当前视频文件的光盘路径和文件名
7 双击播放画面可以进行全屏播放，再次双击便可退出全屏播放

[光盘文件说明]

此文件夹包含本书视频教程文件

此文件夹包含附赠视频文件

此文件夹包含播放视频教程所需的插件

视频教程　　实例文件　　附赠视频　　插件　　视频插件

此文件夹包含书中实例的最终模型文件和素材文件

此文件夹包含赠送的Rhino拖点插件和鼠标中键文件

9

Rhino鼠标中键的设置方法

❶打开Rhino文件，单击如下图所示的工具栏列表选项。

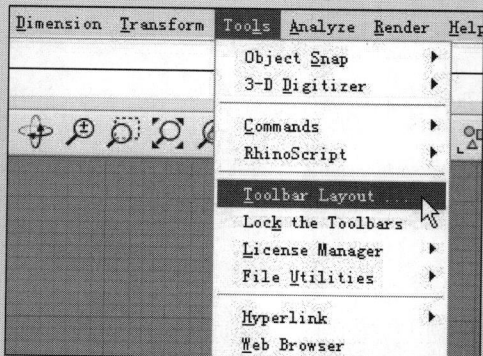

Dimension | Transform | Tools | Analyze | Render | Help

Object Snap
3-D Digitizer

Commands
RhinoScript

Toolbar Layout ...
Lock the Toolbars
License Manager
File Utilities

Hyperlink
Web Browser

❷在弹出的工具面板中单击File（文件）| Open（打开）菜单命令，如下图所示。

Toolbars

File Toolbar Help

New...   Ctrl+N
Open...   Ctrl+O
Close
Close All

Save   Ctrl+S
Save As...
Save All

Properties

Exit

\default.tb

❸在光盘上找到提供的鼠标中键文件Mouse.tb（DVD01\插件），如下图所示。

Open Toolbar Collection

查找范围(I): 插件

MOuse.tb
类型：TB 文件
修改日期：2010-07-29 22:22
大小：40.2 KB

我最近的文档
桌面
我的文档
我的电脑
网上邻居

文件名(N): MOuse
文件类型(T): Rhino 3 or 4 Workspace (*.tb)

打开(O)
取消

❹打开后，得到如下图所示的一个快捷组合，其中上面的MOuse表示这个快捷组合的名称，下面就是这个快捷组合的几个不同的快捷组，最常用的就是Popup面板。

Toolbars

File Toolbar Help

Toolbar collection files:

default
MOuse

E:\1work0771\book\修改稿2010.6\

Toolbars:

☐ ben1
☐ Move
☑ Popup

❺关闭这个面板，在菜单栏上继续单击如下图所示的菜单命令。

Dimension | Transform | Tools | Analyze | Render | Help

Object Snap
3-D Digitizer

Commands
RhinoScript

Toolbar Layout ...
Lock the Toolbars
License Manager
File Utilities

Hyperlink
Web Browser

Calculator ...
RPN Calculator ...
Attach GHS Data ...

Export Options...
Import Options...
Options...

❻单击后弹出如下图所示的对话框，单击左侧的Mouse（鼠标）选项。

Rhino Options

Document Properties
  Rhino Render
  Mesh
  Units
  Page Units
  Dimensions
  Grid
  Notes
  Summary
  Linetypes
  Web Browser
Rhino Options
  View
  Aliases
  Appearance
  Files
  General
  Mouse
  Keyboard
  Plug-ins
  Modeling Aids
  Context Menu
  Selection Menu
  RhinoScript
  Render Options
  RhinoMail
  Alerter

Mouse group select
  Method: Combo

Middle mouse button
  ○ Popup menu
  ● Popup this Toolbar   MOuse Popup
  ○ Run this Macro

Click and drag
  ☐ Drag selected objects only
  Control point drag threshold 8 pixels
  Object drag threshold   8 pixels

Right mouse button
  ☐ Delayed context menus
  Context menu delay 250 milliseconds

OK Cancel Help

❼单击Mouse（鼠标）选项后，右边出现鼠标设置选项，在Middle mouse button（鼠标中键设置）选项组中，可以通过Popup this Toolbar下拉菜单找到前面设置好的鼠标中键选项，如MOuse Popup选项，如右图所示。

❽得到如下图所示的鼠标中键显示（注意，Popup就是一般的鼠标中键设置）。

❾这样就设置好了，关闭该对话框，回到Rhino 4.0中，在空白处单击鼠标中键，就会弹出如下图所示的中键快捷面板。

第 5 章
表面多凹凸细节产品建模 280

Rhino 软件与计算机辅助工业设计

本章重点

➢ 讲解计算机辅助工业设计的概况

➢ Rhino软件在计算机辅助工业设计中的应用

➢ 讲解Rhino软件的一些基本用法

学习目的

通过本章的讲解，让读者了解整个计算机辅助工业设计的发展情况，同时讲解作为一款专业的计算机辅助工业设计软件，Rhino在具体设计中的应用情况，并结合软件讲解一些常用工具的用法。对于Rhino软件的初学者来说，可以快速入门。

1.1 计算机辅助工业设计的发展情况

工业设计领域的研究逐渐受到了国内外学者的关注。特别是近几年来，随着计算机软、硬件技术的日新月异，计算机图形学、计算机辅助设计、多媒体、虚拟现实等技术的发展和 CAD/CAM 应用的逐步深入，现代工业设计理论与方法的研究有了长足的进步，计算机辅助工业设计 (Computer Aided Industrial Design，CAID) 技术已成为 CAD/CAM、先进制造与自动化技术领域的研究热点。

1.1.1 计算机辅助工业设计内涵

计算机辅助工业设计——CAID，即在计算机及其相应的计算机辅助工业设计系统的支持下，进行工业设计领域的各类创造性活动。它是以计算机技术为支柱的信息时代环境下的产物。与传统的工业设计相比，CAID 在设计方法、设计过程、设计质量和效率等各方面都发生了质的变化。

计算机辅助工业设计技术是计算机辅助工业设计系统的内部支撑技术。由于工业设计是一门综合性的交叉性学科，涉及诸多学科领域，因而计算机辅助工业设计技术也涉及 CAD 技术、人工智能技术、多媒体技术、虚拟现实技术、优化技术、模糊技术、人机工程学等信息技术领域。从广义上说，CAID 是 CAD 的一个分支，许多 CAD 领域的方法和技术都可加以借鉴和引用。

1.1.2 计算机辅助工业设计技术发展状况

当前，国内外 CAID 的研究主要集中在计算机辅助造型技术、CAID 中的人机交互技术、智能技术以及新兴技术的应用研究等方面。计算机辅助造型技术经过二十多年的探索，已发展到特征造型和参数化、变量化设计阶段，为实体模型向产品模型的转化铺平了道路。同时，CIMS、并行工程、虚拟制造等设计制造模式的发展，使得产品模型必须实现全生命周期中的信息共享、各种模型数据的转换和网络传输等问题。这些都对计算机辅助造型技术提出了更高的要求。

在 CAID 技术领域，计算机辅助造型技术的研究主要体现在造型的自由曲面设计和草图设计等方面。

1. 自由曲面设计

产品外形自由曲面设计的研究是CAID的一个重要内容。采用曲面特征设计 (Surface Feature Design) 是自由曲面设计的一个重要发展。曲面特征设计包括了3部分，即基本表面、移动特征和串通图形。

2. 草图设计

草图设计技术是随着实体造型技术的发展，为满足工业设计师传统的手绘习惯而发展起来的造型技术。它是用来弥补传统 CAD 系统与工业设计之间鸿沟的有效手段。该技术的重点在于两个方面：一是设计过程中的人机交互技术，即设计系统如何有效地模拟设计手绘；二是草图重建技术。当前，国内外已建立了一些基于草图的 CAD 系统。

1.2 Rhino 软件及应用

1.2.1 Rhino 软件概述

　　Rhino（图 1-1）是美国 Robert McNeel & Associates 公司开发的基于个人电脑上强大的专业三维造型软件，它可以广泛地应用于三维动画制作、工业制造、科学研究以及机械设计等领域。其设计团队是原 ALIAS Design Studio 设计程序师，自推出以来，经过最严谨的网上测试。它能轻易整合 3ds Max 与 Softimage 的模型功能部分，对要求精细、弹性与复杂的 3D NURBS 模型，有点石成金的效能。能输出 OBJ、DXF、IGES、STL、3DM 等不同格式，并适用于几乎所有 3D 软件，尤其对增加整个 3D 工作团队的模型生产力有明显效果。

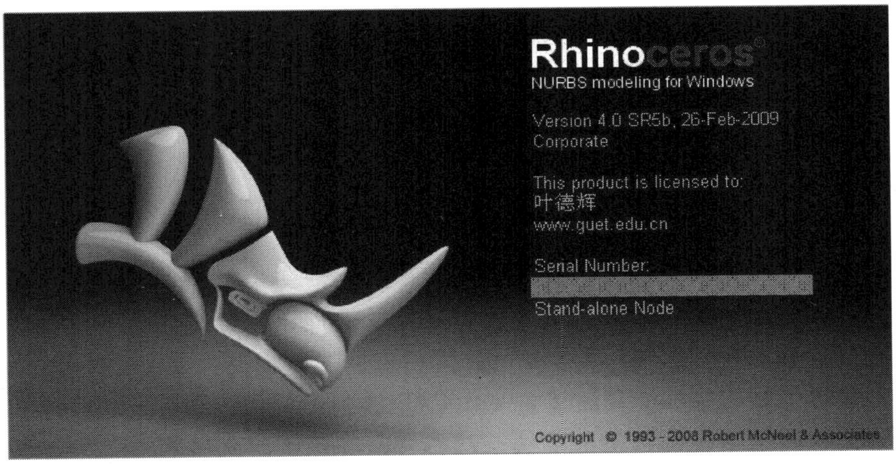

图 1-1

　　Rhino 建立的所有物体都是由平滑的 NURBS（Non-Uniform Rational B-Splines）曲线或曲面组成的。Rhino 软件第一次在 Windows 平台上实现了 AGLIB NURBS 造型技术，它提供了精确造型及拟合造型的方法。NURBS 曲线造型是目前计算机在三维实体中采用最为广泛的建模技术。它通过精确的数学计算来确定曲线、曲面、实体的形状及各个控制点的位置。可以通过使用 Rhino 软件所提供的各种功能强大的 NURBS 编辑工具，对曲线、曲面、实体进行编辑修改。Rhino 允许对曲线、曲面或实体进行加、减、交集等布尔运算。像一条曲线沿两个路径生成曲面、根据曲线在曲面的投影生成曲线、多个曲面间的自由拟合以及对实体每个部位的自由编辑，都可以在 Rhino 中实现。

　　Rhino 提供了一个灵活、准确和快速的工作环境，可以建立模型和对物体进行渲染。Rhino 易学易用，你可以创建各式各样的曲线、曲面和实体，并且可随心所欲地创建想要的模型。

19

利用 NURBS 可以在数学上精确地定义任何形状，从简单的线、弧、圆，或者多边形到最复杂的三维曲面和实体。因为它非常灵活、准确，所以能用在许多场合，譬如，模型制造、插图动画、工业设计等。

1.2.2　Rhino 的特点

不受约束的自由造形 3D 建模工具，可以让用户建立任何可以想象的造型。

- 精确，从飞机到珠宝，所有的设计快速成型、工程、分析和制造所需的精确度，Rhino 都完全符号。
- 兼容性，兼容于其他设计、制图、CAM、工程、分析、着色、动画以及插画软件。
- 读取和修复难以处理的 IGES 档案。
- 容易使用，让用户可以专注于设计与想象而不必分心于软件的操作上。
- 高效率，不需要特别的硬件设备，即使在一般的笔记本电脑上也可以执行。
- 经济实惠，设备要求简单，容易上手，价格相当于一般的 Windows 软件，并且不需要额外的维护费用。

Rhino 是为设计和创建 3D 模型而开发的。虽然它带有一些有用的渲染功能，但这些不是 Rhino 的主要功能，并且利用 Rhino 虽然不能生成带有注释和标识的二维图形，但可以将模型引入诸如 CAD 之类的软件完成这些工作。在熟练使用 Rhino 之后，用户可以建立复杂的三维模型（像昆虫造型、人的面部等）。

1.2.3　Rhino 软件在工业设计中的应用

随着计算机三维技术在视觉特效、游戏制作、虚拟现实、工业设计等各个领域中的广泛运用，Rhino 软件因为其强大、高效的 NURBS 曲面建模以及易学、易用的特点很快在国内蹿红。Rhino 的市场定位为 CAID（计算机辅助工业设计）领域。Rhino 软件占用空间少，具备便捷的窗口操作，同时兼备 AutoCAD 的精确捕捉、正交、平面模式以及命令行功能，极大地满足了精确造型的需要。对各种文件格式的支持是 Rhino 的特点之一，制作精良的模型可以导出为 IGES、DWG、STEP、3DS、PLY 等格式，在 3ds Max 或 Cinema 4D 中完成渲染。

1.3　Rhino 4.0 基本应用讲解

下面简单介绍一下 Rhino 软件界面和一些基本设置，以及常用工具的基本用法。如图 1—2 所示是 Rhino 4.0 的基本界面。

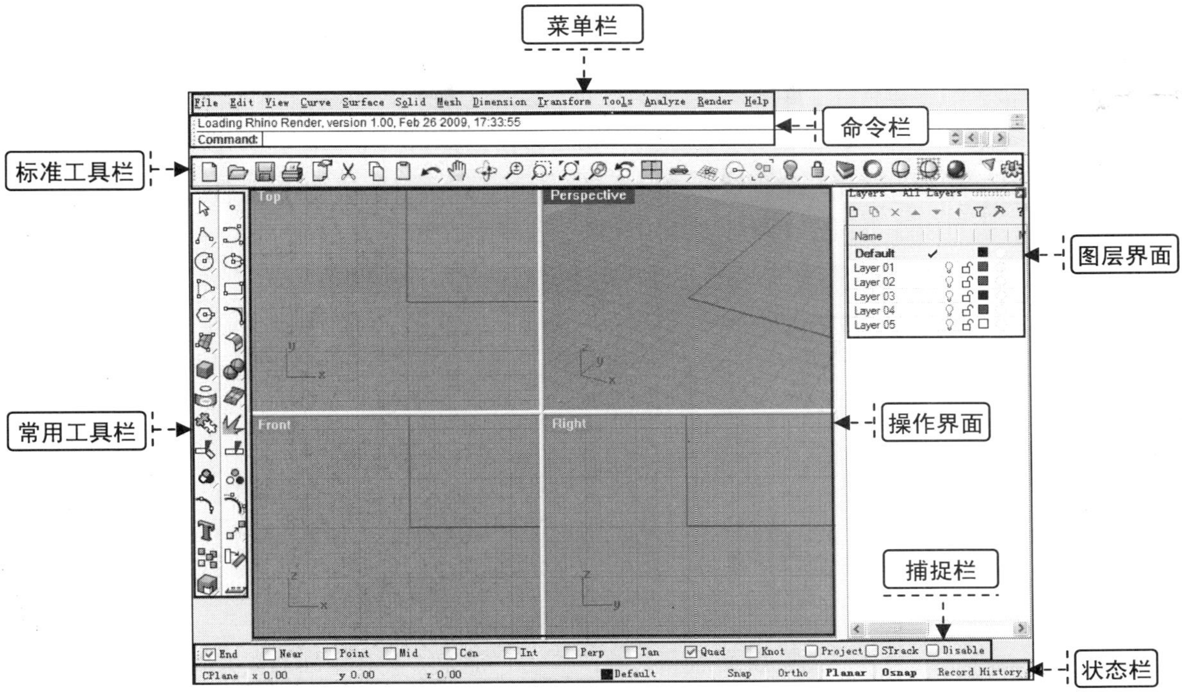

菜单栏

命令栏

标准工具栏

图层界面

常用工具栏

操作界面

捕捉栏

状态栏

图 1-2

1.3.1　常规属性设置

下面简单介绍一些在 Rhino 4.0 中常用的属性设置。单击属性按钮，得到属性设置的面板，如图 1-3 所示。

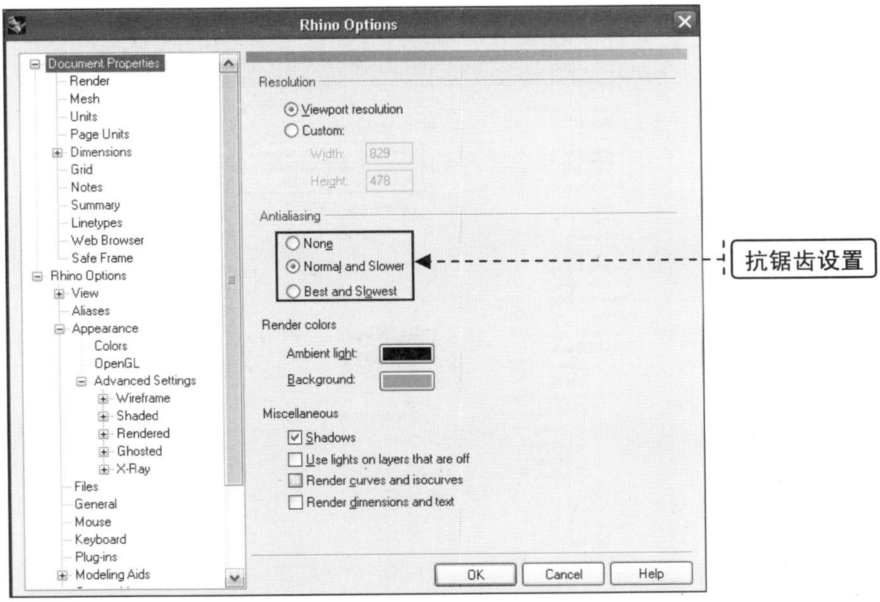

抗锯齿设置

图 1-3

在属性设置面板中，可以单击左边的名称，即可在相应的右边进行具体的属性参数调节。如图1-4所示，可以在最上面的"Render（渲染）"和"Mesh（网格）"中设置整个Rhino文件的显示方式，从而改变显示速度。单击"Document Properties（文件属性）"和"Render（渲染）"显示的内容是一样的，都是调节显示参数，用户可以根据自己电脑显示的速度和性能，选择不同的方式，比如为了显示更细腻，可以选择"Antialiasing（抗锯齿）"为最好和最慢，同时显示阴影。也可以在下面这个属性面板中设置一些显示方式。

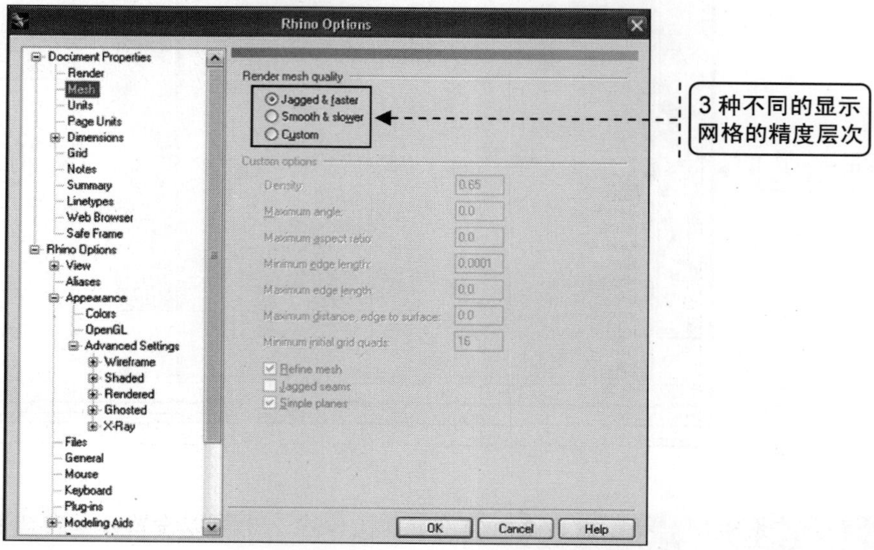

图 1-4

如图1-4所示，在"Mesh（网格）"中，可以设置显示方式为"Smooth & slower（光滑而慢）"，或者自己定义显示的精度，这样可以避免一些常见的显示问题，比如看起来边缘有缝隙，或者有些面不光顺。也可以利用这个属性的常规设置来定义整个产品的数量单位，如图1-5所示。

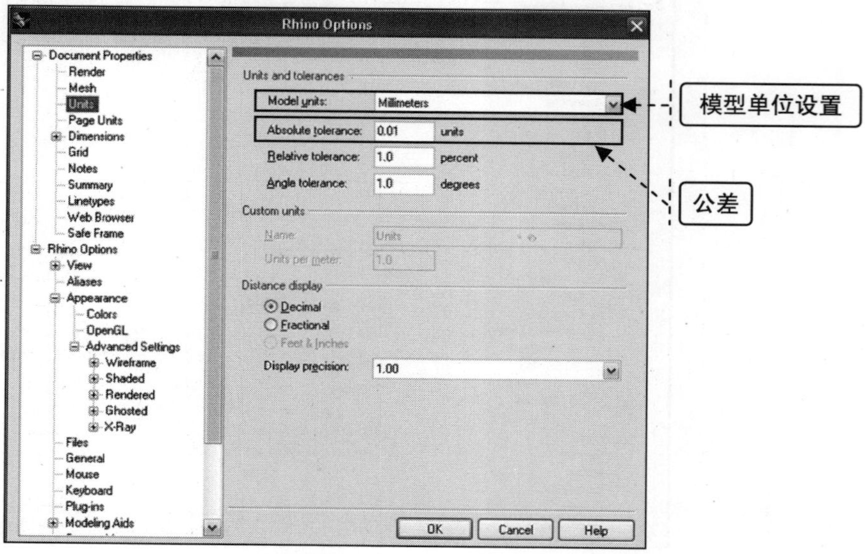

图 1-5

在图 1-5 中可以设置整个 Rhino 文件使用的单位，也可以设置公差值，该设置和上一个单位设置类似。一个非常重要的常规属性操作是文件操作，如图 1-6 所示。

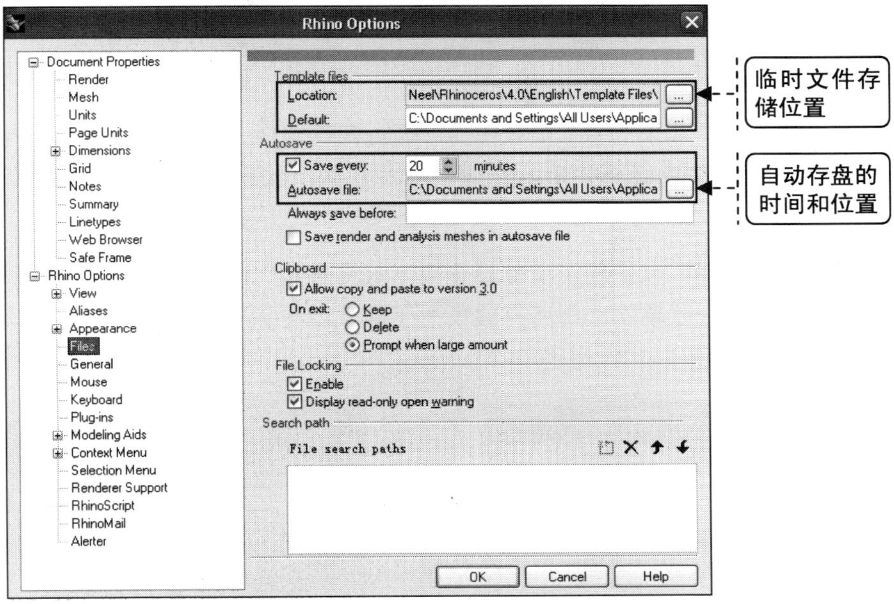

图 1-6

右侧标注：临时文件存储位置

自动存盘的时间和位置

在这个面板中，可以设置临时文件的放置位置，也可以设置自动存盘的时间和位置，这对于不稳定的 Rhino 软件来说尤其重要，希望能有所准备。在这里设置自己熟悉的位置，并准备好自动存盘的时间。也可以设置"General（常规）"菜单，如图 1-7 所示，这里可以设置命令栏上显示的命令行数，也可以设置返回的次数。

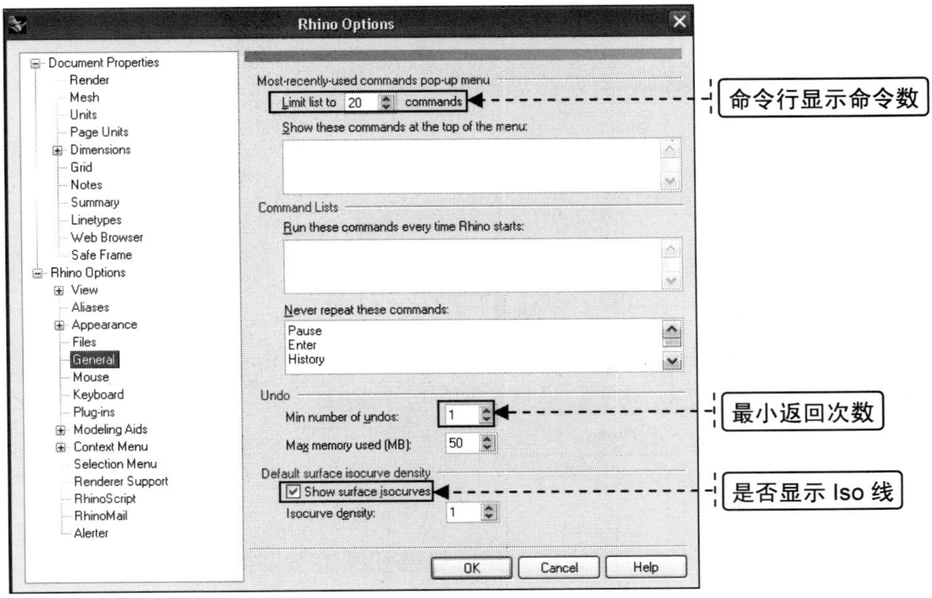

图 1-7

右侧标注：命令行显示命令数

最小返回次数

是否显示 Iso 线

以上是常用的属性设置，其他一些不太常用的属性，读者可以自己摸索，掌握这些设置，可以大大地方便我们对整个文件进行操作。

1.3.2 基本操作

Rhino 操作有自己的特殊性，要熟练地进行建模操作，就必须先掌握这些特殊的操作方式。下面将详细讲解 Rhino 中的一些文件基本操作方法。

1. 选择

在 Rhino 操作中，由于每次操作都会留下很多线条，所以特别设定了选择所有线条的操作。如图 1-8 所示，可以单击选择所有线条的工具，就可以把整个面板中的所有线条都选中，如图 1-9 所示。

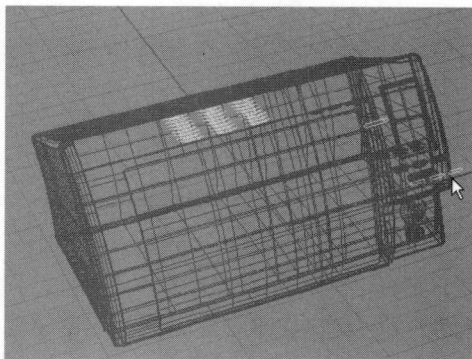

图 1-8　　　　　　　　　　　　图 1-9

同样，也可以利用这个面板中的选择点或者面的操作把所有的点和面都选中，如图 1-10 所示。

该面板中有很多贴心的设计，如图 1-11 所示。

图 1-10　　　　　　　　　　　　图 1-11

场景中的模型经过分层处理，显示效果和图层关系如图 1-12 所示。

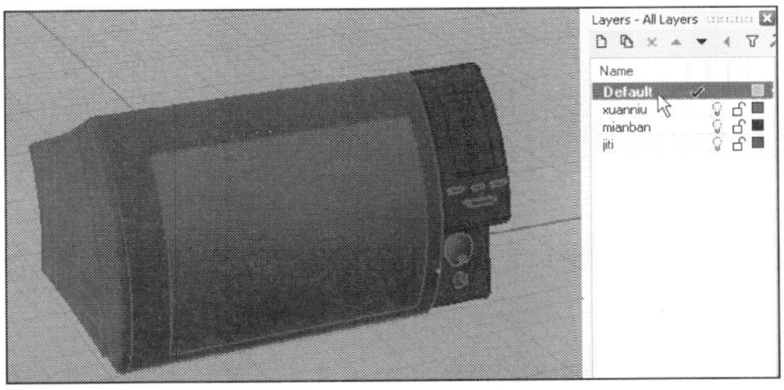

图 1-12

这时候可以单击通过图层来选择工具，如图 1-13 所示，在弹出的窗口中选择要选取的图层名字，如图 1-14 所示。单击后得到如图 1-15 所示的选择效果。

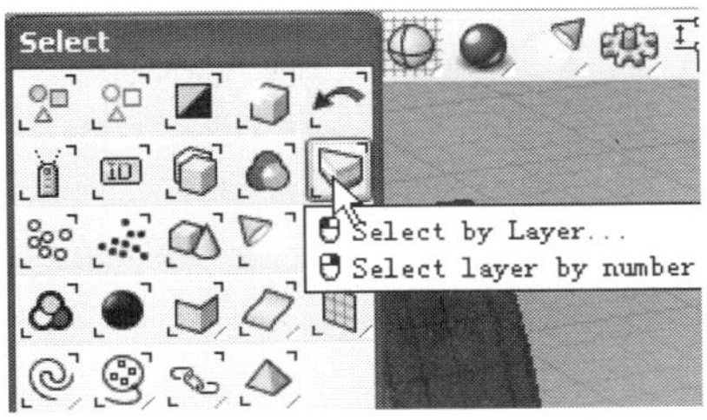

图 1-13

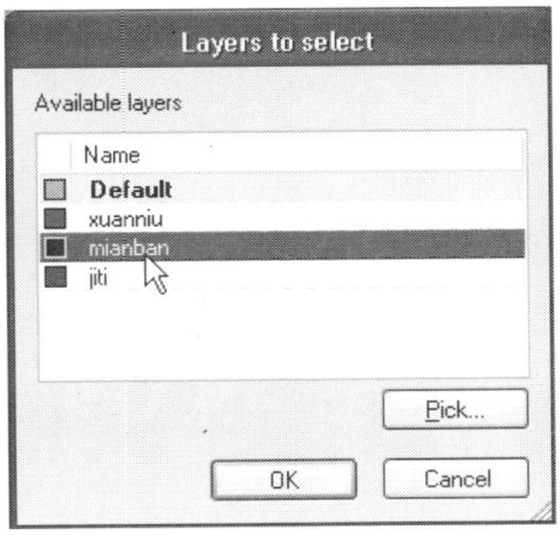

图 1-14

也可以单击通过颜色来选择工具根据颜色进行选择。如图 1-16 所示为利用通过颜色来选择工具后在场景中选择一种颜色，就可以得到所有该颜色的物体被选中的效果，如图 1-17 所示。

图 1-15

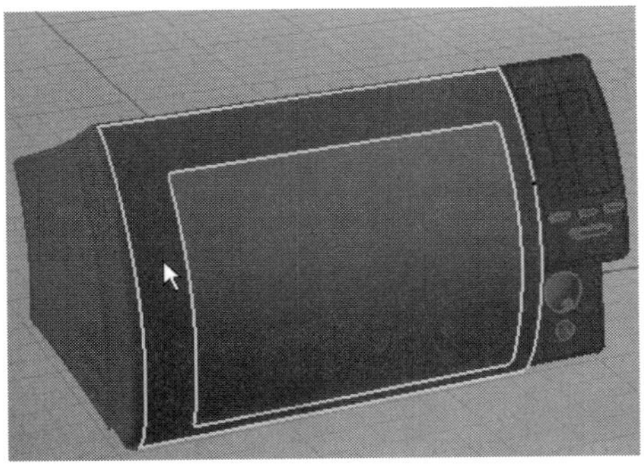

图 1-16

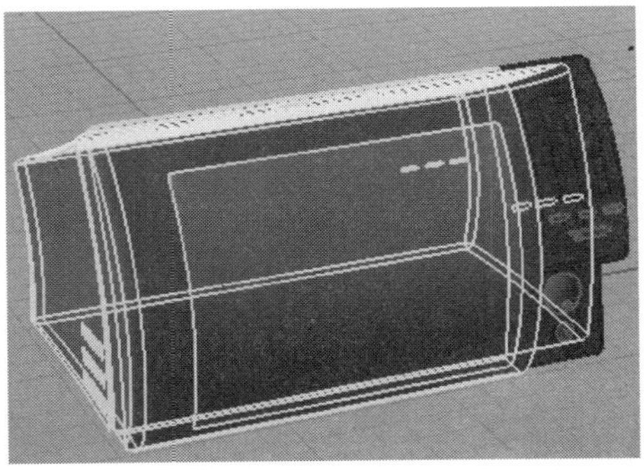

图 1-17

2．复制和剪切

Rhino 4.0 中可以用类似其他软件的复制和剪切方法，比如利用键盘上的快捷键 Ctrl+C 和 Ctrl+X 来实现复制和剪切，然后用快捷键 Ctrl+V 来进行粘贴。不过也有一些不同的方法，如图 1-18 所示，可以在拉动了物体的同时，按下键盘上的 Alt 键，这时候光标上方会出来一个加号，表示复制了一个物体，此时还可以借助键盘上的 Shift 键来实现水平或者垂直的复制。

这样可以快速复制出如图 1-19 所示的几条垂直对齐的线条。

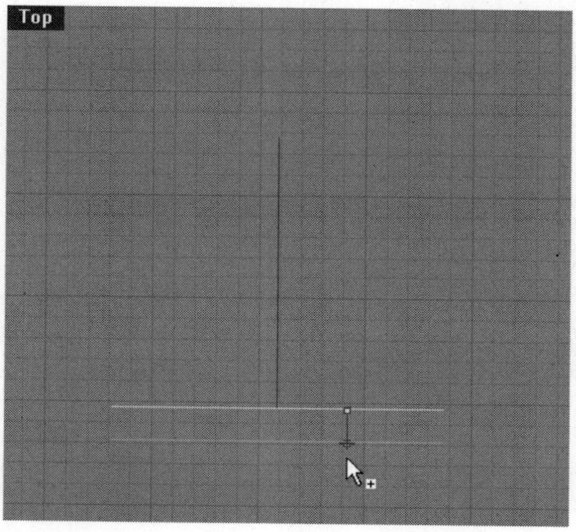

图 1-18

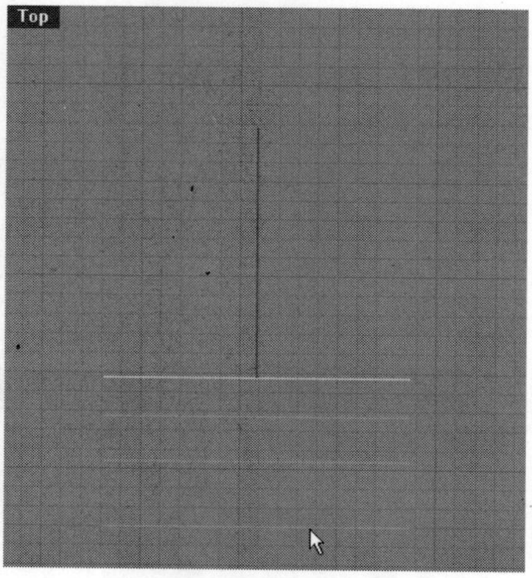

图 1-19

也可以利用一些工具中的复制功能进行复制，如图 1-20 所示的旋转工具。

单击要旋转的物体后，定义好旋转中心，然后在命令栏中单击"Copy"选项，如图 1-21 所示，然后输入角度即可连续复制，如图 1-22 所示。

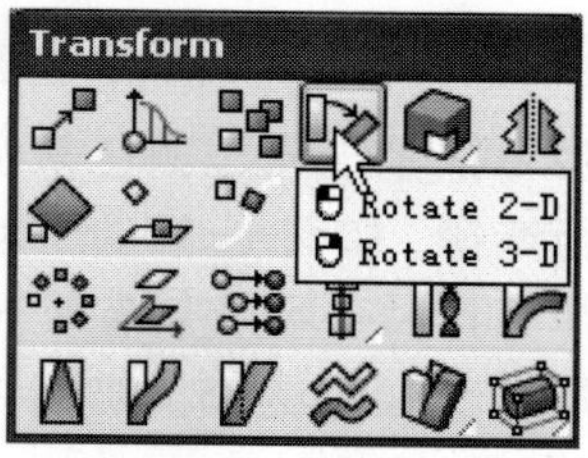

图 1-20

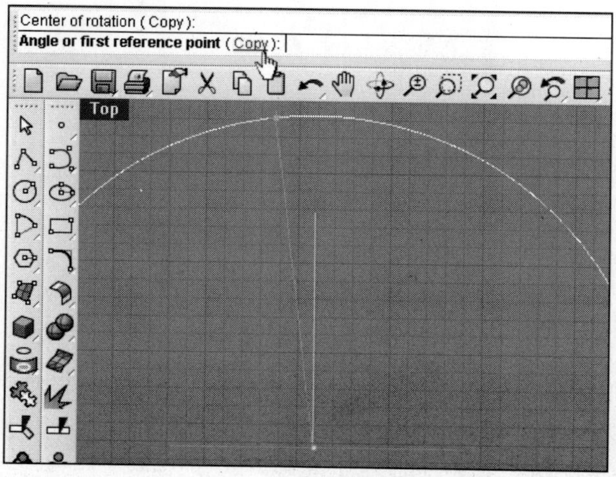

图 1-21

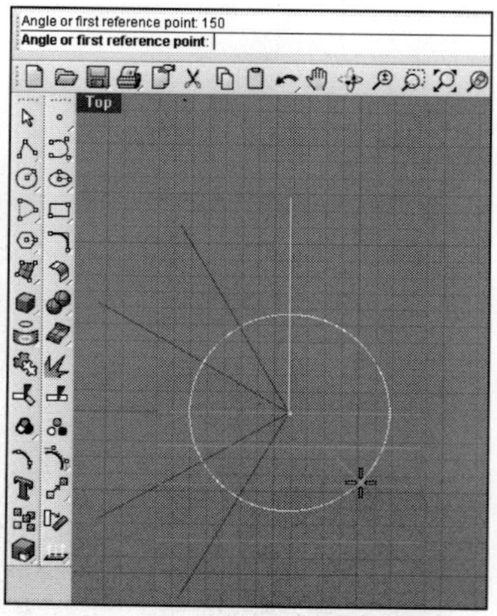

图 1-22

同样的操作可以应用在二维缩放工具上，如图 1—23 所示。

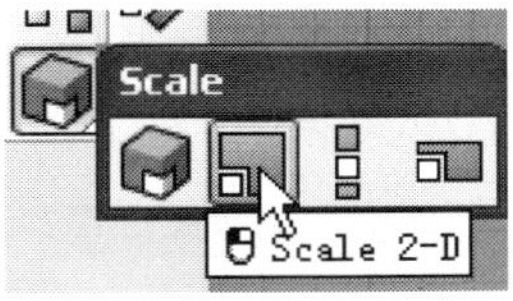

图 1—23

单击二维缩放工具以后，单击如图 1—24 所示的圆圈，然后在工具栏上选定“Copy”选项，就可以连续进行比例的放大或缩小操作了，得到如图 1—25 所示的效果。

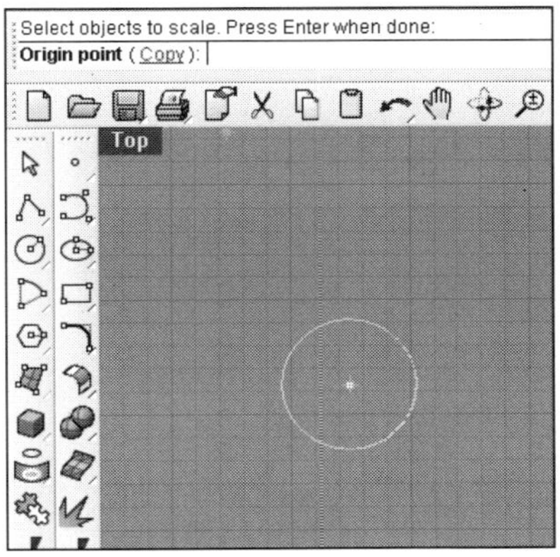

图 1—24

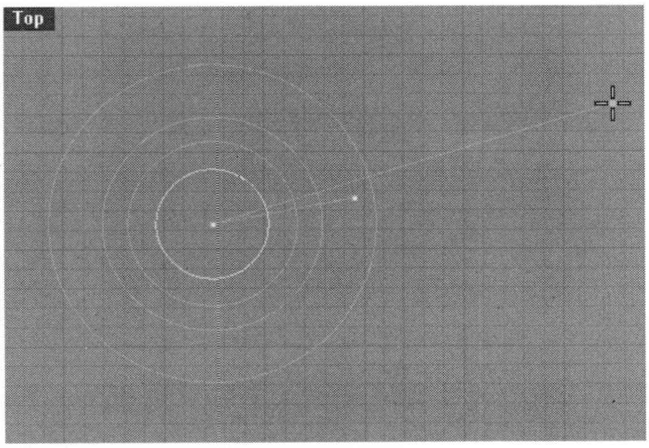

图 1—25

镜像对称和这两个命令类似，这里就不一一讲述了，读者可以参考这两个命令来进行复制操作。

3. 合并和打散

合并操作和上面的群组操作不同，它必须都是曲线、曲面或者体才能够操作，同时必须有相接，否则不能做合并。如图 1—26 所示的两个图标就是合并和打散的图标。

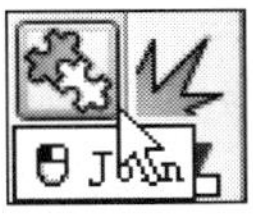

图 1—26

如图 1—27 所示的红色部分是拉伸建模出来的几个面，都相接，所以可以进行合并操作，而红色部分和蓝色部分就不能做合并操作，因为没有相接。

如果有缝隙，就不能做结合操作，如图 1—28 所示的红色面。命令栏显示不能结合，如图 1—29 所示。

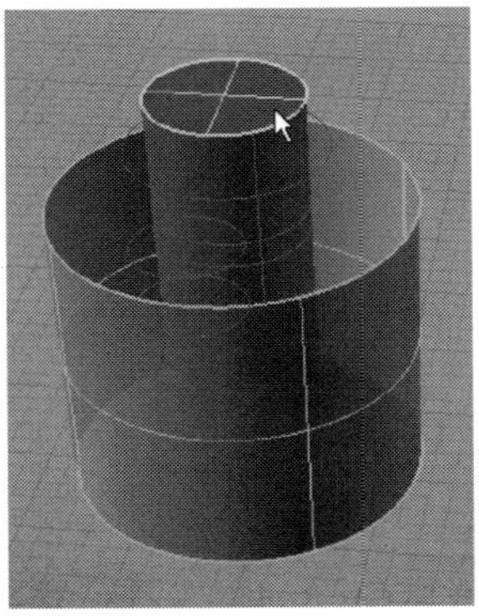

图 1—27

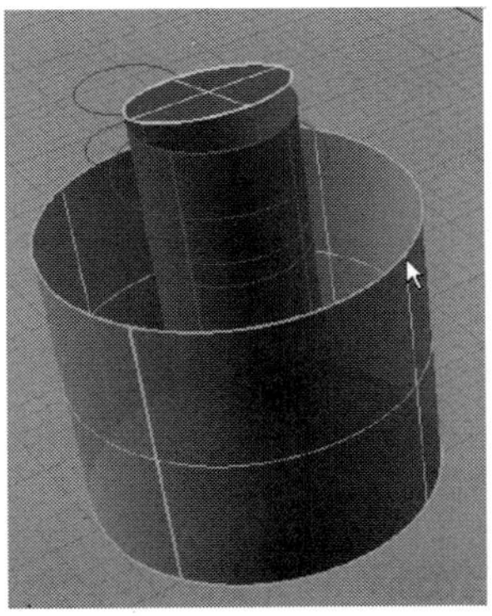

图 1—28

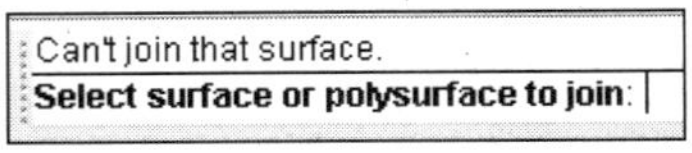

图 1—29

当然，进行合并操作的时候并非要全部边缘重合，有些面部分边缘结合也可以实现，如图 1—30 所示的两个面就是如此。

第1章
第2章
第3章
第4章
第5章
第6章
第7章

选择合并操作以后，分别单击两个要合并的面后回车，得到如图 1—31 所示的合并后的效果。

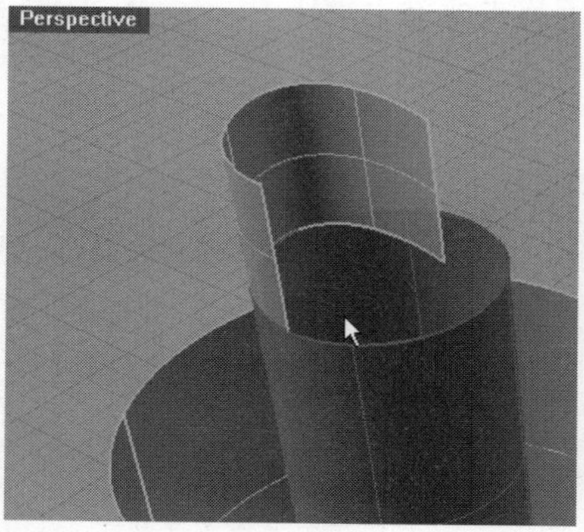
Perspective

图 1—30

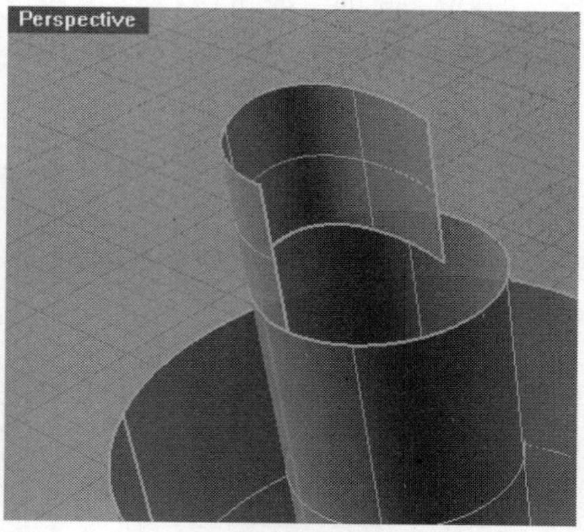
Perspective

图 1—31

对于打散操作，就比较简单了，只需要单击命令后，把合并过的体选中，回车后就能够将所有的物体都打散。

4．阵列操作

阵列操作在 Rhino 里面非常常见，比如手机的按键、时钟的表盘等，都需要用阵列命令来实现，在变换面板中提供了以下两种阵列命令。

（1）矩形阵列

矩形阵列是以水平阵列的方式进行连续复制，比如手机按键排布，就是用矩形阵列来制作的，下面讲解一下矩形阵列的使用方法，如图 1—32 所示，是手机按键的轮廓曲线。

单击矩形阵列命令，然后选择轮廓曲线，这时候命令栏会出现如图 1—33 所示的提示。这里会出现 X、Y 和 Z 轴方向要阵列的数量，所以如果是手机按键，就分别输入 X 轴 1，Y 轴 4，Z 轴 1，注意方向，可以输入负的数字，这样的方向和正的就相反，输入完成后，根据命令栏的提示选择阵列的相对点，如图 1—34 所示。

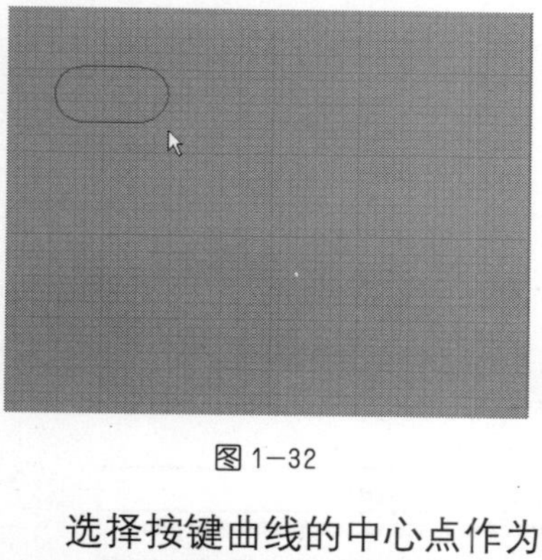

图 1—32

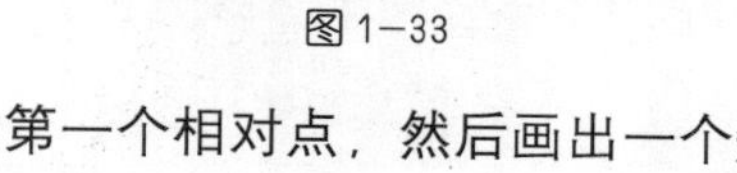
Select objects to array. Press Enter when done:
Number in X direction <1>:

图 1—33

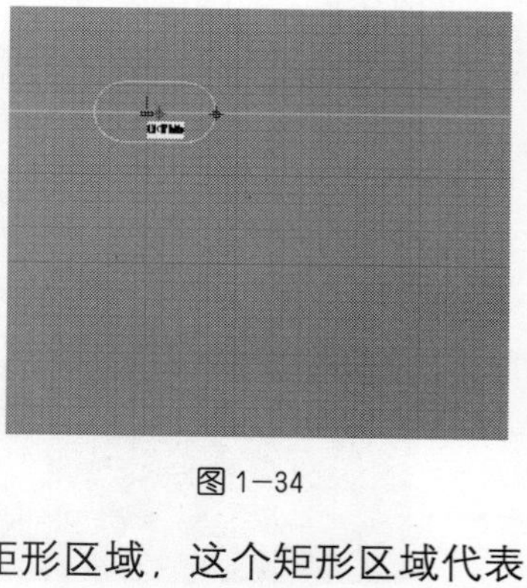

图 1—34

选择按键曲线的中心点作为第一个相对点，然后画出一个矩形区域，这个矩形区域代表阵列复制的最近四个曲线的位置，如图 1—35 所示，得到如图 1—36 所示的最终效果。

这个阵列复制如果 Z 轴上设置大于 1 的数值，可以进行空间的复制，复制出立体空间的物体来，如图 1—37 所示。

图1-35　　　　　　　　　图1-36　　　　　　　　　图1-37

（2）圆形阵列

圆形阵列使用非常频繁，它的使用方法也比较简单，如图1-38所示的图形要阵列成圆形的分布。

单击阵列工具以后，选择要旋转阵列的3个圆形，然后确定旋转中心，如图1-39所示，系统会出现一个垂直的线条辅助对齐，确定中心点以后，在命令栏上确定要旋转复制的个数，如图1-40所示，图中确定为12个。

确定后得到如图1-41所示的旋转阵列效果。如果不需要旋转一圈，还可以设置旋转的度数，同时也可以利用命令栏上的"StepAngle"来设置旋转的角度。

图1-38

图1-39　　　　　　　　　图1-40　　　　　　　　　图1-41

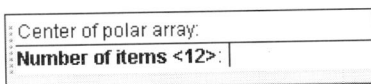

| Center of polar array: | |
| Number of items <12>: | |

5. 缩放

如图1-42所示的比例缩放工具是常用的工具，利用这样的工具，可以实现对对象整体或者局部的比例调整。

第一个工具（图1-43）是三维比例缩放工具，可以用这个命令实现对物体的空间比例放大或者缩小。把一个比例缩放的中心点位置确定后，就可以拉动一个长条来进行比例操作，如图1-44所示。

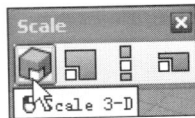

图1-42　　　　　　　　　图1-43

得到的物体是在三维空间都有变化的效果，如图1-45所示。而如果选择第二个平面比例缩放命令（图1-46），即二维缩放工具，只能进行一个平面上的放大和缩小操作了。

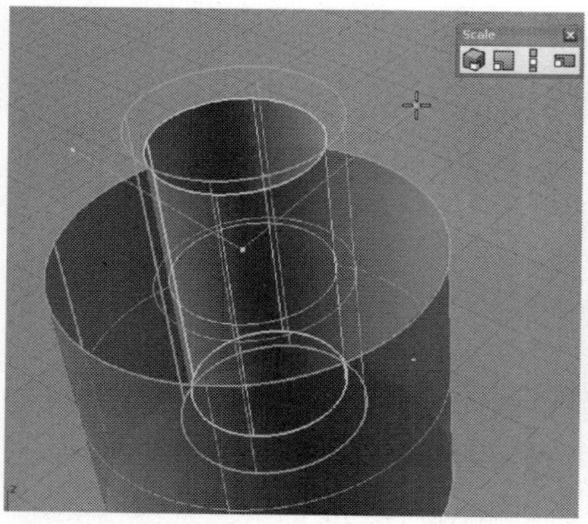

图 1-44 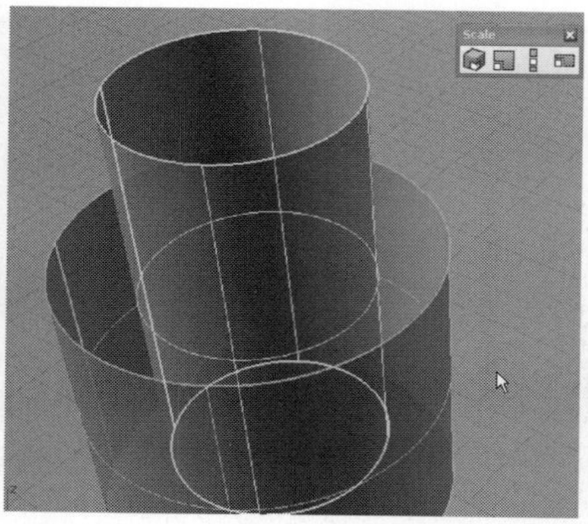   图 1-45 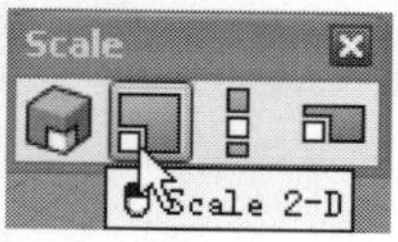   图 1-46

拉动后显示如图 1-47 所示的效果。

可以看到只是在一个平面上有变化，而垂直方向没有变化。这样可以根据自己的需要选择不同的缩放方式，因为三维方向上的调节不好掌握，所以一般以平面缩放居多。

第三个比例缩放工具是单方向的缩放，相当于是一维缩放工具，如图 1-48 所示。

同样以上面的图形为例，用这个工具可以进行如图 1-49 所示的拉宽操作。

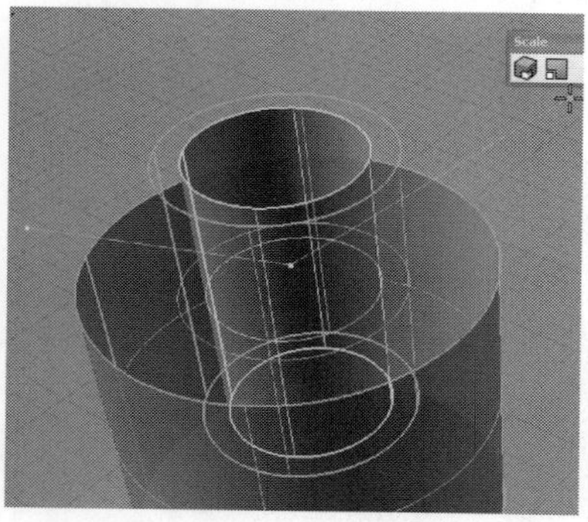

图 1-47 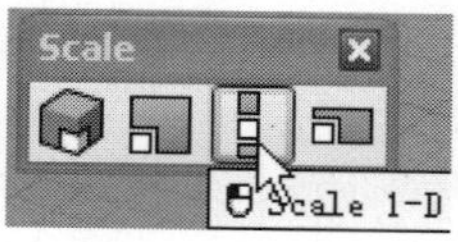   图 1-48 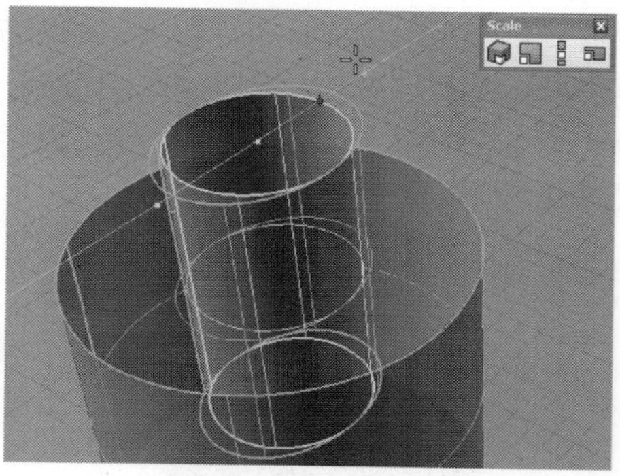   图 1-49

注意这个操作，在 Rhino 3.0 里面没有图 1-49 中的白色辅助线，这是 Rhino 4.0 的新功能，可以借助这个白色辅助线进行规范的拉动，拉动过程中有相应的数字提示，如图 1-50 所示。这样就可以直接在透视图上进行比例变化操作了，得到如图 1-51 所示的效果。

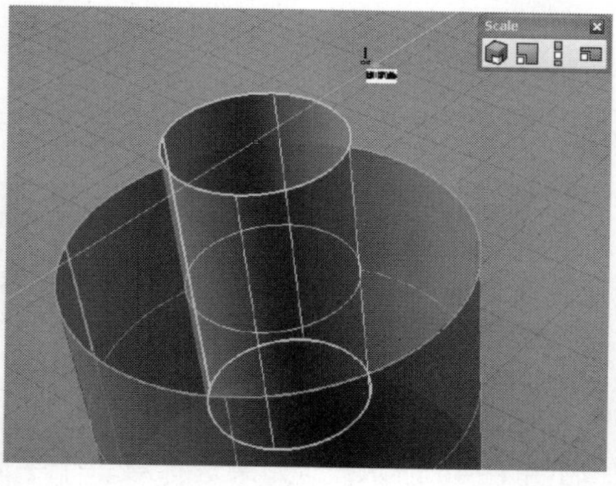

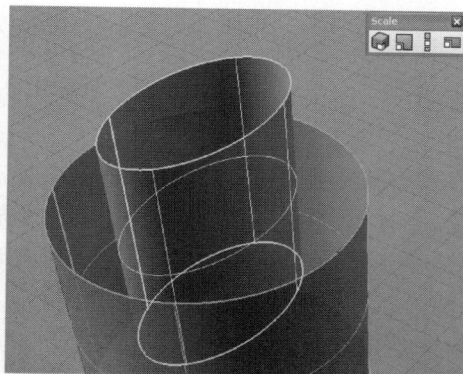

图 1-50   图 1-51

　　注意这个操作中的相对点，如果相对点在物体的中间，则放大的时候物体会相应朝两边进行放大，如图1-52所示。如果相对点在物体的边缘，则物体会朝一个方向进行放大或者缩小，如图1-53所示。

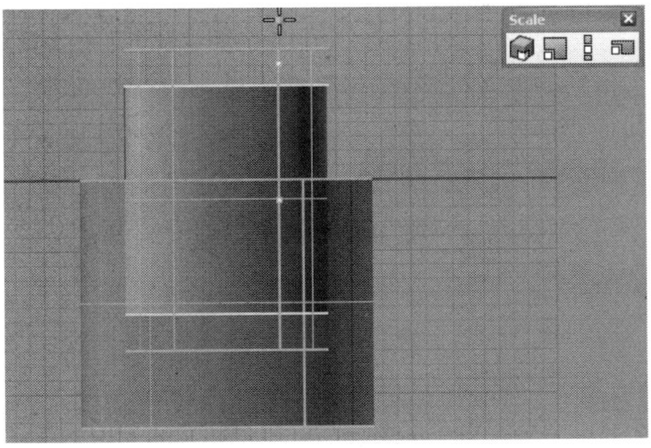

图1-52 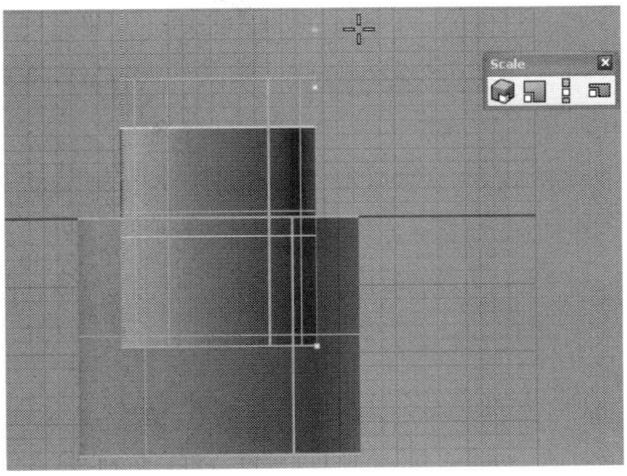　　　　　　　　　　　　　　　图1-53

　　另外一个值得注意的地方是选择相对起点以后，拉动的距离非常关键，如果要把物体放大很多，建议这个距离短一些，靠近物体，如果只是做细微的调整，那就要把这个距离拉长一些，一般在物体外，如图1-54所示。

　　这样就得到只是拉长一点距离的物体，如图1-55所示。

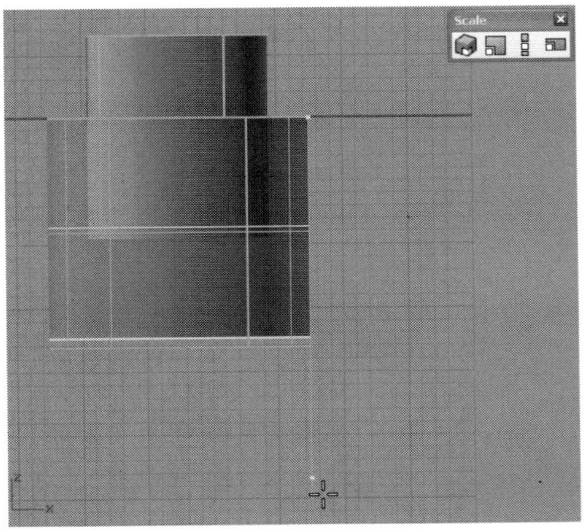

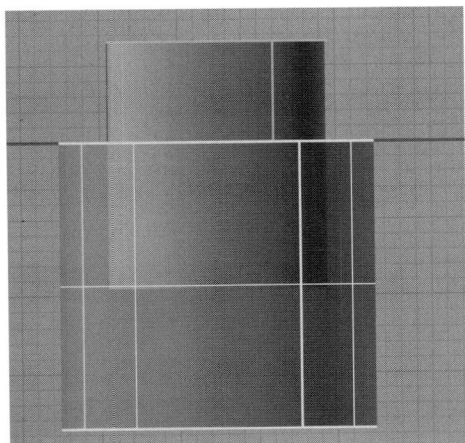

图1-54　　　　　　　　　　　　　　　图1-55

6. 快捷操作

　　在Rhino的使用过程中，有一个比较值得注意的问题，就是界面的调整和快捷键的使用，这是能否快速操作的关键。很多用过软件的读者都知道，对于界面的自我调整和快捷键的掌握，往往是衡量一个人对软件是否熟练的标准。所以很多软件高手，都对软件的快捷键相当熟悉，在使用软件的时候，能够更快速和方便。Rhino软件也不例外，下面分别对工具栏的调节和快捷键的设置及使用进行讲解。

　　（1）工具栏的调整

　　工具栏是Rhino经常要用到的，所以在使用Rhino的时候，为了使用的方便和最大限度地提高效率，需要自己进行适当的调整。因为工具比较多，Rhino 一般把工具都按照类别摆放，有很多的常用工具就隐藏在其类别里面。为了能够快速地使用这些常用工具，就需要把这些工具移出来或者单独设置常用工具面板。

> ➤ 移动和复制工具图标

调整工具图标的时候，需要用到辅助按键，比如利用 Ctrl 键和鼠标左键的拖动，可以复制一个图标到另一个面板上，如图 1-56 所示。

利用这样的方法，可以把常用的工具都从隐藏的类别中拖动出来，拖到外面最容易单击到的操作界面上，得到如图 1-57 所示的工具界面。

图 1-56

也可以利用 Shift 键+鼠标左键拖动来移动图标，把需要的图标从一个面板拖动到另一个面板上，如图 1-58 所示，经过这样的调整，可以把常用的一些工具都调整到工具栏的最外面显示出来，一些常用工具，如曲面工具、曲面调节工具都是非常常用的，需要调出来。

当然利用 Shift 键还可以将不常用的图标移开，甚至删除。按住 Shift 键拖出不要的图标后，会弹出如图 1-59 所示的提示，单击"是（Y）"按钮就可以了。这里的删除并不是就没有了，这些图标都存在，只是把它从工具栏上面移除了，如果需要，还可以从菜单栏里面把它取出来。如图 1-60 所示，单击 Tools—Toolbar Layout，即可把相应的图标显示出来。

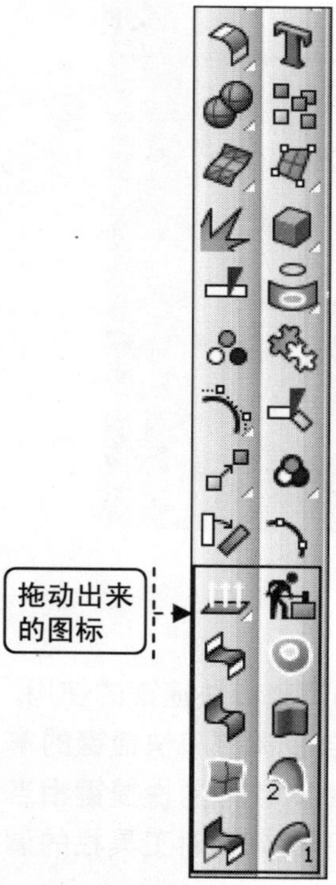

拖动出来的图标

图 1-57

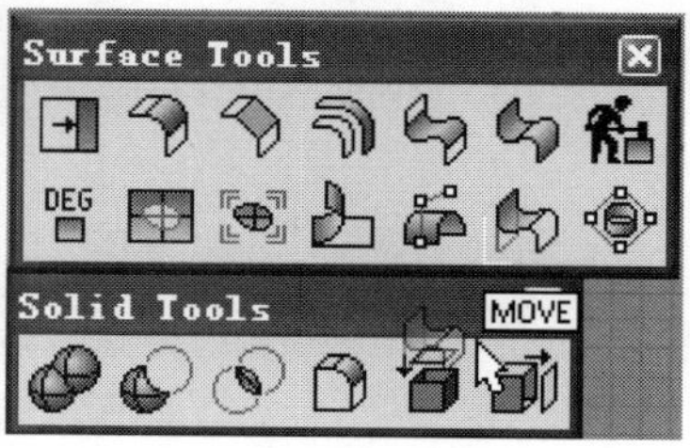

图 1-58

图 1-59

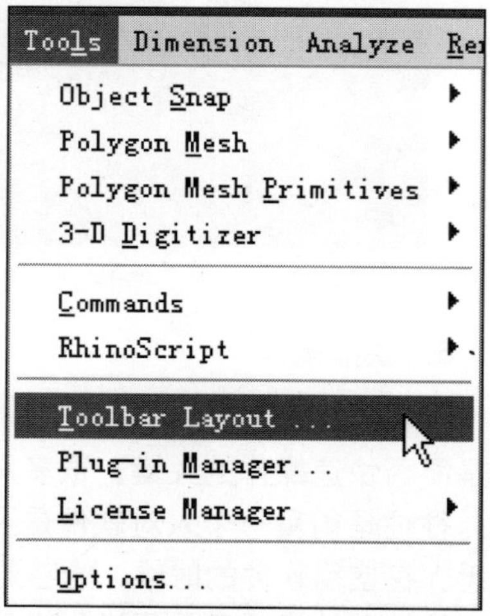

图 1-60

> ➤ 建立新的使用面板

除了把常用的工具调整到最外面显示的方法外，还可以自己定义一个常用工具面板，把一些使用最频繁的工具放到这个面板上，这样非常方便。建立的方法是首先单击工具栏上的 Tools—Toolbar layout，得到如图 1—61 所示的界面。

在 Toolbars 工具面板中单击 Toolbar—New，得到如图 1—62 所示的界面，设定自定义工具栏的具体大小。

按照默认设置设好，并自定义一个名字，比如"mytools"，单击"OK"按钮，得到如图 1—63 所示的界面。把相应的这个 mytools 面板打上勾，就得到一个空白的工具面板，如图 1—64 所示。

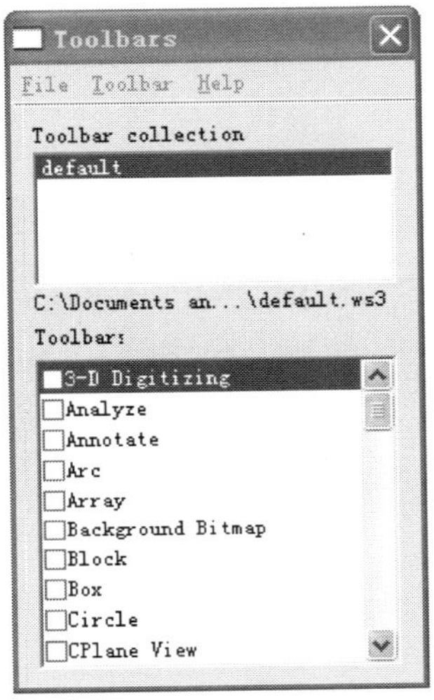

图 1—61 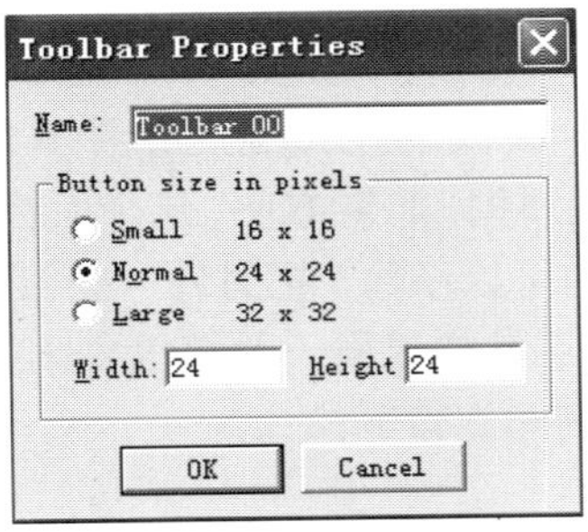　　　　　　图 1—62 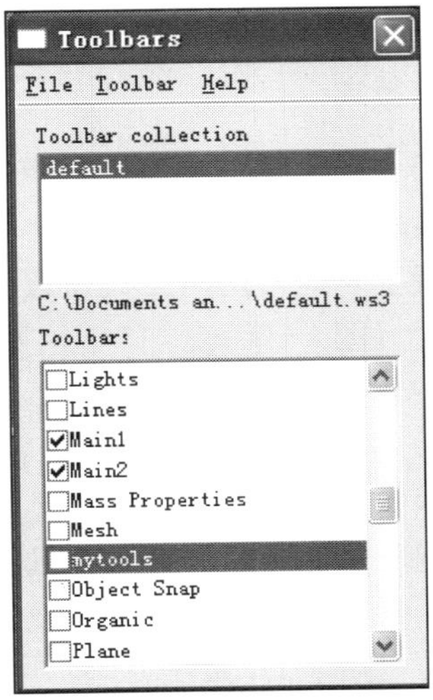　　　　　　图 1—63

然后用前面的复制或者移动图标的方法，把常用的工具都拖动到这个工具面板中，得到如图 1—65 所示的常用工具栏。

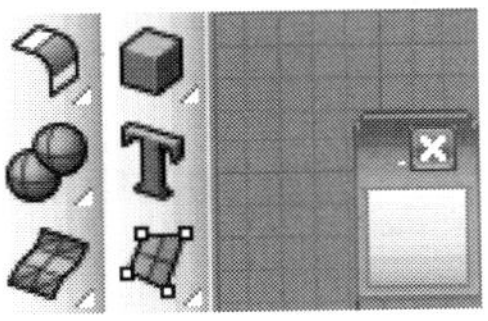

图 1—64 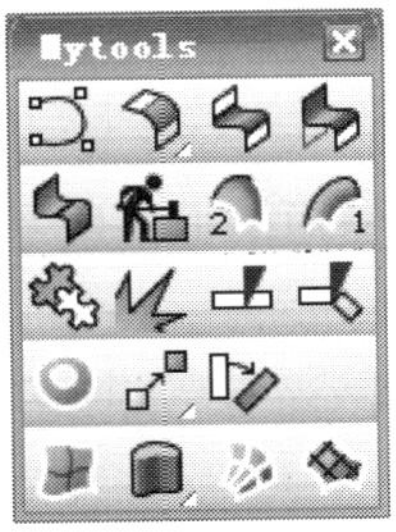　　　　　　图 1—65

（2）快捷键的设置和使用

对于软件的使用来说，快捷键是最常用的，一般是利用软件提供的默认快捷键，Rhino 最常用的还是和鼠标相结合的一些快捷键，下面是一些常用快捷键的列举。

鼠标右键　　　　——平移屏幕
滚轮　　　　　　——放大缩小屏幕
Ctrl+鼠标右键　——放大缩小屏幕
Shift+鼠标右键　——旋转观察角度
Ctrl+A　　　　　——选择全部物体

F2 ——显示命令历史

F3 ——显示物体的属性

F7 ——隐藏显示栅格线

F8 ——正交

F9 ——捕捉栅格点

F10——打开 CV 点

F11——关闭 CV 点

这些快捷键是非常常用的，需要每个读者能够熟练地掌握，在具体使用的时候，可以大大提高效率。

（3）滚轮或中键的设置和使用

滚轮的使用是 Rhino 4.0 软件的一大特色，为了提高效率，Rhino 4.0 默认内置了一些常用的工具在滚轮上，按住鼠标的滚轮，就可以得到这个默认的工具栏（图1-66）。

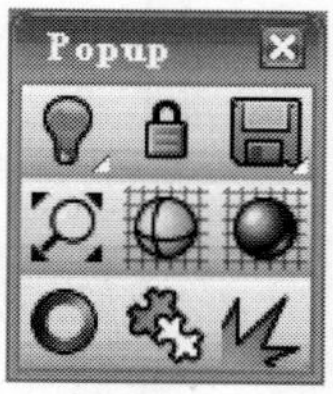

按住鼠标滚轮就可以显示这个面板，可以快速地选中其中的某个命令来进行操作，选了命令以后这个面板就消失，非常方便。这个面板也可以进行调整，把其中常用的工具保留，不常用的可以移除，把另外一些常用的复制上去，得到如图所示的 Popup 工具栏，这个工具栏里面一般都包含比如隐藏、曲线调节、合并、炸开、剪切、分离以及比例和旋转等命令。

图1-66

7. 捕捉和定位

要想使 Rhino 建模更加准确，必须要借助捕捉工具，捕捉栏如图1-67所示。

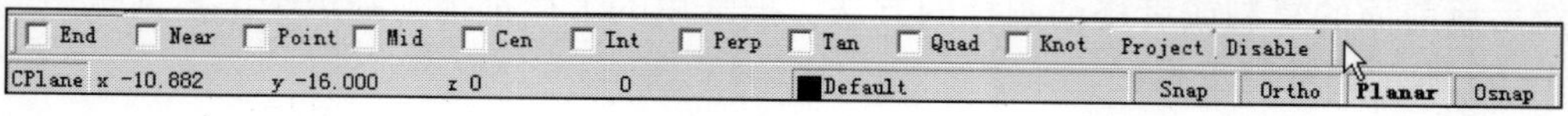

图1-67

在捕捉栏中，选择 Disable（禁止），可以禁止所有的捕捉。在设定了很多需要使用捕捉的时候，如果某些操作不想使用捕捉，但是又不想一个一个地去把设定的捕捉点掉，就可以直接用这个选项，如图1-68所示。

图1-68

在这些捕捉选项中，常用的有以下几个。

- End: 捕捉线条的端点，可以准确地从端点画线条。
- Near: 可以捕捉到就近的线条、曲面和体，使用这个捕捉的时候要注意，在一些视图中，它可能直接捕捉到对面的物体中，所以要放大来准确捕捉。
- Mid: 可以捕捉到线条的中点，这个对对称的物体尤其有用。
- Int: 捕捉交叉点。
- Quad: 捕捉四分点，这个对于圆、椭圆形的物体特别有用。
- Tan: 捕捉和曲线相切，对于弧形和圆形比较有用。

■ Perp：垂直捕捉工具，对于倾斜的垂直线比较有用，因为水平的垂直线可以直接用键盘上的 Shift 键配合来做。

其他捕捉不是特别常用，但也同样比较重要，利用这些捕捉，可以大大提高建模的准确性和效率。

1.3.3 变换面板的其他操作

变换面板中一般工具的用法如图 1-69 所示。

下面讲解一些工具的使用方法和技巧。

1. 软调节工具

这个工具可以用软性的方式调节物体，尤其是曲面，可以对某一部分进行任意的调节，如图 1-70 所示的曲面用控制点方式显示，选择角部的一个矩形区域的控制点。单击软调节工具，然后在角上单击设定软调节的中心点，拉出一个圆圈状的调节线，如图 1-71 所示，然后换一个视图进行高度的调节，如图 1-72 所示。

图 1-69

图 1-70   图 1-71   图 1-72

调节的时候还可以在命令栏上设置，如图 1-73 所示。

```
Offset point:
Press Enter to accept (Falloff Radius Offset Anchor Copy=No):
```

图 1-73

■ Fall：调节整个鼓出弧面的斜面方式，如图 1-74 所示就是调节效果，横向向右拉动会鼓出，相反就越陡。

■ Radius：调节圆圈的大小设置，可以设置调节圆圈的大小，这样影响的范围就会变化，如图 1-75 所示。

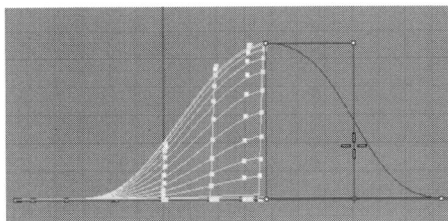

图 1-74

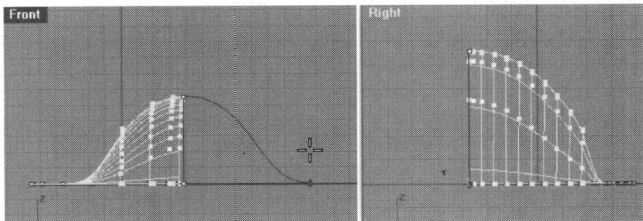

图 1-75

35

■ Offset：改变调节点的位置，如图 1-76 所示可以上下移动来调节。
■ Anchor：改变调节的基点，这样调节的中心就变化了，影响的曲面效果也随之变化，如图 1-77 所示。

图 1-76   图 1-77

使用这个工具的时候还可以沿着一条曲线或者曲面来调节，如图 1-78 所示的是一个曲面和一条弯曲的曲线。单击这个工具以后，选择面上的控制点，然后回车，弹出命令栏的选项，如图 1-79 所示。

单击"Curves"后，单击弯曲的线条，回车后，端点出现一个圆圈（图 1-80），可以调节大小，这个和上面的点方式调节一样。

图 1-78   图 1-79   图 1-80

Select objects to soft move. Press Enter when done:
Point to move from (Points Curves Surfaces):

为了调节方便，换一个视图来调节，如图 1-81 所示，得到如图 1-82 所示的最终效果。

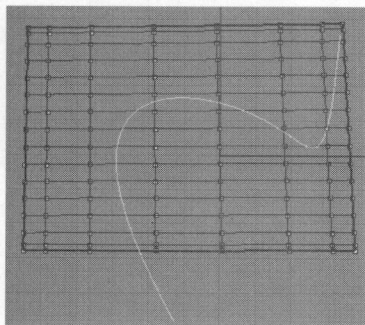

图 1-81   图 1-82

2. 旋转工具 ✍

旋转工具是个非常常用的工具，操作方法很简单。如图1-83所示的物体，单击旋转工具以后，可以捕捉物体的下表面的中心，然后根据提示选择上表面的中心作为旋转半径，如图1-84所示。

然后在圆周上拉动出现一个旋转的角度，如图1-85所示。到自己需要的旋转位置时回车确定，得到如图1-86所示的效果。

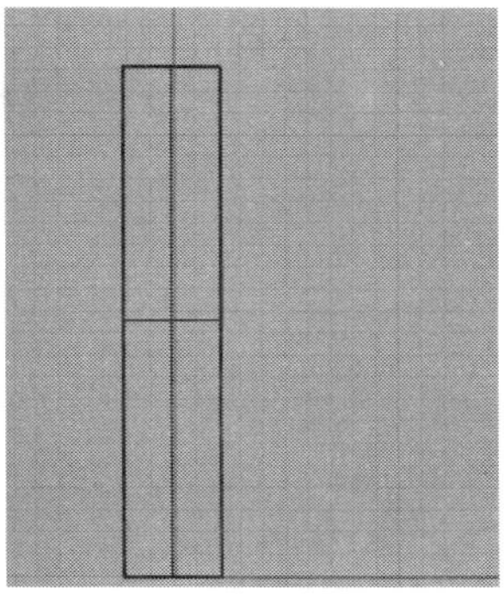

图 1-83

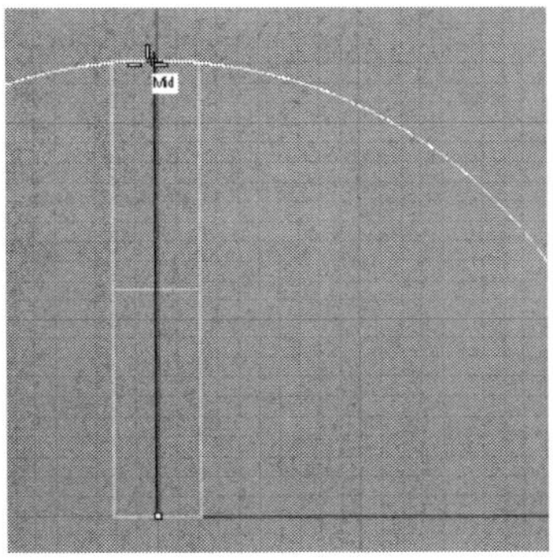

图 1-84 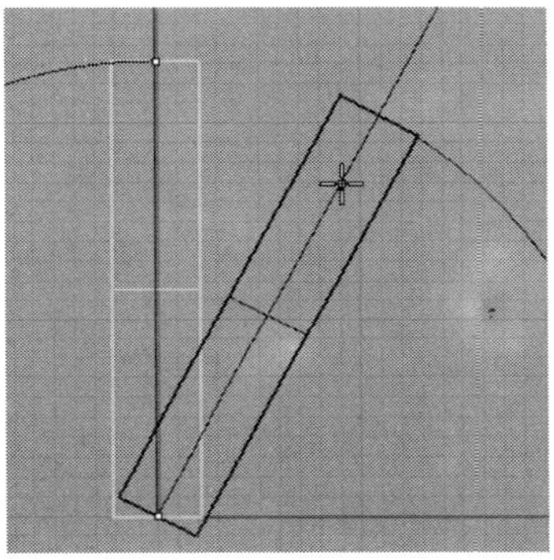　　　　　　　　图 1-85 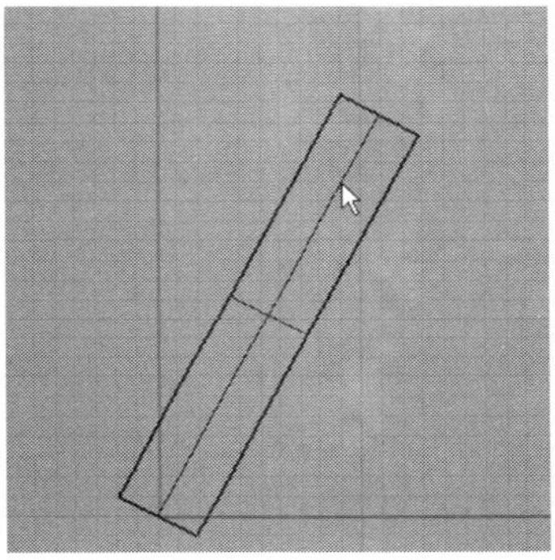　　　　　　　　图 1-86

当然也可以在旋转的时候在命令栏上旋转"Copy"，这样可以边复制边旋转，同时也可以直接输入角度来旋转，如图1-87所示。如图1-88所示是单击Copy后，输入30°的效果，用同样的方法可以得到如图1-89所示的效果。

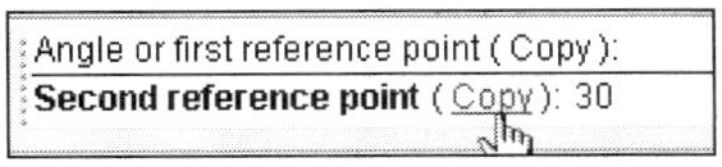

```
Angle or first reference point ( Copy ):
Second reference point ( Copy ): 30
```

图 1-87 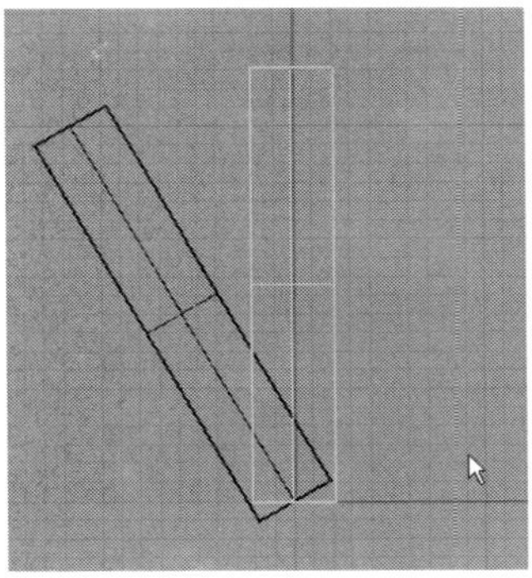　　　　　　　　图 1-88 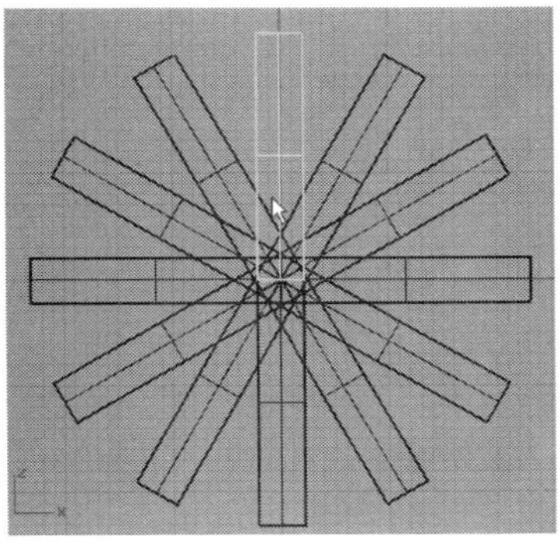　　　　　　　　图 1-89

3. 镜像复制工具 ⚏

镜像复制工具可以将一个对象对称复制到另外一边，多数产品都是对称的，所以可以先编辑一半，然后镜像到另外一边，如图1-90所示的曲线是一个产品轮廓的一半，单击工具以后捕捉端点，向下再捕捉另外一个端点，得到如图1-91所示的效果。

这个工具在 Rhino 4.0 里面可以借助历史记录进行调节，可以只调节一半，·另外一半对称进行变化（只要事先在右下角捕捉面板单击了历史记录），如图 1-92、图 1-93 所示。

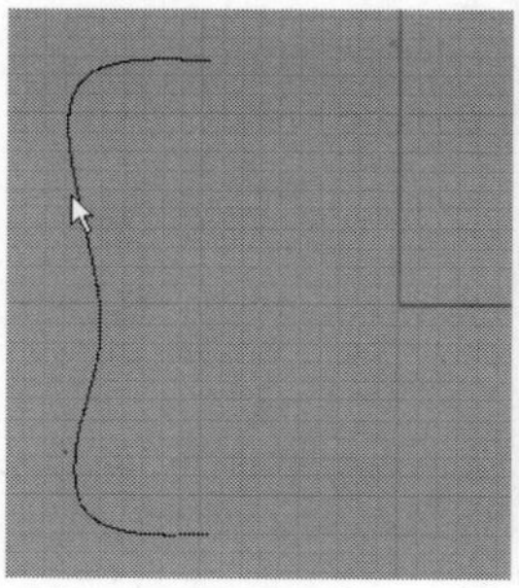

图 1-90 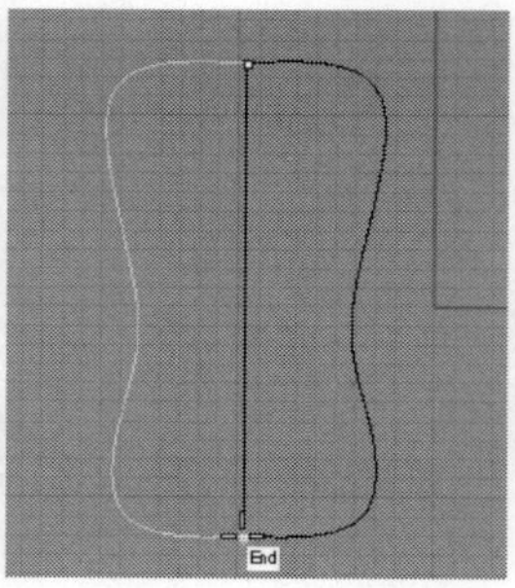　　　　　图 1-91 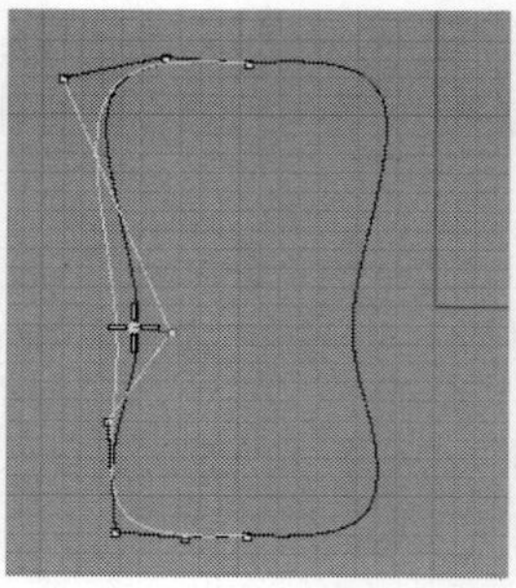　　　　　图 1-92 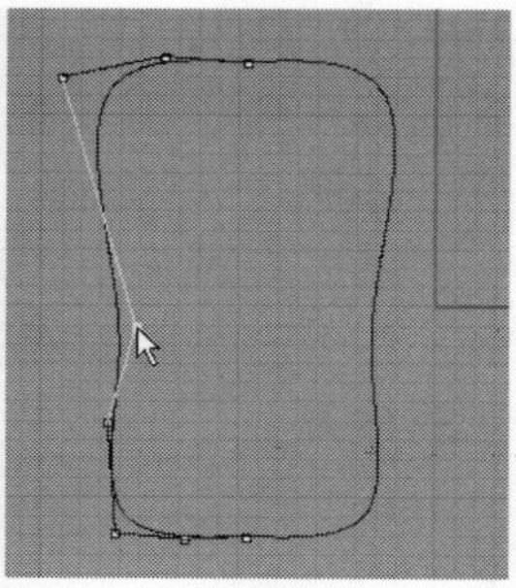　　　　　图 1-93

当然这样镜像过来的线条需要做匹配才能够真正合起来，后文有详细的介绍。这个操作还可以对面和体做镜像操作，方法和线操作一样。

4．垂直于线条方向对齐物体

这个工具的使用很简单，只需要单击物体后选择要垂直方向的曲线，然后找到定位点来做定位，如图 1-94 所示的两条曲线相垂直，其中一条是封闭曲线，作截面线，现在要在方向曲线上垂直复制一系列的封闭曲线。

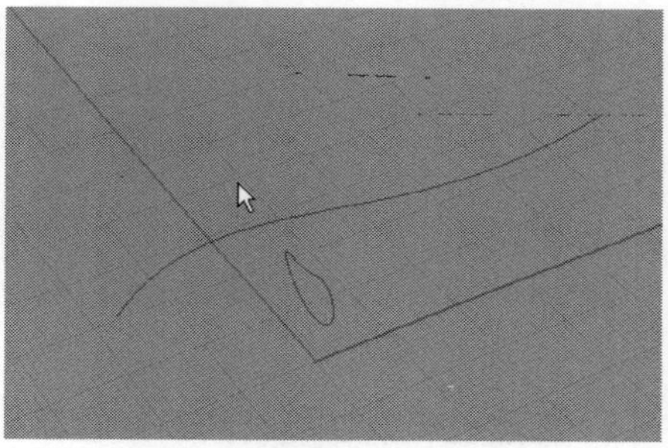

单击这个工具并根据提示选择封闭曲线后，在如图 1-95 所示的点选择定位中心点。

然后根据命令栏的提示，选择中间的曲线后，在命令栏上设置为 Copy 方式，可以在线条上复制出一条一条的封闭曲线，如图 1-96 所示，最终线条效果如图 1-97 所示。

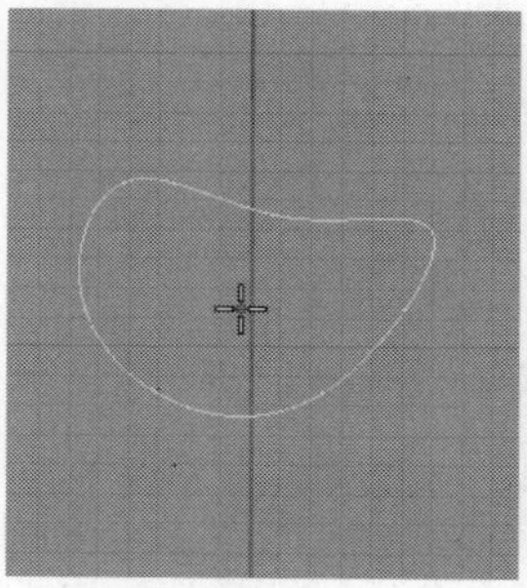

图 1-94

图 1-95 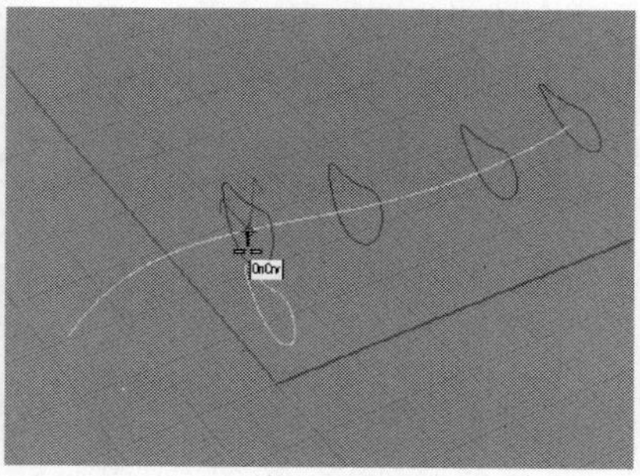　　　　　图 1-96 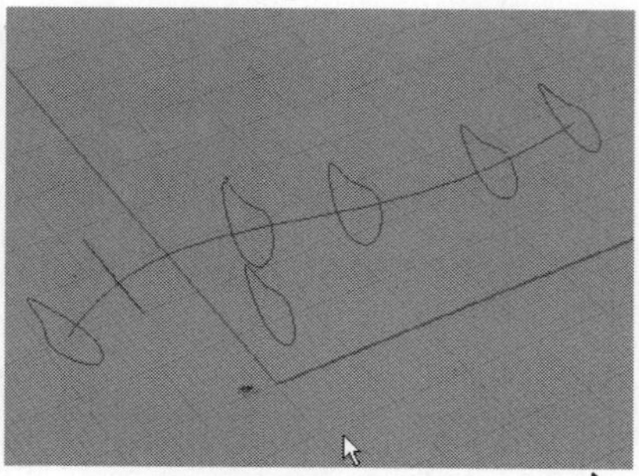　　　　　图 1-97

这个工具可以处理曲线，也可以处理面和体。

5．在不同的平面中重新确定对象的方向

用这个工具可以让对象在坐标系之间切换的时候更方便，比如希望对象在左视图中变成面对自己的方向，可以用这个工具一次性完成，得到如图 1-98 所示的曲面。

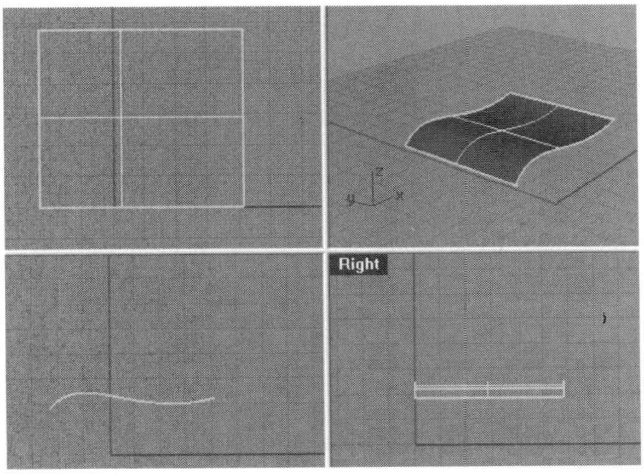

图1-98

如果需要在左下角的前视图中变得面朝外，垂直于目前的曲面方向，可以单击命令后，单击这个面，然后回车确定选择后在左下角的视图中单击，就可以得到如图1-99所示的效果。

同样的操作，如果要在右下角的右视图中变成现在这样的效果，在选定曲面后，在右下角的视图中单击，就会得到如图1-100所示的效果。

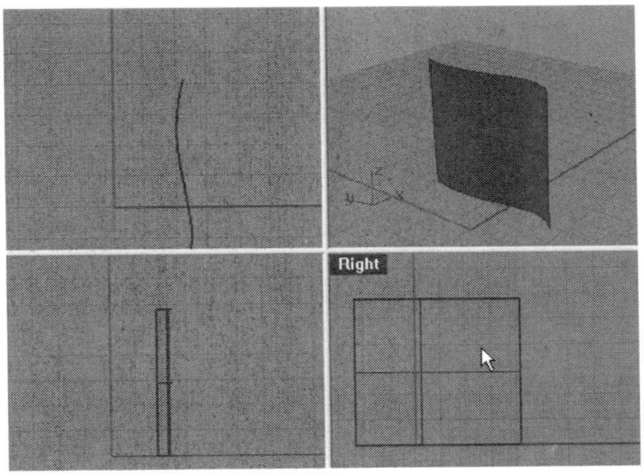

图1-99

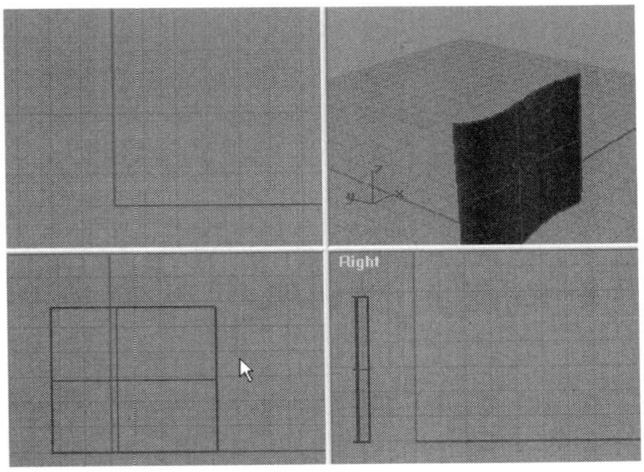

图1-100

6. 用指定的 X、Y 和 Z 方向来移动物体 ⚏（尤其是物体的点）

这个工具类似于前一个工具，可以把面变成 3 个坐标轴方向的平面。如图 1-101 所示，单击曲面以后，弹出一个对话框。

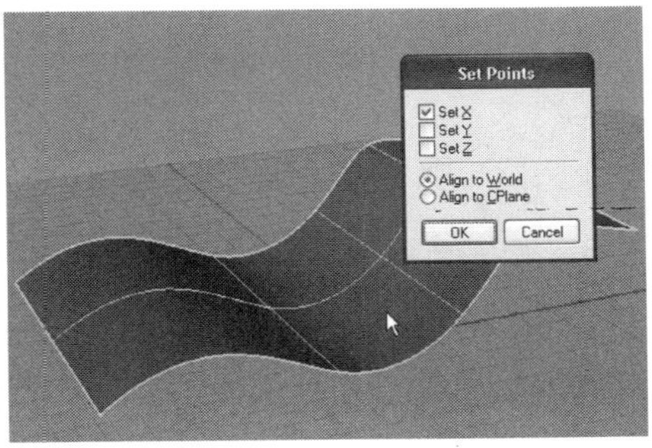

如图 1-102 所示中仅保留 X 方向，可以在视图中拉动平面，得到如图 1-103 所示的效果；也可以保留 Y 方向，得到如图 1-104 所示的效果。这个工具对于曲线或者曲面的点对齐有很大的作用，如图 1-105 所示的曲线看起来比较平，但是中间有一些小点，不平整，导致建模出现问题，需要进行对齐。

图1-101

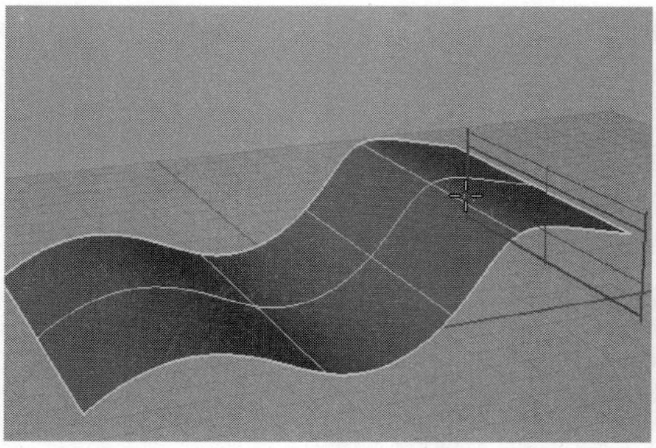

图 1-102

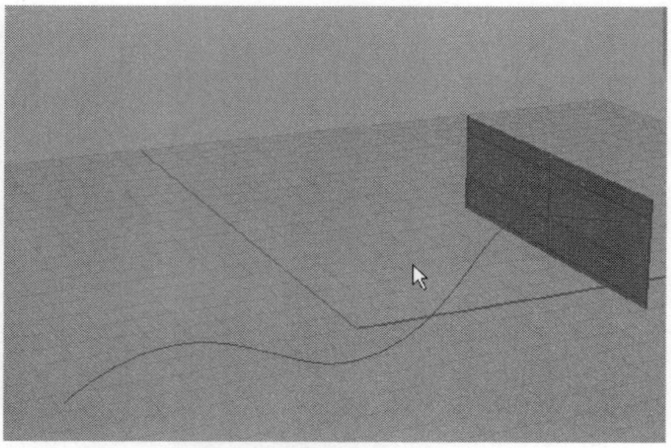

图 1-103

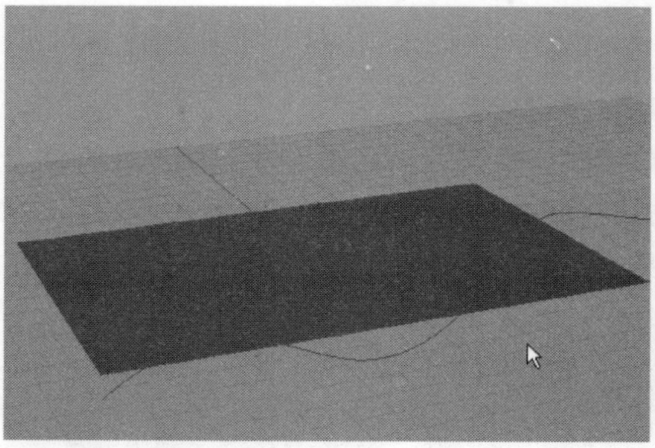

图 1-104

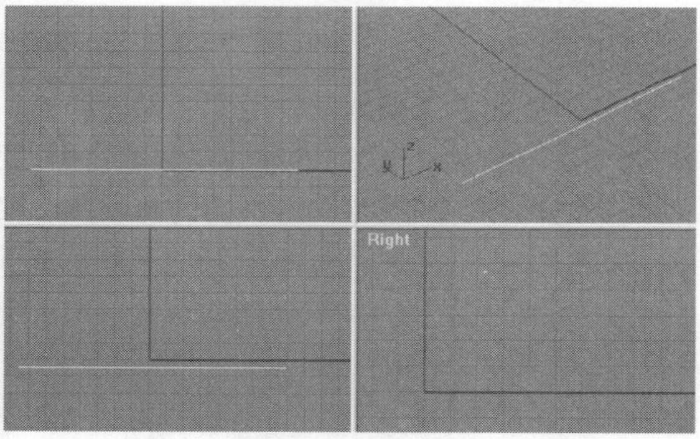

图 1-105

在进行对齐的时候选择 Z 轴对齐，可以得到如图 1-106 所示的拉动效果。

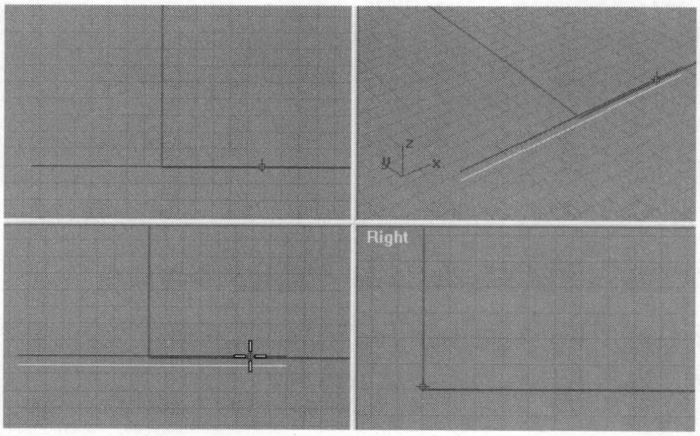

图 1-106

7. 扭曲工具

利用这个工具可以对物体进行扭曲操作，可以制作类似于竹编的效果，同时也可以作类似于电缆线的相互扭曲缠绕的效果，使用方法很简单，得到如图 1-107 所示的两个物体。

单击这个扭曲命令后，分别选取两个物体，先单击中间的辅助扭曲的线条的两端，然后在顶视图中进行旋转，如图 1-108 所示。

图 1-107　　　　　　　　　　　　　　图 1-108

8. 逐渐变小工具

这个工具可以对实体或者曲面作变形，形成圆台状，如图 1-109 所示。

图 1-109

单击这个工具以后，单击物体，然后分别设定两个相对的变形点，如图中利用上下面的椭圆中心，然后换个视图进行上下两个变形距离的设定，如图 1-110 所示。

确定后得到如图 1-111 所示的实体变形效果。

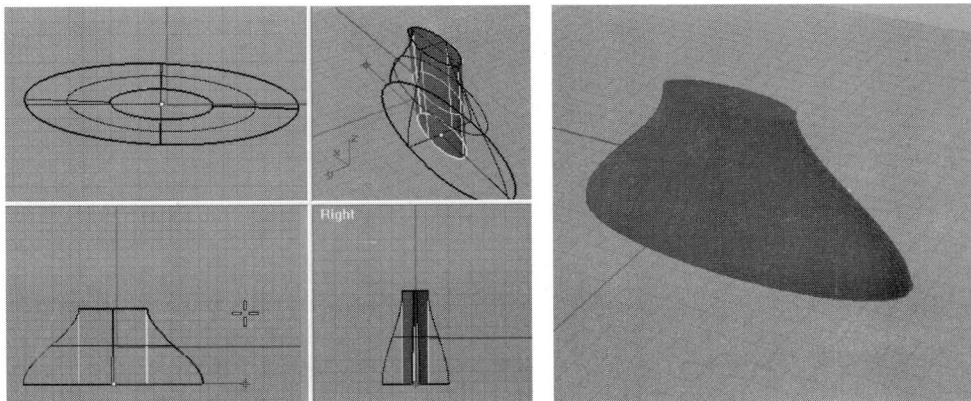

图 1-110　　　　　　　　　　　　　　图 1-111

9. 沿着目标曲线进行排布工具 🖉

这个工具可以对一个或一组物体沿目标曲线进行排布，如图 1-112 所示的一排半圆形类似按钮的物体，可以进行如左边的曲线一样的排布。

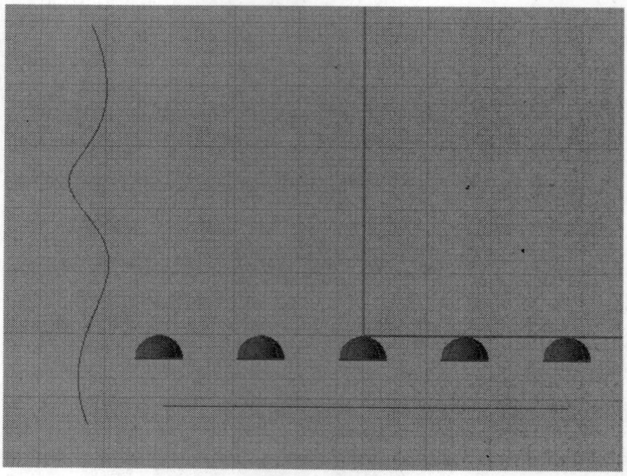

图 1-112

在命令栏上进行如图 1-113 所示的设置，注意 Rigid 的设置，如果设置为 No，物体就会变形，而 Stretch 设置是让物体和曲线的长度进行适配的。

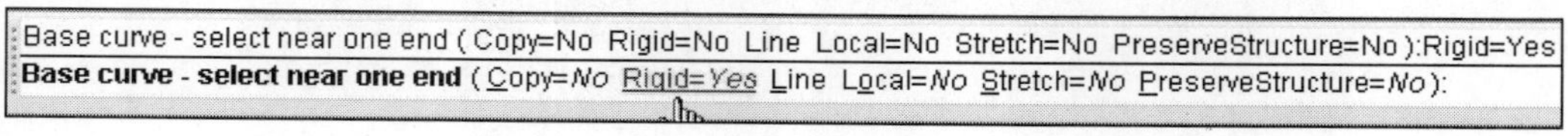

```
Base curve - select near one end ( Copy=No Rigid=No Line Local=No Stretch=No PreserveStructure=No ):Rigid=Yes
Base curve - select near one end ( Copy=No Rigid=Yes Line Local=No Stretch=No PreserveStructure=No ):
```

图 1-113

选择所有的半圆形物体后回车，单击最近的直线作为参照线条，然后单击左边的曲线，得到如图 1-114 所示的效果。

利用同样的方法还可以排布成如图 1-115 所示的效果。

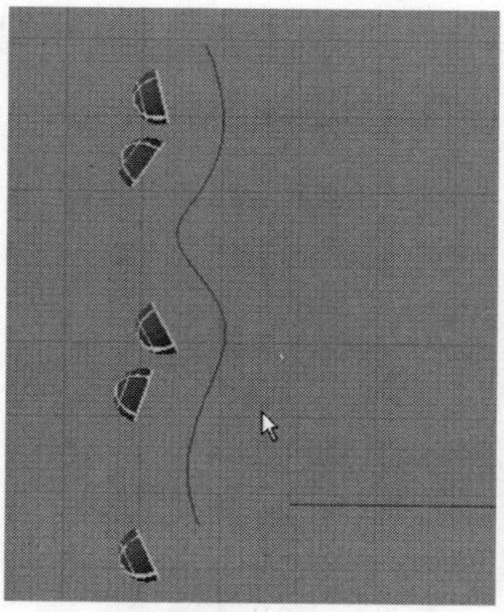

图 1-114

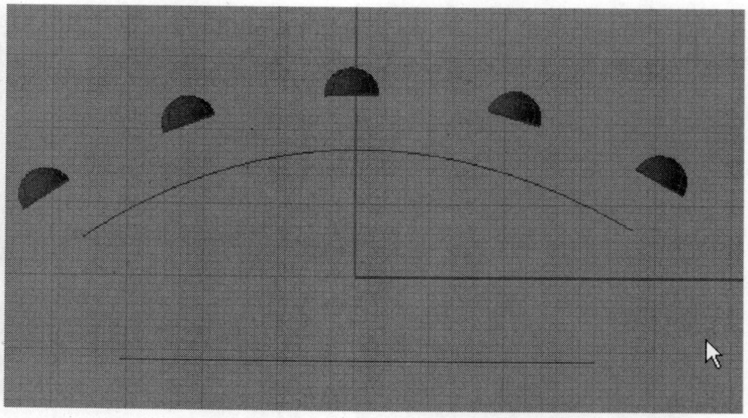

图 1-115

10. 沿曲面排布工具 🖉

这个工具和上一个工具的使用方法类似，区别在于这个工具是沿着曲面排布，而前一个工具是沿曲线排布，操作方式相同。

　　如图 1—116 所示为曲面和要排布的按钮，进行和曲线排布同样的设置，选择了要排布的按钮以后单击基准平面，然后单击椭球体，得到如图 1—117 所示的沿曲面排布效果。这个排布的控制，可以通过和基准平面的关系来进行，比如要离球体远一些，那么和基准平面的相对距离就要拉大，如图 1—118、图 1—119 所示。

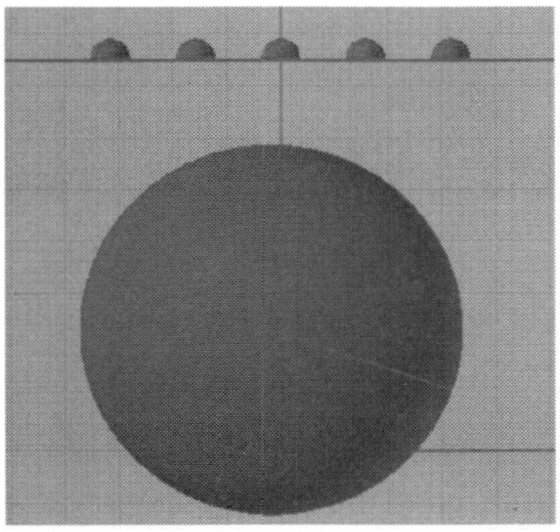

图 1—116

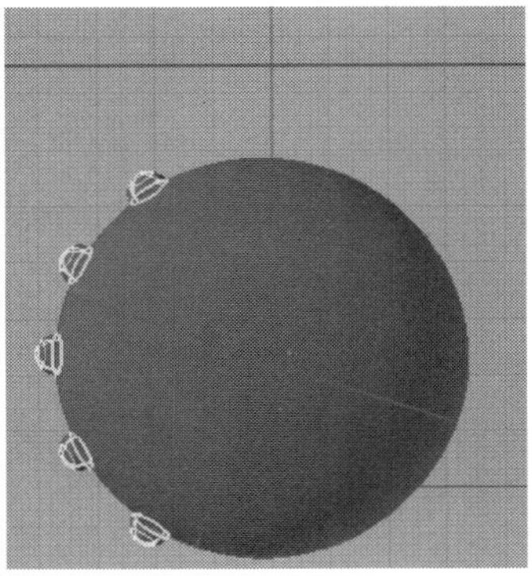

图 1—117 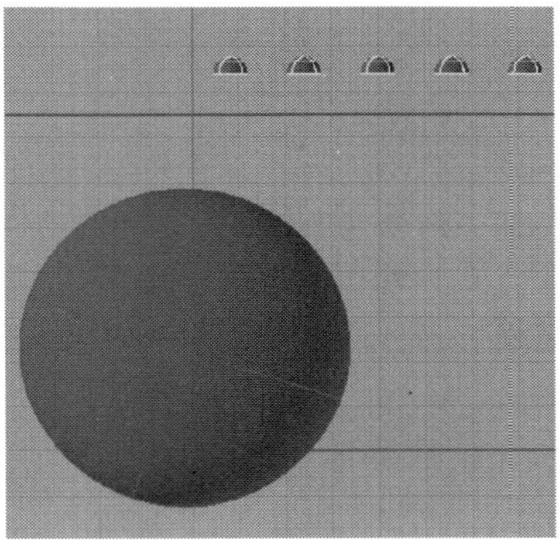　　　　　　　　图 1—118 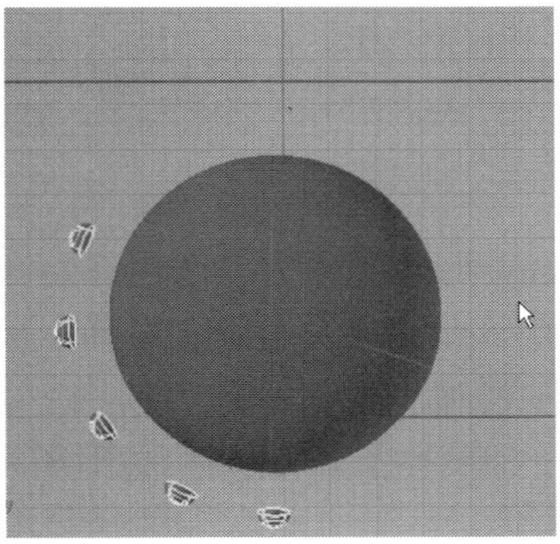　　　　　　　　图 1—119

11．斜拉动调节工具

　　这个工具可以对曲线、面和体或者控制点进行拉动调节，调节的方法很简单，直接选择后拉动一个参考方向的线条，然后就可以拉动调节了。如图 1—120、图 1—121 所示的球体，调节后得到如图 1—122 所示的效果。

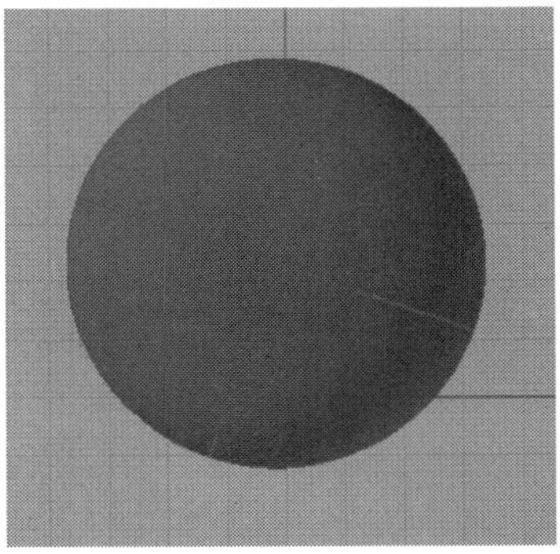

图 1—120 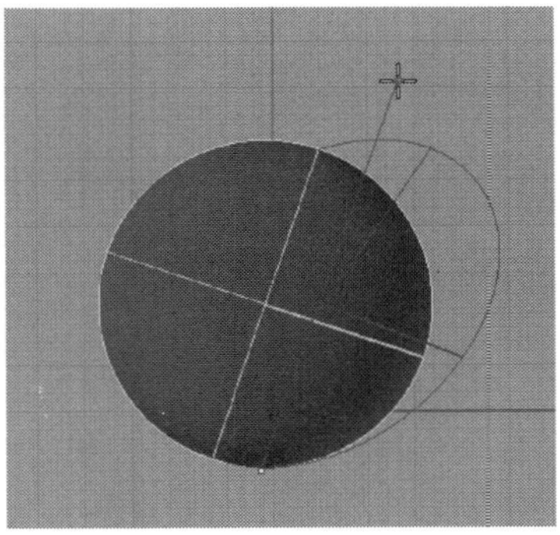　　　　　　　　图 1—121 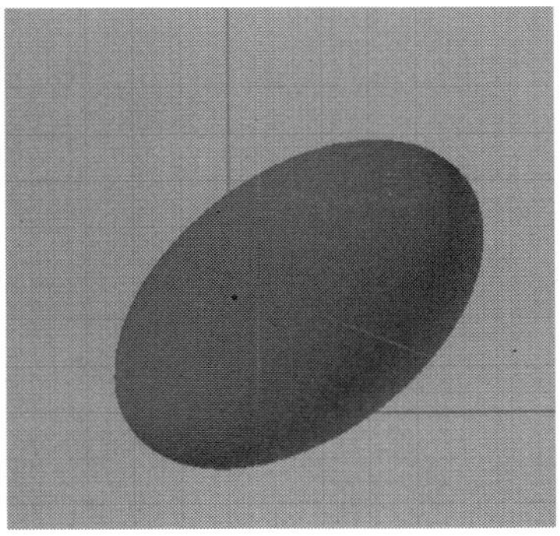　　　　　　　　图 1—122

　　也可以对局部的控制点进行编辑，如图 1—123 所示选择球体的右边部分控制点进行拉动调节，可以使左边部分不动，而右边变化，得到如图 1—124 所示的最终效果。

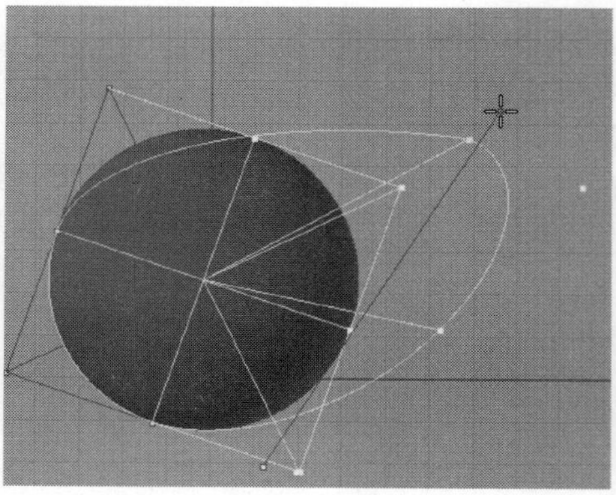

图 1-123

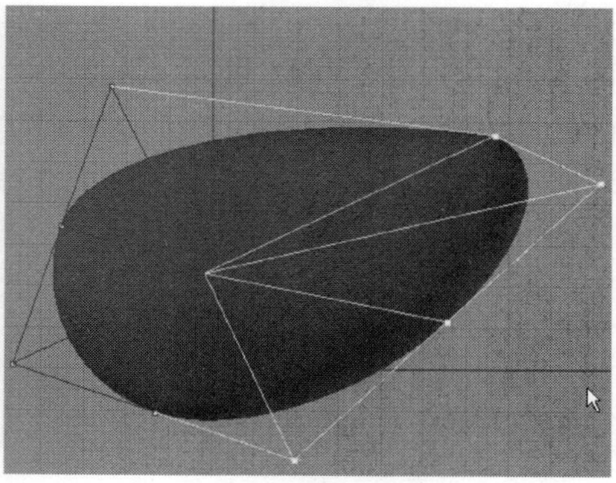

图 1-124

1.3.4　点编辑

点编辑操作是整个 Rhino 4.0 中非常重要的部分，因为不仅仅曲线中通过点编辑可以改变形状和连接方式，曲面也可以通过点编辑来进行形状的调整，如图 1-125 所示的面板就是点编辑面板，下面简单介绍一下这些工具的使用。

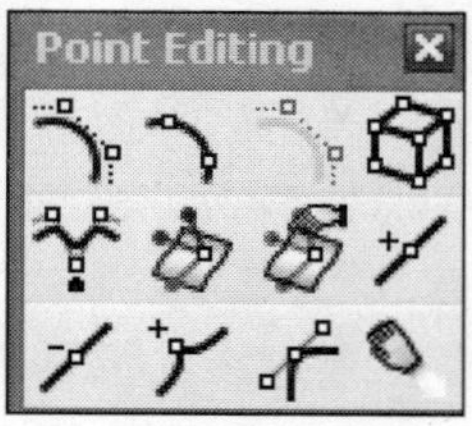

点编辑工具是很常用的，现在简单讲解一下基本的用法和使用技巧。

图 1-125

1.　显示和取消控制点和编辑点工具

前两个工具分别是显示控制点和编辑点的工具，如图 1-126 所示为圆柱体的显示控制点的效果。

可以通过控制点来调节曲面的形状，如图 1-127、图 1-128 所示。

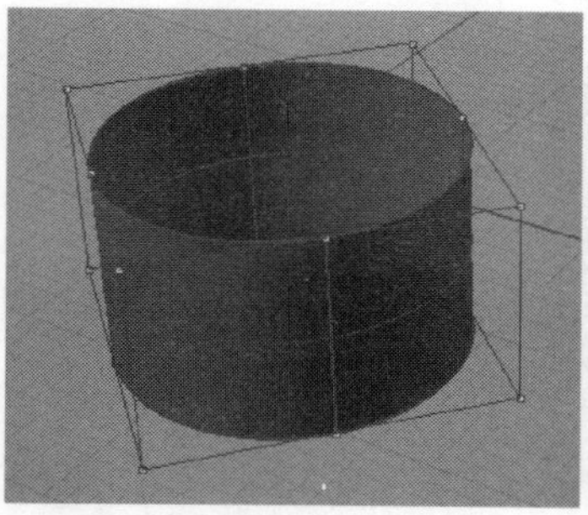

图 1-126

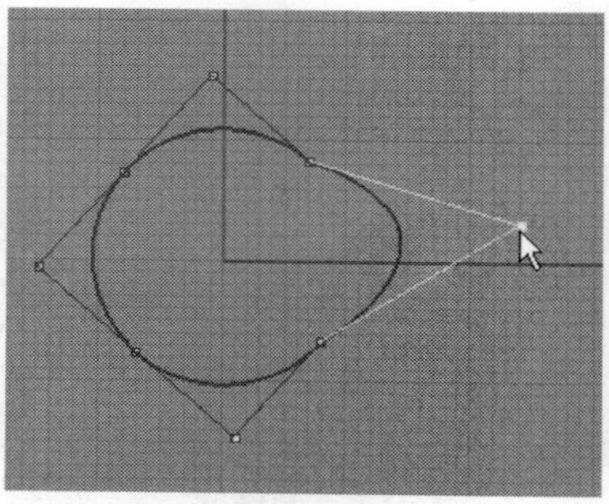

图 1-127

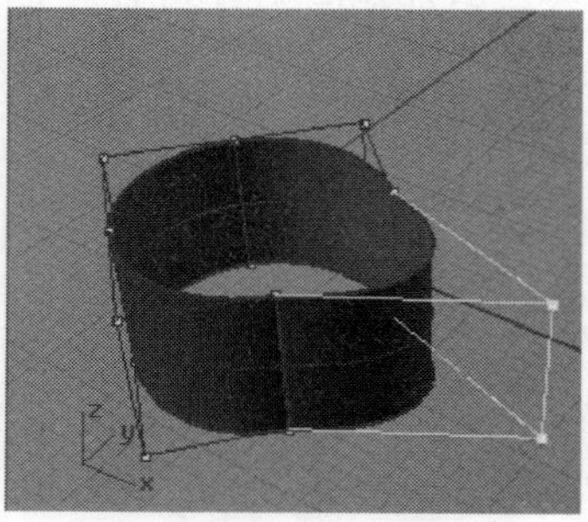

图 1-128

这个工具也可以控制曲线的变化，如图 1-129 所示为曲线点选控制点工具以后，可以进行形状的调整。

而显示编辑点工具只能应用在曲线上，不能用在曲面上，如图 1-130 所示，调节方式如图 1-131 所示。

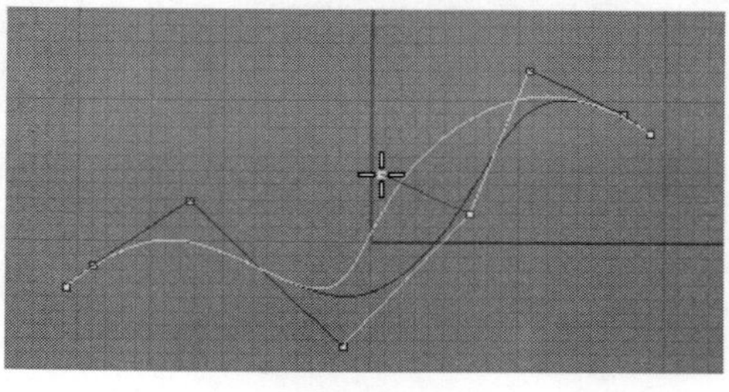

图 1-129

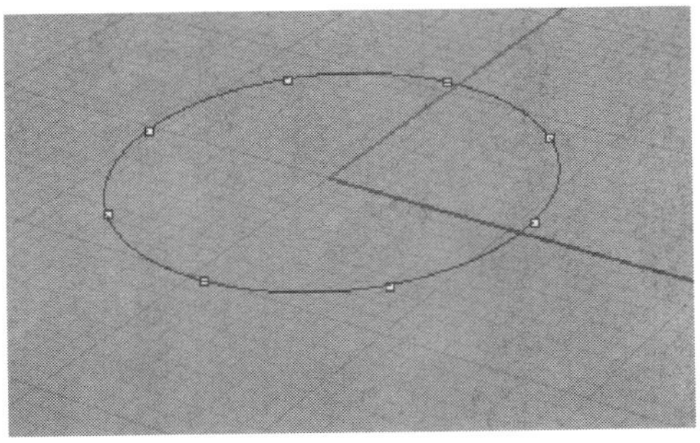

图1-130

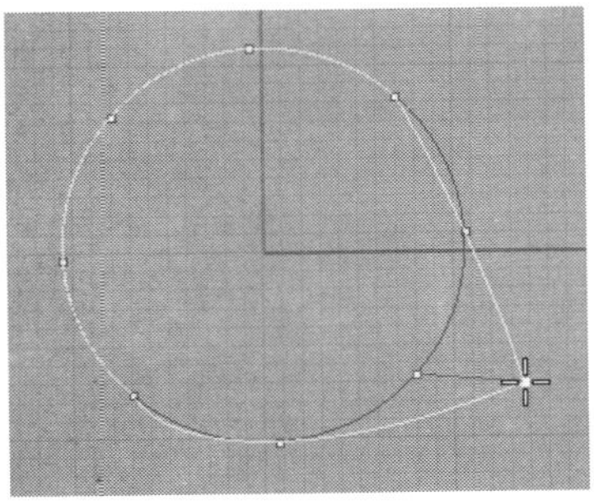

图1-131

通过对比可以看到两个控制点的方式不一样，前者是通过点外面的和线条相切的线来控制点的方向，而后者是控制点的位置变化。

2. 编辑控制点权重工具 ᛘ

用这个工具可以对曲线或者曲面上的控制点的权重进行调整，如图1-132所示的曲线就可以进行权重的编辑。

单击工具以后，单击要调节权重的控制点，回车后弹出如图1-133所示的调节面板。这个调节面板中，权重 1 为不变的状态，数值越大会影响到曲线点朝右边变化，而越小则相反朝曲线点左边变化，如图1-134和图1-135所示为曲线点变化效果。

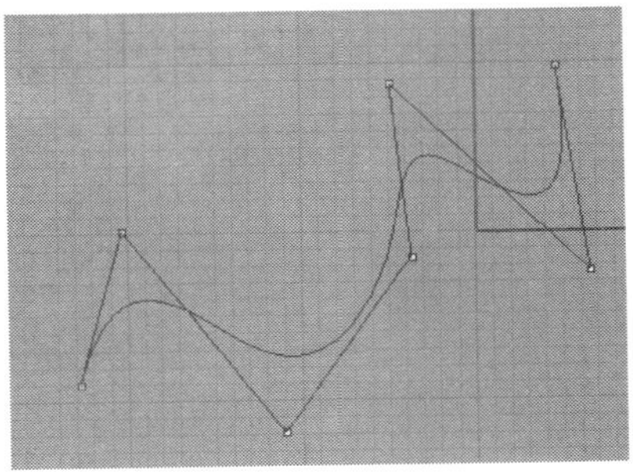

图1-132

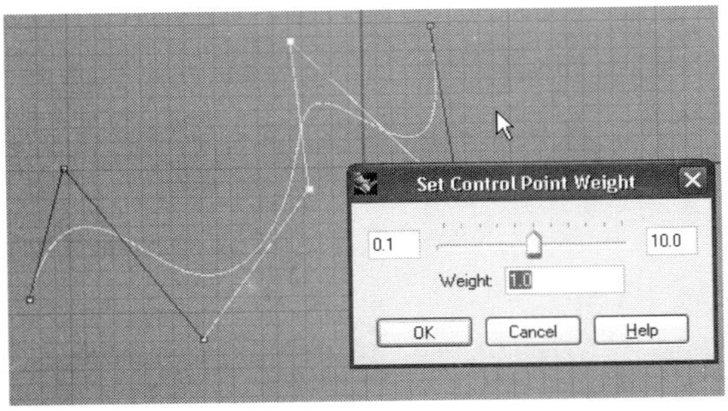

图1-133

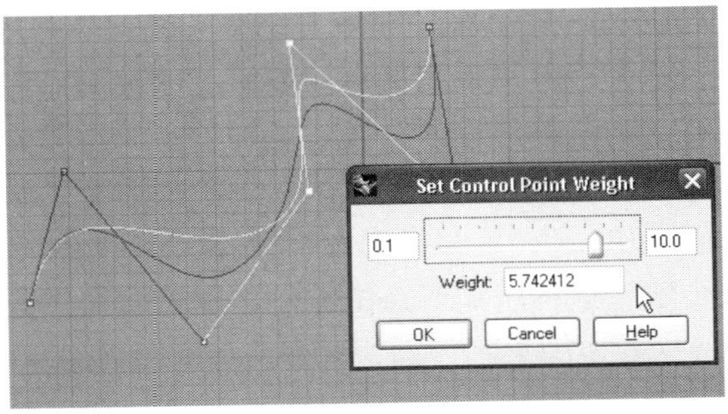

图1-134

曲面同样可以进行这样的操作，如图1-136所示的曲面为要调节高亮的曲线点。

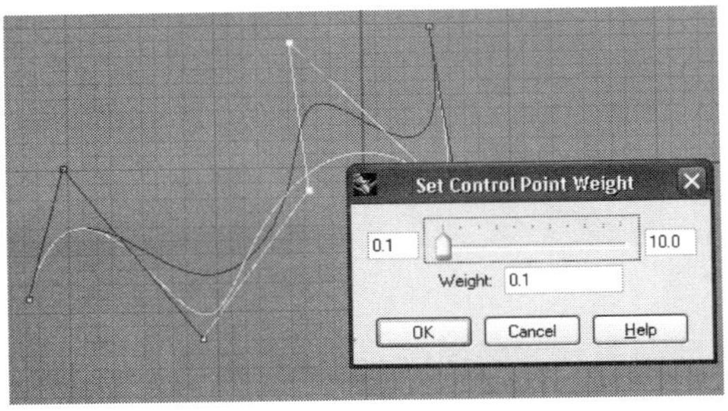

图1-135

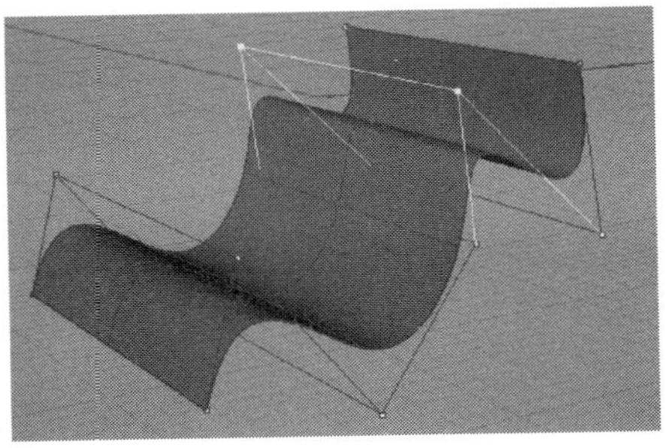

图1-136

单击调节权重工具以后，弹出如图
1-137所示的窗口，设置小一些的数值，可
以看到数值越小曲面越平缓，越高则越陡，
这个和曲线的变化不同，调节后得到如图
1-138所示的平缓效果。

可以用这个工具进行曲面的调整，让曲
面表面的变化符合自己的需要。这个工具也
可以对单个点进行权重操作，如图 1-139
所示，越向右曲面的凸起越明显。

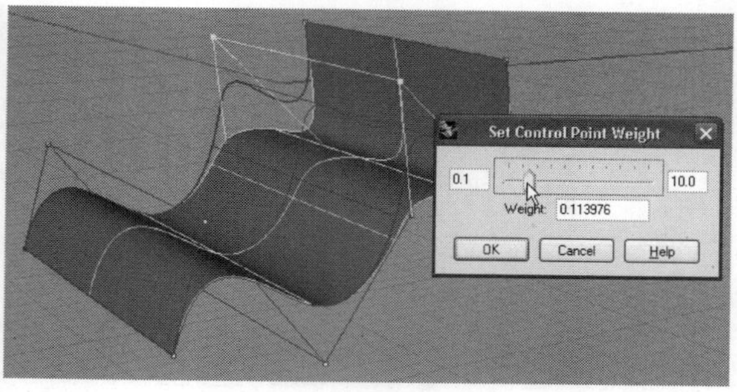

图 1-137

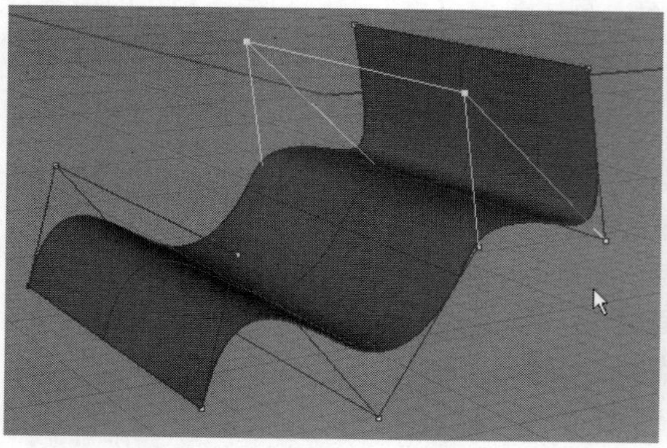

图 1-138

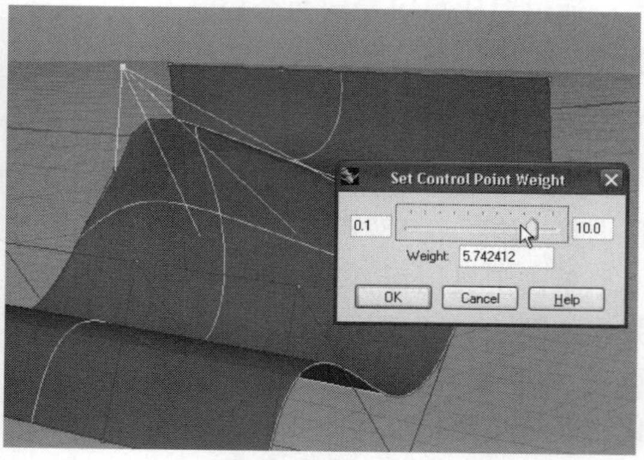

图 1-139

这样可以调整出更加有机的曲面凸起和凹陷效果。

3. 朝 UVN 方向移动调节控制点工具 ✍

这个工具可以方便地对曲面上的控制点进行不同方向的规范移动，可以朝 U、V 和正常方
向移动，同时移动的时候也能够进行对称和光滑操作，同样用上面的例子来做说明。

选择要调节的控制点以后，单击这个工具，然后会弹出一个调节面板（图 1-140），在这
个面板中，U、V 和 N 分别代表 3 个不同的方向，Scale 表示调节的权重，可以加大或者缩小
这个值，这样所调节点的控制范围将会变大或者缩小（图 1-141）。

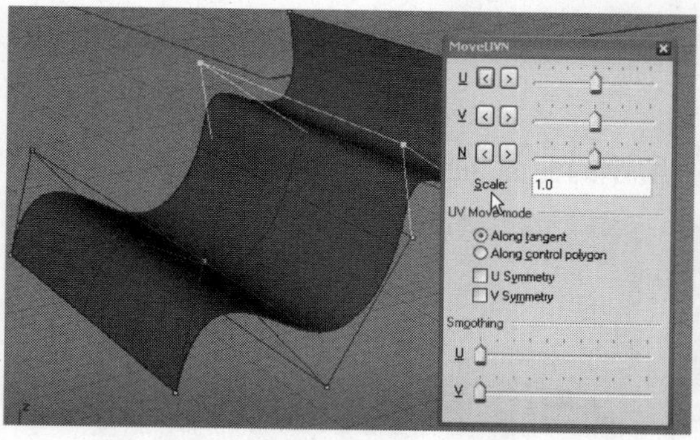

图 1-140

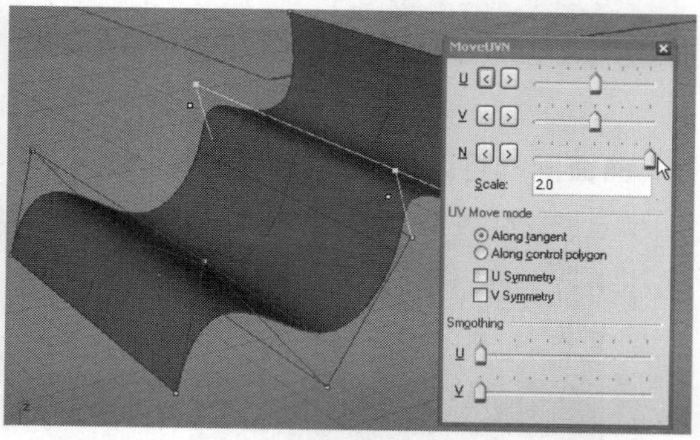

图 1-141

图 1-141 将控制点 Scale 设置为 2.0，然后调节 N 方向的值，可以看到曲面上的控制点朝
下移动，得到如图 1-142 所示的曲面效果。

还要注意下面几个选项的意思，UV Move Mode 即 UV 方向的属性，可以设置为曲面的切线方向，也可以设置为控制体的方向，同时下面两个选项可以设置为 U 向和 V 向的对称编辑，如图 1-143 所示，设置了 V 向的对称编辑后，编辑点移动的时候，曲面上的控制点就会朝中心对齐来进行调整。

下面两个 Smoothing 选项可以直接控制所调节点的光滑程度，如图 1-144 所示的调节，可以让曲面在 U 向上更加光滑，同样也能够在 V 向上更加光滑。

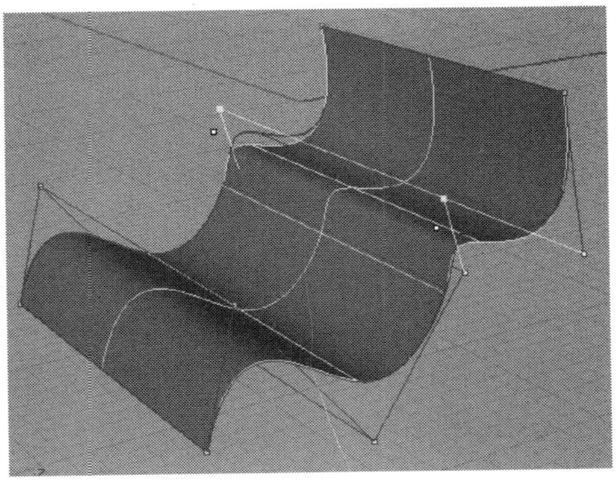

图 1-142

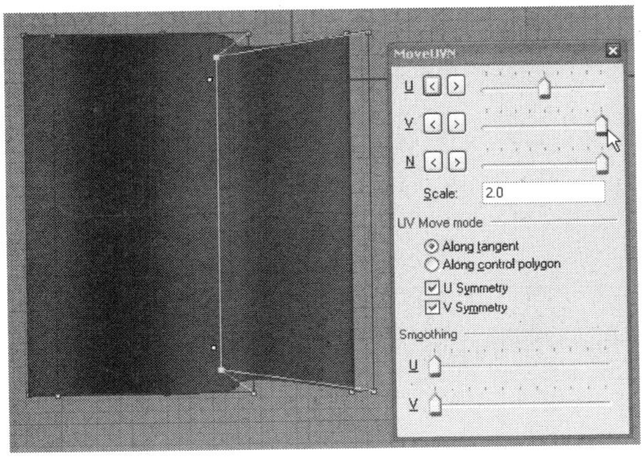

图 1-143

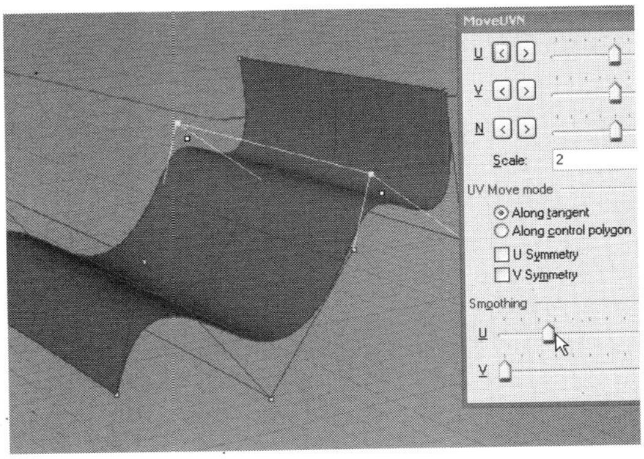

图 1-144

4．插入 Knok 点

Knok 即曲线上的控制点，通过插入 Knok 点，可以让曲线增加更多的控制点，而不会改变曲线的曲率，也可以用这个命令在曲面上增加控制线，同样不会改变曲面的曲率，如图 1-145 所示是在曲线上增加控制点，得到如图 1-146 所示的效果，曲线整体没有变化。

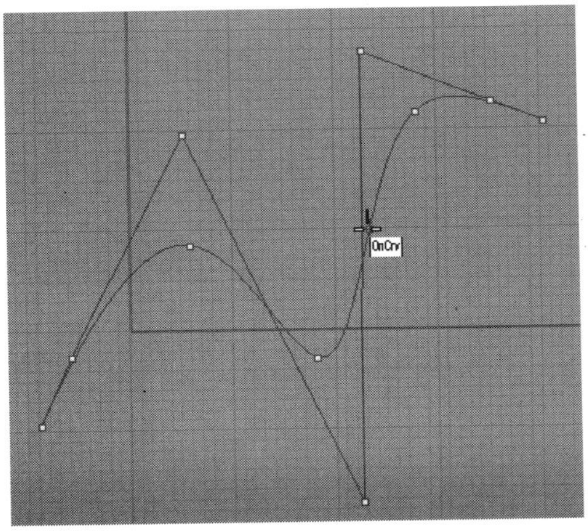

图 1-145

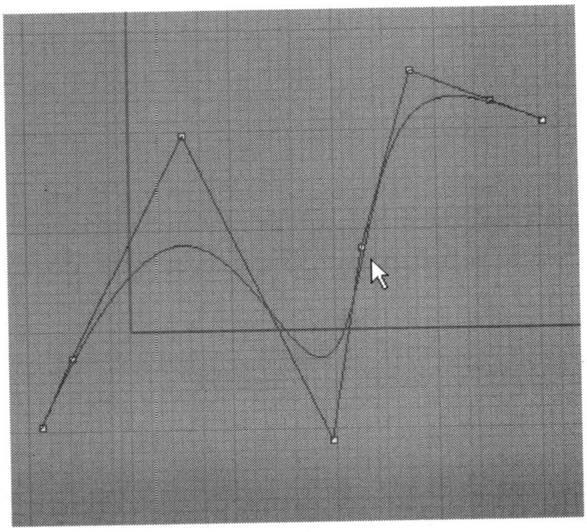

图 1-146

同样在曲面上增加控制线效果，如图 1-147 所示，得到如图 1-148 所示的结果。

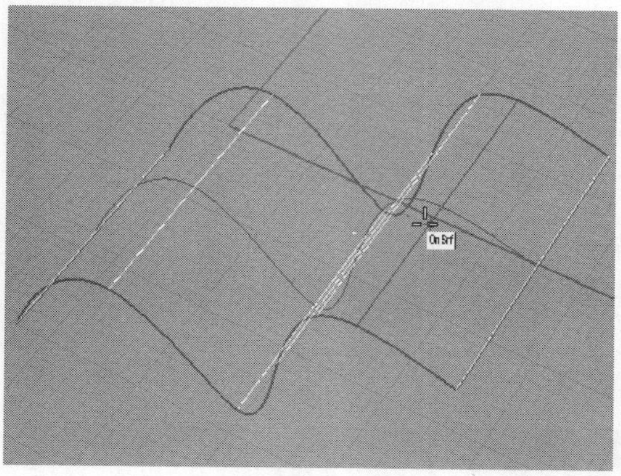

图 1-147

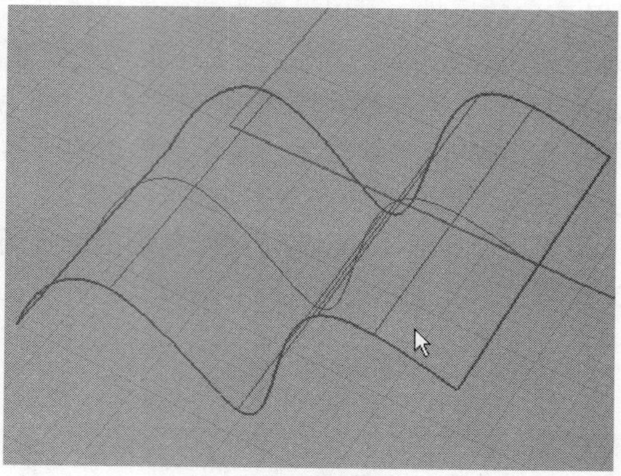

图 1-148

当然在曲面上添加曲线的时候也可以添加另外一个方向的，只需要在命令栏上单击"Toggle（切换）"，或者单击"Direction（方向）"，把数值设为 U 方向，就可以了，如图 1-149 所示。

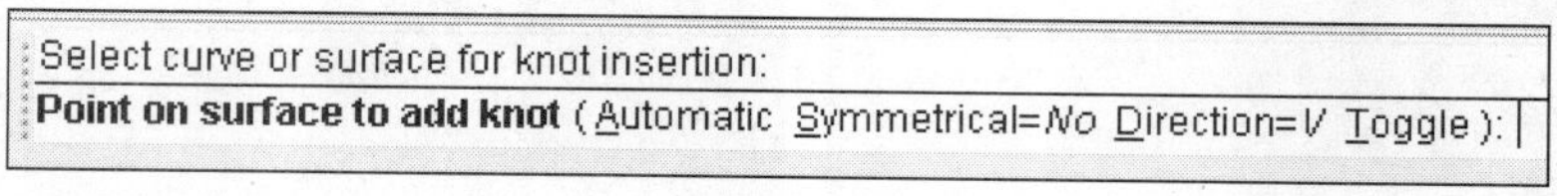

图 1-149

在命令栏上也可以单击"Automatic（自动）"，进行曲面的控制线自动添加，如图 1-150 所示，可以得到均匀添加的控制线效果。也可以单击"Symmetrical（对称添加）"，这样控制线可以在面的两头进行对称添加（两边都出现的红色线条），如图 1-151 所示。

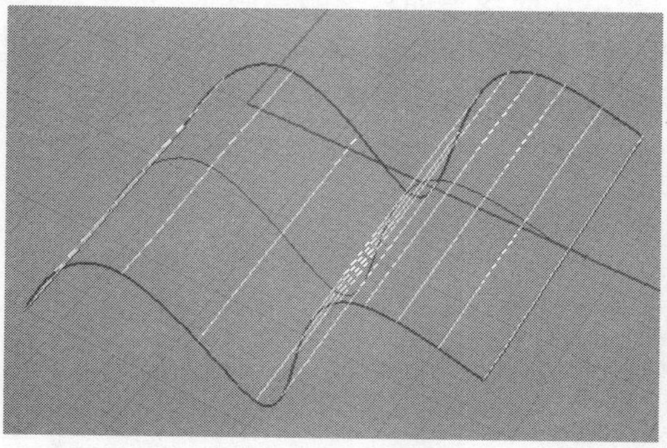

图 1-150

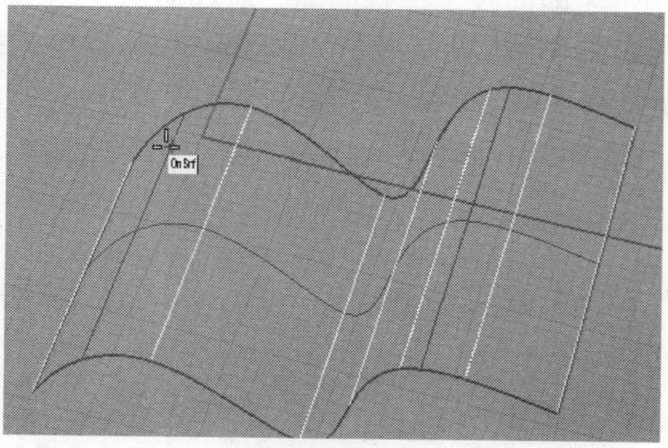

图 1-151

5. 删除控制点和控制线工具

这个工具和前一个工具正好相反，可以删去曲线行的控制点，也可以删除曲面上的控制线，当然要删除曲面上的控制点，可以直接按键盘上的 Delete 键删除控制点，而曲面上的控制线就必须要用这个工具来删去，如图 1-152 所示，去掉后得到如图 1-153 所示的效果。

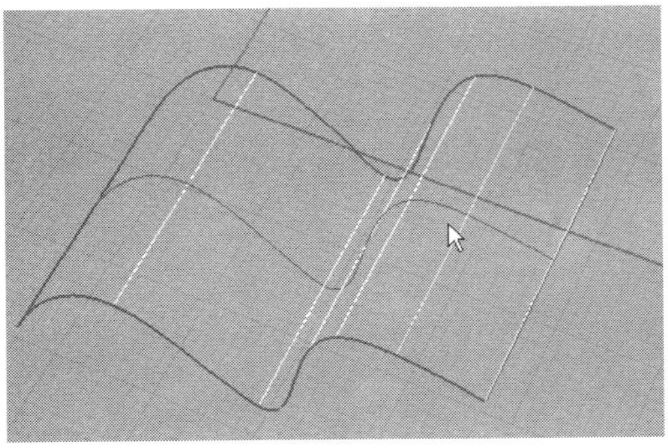

图1-152

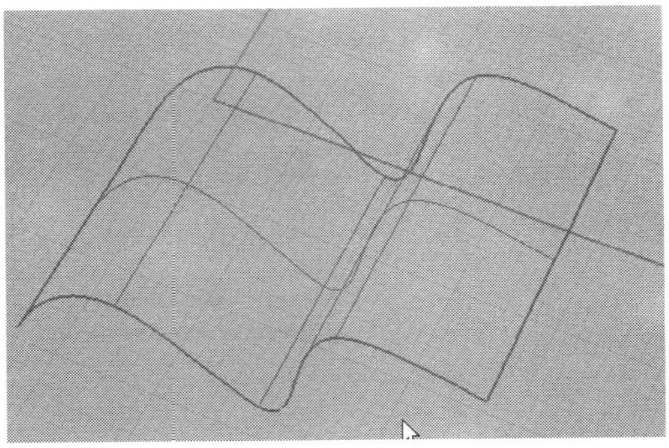

图1-153

如果要减去另外方向的控制线，可以单击命令栏上的"Toggle（切换）"，来切换方向。

6. 插入Kink点

Kink点的插入可以使整个曲线变成两条多义线，即两条互相不连续的类似于Join（结合）在一起的线条，如图1-154所示是没有添加Kink点的曲线控制线效果，进行如图1-155所示的添加。

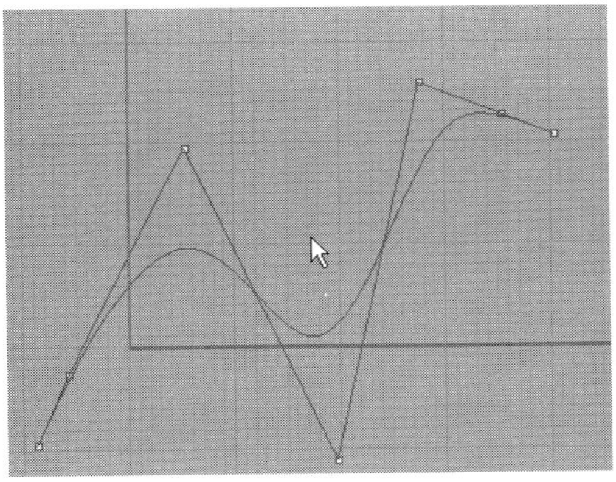

图1-154

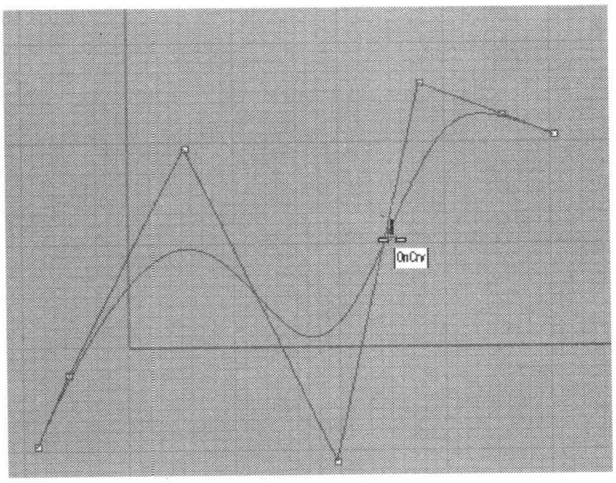

图1-155

得到如图1-156所示的效果，可以移动添加的Kink点，得到如图1-157所示的尖锐效果。

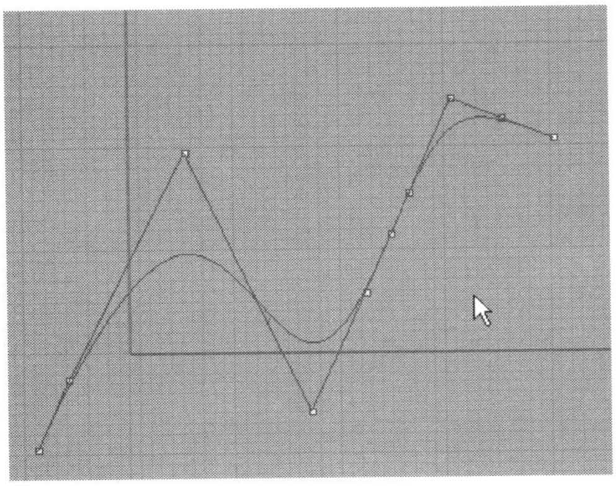

图1-156

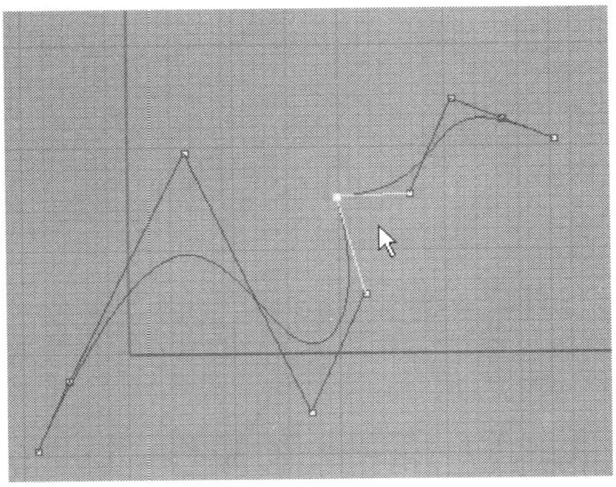

图1-157

由此可见，通过 Kink 点的添加，类似于把这个曲线分成了不连续的两条曲线。

7. 使物体拖动平行于不同的坐标方式工具 ✍

拖动物体时，可以单击这个工具，这样物体只能平行于不同的平面进行移动。单击后可以看到命令栏，如图 1-158 所示。

```
Command: _DragMode
Select drag mode <World> (CPlane World View UVN Next):
```

图 1-158

这里有几个选项，简单介绍一下。

- CPlane：拖动物体只能平行于创建对象的平面。
- World：拖动物体只能平行于世界坐标系的 XY 平面。
- View：拖动物体只能平行于观察平面。
- UVN：拖动物体只能平行于对象的 U、V 和正方方向。
- Next：设定下一种模式，即在这前 4 种模式中切换。

设定一种模式，鼠标上都会有个图表显示，表示是哪种模式，如图 1-159 所示是表示在世界坐标系下面的 XY 平面上拖动。

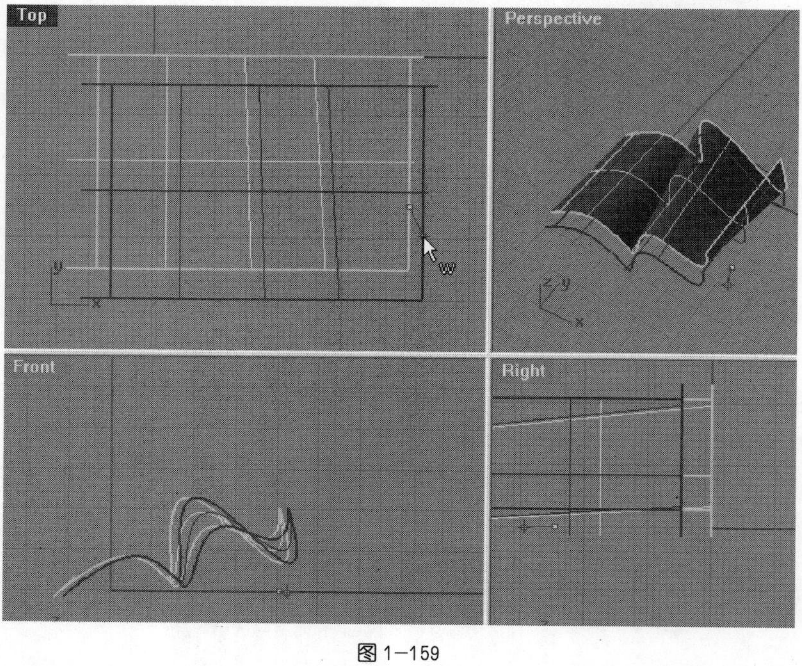

图 1-159

所以可以看到只能在 XY 的水平平面中拖动，在 Front 视图中物体不会上下移动。

1.3.5 综合分析操作

综合分析包括对曲线、曲面和体进行的一些分析操作，通过分析可以方便地进行细节的

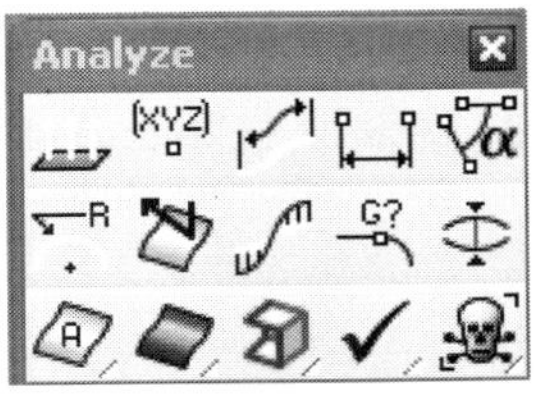

调整，这里有很多的相关操作，具体的工具如图1—160所示。

下面分别将这些工具讲解一下。

1．正反面转换工具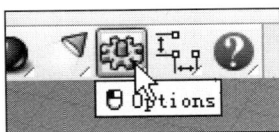

这个工具非常重要，很多场合下由于正反面没有处理好，导致一些问题，比如布尔运算不能正常进行，导出的面看不到，所以需要转换，转换正反面的方法很简单，只需要简单地选择需要调节的面，然后单击，每单击一次正反面换一次，如图1—161所示。

但是如果没有用到这个工具，就不知道到底是正面还是反面，所以需要进行相应的设置，把曲面的反面显示出来，如图1—162所示，单击属性设置按钮，出现如图1—163所示的界面，选择背面的颜色选项。

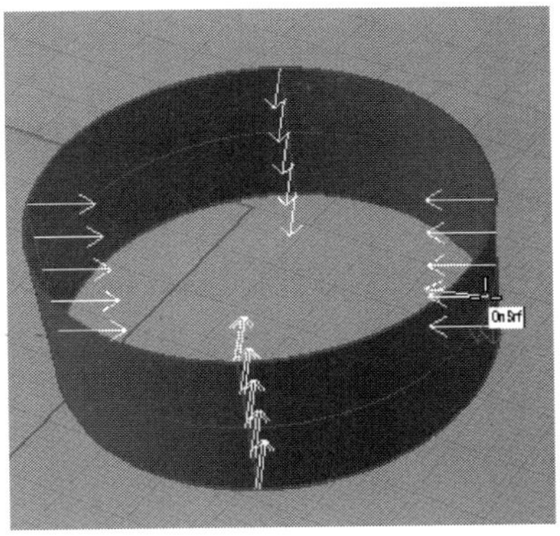

图 1—160

图 1—161　　　　图 1—162

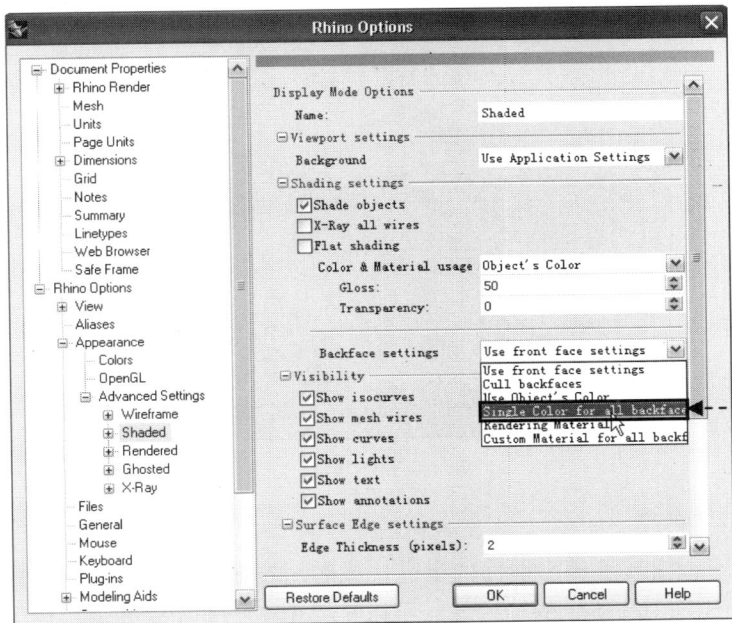

图 1—163

设置成如图 1-164 所示的黄色，确定后就会得到如图 1-165 所示的曲面显示效果。这样就知道曲面是否是正面还是反面了。

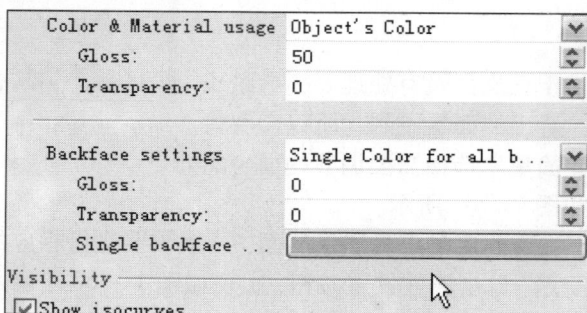

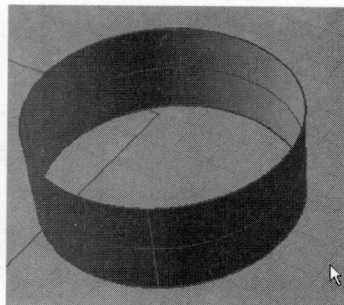

图 1-164   图 1-165

2. 确定点的 XYZ 坐标工具 [XYZ]

这个工具可以知道每个固定点的具体坐标值，包括不同的坐标系坐标值，用右键单击可以知道曲面上的某个点的坐标值。

3. 测量长度工具

这个工具可以测量具体曲线的长度，同时用右键单击可以测量曲面的高度，如图 1-166 所示可以测量出曲面的高度。

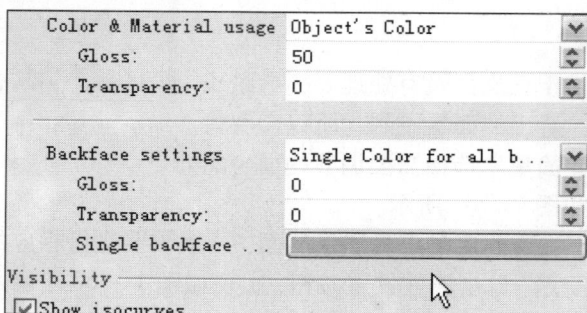

图 1-166

4. 测量半径工具

用这个工具可以直接测算出曲面的半径，或者用右键单击测算某部分曲面的半径，具体操作很简单，如图 1-167 所示的圆柱体，可以直接单击一下，就知道半径了 (图 1-168)。

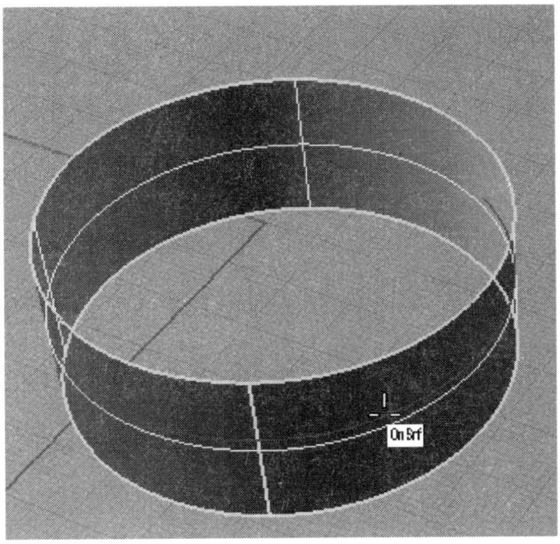

图1-167 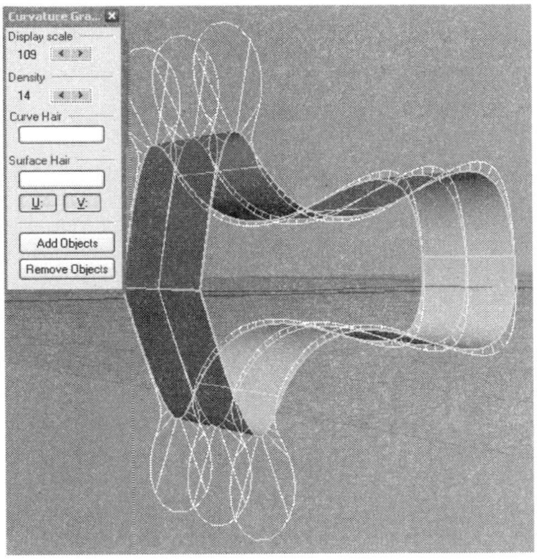 　　　　　　　　　　　　　　　　　图1-168

5．观察曲面的曲率工具

这个工具可以观察曲面的连续性，如图1-169所示，可以清楚地了解曲面的各个部分的连接关系。不同的曲线显示方式表示不同的连续性，比如有位置连续、相切连续、曲率相切连续3种方式。

6．曲线连续性检查工具

可以对两条相接的曲线进行连续性检查，如图1-170所示，得到一个最终的结果G2连续。而如图1-171所示，曲线则得到G0的结果。

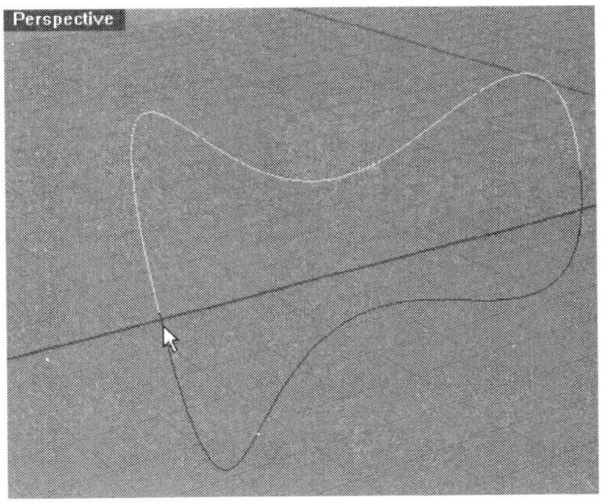

图1-169 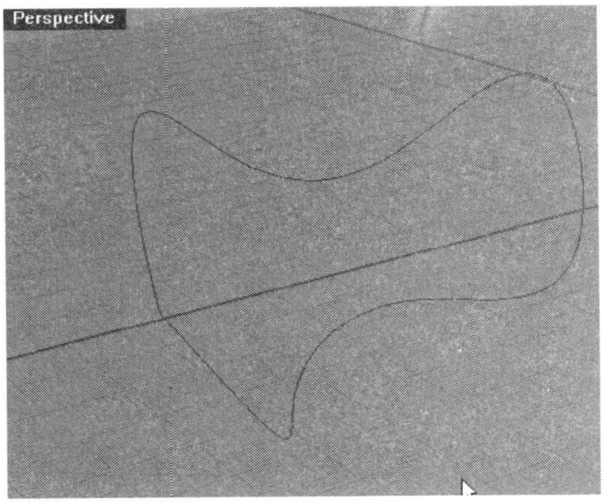 　　　　　　　　　　　　　　　　　图1-170

7．偏离值检查工具

这个工具可以检查曲线的偏离值，单击如图1-171的两条曲线，可以进行检查。检查后得到最大偏离值的直线，如图1-172所示，命令栏上也有相应的数值显示。

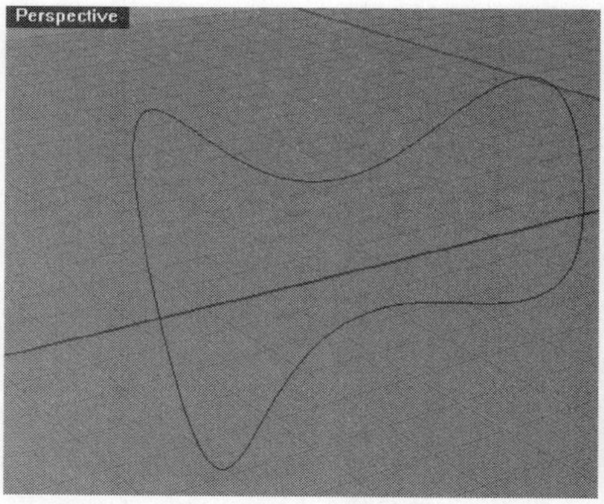

图 1-171

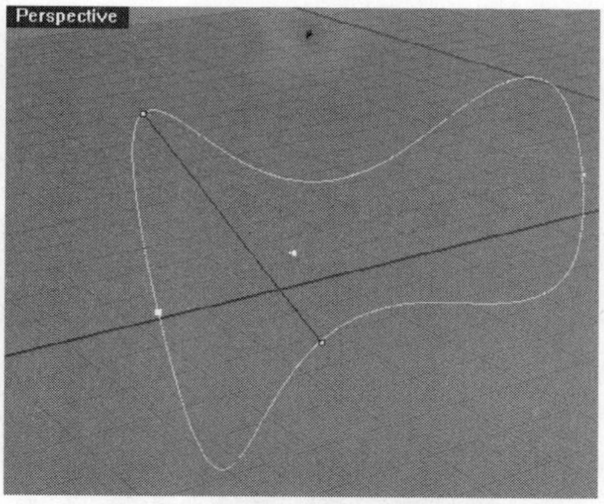

图 1-172

1.4 本章小结

　　本章主要讲述了计算机辅助工业设计的一些基本知识，Rhino 4.0 软件的基本知识以及 Rhino 4.0 软件在计算机辅助工业设计方面的应用前景，同时结合软件，讲解了 Rhino 4.0 软件界面的一些基本设置，以及常用工具的使用方法。通过讲解，读者应该了解 Rhino 4.0 软件在计算机辅助工业设计方面的优势和特点，也能够基本掌握 Rhino 4.0 软件的用法。

第2章

分叉形曲面
产品建模

本章重点

➢ 讲解在Rhino 4.0建模中常见的分叉形曲面产品，包含特殊的Y形曲面产品和把手融合曲面的建模方法和技巧

➢ 结合一款常见的特殊的Y形户外音乐摇椅和电锯产品，讲解具体的建模方法和思路

学习目的

本章采用Step by Step的方式向读者展示了如何利用Rhino 4.0软件来进行两款典型的分叉形曲面产品——Y形户外摇椅和电锯产品的建模，让大家领会如何把一个产品模型准确快捷地建出来，同时能够更好地把握细节。

户外音乐摇椅产品建模

锯子产品建模

分叉形曲面在产品设计中有很多应用，一方面主要应用在把手曲面的建模上；另一方面的应用主要就是在三管相接或者多管相接上面，如图 2-1、图 2-2 和图 2-3 所示的就是类似的分叉形曲面。本章将结合两个典型的实例，分别讲解这一类曲面的建模方法和技巧。

图 2-1 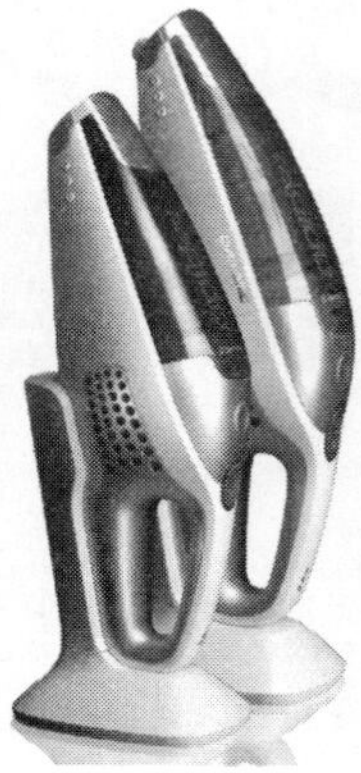   图 2-2 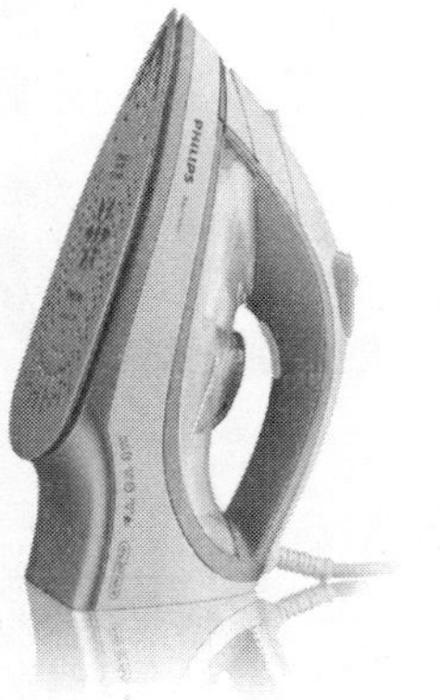   图 2-3

2.1 户外音乐摇椅产品建模

产品介绍

这是一款概念产品，如图 2-4 所示，名字叫做 Moodswing（随心而摆），主要创意在于，该产品提供了一个在户外休闲放松的场所，同时利用摇动的动能来给音乐播放器提供能量，这样可以使自己在摇动娱乐的同时享受音乐，如置身于大自然的感觉。

图 2-4

■ 建模思路分析

这款产品看起来比较简单，除了一个底座以外，还有一个倒 Y 形的主体，如图 2-5 所示，细节比较丰富，尤其是摇动的座椅处，有很多的肋骨型造型。

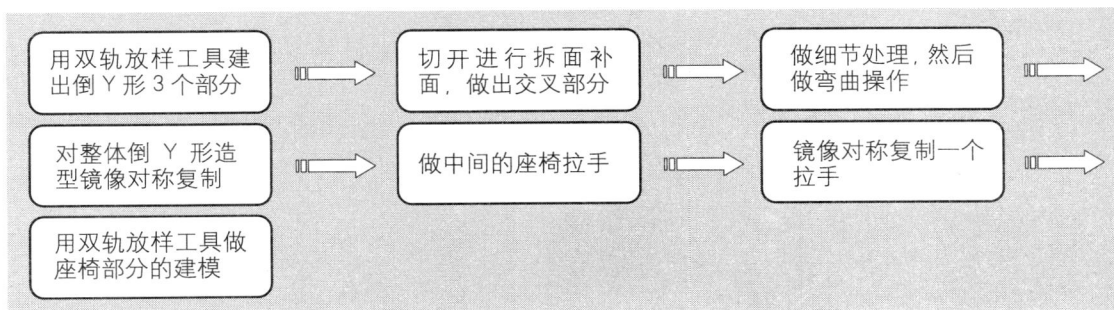

座椅部分主要采用双轨放样来建模

中间交叉部分采用融合曲面再拆面补面的方式完成

主体采用 3 次双轨放样完成建模

图 2-5

所以建模的思路是先用双轨建面工具建出倒 Y 形产品的主体，然后用切割补面的方式来完成中间交叉部分的曲面建模，然后使用弯曲工具将整体弯曲成一个具有一定弧度的造型，然后镜像对称复制，中间座椅部分采用双轨放样工具来完成。

■ 制作流程分析

这款产品看起来比较简单，但是建模的时候有两个部分是难点，一个是倒 Y 形交叉处的曲面融合后切割的补面，另一个是中间座椅部分的处理，基本流程如下。

用双轨放样工具建出倒 Y 形 3 个部分	切开进行拆面补面，做出交叉部分	做细节处理，然后做弯曲操作
对整体倒 Y 形造型镜像对称复制	做中间的座椅拉手	镜像对称复制一个拉手
用双轨放样工具做座椅部分的建模		

下面来介绍一下该产品的具体建模，从主体的倒 Y 形开始，一步一步来讲解。

■ 2.1.1　主体部分建模

这个部分主要是一个倒 Y 形的圆柱状造型，可以通过双轨建面工具建出这个倒 Y 形 3 个方向的造型，然后处理中间的交叉部分的融合。

Step 01 主体部分曲线绘制

❶ 单击如图2-6所示的画线工具,进行产品侧面的轮廓线描绘。

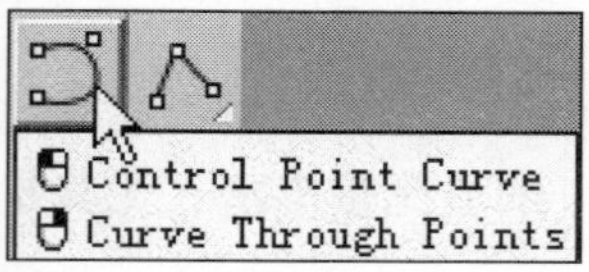

❷ 利用画线工具画出如图 2-7 所示的侧面轮廓形状。在画线的同时,如果觉得线条不是很流畅,或者有些地方要调整,可以按F10键,出现点编辑状态时对线条进行细节的调整,如图2-8所示。

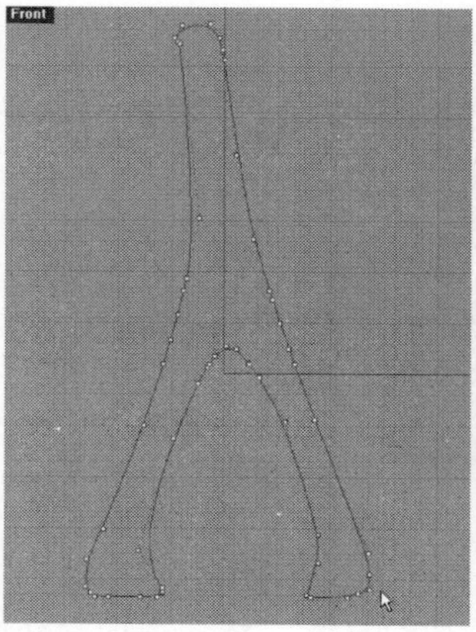

图 2-6

图 2-7

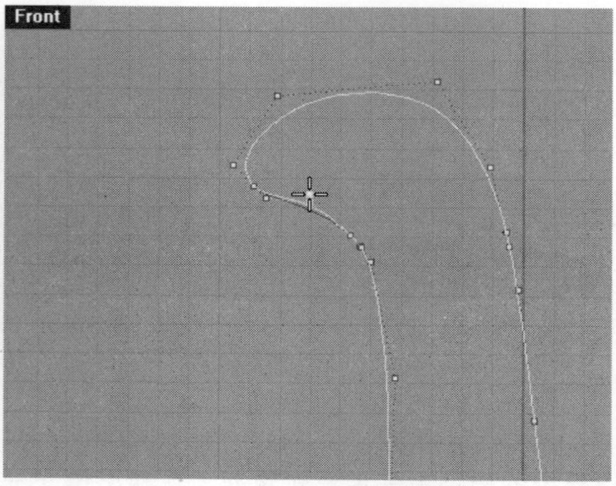

图 2-8

❸ 如果有些地方过于平滑,需要一些弯折,可以单击工具栏上的加点命令(图 2-9),进行加点操作。如果有些地方不够平滑,可以利用键盘上的 Delete 键(删除键)将多余的点删除,整个造型就显得平滑了,得到如图2-10所示的最终效果。

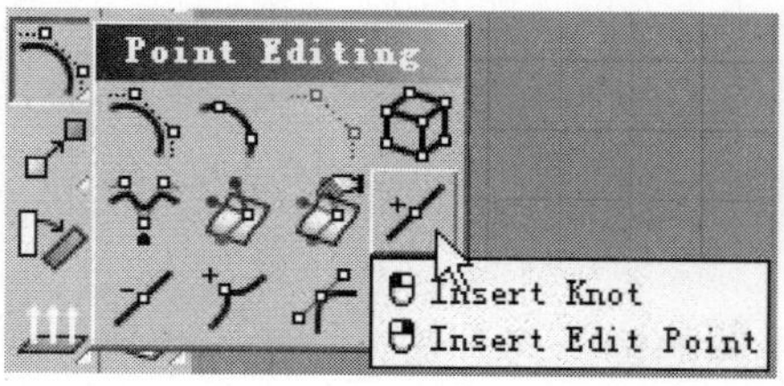

图 2-9

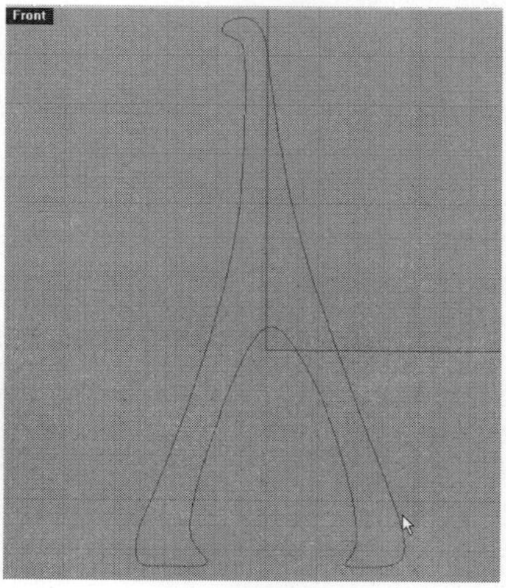

图 2-10

Step 02 主体模型创建

❶ 接下来进行主体模型的创建。分析这个模型可以看出,如果没有中间的倒 Y 形部分,整体都可以用 Sweep2(双轨放样)命令来完成,要实现双轨放样命令,必须有两条轨道和截

面形状，所以先用画线工具画出一个局部的截面形状，如图 2-11 所示，先画出一半的形状。简单调整以后，选择镜像工具（图 2-12）进行镜像对称复制。

❷ 得到如图 2-13 所示的效果。单击如图 2-14 所示的线匹配工具，对两边进行匹配，注意匹配左边的时候下面鼠标点附近的 Merge（结合点）不要选。

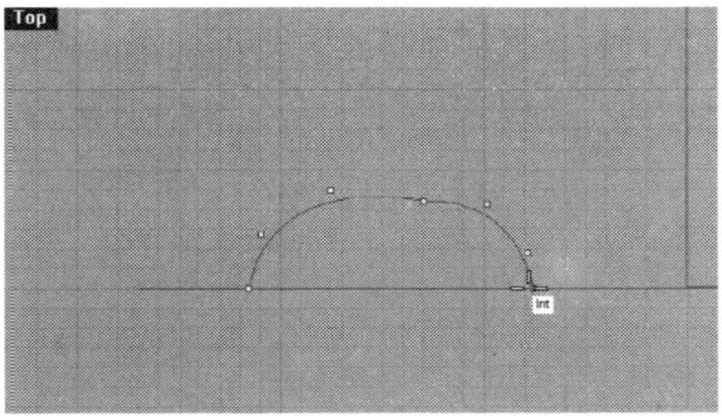

图 2-11

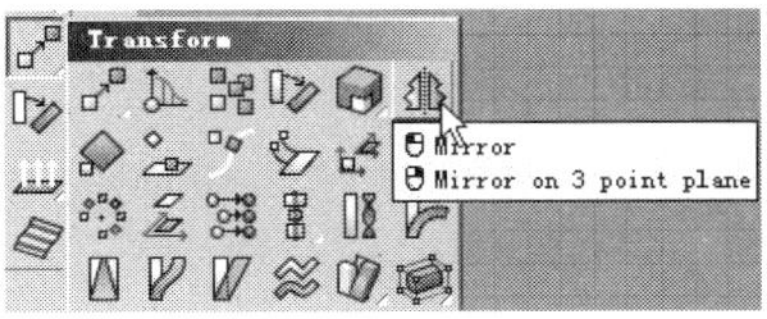

图 2-12

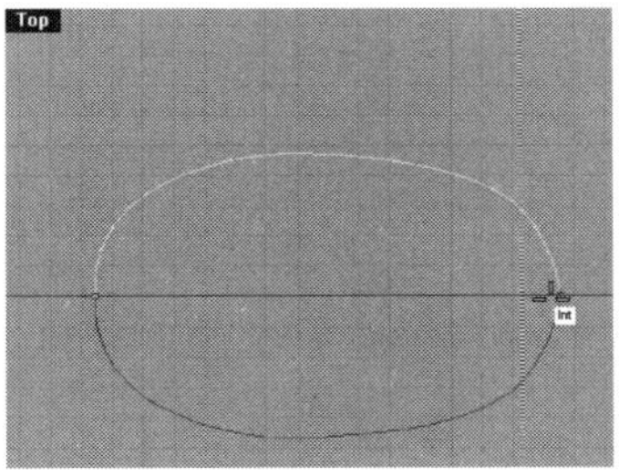

图 2-13

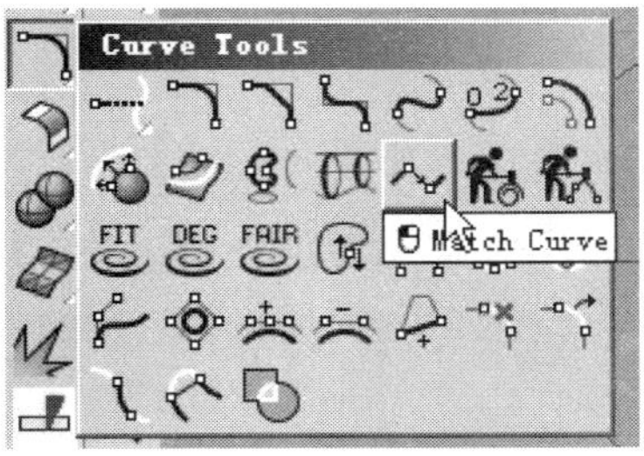

图 2-14

❸ 再次匹配右边的点，此时要点上 Merge（结合点）命令，如图 2-15 所示。因为假如第一次选择了这个结合点命令，就不能再次匹配右边的点了，因为此时已经是一条线了，单独一条线是不能匹配的，如图 2-16 所示。

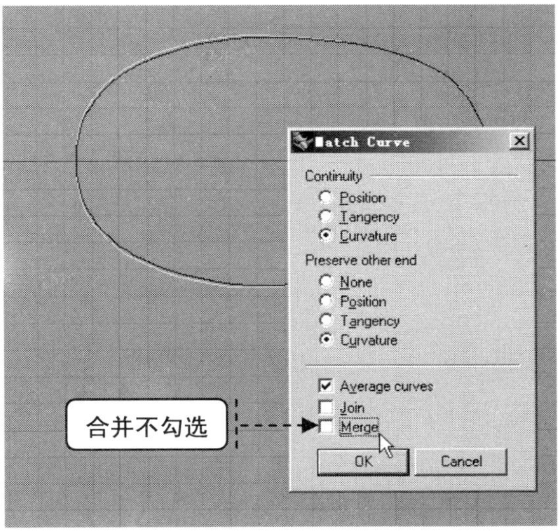

合并不勾选

图 2-15

勾选合并

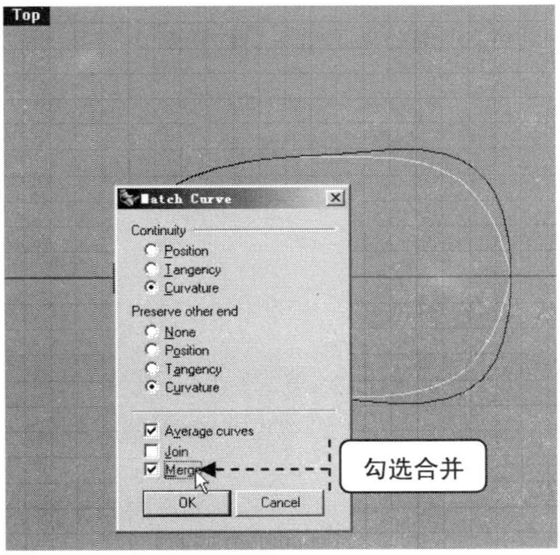

图 2-16

❹ 如果对得到的效果不满意，还可以进行调整，如图所示的线条感觉右边形状稍宽。此时可以按 F10，将线条转为点编辑状态，选中右边的一排线条，如图 2-17 和图 2-18 所示。

❺ 单击单向缩放命令，如图 2-19 所示。

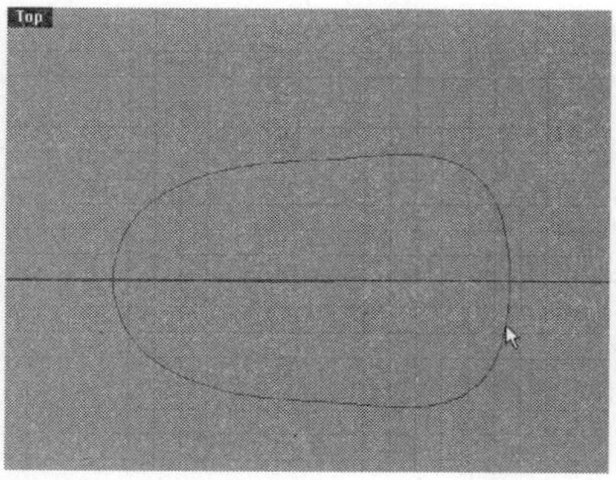

图 2-17 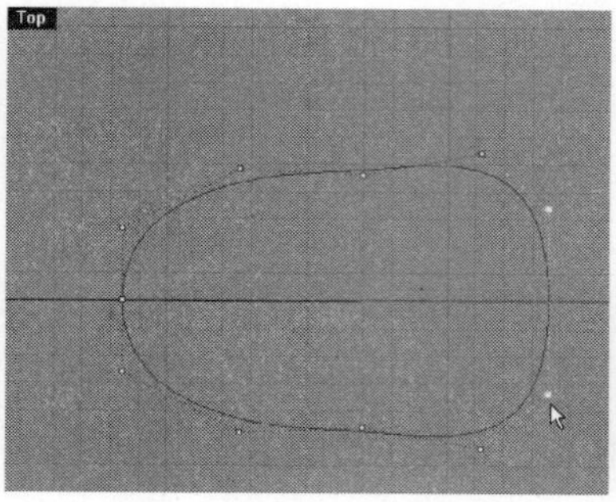   图 2-18 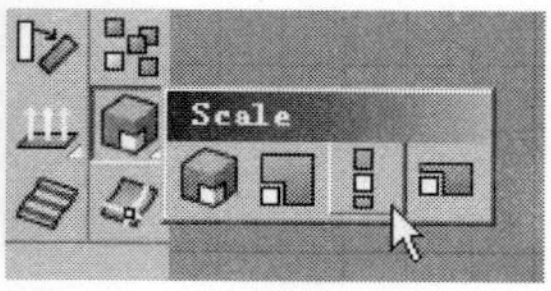   图 2-19

❻ 利用中间的交叉捕捉（int）进行上下调节，如图 2-20 所示。上下调节中间的连续性是没有问题的，经过标准的对称点调节，最终可以得到如图 2-21 所示的截面线形状。

画出的截面线可以不在轮廓线上，如图 2-22 所示是放在旁边的。

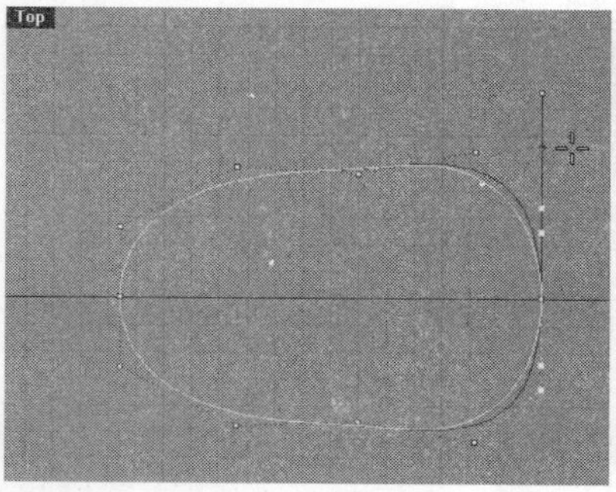

图 2-20 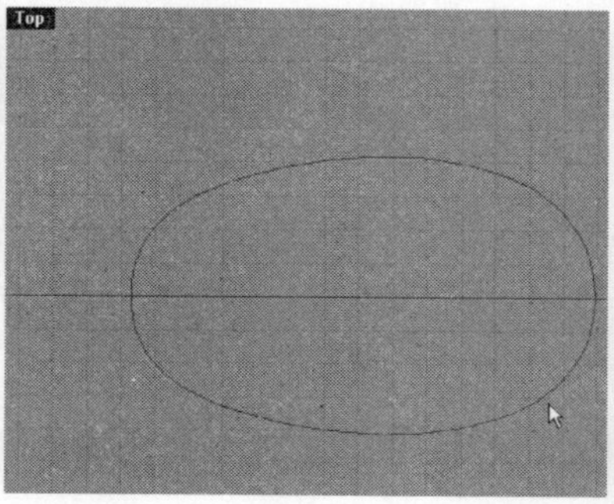   图 2-21 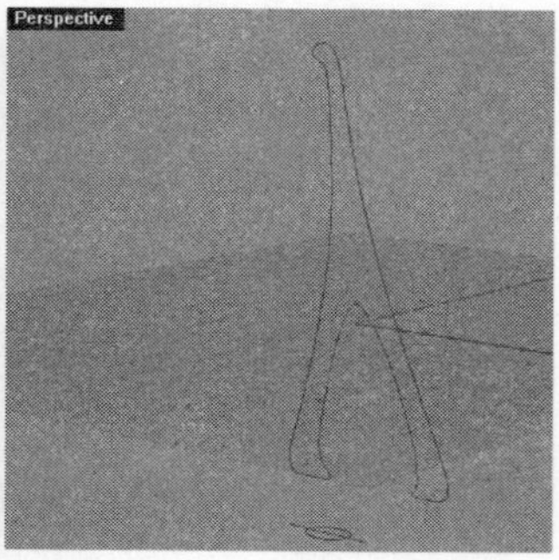   图 2-22

Step 03 画线细节调整

接下来要把轮廓线放到前面的侧面线上，有两种办法可以放上去，两种办法做出的效果有些差异，操作也不一样，下面分别讲解。

经验分享

第一种办法非常容易理解，就是利用复制的方法复制上去，然后进行等比例的缩放，得到想要的大小。要做得准确，需要借助辅助线进行。

如图 2-23 所示，先在 Top（顶）视图中画出几条水平的直线，注意把握形状变化比较大的地方。单击工具栏上的复制图标，如图 2-24 所示。

然后根据提示选择要复制的物体，选择相对点，可以在透视图上进行，如图 2-25 所示。这个相对点很重要，如果选择不好，就容易复制过去不准确，所以这里选择 Int（相交点）。然后单击要复制目标相对应的点，如图 2-26 所示。

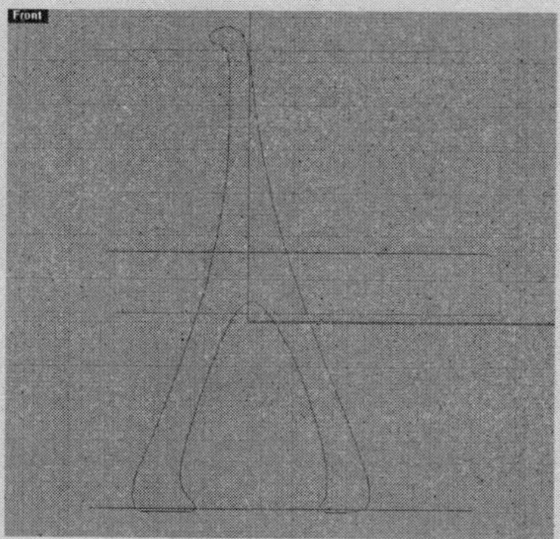

图 2-23

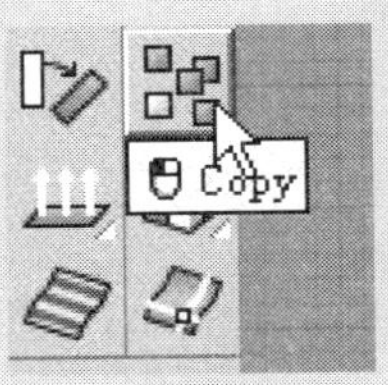

图 2-24 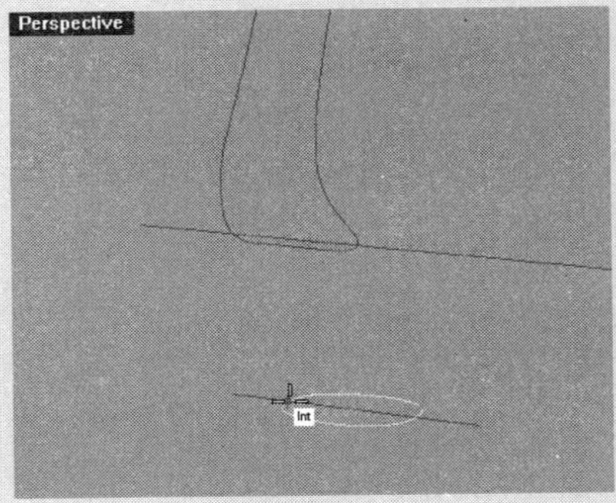   图 2-25 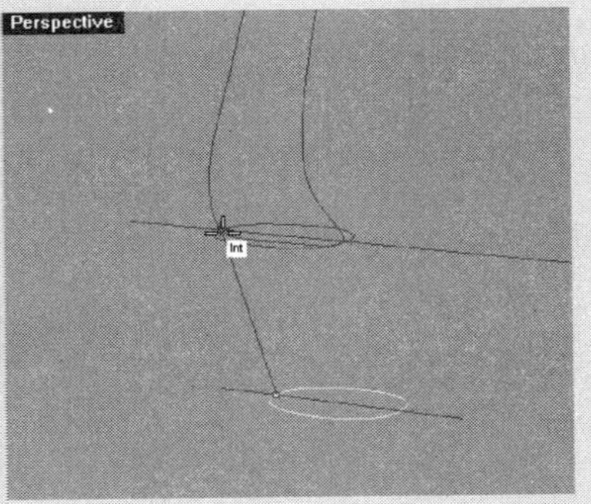   图 2-26

可以不用结束命令，继续复制，单击同样的相对点，如图 2-27 所示。得到如图 2-28 所示的复制效果。

这样复制出来是一样大小的形状，需要利用缩放工具（图 2-29）进行调节。

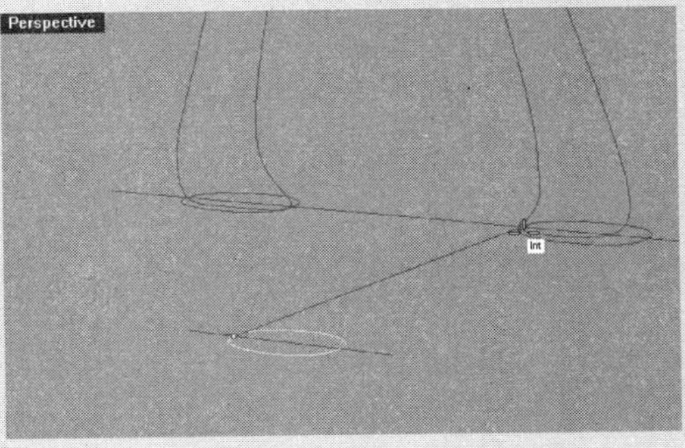

图 2-27 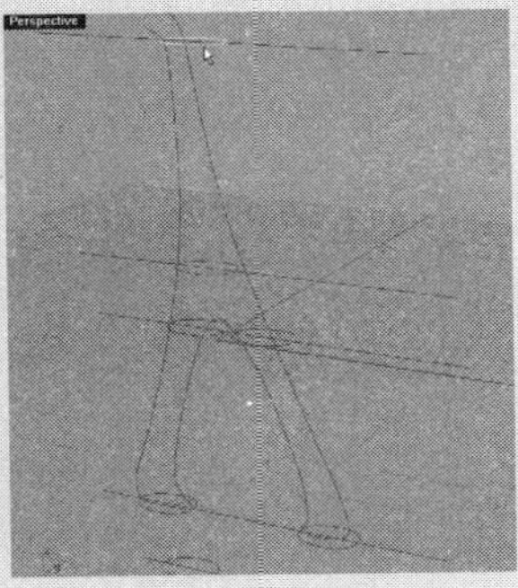   图 2-28 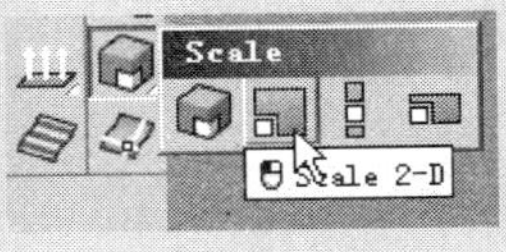   图 2-29

上图的平面缩放工具（Scale 2-D）比较好掌握，如果利用三维缩放（Scale 3-D）工具，得到的形状会在空间上移动，不是我们想要的效果。在进行调节的时候选好相对点，如图 2-30 所示利用前面用的交叉点（Int）。然后进行拉动调节，在调节的时候注意观察下面的 Front（前）视图中的形状变化，让形状恰好和前面的侧面轮廓想匹配即可，如图 2-31 所示。

得到如图 2-32 所示的轮廓线。用同样的方法得到如图 2-33 所示的其他截面线。

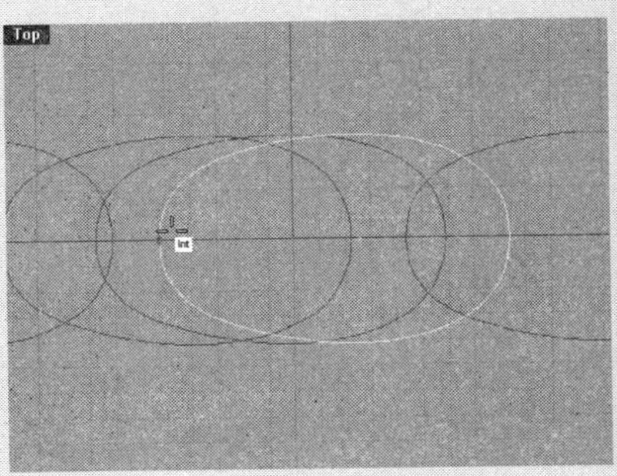

图 2-30 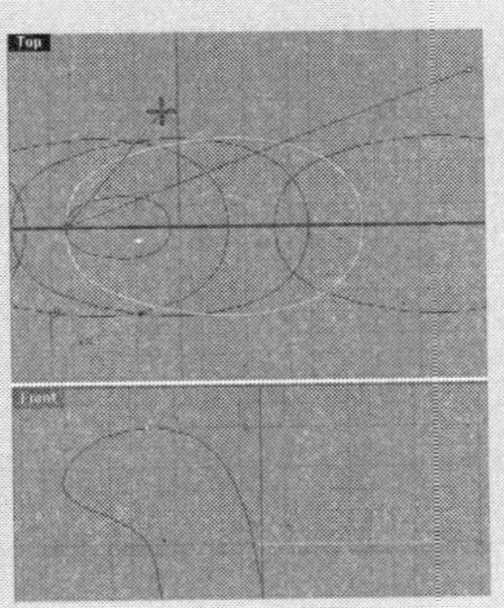   图 2-31 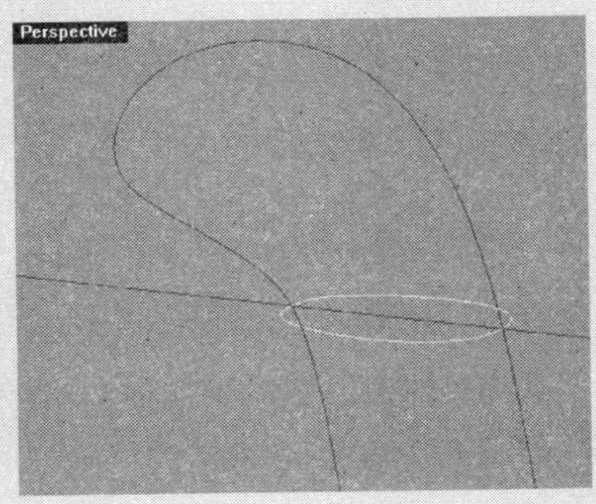   图 2-32

这种方法有个缺点，就是不准确，需要肉眼观察调节，很多时候还要用缩放工具调节很多次，才能够接近准确，但是这种方法比较直观。

下面介绍第二种方法，这种方法要利用一个新的工具，即如图 2-34 所示的定位工具。

利用上面的辅助线做完后，单击这个定位工具（Orient），根据提示选择要做定位的线条，回车后，选择第一个相对点，如图 2-35 所示。

图 2-33   图 2-34   图 2-35

此时将上面命令栏中的选项改为如图 2-36 所示的设置，表示边定位边复制，同时根据实际大小进行自动的缩放调节。

改完后，将相对点两边都选择为 Int（相交），回车后在需要复制的地方分别单击两头的交叉点（Int），如图 2-37 所示，就复制出一个准确的截面线了。

Reference point 2 (Copy=No Scale=3D): Copy=Yes
Reference point 2 (Copy=Yes Scale=3D): Scale
Scale <3D> (No 1D 3D): 3D
Reference point 2 (Copy=Yes Scale=3D):

图 2-36

不结束命令，用同样的方法还可以继续进行定位复制操作，如图 2-38 所示。

这样可以连续把所有的截面线都定位复制出来，得到准确的效果，如图 2-39 所示。

图 2-37   图 2-38   图 2-39

第二种方法是常用的进行限制大小的复制方法，比较简单易行，使用该命令的时候，要注意命令栏上的设置，同时注意提示，根据提示进行操作，就可以事半功倍。

Step 04   主体双轨放样

接下来进行双轨放样操作，在进行操作的时候，注意是分段进行的，不能一次性完成，因为中间部分还需要进一步的处理，所以要把整体的侧面线打断。

❶ 单击如图 2-40 所示的分离命令，同样保持下面的 Int（交点）捕捉命令在选中状态，如图 2-41 所示。

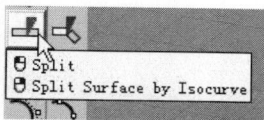

图 2-40

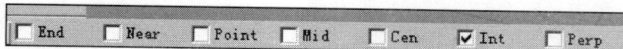

图 2-41

❷ 单击曲线进行分离，在分离的时候，注意将命令栏上的 Point（点）选上，如图 2—42 所示。

❸ 在需要分离的地方进行单击，注意捕捉，如图 2—43 所示，分离后得到如图 2—44 所示的效果。

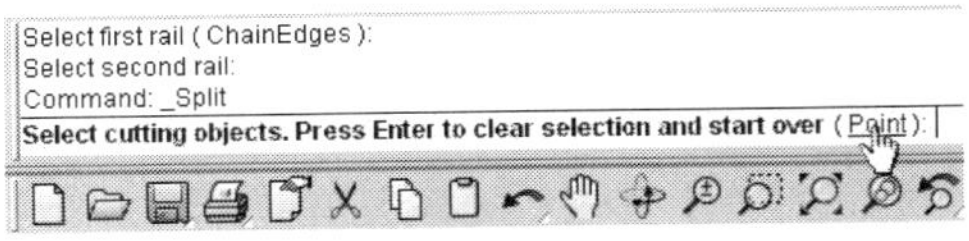

图 2—42

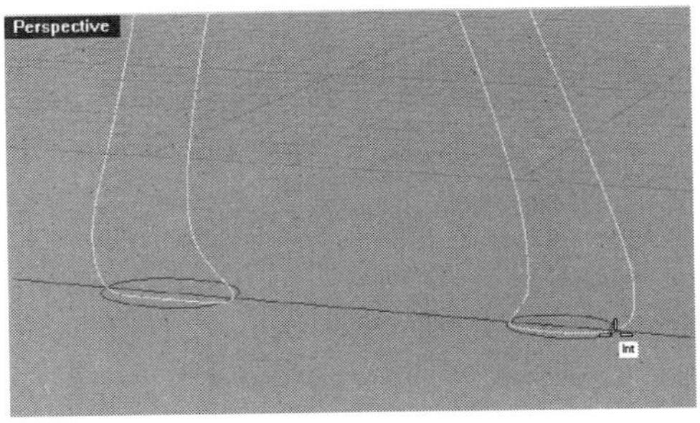

图 2—43

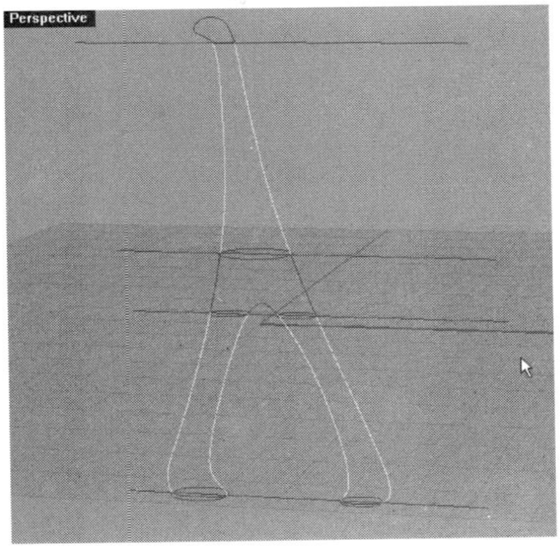

图 2—44

经验分享

如何快速将需要的部分放置到另外一个图层上？

把不用的线条选上，如图 2—45 所示。

单击下面状态栏上的图层图标，如图 2—46 所示。

在需要放置的图层上单击右键，如图 2—47 所示。

这样就将这些线条放置在这个图层上了，然后单击图层前面的灯泡图标，如图 2—48 所示，将图层隐藏。

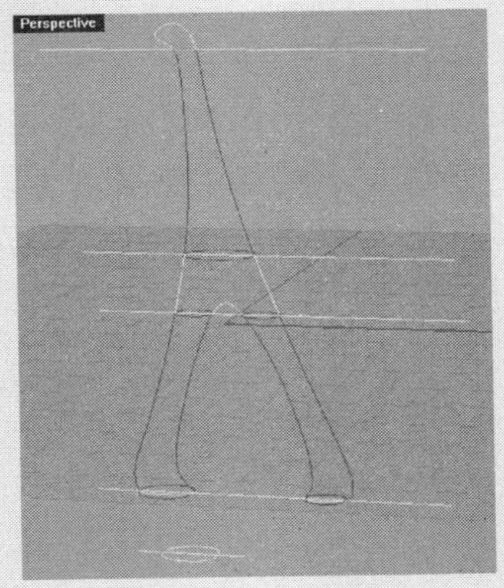

图 2—45

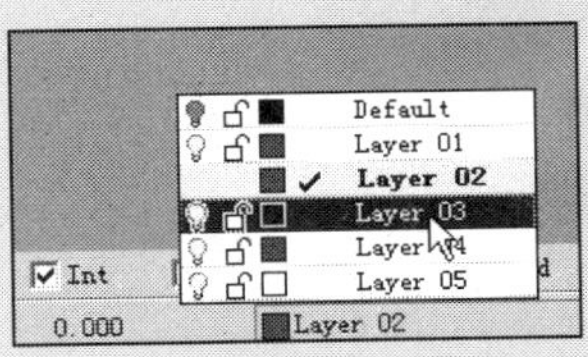

图 2—46

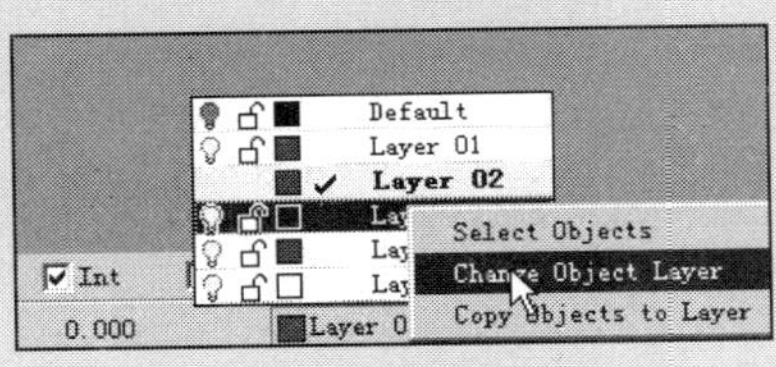

图 2—47

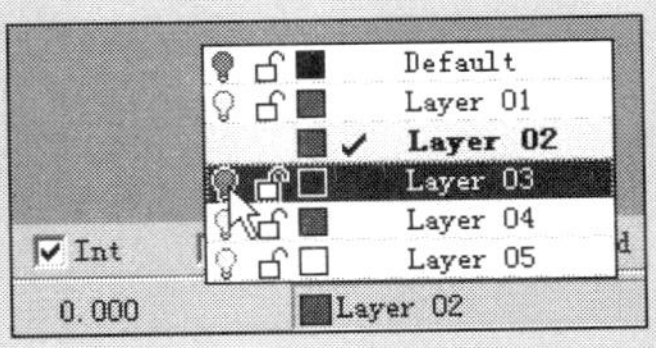

图 2—48

得到如图 2—49 所示的效果。通过观察原图的造型，发现侧面基本上是平的，如图 2—50 所示。

❹ 所以对于定位复制得到的线条，中间部分的线条必须经过单向缩放处理，单击如图 2—51 所示的单向缩放工具。

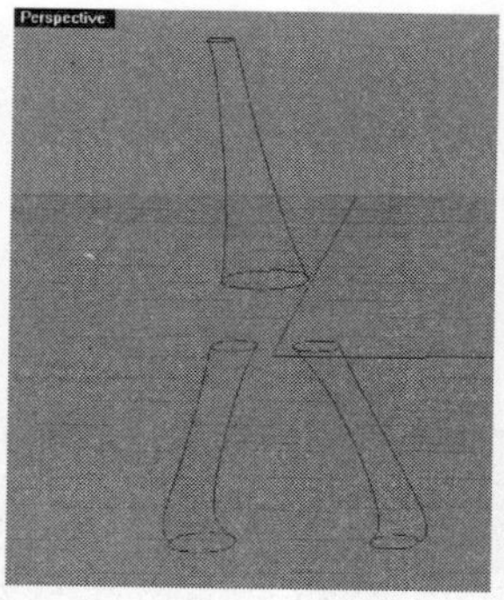

图 2-49

图 2-50

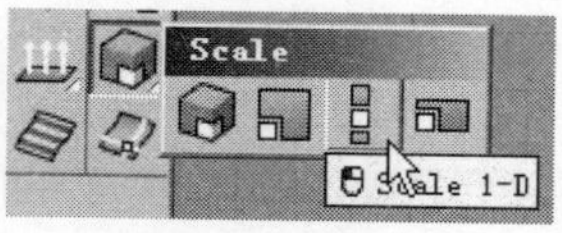

图 2-51

❺ 同样，利用 Int（交叉点）捕捉方式进行压缩调节，如图 2-52 所示，得到如图 2-53 所示的效果。

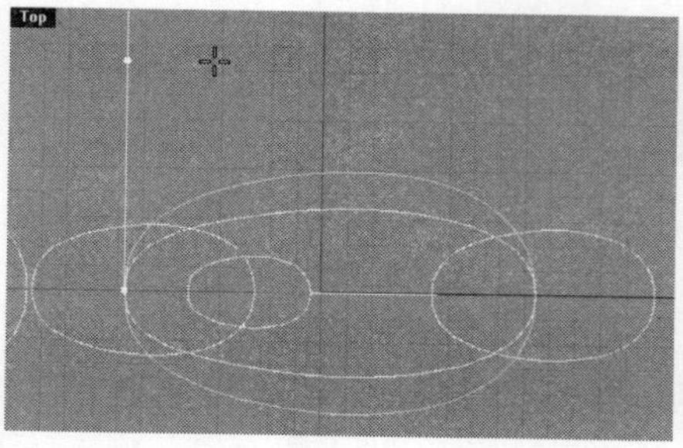

图 2-52

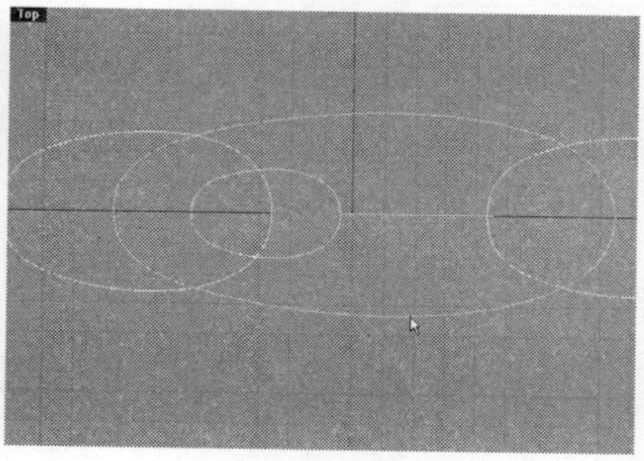

图 2-53

❻ 这样得到的线条就可以进行双轨放样操作了。单击双轨放样工具，如图 2-54 所示。

❼ 分别进行双轨放样操作，得到如图 2-55 所示的曲面效果。此时大体的效果已经出来（注意中间部分是平坦一些的效果）。

图 2-54

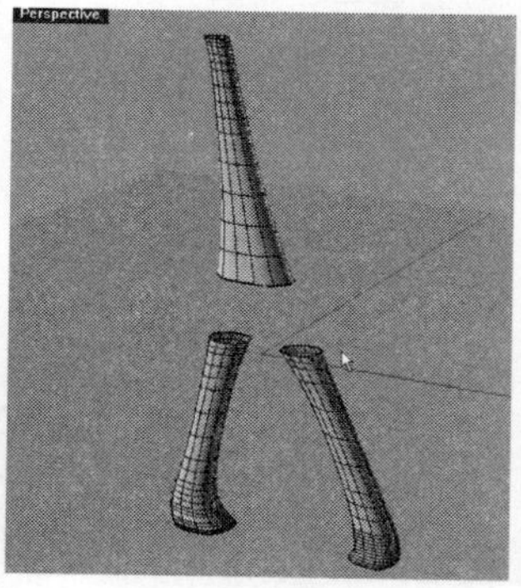

图 2-55

Step 05 底部细节调整

接下来进行细节操作，先处理下面着地的部分。

❶ 单击如图 2-56 所示的平面封面命令，然后分别单击下面的两个封闭面的边缘，如图 2-57 所示，得到如图 2-58 所示的两个封闭的平面效果。

图 2-56

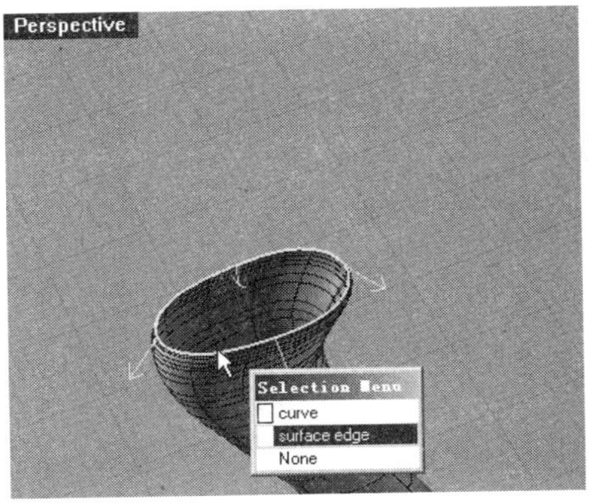

图 2-57

图 2-58

注意提示

　　使用这个平面封面命令的时候，选择的封闭边缘必须在一个平面上，也可以选择前面用来做双轨放样的截面线，本例子在进行定位复制的时候选择的两个交叉点在同一水平面上，所以使用这个命令没有问题。

❷ 单击面倒角命令，如图 2-59 所示。
❸ 对下面的面进行倒角操作，得到如图 2-60 所示的效果。处理完下面后，得到如图 2-61 所示的效果。

图 2-59

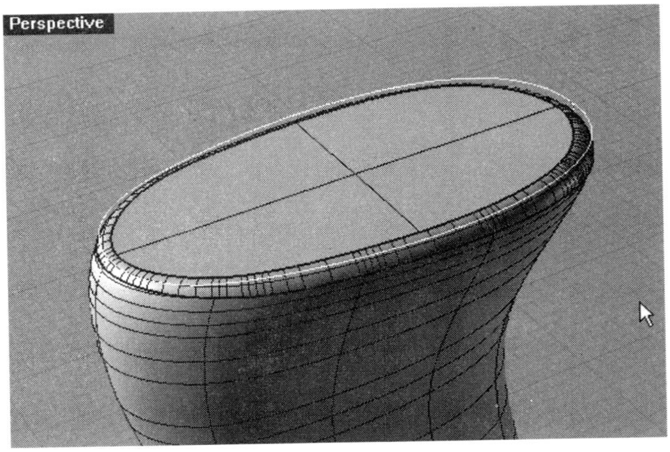

图 2-60

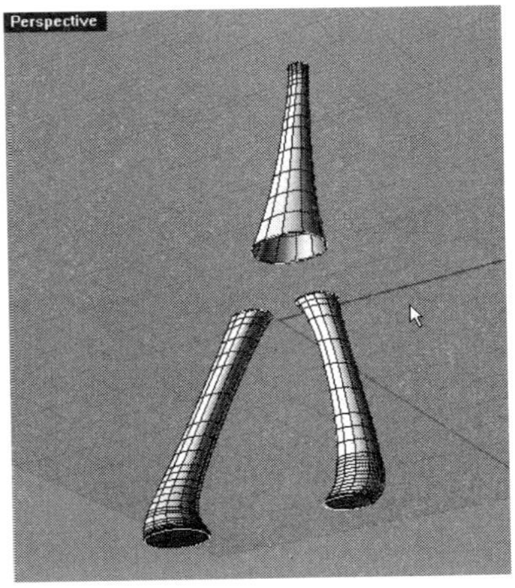

图 2-61

Step 06　中间部分处理

❶ 接下来处理中间部分，如图 2-62 所示。分析这个模型，这个部分不能直接用直接建模命令来完成，因为是一个封闭形和两个封闭形之间的过渡，需要进行处理，处理的思路是用上面的封闭形分别和下面的封闭形做融合，然后进行切割，切割完以后再做补面操作。

❷ 单击融合工具，如图 2-63 所示。

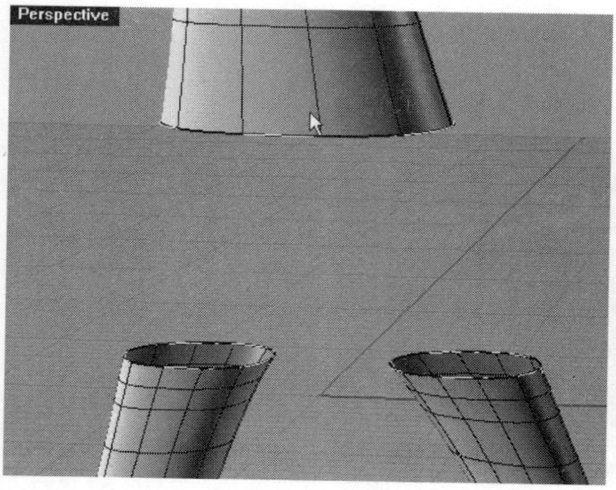

图 2-62

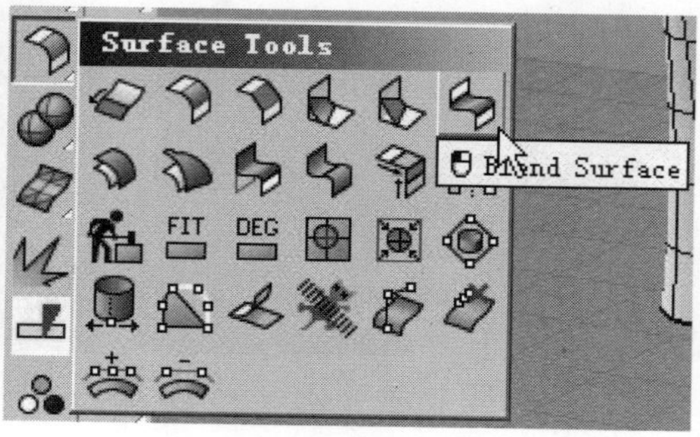

图 2-63

❸ 分别单击上面的封闭边缘和下面的一个封闭边缘，如图 2-64 所示，得到如图 2-65 所示的效果。

图 2-64

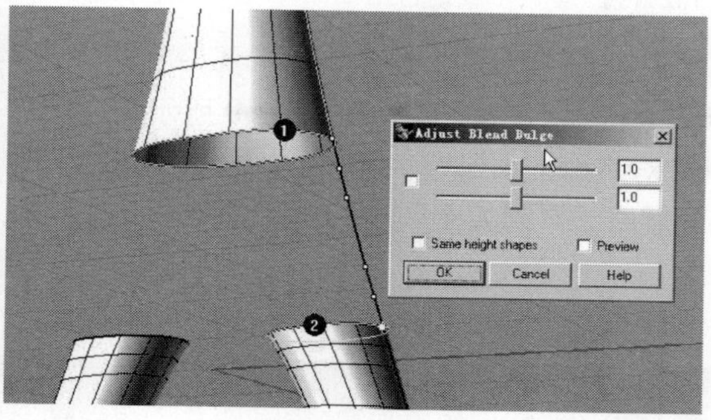

图 2-65

❹ 观察边缘，比较流畅，就可以直接单击 OK（确定）按钮，得到如图 2-66 所示的效果。观察这个面的方向是反的，可以单击面翻转方向命令（图 2-67）。

图 2-66

图 2-67

❺ 将方向翻转过来，得到如图 2-68 所示的效果。用同样的方法对另外一个封闭边缘做融合处理，得到如图 2-69 所示的效果。

图 2-68

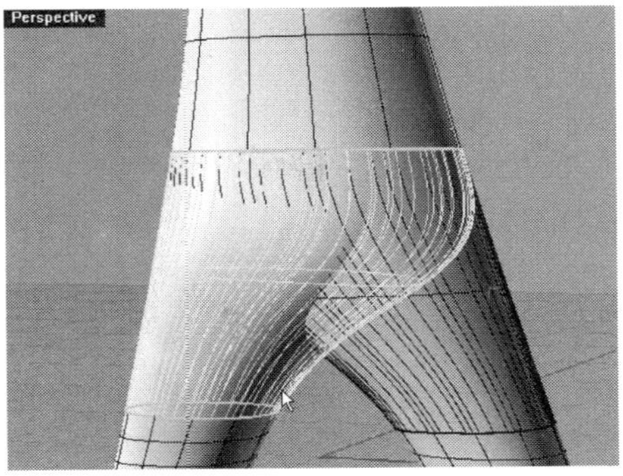

图 2-69

注意提示

此时选择上面表面的边缘的时候，容易选中刚刚做出来的融合面的边缘，造成融合的效果向上扭曲，如果选择不方便，可以将前面做出来的融合面隐藏起来，等这边融合完了以后，再显示出来，比较好掌握。

⑥ 接下来进行切割处理，先在 Front（前）视图上画出如图 2-70 所示的两根直线，注意要在下面接头处捕捉为 Int（相交点），这样这两根线才会比较准确，同时要按住键盘上的 Shift 键，这样才能使画出的直线是垂直的。然后将右边的融合面隐藏，如图 2-71 所示。

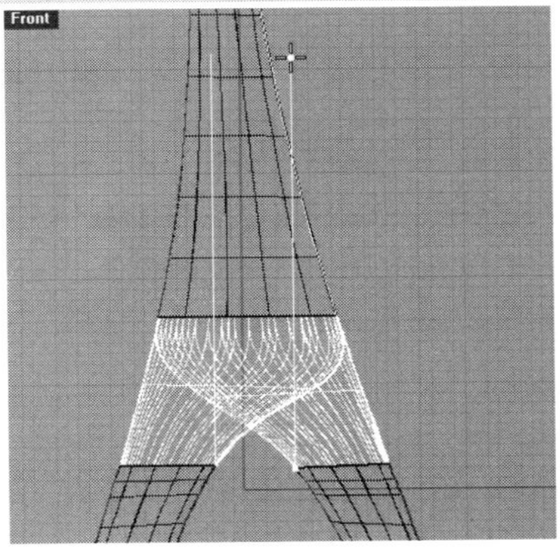

图 2-70

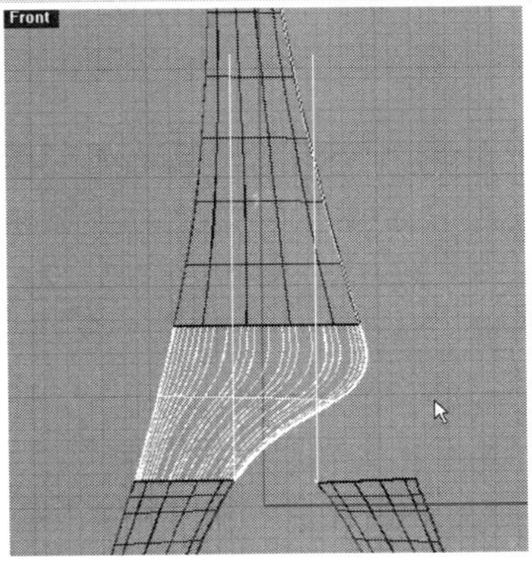

图 2-71

⑦ 用左边的直线对这个造型进行剪切，得到如图 2-72 所示的形状。同样对右边的融合面进行剪切，得到如图 2-73 所示的造型。

换个角度可以看出这个切出来的造型，如图 2-74 所示。

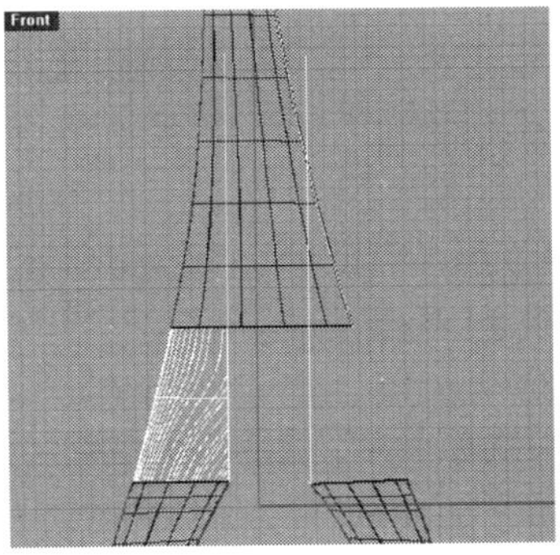

图 2-72

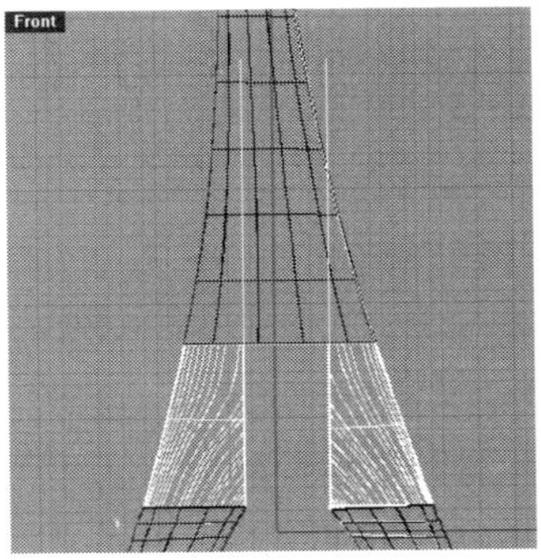

图 2-73

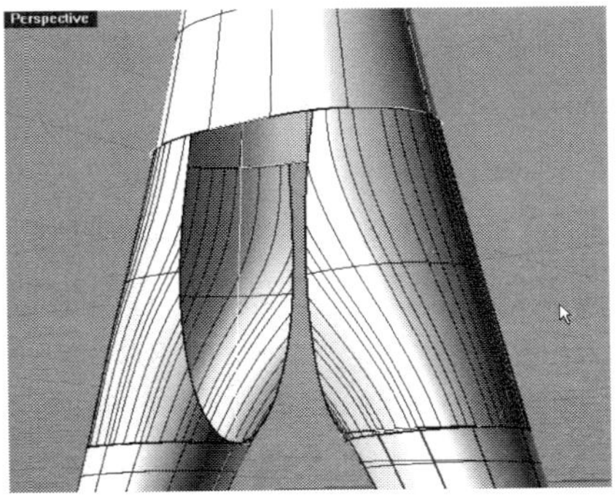

图 2-74

Step 07 中间部分补面

❶ 还不能直接对这个造型补面，必须要构建一条中间的线，这样才能够分别进行补面操作，可以单击如图2—75所示的提取Iso结构线工具，进行提取线条操作。

❷ 保持下面的捕捉为Int（相交点）方式，如图2—76所示。

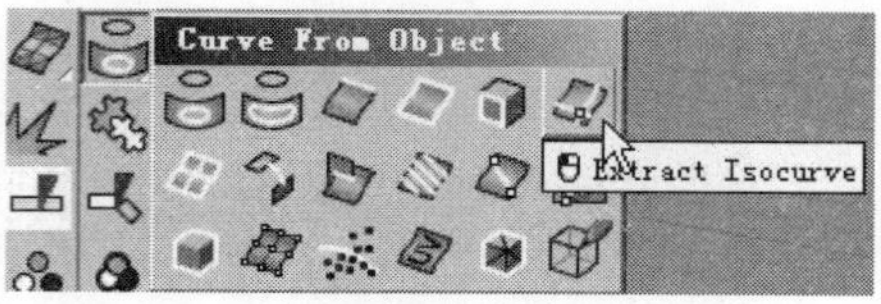
Curve From Object
Extract Isocurve

图2—75

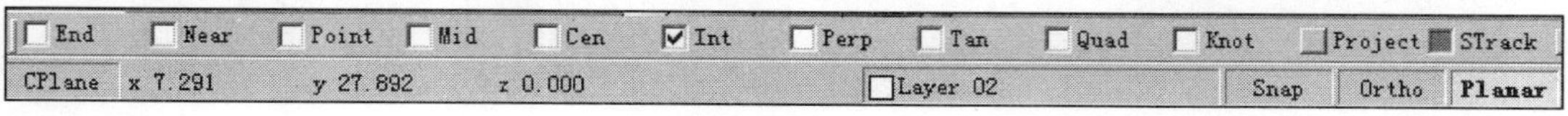
End
Near
Point
Mid
Cen
Int
Perp
Tan
Quad
Knot
Project
STrack
CPlane x 7.291 y 27.892 z 0.000
Layer 02
Snap
Ortho
Planar

图2—76

❸ 分别提取两条线，如图2—77所示。把得到的两条线进行融合，选择线融合工具，如图2—78所示。

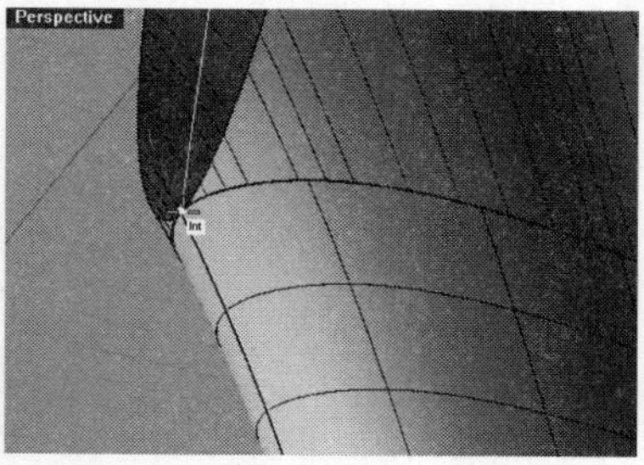
Perspective

图2—77

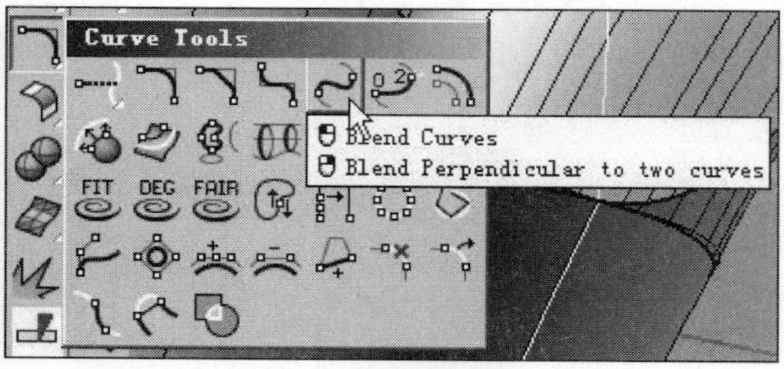
Curve Tools
Blend Curves
Blend Perpendicular to two curves
FIT
DEG
FAIR

图2—78

❹ 对两条弧线进行融合操作，如图2—79所示。此时可以看到，这个切出来的部分，可以分别利用四边成面的方式进行建面操作，如图2—80所示。

❺ 但是上表面没有线条还需要进行处理，如果采用提取上边缘线条的方式进行建面操作，难免会造成建出来的面和上面的面不连续，所以这里不能用提取线条的方式处理，只能对上面边缘进行分断操作。单击边缘分断工具，如图2—81所示。

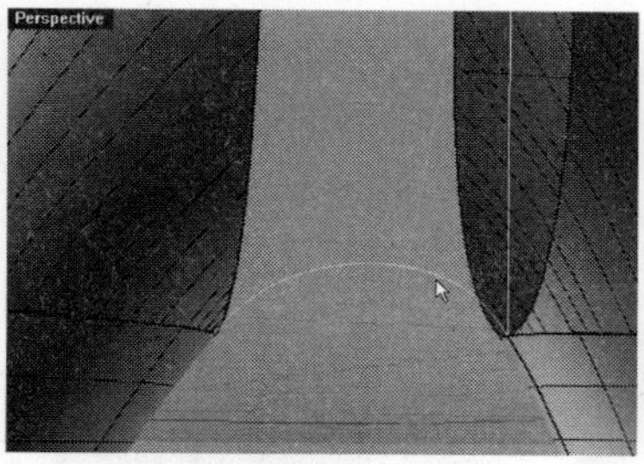
Perspective

图2—79

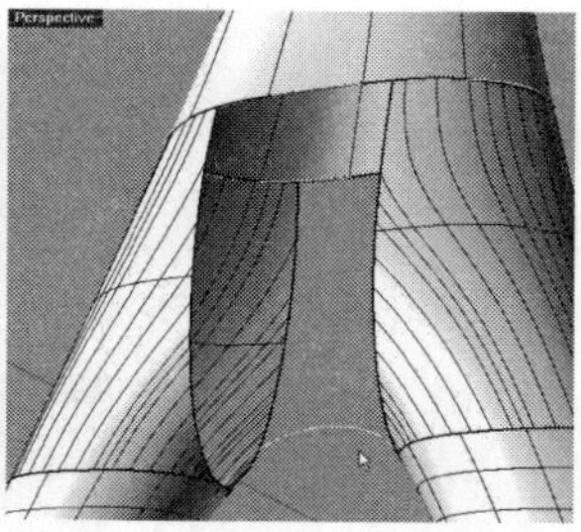

图2—80

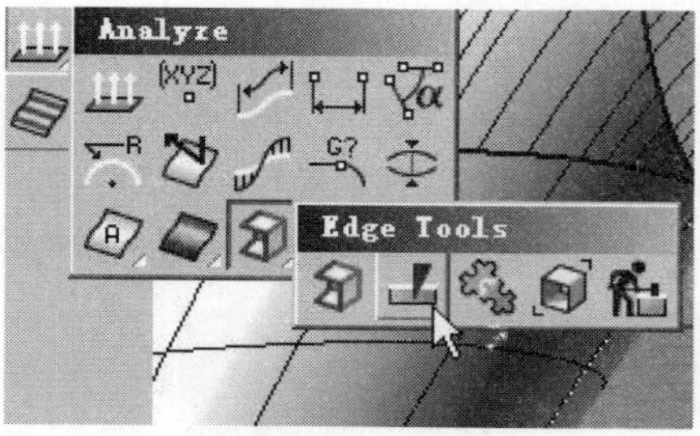
Analyze
Edge Tools

图2—81

❻ 对上面的边缘进行打断操作，注意采用End（结束点）捕捉或者Int（相交点）捕捉方式都可以，如图2—82和图2—83采用的是End（结束点）捕捉，注意分断的时候两边都要一起分断。

❼ 为了让建出来的面四边都能够进行连续性过渡，下面融合出来的线条必须进行处理，形成一个辅助面。如图2—84所示，单击拉伸工具，对中间融合出来的线条进行拉伸，长度随意，只是用来作为辅助面的，如图2—85所示。

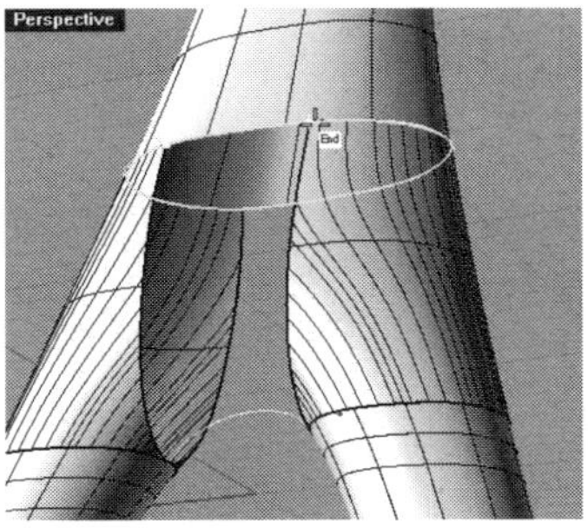

图 2-82 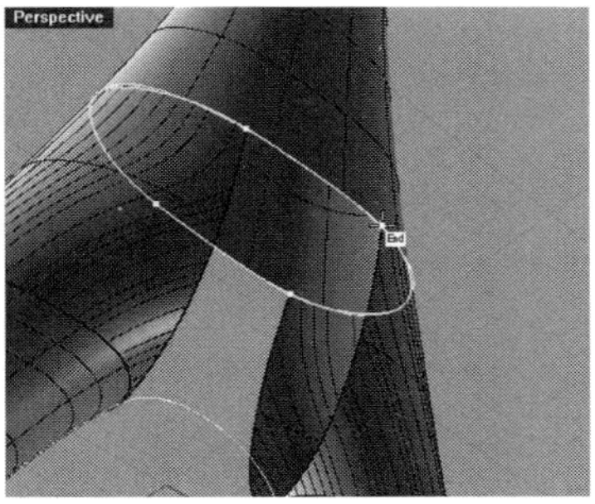　　　　　　　　　　　图 2-83 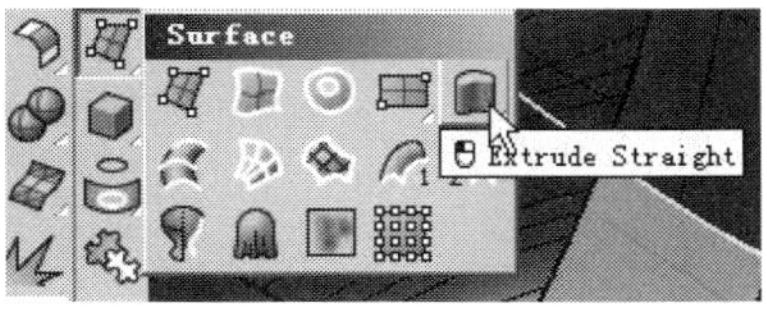　　　　　　　　　　　　图 2-84

⑧ 这样作为网格建面的四边都已经有了，可以做网格建面了，选择网格建面工具，如图 2-86 所示。

⑨ 分别单击四条边，注意选择边的时候不要选择线条（Line），要选择边缘（surface edge），如图 2-87 所示。分别选取后得到如图 2-88 所示的界面，单击 OK 按钮后，得到如图 2-89 所示的曲面。

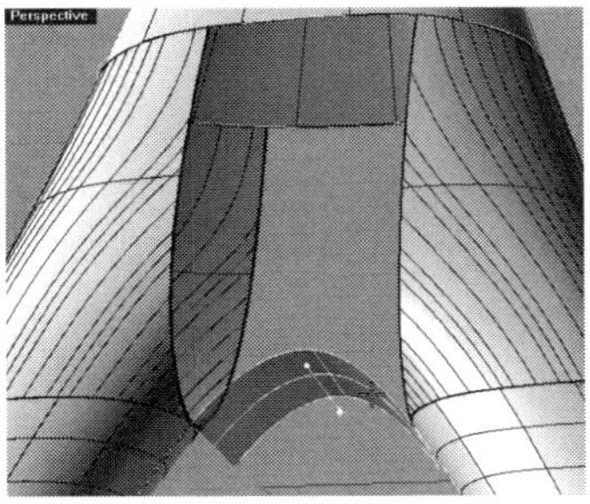

图 2-85 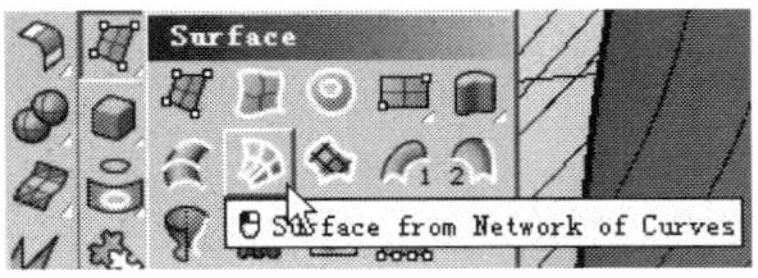　　　　　　　　　　　图 2-86 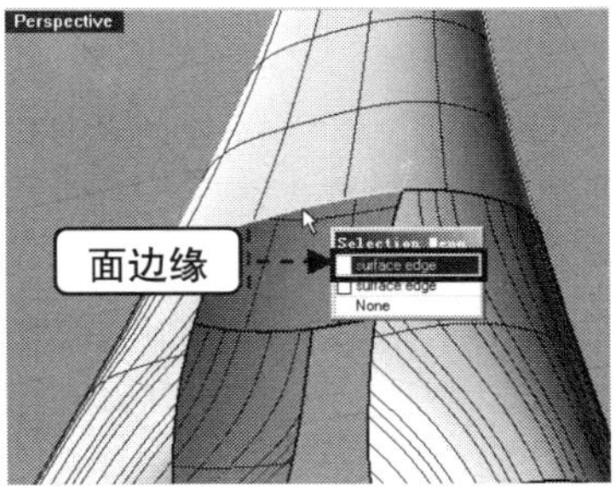　　　　　　　　　　　　图 2-87

⑩ 将面翻转过来，并将辅助面隐藏，得到如图 2-90 所示的曲面。将剩下的这个四边面同样用网格建面的方式进行建面，注意全部要选择面的边缘，得到如图 2-91 所示的界面。

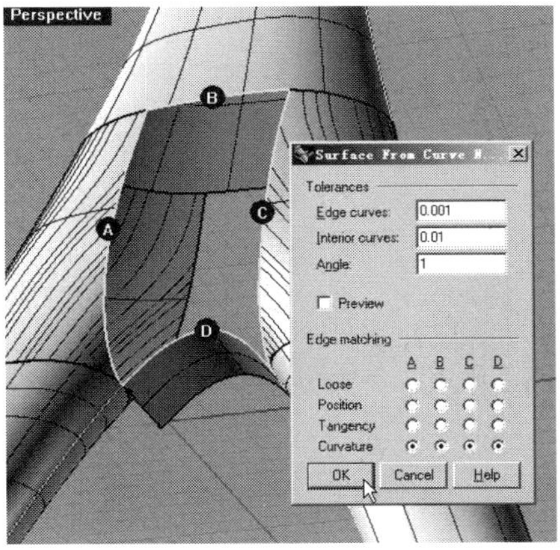

图 2-88 　　　　　　　　　　　图 2-89 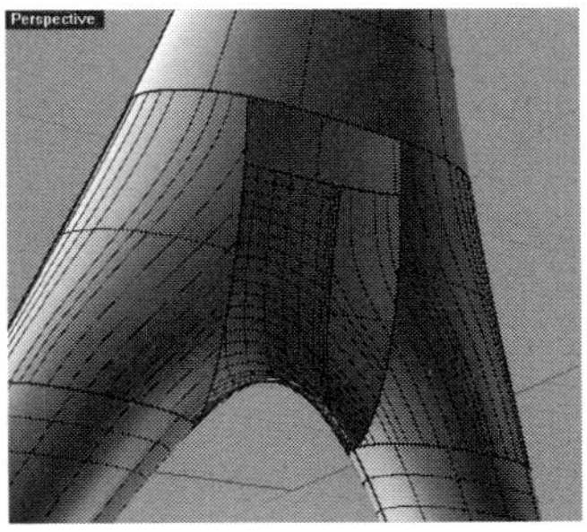　　　　　　　　　　　　图 2-90

⑪ 确定后得到如图 2-92 所示的曲面效果。用 Shade（实体）方式显示效果，如图 2-93 所示。

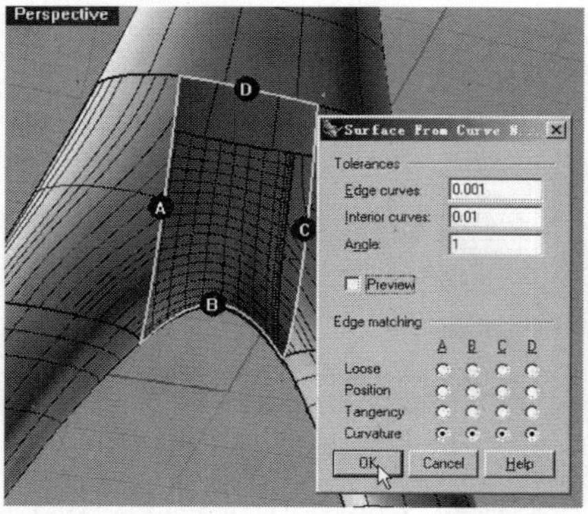

图 2-91 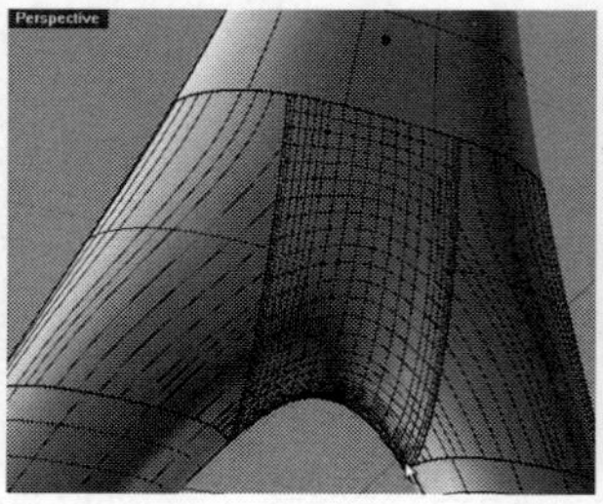　　　　　　　　图 2-92 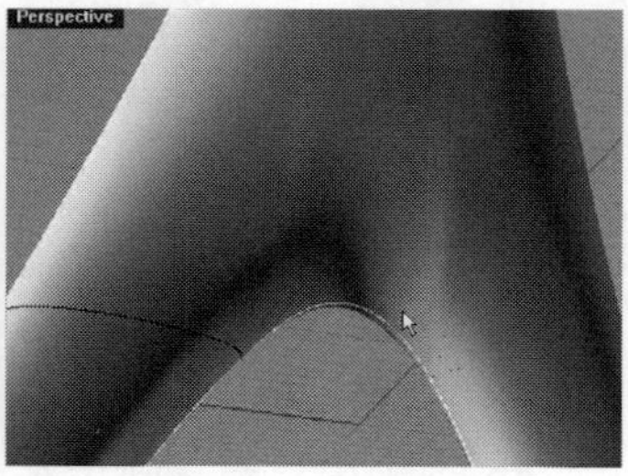　　　　　　　　图 2-93

高手点拨

如何提高相接曲面的质量？

发现边缘融合得不是很理想，可以借助斑马线检测工具进行检测，单击如图 2-94 所示的斑马线检测工具，这个工具比较常用，可以把这个工具拖出来，放置在工具栏面板上。

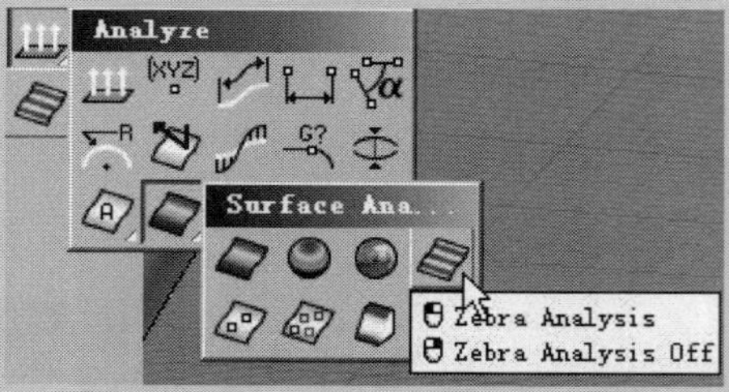

选择要观察的几个相邻面，然后回车，得到如图 2-95 所示的斑马线效果。可以看出面与面相接的地方有断的痕迹，说明还不够流畅，需要进行进一步的处理，单击面的匹配工具，如图 2-96 所示。

图 2-94

对斑马线检测不够流畅的面的相接处进行匹配，分别单击两个面的边缘，得到如图 2-97 所示的界面。

图 2-95　　　　　　　　图 2-96 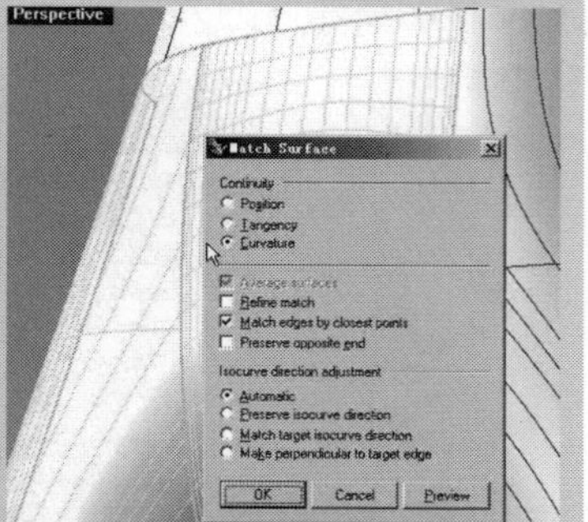　　　　　　　　图 2-97

保持默认的匹配边缘成 Curvature（曲率连续）方式，匹配出来的线条方向为 Automatic（自动）方式，得到如图 2-98 所示的斑马线效果。可以看出斑马线没有断的痕迹了，已经比较流畅了，同样的方法对右边的面边缘进行匹配操作，得到如图 2-99 所示的斑马线效果。

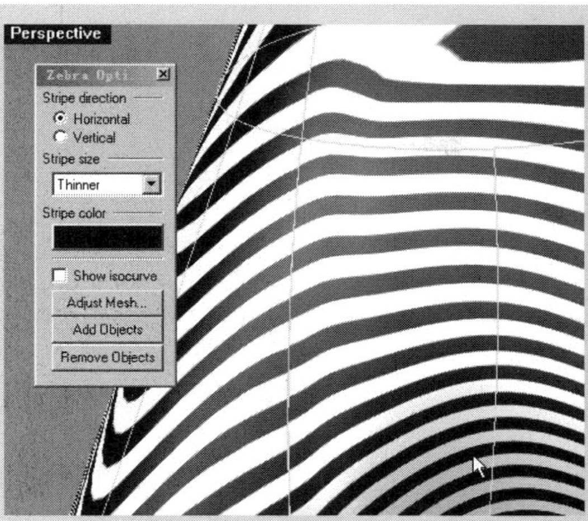

图 2-98 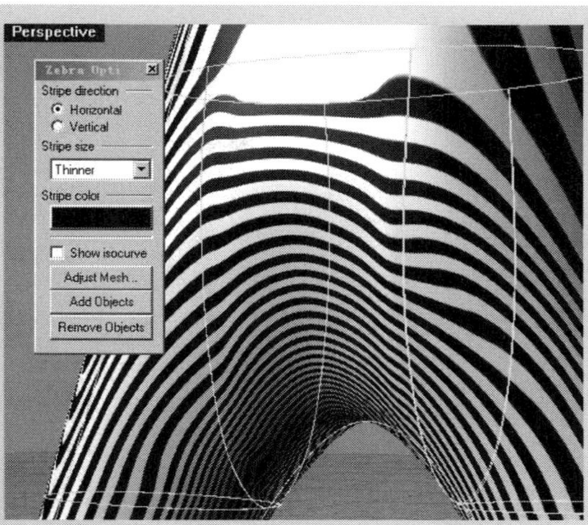　　　　　　　　　　　　图 2-99

这样主体部分的建模基本完成，用实体方式显示出，可以看出如图 2-100 所示的效果。

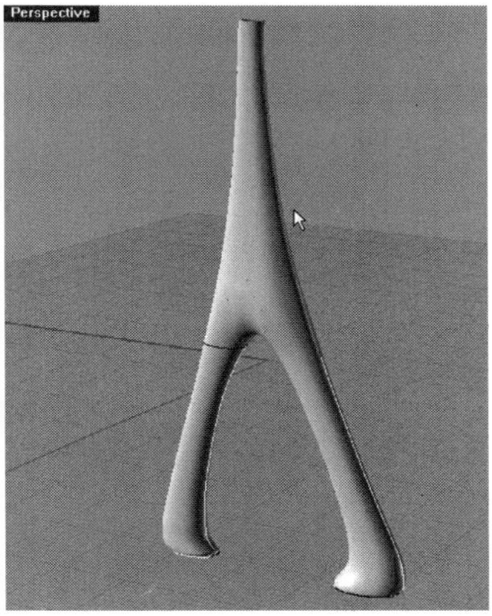

图 2-100

Step 08　上部造型处理

❶ 下一步将要处理上面部分的造型，可以通过图片进行观察，如图 2-101 和图 2-102 所示。

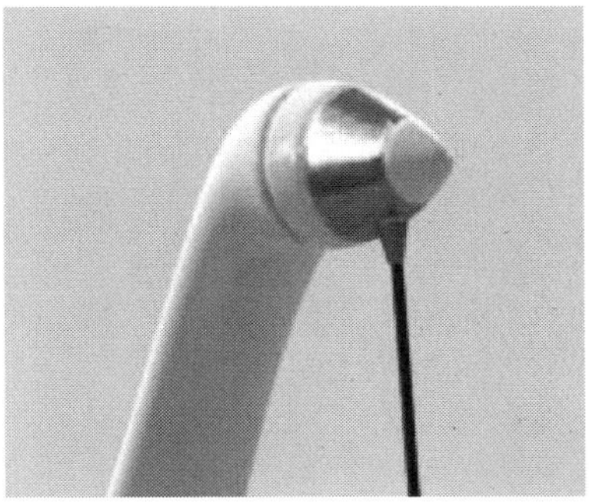

图 2-101

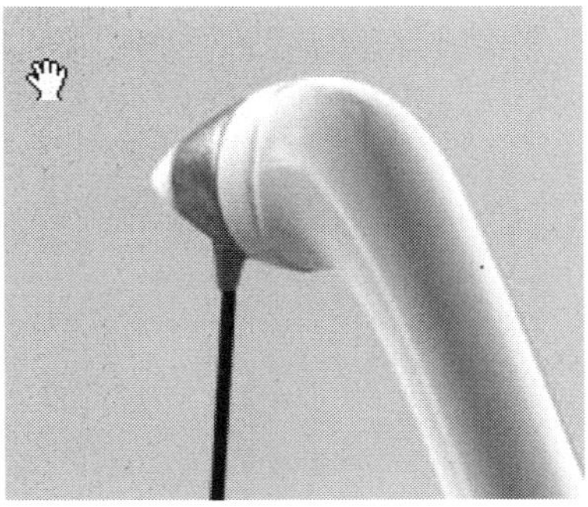

图 2-102

71

❷ 这个部分的处理方法是这样的，可以先把头部处理好，然后用头部的造型和前面建好的主体造型进行融合处理（或者用双轨放样来处理也可以），才能够得到比较流畅的实体造型。

❸ 先在 Front（前）视图上画出一个如图 2—103 所示的圆形（注意根据实际产品的大小调整圆形的大小），然后把位置调整好，如图 2—104 所示是在 Right（右）视图上的效果。

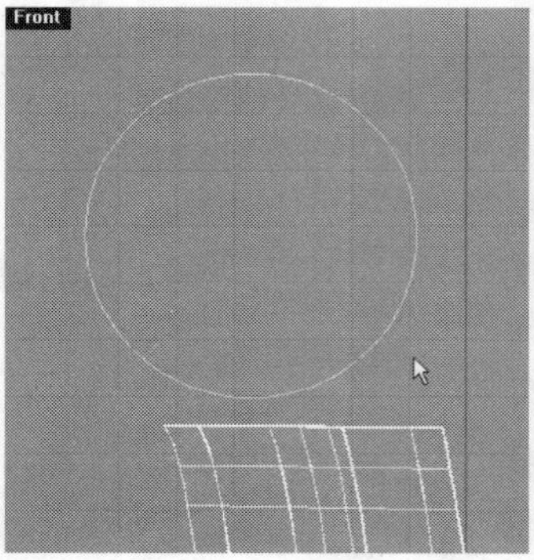

图 2—103

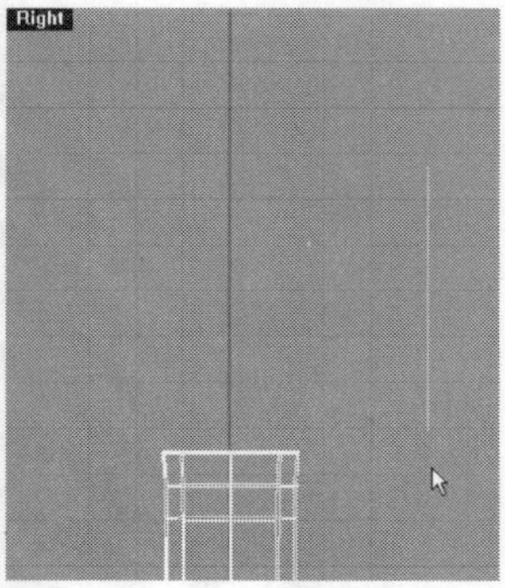

图 2—104

❹ 捕捉圆形的上边缘，用 1/4 点的捕捉方式，如图 2—105 所示。

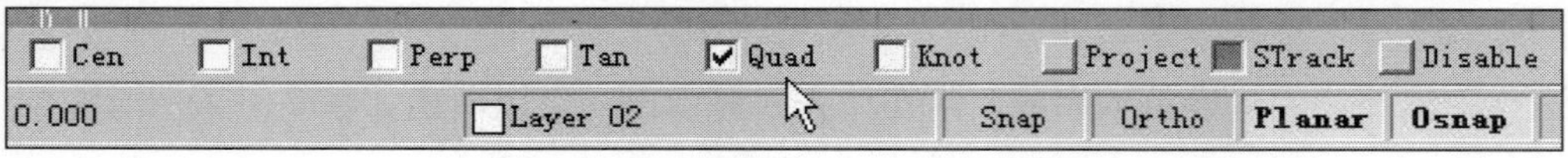

图 2—105

❺ 在右视图上画头部的侧面曲线轮廓，如图 2—106 所示。由于头部有个沟槽，可以直接利用曲线进行调节，通过加点命令和移动点来实现，单击如图 2—107 所示的加点工具。

❻ 画出如图 2—108 所示的曲面轮廓形状，并做曲线的点调节，让形状更加准确。

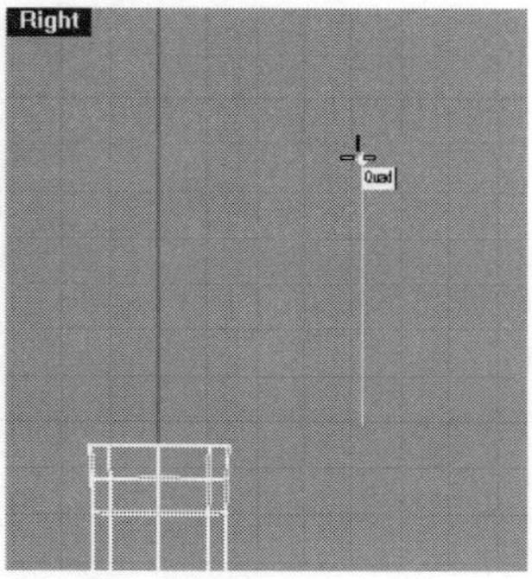

图 2—106

图 2—107

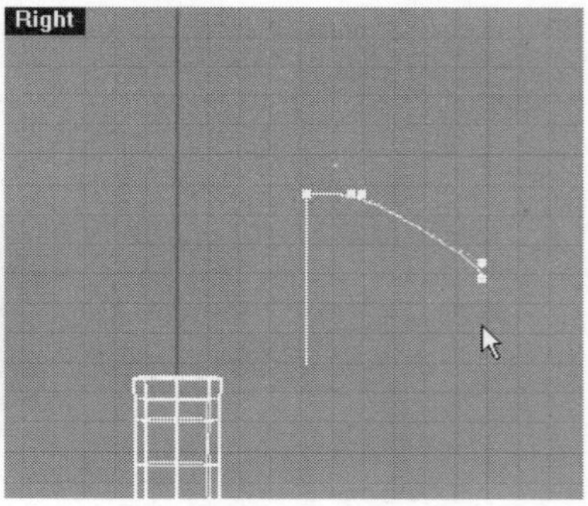

图 2—108

❼ 在曲线的最左边部分添加 3 个点，如图 2—109 所示。用移动工具对点进行调节，如图 2—110 所示。如果点不够，可以再用加点工具增加点。

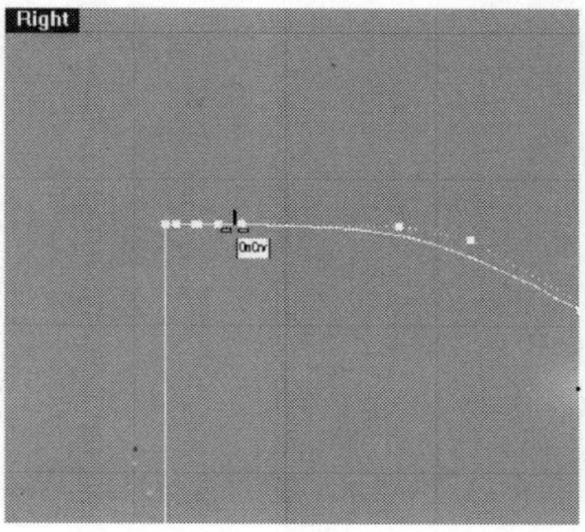

图 2—109

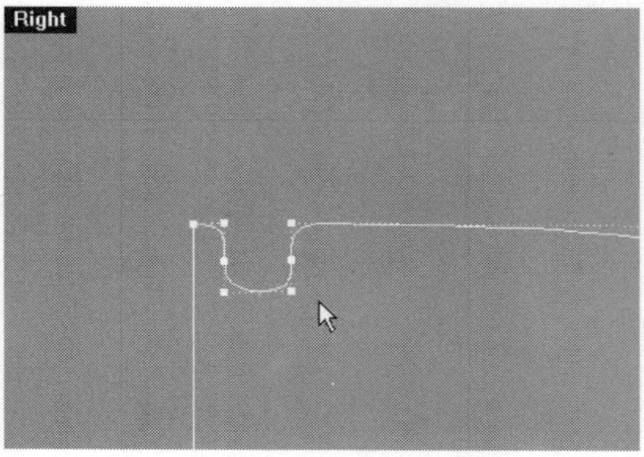

图 2—110

经验技巧

如果这里的点不够规范，比如竖直方向上没有对齐，可以利用 XYZ 方向上的坐标工具，进行点对齐操作，单击工具，如图 2-111 所示。

然后选中要对齐的点，回车后，得到如图 2-112 所示的界面。此时要注意观察左下角的坐标显示，如图 2-113 所示。

图 2-111

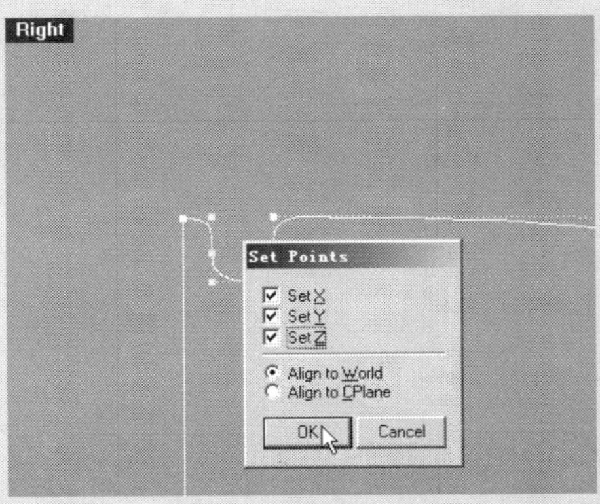

图 2-112

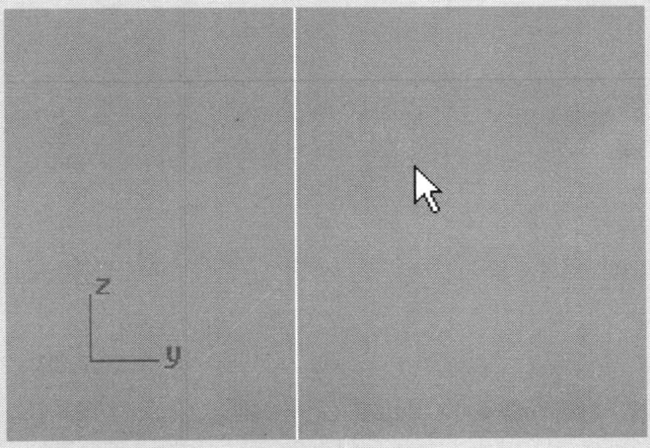

图 2-113

观察要对齐的点在哪个方向上，本例可以看出是要求在 Y 方向上进行对齐，所以就保留 Y，其他的勾都去掉，如图 2-114 所示。单击确定后，得到如图 2-115 所示的效果。

在自己需要的位置处单击左键，就可以把整排的点对齐了，同样可以处理右边的一排点和上面的三个点。此时要注意最右边至少有两个在竖直方向上对齐的点，如图 2-116 所示，这样才能够使旋转出来的面不是尖锐的。

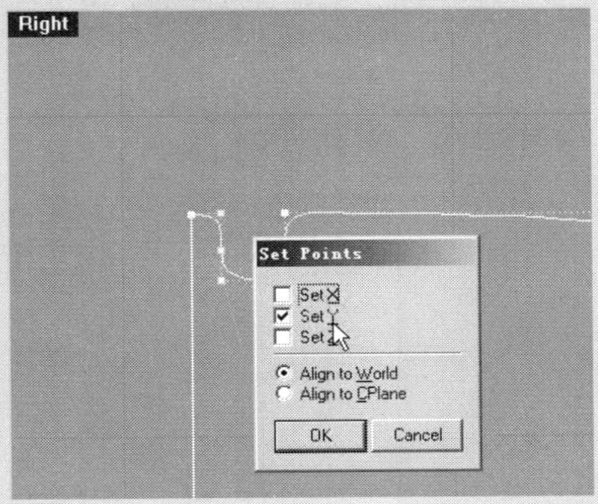

图 2-114

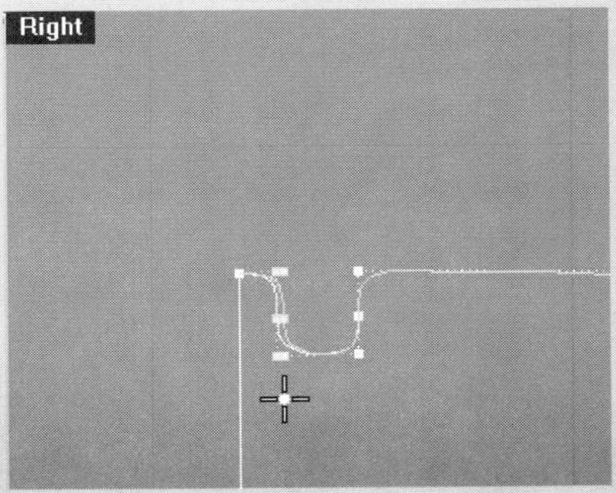

图 2-115

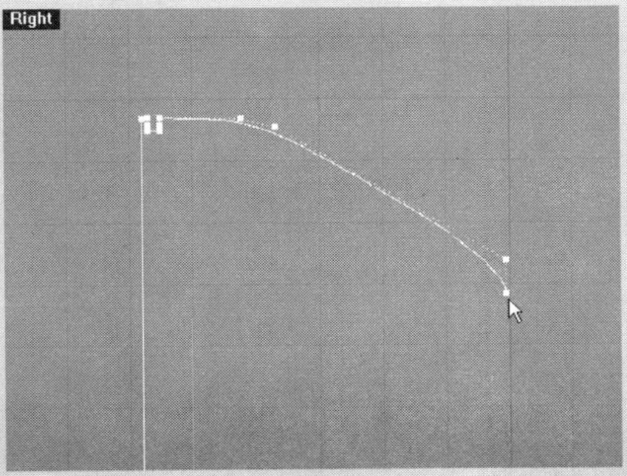

图 2-116

经验技巧

在进行点移动操作的时候，也可以直接利用键盘上的上下左右键进行移动操作，不过需要进行设置，单击如图 2-117 所示的选项操作。

在弹出的界面上单击 Modeling Aids（建模辅助）左边的加号，如图 2-118 所示。

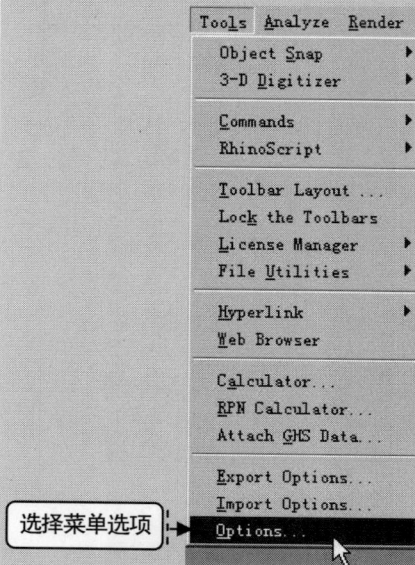

图 2-117

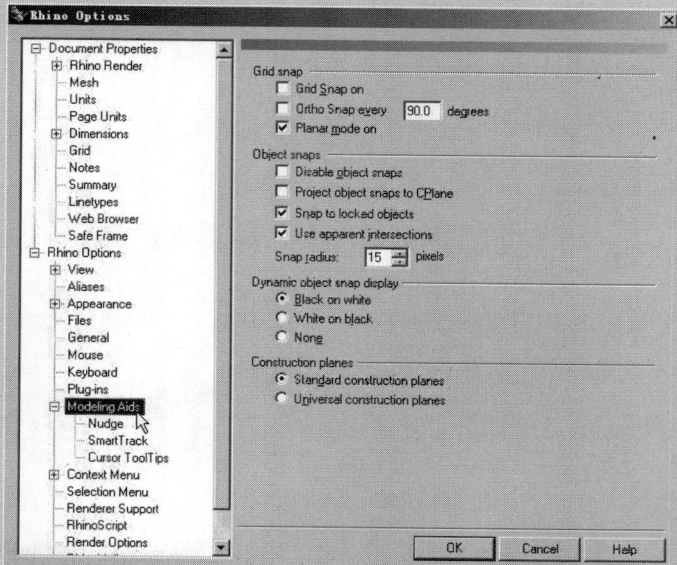

图 2-118

单击图中的 Nudge（推进），弹出如图 2-119 所示的界面。

图 2-119

同上图，将键设置成 Arrow keys（键盘箭头）就可以了（默认情况下系统定义的是 Alt+arrow keys，即用键盘上的 Alt 键加上箭头才能够移动），然后在下面 Nudge steps（设置具体的最小数值），意思是设置成每按一次箭头的移动距离，根据自己建模的大小来调整，可以设置大一些，也可以精细一些。如图 2-120 所示将其设置成 0.1 毫米，这样可以精细调节。

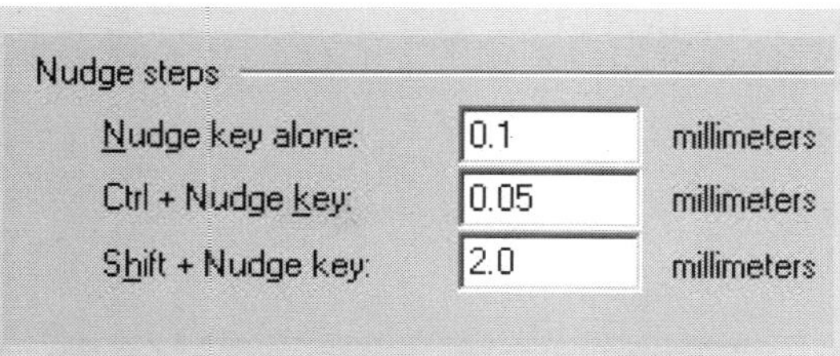
Nudge steps
Nudge key alone:
0.1
millimeters
Ctrl + Nudge key:
0.05
millimeters
Shift + Nudge key:
2.0
millimeters

图 2-120

❽ 调节好了点以后，就可以把画出来的曲线做旋转建模操作。单击旋转建模工具，如图 2-121 所示。

❾ 单击画出的轮廓曲线，然后保持捕捉方式为 End（端点），最后按住键盘上的 Shift 键，进行横向拉动做旋转建模，如图 2-122 所示。

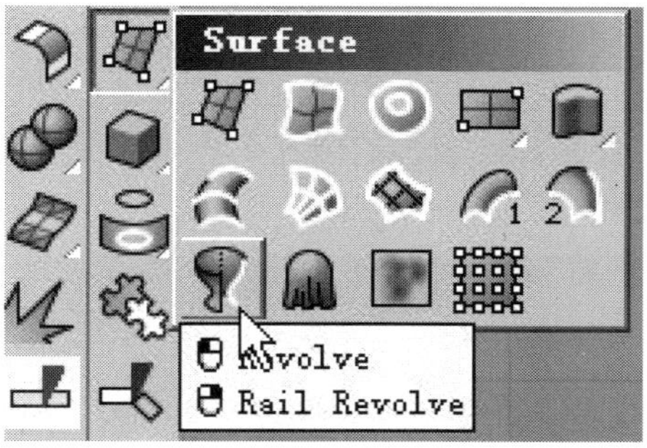
Surface
Revolve
Rail Revolve

图 2-121

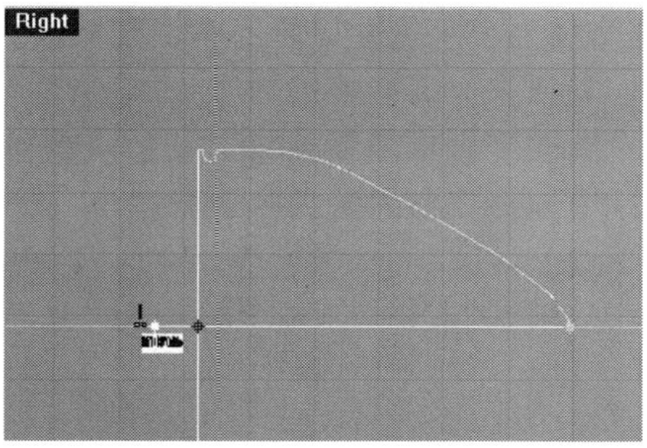
Right

图 2-122

❿ 保证命令栏上面的角度为 360° 的情况下，回车，如图 2-123 所示。

⓫ 得到如图 2-124 所示的曲面效果。这样就把头部的效果直接做出来了。

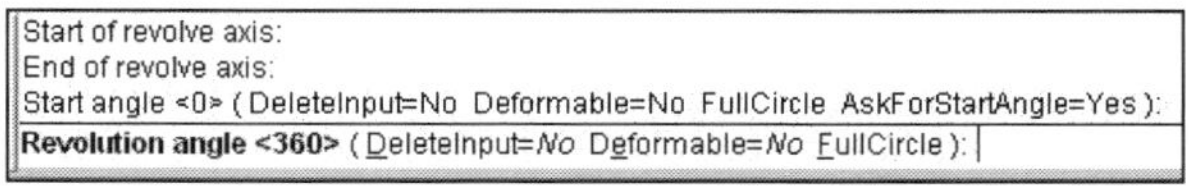
Start of revolve axis:
End of revolve axis:
Start angle <0> (DeleteInput=No Deformable=No FullCircle AskForStartAngle=Yes):
Revolution angle <360> (DeleteInput=No Deformable=No FullCircle):

图 2-123

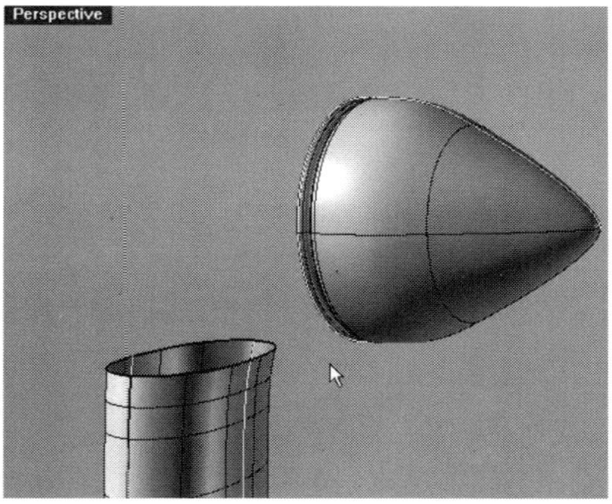
Perspective

图 2-124

Step 09 头部和主体融合

❶ 接下来将要把做出来的头部曲面和主体进行融合。单击面融合工具，如图 2-125 所示。

❷ 分别选取两个面的边缘后回车，拉动上下两条线的调整工具，得到如图 2-126 所示的

效果。回车后得到如图 2-127 所示的融合曲面效果。

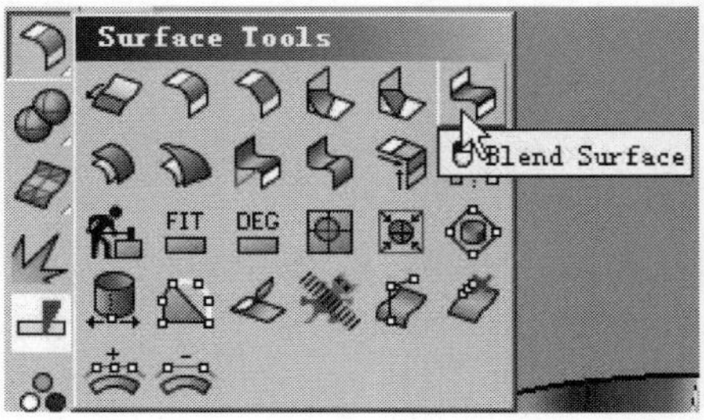

图 2-125 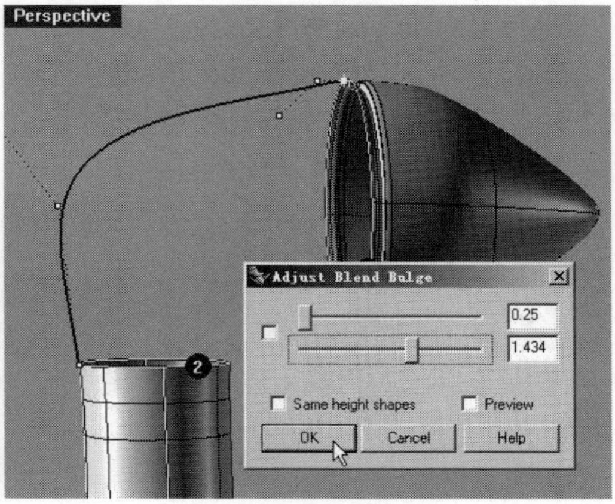   图 2-126

❸ 这个融合出来的曲面是不符合要求的，在 shade（实体）模式下，转过一个角度来观察，就可以看出来，有扭曲的效果，如图 2-128 所示。所以还需要进一步的进行处理，一种方法是在点编辑下面对曲面直接进行拉点操作，但是点比较多的情况下还得对面进行简化操作，简化完了以后还要做曲面的匹配操作，比较麻烦。

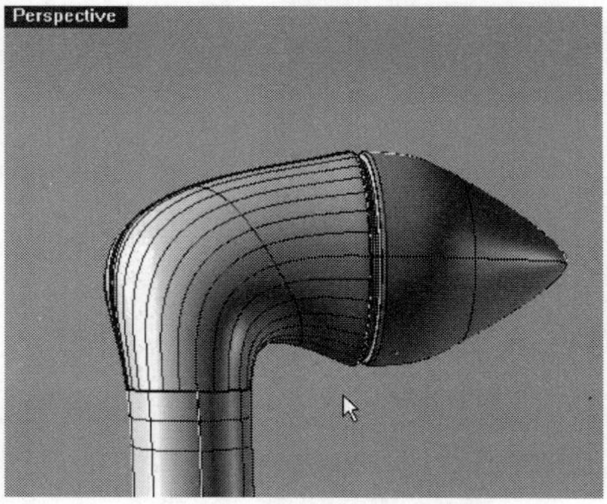

图 2-127 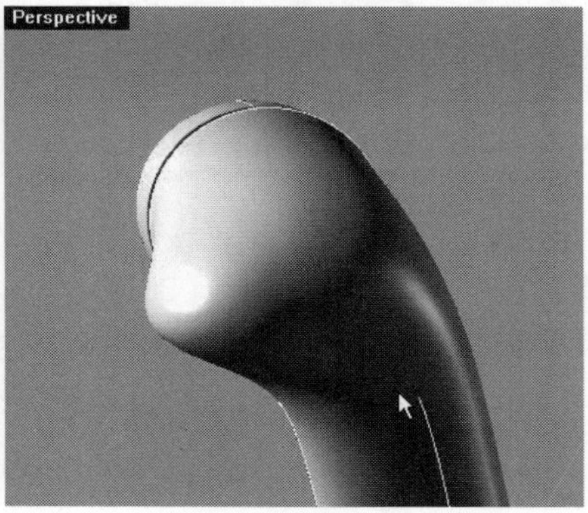   图 2-128

🖎 高手点拨

如何从现有的曲面上提取线条来进行网格建面或者放样操作？

单击提取结构线工具，如图 2-129 所示。

提取融合出来的面上的几条曲线，根据实际情况，一般提取四条，四条均匀分布（一般捕捉 Quad，即 1/4 点捕捉），如图 2-130 所示。提取线条后，将融合面删除，得到如图 2-131 所示的效果。

图 2-129

删除曲面后，可以对得到的曲线进行调节，注意调节的时候要保持线条和两边边缘的连续性，所以需要借助如图 2-132 所示的工具进行点调节。

图 2-130   图 2-131   图 2-132

在 Front（前）视图上对变化比较剧烈的曲线进行调节，如图 2-133 所示。

然后回到 Right（右）视图上对另一个方向进行调节，让曲线更加符合曲面的要求，如图 2-134 所示。经过调整，可以得到如图 2-135 所示的曲线效果。

图 2-133   图 2-134   图 2-135

其他几条曲线经过调整，得到如图 2-136 所示的曲线效果。在透视图上观察，如图 2-137 所示。

图 2-136   图 2-137

❹ 单击网格建面工具，如图 2-138 所示。

❺ 按照顺序先单击两个圆形的边缘，然后按照顺时针或者逆时针依次选取四条调整过的曲线，得到如图 2-139 所示的界面。确定后得到如图 2-140 所示的曲面效果。

图 2-138   图 2-139   图 2-140

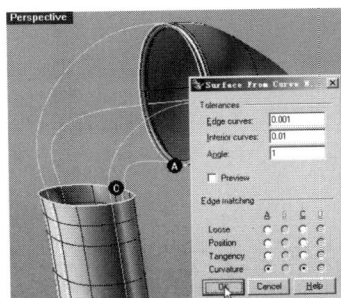

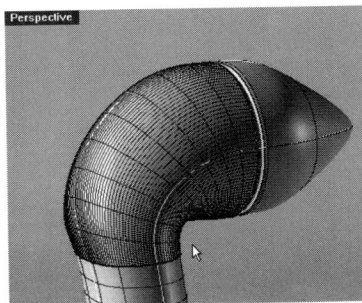

⑥ 将得到的曲面和下面的头部做匹配，如图 2—141 所示。

经过匹配以后，在 Shade（实体）模式下观察，得到如图 2—142 所示的效果。至此，建模已经完成了一个段落，观察效果，如图 2—143 所示。

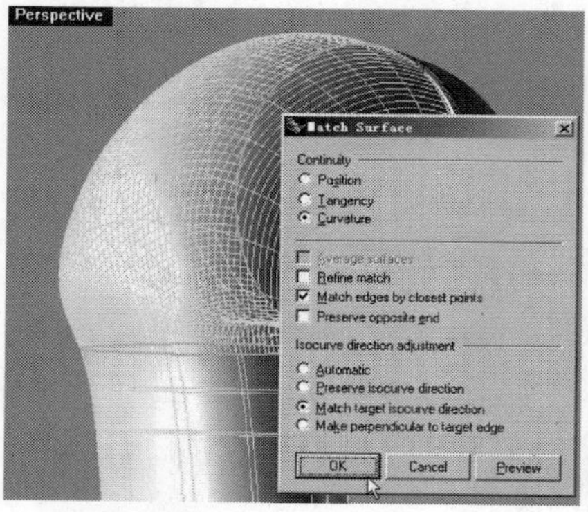

图 2—141

图 2—142

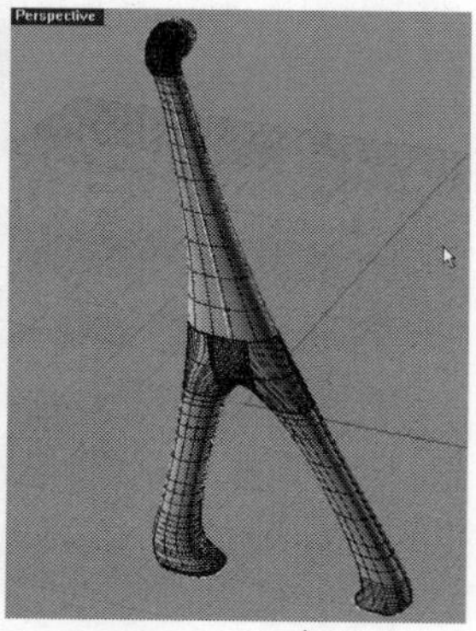

图 2—143

Step 10　图层编排

❶ 将一个新图层命名为 "zhuti"，即主体图层，如图 2—144 所示。

❷ 把建出来的整体选中，然后在下面状态栏上单击，在弹出来的 "zhuti" 图层上单击右键，如图 2—145 所示。

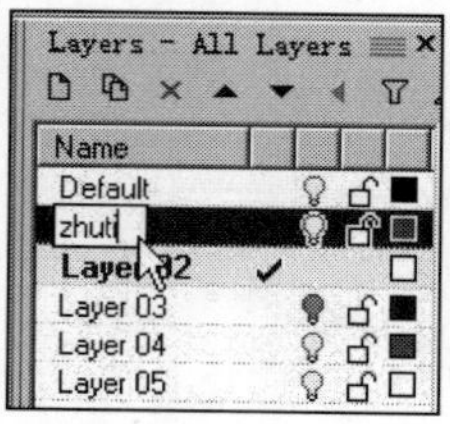

图 2—144

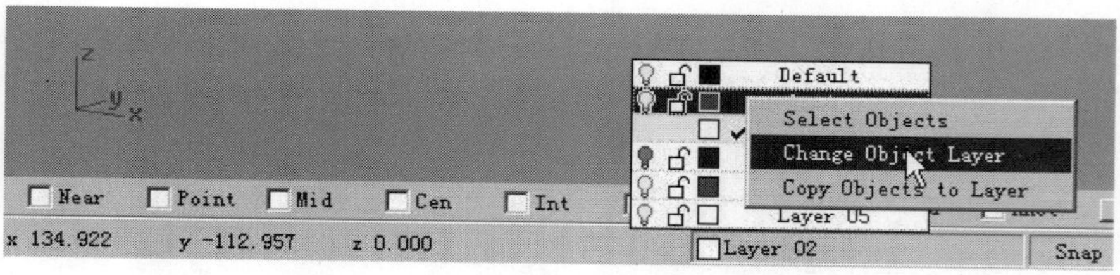

图 2—145

❸ 这样就把整体放到了这个红色的 "zhuti" 图层上，主体也变成了红色，如图 2—146 所示。

❹ 此时为了操作方便，可以单击如图 2—147 所示的选择所有曲线工具，把所有的曲线都选中。然后同前面一样新建一个图层，命名为 "line"，即所有的曲线都放在这个图层上，并把这个图层隐藏，如图 2—148 所示。

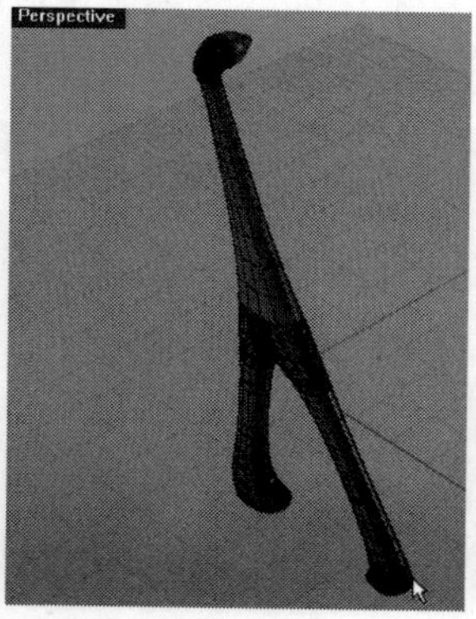

图 2—146

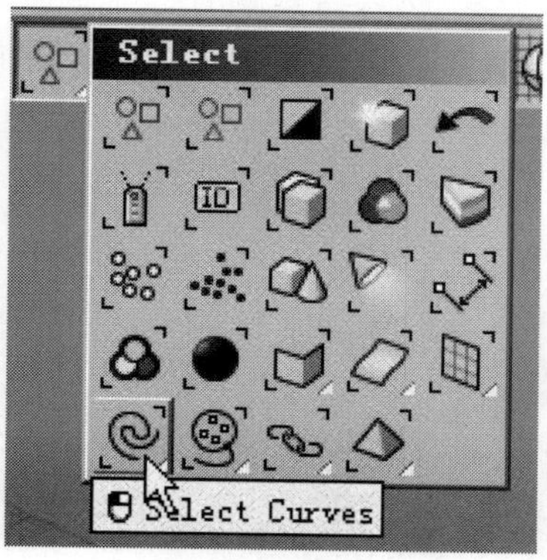

图 2—147

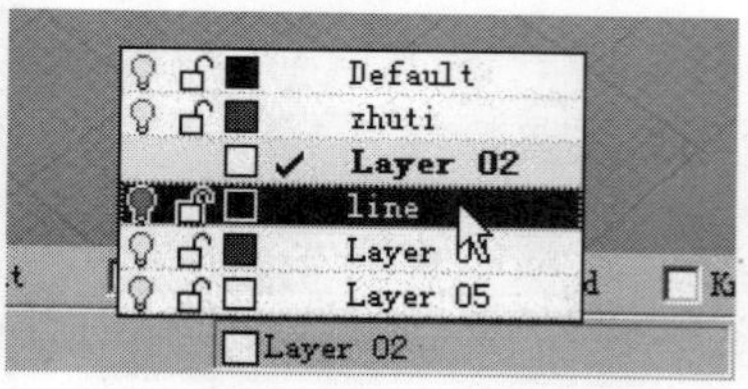

图 2—148

❺ 这样就保留了基本的主体造型，比较干净，看起来也比较顺，如图 2-149 所示。接下来要对这个建出来的部分进行镜像复制，单击如图 2-150 所示的镜像复制工具。

❻ 进行镜像复制后，得到如图 2-151 所示的效果。把复制出来的部分放到另外一个图层上，命名为"zhuti2"，如图 2-152 所示。

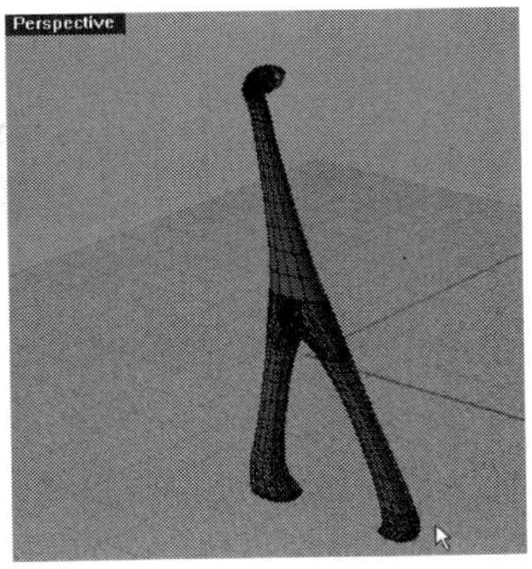

图 2-149

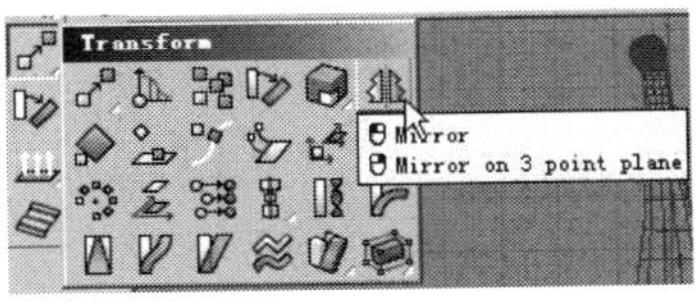

图 2-150

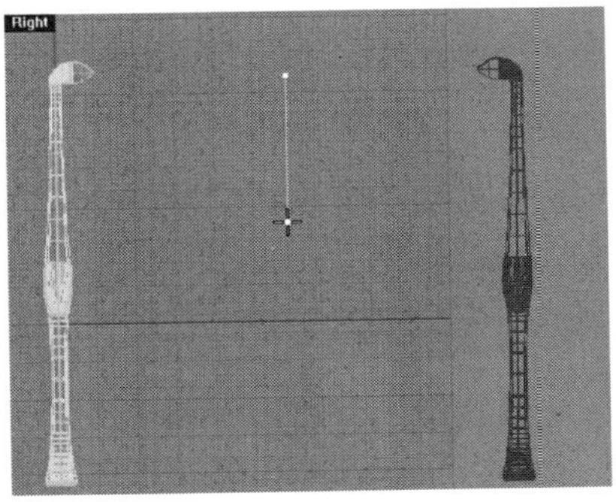

图 2-151

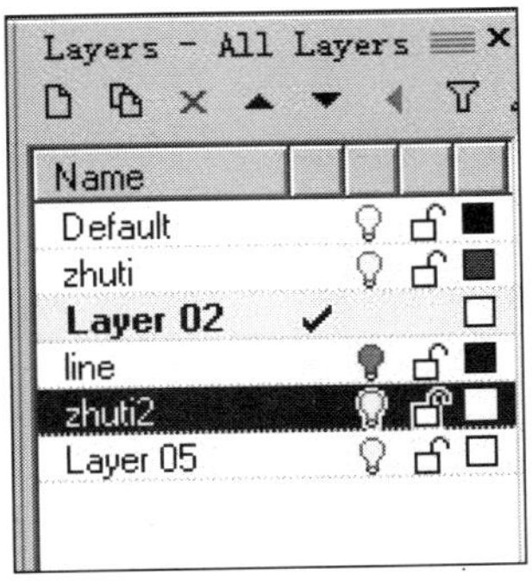

图 2-152

2.1.2　音乐播放器部分建模

接下来将要在主体 2 上建音乐播放器的部分，即如图 2-153 所示的部分。这个部分相对来说比较简单，整体是规范的形状，同时可以借助做缝隙的方法来完成里面的细节。

图 2-153

Step 01 画出播放器轮廓

❶ 画出如图 2-154 所示的圆形，注意定位和圆形的大小。

❷ 用得到的曲线对下面的曲面进行剪切，得到如图 2-155 所示的效果。然后对得到孔的边缘进行向下拉伸，单击拉伸建面工具，如图 2-156 所示。

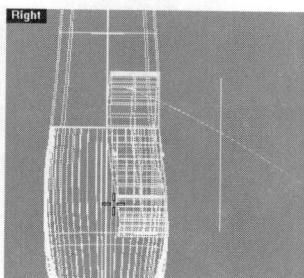

图 2-154

图 2-155

图 2-156

❸ 单击孔的边缘，如图 2-157 所示。选完后按鼠标右键确定，得到如图 2-158 所示的拉伸效果。

❹ 此时可以看出，拉伸的方向不对，还没有向里面拉伸，所以单击命令栏上的 Direction（方向）选项，如图 2-159 所示。

图 2-157

图 2-158

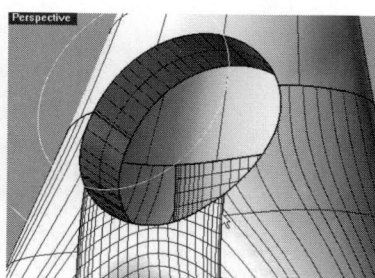

图 2-159

❺ 在右视图上找一个相对点（第一个点随便单击），第二个点的时候，注意要按住 Shift 键，然后水平向左拉，如图 2-160 所示，这时候就可以出现一个拉伸的曲面效果，如图 2-161 所示。

❻ 确定后得到如图 2-162 所示的拉伸曲面效果。把拉伸出来的面和主体进行结合，结合成一个实体，然后单击实体倒角工具，如图 2-163 所示。

图 2-160

图 2-161

图 2-162

❼ 设定好合适的数值，对边缘进行倒角，如图 2-164 所示，可根据实际的模型大小来尝试不同的倒角大小。经过倒角后，得到如图 2-165 所示的效果。

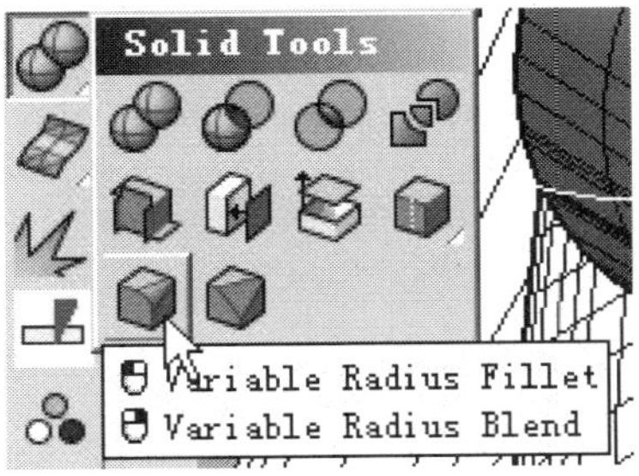

图 2-163

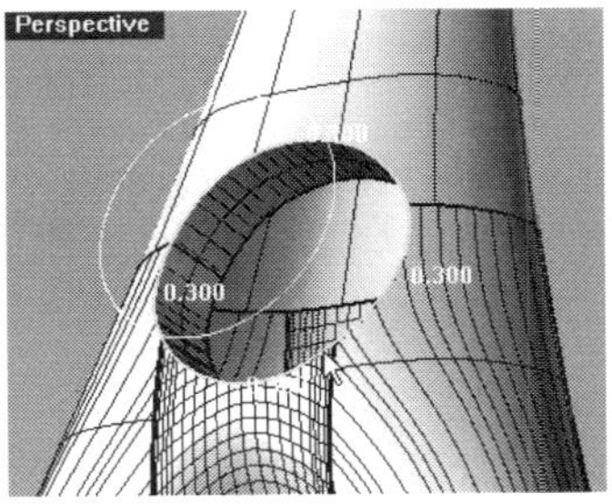

图 2-164

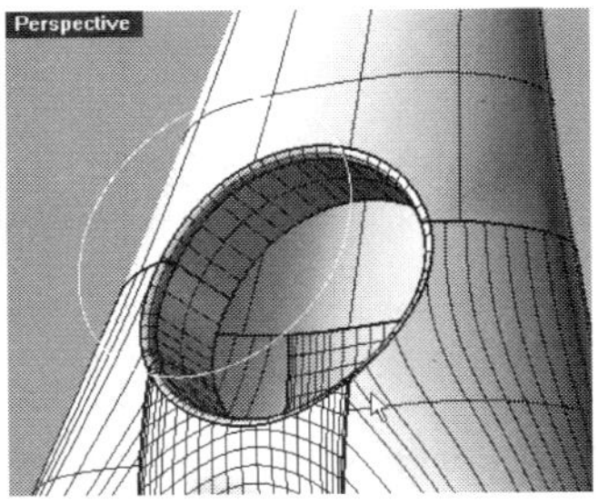

图 2-165

Step 02 处理中间鼓出部分

❶ 接下来处理中间的鼓出
部分，这个部分和外表面高度上
稍微有点不同，需要画出曲线，
进行重新建模操作，而不能直接
用外表面。为了使画出来的造型
更加准确，需要利用 1/4 捕捉的
方式画出一条水平直线（图
2-166）。在轴测图上观察，如图
2-167 所示。

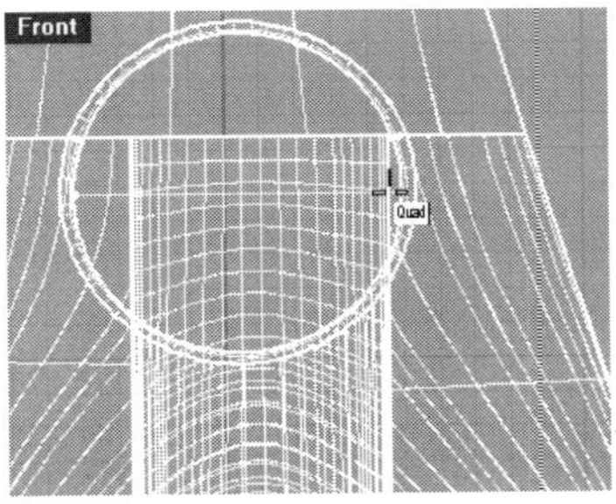

图 2-166

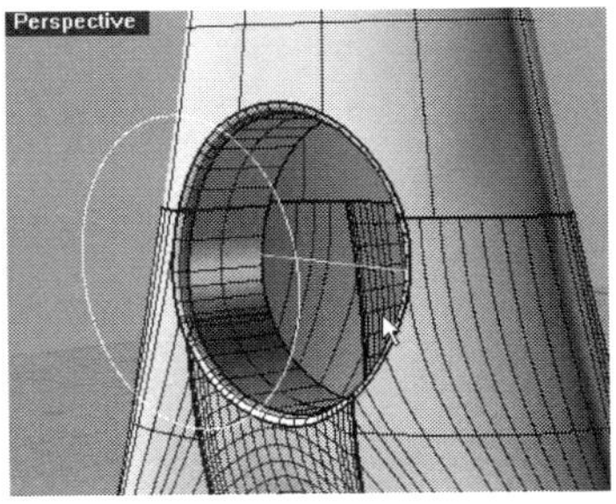

图 2-167

❷ 单击两点画弧线工具，如图 2-168 所示。

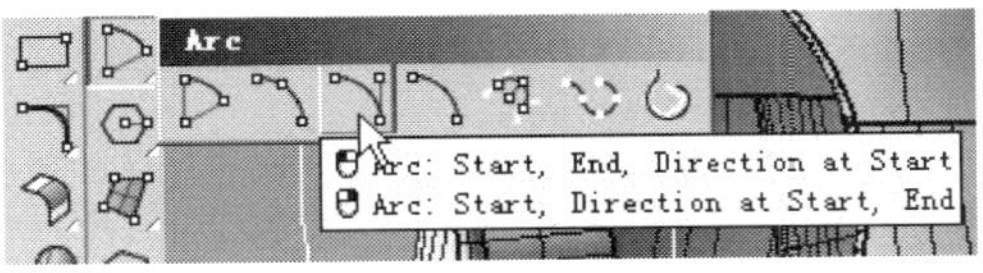

图 2-168

❸ 在捕捉栏上选中 End（端点）捕捉方式，然后在顶视图上分别单击辅助线的两端，画
出如图 2-169 所示的弧线（为了观察方便，把当前图层改成了默认图层，使图层颜色为黑色）。

❹ 将得到的弧线向上移动到外面，按 F10 键，准备进行点调节，如图 2-170 所示。

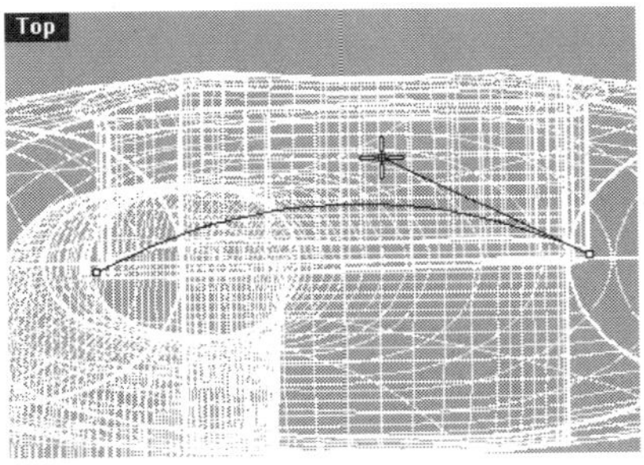

图 2-169

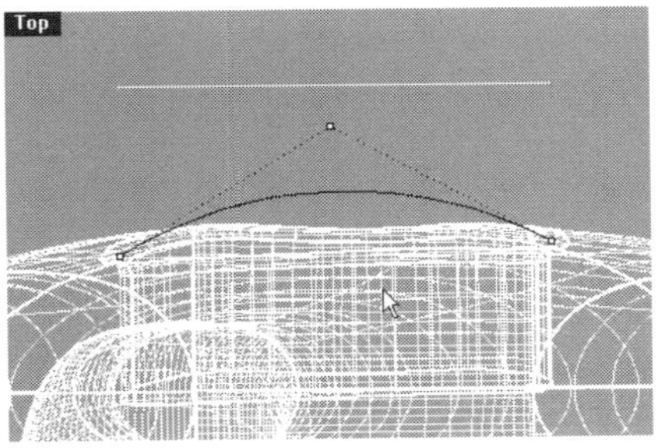

图 2-170

❺ 由于这个弧线弧度太大了，需要进行调节，此时单击加点工具，如图 2-171 所示。

❻ 为了使加的点能够两头对称，需要在命令栏上单击 Symmetrical（对称），变为 Yes（对
称），如图 2-172 所示。

图 2-171

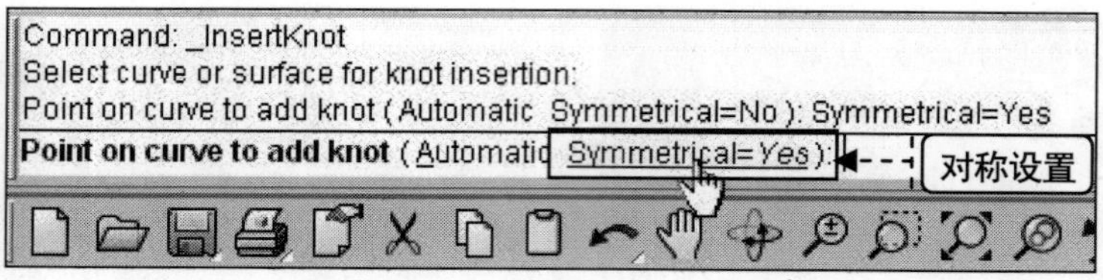

图 2-172

⑦ 这样加点就是使两边一起对称添加点，如图 2-173 所示。

⑧ 把得到的对称点一起选中，一起向上移动，得到如图 2-174 所示的形状。

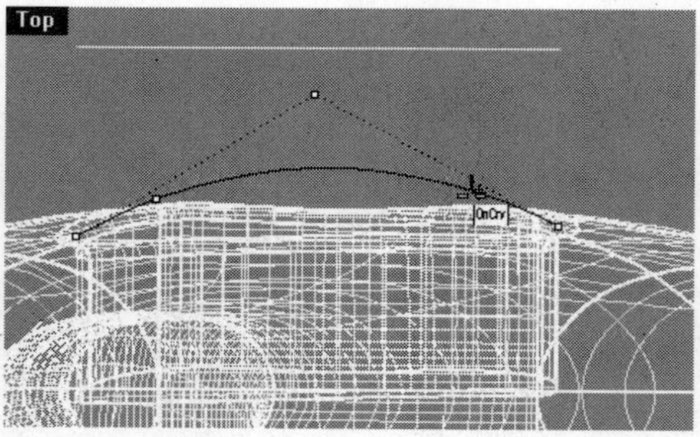

图 2-173

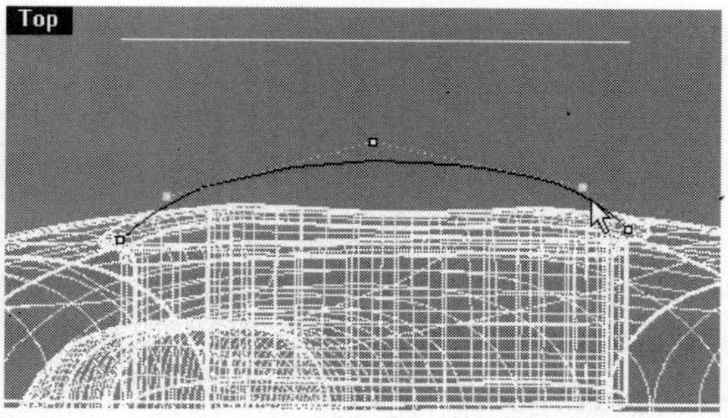

图 2-174

⑨ 得到的曲线用来做旋转建面操作，先保证状态栏上的 Point（点）捕捉方式，如图 2-175 所示。

图 2-175

⑩ 然后确定以中间的点为圆心进行旋转建面，如图 2-176 所示。

⑪ 得到如图 2-177 所示的曲面效果。由于实际的造型还要相对向外一些，所以可以向外移动，然后利用得到曲面的边缘向内拉伸出曲面来，如图 2-178 所示。

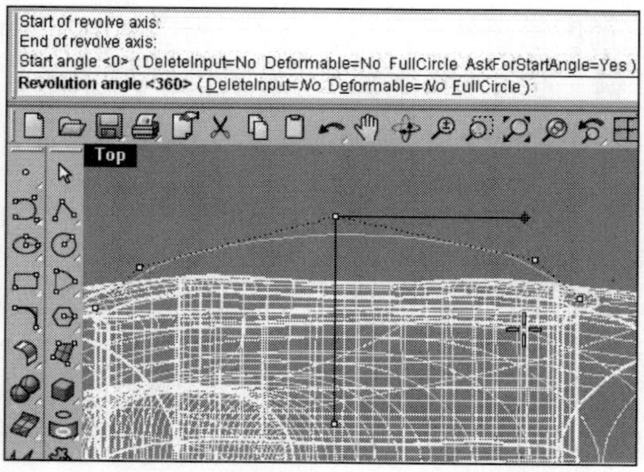

图 2-176

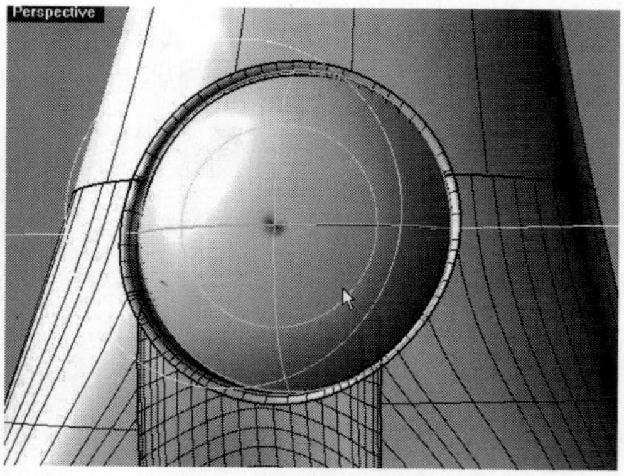

图 2-177

⑫ 透视图上的效果如图 2-179 所示。单击面倒角工具，如图 2-180 所示。

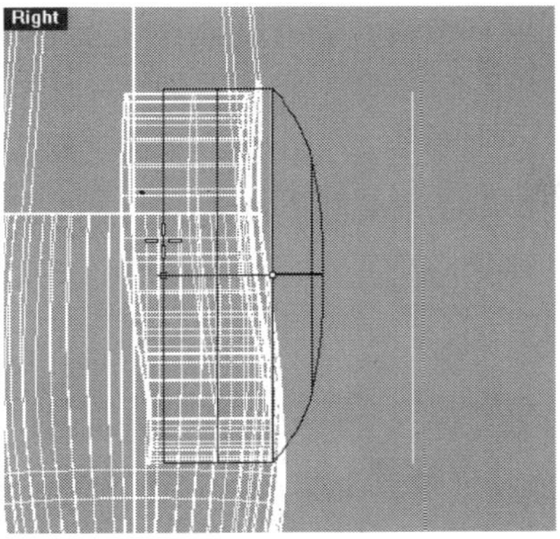

图 2-178 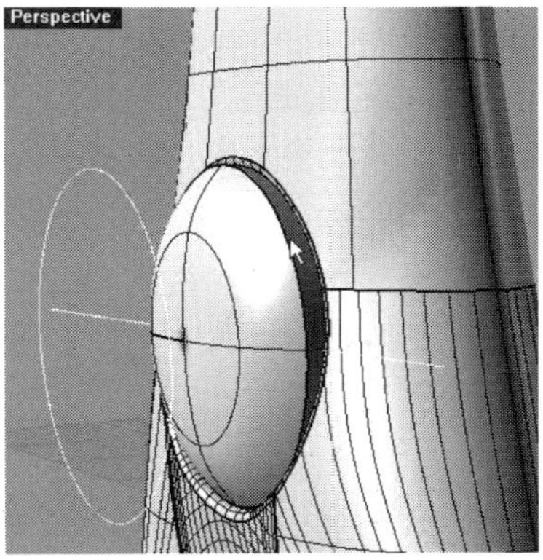　　　　　　图 2-179 　　　　　　图 2-180

⓭ 对作出的拉伸面和表面进行倒角处理，得到如图 2-181 所示的效果。用实体模式观察，如图 2-182 所示。

⓮ 接下来将对这个弧面表面进行分割，处理分割的缝隙，先在如图 2-183 所示的前视图上将原来画的圆形进行调整，用二维比例缩放工具 进行缩小处理。

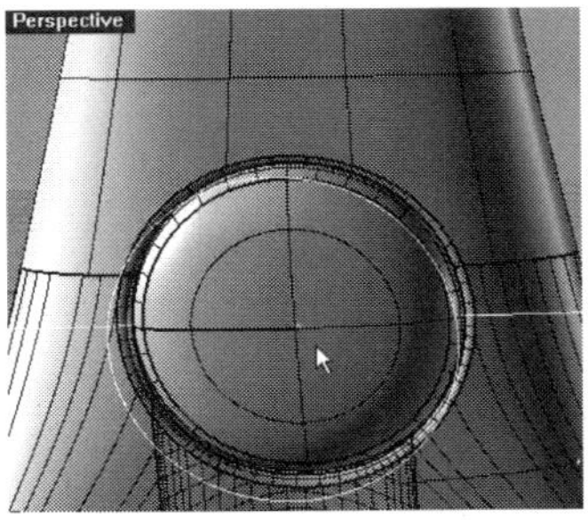

图 2-181 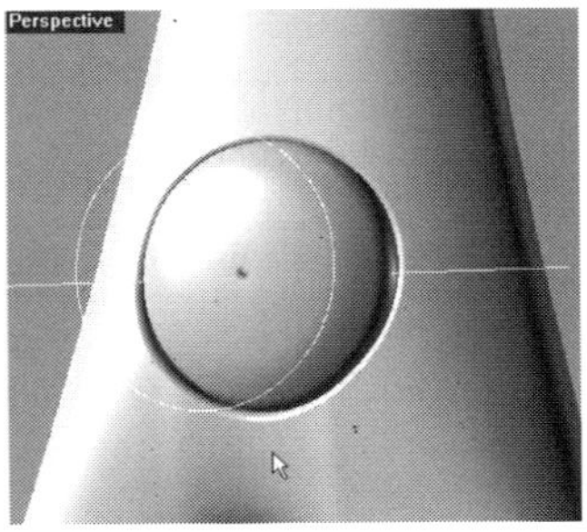　　　　　　图 2-182 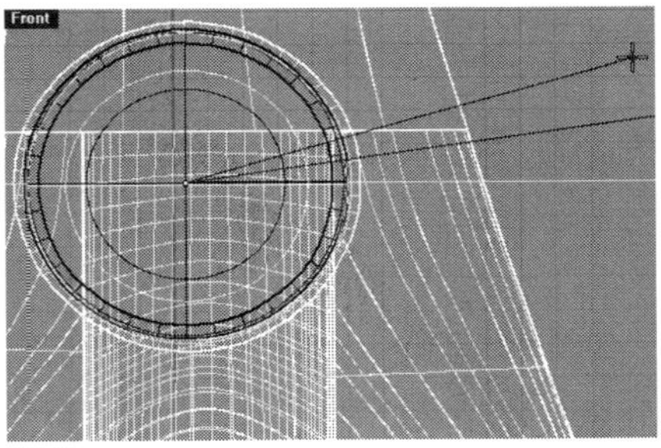　　　　　　图 2-183

Step 03 刻画左边 3 个小圆形状部分

❶ 调整好大小以后，在圆形的边缘部分画出一个小圆，然后把外围的大圆切开一个口子，如图 2-184 所示。然后过中间小圆的圆心，向外面的口子端点处画出两条直线，用来作为辅助剪切用的线，如图 2-185 所示。

❷ 用这两条辅助线对小圆进行剪切，得到如图 2-186 所示的扇形曲线效果。

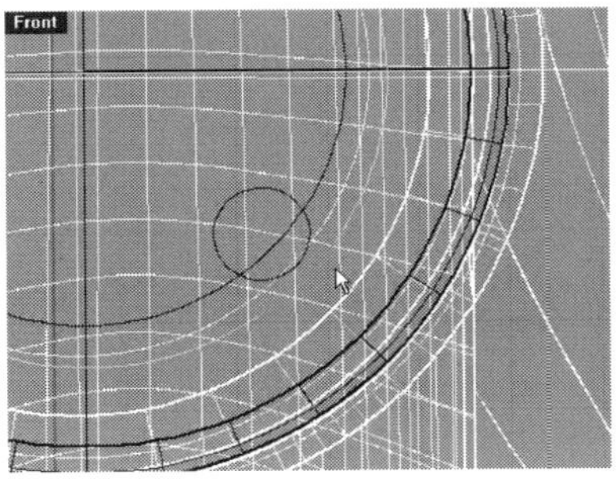

图 2-184 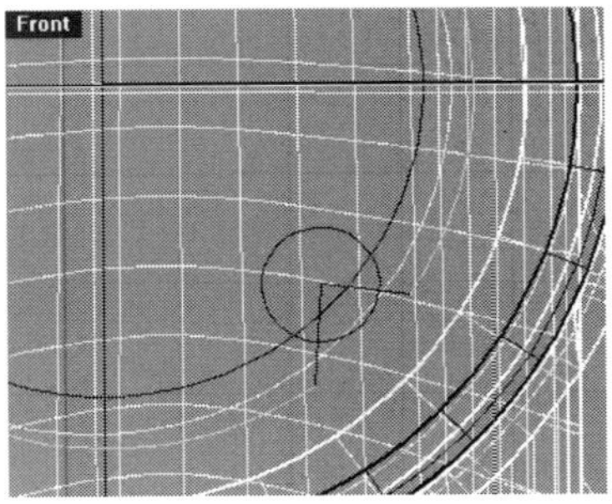　　　　　　图 2-185 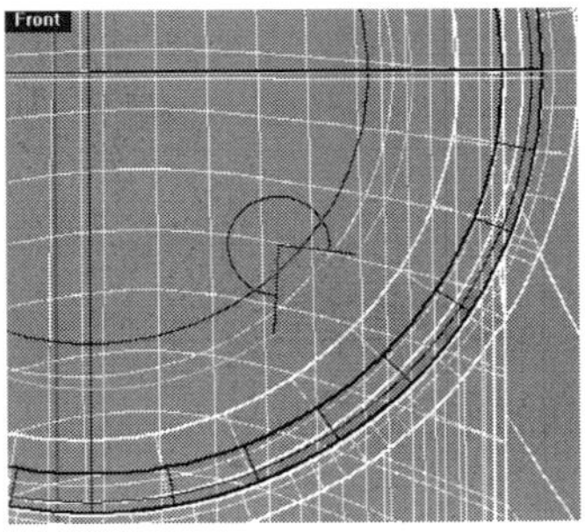　　　　　　图 2-186

❸ 单击曲线倒角工具，如图 2-187 所示。

❹ 设定合适的值，对小扇形曲线和外围大的扇形曲线进行倒角处理（单击倒角工具以后，分别单击两个端点，就可以不相交地进行倒角处理），得到如图 2–188 所示的效果。其他两个部分就不需要这样再次重复做了，只需要复制过去就可以了，在复制之前，由于倒角通常默认是倒角后结合在一起的，所以要单击打散命令（ ），分别将作出来的形状打散，如图 2–189 所示。

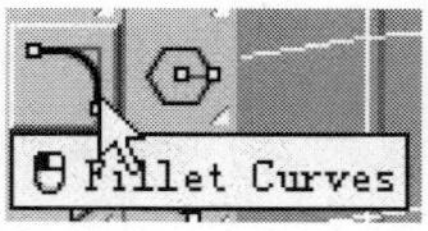
Fillet Curves

图 2–187

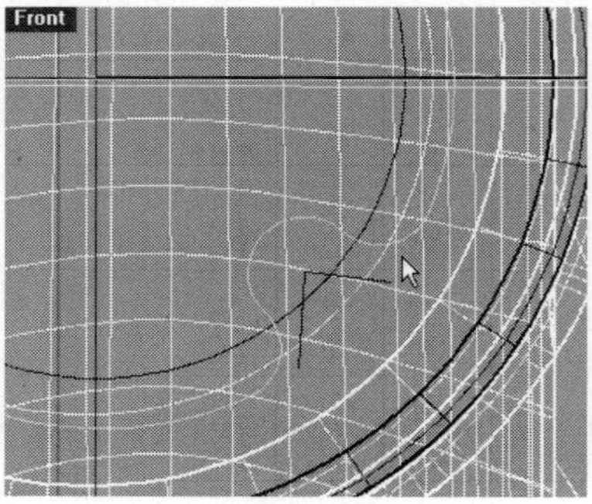
Front

图 2–188

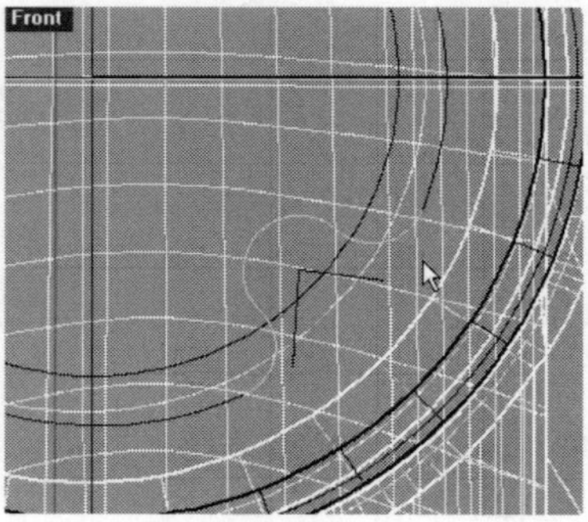
Front

图 2–189

❺ 单击工具栏上的旋转工具，如图 2–190 所示。

❻ 在命令栏上单击 Copy（复制）选项，如图 2–191 所示。

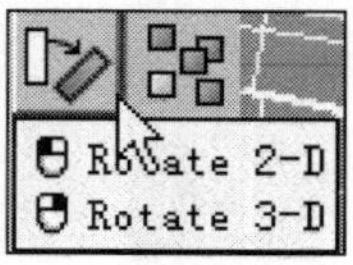
Rotate 2-D
Rotate 3-D

图 2–190

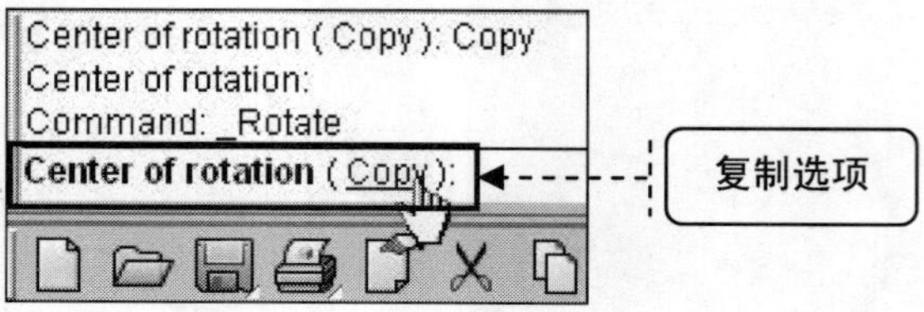
Center of rotation (Copy): Copy
Center of rotation:
Command: _Rotate
Center of rotation (Copy):
复制选项

图 2–191

❼ 根据提示，选择旋转的中心，定义为大圆的中心，然后进行旋转复制，在旋转的时候，注意根据自己的需要设置旋转的角度，比如本例中设置旋转角度为 45°，这样得到如图 2–192 所示的对称效果。然后用得到的小曲线，把下面的大圆不用的部分剪掉，得到如图 2–193 所示的效果。

❽ 把得到的曲线全部结合起来，如图 2–194 所示（注意切断的两个曲线间有小短线也要一起结合起来，否则这个形状不封闭，会影响下一步的分离操作）。得到的曲线和下面要分离的部分相对关系如图 2–195 所示。

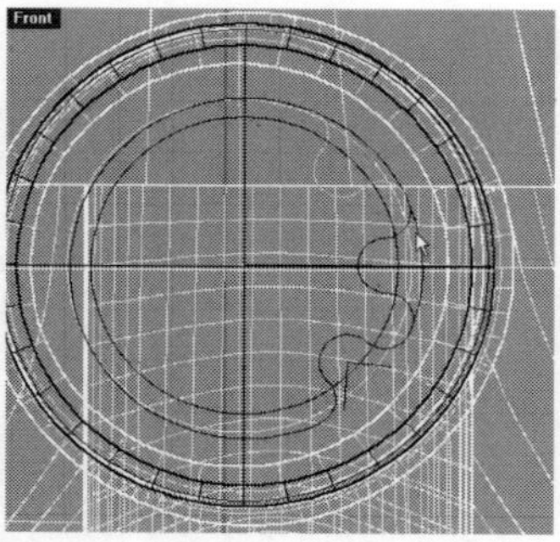
Front

图 2–192

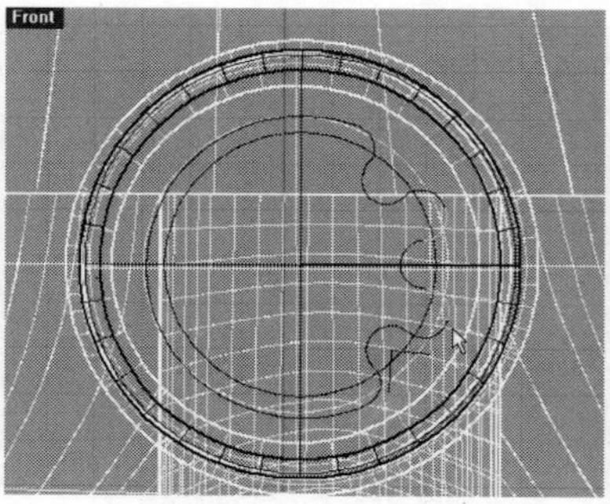
Front

图 2–193

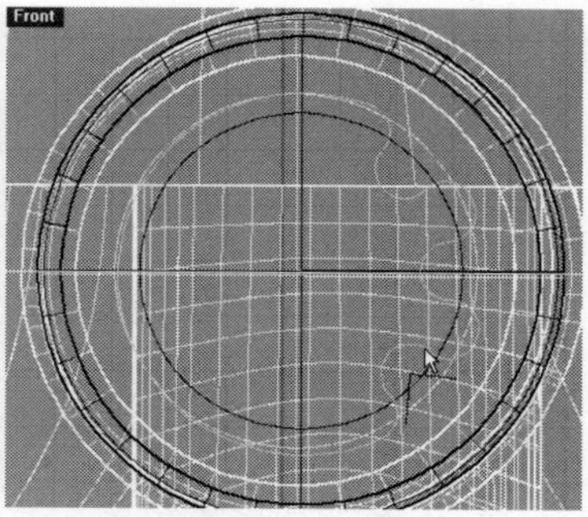
Front

图 2–194

❾ 把下面部分打散，然后把上表面选中，如图 2–196 所示。选择工具栏上的分离工具（ ），然后单击上面用来做分离的曲线，回车后得到如图 2–197 所示的分离效果。

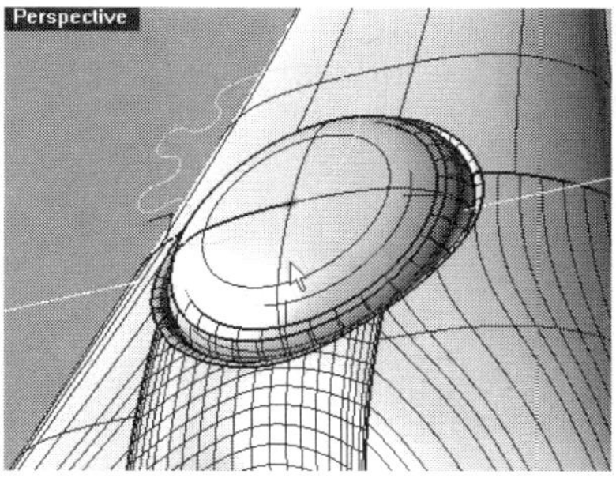

图 2-195 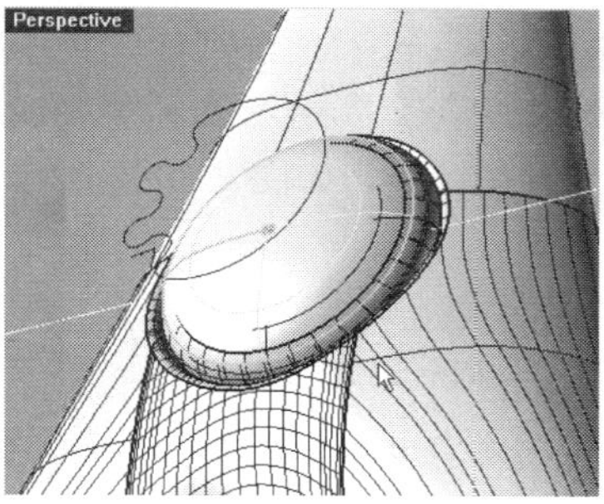   图 2-196 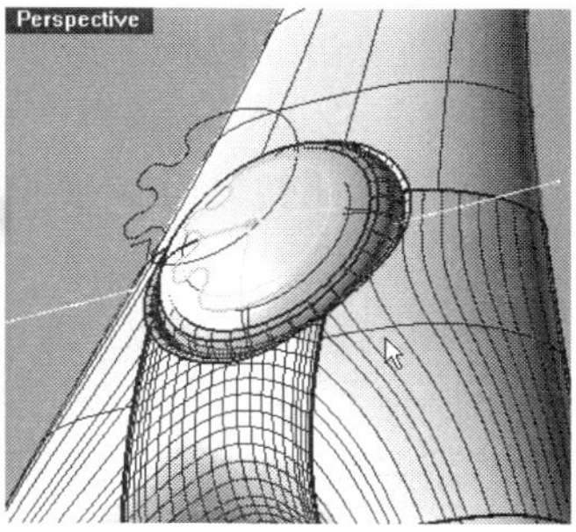   图 2-197

Step 04 建出缝隙

❶ 下面进行缝隙操作。先单击隐藏工具（ 💡 ），将中间部分隐藏，如图 2-198 所示。然后用拉伸工具，沿着切开的部分边缘向下拉伸一定距离，在拉伸时，经常会出现如图 2-199 所示的不能向下拉伸的情况，需要对方向进行调整。

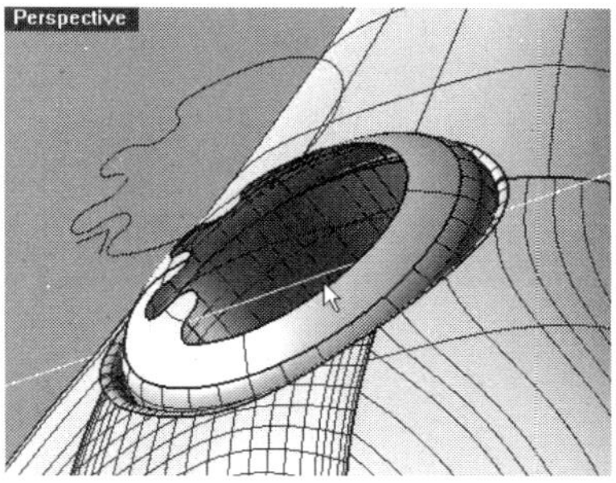

图 2-198 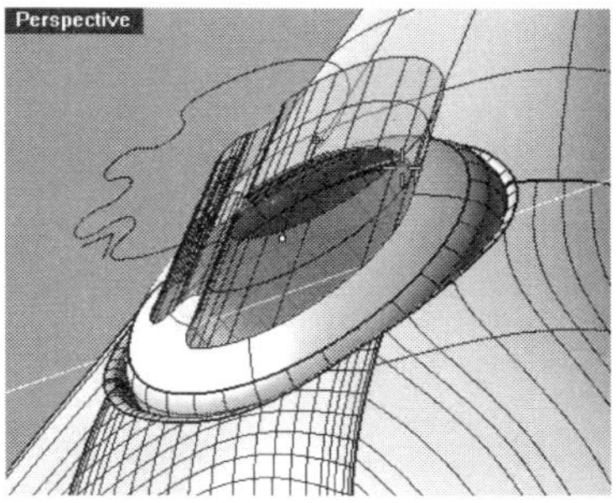   图 2-199

❷ 单击命令栏上的 Direction（方向），如图 2-200 所示。

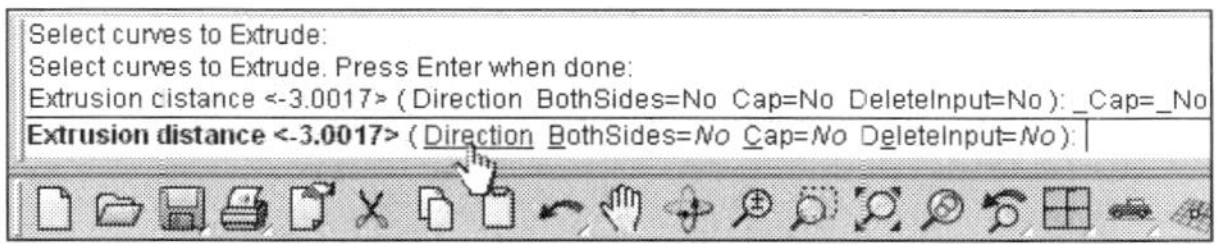

图 2-200

❸ 然后在右视图中先随便点一个点，然后按住 Shift 键向右拉伸，就可以得到如图 2-201 所示的向内拉伸曲面的效果。按住键盘上的快捷键 Ctrl+C，将做出来的拉伸曲面复制一份，然后粘贴出来，使同样的地方有两个重叠的曲面，如图 2-202 所示。

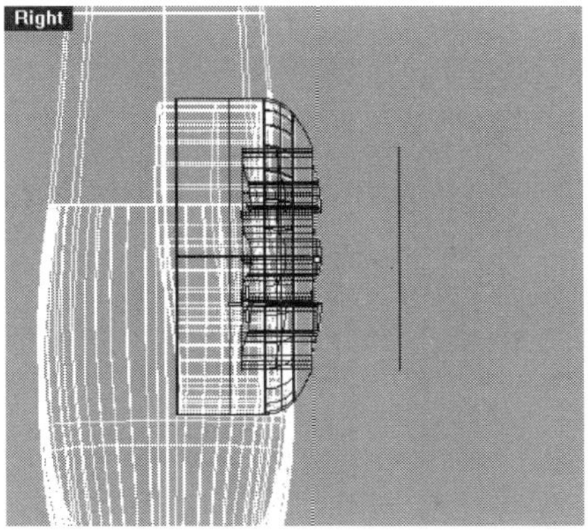

图 2-201

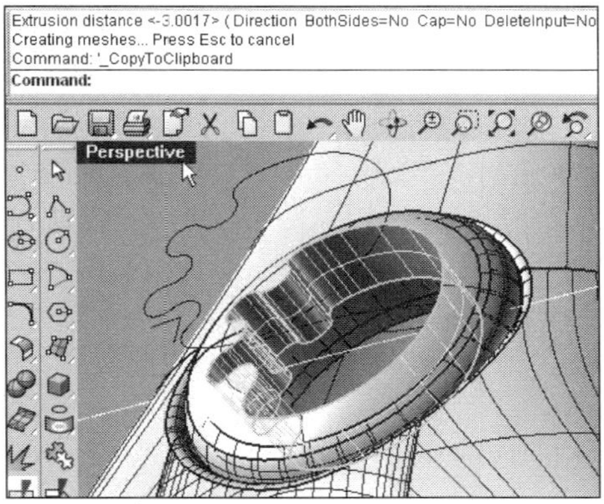

图 2-202

❹ 单击工具栏上的面倒角工具（🔧）。设定一个合适的倒角值，对外围先倒角，得到如图 2-203 所示的倒角后的效果。用同样的方法对内部进行倒角，得到如图 2-204 所示的效果。

❺ 此时发现和图中方向相反，用旋转工具将它旋转 180°，就可以得到最终的效果，如图 2-205 所示。将多余的曲线都转移到隐藏的 Line 图层上，然后用 Shade（实体）模式观察，可以看到如图 2-206 所示的效果。

图 2-203

图 2-204　　　　图 2-205　　　　图 2-206

Step 05　主体音乐插孔画线

❶ 接下来处理另外一个主体上的音乐插孔部分，即原图上如图 2-207 所示的效果。在图层面板上将上一个步骤已经完成的"zhuti2"隐藏，然后将要处理的"zhuti"图层显示出来，如图 2-208 所示。

❷ 单击画圆工具（⊙），在前视图上画出如图 2-209 所示的 3 个圆，调整好大小和相对距离。然后单击二维缩放工具（🔲），对得到的圆形进行等比例缩小处理，

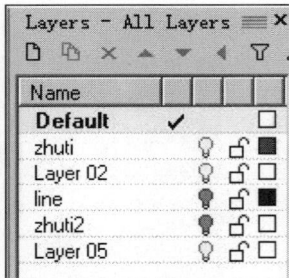

图 2-207　　　　图 2-208

注意在缩小的时候一定要在命令栏上单击 Copy（复制）选项，并捕捉圆形的圆心作为相对点，这样就可以复制出一个同心圆，如图 2-210 所示。

图 2-209　　　　图 2-210

❸ 用同样的方法可以作出其他两个圆形的同心圆来，如图 2-211 所示。单击画直线工具（⅄），捕捉 3 个圆的圆心，画出两端直线，将 3 个圆联系起来，如图 2-212 所示。

❹ 在第一个圆形上面画出一条用来切割的直线，如图 2-213 所示。利用中间的直线作为对称轴，单击工具栏上的镜像对称工具，如图 2-214 所示。

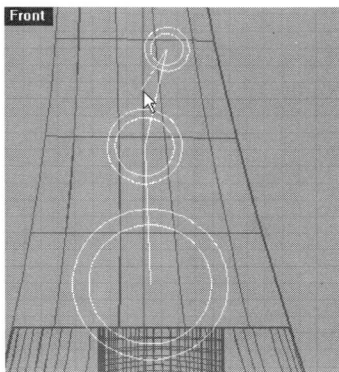

图 2-211　　　　　　　图 2-212　　　　　　　图 2-213

❺ 镜像出另外一边的一条直线，如图 2-215 所示。然后利用第二个圆形的中心，画出两条同样的直线，如图 2-216 所示。

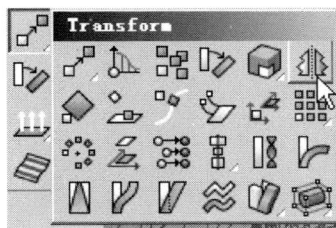

图 2-214

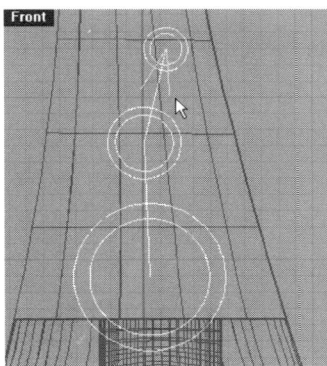

图 2-215

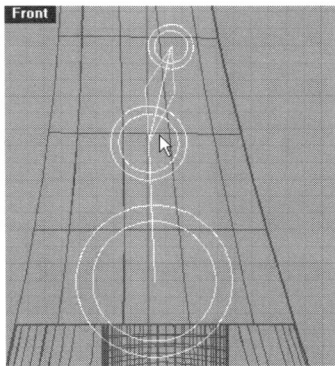

图 2-216

❻ 同样的方法在下面两个圆之间画出如图 2-217 所示的 4 条直线。单击剪切工具（⌐），用得到的对称的直线对圆形进行剪切，得到如图 2-218 所示的缺口，可以一次剪切完成。

❼ 对得到的曲线进行倒角处理（⌐），这个和前一个例子的处理相似，只要选择合适的大小，就可以倒出合适的大小来，如图 2-219 所示。同样对下面两个圆形做倒角处理，为了贴近原型，可以多试几次倒角的大

图 2-217　　　　　　　图 2-218

小，最终得到如图 2-220 所示的效果。

⑧ 在透视图上观察，发现画出来的曲线方向反了，如图 2-221 所示。

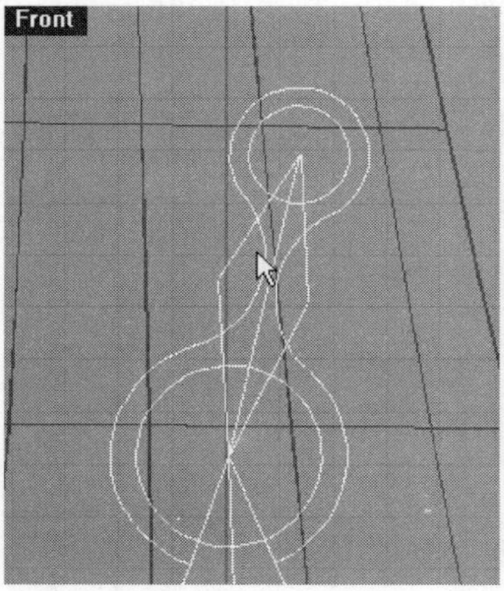

图 2-219 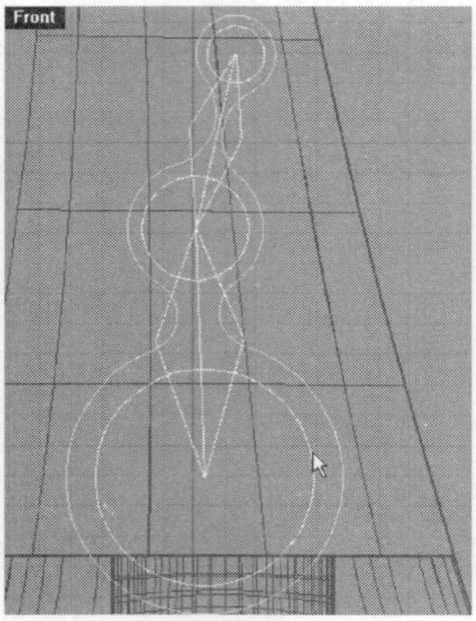　　　　　　图 2-220 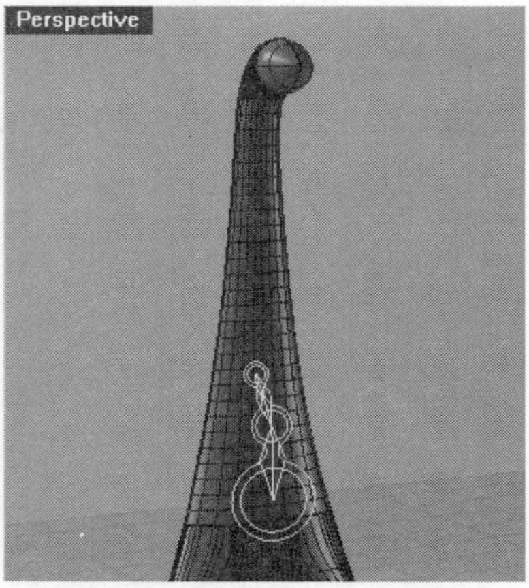　　　　　　图 2-221

⑨ 可以利用如图 2-222 所示的镜像工具，进行镜像复制。

⑩ 捕捉圆形的中心，进行镜像复制，如图 2-223 所示。注意在状态栏上单击 Copy（复制）选项，切换为取消，这样就只是镜像，不复制了，得到如图 2-224 所示的效果。

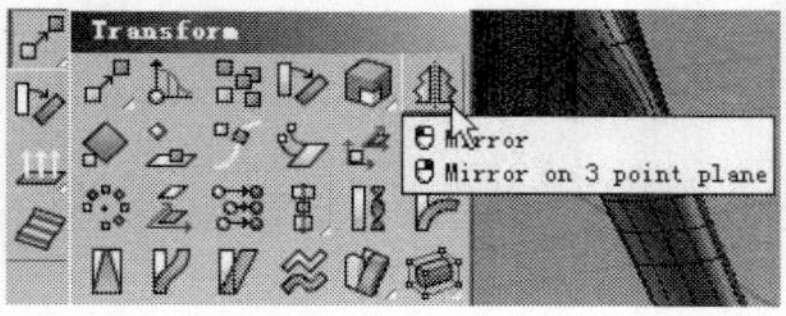

图 2-222 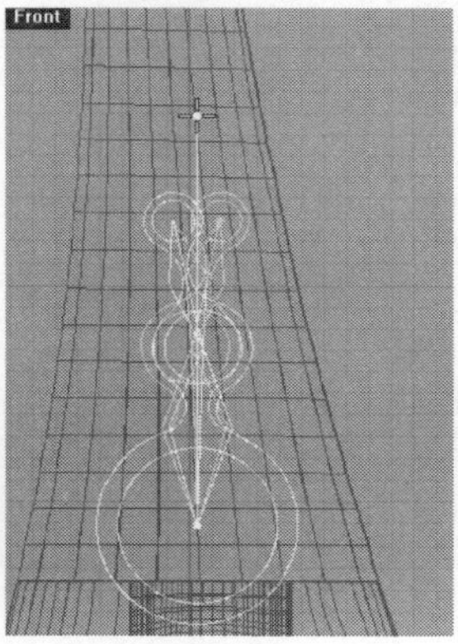　　　　　　图 2-223 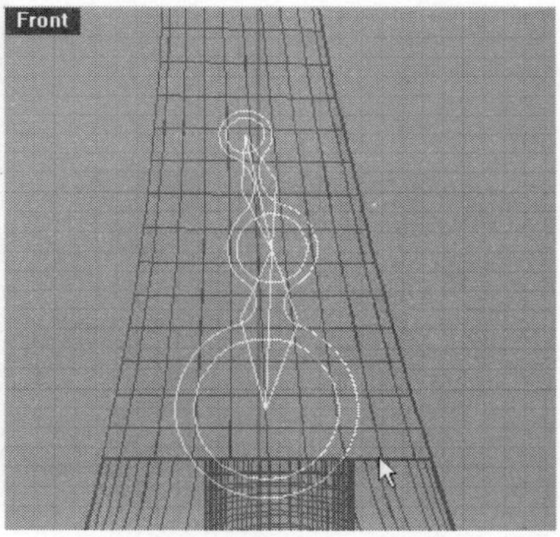　　　　　　图 2-224

⑪ 为了使上面的线条能够准确地分离下面物体的上表面，需要把做出来的线条投影到下面的物体上面，所以单击投影工具，如图 2-225 所示。

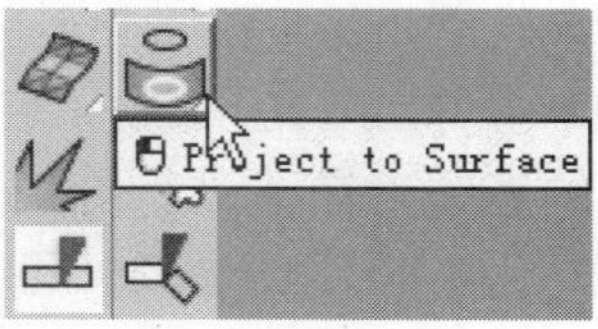

图 2-225

⑫ 选择投影工具后，根据提示，先选择要投影的曲线，然后单击投影到的物体，回车后得到如图 2-226 所示的投影曲线。背面的曲线是无用的，可以选中删除，然后把上表面的曲线选中，暂时隐藏，得到如图 2-227 所示的效果。

⑬ 用得到的紧贴在物体表面的曲线，对下面的物体进行分离操作，得到如图 2-228 所示的效果。将中间部分的圆形隐藏，得到如图 2-229 所示的效果。

图 2-226   图 2-227   图 2-228   图 2-229

Step 06 做缝隙

用前面用过的作缝隙的方法进行缝隙处理,先把中间部分隐藏,然后选中边缘向内拉伸,得到如图 2-230 所示的效果。倒角之前,可以先把拉伸曲面复制一份备用。然后单击面倒角工具（ ），进行倒角处理,设置合适的值,最后进行分段倒角,可以得到如图 2-231 所示的效果。

图 2-230   图 2-231

经验技巧

如何用方便的办法让自己需要的部分显示,而其他部分隐藏?

如何把复制的面粘贴出来,然后把隐藏的面显示出来,如图 2-232 所示。可以发现显示的时候,所有的曲面都显示出来了,而要再将不需要的部分一个一个地单击隐藏,是很麻烦的事情,还有很多线条,而有一个最方便的办法,即先选中要进行处理的面,如图 2-233 所示。

然后选择隐藏显示图标栏中的隐藏/反选工具,如图 2-234 所示。

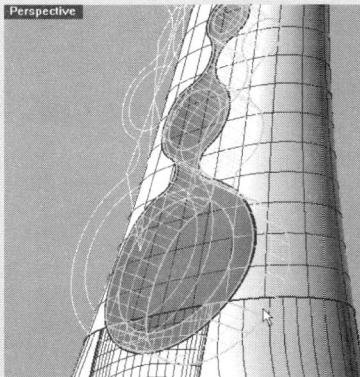

图 2-232   图 2-233

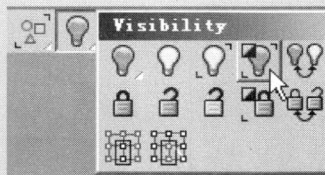

图 2-234

这样就可以看到只有选中的物体显示出来了，如图 2-235 所示。就可以再次进行倒角处理，用刚才同样大小的倒角值处理，得到如图 2-236 所示的效果。

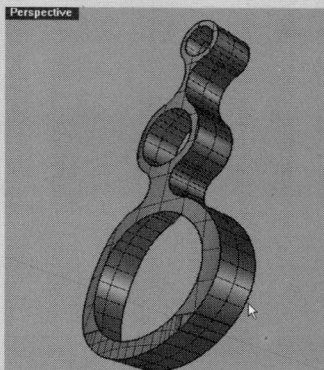

图 2-235   图 2-236

Step 07 中间喇叭部分建模

① 接下来处理第一个圆形中部的喇叭部分，这个部分是一个旋转建模的效果，原图如图 2-237 所示。

② 回到前视图中，利用画直线工具（✗）来做辅助线，注意捕捉 1/4 圆，来画出两条垂直相交的直线，如图 2-238 所示。再把捕捉改为相交（Int），然后过中间的相交点，画出如图 2-239 所示的一个圆形。

③ 在右视图上，将圆形拖动到适当的位置，如图 2-240 所示。单击画曲线工具（▱），捕捉内外两个圆形的 1/4 点，画出如图 2-241 所示的曲线，用来做双轨放样的过渡曲线。

图 2-237

图 2-238   图 2-239   图 2-240

④ 单击双轨放样工具（🔲），利用内外两个圆形，来做双轨放样，而一般的双轨放样，两条轨道是单独的线或者边缘，而本例中的外边缘是两条线，所以需要在命令栏上进行设置 ChainEdges（链接边缘），这是 Rhino 4.0 的新功能。单击双轨放样工具，后在命令栏上单击 ChainEdges，如图 2-242 所示。

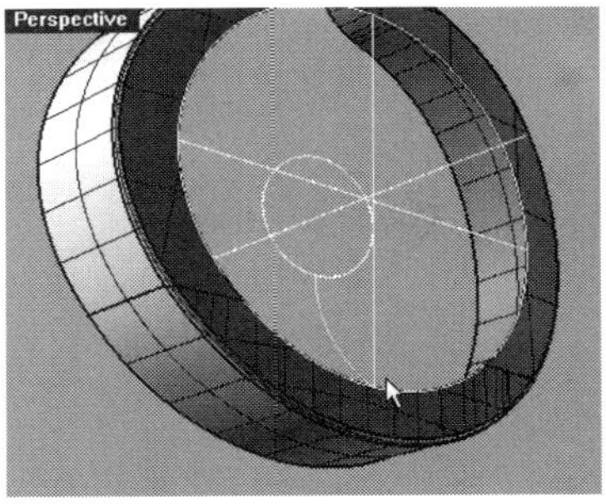

图 2-241

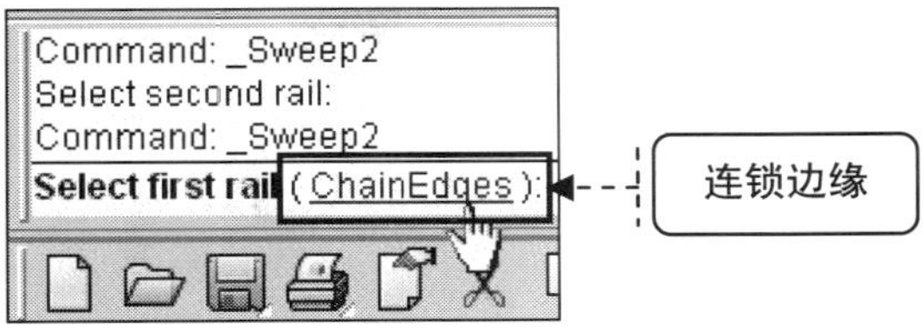

```
Command: _Sweep2
Select second rail:
Command: _Sweep2
Select first rail ( ChainEdges ):
```

连锁边缘

图 2-242

❺ 单击外面大圆的两条断的边缘后回车，根据提示再选择中间的圆形，然后单击中间的曲线后回车，得到如图 2-243 所示的效果（单击预览后的效果）。

❻ 注意这里要对边缘进行连续性的设置，所以上图中选择的是 Curvature（曲率连续），确定后得到如图 2-244 所示的效果。过两条垂直相交线的交点向下做一条辅助线，如图 2-245 所示。

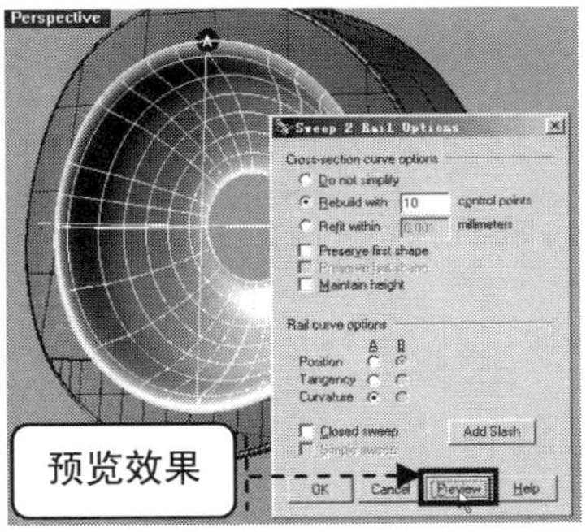

图 2-243

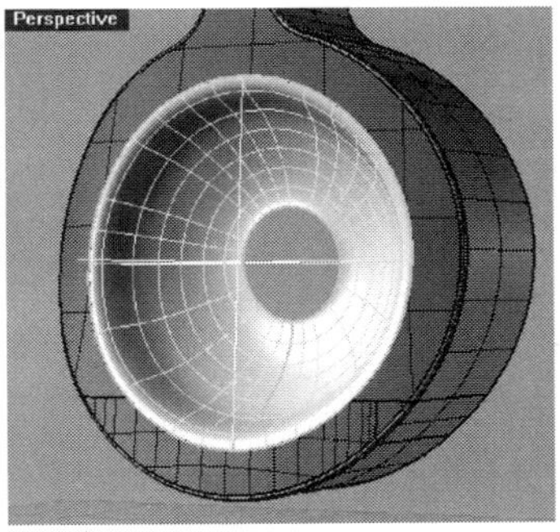

图 2-244

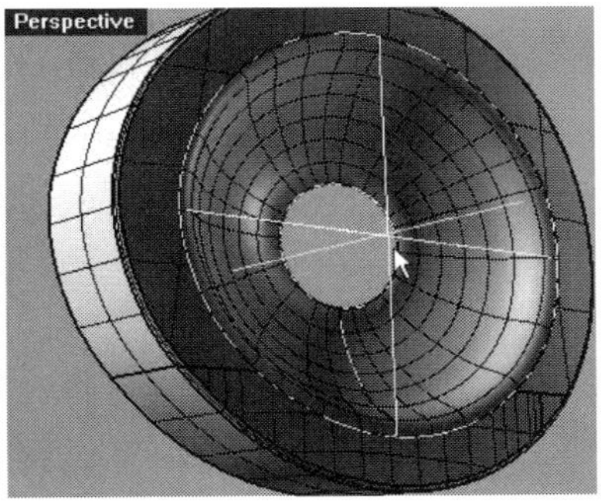

图 2-245

❼ 用 Near（靠近）的捕捉到这条垂直线和下面圆形边缘的 1/4 端点处，画出如图 2-246 和图 2-247 所示的一条中间曲线。

❽ 利用这条曲线，用旋转工具（🔧）旋转出如图 2-248 所示的一个曲面。

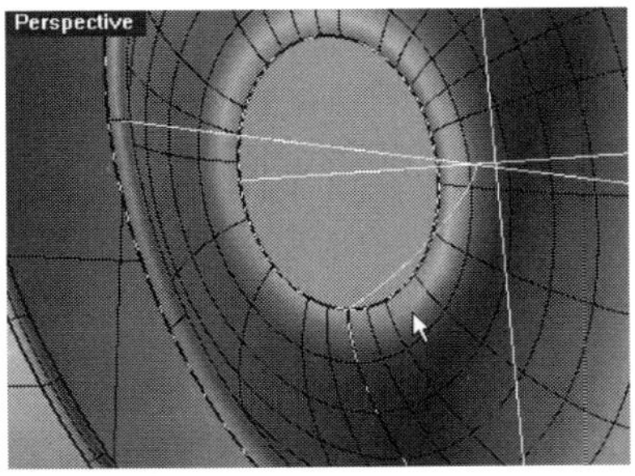

图 2-246

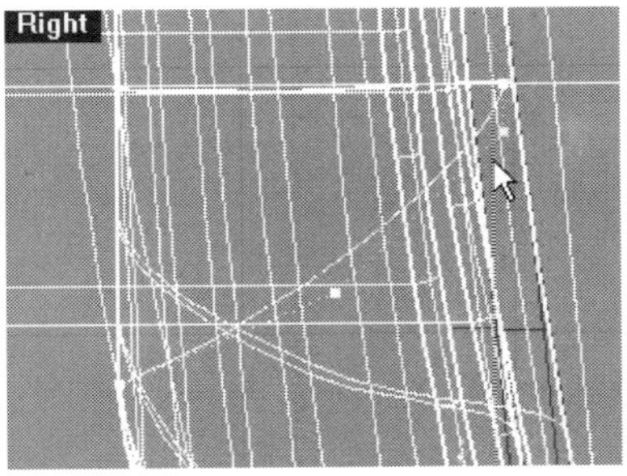

图 2-247

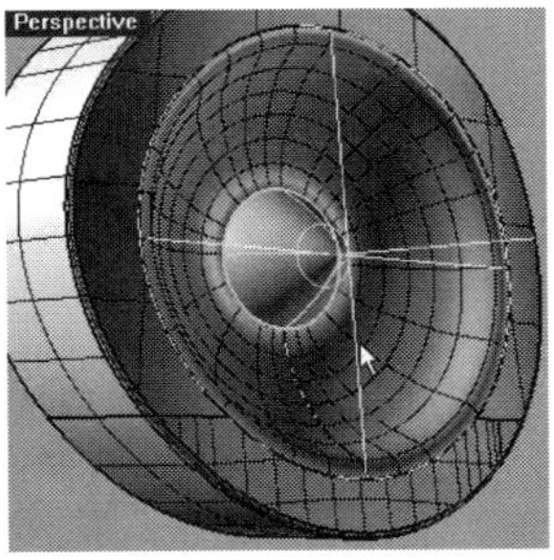

图 2-248

❾ 把隐藏的面都显示出来，得到如图 2-249 所示的效果。单击全选曲线工具（🌀），把所有线条选中，放置到隐藏的 Line 图层中，得到如图 2-250 所示的效果。

图 2-249　　　　　　　　图 2-250

Step 08　处理喇叭部分细节

❶ 单击复制一条边缘工具，如图 2-251 所示。把中间圆形的边缘复制出来，如图 2-252 所示。把得到的辅助出来的圆形用二维缩放工具（▤）缩小一些，为了能够准确地缩放，需要通过辅助线找到圆形的圆心，这个不是标准的圆形，所以不能直接用圆心捕捉方式进行捕捉，需要做两条辅助线，利用 1/4 捕捉方式来进行捕捉，画出如图 2-253 所示的两条直线。

图 2-251　　　　　　图 2-252　　　　　　图 2-253

❷ 利用捕捉工具，缩小一些，得到如图 2-254 所示的圆形。用得到的缩小后的圆形把中间部分剪掉，得到如图 2-255 所示的效果。

❸ 用曲面拉伸工具，把里面的边缘向内拉伸一段距离，然后做曲面倒角，得到如图 2-256 所示的效果。

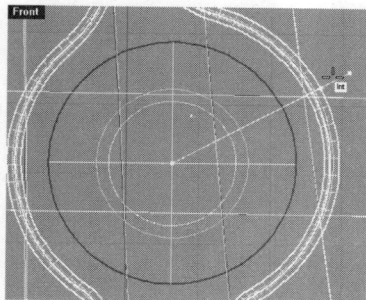

图 2-254　　　　　　图 2-255　　　　　　图 2-256

❹ 做中间部分的缝隙处理。为了操作方便，选中所需的曲面，然后选择反选隐藏工具，如图 2-257 所示。

❺ 将其他部分隐藏，如图 2-258 所示。然后拉伸中间圆形部分的中间交接线，如图 2-259 所示。

❻ 将拉伸出来的曲面复制粘贴一份，然后分别进行曲面倒角，如图 2-260 和图 2-261 所示。

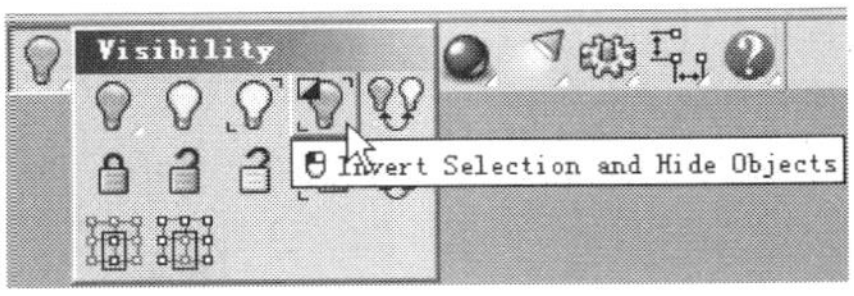

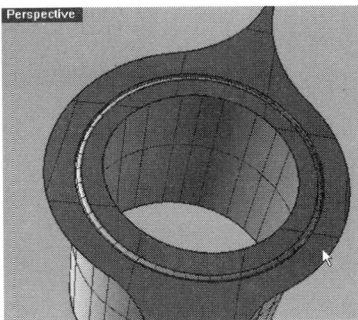

图 2-257

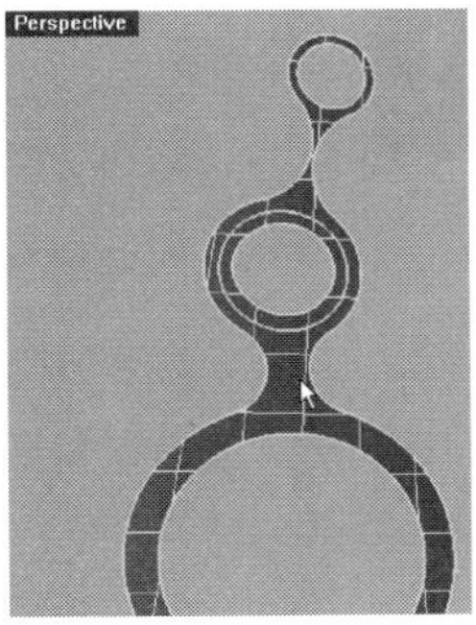

图 2-258 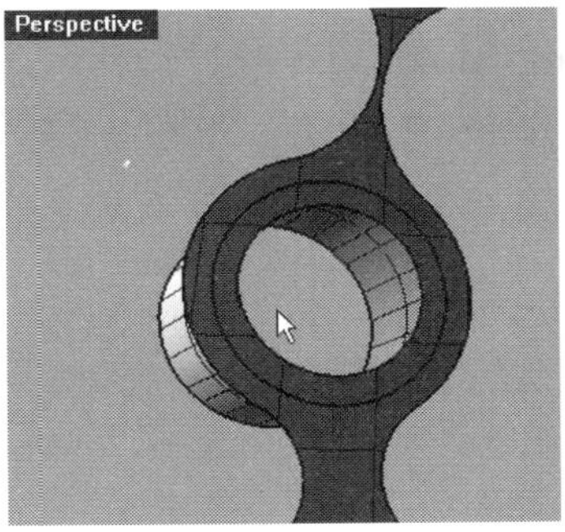   图 2-259   图 2-260

❼ 把所有部分都显示出来，如图 2-262 所示。由于上面两个部分的形状一样，只是大小不一样，可以进行复制，也可以利用如图 2-263 所示的工具来进行按比例和位置复制。先将上面部分的内容都删除，然后选中要复制的部分，如图 2-264 所示。然后单击工具（◈），根据提示（图 2-265）设置命令栏。

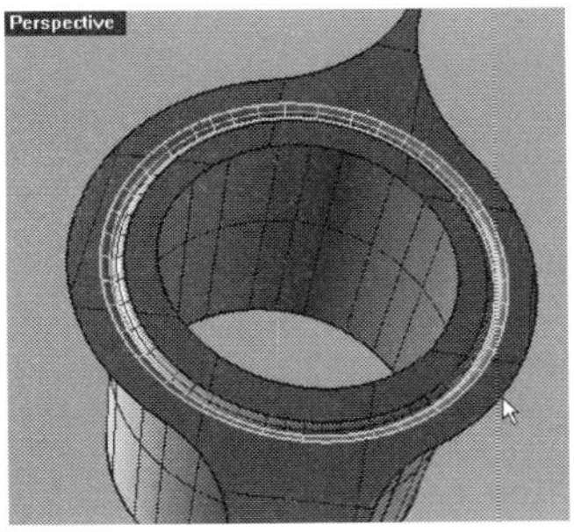

图 2-261 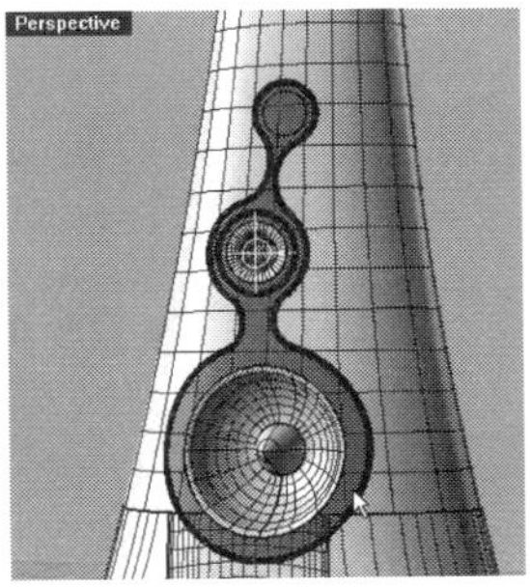   图 2-262 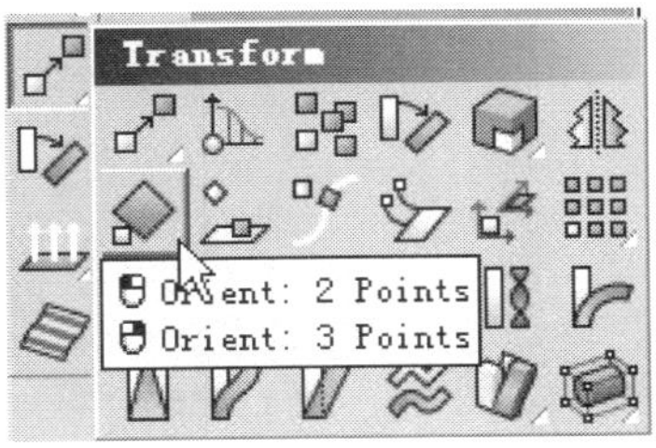   图 2-263

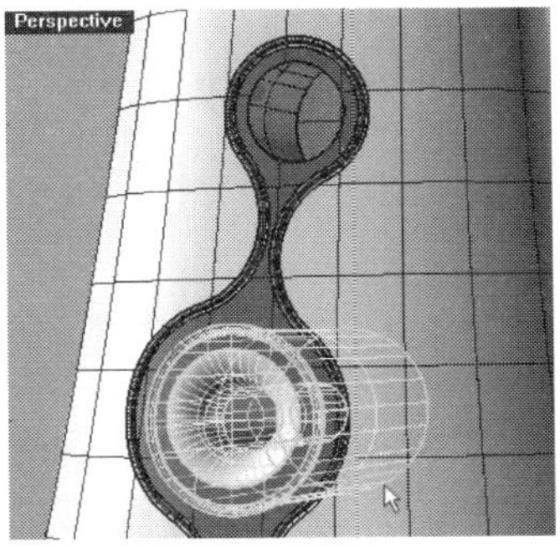

Reference point 1 (Copy=No Scale=3D): Copy=Yes
Reference point 1 (Copy=Yes Scale=3D): Scale
Scale <3D> (No 1D 3D): 3D
Reference point 1 (_Copy_=Yes _Scale_=3D):

图 2-264 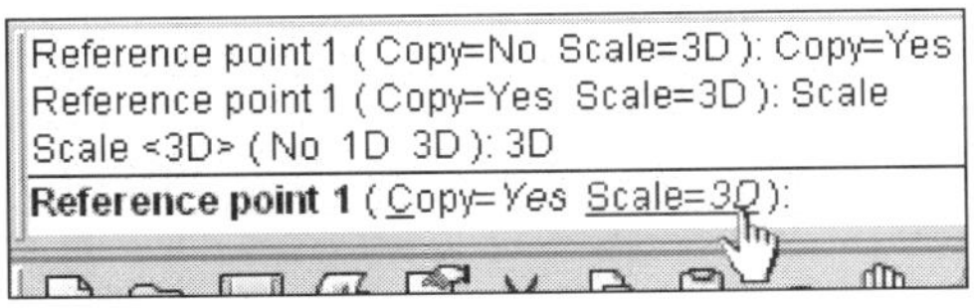   图 2-265

❽ 把状态栏设置成 1/4 捕捉方式，根据提示，用上下两个圆形的边缘的 1/4 端点进行相对的复制，如图 2-266 所示。用 Shade（实体）模式观察，得到如图 2-267 所示的最终效果。

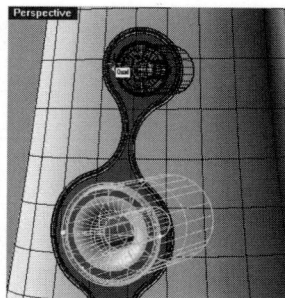

图 2-266　　　　　　　　　　　　　图 2-267

Step 09　主体弯曲处理

❶ 这样两个主体部分都建完了，全部显示出来后，把线条都隐藏到 Line 图层上，可以看到如图 2-268 所示的效果。这和原图片的造型有出入，因为原图片上的两个主体是弯曲的，所以需要进一步地处理，而且两个弯曲程度要一致，如图 2-269 所示。

❷ 下面进行处理，先单击工具栏上的群组图标，如图 2-270 所示。把两个主体分别进行群组，如图 2-271 所示。为了弯曲的准确性和对称性，需要做辅助线，通过捕捉中点（Mid）的方式，用画矩形工具（▢）在右视图中画出如图 2-272 所示的一个辅助矩形。

图 2-268　　　　　　　图 2-269　　　　　　　图 2-270

❸ 单击弯曲工具，如图 2-273 所示。根据提示，选择要弯曲的实体，捕捉这个矩形的左边角和上边角，然后弯曲到右上角，如图 2-274 所示，得到如图 2-275 所示的弯曲后的实体效果。

图 2-271　　　　　　　图 2-272　　　　　　　图 2-273

❹ 回到右视图上，把辅助矩形镜像先直接水平镜像过来，得到如图 2-276 所示的矩形。然后单击移动工具（🖰），确保下面的捕捉为 Mid（中点）和 End（端点），以确保与左边的捕捉一致，移动到如图 2-277 所示的位置。

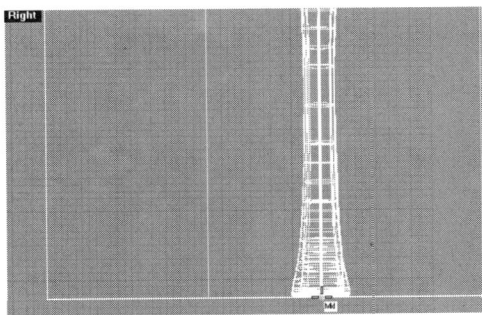

图 2-274　　　　　　　图 2-275　　　　　　　图 2-276

❺ 这样就得到了和左边一样相对位置的辅助矩形，如图 2-278 所示。然后同样利用得到的辅助矩形的右下角和右上角进行弯曲操作，如图 2-279 所示，得到如图 2-280 所示的透视图效果。

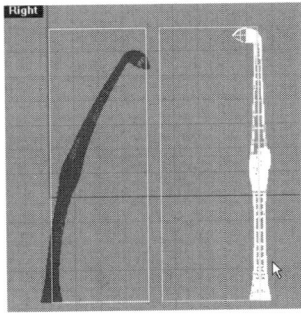

图 2-277　　　　　　　图 2-278　　　　　　　图 2-279

❻ 这样主体效果就出来了，把辅助线条隐藏，然后根据实际情况将两个主体拉开一定的距离，以利于下一步制作中间的座椅部分，如图 2-281 所示。

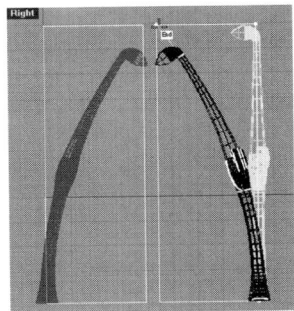
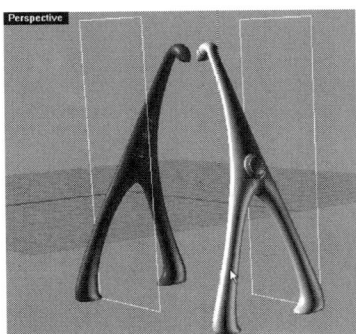

图 2-280　　　　　　　图 2-281

2.1.3　拉手部分建模

接下来处理中间的拉手部分，这个部分结构相对比较复杂，有很多细节要处理，比如挂钩，这些需要一层一层地来完成，下面将一步一步地介绍。

Step 01　逐渐连接座椅部分画线

❶ 为了操作的方便，先把中间部分的主要结构辅助线画出来，画的方法是，先把两个物体连接起来，由于两个主体是对称的，所以可以捕捉线条的中线向下画出一条垂直线条，得到如图 2−282 所示的效果。

❷ 捕捉在垂直线上，用如图 2−283 所示的从中间画直线工具，进行画线处理。

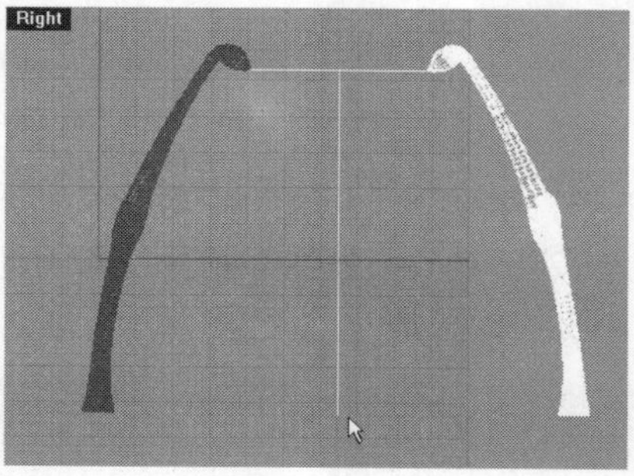

图 2−282

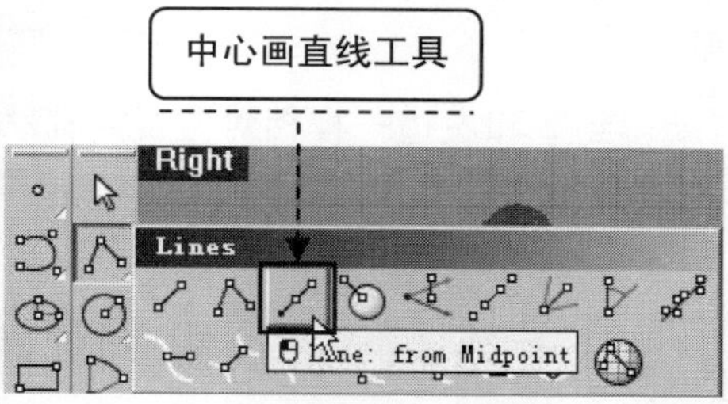

图 2−283

❸ 画出如图 2−284 所示的一条以垂直线为对称的水平线，作为中间椅子的辅助线，注意宽度和中间椅子的宽度一致。然后根据椅子上面的不同结构变化，画出如图 2−285 所示的两条辅助高度直线，注意用同样的画直线工具，保证画出的直线两端对称。

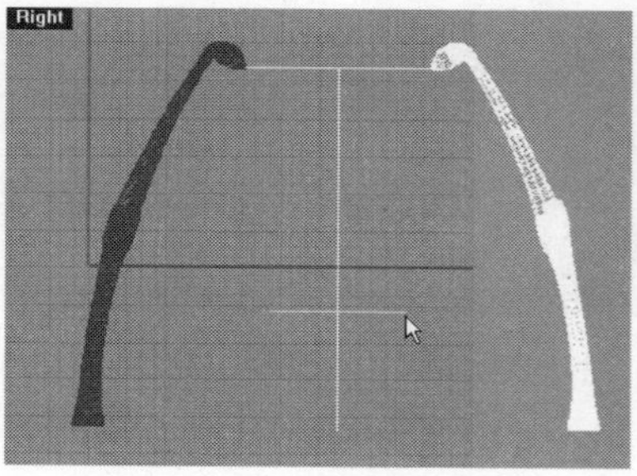

❹ 根据图上的位置画出如图 2−286 所示的一条倾斜的线作为扶手的辅助线，由于两端对称，只用考虑一边的线条就可以了。为了建模的方便，可以把倾斜线条旋转成垂直的线条来建模，完成后再转回去，所以需要通过这条倾斜线条的顶端向下做一条垂直的辅助线，如图 2−287 所示。

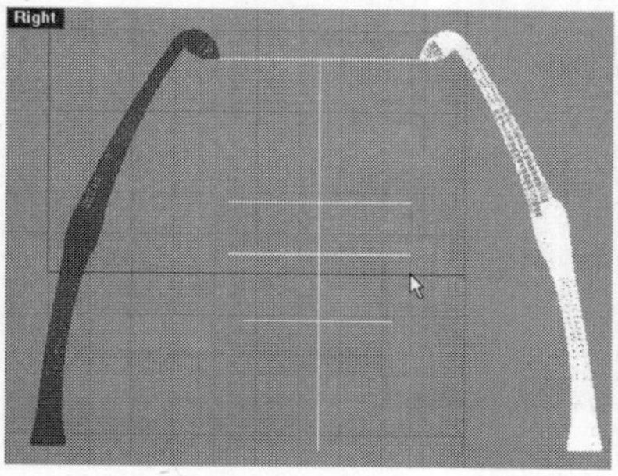

图 2−284

图 2−285

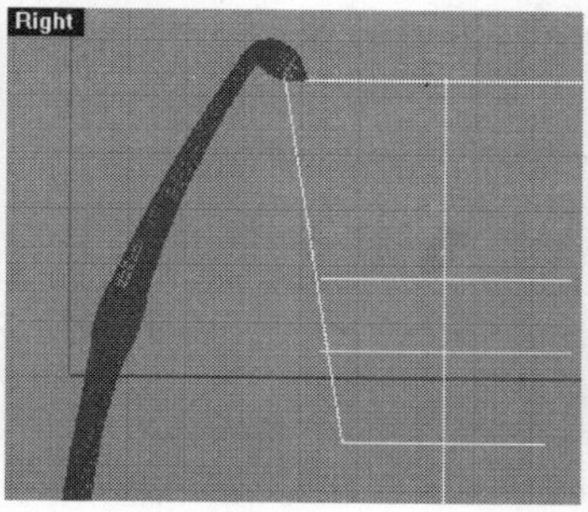

图 2−286

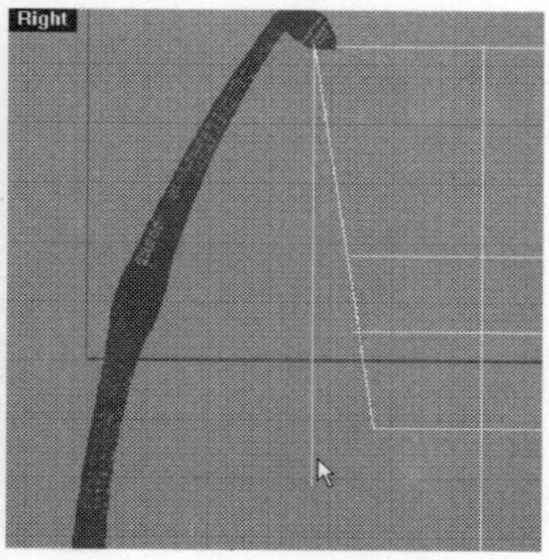

图 2−287

Step 02 接头部分建模

❶ 用画直线工具（ ）画出如图 2-288 所示的一条折线。用线倒角工具进行倒角，并在命令栏上设置倒角的同时进行结合，得到如图 2-289 所示的效果。

❷ 利用旋转建模工具进行旋转建模，得到如图 2-290 所示的效果。

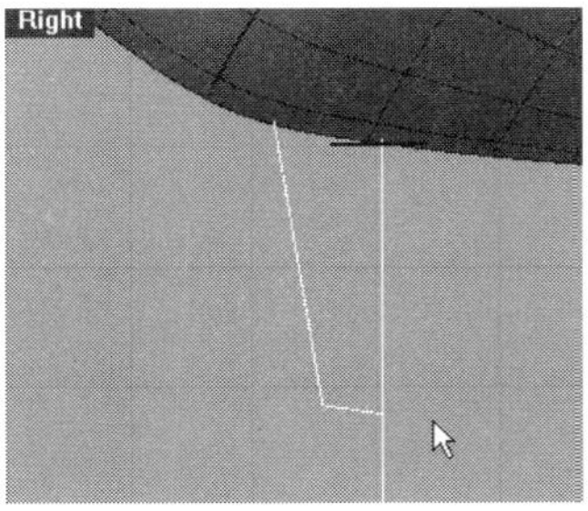

图 2-288 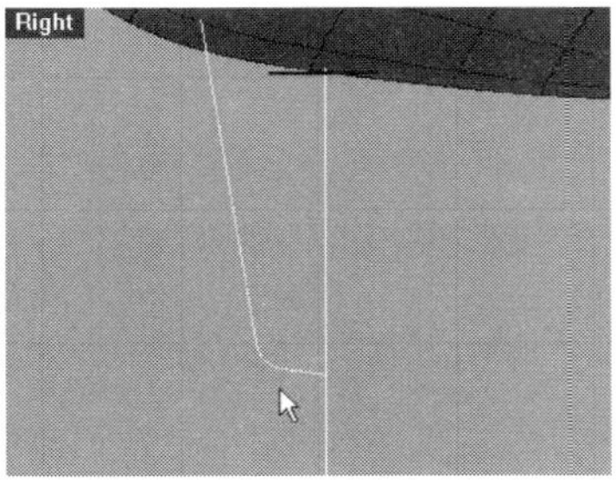　　　　　　　图 2-289 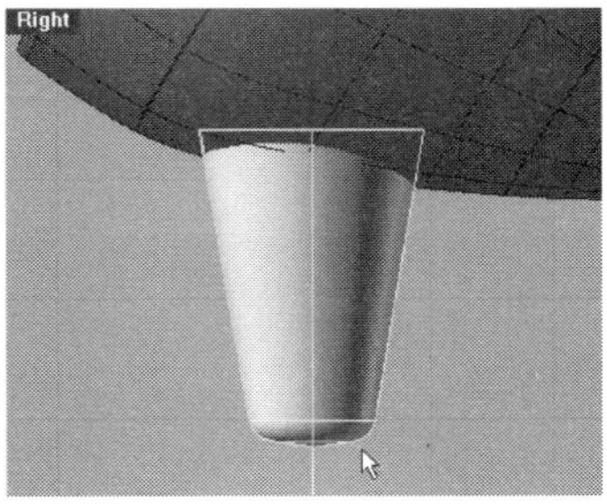　　　　　　　图 2-290

❸ 下面来处理钢绳，在如图 2-291 所示的位置画出一个圆。

❹ 放大视图，并在如图 2-292 所示的位置画出一条水平的直线作为辅助线。用得到的辅助线将圆上半部分切掉，得到如图 2-293 所示的效果。

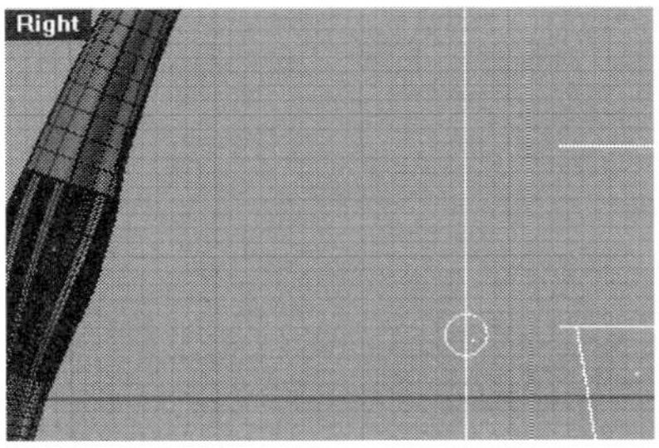

图 2-291 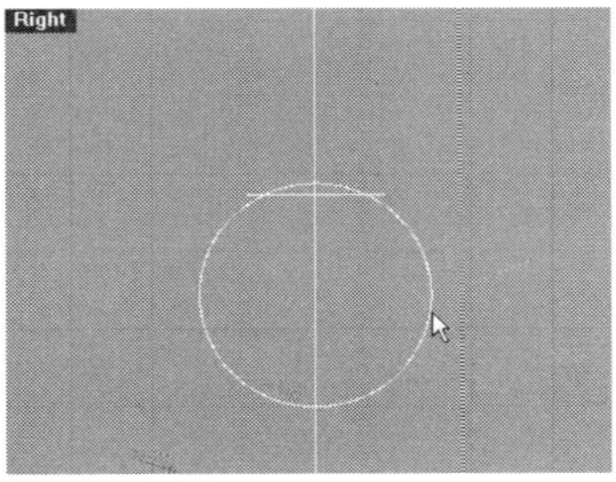　　　　　　　图 2-292 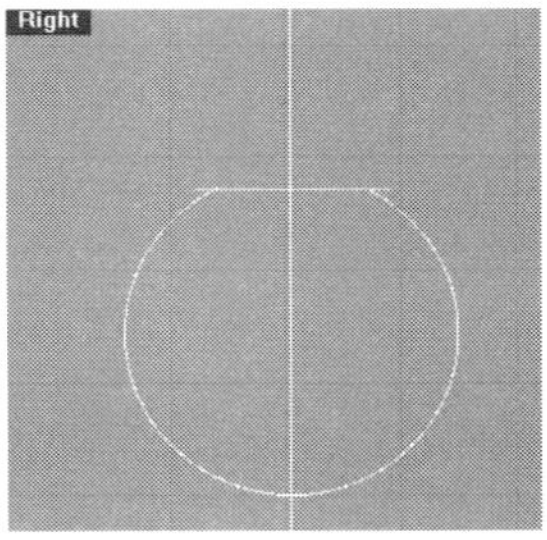　　　　　　　图 2-293

❺ 用分离工具（ ），在任务栏上选择点分离方式，将中间的垂直线分成如图 2-294 所示的两段。用上半部分的线条和下面切过的圆形左边部分做倒角处理（工具 ），并把下半部分隐藏，得到如图 2-295 所示的曲线。然后把辅助线放到隐藏的 Line 图层，然后把做出来的完整线条结合起来，可以看到如图 2-296 所示的效果。单击建管子工具，如图 2-297 所示。

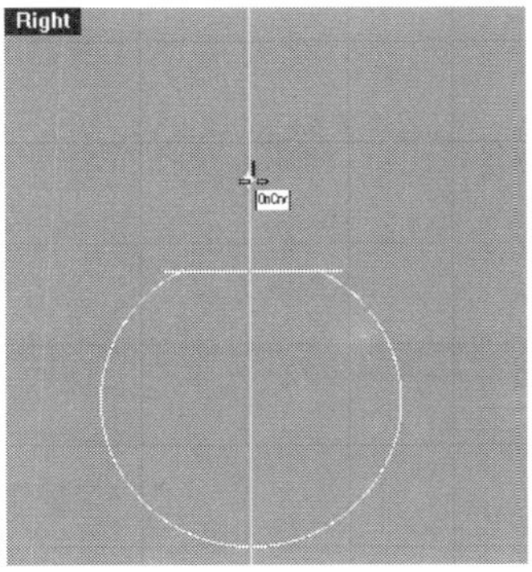

图 2-294 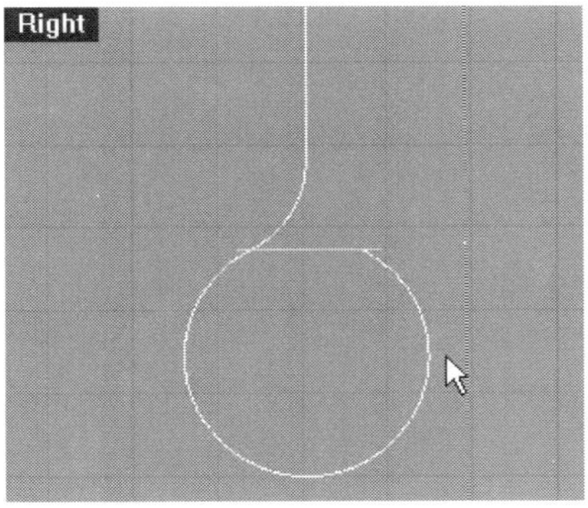　　　　　　　图 2-295 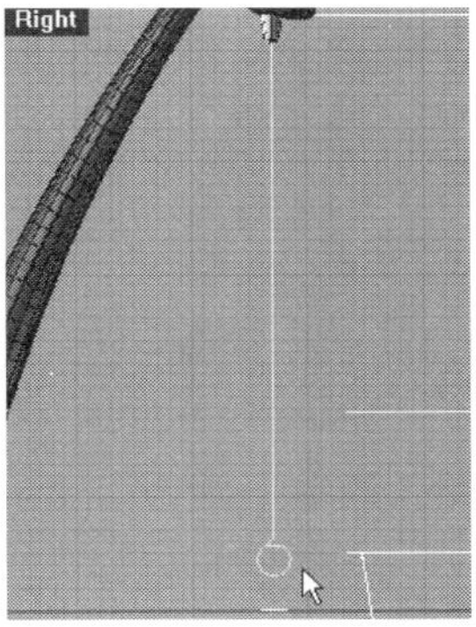　　　　　　　图 2-296

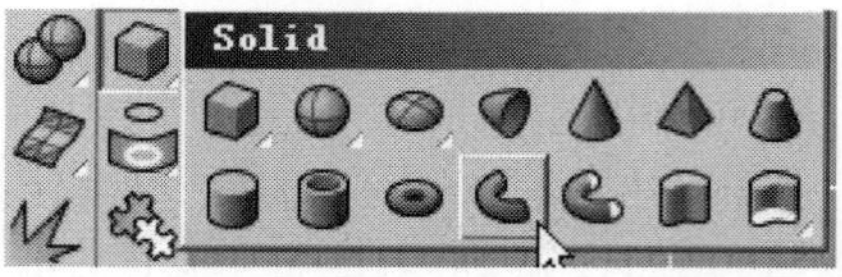

图 2-297

❻ 设定合适的大小，画出如图 2-298 所示的一个管子。为了观察方便，把前视图（Front）改成后视图（Back），如图 2-299 所示。

❼ 同时为了观察的方便，把当前图层改到红色图层上，如图 2-300 所示。

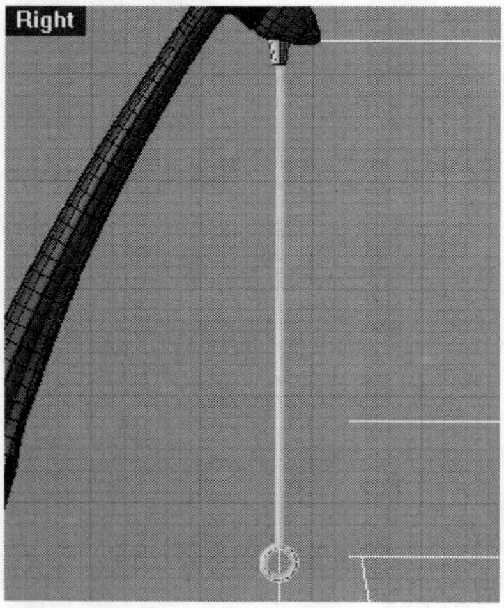

图 2-298

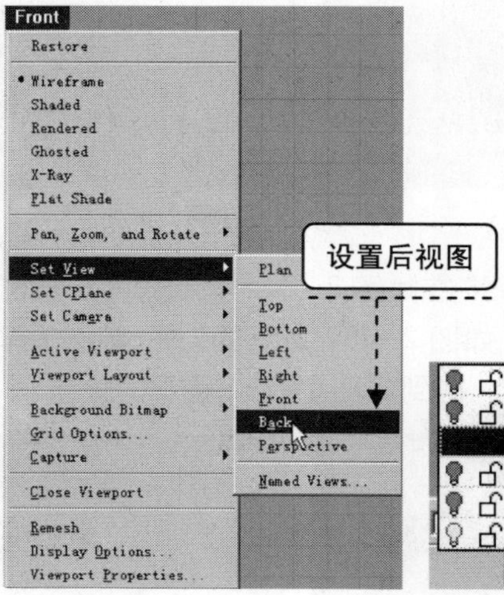

图 2-299

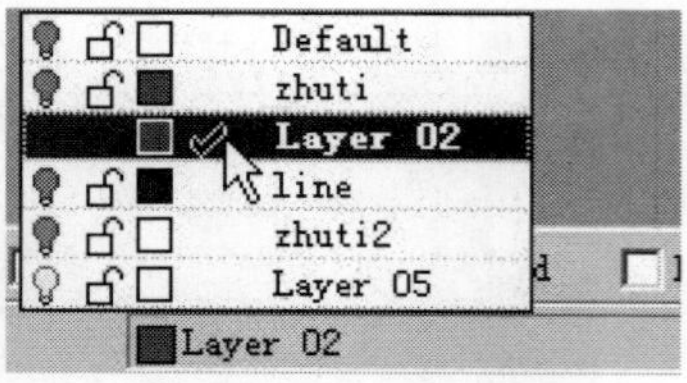

图 2-300

Step 03 下部连接接头建模

❶ 下面来处理中间的把手，即如图 2-301 所示的部分。这个部分看起来比较简单，实际上并不容易，主要是两头和中间的截面形状变化较大，下面采用新的思路来进行建模，先把上面部分的截面线画出来，注意两头稍微向内，这样在旋转建模出来的形状不用再倒角，比较自然，如图 2-302 所示。

❷ 为了建模的准确，必须画出一条辅助线，如图 2-303 所示，单击提取结构线工具。选择捕捉端点（End）方式，在如图 2-304 所示的部分取出一条结构线。

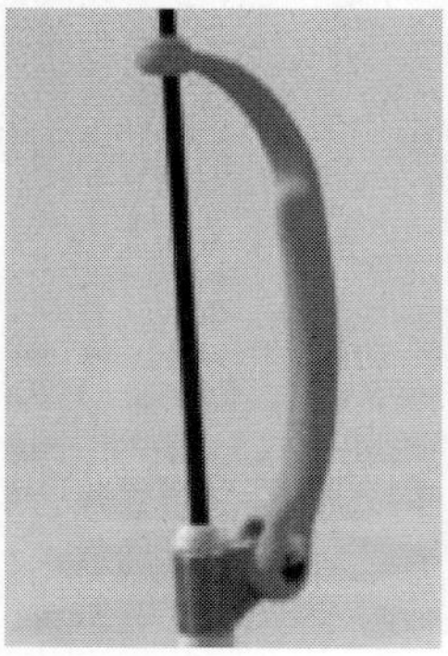

图 2-301

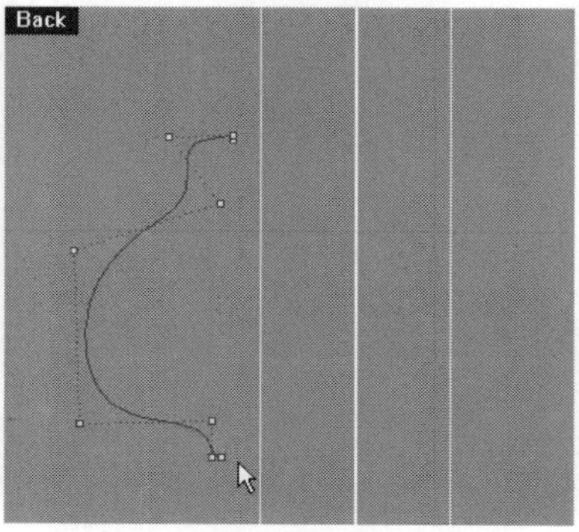

图 2-302

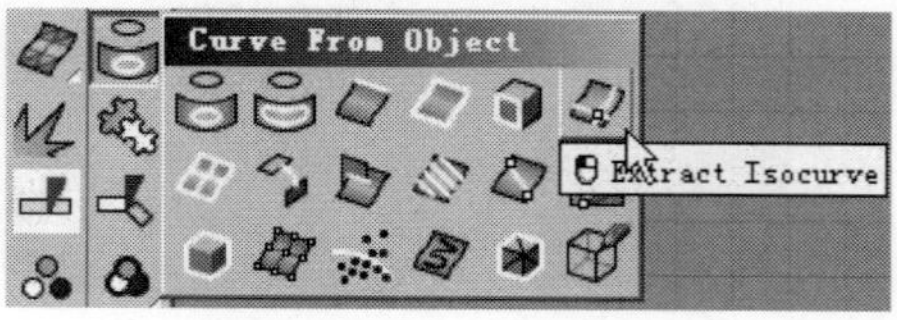

图 2-303

❸ 单击旋转建模工具（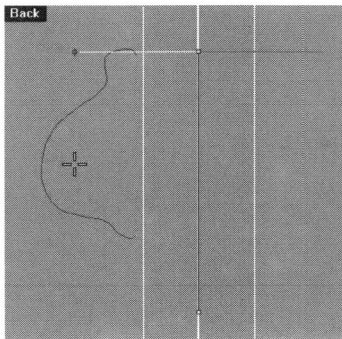），进行旋转建模操作，如图 2—305 所示，得到如图 2—306 所示的效果。

图 2—304　　　　　　　图 2—305　　　　　　　图 2—306

❹ 单击如图 2—307 所示的画非理性圆工具。为什么要用非理性圆工具呢？非理性圆画出来是一条单独的曲线，不能打散，比较平滑，利于进行编辑，也利于建面和修改。

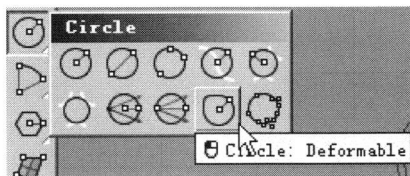

图 2—307

❺ 利用前面提取出来的圆形辅助线的中心点，画出如图 2—308 所示的一个圆形。把得到的圆形向下拉动一点距离（注意拉动时按住键盘上的 Shift 键，保证是竖直向下拉动），得到如图 2—309 所示的效果。

❻ 按键盘上的 F10 键观察得到的圆形的点效果，如图 2—310 所示。发现得到的圆形点数虽然不是标准的对称，但是大体上还比较标准，左右点数相当，位置相当，可以进行下一步的面操作。

图 2—308　　　　　　　图 2—309　　　　　　　图 2—310

Step 04　处理连接把手主体

❶ 将得到的圆形在 Back（后）视图上向右移动一定距离，如图 2—311 所示，单击画曲线工具（），捕捉到圆形的 1/4 点，进行画曲线操作，如图 2—312 所示。

❷ 在 Back（后）视图上进行画曲线操作，画出把手的整个轮廓曲线，并进行点编辑，如图 2—313 所示。注意点数需要进行控制，如果点数过多，到时候建出来的面比较复杂，不利于进行拉点操作，所以要将点数减少到最少，不能画得过多，否则曲线也不够流畅，由于整

个把手不是截面大小相同，所以需要截面大小的调整，如图 2—314 所示，把画出的圆形向右拉动并按住键盘上的 Alt 键，进行复制。

图 2—311	图 2—312	图 2—313

③ 旋转保持截面和线条相垂直，如图 2—315 所示。

④ 单击二维缩放命令（□），对上面的圆形进行缩小调整，注意调整的技巧，要使调整出来的圆形能够标准，所以需要用好捕捉，如图 2—316 所示，在状态栏上选上 Int（相交）捕捉和 Quad（1/4）点捕捉方式。

图 2—314	图 2—315	图 2—316

⑤ 在进行缩小调整的时候，利用圆形自身的 1/4 点，进行捕捉操作，捕捉的时候可以滑动两个相邻的 1/4 点，然后会出现两条白线，找到这两条白线的交点，这个交点就是缩放的中心，如图 2—317 所示。调整后得到如图 2—318 所示的效果。

⑥ 调整后，再在后视图上进行复制，得到如图 2—319 所示的效果。再次用同样的方法把圆形放大一些，得到如图 2—320 所示的形状。

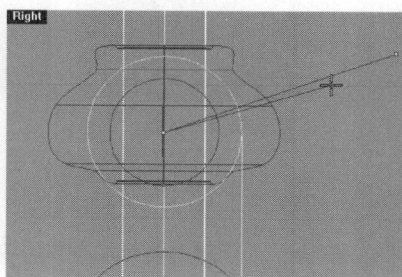

图 2—317	图 2—318

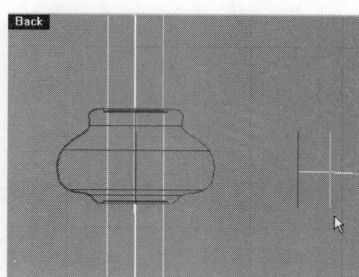

图 2—319

⑦ 将得到的圆形移动到如图 2—321 所示的位置，进行旋转，得到如图 2—322 所示的线条垂直的效果。

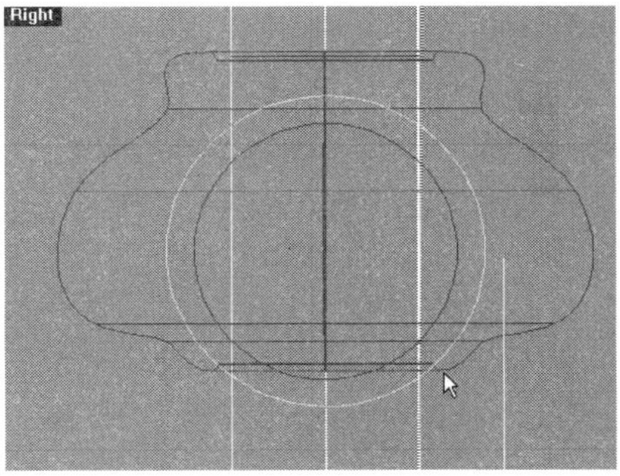

图 2-320 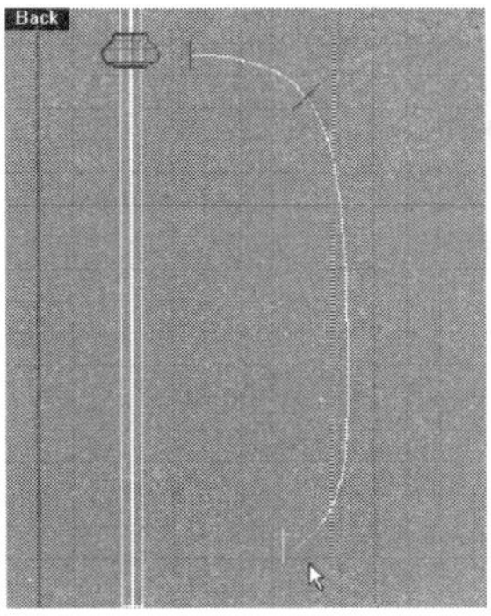　　　　　　图 2-321 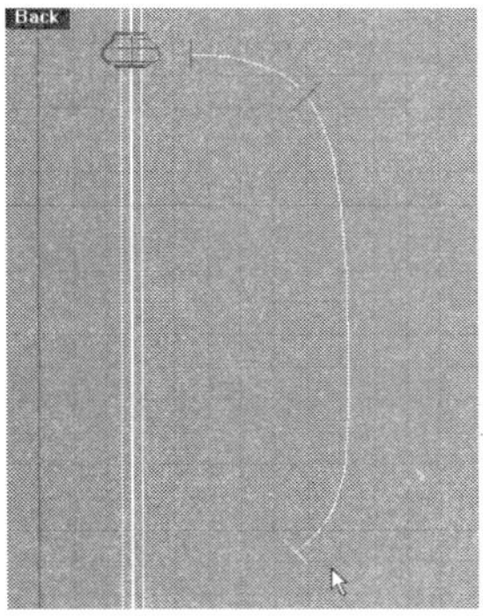　　　　　　图 2-322

❽ 单击单轨放样工具（🔧），利用做出来的线条进行单轨放样操作，得到如图 2-323 所示的曲面。接下来进行面调节，和线的点编辑调节一样，按 F10 键，出现如图 2-324 所示的点调节界面。

❾ 放大并单击最上面一排的端点一个点，如图 2-325 所示。然后单击菜单上的选择横向（UV 向）一排点命令，如图 2-326 所示。转回到右视图上，通过观察对上面的一个点来进行点的对齐操作，单击移动 UVN 方向工具，打开如图 2-327 所示的菜单。

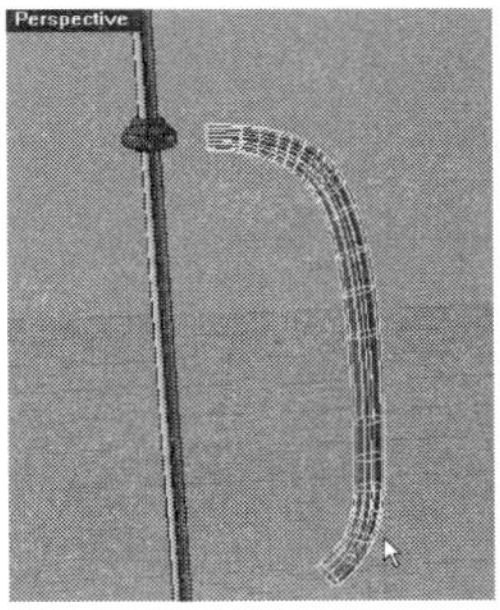

图 2-323 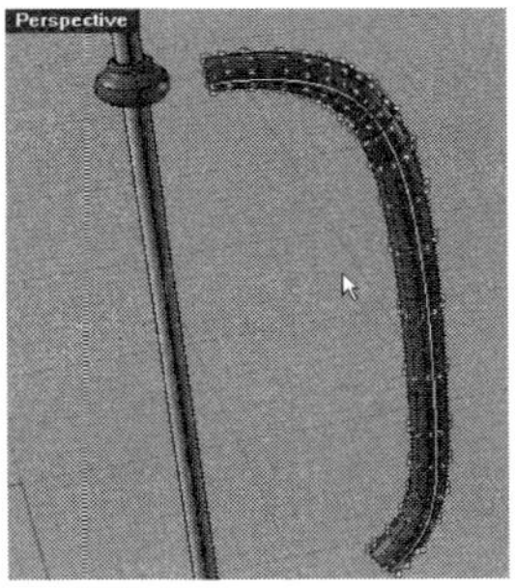　　　　　　图 2-324 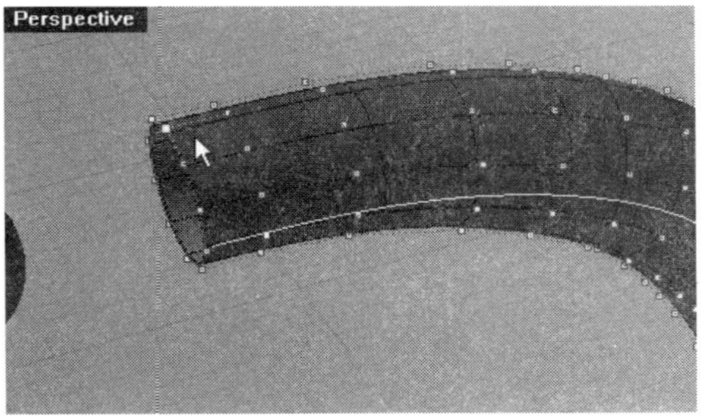　　　　　　图 2-325

❿ 设定好合适的比例值（Scale），然后单击 N 方向向右的箭头，如图 2-328 所示。用同样的方法进行点的调节，选中最上面的一排 3 个点，如图 2-329 所示。

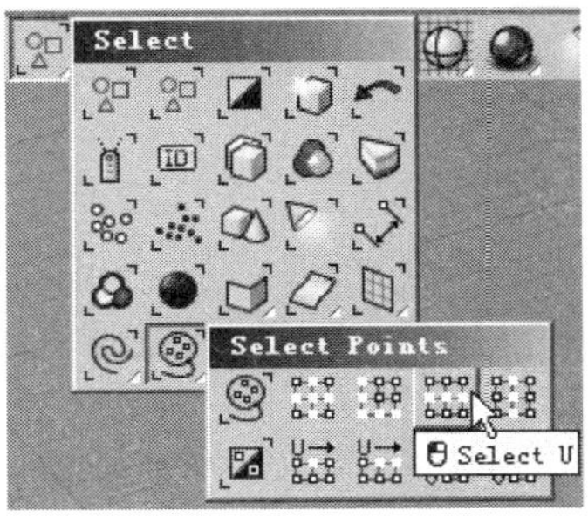

图 2-326 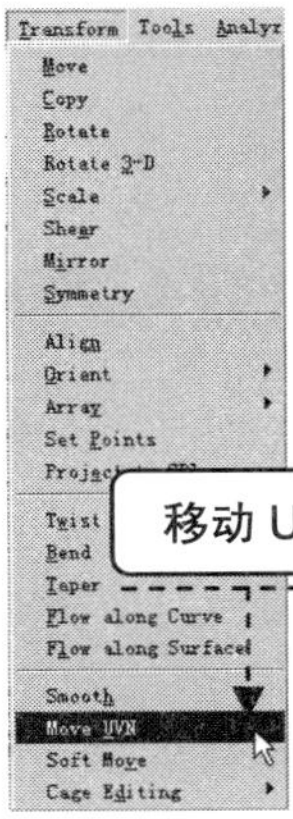　　　　　　图 2-327 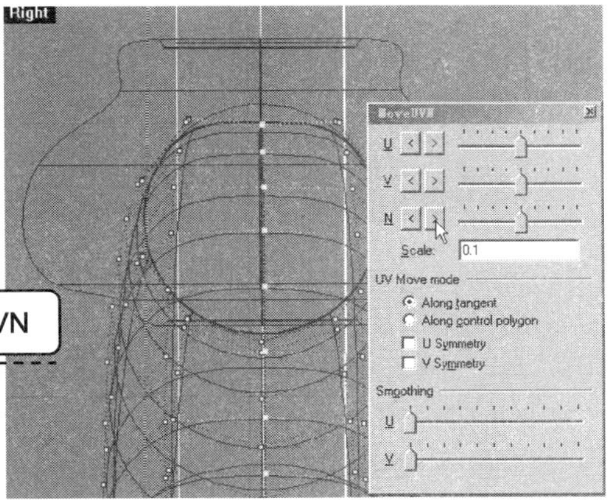　　　　　　图 2-328

⑪ 再次使用移动 UVN 点的工具进行调节，如图 2-330 所示。注意在调节的时候，调整不同的 Scale（比例）值，值越小调节越精细，在调整的时候也可以单独一排一排地调节，也可以连续调节三排，通过不同灵活的调整，得到如图 2-331 所示最外面一排对齐的效果。

⑫ 在透视图上观察得到的效果，如图 2-332 所示，外表面通过调节，成了平直的表面。

图 2-329

图 2-330

图 2-331

图 2-332

Step 05 编辑连接部分造型

① 把多余的辅助线移动到隐藏的 Line 图层上，接下来处理中间鼓出的渐削面，为了便于操作，先用提取结构线工具（ ）来提取作出的管子的两侧 1/4 端点的两条线作为辅助线，如图 2-333 所示。

② 为了便于操作，把当前图层转移到白色图层上，然后把得到的线条转移到新图层上，如图 2-334 所示。

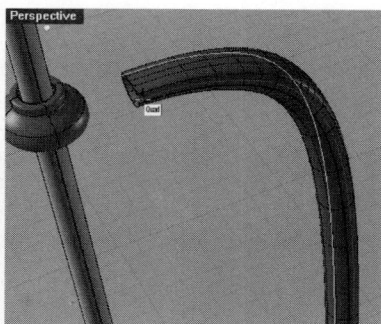

图 2-333

图 2-334

③ 在需要做鼓出面的位置画出一条辅助线，如图 2-335 所示。用辅助线将提取出来的两条线截断（用分离工具进行分离，如果不好分离，可以在分离的时候选择点方式，利用相交捕捉方式，可以很容易分离），得到如图 2-336 所示的两条线。

④ 为了操作方便，将截断的线条向内平移一段距离并复制，如图 2-337 所示。

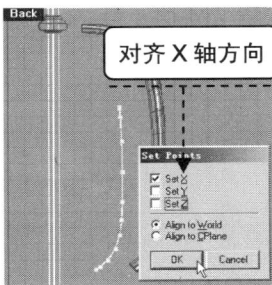

图 2-335　　　　　　　　　　图 2-336　　　　　　　　　　图 2-337

❺ 进入点编辑方式，并把所有的点都选中，然后单击 XYZ 点对齐工具（⬚），进行点的纵向对齐操作，如图 2-338 所示。对齐后得到如图 2-339 所示的效果。

❻ 单击线融合工具（✐），进行两条线的融合操作，然后对得到的线条进行点编辑操作，选中两边对称的两条线向上拉动，如图 2-340 所示。调整后，得到如图 2-341 所示的效果。

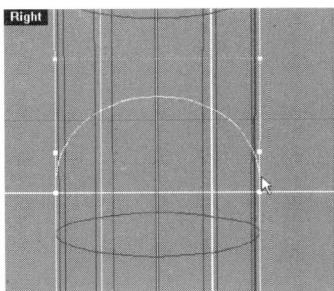

图 2-338　　　　　　　　　　图 2-339　　　　　　　　　　图 2-340

❼ 将 3 条线结合在一起，在透视图上观察，如图 2-342 所示。将横向的辅助短线向下拉动一定距离并复制，如图 2-343 所示。

图 2-341　　　　　　　　　　图 2-342　　　　　　　　　　图 2-343

❽ 将短线移动到前面，如图 2-344 所示。然后用这条短线将前面的线条进行剪切，并用下面的线条对短线进行剪切，得到如图 2-345 所示的效果。

❾ 用移动工具（⬚）将切掉后的短线用端点捕捉的方式移动到一起，如图 2-346 所示。为了便于后面的剪切操作，需要将得到的线条结合在一起，并用单向缩放工具（⬚）进行缩短操作，如图 2-347 所示。用得到的封闭线条对管子进行分离，得到如图 2-348 所示的效果。分离的同时经常会把管子两面都分离出来，如图 2-349 所示。

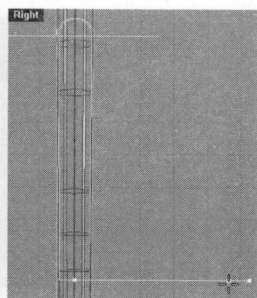

图 2-344   图 2-345   图 2-346   图 2-347

⑩ 可以将后面多余的面删除，然后右键单击剪切工具，如图 2-350 所示。

⑪ 单击恢复的曲面边缘，得到如图 2-351 所示的效果。将用来切割的线条向下移动一定距离，如图 2-352 所示。

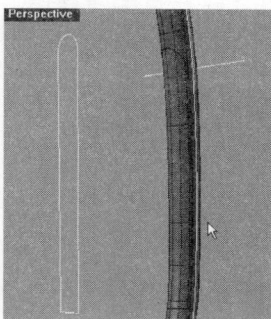

图 2-348   图 2-349   图 2-350   图 2-351

⑫ 用单向缩放命令进行向内收缩调节，如图 2-353 所示。按 F10 键进入点编辑状态，将形状调整平滑，如图 2-354 所示。

⑬ 用调整好的线条对分离出来的面进行剪切，如图 2-355 所示。为了便于对中间分离和切割后的面进行点编辑操作，需要对中间的面进行收缩操作，单击如图 2-356 所示的面收缩工具。

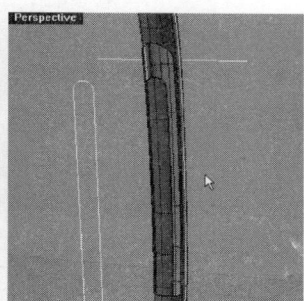

图 2-352   图 2-353   图 2-354   图 2-355

⑭ 收缩后，按 F10 键进入面的点编辑状态，如图 2-357 所示。在后视图上进行点调节，注意调节的时候下面至少要保持三排点不动，这样才能使整个面和下面的面的连续性不变，不会出现接缝感觉，调节后得到如图 2-358 所示的效果。

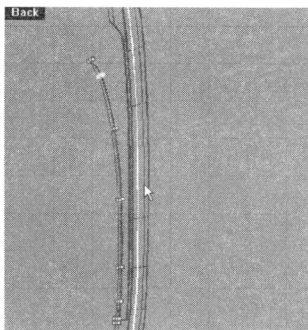

图 2-356　　　　　　　图 2-357　　　　　　　图 2-358

注意提示

　　在进行曲面点编辑调节的时候，注意连续性问题，尤其是两个曲面相接的时候，为了使曲面相交的连续性不变，必须保证和相邻处相接的三排点位置保持不变，否则这个曲面相交的连续性就会发生改变，导致连接不顺畅，这是因为要是相接顺畅，至少要使连续性达到 G2，而达到 G2 连续必然会影响相接的三个点，所以应该记住这一点，调节的时候心里才有谱。

⑮ 单击面的融合工具（🐟），融合的时候进行预览调节，如图 2-359 所示。确定后得到如图 2-360 所示的效果。

⑯ 把得到的面放到同样的红色图层上，用 Shade（实体）模式观察，如图 2-361 所示。

图 2-359　　　　　　　图 2-360　　　　　　　图 2-361

Step 06　形状调点操作

❶ 由于上半部分是扁的，所以在做完中间部分的渐削面之后，继续调节上半部分的点，调节成需要的形状，选择如图 2-362 所示的一排点（注意选多了，要按住 Ctrl 键把下半部分多余的点去掉）。进行调节，用同样的方式对下面的各排点进行选择和调节，调节成如图 2-363 所示的效果。

❷ 发现接口处出现了缝隙，处理这个接缝比较简单，选择面的匹配工具（🐟），先选择融合面，然后选择剪切过的面，匹配如图 2-364 所示。

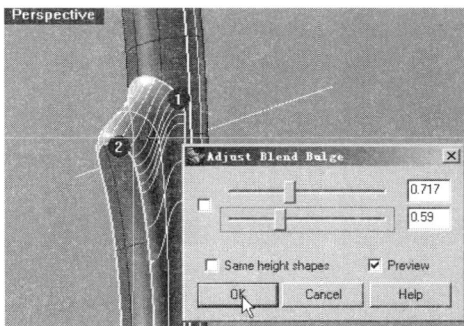

图 2-362

处理后的效果如图 2-365 所示。

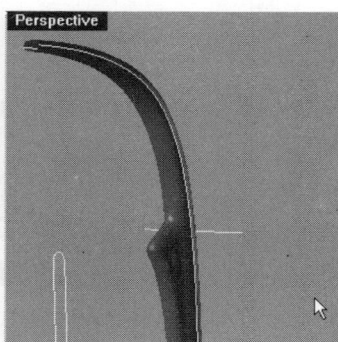

图 2-363   图 2-364   图 2-365

Step 07 处理下半部分

❶ 这个部分处理完成后，接下来处理下半部分，先画出如图 2-366 所示的截面形状。同样提取中间圆柱的一条圆形作为辅助圆形，如图 2-367 所示。

❷ 利用这个圆形的中心作为辅助线，作出如图 2-368 所示的旋转曲面。然后在作出的曲面上用提取结构线工具（ 🔲 ）提出两条圆形，如图 2-369 所示。

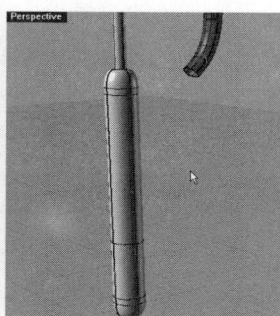

图 2-366   图 2-367   图 2-368

❸ 借助 1/4 捕捉点方式画出如图 2-370 所示的两条直线。然后再画出一条垂直的直线，和两条线相交叉，如图 2-371 所示。

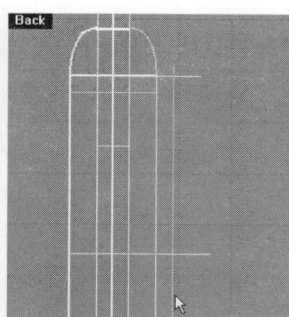

图 2-369   图 2-370   图 2-371

❹ 利用剪切工具，把线条进行相互剪切，得到如图 2-372 所示的直线。然后用线条倒角

工具 (🗝) 进行倒角处理,得到如图 2-373 所示的效果。同样做旋转建面操作,得到如图 2-374 所示的旋转面。单击画曲线工具 (🗝),画出如图 2-375 所示的两条曲线,注意捕捉两头的 1/4 点。

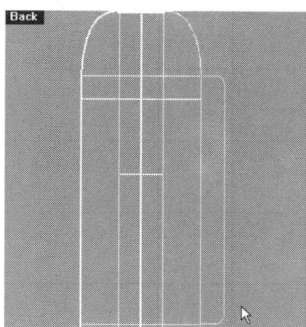

图 2-372　　　　　　　　　图 2-373

Perspective

图 2-374

⑤ 再次单击线融合工具 (🗝),把两端融合在一起,如图 2-376 所示。由于形状不理想,需进行调节。

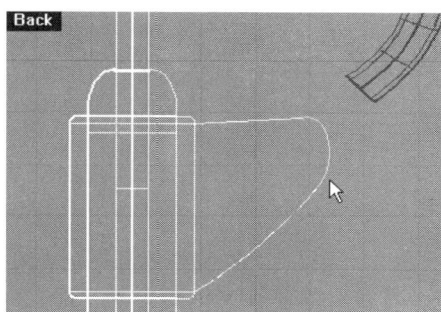

图 2-375　　　　　　　　　图 2-376

🔧 经验技巧

在调节的时候,为了确保调节后和两边的连续性,需要用如图 2-377 所示的点调节工具调节。调节如图 2-378 所示。调节后把 3 条线结合起来,得到如图 2-379 所示的效果。

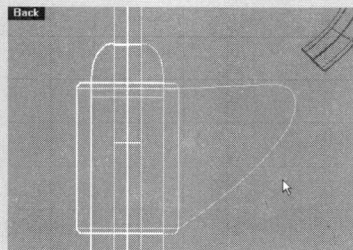

图 2-377　　　　　　　　　图 2-378　　　　　　　　　图 2-379

⑥ 将得到线条的左边端点连接起来,然后结合后,向内移动一定距离,如图 2-380 所示。

⑦ 再次利用拉伸曲面工具 (🗝) 进行拉伸建模,注意选择命令栏上的向两边对称拉伸和加盖命令,如图 2-381 所示。

⑧ 得到如图 2-382 所示的效果。然后在后视图上画出如图 2-383 所示的圆形。

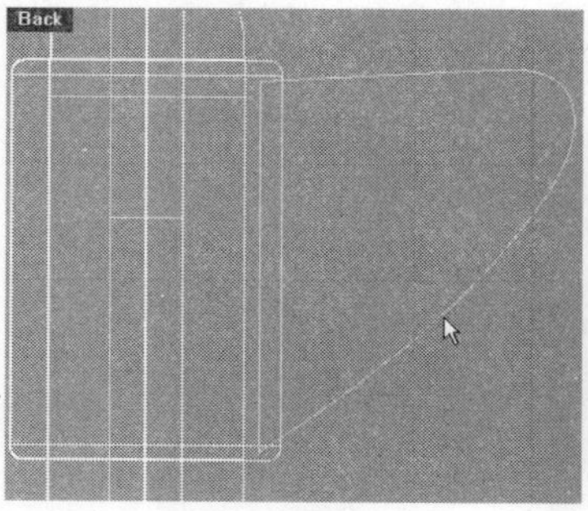

图 2-380

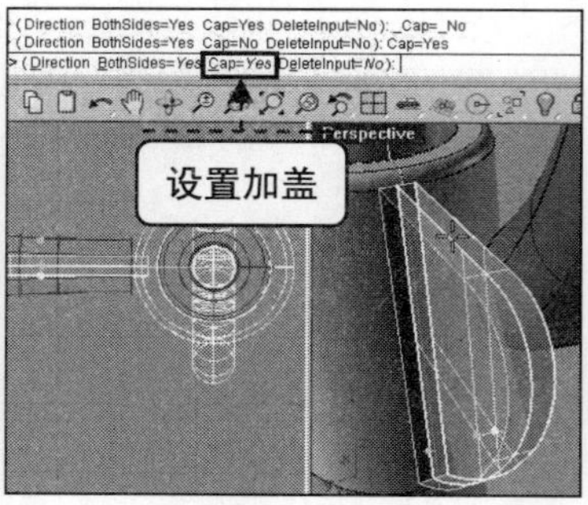

设置加盖

图 2-381

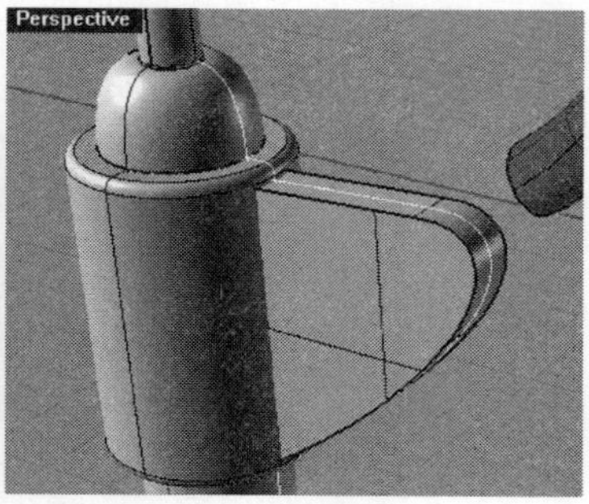

图 2-382

⑨ 在如图 2-384 所示的位置画出两条用来剪切的辅助直线。用这两条线对下面的线条和前面作出的管子进行剪切，得到如图 2-385 所示的效果。

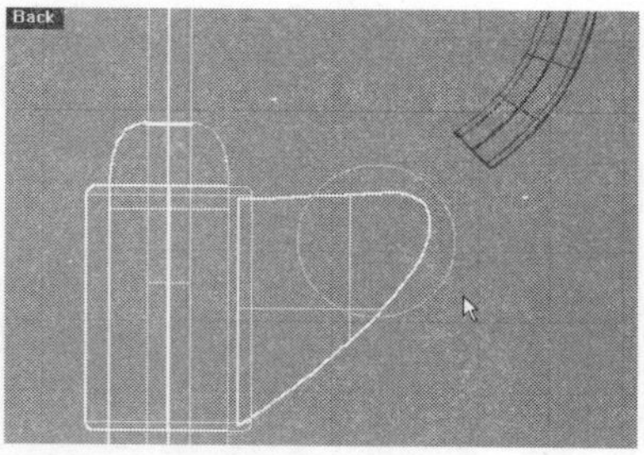

图 2-383

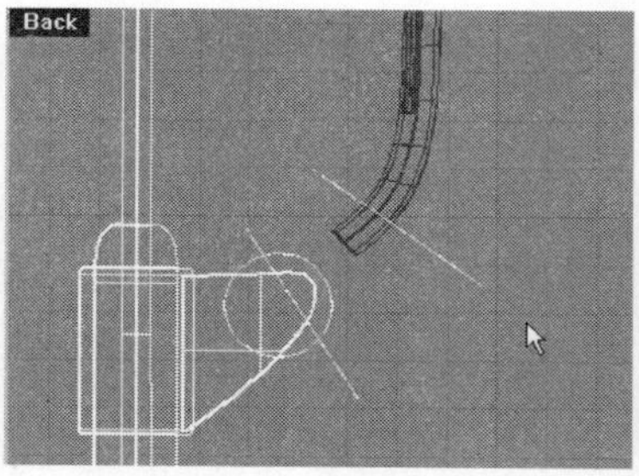

图 2-384

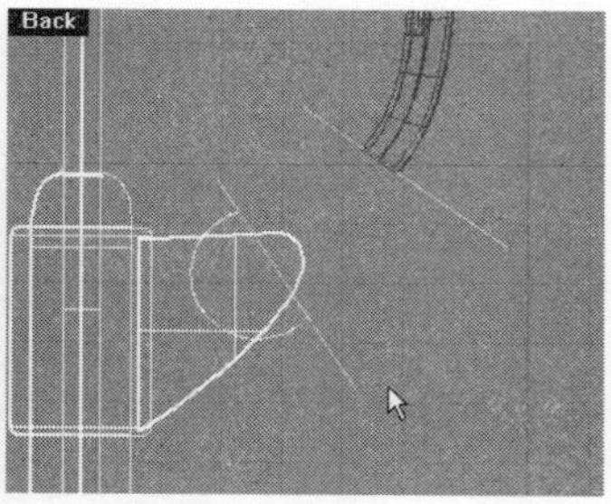

图 2-385

⑩ 现在有个问题是剪切后的圆弧形和管子并不在一个平面上，如图 2-386 所示。单击取结构线工具（　），在后视图上取出如图 2-387 所示的两条结构线，注意准确，要捕捉到相交点上（Int），确保取出的线条是最上面和最下面的线条。

⑪ 为了操作方便，需要进行隐藏操作，可以选中不进行隐藏的 3 条线，如图 2-388 所示。单击如图 2-389 所示的反选后隐藏工具。

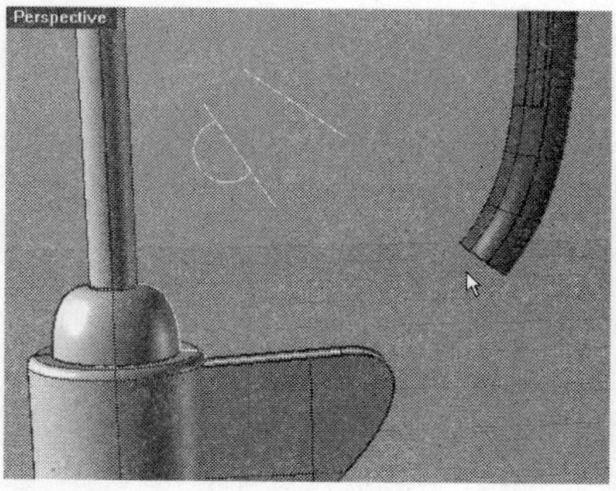

图 2-386

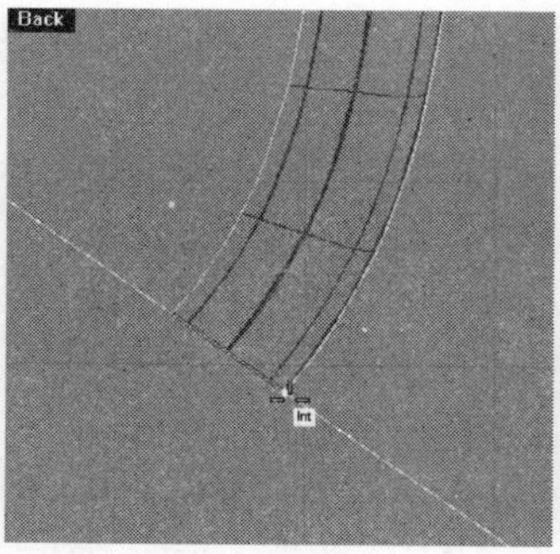

图 2-387

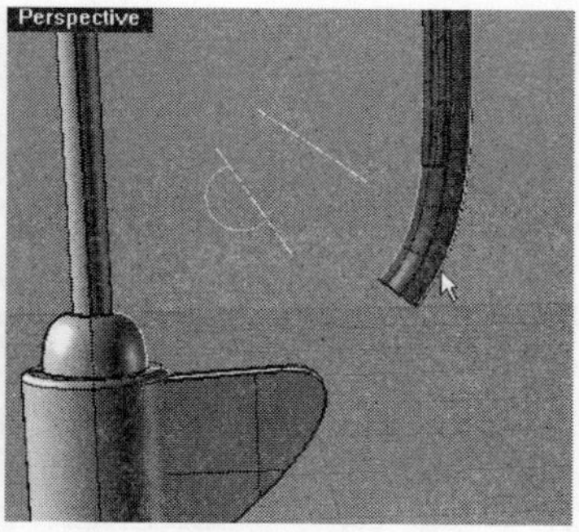

图 2-388

⑫ 反选隐藏后得到如图 2-390 所示的线条。这样就非常容易操作了，按 F10 键进入点编辑状态，然后把所有的点选中，如图 2-391 所示。

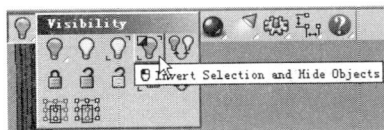

图 2-389

图 2-390

图 2-391

⓭ 在右视图上操作，单击如图 2-392 所示的 XYZ 方向对齐工具。单击后出现 XYZ 方向设置，在本例中，可以通过观察得知，要对齐的轴向是 Y 轴，所以保留 Y 轴，其他都去掉，如图 2-393 所示。

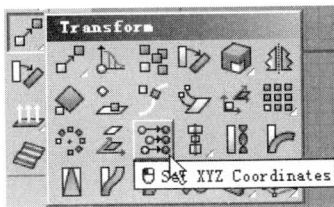

⓮ 确定后，通过状态栏上的 Point（点）捕捉，如图 2-394 所示。通过对齐，得到如图 2-395 所示的效果。

图 2-392

图 2-393

图 2-394

图 2-395

⓯ 现在都在一个平面上，可以进行融合处理。单击线融合工具（ ）进行融合，得到如图 2-396 所示的效果。把得到的形状右边端点连接起来，并进行结合，得到如图 2-397 所示的效果。

图 2-396

图 2-397

⑯ 将其他隐藏的部分都显示出来,如图 2-398 所示。再次利用拉伸工具进行双向拉伸建模,如图 2-399 所示,注意在拉伸的时候如果总是会有捕捉的干扰,可以按住键盘上的 Alt 键,这样所有的捕捉都没有了。

⑰ 拉伸曲面后得到如图 2-400 所示的效果。为了得到合适的布尔运算后的右边部分效果,需要将左边的物体进行镜像复制操作(工具⚖),镜像后得到如图 2-401 所示的效果。

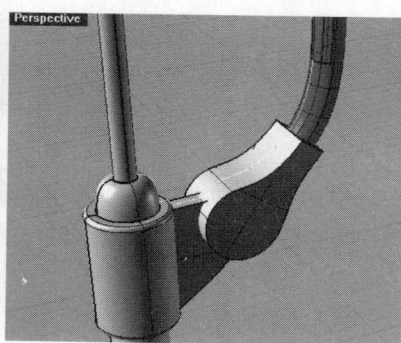

图 2-398   图 2-399   图 2-400

⑱ 进行调整,调整后得到如图 2-402 所示的效果。将得到的物体用二维缩放命令适当加厚一些,就以进行布尔运算了。单击布尔运算工具,如图 2-403 所示。

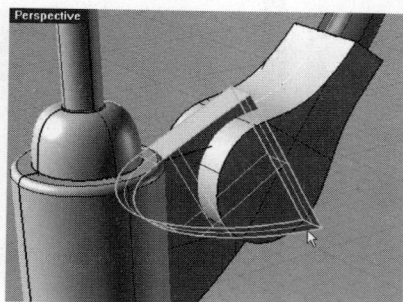

图 2-401   图 2-402   图 2-403

⑲ 先将要剪掉的中间部分复制一份备用,然后用拉伸出来的物体剪掉中间的部分,得到如图 2-404 所示的效果。下面可以进行倒角操作了,选择体倒角工具,如图 2-405 所示。

⑳ 设定合适的值对剪切出来的边进行倒角,如图 2-406 所示。倒角后得到如图 2-407 所示的效果。

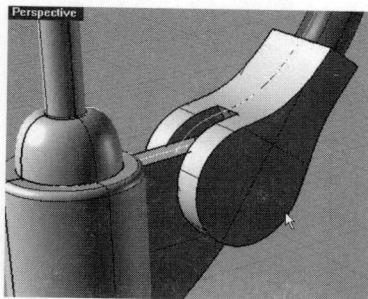
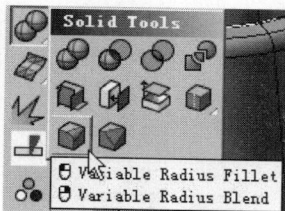
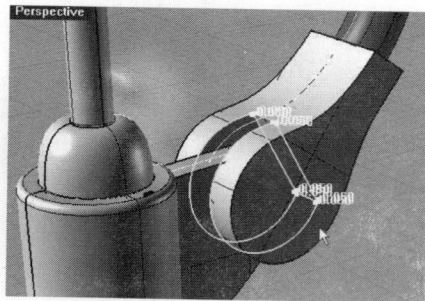

图 2-404   图 2-405   图 2-406

㉑ 用同样的方法对其他两个物体进行倒角操作，得到如图 2–408 所示的效果。

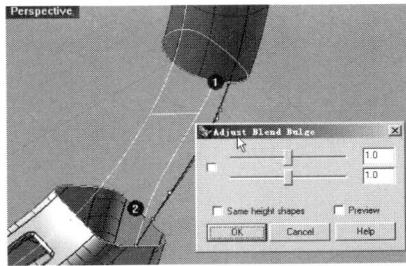

图 2–407

图 2–408

Step 08　处理连接部分的融合

❶ 在后视图上画出如图 2–409 所示的两条直线作为辅助线。

❷ 用这两条直线将两个物体进行剪切，得到如图 2–410 所示的效果。再次单击面融合工具（🖑），进行融合操作，如图 2–411 所示。

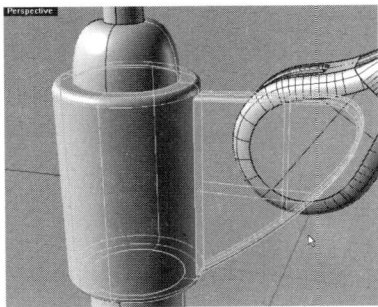

图 2–409

图 2–410

图 2–411

❸ 融合后得到如图 2–412 所示的效果。单击相加的布尔运算工具（⬤），对两个部分进行布尔运算操作，如图 2–413 所示。然后同样用实体倒角工具（◻），进行倒角处理，得到如图 2–414 所示的效果。同样来处理上面部分，先在后视图上画出如图 2–415 所示的两条辅助曲线。

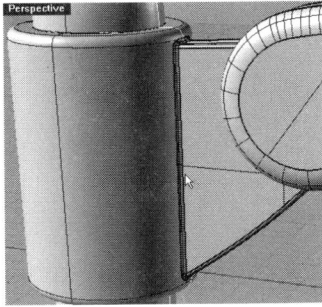

图 2–412

图 2–413

图 2–414

❹ 用辅助线将两个部分切除，如图 2–416 所示。用面融合工具（🖑）进行融合处理，如图 2–417 所示。

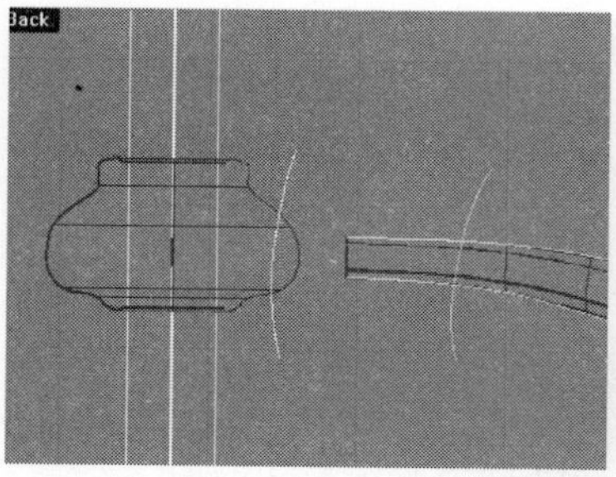

图 2-415 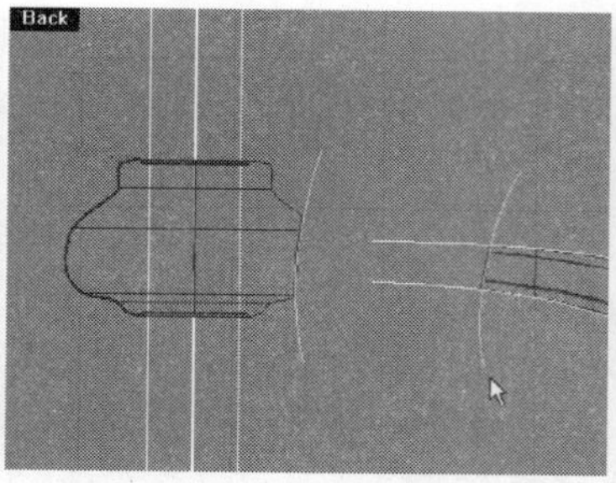   图 2-416 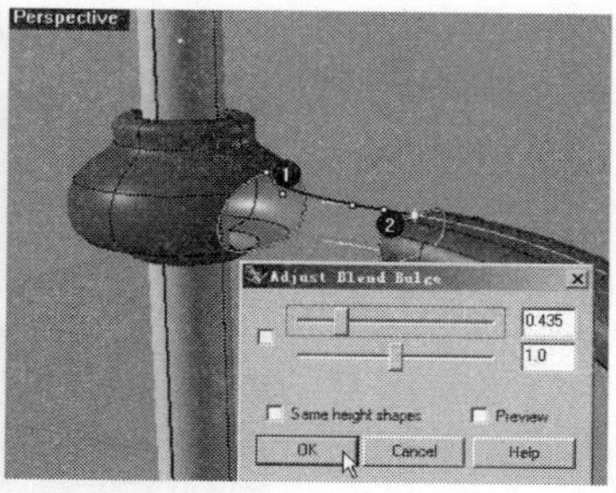   图 2-417

⑤ 得到如图 2-418 所示的融合效果。这样就把整个把手部分处理完了，全部放到同一个图层上，然后用实体模式（Shade）观察，得到如图 2-419 所示的效果。

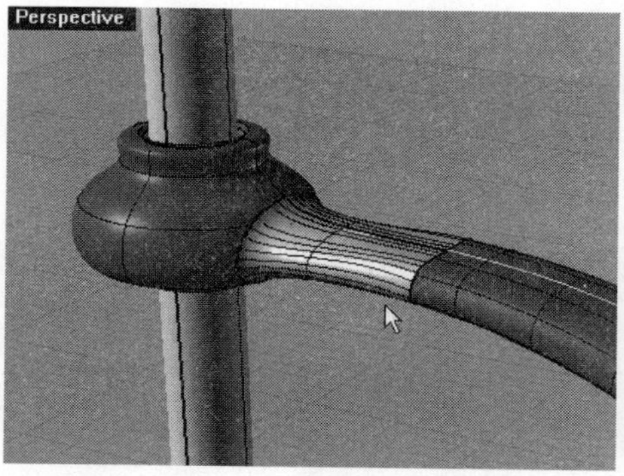

图 2-418 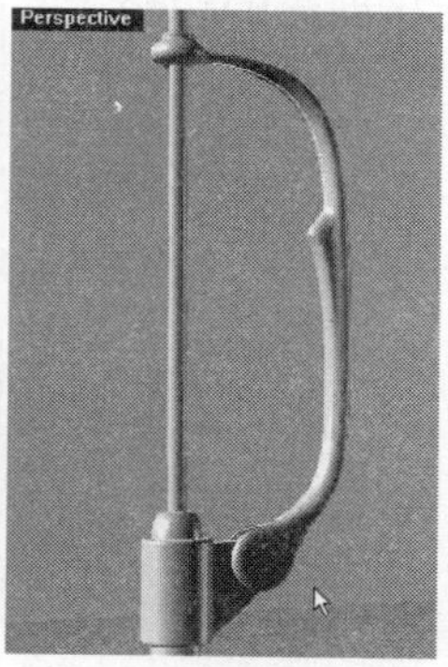   图 2-419

Step 09 处理拉手的下半部分

❶ 下面来处理下半部分，即如图 2-420 所示的部分。将隐藏的线条图层（Line）显示出来，如图 2-421 所示。

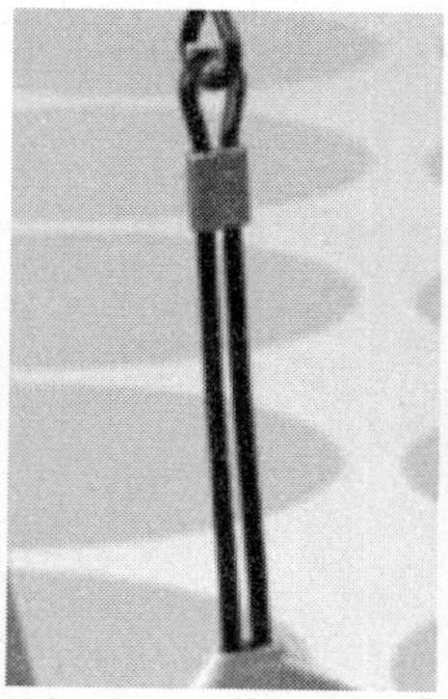

图 2-420 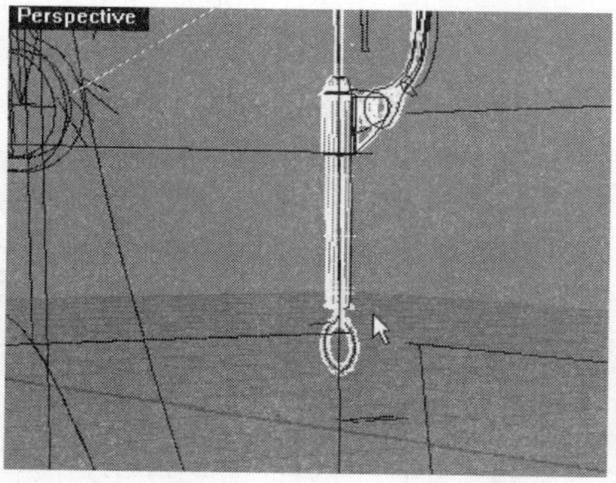   图 2-421

❷ 将需要的两条线选中，移动到当前图层上，如图 2-422 所示。然后将 Line 图层继续隐藏，如图 2-423 所示。

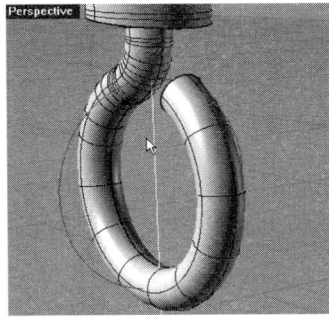

图 2-422　　　　　　　　　　　　图 2-423

❸ 单击画圆工具（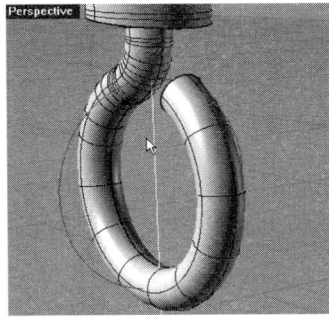），同样保持圆心捕捉和 1/4 点捕捉，画出如图 2-424 所示的圆形。在顶视图上，对得到的圆形进行旋转，旋转的时候注意按住键盘上的 Shift 键，这样可以旋转 90°，如图 2-425 所示。

❹ 为了观察方便，把当前图层改成红色图层，把得到的圆形放入到这个红色图层中，如图 2-426 所示。将整个圆形向下移动一定距离，保持两个环相扣的感觉，如图 2-427 所示。

图 2-424　　　　　　　　图 2-425　　　　　　　　图 2-426

❺ 画出一条直线，作为向下延伸的线条，如图 2-428 所示。把得到的线条进行镜像对称，得到如图 2-429 所示的效果。用线条相互剪切，得到如图 2-430 所示的效果。

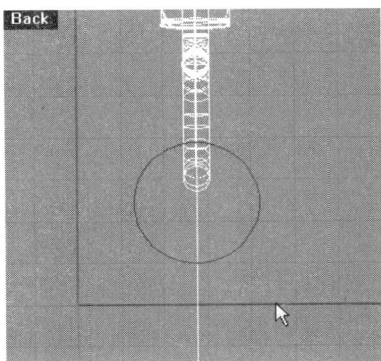　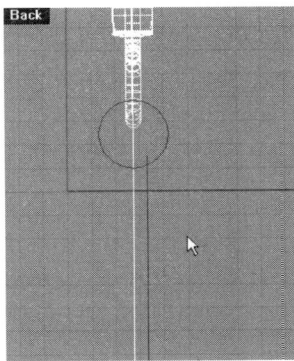　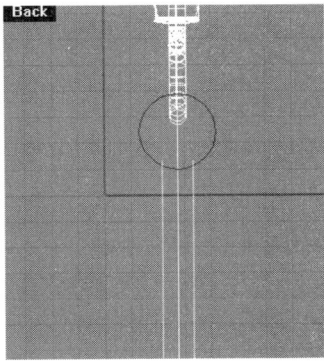

图 2-427　　　　　　　　图 2-428　　　　　　　　图 2-429

⑥ 在透视图上，用移动工具（🔲）把相邻的线条都移动到同一个点上，保持线条在同一个平面上，如图 2-431 所示。然后在后视图上对得到的线条进行倒角处理（用倒角工具🔲），得到如图 2-432 所示的效果。然后同样单击做管子工具，如图 2-433 所示。

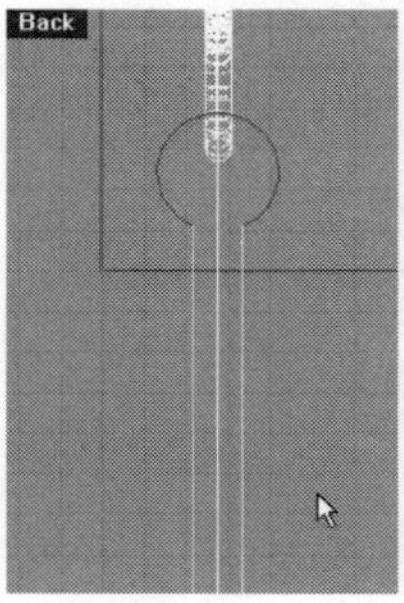

图 2-430 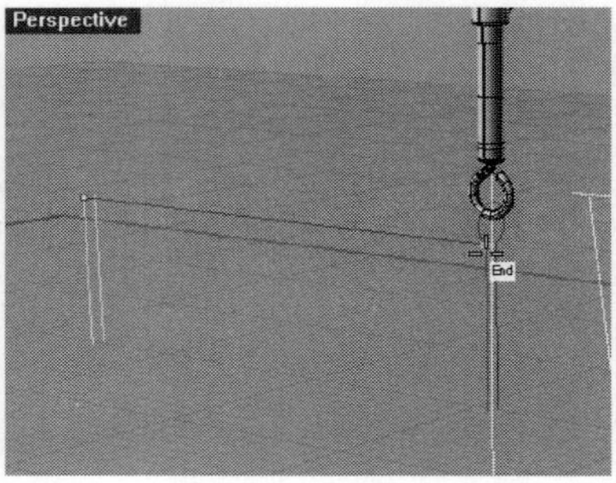　　　　　　图 2-431 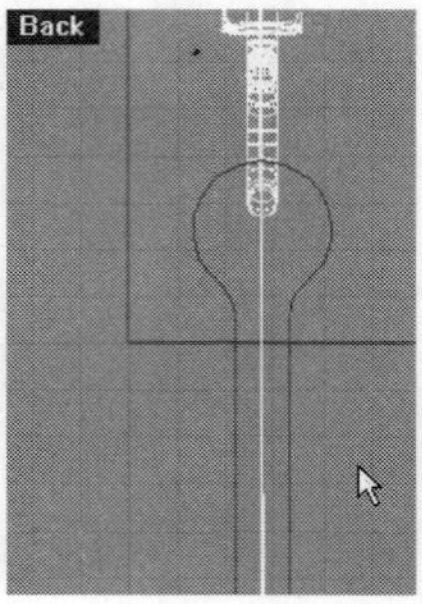　　　　　　图 2-432 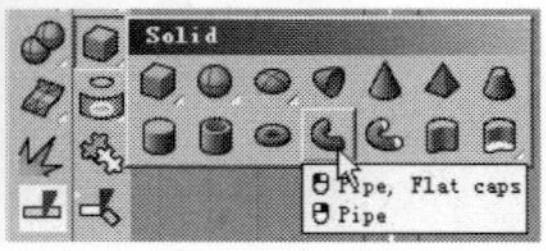　　　　　　图 2-433

⑦ 设定合适的值，得到如图 2-434 所示的管子效果。再在右视图上把得到的整个部分全部选中，新建一个图层，取名为"lashou"，放到这个图层上，如图 2-435 所示。

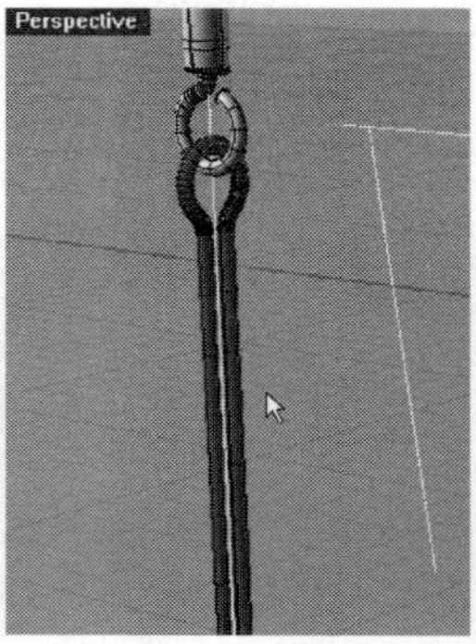

图 2-434 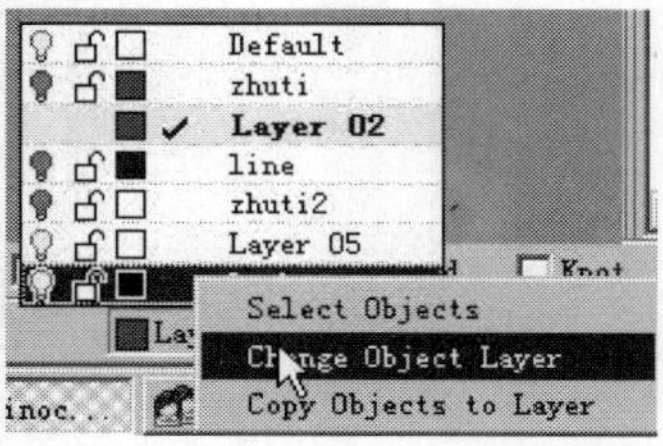　　　　　　　　　　　　图 2-435

⑧ 把当前图层放到红色图层上。

Step 10 接头附件建模

① 在后视图上画出一条辅助线的直线，如图 2-436 所示。单击投影工具（🔲），再单击投影用的辅助线，最后单击要投影的管子实体，得到如图 2-437 所示的投影圆形。

② 在顶视图上，把得到的圆形用二维缩放命令进行放大处理，放大的时候可以在命令栏上将 Copy（复制）选项选中，得到如图 2-438 所示的效果。然后把得到的圆形对称复制一份到右边，以保证两边是对称的，如图 2-439 所示。

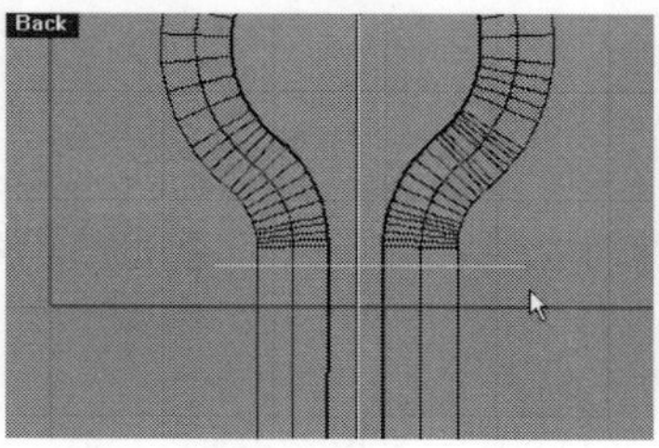

图 2-436 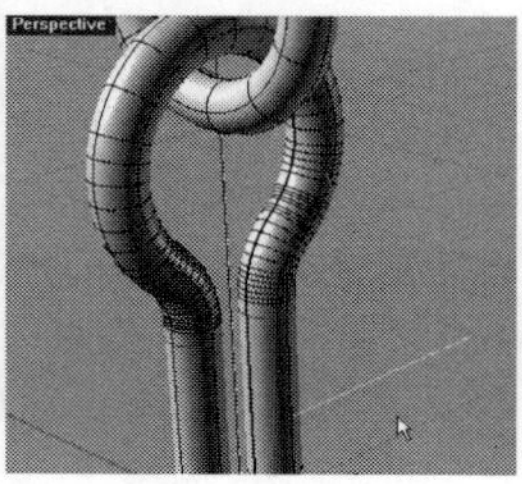　　　　　　图 2-437 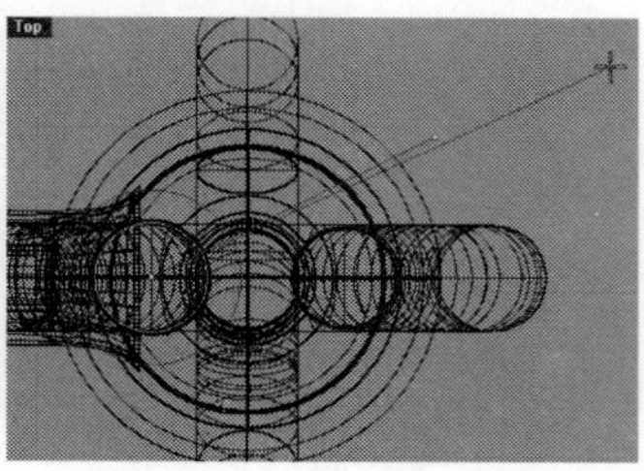　　　　　　图 2-438

❸ 镜像复制后，单击矩形工具，捕捉 1/4 点，画出如图 2-440 所示的矩形。

❹ 用放大后的圆形和辅助的矩形进行相互剪切，得到如图 2-441 所示的曲线。把剪切后的曲线结合起来，然后在透视图上拉伸曲面，注意加盖，如图 2-442 所示。

图 2-439 　　　　　　　　　图 2-440 　　　　　　　　　图 2-441

❺ 把内部的管子复制一份，然后用减的布尔运算工具 （◉） 进行相减操作，得到如图 2-443 所示的效果。对得到的实体进行不同大小的倒角，得到如图 2-444 所示的效果。

图 2-442 　　　　　　　　　图 2-443 　　　　　　　　　图 2-444

❻ 这样整个拉手部分都完成了，可以进行旋转和镜像复制了，把整个部分选中，进行旋转操作，注意捕捉端点，如图 2-445 所示。

❼ 把隐藏的两个主体部分显示出来，得到如图 2-446 所示的效果。

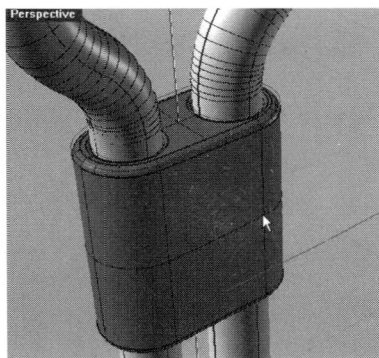

图 2-445 　　　　　　　　　图 2-446

2.1.4　中间凳子部分建模

这个凳子部分结构比较复杂，有很多肋骨状的造型，而且相互交叉和结合，中间部分鼓起，要能够很好地融合在一起，有一定难度，这里适当采用模拟的方法来处理。

Step 01 凳子主体建模

❶ 在顶视图上，用如图 2-447 所示的从中心开始画矩形工具，捕捉中间的辅助直线的中点开始画矩形，如图 2-448 所示。

❷ 把得到的矩形向下拉伸，同时加上盖子，得到如图 2-449 所示的一个方体。

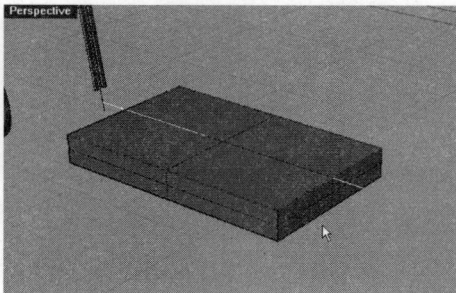

| 图 2-447 | 图 2-448 | 图 2-449 |

❸ 对得到的方体进行实体倒角，注意两端的倒角大小设置不一样，得到如图 2-450 所示的效果。

❹ 再次进行实体倒角，这次是对上表面和下表面的边进行倒角，设定较小的数值，得到如图 2-451 所示的效果。

❺ 将得到的 6 实体用打散工具（ ）打散，然后把上表面删除，如图 2-452 所示。

| 图 2-450 | 图 2-451 | 图 2-452 |

❻ 过如图 2-453 所示的中心画出一条线。

❼ 用线属性工具（ ）进行点数的调整，得到如图 2-454 所示的效果。

❽ 将得到的 6 个点在后视图上调整成如图 2-455 所示的形状。

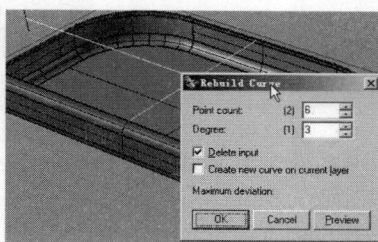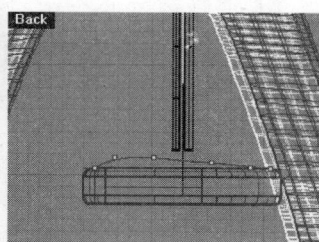

| 图 2-453 | 图 2-454 | 图 2-455 |

❾ 同样画出如图 2-456 所示的一条直线。

❿ 调整后得到如图 2-457 所示的效果，注意两边对称调节。

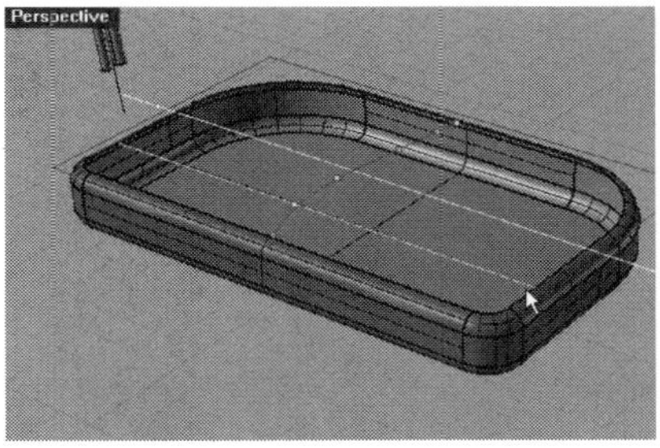

图 2-456 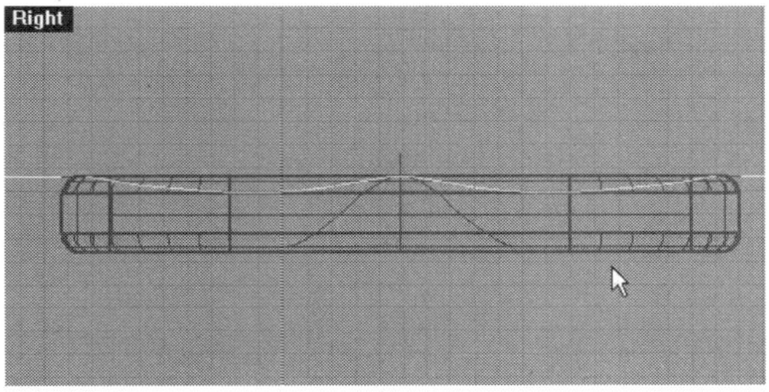   图 2-457

⑪ 用得到的曲线和边缘线，结合补丁建模工具（◈）进行建面操作，如图 2-458 所示。
⑫ 确定后得到如图 2-459 所示的曲面效果。

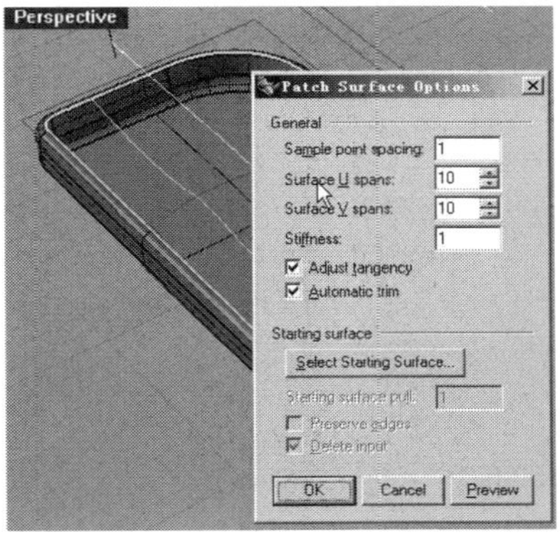

图 2-458 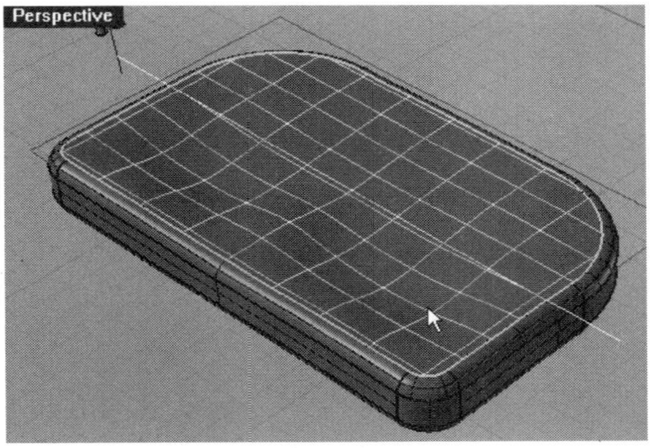   图 2-459

Step 02 凳子表面形状处理

❶ 用通过中心点画直线工具（✍）画出如图 2-460 所示的直线。再次利用线的属性工具，将这条短线点数增加到 6 个，并进行调节，得到如图 2-461 所示的线条效果，注意两边对称。

❷ 利用单轨放样工具（◪）将得到的线条和前面的弧线进行放样处理，得到如图 2-462 所示的效果。

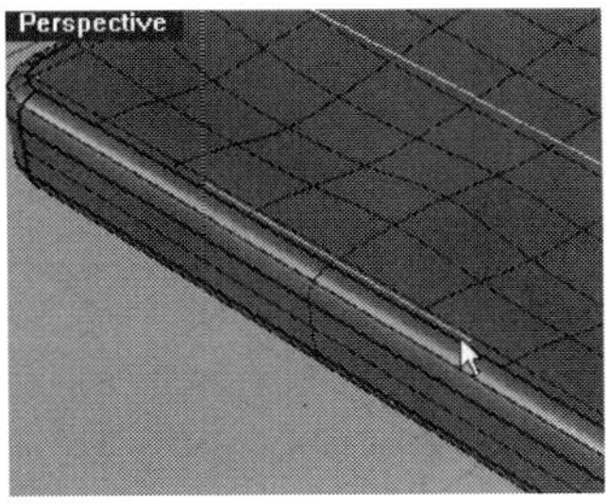

图 2-460 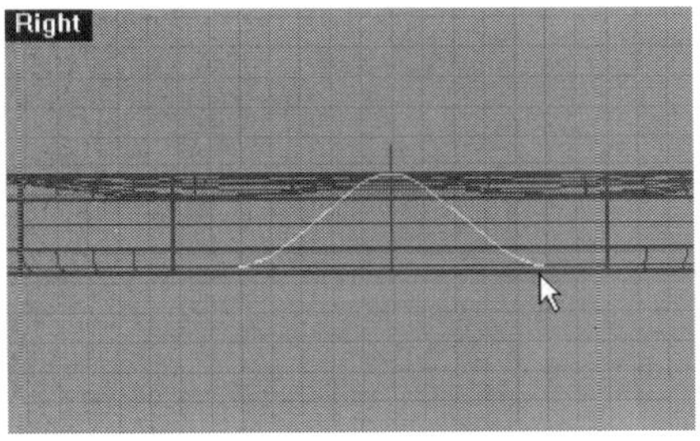   图 2-461 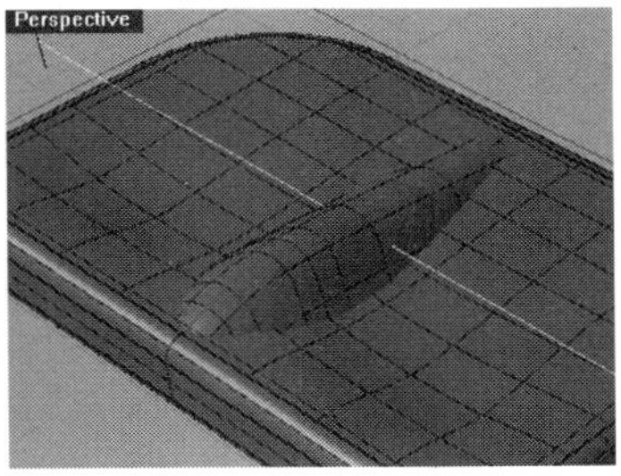   图 2-462

❸ 适当对这个面进行单轨收缩，然后用补丁建出来的面对刚刚建出的单轨面进行剪切，得到如图 2-463 所示的效果。利用倒角工具（◔）对得到的面进行倒角，如图 2-464 所示。

图 2-463   图 2-464

Step 03   中间挖洞处理

❶ 在顶视图上画出一个矩形，如图 2-465 所示。经过倒角处理，得到如图 2-466 所示的效果。

❷ 把得到的曲线向下拉伸建模，并进行加盖处理，得到如图 2-467 所示的效果。

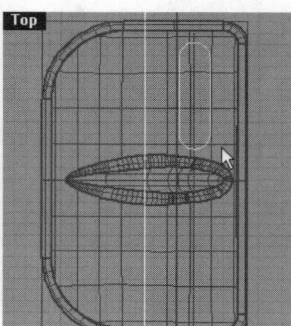

图 2-465   图 2-466   图 2-467

❸ 将得到的实体向另外一边镜像复制一份，如图 2-468 所示。单击相减的布尔运算工具（🔘），用结合起来的实体减去这两个拉伸实体，得到如图 2-469 所示的效果。

图 2-468   图 2-469

❹ 再次利用实体倒角工具（🔲），对剪出来的边缘进行倒角处理，得到如图 2-470 所示的效果。将所有的曲线都选中，放到 Line 图层隐藏，并用实体方式观察，如图 2-471 所示。

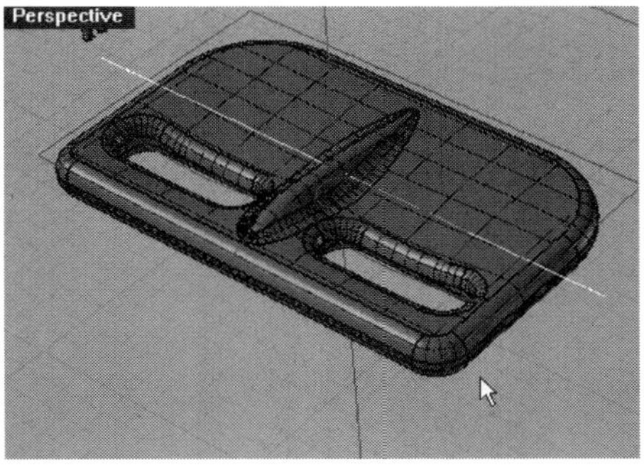

图 2-470

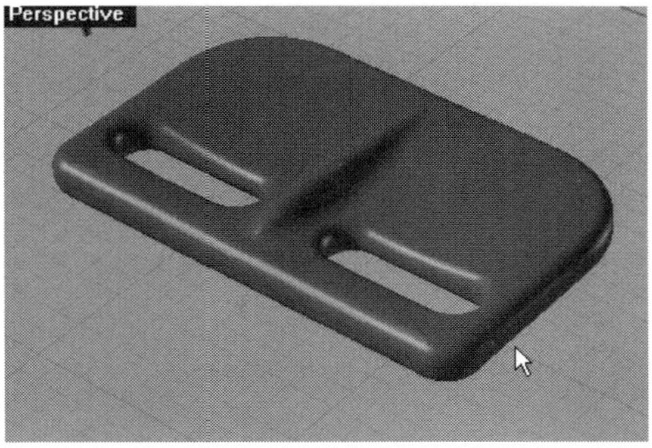

图 2-471

Step 04 处理凳子和拉手的结合部分线条

① 为了便于观察，将后视图改为前视图，如图 2-472 所示。

② 为了便于观察和操作，把当前图层改到白色图层上，然后在前视图上用过中心画矩形工具（ 🗗 ），捕捉中点画出如图 2-473 所示的一个矩形。

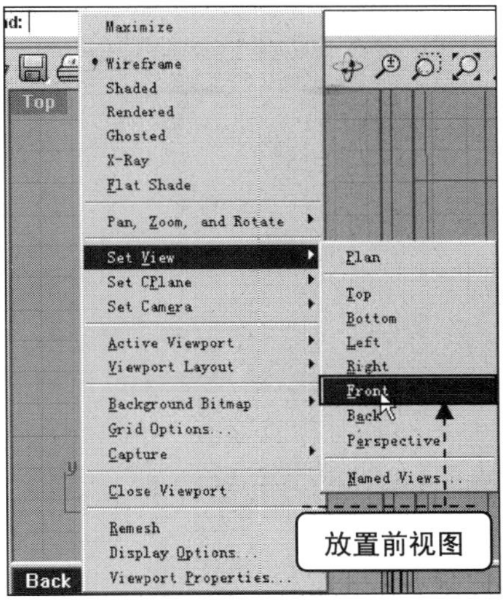

图 2-472

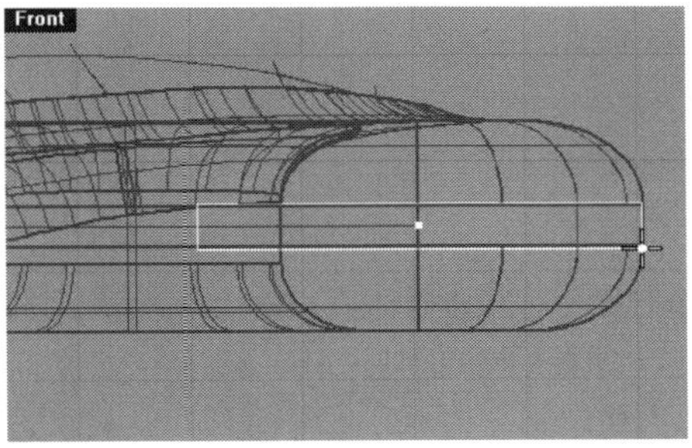

图 2-473

③ 用打散工具（ 🌙 ），将得到的矩形打散，然后把两边的短边删除，如图 2-474 所示。用线的融合工具把两条平行的边融合，得到如图 2-475 所示的效果。

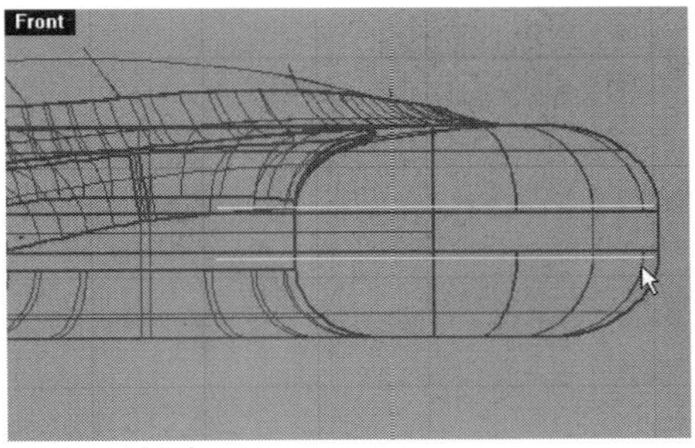

图 2-474

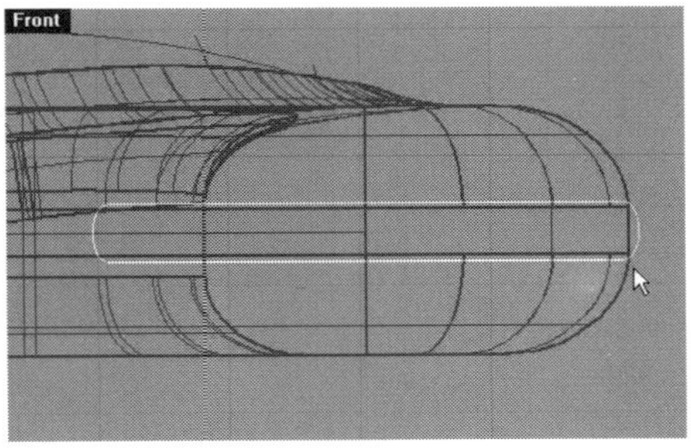

图 2-475

❹ 用二维缩放工具，进行大小的调节，并按住 Ctrl 键，平行移动至如图 2—476 所示的位置。在右视图上，把得到的截面形状移动到如图 2—477 所示的位置。

❺ 拖动这个截面曲线，按住键盘上的 Alt 键进行复制，到如图 2—478 所示的位置。将得到的曲线旋转 90°，如图 2—479 所示。

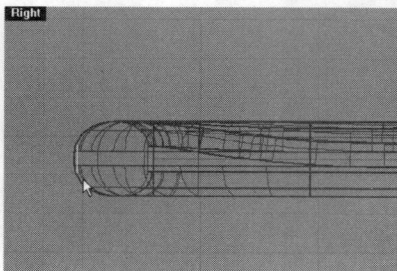
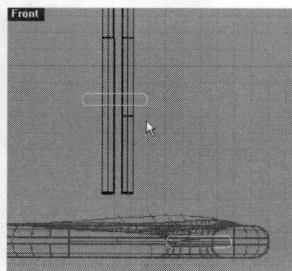

图 2-476　　　　　　　　图 2-477　　　　　　　　图 2-478

❻ 在顶视图上移动到中间位置，如图 2—480 所示。在前视图上进行旋转并移动，如图 2—481 所示。

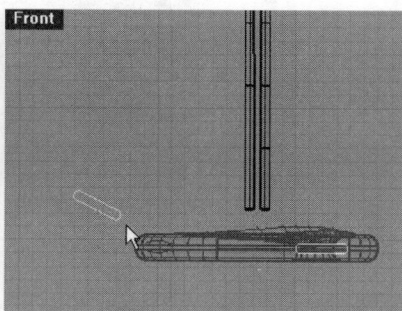

图 2-479　　　　　　　　图 2-480　　　　　　　　图 2-481

❼ 同样在前视图上复制一个截面线，移动到如图 2—482 所示的位置。然后在顶视图上旋转 90°，并移动到如图 2—483 所示的位置。

❽ 在右视图上旋转，得到如图 2—484 所示的效果，注意和上面拉手方向的一致。此时得到的 3 条截面线相对位置如图 2—485 所示。

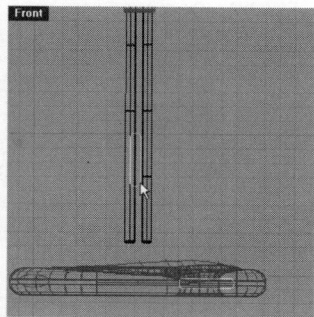
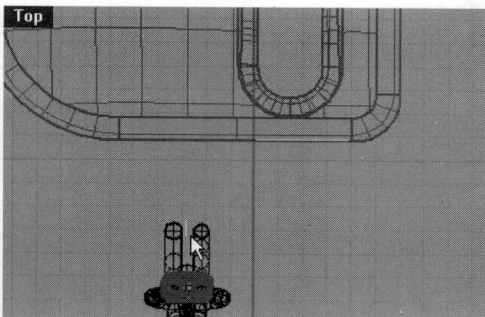
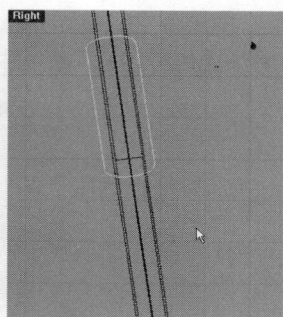

图 2-482　　　　　　　　图 2-483　　　　　　　　图 2-484

❾ 再次在顶视图上，将旋转好的截面线复制一份，如图 2—486 所示。然后用同样的方法复制并旋转和进行缩放，得到如图 2—487 所示的曲线效果。

图 2-485　　　　　　图 2-486　　　　　　图 2-487

⑩ 把位置放在如图 2-488 和图 2-489 所示的位置。

图 2-488　　　　　　　　　图 2-489

Step 05　通过线条建构放样曲面

通过这些截面线的下端，画出如图 2-490 所示的一条曲线，作为单轨放样的一条线。这个部分调节起来比较麻烦，要不断地对照图片进行调节，还要分不同的侧面观察，最后调整成为尽量接近原图的一个曲线，然后单击单轨放样工具（🖊），作出如图 2-491 所示的一条曲面。

图 2-490　　　　　　图 2-491

📎 注意提示

这个形状不是想要的形状，和原图对比一下（图 2-492），可以看出上面部分有比较大的变形。

所以还要继续调整，调整的方法是在建出来的曲面上提取一条线，来重新建双轨面，而不是单纯的单轨面，用提取线条工具（🖊），提取如图 2-493 所示的一条曲线。将曲面删除，如图 2-494 所示。

将上面的线条根据实际的走向进行调节，得到如图 2-495 所示的线

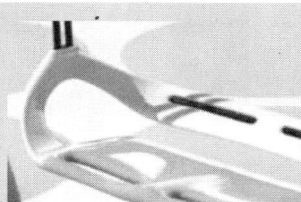

图 2-492

条效果。重新单击双轨放样工具（ ），用两条边线作为轨道，选中中间的截面线进行建模操作，如图
2-496 所示。

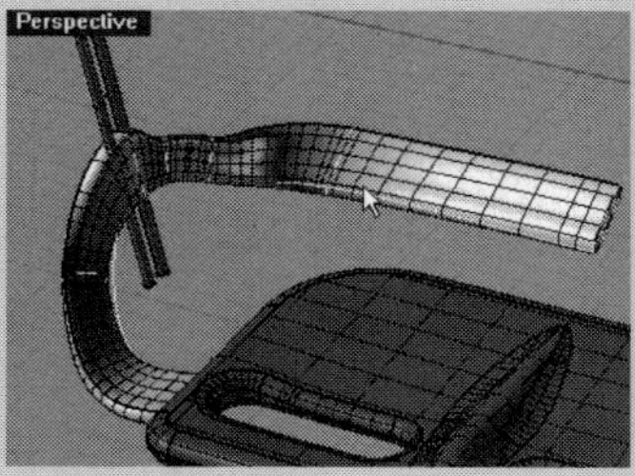

图 2-493 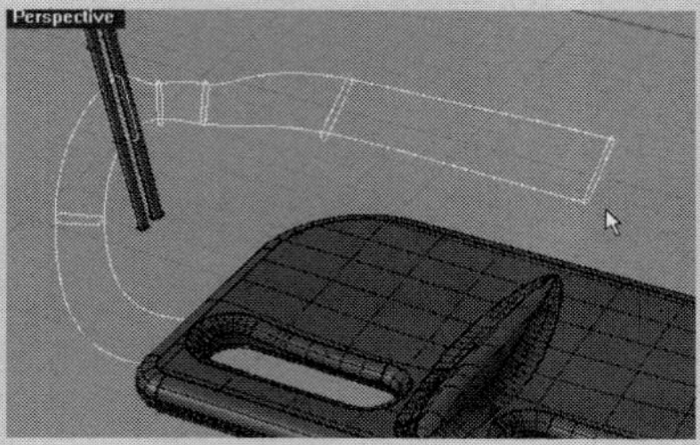　　　　　　　　　图 2-494 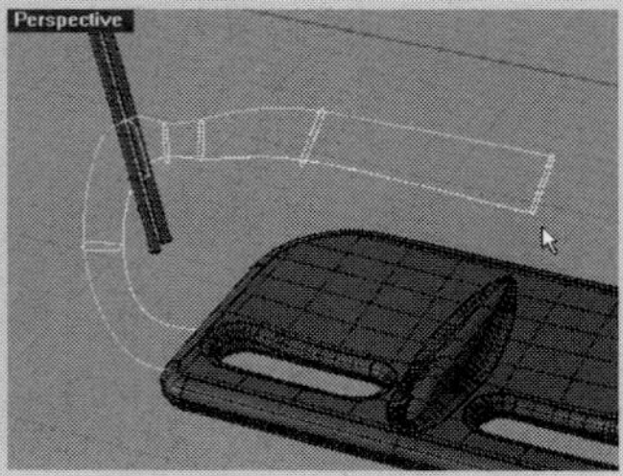　　　　　　　　　图 2-495

用实体模式观察，如图 2-497 所示。

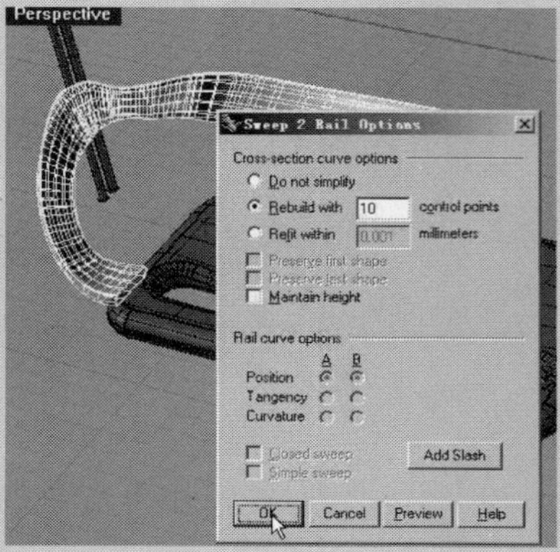

图 2-496　　　　　　　　　图 2-497

Step 06　处理连接

❶ 在前视图上，画出如图 2-498 所示的一条直线。

❷ 用得到的直线将下面的实体剪切，并同时复制一条直线，把伸出来的管子剪掉，得到
如图 2-499 所示的效果。换个视图观察，如图 2-500 所示。用平面建模工具（ ），将上表
面封闭，得到如图 2-501 所示的效果。将边缘进行面倒角，得到如图 2-502 所示的效果。

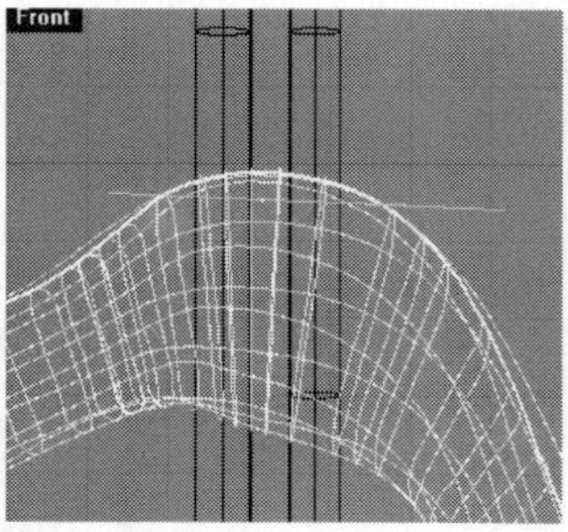

图 2-498 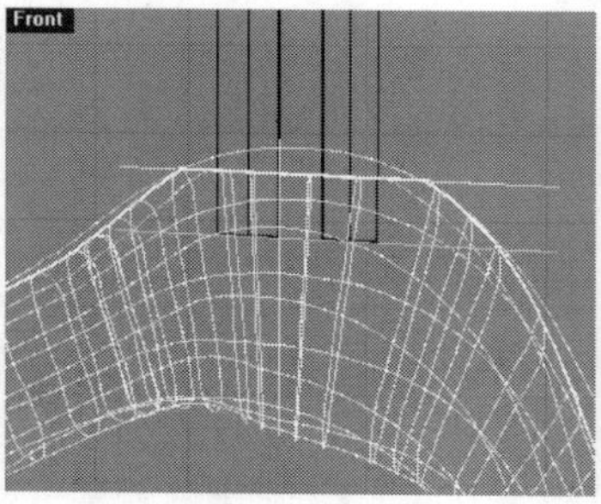　　　　　　　　　图 2-499 　　　　　　　　　图 2-500

❸ 单击剪切工具（ ），用管子将下面的表面剪切，得到如图 2-503 所示的效果，注意
要剪两次。然后把剪切出来的边缘向下拉伸，并进行倒角，得到如图 2-504 所示的效果。

图 2-501　　　　　　图 2-502　　　　　　图 2-503　　　　　　图 2-504

Step 07 两部分镜像和细节处理

❶ 这部分处理完毕，可以进行正常复制操作了，在右视图上把整个把手部分全部选中，如图 2-505 所示。用镜像对称工具（🔀），进行对称复制，得到如图 2-506 所示的效果。

❷ 将两个主体部分显示出来，得到如图 2-507 所示的对称效果。

图 2-505　　　　　　图 2-506　　　　　　图 2-507

❸ 继续把两个主体部分隐藏，然后把所有的线条放置到 Line 图层隐藏起来，要处理两个曲面的结合部分，如图 2-508 所示。单击面的匹配工具，如图 2-509 所示。

❹ 对镜像后的两个对称面进行匹配，如图 2-510 所示。

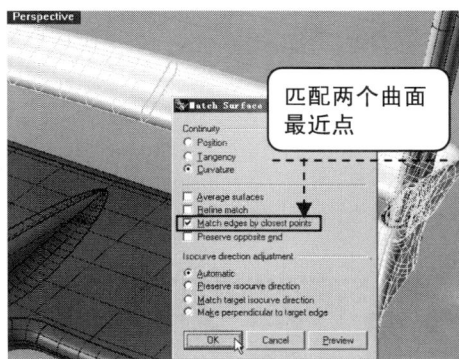

图 2-508　　　　　　图 2-509　　　　　　图 2-510

❺ 匹配完后，再次单击面的结合命令，如图 2-511 所示。

❻ 将两个面结合成一个单独面，如图 2-512 所示。这样整个部分的建模就完成了，可以进行分层操作了。建立一个新图层，命名为"dengzi"，如图 2-513 所示。

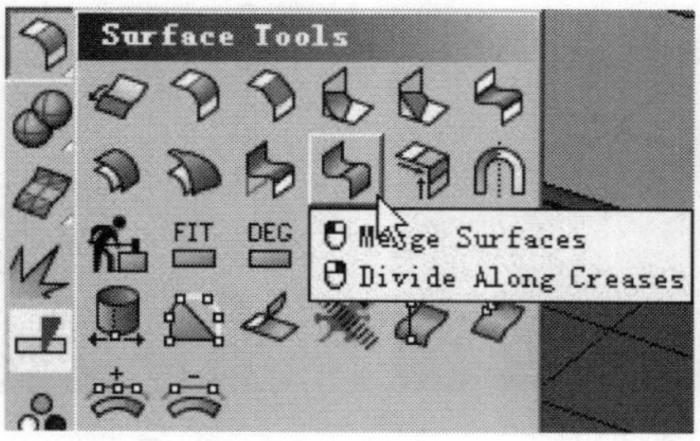

图 2-511 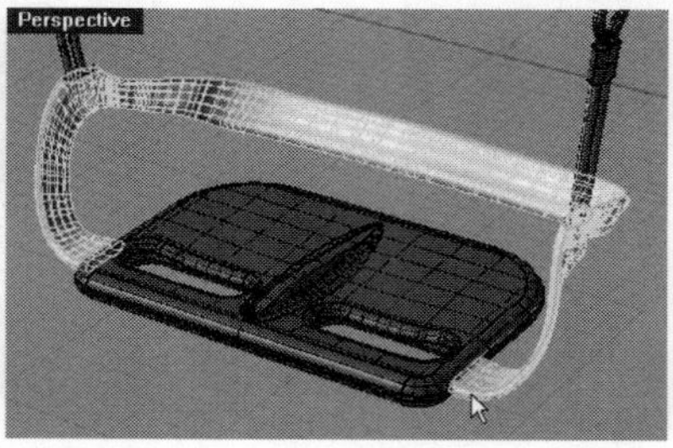   图 2-512 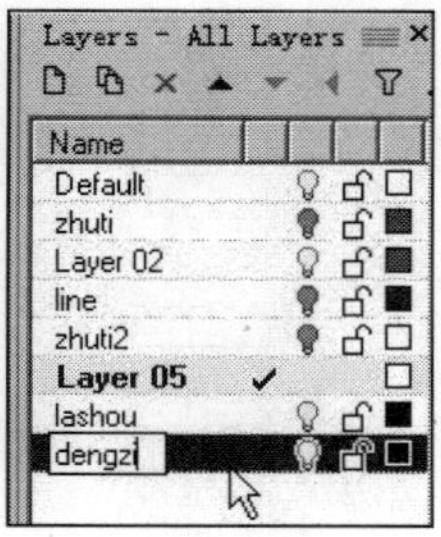   图 2-513

❼ 把整个凳子部分都选中，然后放置到新的 "dengzi" 图层中，如图 2-514 所示。

❽ 用同样的方法把拉手图层的所有部分都放置到 "lashou" 图层上，然后把所有部分都显示出来，如图 2-515 所示。

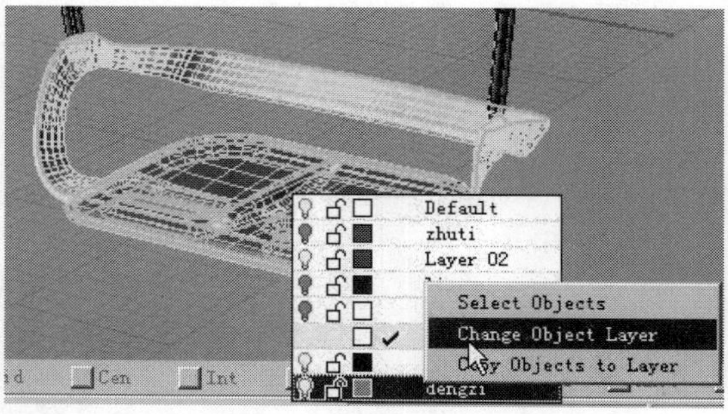

图 2-514 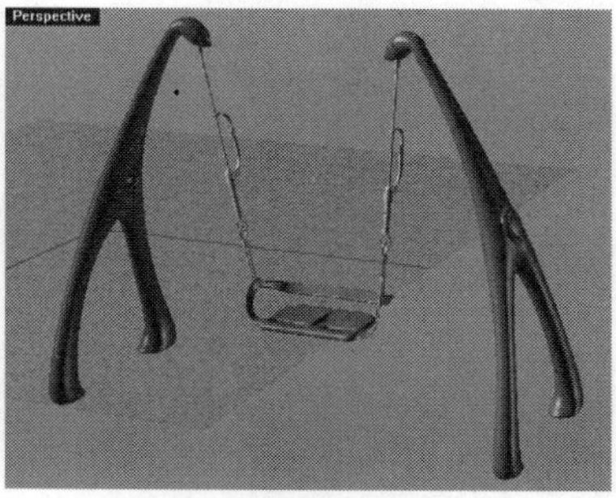   图 2-515

❾ 这样整个产品的建模就宣告结束，导入到渲染软件 Cinema4D 中渲染，得到如图 2-516 所示的效果。

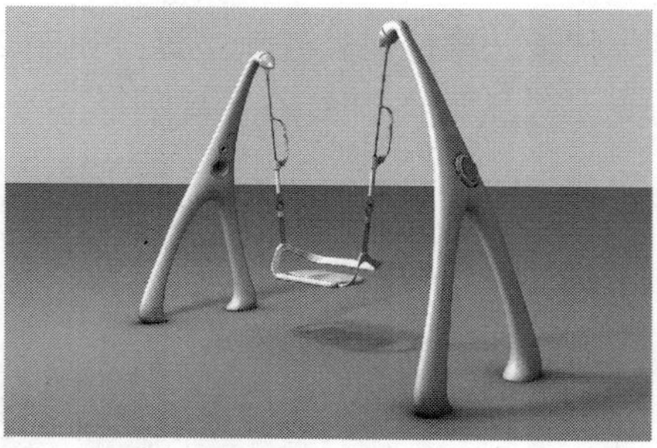

图 2-516

2.2 锯子产品建模

本节介绍的是一款锯子产品的建模。选择这样一款产品来进行讲解，主要有两个目的：一个是通过这个实例，可以更加了解工具产品建模的一些操作习惯和操作方法；另一个目的是可以利用精选的这款例子，使读者更加了解曲面的操作，比如利用曲面的切割和融合，通过拆面和补面，来完成一些复杂形体的建模，比如把手部分。

产品介绍

如图 2-517 所示的产品是一款锯子，这一款锯子设计独特新颖，富有特色，打破了传统的锯子单调的造型，乏味的颜色，使用不方便的缺点，创新性地加入了符合人使用的把手设计，人机性能好，同时在色彩上采用活跃的橙色和黑色的搭配，既不显得沉闷，又符合工具产品的风格，是一款优良设计。

图 2-517

建模思路分析

针对这一款产品，如图 2-518 所示，首先看整体的形状，整体看起来是一款扁平的造型，大体上可以用拉伸的方式来完成大部分的造型建模，尤其是锯子的弯角部分和下面的锯子口部分，该造型难点在于把手部分，这个部分如果不看中间的手握部分的洞以外，可以用单轨或者双轨来完成整体的建模，而洞部分不能简单的采用挖洞来完成，需要下面部分整体切掉后，补充一个类似于圆管的造型，然后在两头用融合的方法来完成衔接，至于上面的细节部分，比如缝隙和渐消面，可以用面的切割和融合来完成。

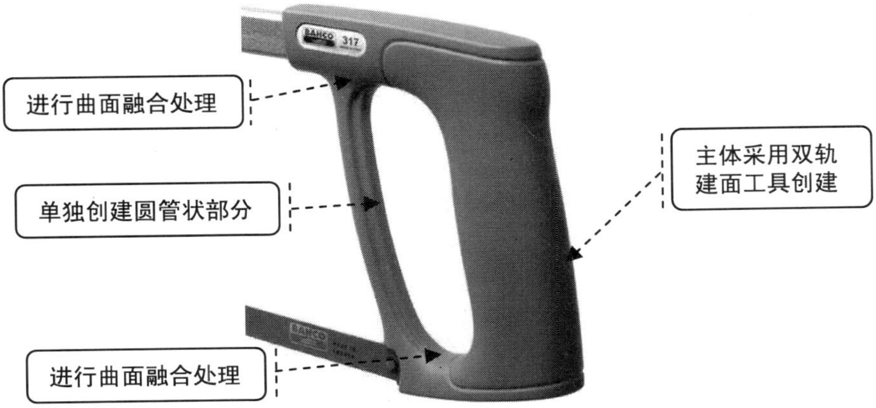

进行曲面融合处理

单独创建圆管状部分

主体采用双轨建面工具创建

进行曲面融合处理

图 2-518

制作流程分析

这款产品看起来比较简单，但是在把手部分相对较复杂，在建模的时候，要注意细节，比如缝隙的制作等，大体按照下面的流程展开制作。

```
用拉伸曲面工具拉          用布尔运算的方式处          用双轨建面工具建
伸主体形状        ⇒    理锯子头部的细节    ⇒    出把手的大体形状    ⇒

对把手进行切割          用双轨建面工具建          融合曲面处理
                ⇒    出把手另一端      ⇒                    ⇒

细节的处理
```

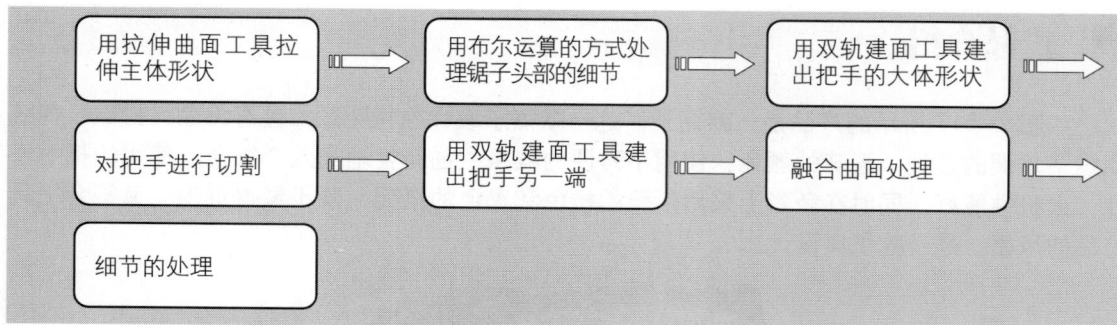

下面来介绍一下该产品的具体建模，从主体开始一步一步来讲解。

2.2.1 主体部分建模

主体部分看起来较为简单，是扁形的结构，大部分都可以通过曲线的拉伸来创建成实体，下面进行简单的介绍。

Step 01 利用背景图画线

❶ 把锯子的正面图（配套光盘目录：DVD01\实例文件\背景图\锯子.jpg）放置在前视图的坐标轴中心位置，如图 2-519 所示。

❷ 选择画线工具（　），在如图 2-520 所示的位置画出一条曲线。

图 2-519

图 2-520

❸ 画完后，按 F10 键进行曲线的点微调，如图 2-521 所示。

❹ 调整好形状以后，将得到的曲线向下复制一条，然后进行微调，如图 2-522 所示。

图 2-521

图 2-522

❺ 将突出的线条拉回，然后将两端用曲线封闭，得到如图 2—523 所示的曲线效果。

图 2—523

经验技巧

在进行平行线条的绘制时，可以利用线条的平行平移复制并进行简单的调节方式来进行操作，这样既方便又可以维持两条线的相对平行位置。

❻ 把封闭好的线条结合（Join）起来，然后选择拉伸工具（🔲）进行拉伸操作，如图 2—524 所示，注意工具栏上的设置，Bothsides（向两边拉伸）和 Cap（加盖）都要选择为 Yes（是），得到如图 2—525 所示的立体效果。

图 2—524

图 2—525

❼ 由于锯子弯曲处的倒角部分是经过切削的，如图 2—526 所示，所以需要进行直边倒角处理，单击直边倒角工具，如图 2—527 所示。

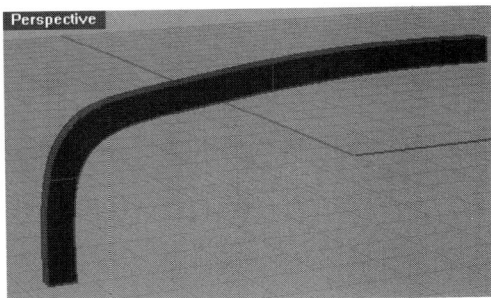

图 2—526

图 2—527

❽ 设置好两边的倒角值，选择需要倒角的边，如图 2—528 所示。

❾ 同样对其他 3 条边倒角，得到如图 2—529 所示的倒角效果。

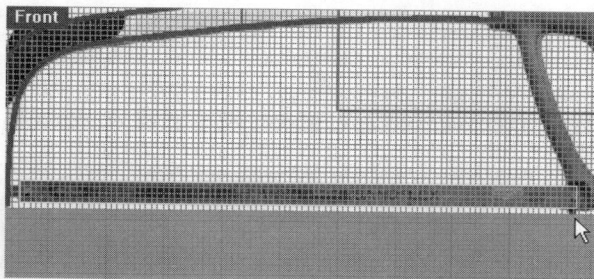

图 2-528

图 2-529

Step 07 利用曲线拉伸曲面

❶ 对锯子口部进行建模，先单击矩形工具（▢），在如图 2-530 所示的前视图部分画出一个矩形。

❷ 将得到的矩形用打散工具（⭥）打散，然后单击左边的垂直线条，单击线条重建工具（🐾），对这条垂直线条进行重建，如图 2-531 所示。

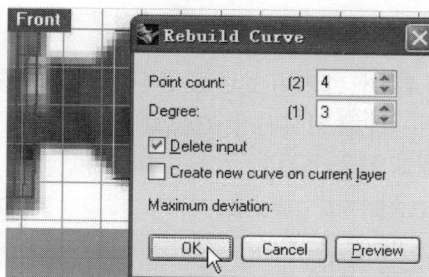

图 2-530

图 2-531

🔑 **注意提示**

将直线变成曲线的规范方法是对直线进行重建（Rebuild），在重建的时候，需要注意两个值的设置，比如上图中 Point count（点数）和 Degree（阶数），直线的阶数是 1 阶，点数最少 2 个，而阶数是 2 阶的时候，点数至少是 3 个，而要达到相对较为平滑的 3 阶，至少需要 4 个点，为了方便调节，点数要越少越好，所以这里设置的 3 阶情况下最好是设置 4 个点。

❸ 经过直线的重建后，单击 F10 键对得到的曲线进行调节，如图 2-532 所示。

❹ 用同样的方法对右边的直线进行重建，然后合并起来，得到如图 2-533 所示的线条。

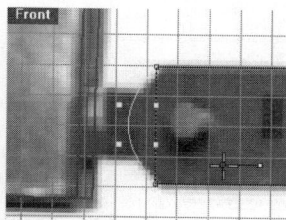

图 2-532

图 2-533

❺ 把得到的曲线用拉伸工具（▣）进行拉伸，得到如图 2-534 所示的立体效果。

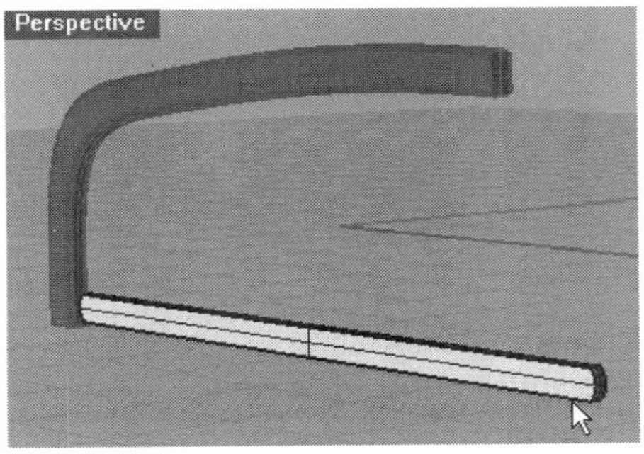

图 2-534

Step 03 黑色塑料部分建模

① 在如图 2-535 所示的位置用画曲线工具（⟳）画出黑色的塑料件部分轮廓线。

② 用同样的方法进行拉伸建模，注意同样在命令栏设置向两边对称拉伸，如图 2-536 所示，同时加盖，得到如图 2-537 所示的效果。

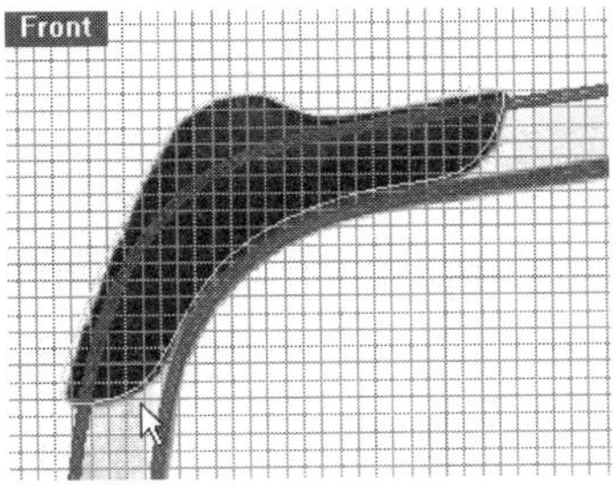

图 2-535

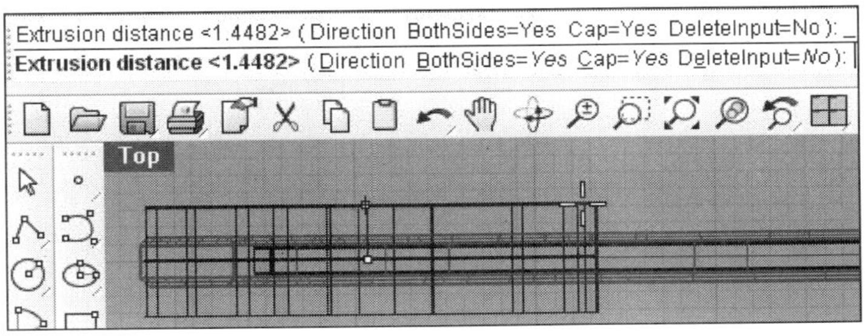

图 2-536

③ 单击实体倒角工具，如图 2-538 所示，得到如图 2-539 所示的倒角效果。

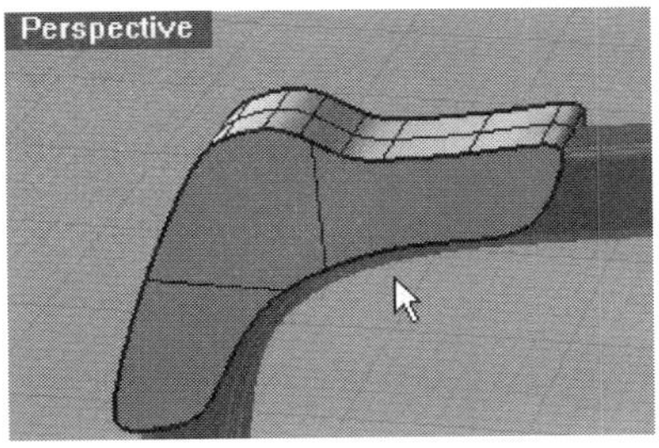

图 2-537

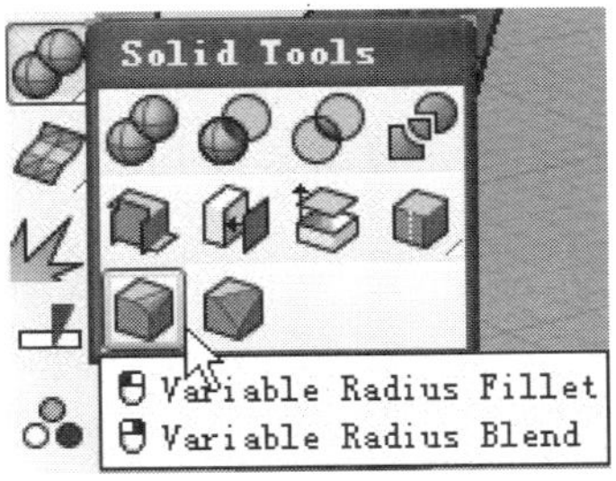

图 2-538

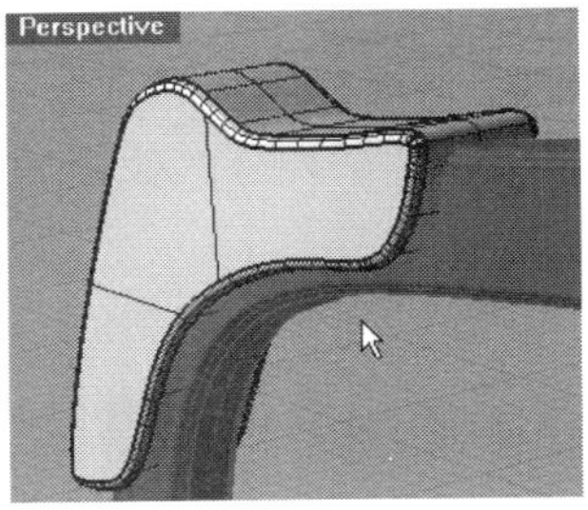

图 2-539

④ 处理相交部分，单击先做好的弯曲部分，按键盘上的 Ctrl+C 键进行复制备用，然后单击相减的布尔运算（⟳），先单击黑色的塑料件后回车，再单击弯曲件回车，得到如图 2-540 所示的效果。

⑤ 对边缘进行实体倒角，选择如图 2-541 所示的线条进行倒角，确定后得到如图 2-542 所示的效果。

Perspective

图 2-540

Perspective

图 2-541

Perspective

图 2-542

❻ 按 Ctrl+V 键进行粘贴，得到如图 2-543 所示的效果。

❼ 主体造型大致建成后，新建两个图层，一个图层为"线条"，另一个为"主体"，然后在将线条放置到相应的图层上，将新建的实体选择后在"主体"图层上单击右键，选择"Change Object Layer（改变物体图层）"，将实体放置到这个图层上，如图 2-544 所示。

Perspective

图 2-543

图 2-544

Step 04 锯子头部建模

❶ 将主体图层和线条图层隐藏，新建一个图层为"锯子头部"，将对锯子的头部进行建模操作，这个部分的效果如图 2-545、图 2-546 所示。

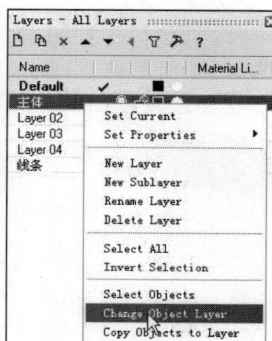

图 2-545

图 2-546

❷ 通过观察，这个部分的造型是比较圆滑的，上面斜三角下半部分为圆形的造型，所以在右视图上画出如图 2-547 所示的一条曲线和一个圆形（注意捕捉下面方形部分的中心，如图 2-548 所示）。

❸ 将得到的曲线用镜像工具（🔀）进行镜像复制，得到如图 2-549 所示的曲线。然后对两条曲线进行匹配（🔀），确定后得到如图 2-550 所示的曲线效果。

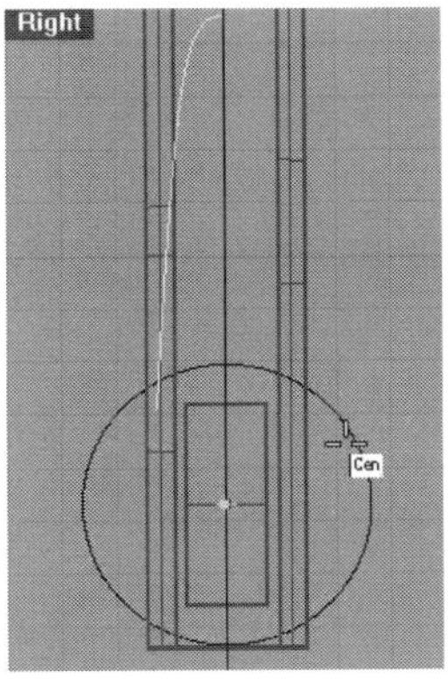

图 2-547 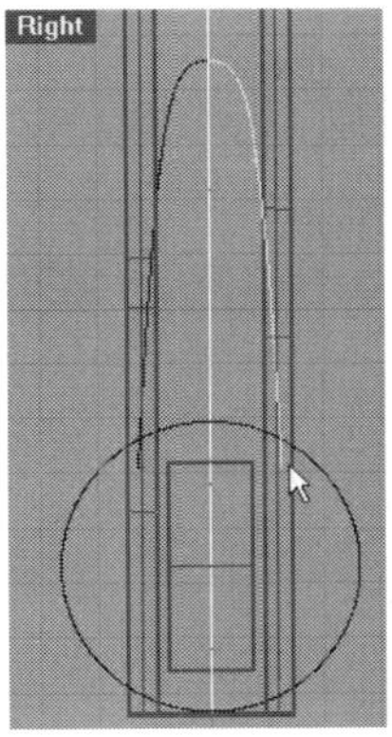　　　　图 2-548 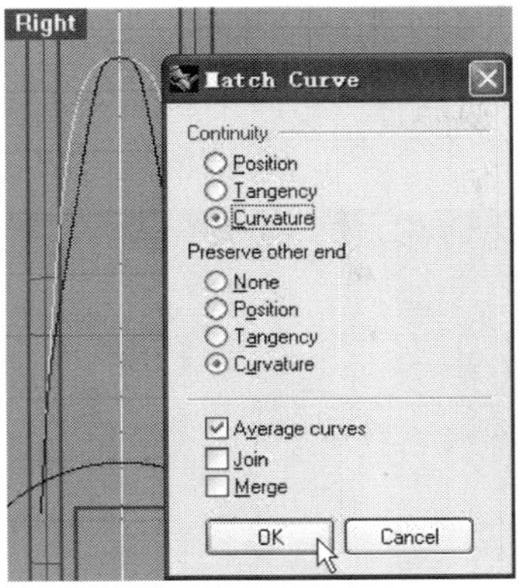　　　　图 2-549 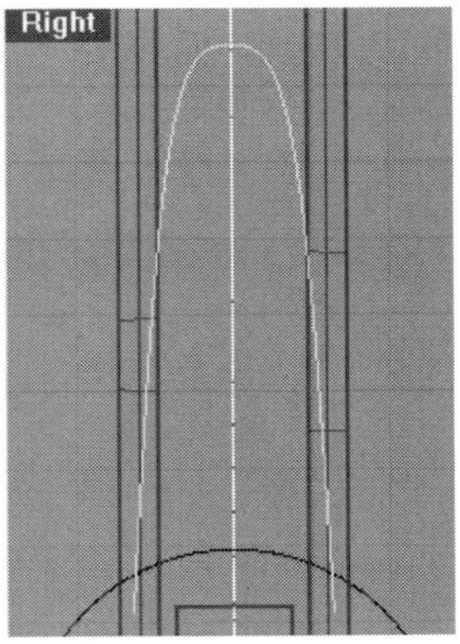　　　　图 2-550

❹ 单击剪切工具（🔧），将圆形部分的相交线段剪除，得到如图 2-551 所示的效果，然后单击线条倒角工具（🔧）。对上下两个部分的线条进行倒角，得到如图 2-552 所示的效果。

❺ 将得到的线条移动到如图 2-553 所示的位置，然后将曲线进行拉伸处理，得到如图 2-554 所示的实体效果。

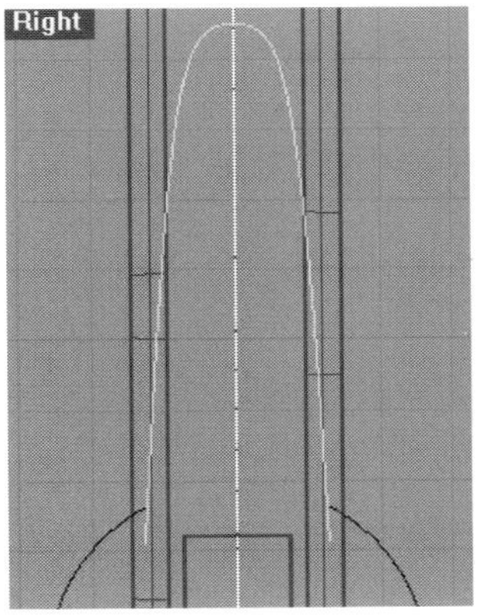

图 2-551 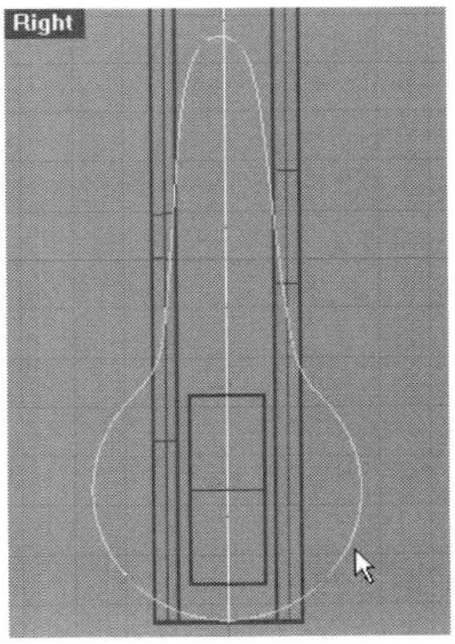　　　　图 2-552 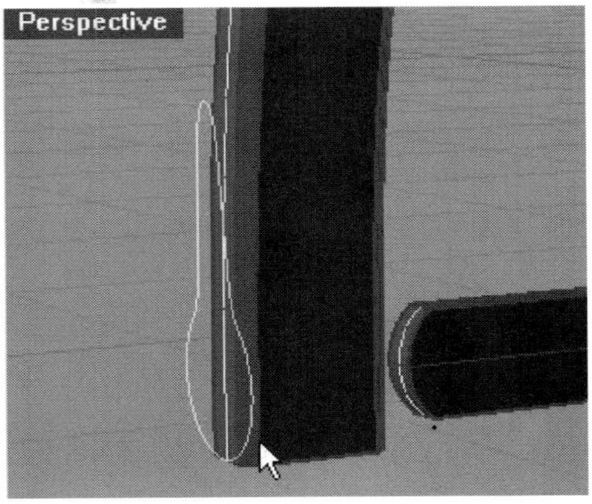　　　　图 2-553

❻ 在前视图中画出并调整一条封闭的左侧面形状的曲线（图 2-555），用来做布尔运算，以刻画出锯子头部分的左边形状。

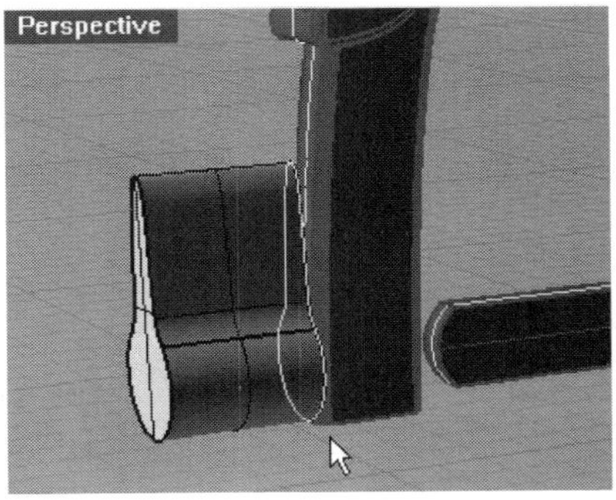

图 2-554 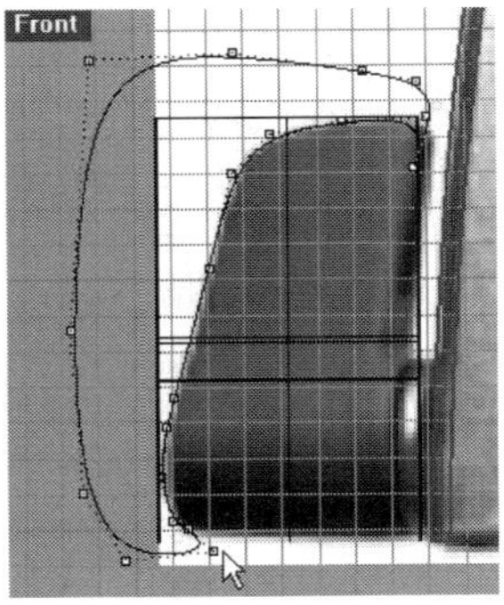　　　　图 2-555

⑦ 将得到的曲线进行向两边对称拉伸，如图 4-556 所示，然后单击相减布尔运算（🔵）。用前面拉伸的实体减去后面拉伸用来剪切的实体，得到如图 2-557 所示的效果。然后单击画曲线工具（🗂），捕捉圆的 1/4 点（☑ Quad），在右视图上画出如图 2-558 所示的线条。

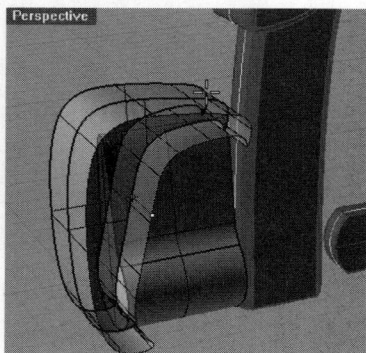

图 2-556	图 2-557	图 2-558

⑧ 选择得到的曲线和前面画出的圆形曲线（如果已经经过融合而删除了曲线，这里可以通过捕捉圆心的方式重新画出来）。

⑨ 单击如图 2-559 所示的反向隐藏工具，把其他部分都隐藏，得到如图 2-560、图 2-561 所示的曲线效果。

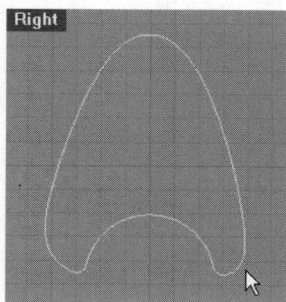

图 2-559	图 2-560	图 2-561

⑩ 用剪切工具（✂）将下面部分剪掉，如图 2-562 所示，把得到的曲线进行倒角，得到如图 2-563 所示的线条效果。

⑪ 利用得到的曲线进行拉伸，得到如图 2-564 所示的效果。

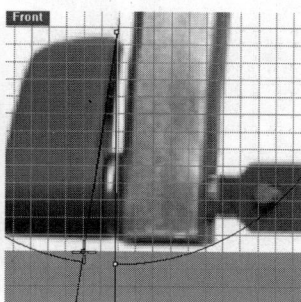

图 2-562	图 2-563	图 2-564

操作提示

在进行拉伸的时候，默认情况下是垂直于曲线进行拉伸，在本例中需要把倾斜的曲线进行水平拉伸，需要进行方向设定，所以在拉伸的时候需要单击如图 2-565 所示的方向命令。

然后在前视图上选择一点作为参考点，按住 Shift 键，进行水平拉伸，就可以得到水平拉伸的曲面效果，如图 2-566 所示。

```
Extrusion distance <6.2407> ( Direction BothSides=No Cap=Yes DeleteInput=No ): _Cap=_No
Extrusion distance <6.2407> ( Direction BothSides=No Cap=No DeleteInput=No ):
```

图 2-565

图 2-566

⑫ 将隐藏的锯子部分显示出来，如图 2-567 所示。

⑬ 用同样的相减布尔运算工具（⬤），锯子头部分减去新拉伸的实体，得到如图 2-568 所示的效果，然后在前视图部分画出如图所示的一条曲线，将得到的曲线进行拉伸，如图 2-569 所示。

⑭ 用同样的方法单击相减布尔运算工具（⬤），用实体部分减去新建的拉伸

图 2-567

图 2-568

面，得到如图 2-570 所示的效果。注意新建面的正反方向，如果方向相反，将得不到自己想要的效果，需要用正反面工具（⬜）进行处理。回到右视图上，捕捉锯子头部分圆形的中心，进行画圆操作，如图 2-571 所示。

图 2-569

图 2-570

图 2-571

Step 05 锯子头部结合处建模

❶ 用同样的方法将拉伸实体复制，然后用相加布尔运算工具（⬤），单击锯子头部分主体加上新拉伸的实体（图 2-572），得到如图 2-573 所示的实体效果。

❷ 同样用实体倒角工具（▣）进行实体倒角（图 2—574），得到如图 2—575 所示的效果。

图 2—572   图 2—573   图 2—574

❸ 用同样的方法拉伸出一个用来切割的曲面，如图 2—576 所示，切割后得到如图 2—577 所示的效果。

图 2—575   图 2—576   图 2—577

❹ 同样用相减布尔运算进行剪切，得到如图 2—578 所示的实体效果，同样在如图 2—579 所示的位置用画圆柱工具（▣）画出一个圆柱体。

❺ 用实体相加工具（▣），得到如图 2—580 所示的效果，在如图 2—581 所示的位置画出一条曲线。

❻ 利用画直线工具借助智慧轨迹工具，画出直线。

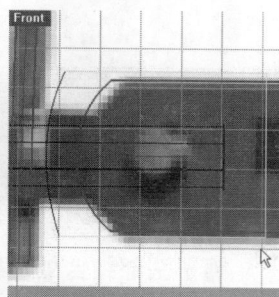

图 2—578

图 2—579   图 2—580   图 2—581

操作提示

　　智慧轨迹是 Rhino 4.0 的一个非常好的设计，尤其是在结合捕捉的情况下，可以非常方便地画出需要的线条，在画图中的直线时，可以借助智慧轨迹出现的白色线条来进行捕捉，如图 2-582 和图 2-583 所示。

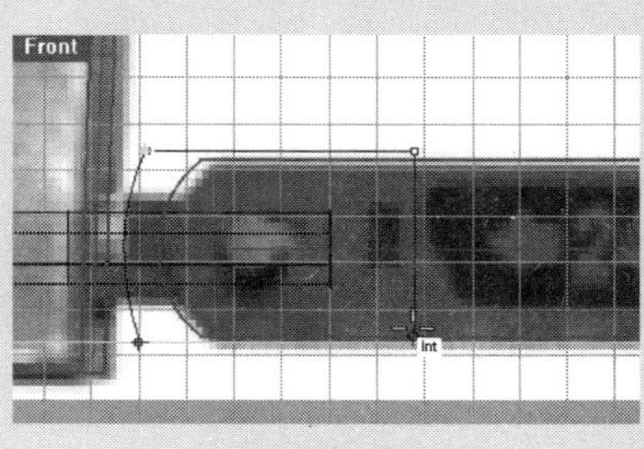

图 2-582 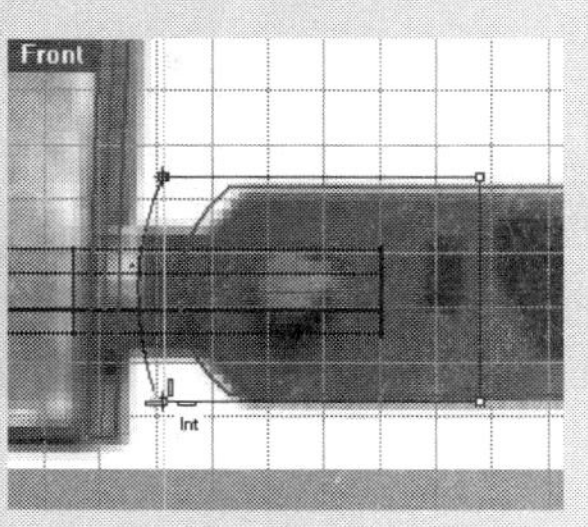　　　　　　　　　　图 2-583

　　❼ 把得到的线条结合（Join）起来，在顶视图上向下拉动少许，如图 2-584 所示。将得到的线条向下拉伸，如图 2-585 所示。

　　❽ 用相减布尔运算工具（🔵），用前面的锯子头部减去刚刚镜像复制出来的拉伸实体，得到如图 2-586 所示的效果。

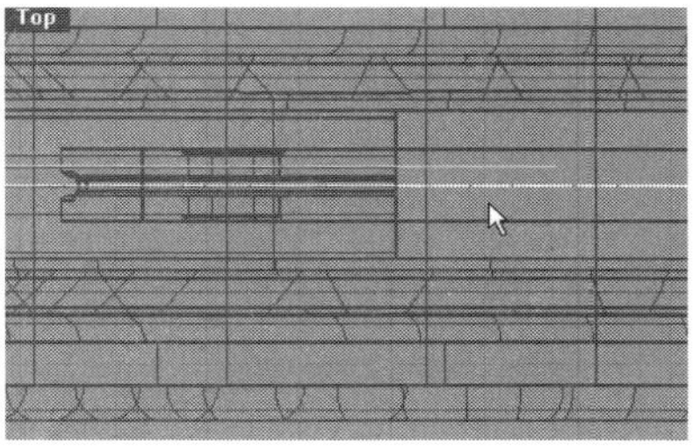

图 2-584 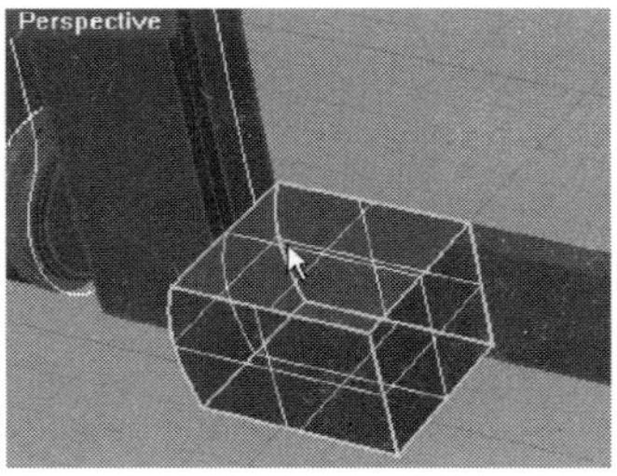　　　　　　　　图 2-585 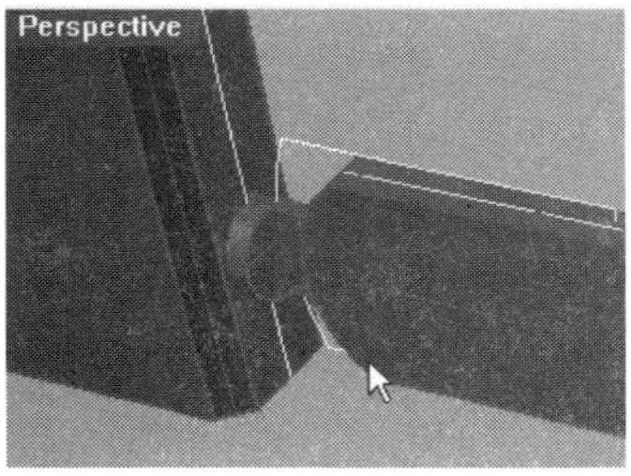　　　　　　　　图 2-586

Step 06　头部细节调整

　　❶ 处理铆钉部分，在如图 2-587 所示的位置画出一个圆形，然后做拉伸，如图 2-588 所示。

　　❷ 把得到的圆柱体进行倒角处理，得到如图 2-589 所示的效果。把得到的圆柱体复制，然后用相减布尔运算，用锯条部分减去圆柱体，得到如图 2-590 所示的效果。

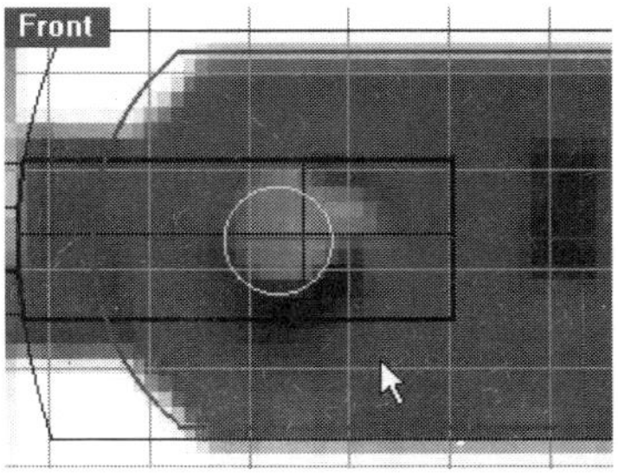

图 2-587 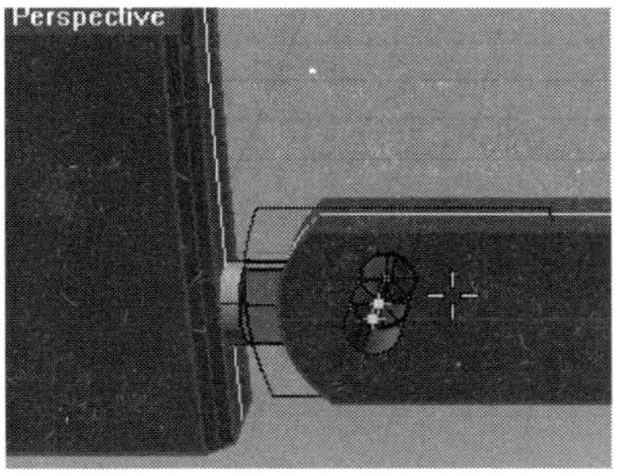　　　　　　　　图 2-588 　　　　　　　　图 2-589

❸ 把挖出来的洞进行倒角，如图 2−591 所示，然后将复制的圆柱体部分粘贴出来，如图 2−592 所示。

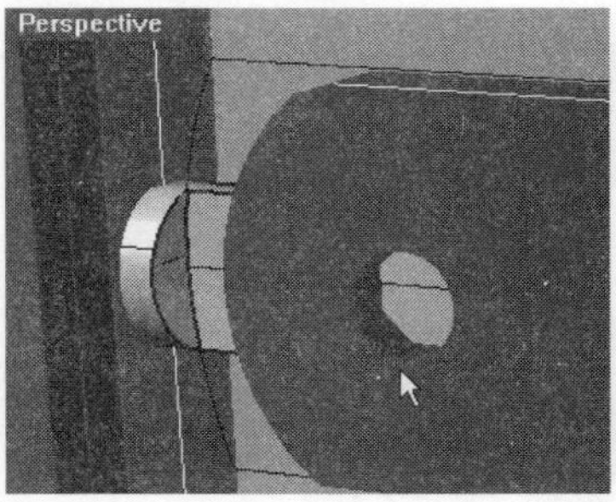

图 2−590 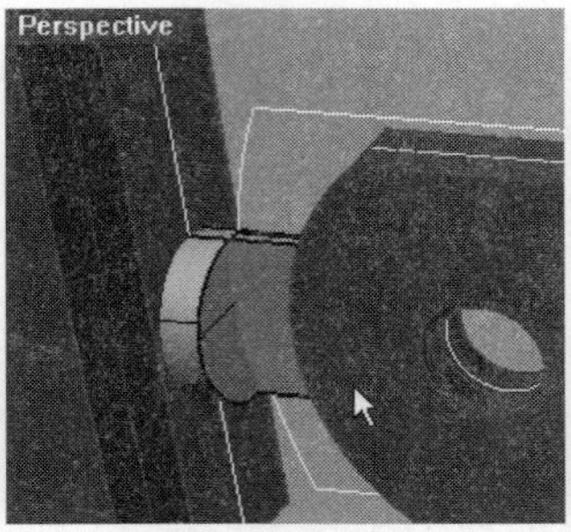   图 2−591 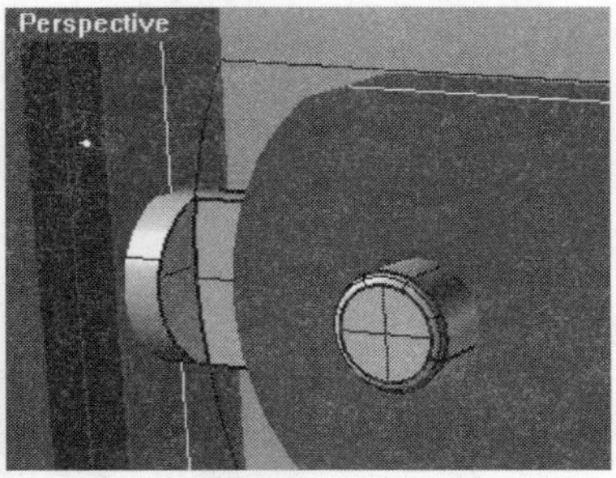   图 2−592

❹ 将锯条向一边拉动少许，如图 2−593 所示。

❺ 接下来处理左边锯子头部分和锯条的相交部分，把锯子头部分复制，同样用相减布尔运算工具进行相减处理，得到如图 2−594 所示的效果。

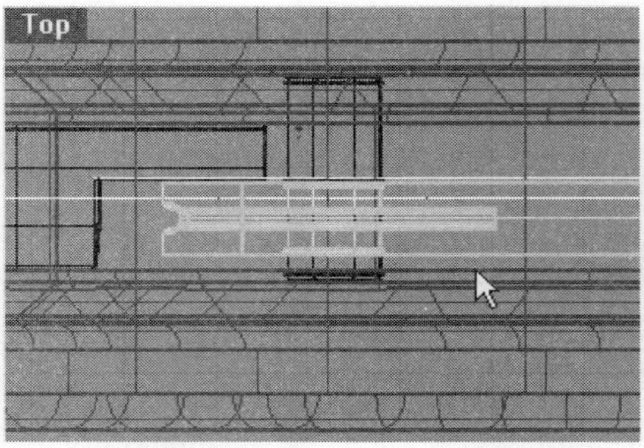

图 2−593 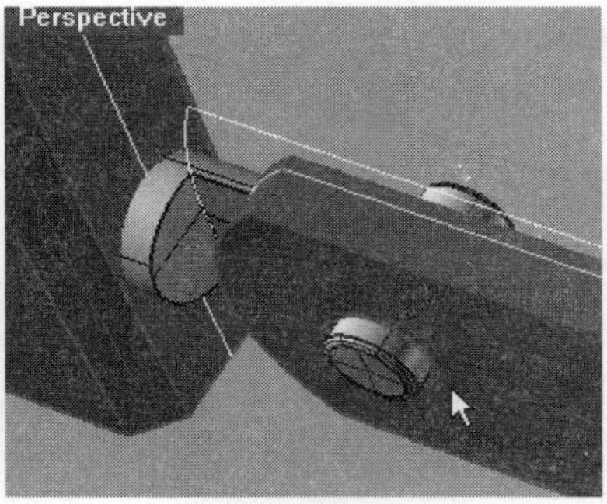   图 2−594

❻ 将锯子头部分全部选中，放置到〝锯子头部〞图层中，然后将建出来的几个图层都隐藏。

2.2.2 把手部分建模

这个部分相对比较难，中间挖空部分不能直接通过布尔运算工具得到，需要进行重新建面和补面来完成，下面分步骤介绍。

Step 01 曲线绘制

下面建锯子的把手部分，即如图 2−595 所示的部分。

❶ 在顶视图上画出一条曲线，如图 2−596 所示，注意要先画出一条作为中线的直线，利用坐标的 X 轴。

❷ 再次利用镜像复制工具向下对称复制一条线，并匹配好，得到如图 2−597 所示的效果。

图 2-595　　　　　图 2-596　　　　　　　　图 2-597

❸ 在前视图上将得到的封闭线条向下复制一条并旋转，如图 2-598 所示，透视图上如图 2-599 所示。

❹ 将作为中线辅助用的直线在前视图上移动到上面，如图 2-600 所示。

图 2-598　　　　　图 2-599　　　　　　　　图 2-600

❺ 利用相交捕捉（☑Int）工具进行画曲线操作，如图 2-601 和图 2-602 所示。

❻ 利用双轨放样工具（⚲），以封闭的上下线条作为轨道，中间的线条作为截面线，做双轨放样（图 2-603），做出如图 2-604 所示的双轨放样面。

图 2-601

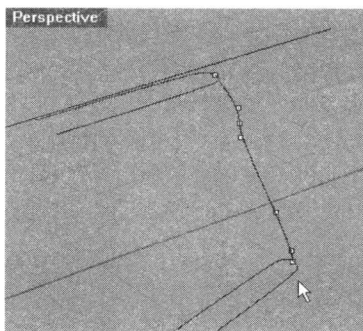

图 2-602

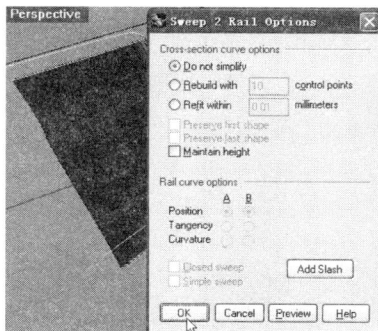

图 2-603

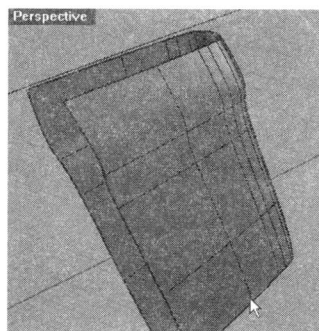

图 2-604

Step 02 把手大体形状建模

❶ 经过两次双轨建面，得到如图 2-604 所示的曲面。然后在前视图中画出如图 2-605 所示的一条曲线。

❷ 把直线向两边拉伸，得到如图 2-606 所示的曲面。利用 2、3、4 条线建面工具（![icon]），将左边开口部分建面，并利用面的结合工具（![icon]），对双轨放样的两个面进行结合，得到如图 2-607 所示的曲面。

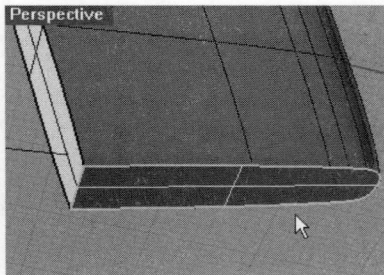

图 2-605   图 2-606   图 2-607

❸ 将结合成的一个单独面和侧面结合起来，并将面翻过来，得到如图 2-608 所示的效果。

❹ 用布尔运算将上面用来剪切用的面剪除，得到如图 2-609 所示的效果，用平面建面工具（![icon]）将下表面封闭，得到如图 2-610 所示的效果。

图 2-608   图 2-609   图 2-610

Step 03 切割出大形

❶ 用同样的方法画出如图 2-611 所示的一条曲线，用剪切工具对实体进行剪切，得到如图 2-612 所示的曲面。

❷ 同样，再画出一条作为轮廓的一条曲线，如图 2-613 和图 2-614 所示。

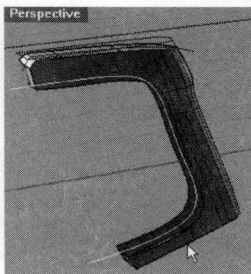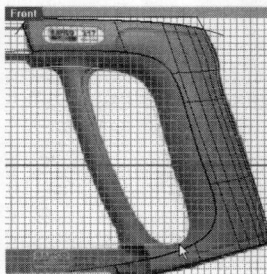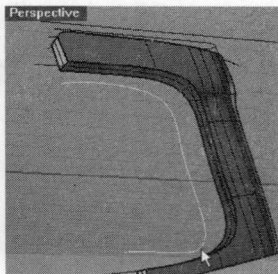

图 2-611   图 2-612   图 2-613   图 2-614

❸ 单击曲线的融合工具（🌀），将上面切割后的切口两边线进行融合，得到如图 2-615 所示的曲线，并进行调节。

❹ 用同样的方法将下面部分切口部分融合并调节，得到如图 2-616 和图 2-617 所示的效果。

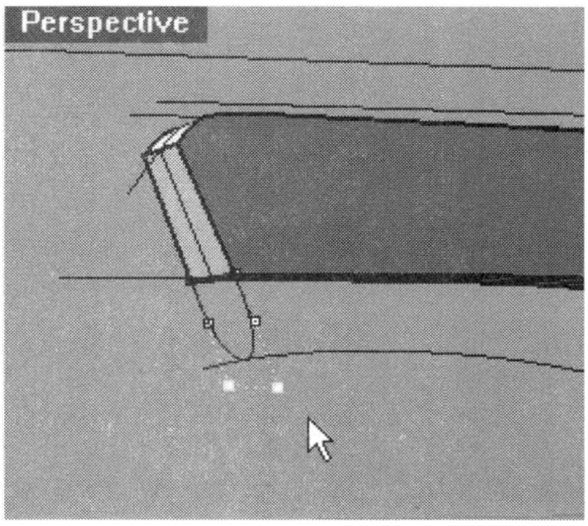

图 2-615

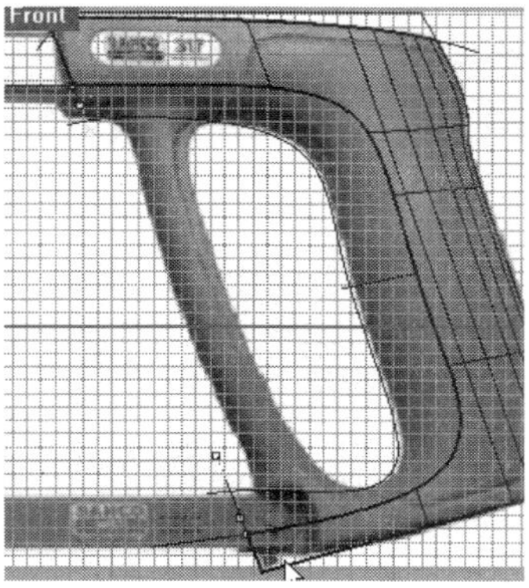

图 2-616

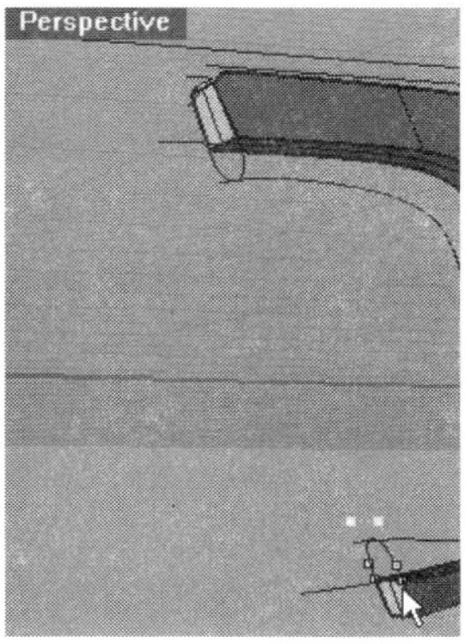

图 2-617

Step 04 封闭出切割面

❶ 单击提取 Iso 曲线工具，如图 2-618 所示。

❷ 在如图 2-619 所示的位置提取一条曲线。

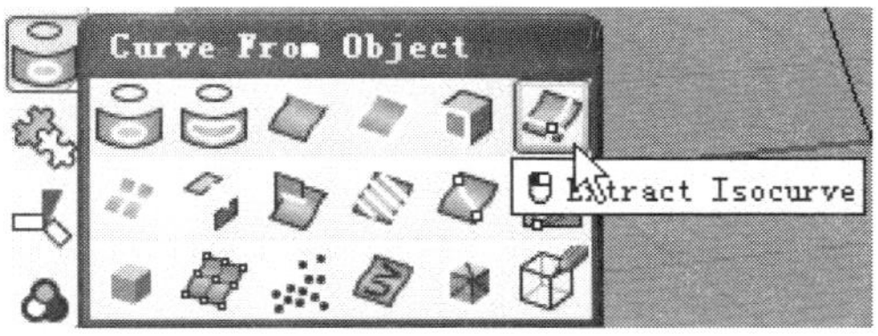

图 2-618

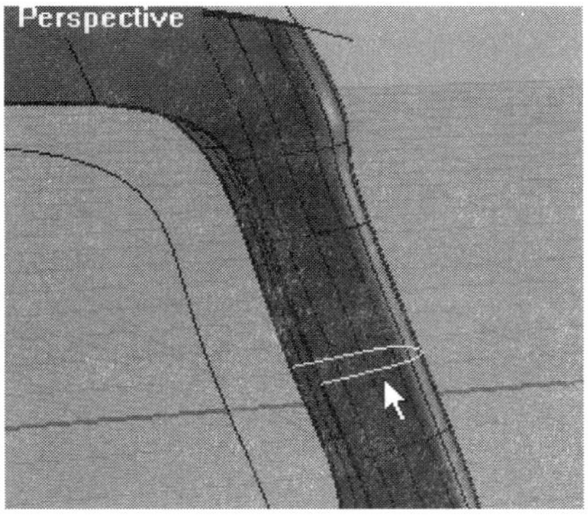

图 2-619

操作提示

为什么要选择这个位置进行提取 Iso 的线操作呢？

因为通过观察整个把手部分的造型，可以发现这个位置是把手起伏变化比较剧烈的地方，在对这个部分建模的时候，几条线都需要在变化很剧烈的位置，这样才能够确保建出来的模型能够准确。

❸ 同样利用提取出来的线条进行融合，得到如图 2-620 和图 2-621 所示的线条。

❹ 用同样的方法在下面部分提取线条并融合，得到如图 2-622 所示的线条。利用做出来的线条进行建模操作，选取如图 2-623 所示的作为基础的 4 条线。

图 2-620　　　　　　图 2-621　　　　　　图 2-622

得到如图 2-624 所示的曲面效果。

⑤ 用平面建面工具（◎）将缺口封闭，得到如图 2-625 所示的效果。

⑥ 用全选曲线工具（◎）选中所有的曲线，并放置到"线条"图层进行隐藏，并将得到的把手部分所有曲面选中并 Join（结合）起来，如图 2-626 所示。

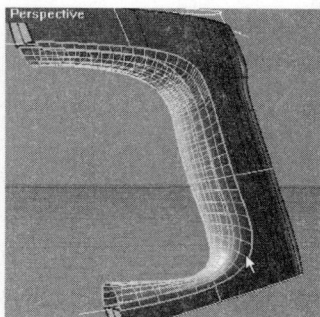

图 2-623

图 2-624　　　　　　图 2-625　　　　　　图 2-626

Step 05　构建中间拉手部分

① 在前视图中画出如图 2-627 所示的两条曲线，在透视图上的效果如图 2-628 所示。

图 2-627　　　　　　图 2-628

❷ 在上下两个部分画出两条直线作为辅助线，如图 2-629 所示，用得到的直线将前一步骤画出的两条曲线进行剪切，得到如图 2-630 所示的线条效果。

❸ 单击画椭圆工具，如图 2-631 所示。

图 2-629　　　　　图 2-630　　　　　图 2-631

❹ 按键盘上的 F10 键，对椭圆的点进行调节，将两端的点删除，得到如图 2-632 所示的效果。

❺ 单击单向缩放工具（▮），利用中线进行上下调节，如图 2-633 所示，经过调节，得到如图 2-634 所示的封闭类似于椭圆的曲线。

图 2-632　　　　　图 2-633　　　　　图 2-634

❻ 单击如图 2-635 所示的定位工具。把画出的类椭圆形线条向如图所示的位置进行复制，如图 2-636 所示。由于把手这个部分上下形状和宽度是不同的，所以需要对下面部分的封闭曲线进行单向缩放调节，并适当调整，得到如图 2-637 所示的效果。

图 2-635　　　　　图 2-636　　　　　图 2-637

❼ 用得到的曲线进行双轨放样操作（🔧），如图 2-638 所示，得到如图 2-639 所示的曲面。

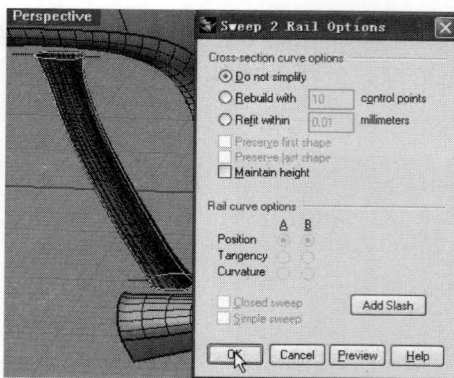

图 2-638　　　　　　　　　　　　　　图 2-639

Step 06　接头处处理

❶ 在前视图上画出如图 2-640 所示的一条曲线来做切割用，切割效果如图 2-641 所示。

❷ 用同样的方法，把上面用来切割用的曲线向下复制一条，并用来切割新建成的双轨面，得到如图 2-642 所示的效果。

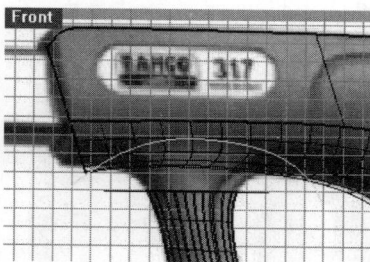

图 2-640　　　　　　　　　　图 2-641　　　　　　　　　　图 2-642

❸ 单击面的融合工具（🖼），对切割出来的曲面进行融合，如图 2-643 所示。融合后得到如图 2-644 所示的效果。同样在下面部分画出如图的两条曲线，同样做切割，得到如图 2-645 所示的曲面效果。

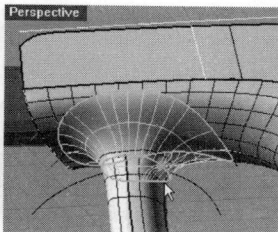

图 2-643　　　　　　　　　　图 2-644　　　　　　　　　　图 2-645

❹ 同样进行融合操作，如图 2-646 所示，得到如图 2-647 所示的曲面效果。

这时候大体的效果已经出来，如图 2-648 所示。

图 2-646　　　　　　　　　图 2-647　　　　　　　　　图 2-648

2.2.3　把手细节处理

把手上有很多的细节，比如左下和锯口相连接的部分，把手上的凹凸细节，需要结合布尔运算工具和曲面融合工具进行处理。

Step 01　把手左下部分处理

❶ 接下来处理把手的左下部分。把所有的线条都放置到"线条"图层，然后把整个建好的把手部分 Join（结合）起来，如图 2-649 所示，然后在前视图上画出如图 2-650 所示的曲线。

❷ 将画出的曲线进行双向对称拉伸，如图 2-651 所示，得到如图 2-652 所示的效果。

图 2-649　　　　　　　　　图 2-650　　　　　　　　　图 2-651

❸ 单击相减布尔运算工具（⚫），用把手主体减去用来作辅助的辅助面，得到如图 2-653 所示的效果，注意这个面的正反，如果建出来的效果不对，可以将这个面反过来再减。

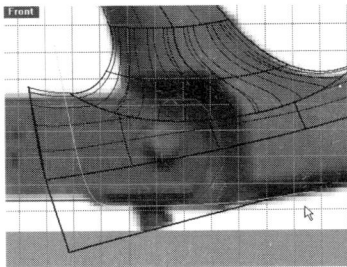

图 2-652　　　　　　　　　图 2-653

Step 02　继续处理细节

❶ 剪除以后，在前视图上画出如图 2-654 所示的一个封闭曲线。在顶视图上进行单向拉伸，得到如图 2-655 所示的实体效果。

❷ 用把手实体减去刚做出来的辅助实体，得到如图 2-656 所示的效果。单击实体倒角工

具（⬜），先对中间凹陷的角做一次倒角，得到如图 2-657 所示的效果。

图 2-654   图 2-655   图 2-656

❸ 对其他几条边做倒角，得到如图 2-658 所示的效果。然后在如图 2-659 所示的位置画出一个圆形。

图 2-657   图 2-658   图 2-659

Step 03 做管子倒角

❶ 在顶视图上移动圆形到如图 2-660 所示的位置。然后通过圆形的中心，在右视图上画出如图 2-661 所示的一条曲线，用来做单轨放样。

❷ 单击单轨放样工具（🔧），得到如图 2-662 所示的管子形状。

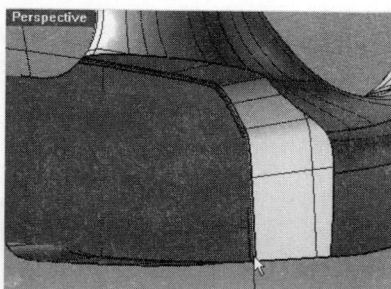

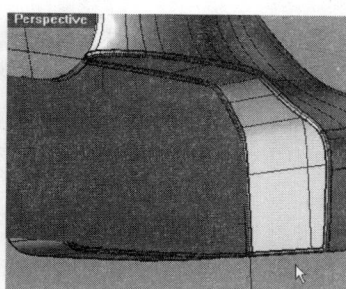

图 2-660   图 2-661   图 2-662

❸ 单击加盖工具（🔧），封闭这个管子，得到如图 2-663 所示的效果，然后对管子进行倒角处理，如图 2-664 所示。

❹ 把得到的弯管复制一份，用锯片和把手同时减去这个弯管，得到如图 2-665 所示的效果。对得到的洞口进行倒角处理，得到如图 2-666 所示的效果。

图 2-663

图 2-664

图 2-665

⑤ 把管子重新粘贴出来，得到如图 2-667 所示的效果。

图 2-666

图 2-667

Step 04 把手表面凹凸处理

① 接下来处理把手上的细节部分。先画出如图 2-668 所示的曲线，然后做倒角（工具 ），如图 2-669 所示。

② 把得到的线条移动到一边，然后单击分离工具（ ），对把手进行分离操作，得到如图 2-670 所示的效果。

图 2-668

图 2-669

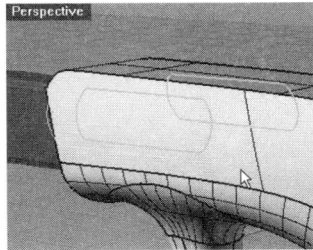

图 2-670

③ 把分离出来的面向内移动一点距离，如图 2-671 所示，然后把移动后的面向另外一面做镜像复制，得到如图 2-672 所示的曲面。

④ 把另外一面外面分离出来的面删除，如图 2-673 所示。单击如图 2-674 所示的 Loft（放样工具）。

图 2-671　　　　　　　　　　图 2-672　　　　　　　　　　图 2-673

❺ 对两个分离出来的边缘进行放样，得到如图 2-675 所示的面。将得到的面用面倒角工具（🖐️），进行倒角处理，得到如图 2-676 所示的效果。

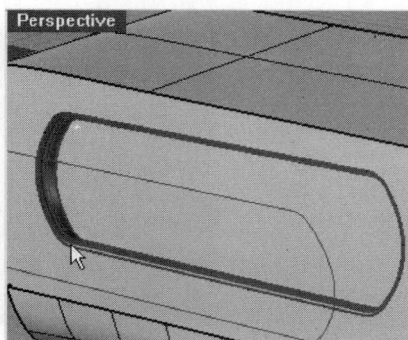

图 2-674　　　　　　　　　　图 2-675　　　　　　　　　　图 2-676

❻ 同样做对面的凹陷面，得到如图 2-677 所示的效果。把所有的把手部分选中，放置到"把手"图层上，如图 2-678 所示。

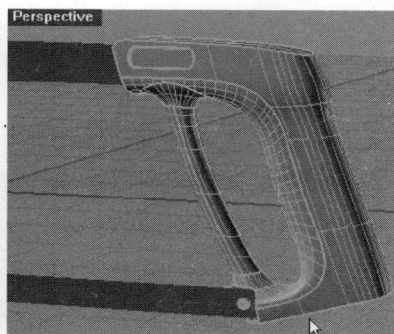

图 2-677　　　　　　　　　　　　图 2-678

Step 05 把手中间部分的凹凸处理

❶ 处理把手上面的凹陷部分，即如图 2-679 所示的部分。在如图的前视图上用画曲线工具（🖊️），画出如图 2-680 所示的一条线。

❷ 画出另外一条边，并结合起来，如图 2-681 所示。用得到的线条对把手处进行剪切，如图 2-682 所示。

图 2-679　　　　图 2-680　　　　图 2-681　　　　图 2-682

③ 单击线的融合命令（🪝），对上面的缺口进行融合，得到如图 2-683 所示的线条效果，然后进行调节，拉动成如图 2-684 所示的形状。

④ 单击线条的匹配工具（🪝），对得到的线条进行匹配操作，得到如图 2-685 所示的线条效果。单击双轨建面工具（🪝），对上面部分进行建面操作，得到如图 2-686 所示的效果。

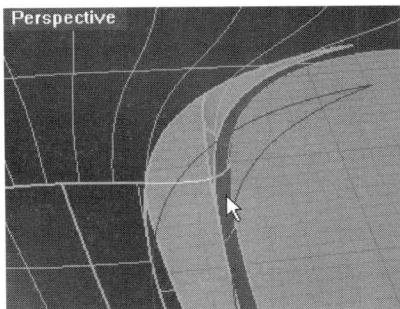

图 2-683　　　　图 2-684　　　　图 2-685

⑤ 用同样的方法把下面两个面建出来，如图 2-687 所示，然后用镜像对称工具（🪝）将这个面对称镜像复制到另外一边，得到如图 2-688 所示的效果。

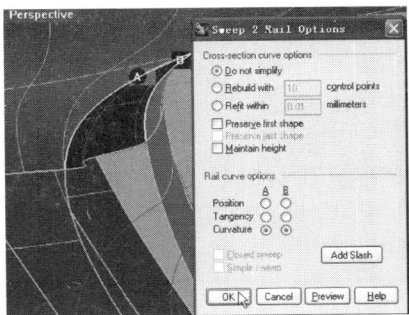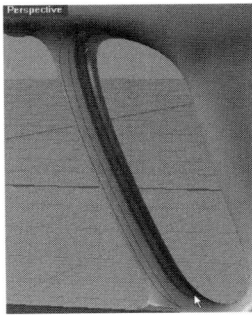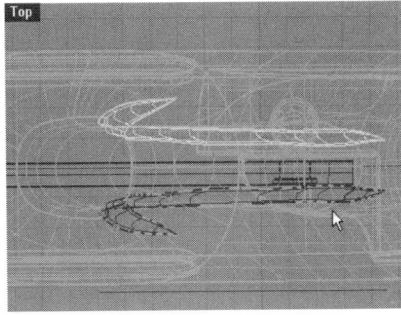

图 2-686　　　　图 2-687　　　　图 2-688

Step 06　把手右边上部的凹陷处理

① 接下来处理上面的凹陷部分。在如图 2-689 所示的位置画出一条曲线。

② 将把手部分打散，然后用分离命令（🪝），对下面部分进行分离操作，得到如图 2-690

所示的分离效果。将下面部分隐藏，如图 2-691 所示。

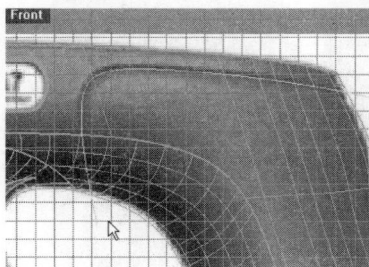

图 2-689   图 2-690   图 2-691

❸ 单击如图 2-692 所示的沿曲面边缘拉伸
工具。

❹ 拉伸出如图 2-693 所示的效果。同样把
下面部分拉伸出来，如图 2-694 所示。

❺ 把得到的小曲面复制一份并隐藏，然后用
面倒角工具（🔧），对表面和小曲面进行倒角，如图 2-695 所示。

图 2-692

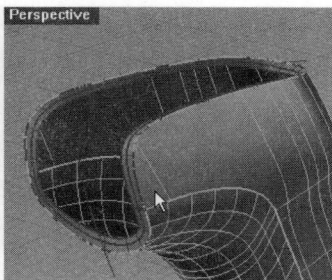

图 2-693   图 2-694   图 2-695

❻ 将复制的小曲面粘贴出来，然后将下半部分显示出来，如图 2-696 所示。将上半部分
隐藏，如图 2-697 所示，然后做倒角，得到如图 2-698 所示的效果。

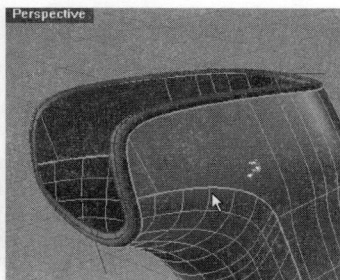

图 2-696   图 2-697   图 2-698

❼ 把所有的都显示出来，并进行结合，得到如图 2-699 所示的效果，用实体显示，如图
2-700 所示。

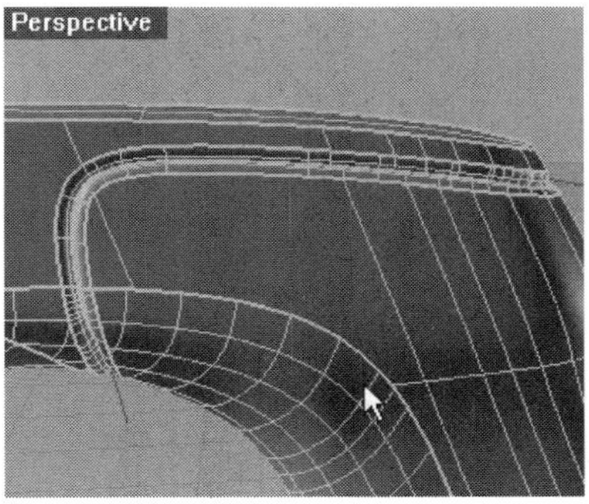

图 2-699

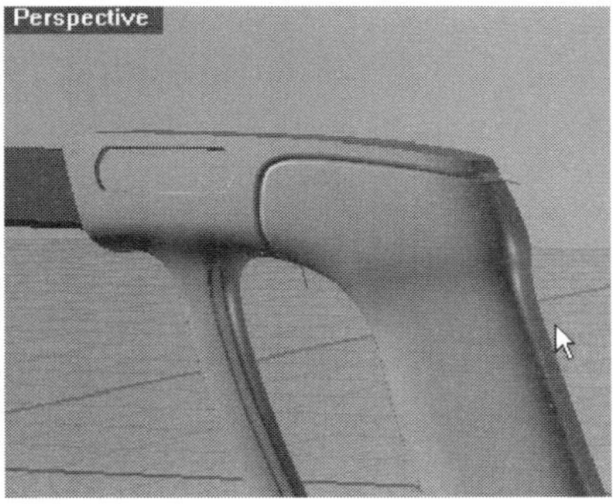

图 2-700

Step 07　把手下面部分的凹陷处理

① 用同样的方法来做下面部分的凹陷，先画出如图
2-701 所示的一条曲线。然后用分离工具（🔧）进行分离，
得到如图 2-702 所示的效果。

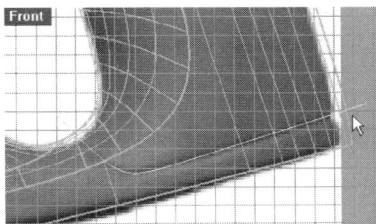

② 将上半部分隐藏，利用边缘进行沿曲面拉伸（🐚），
得到如图 2-703 所示的曲面效果，将拉伸出来的小曲面复制
一份并隐藏，进行倒角，如图 2-704 所示。

图 2-701

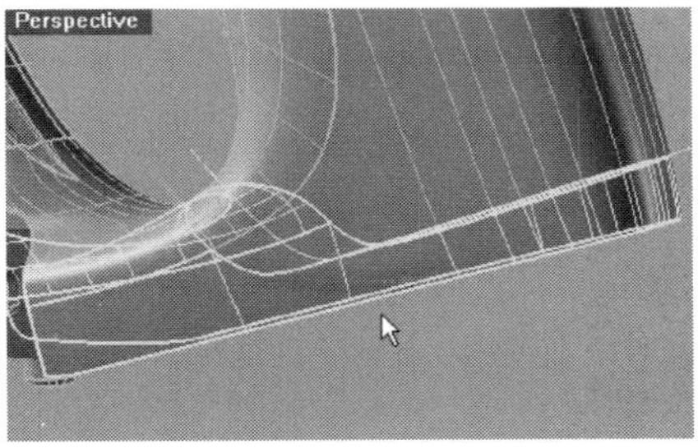

图 2-702

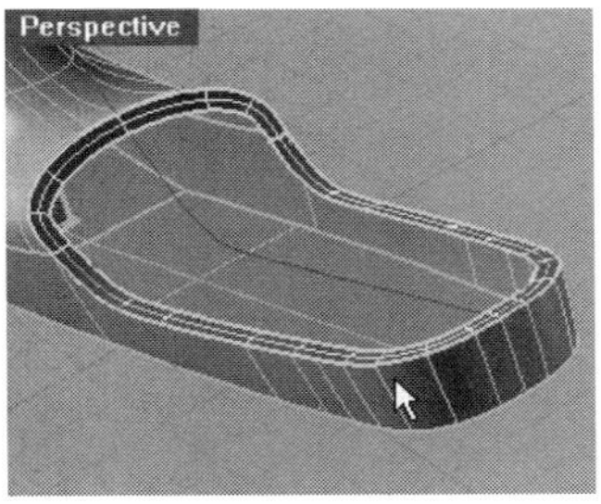

图 2-703

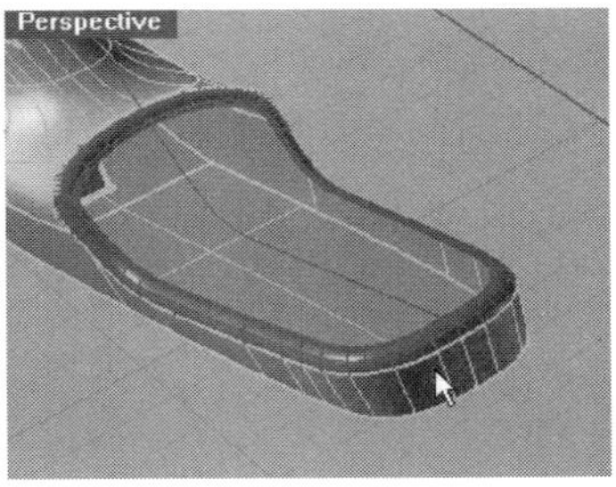

图 2-704

③ 用同样的方法对上面部分进行倒角，得到如图 2-705 所示的效果。

④ 将所有的面显示出来，并进行融合，如图 2-706 所示，把所有的实体显示出来，如图
2-707 所示。

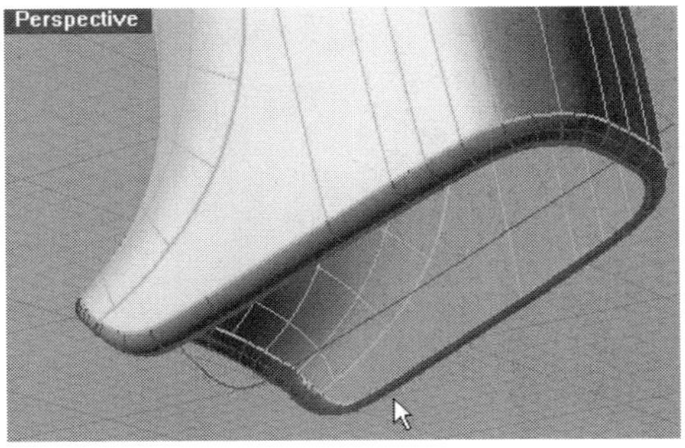

图 2-705

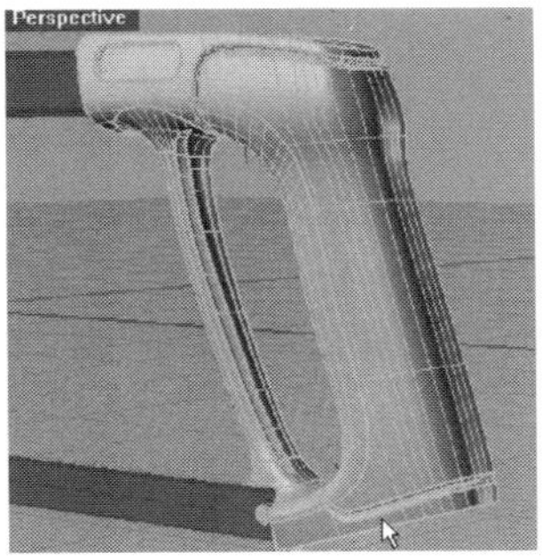

图 2-706

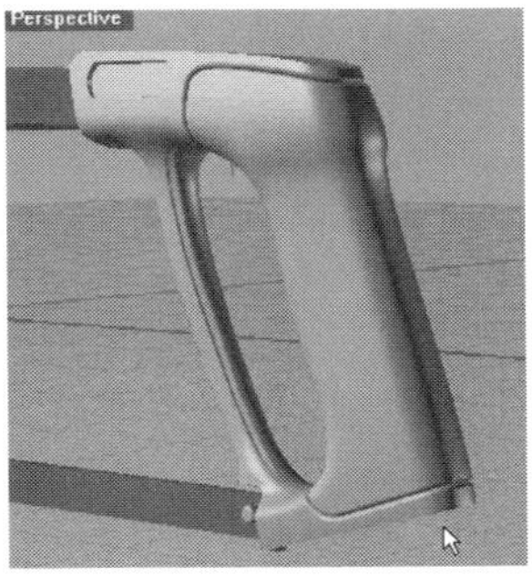

图 2-707

Step 08 倒角细节处理

❶ 接下来处理一些倒角细节，对如图 2-708 所示的边缘进行实体倒角，得到如图 2-709 所示的效果。

❷ 对插入部分进行处理，先把曲柄部分进行实体倒角（⬛），注意要设置比较小的值，如图 2-710 所示。

图 2-708　　　　　　　　图 2-709　　　　　　　　图 2-710

Step 09 曲柄部分处理

❶ 把锯子的曲柄部分复制一份并隐藏，然后用把手部分和曲柄部分进行相减布尔运算（⬤）得到如图 2-711 所示的洞，然后对边缘进行实体倒角得到如图 2-712 所示的效果。

❷ 将复制隐藏的曲柄部分显示出来。至此，建模阶段基本结束，效果用实体方式显示如图 2-713 所示。

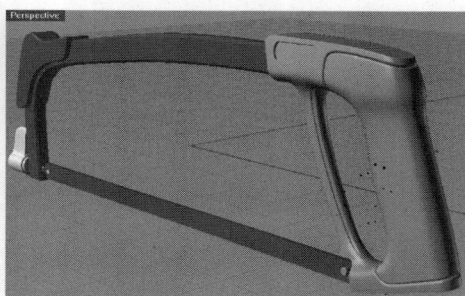

图 2-711　　　　　　　图 2-712　　　　　　　图 2-713

❸ 把相应的部分放置到对应的图层上，如图 2-714 所示是图层的设置。

❹ 将图层的颜色按照图片的大体颜色设置，得到如图 2-715 所示的实体效果。

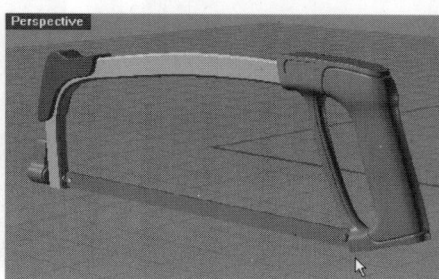

图 2-714　　　　　　　　　　图 2-715

❺ 在 Cinema 4D 软件中渲染，得到如图 2-716 所示的真实效果。

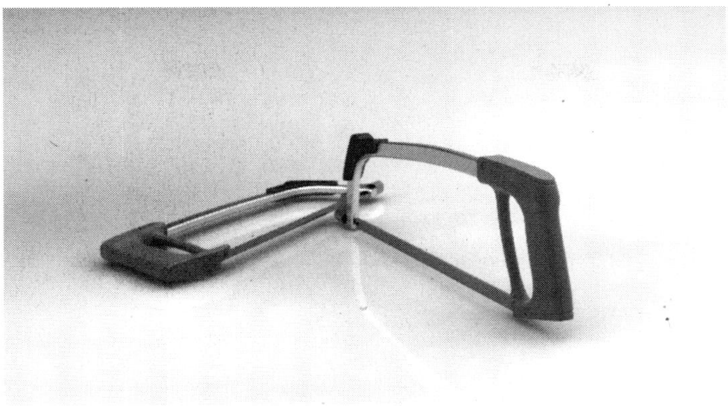

图 2-716

2.3 本章小结

　　本章主要讲解了利用 Rhino 4.0 软件进行一款户外休闲家具和一款电锯产品的建模方法和思路，从两个例子的建模过程来看，前者相对比较复杂，后者简单，虽然都是交叉曲面，但是三管相交比两个曲面的相交处理起来要困难很多，不过原理都差不多，充分运用各种技巧，营造曲面的融合，然后得到不错的曲面过渡效果，这两个例子属于 Rhino 比较综合但是比较基础的建模实例，读者可以根据实际的情况进行处理，也可以对其中部分建模的方法和手段进行针对性的反复练习。

圆柱形主体曲面产品建模

本章重点

➤ 讲解常见的以圆柱形为主体曲面的产品创建和处理方法
➤ 结合典型的家用普及型机器人和电热水壶两种看起来不同而实质上都是圆柱形主体的产品，进行圆柱形主体创建细节的方法和技巧介绍

学习目的

本章主要讲解两款圆柱形主体产品（家用普及型机器人和电热水壶）从画线到最终建成模型的整个过程。通过学习，读者可以了解该类产品建模的特点，同时也能够对圆柱形主体曲面的转折和凹凸的处理有更深的认识。

家用普及型机器人产品建模

电热水壶产品建模

运用圆柱形作为产品的主体造型显得圆滑而规范，加上一些丰富的细节，可以使产品显得丰满和圆润，所以圆柱形主体曲面在产品设计中有很多应用，如图 3-1 和图 3-2 所示就是类似的圆柱形主体曲面。当然圆柱形主体曲面并不意味着只是非常标准的圆柱体形状，类似的造型也是，这一类产品建模有典型的特征，本章将结合两个典型的实例，分别讲解这一类曲面的建模方法和技巧。

图 3-1

图 3-2

3.1　家用普及型机器人产品建模

本例介绍的是一款家用普及型机器人产品，通过这款产品，主要介绍了以圆柱体为主体的多曲面产品的基本建模方法，结合曲面的融合和倒角处理，进行产品的细节处理，体现了圆柱体产品的建模风格和建模思路。

产品介绍

如图 3-3 所示的是一款普及型家用机器人。这款产品细节丰富，色彩统一，富有强烈的科技感，符合这类产品的风格。这款产品由两个部分组成，圆滑的上面由视频监控部分和类似圆柱的主体部分组成，两个部分由于同样的曲线风格和色彩搭配方式，显得整体非常协调，是一款设计优秀的产品，很值得学习和借鉴，下面将对这款产品进行建模操作。

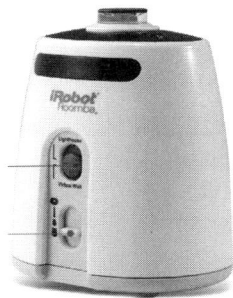

图 3-3

■ 建模思路分析

用 Rhino 4.0 对这款产品进行建模操作（图 3-4）。从整体上来分析，这个产品可以分为两大部分，上面半球形的部分和类似圆柱体的下半主体部分，上半部分的建模方法可以用球体来处理完成，也可以采用网格建面的方法来处理；下半部分主要采用双轨建面的方法来处理，细节采用切割和曲面融合的方法来处理，其中的细节主要采用投影和拉伸曲面再倒角的方法来处理。

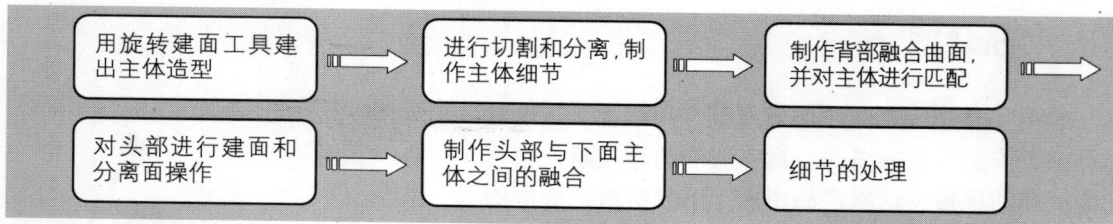

利用网格建面工具进行半球形主体建模

这个部分用剪切后融合的方式完成

以双轨的方式处理下面主体曲面

这个部分用投影然后拉伸曲面倒角的方式来完成

图 3-4

■ 制作流程分析

这款产品整体比较圆滑，细节较为丰富，在建模的时候，需要对每个细节有深入的把握，在制作的时候，按照如下顺序进行建模操作。

用旋转建面工具建出主体造型 ➡ 进行切割和分离，制作主体细节 ➡ 制作背部融合曲面，并对主体进行匹配 ➡

对头部进行建面和分离面操作 ➡ 制作头部与下面主体之间的融合 ➡ 细节的处理

下面来介绍一下该产品的具体建模过程，从主体开始一步一步来讲解。

3.1.1 主体建模

主体部分比较简单，是一个圆筒状的造型，可以采用旋转建面来完成，也可以利用双轨建面来制作，下面将一步一步地进行介绍。

Step 01 主体建模操作

❶ 打开 Rhino 4.0 软件，在顶视图中以坐标原点为中心画出一个圆形，如图 3-5 所示。然后单击二维平面缩放工具（▇），将这个圆缩小并复制（在命令栏上设置）一个，如图 3-6 所示。

图 3-5

图 3-6

经验技巧

对于对称或者是圆形等产品来说，在建模的时候要注意对称，尽量在第一步画线或者建模时以坐标原点为中心进行操作，比如本例中画圆形线就是以坐标原点为中心，这样的好处是显而易见的，在后面的建模过程中需要在中间部分画线，就可以直接捕捉坐标原点来操作，调节的时候也可以直接输入一个 0（表示坐标原点），就可以直接以坐标原点来作为目标进行调节了。所以在建模过程中要充分对模型进行观察，不要过于随意地在任意位置进行画线和建模操作，以防给后面的建模带来麻烦，因为大部分工业产品都是对称的，所以大部分 Rhino 建模中第一步画线都是以坐标原点为中心进行操作的。

② 在前视图中用画两点和弧度画线工具（ ）通过上下两个圆的 1/4 点画一条弧线，如图 3-7 所示，用镜像复制工具（ ）通过捕捉圆形中心将得到的曲线向另外一半镜像复制一条，如图 3-8 所示。

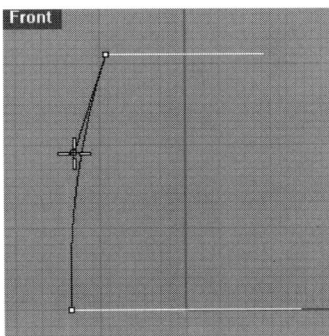

③ 单击双轨放样工具（ ），将上下两个圆形作为轨道，两条线以弧线作为截面线，画出如图 3-9 所示的一个曲面效果。用画曲线工具（ ）在如图 3-10 所示的右视图上画出一条曲线。

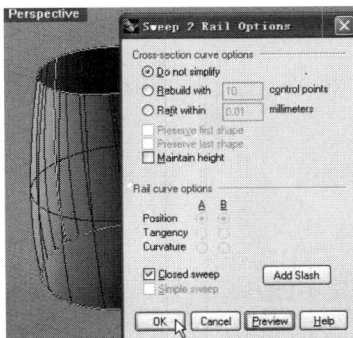

图 3-7

图 3-8

图 3-9

图 3-10

155

④ 单击拉伸工具（🖢），将得到的曲线进行双向拉伸，如图 3-11 所示，然后用相减布尔运算工具（🔘），用下面的主体减去上面拉伸出来的面，得到如图 3-12 所示的效果。

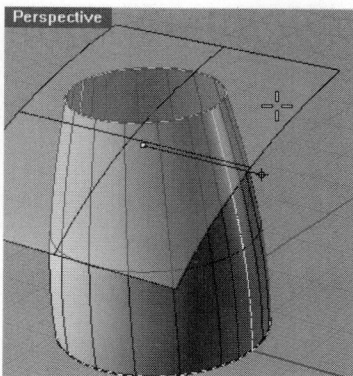

图 3-11   图 3-12

Step 02 顶部凹陷细节操作

① 单击复制面的边缘命令（▱），得到如图 3-13 所示的面边缘，捕捉中点，然后用单向缩放工具（📊），在如图 3-14 所示的位置进行缩小操作。

② 在右视图上进行缩放操作，如图 3-15 所示，得到如图 3-16 所示的效果。

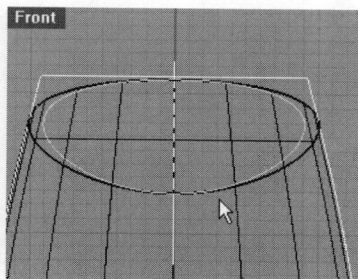

图 3-13   图 3-14   图 3-15

③ 用同样的方法再复制一条线并进行缩放操作，得到如图 3-17 所示的另外一条线，将主体打散（🔨），然后单击剪切工具（✂），用相邻的两条线对上面的面进行剪切，得到如图 3-18 所示的结果。

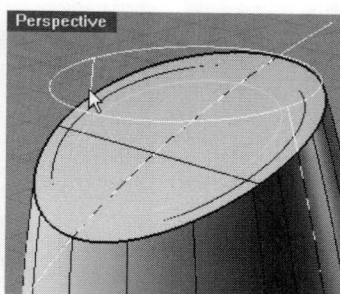
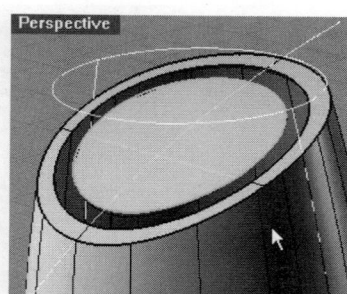

图 3-16   图 3-17   图 3-18

④ 将分离开的中间面在右视图上垂直于表面向下拉动一定距离，如图 3-19 所示，然后单击 Loft（放样）工具，单击分割开面的边缘，得到如图 3-20 所示的一个放样面。

⑤ 回到右视图上，将用来切割上表面的线条向下复制一条，如图 3-21 所示，单击投影工具（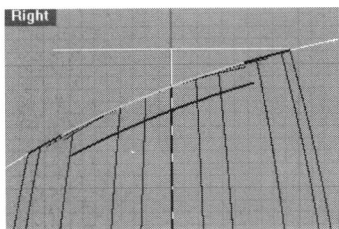），用复制出来的线向圆柱形面进行投影，得到如图 3-22 所示的效果。

图 3-19

图 3-20

图 3-21

图 3-22

Step 03　分离面操作

❶ 选择如图 3-23 所示的从中心画矩形工具。

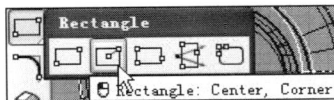

图 3-23

注意提示

为什么要选择这个工具来画矩形？

在这 5 个画矩形的工具中，虽然第一个工具非常简单，也使用比较频繁，但是从中心画矩形工具使用也比较多，这个工具主要的优点是可以从中心开始画矩形，这样画出来的矩形是两边都对称的，不用再去做对齐操作，大大方便了画线。

❷ 在前视图中捕捉 Int（交点），从中心画出一个矩形，如图 3-24 所示，用上面的投影线对这个矩形上半部分进行剪切，得到如图 3-25 所示的效果。

❸ 对投影线再次进行剪切，然后对矩形进行打散，将下面的水平线删除，然后单击线条的融合工具（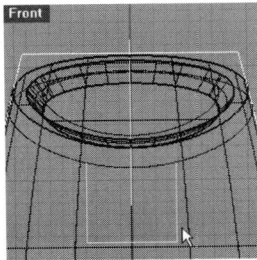），对两条竖直线的下面端口进行融合，得到如图 3-26 所示的线条效果。

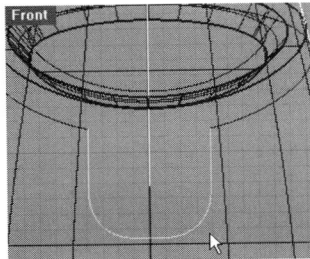

图 3-24　　　　　图 3-25　　　　　图 3-26

④ 按键盘上的 F10 键，将下面的相对应的点选中进行上下移动调节，如图 3-27 所示，用调整好的线条对圆柱形的面进行投影得到如图 3-28 所示的线条效果。

⑤ 在前视图上画出如图 3-29 所示的一个矩形，用得到的矩形对投影出来的上下两条线进行剪切，得到如图 3-30 所示的效果。

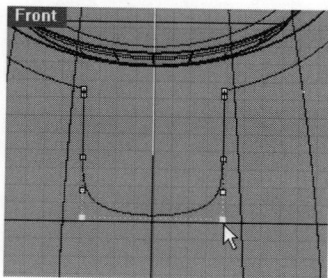

图 3-27

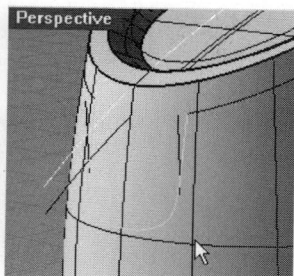

图 3-28

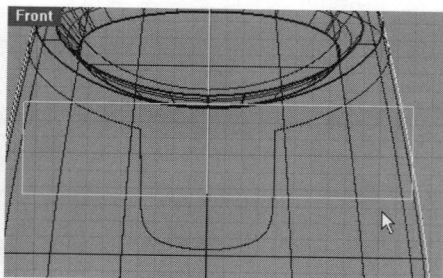

图 3-29

⑥ 单击线条的融合工具（⌒），对剪切开一定距离的线条进行融合操作，得到如图 3-31 所示的线条效果，然后将得到的线条全部 Join（结合）起来，再用这条线对下面的面进行分离操作，得到如图 3-32 所示的分离面。

图 3-30

图 3-31

图 3-32

Step 04 缝隙细节处理

① 下面对这个部分的细节缝隙做处理，先处理上面部分的缝隙，如图 3-33 所示，将内部分离出来的面隐藏，然后单击边缘进行拉伸，如图 3-34 所示。

② 将得到的面复制一份并隐藏，然后把两个面结合起来进行实体倒角，得到如图 3-35 所示的效果。将内部面和拉伸复制面显示出来，将中间部分隐藏，做如图 3-36 所示的倒角。

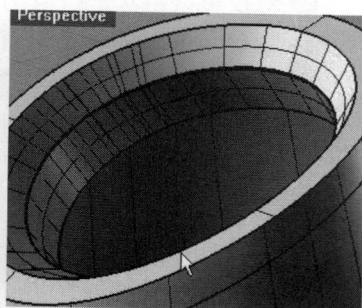

图 3-33

图 3-34

图 3-35

❸ 将所有隐藏部分显示，如图 3—37 所示。

❹ 用同样的方法做如图 3—38 所示的缝隙，注意外围的缝隙比内部要小一些，将主体外围面 Join（结合）起来，再次使用实体倒角工具（⬡）进行倒角操作，得到如图 3—39 所示的效果。

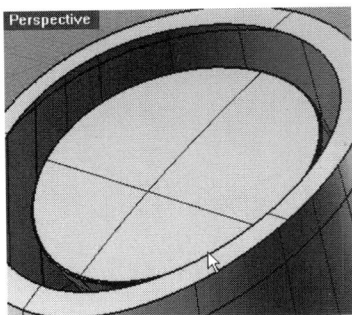
图 3—36

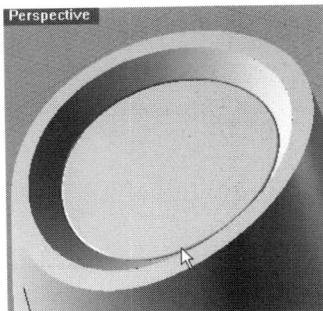
图 3—37

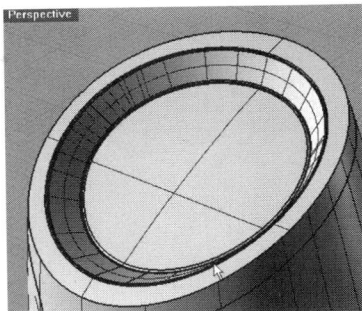
图 3—38

❺ 将主体上分离出来的部分隐藏，单击沿曲面拉伸工具（🐚），进行如图 3—40 所示的拉伸，同样将拉伸曲面复制一份并隐藏，然后做面倒角，如图 3—41 所示。

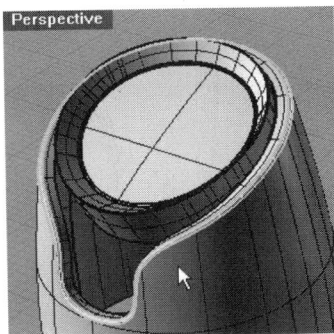
图 3—39　　　　　　　　图 3—40　　　　　　　　图 3—41

❻ 将隐藏面显示出来，将下半部分隐藏，做如图 3—42 所示的倒角，然后将所有部分显示出来，用实体模式显示，如图 3—43 所示。

❼ 进行分层操作，根据色彩进行分层，将主体分为白色主体、黑色主体两个部分，如图 3—44 所示。

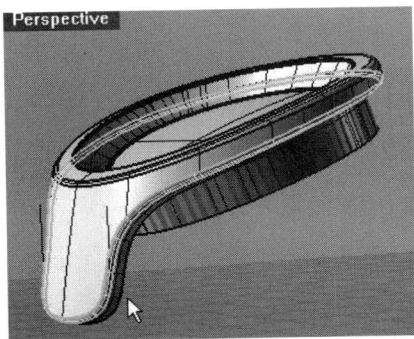
图 3—42

图 3—43

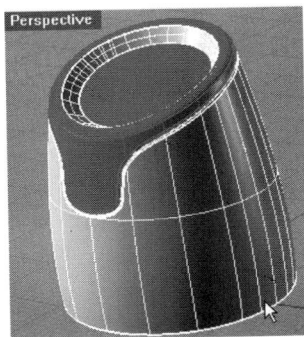
图 3—44

Step 05 监控口建模

❶ 处理正面黑色部分中的监控口，先在如图 3-45 所示的位置画一个圆形，用得到的圆形将正面黑色部分进行切割，如图 3-46 所示。

❷ 单击两点和弧度画弧线工具（🖉），画出如图 3-47 所示的一条弧线，通过圆形的两端画出一条直线，如图 3-48 所示。

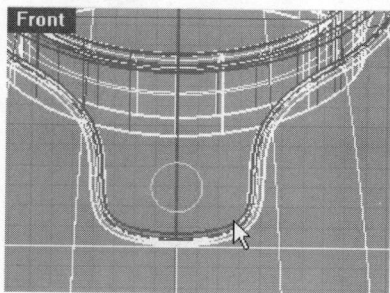
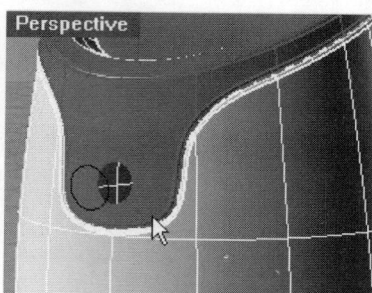

图 3-45   图 3-46   图 3-47

❸ 在捕捉栏上单击垂直捕捉（☑ Perp），在内部向画出的这条直线画出一条垂直的线条，如图 3-49 所示。单击移动工具（🔧），用端点捕捉（☑ End）和中点捕捉（☑ Mid）方式进行移动，如图 3-50 所示。

图 3-48   图 3-49   图 3-50

❹ 用画出的直线将画线打断，如图 3-51 所示，用加点工具进行加点操作，如图 3-52 所示。

❺ 调整好后如图 3-53 所示，右键单击旋转工具（🔧），先单击旋转截面线，然后单击圆周线，最后单击中间的那条垂直线，回车后得到如图 3-54 所示的面。

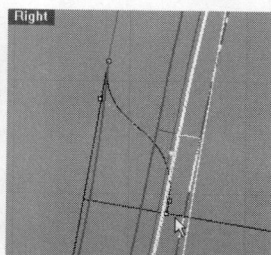
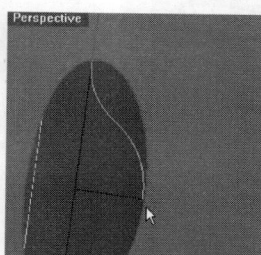
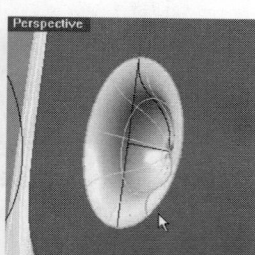

图 3-51   图 3-52   图 3-53   图 3-54

注意提示

　　这里进行旋转操作的时候是选择右击旋转工具，这个很重要，因为旋转建面工具（🐾）由两个不同的工具组成，左键单击就可以直接按照所选择的曲线进行圆周旋转，而右键单击这个命令，则可以让选择的曲线按照非圆周的方式，按照希望的一个形状，比如本例中外面切割出来的形状进行旋转，类似的旋转还有很多，比如经常见到的帽子或者其他形状的建模都可以参考这样的做法来建面。

⑥ 放到图层上，如图 3-55 所示。

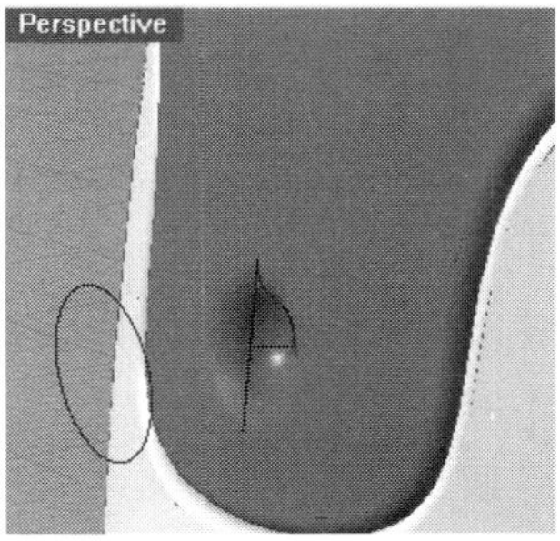

图 3-55

3.1.2　背部建模

　　接下来处理背部的弧形部分，即如图 3-56 所示的区域。这个部分主要依靠主体部分的造型来完成，同时在细节上有一些凹凸需要处理。

Step 01　切割侧面形状

　　在右视图上画出一条侧面曲线，如图 3-57 所示，用这条线对主体部分进行剪切，得到如图 3-58 所示的效果。

图 3-56 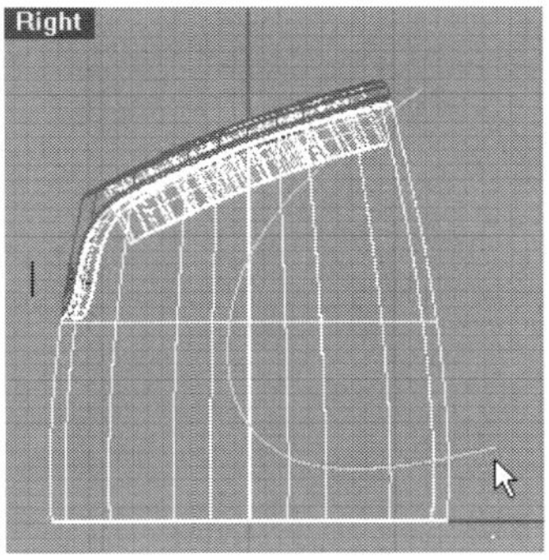　　　　　图 3-57 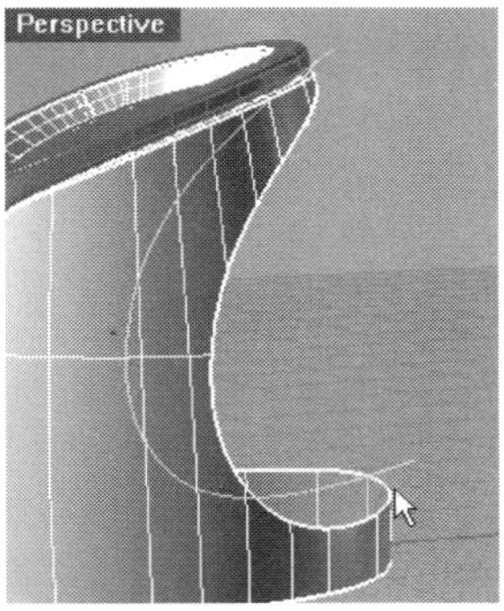　　　　　图 3-58

Step 02　构建双轨曲面

① 单击面的边缘工具（🔲），对切口的边缘进行提取，得到如图 3-59 所示的线条，将下面的主体曲面和复制出来的线条保留，其他部分隐藏，然后对复制出来的曲线进行重建（🔧），如图 3-60 所示。

161

❷ 为了便于调节，需要将复制出来的线条先减去一半，调节后进行镜像复制，所以在前视图上画出一条直线作辅助分割用，如图 3-61 所示，用这条线将重建后的曲线切去一半，然后单击镜像复制工具（🔲），对一半线条进行镜像复制工作，将镜像出来的线条进行匹配，如图 3-62 所示。

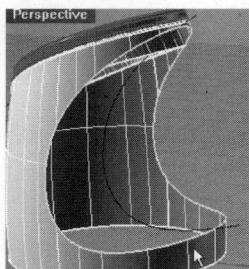

图 3-59　　　　　　图 3-60　　　　　　图 3-61　　　　　　图 3-62

❸ 匹配后得到如图 3-63 所示的线条效果，将得到的线条复制一份并在前视图上做二维缩放（🔲）处理，如图 3-64 所示。

❹ 在右视图和顶视图上进行点调整，如图 3-65 和图 3-66 所示。

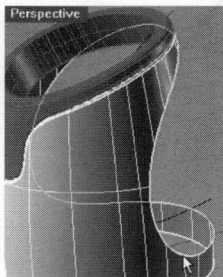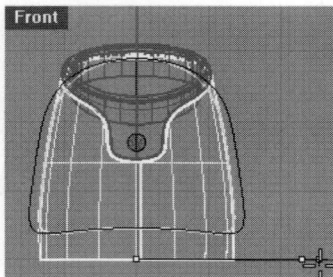

图 3-63　　　　　　　图 3-64　　　　　　　图 3-65

❺ 调整后，单击放样工具（🔲），进行两个边线的放样，如图 3-67 所示。

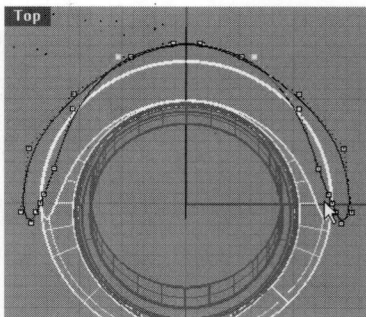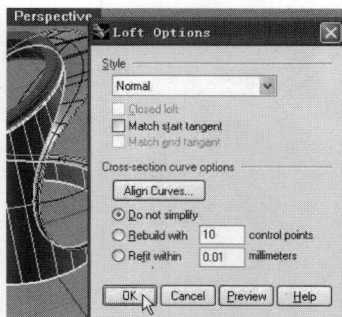

图 3-66　　　　　　　图 3-67

Step 03　放样曲面

对镂空部分进行建面操作，这个部分的建面可以有很多方法，不同的方法效果有所不同，复杂程度也不一样，最简单的办法就是用放样命令来操作，这种方法可以建出比较好的效果来，对于放样命令的不同操作需要有一定的使用经验，下面进行经验的分享，看看这个曲面是如何操作的。

经验分享

　　在右视图上画出如图 3-68 所示的一条曲线，注意捕捉所放样出来曲面的中点。同样复制如图 3-69 的曲面外边缘线，并用画出的线进行分离操作，用分离出来的两条线和中间的一条线做 Loft（放样）建面操作，如图 3-70 所示。

　　把得到的曲面和前面所建的放样曲面做倒角，得到如图 3-71 所示的倒角效果，将其他部分隐藏，然后将这个部分放到红色图层上，如图 3-72 所示。

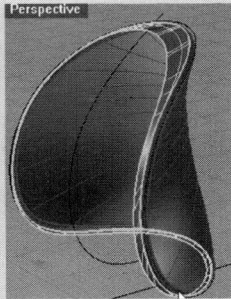

图 3-68

图 3-69　　　　　图 3-70　　　　　图 3-71　　　　　图 3-72

Step 04　处理连接处上部细节

　❶ 在顶视图上通过坐标原点画出一条作辅助的线条，如图 3-73 所示，用这条线向表面的小放样面做投影，如图 3-74 所示。

　❷ 在顶视图上通过这条线的中点画出一个圆形，如图 3-75 所示，同样画出一个同心圆，如图 3-76 所示。

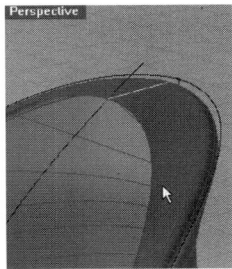 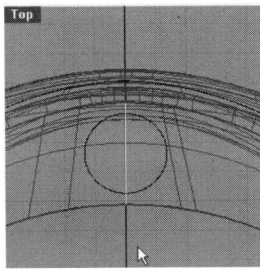 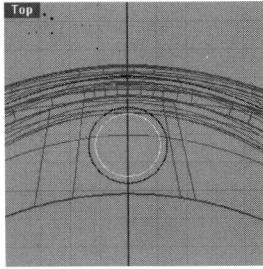

图 3-73　　　　　图 3-74　　　　　图 3-75　　　　　图 3-76

　❸ 将大圆用来剪切小放样面，然后将中间圆形向下拉动一定距离，如图 3-77 所示，单击平面建面工具（ ），将中间的小圆建成一个平面，如图 3-78 所示。

　❹ 利用边缘线做 Loft（放样），得到如图 3-79 所示的曲面效果，同样在圆的中心做两个同心圆，并用外面大圆对下面的面做剪切，如图 3-80 所示。

图 3-77 图 3-78 图 3-79 图 3-80

⑤ 利用中间圆和剪切开圆的边缘向上做拉伸，得到如图 3-81 所示的拉伸面，利用两个拉伸面的边缘做面的融合，得到如图 3-82 所示的效果。

⑥ 对外围的曲面做倒角，得到如图 3-83 所示的效果。

图 3-81 图 3-82 图 3-83

Step 05 两边圆孔细节处理

① 回到右视图上，画出如图 3-84 所示的 3 个同心圆形，然后在顶视图上将 3 个圆移动到面外，并进行旋转，如图 3-85 所示。

② 用旋转后的曲线向下面的面进行投影，如图 3-86 所示用最小圆和最大圆投影线做如图 3-87 所示的剪切。

③ 将分离出来的小圆形面和中间圆形线向内垂直移动，如图 3-88 所示，用放样工具（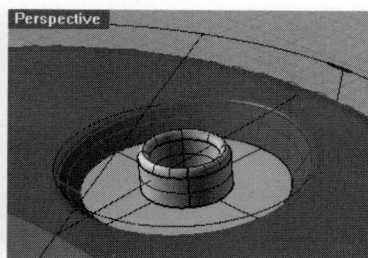）将中间圆形和外围剪切边缘做放样，如图 3-89 所示。

图 3-84

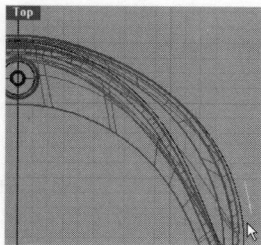

图 3-85

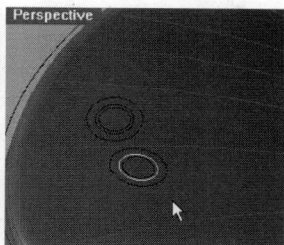

图 3-86

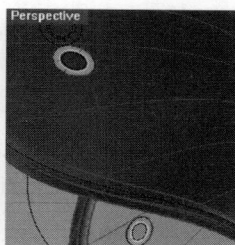

图 3-87

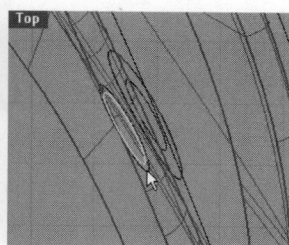

图 3-88

④ 利用面的边缘向内做面的拉伸，注意和外表面垂直，如图 3-90 所示，将拉伸曲面的外面边缘做面的融合（ ），然后将中间的面删除，如图 3-91 所示。

⑤ 单击画扁椭球体工具，如图 3-92 所示。

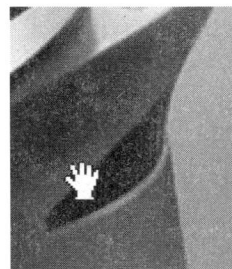

图 3-89　　　　　　　图 3-90　　　　　　　图 3-91　　　　　　　图 3-92

⑥ 中间只保留融合出来的小曲面，其他部分隐藏（可以先单击融合小曲面，然后单击反向隐藏工具（🖐）就可以只保留这个小曲面，其他部分隐藏）。然后通过捕捉圆形的 4 个 1/4 点，画出如图所示的一个扁椭球体，如图 3-93 所示，将外面主体显示出来，并做如图 3-94 所示的倒角。

⑦ 将得到的部分整体选中，利用坐标原点为中心做如图 3-95 所示的镜像对称复制，利用倒角面的外边缘做剪切，得到如图 3-96 所示的效果。

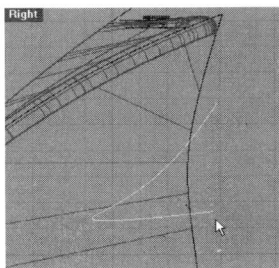

图 3-93　　　　　　　图 3-94　　　　　　　图 3-95　　　　　　　图 3-96

Step 06　侧面凹陷细节建模

接下来处理如图 3-97 所示的部分。

① 在如图 3-98 所示的右视图上画出一条弧线，用偏移复制工具（🖎）进行偏移复制，得到如图 3-99 所示的一条线。

② 按 F10 键进入点编辑状态，将头部进行适当调节，如图 3-100 所示，将得到的两条线对曲面进行剪切，得到如图 3-101 所示的效果。

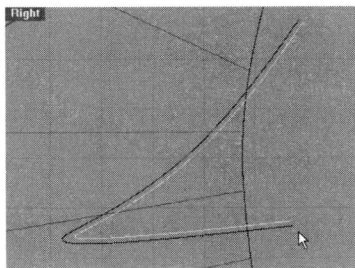

图 3-97

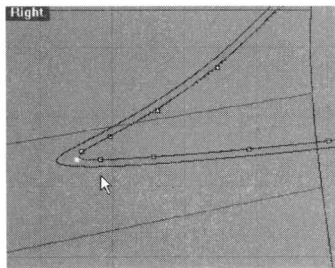

图 3-98　　　　　　　图 3-99　　　　　　　图 3-100

165

③ 将分离出来的面向内水平移动一定距离，如图 3-102 所示，然后单击面的融合工具（🔀），对切开的边缘进行融合曲面操作，得到如图 3-103 所示的效果。

图 3-101　　　　　　　图 3-102　　　　　　　图 3-103

Step 07　中间圆形凹陷部分处理

① 回到前视图上，在中间部分如图 3-104 所示的位置画出两个同心圆。

② 用同心圆对下面的面进行剪切，如图 3-105 所示，然后将分离开的中间面向内水平移动，如图 3-106 所示。

图 3-104　　　　　　　图 3-105　　　　　　　图 3-106

③ 利用内外面的边缘做 Loft（放样）操作，如图 3-107 所示，将中间部分的圆形面删除，然后利用边缘做如图 3-108 所示的拉伸。

④ 单击两点画弧线工具（🖊），利用拉伸曲面的外边缘画出如图 3-109 所示的一条曲线，然后单击复制边缘工具（📄），复制出如图 3-110 所示的一条圆形线。

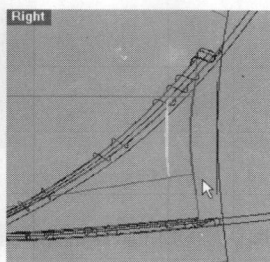
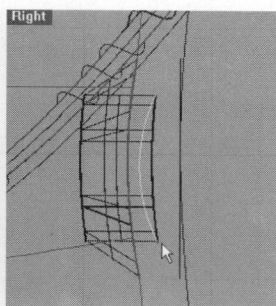

图 3-107　　　　　　　图 3-108　　　　　　　图 3-109

⑤ 同样用分离工具（⎍）将这个圆形分成左右两个部分，然后用这两条线和中间的弧线，做 Loft 放样，得到如图 3-111 所示的曲面效果，然后做倒角，如图 3-112 所示。

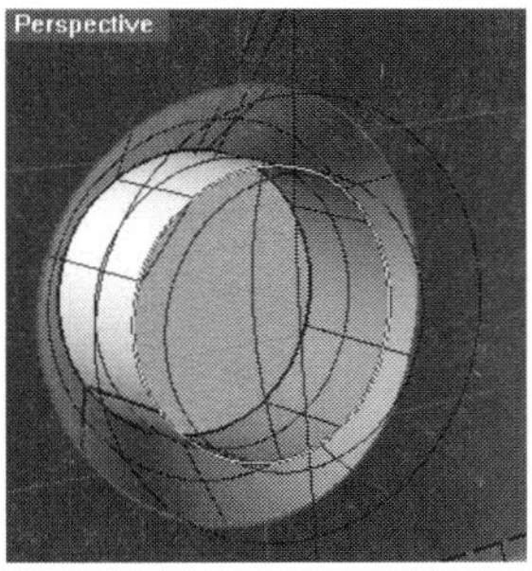

图 3-110 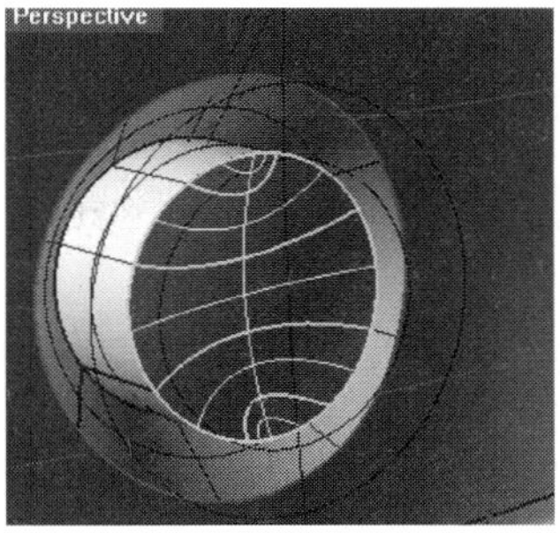　　　　　　　　图 3-111 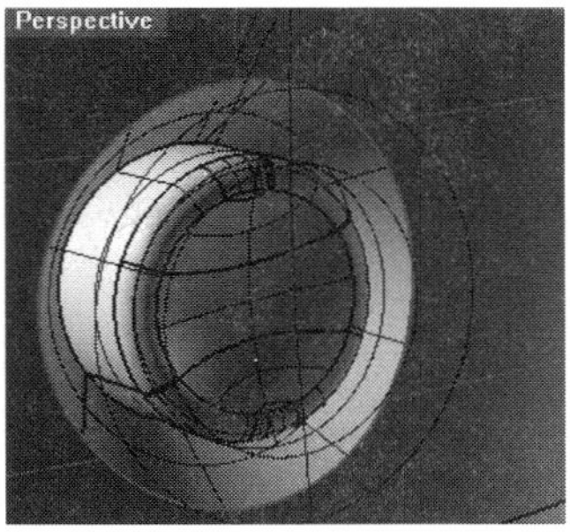　　　　　　　　图 3-112

❻ 再次对外围做倒角，如图 3-113 所示，效果如图 3-114 所示。

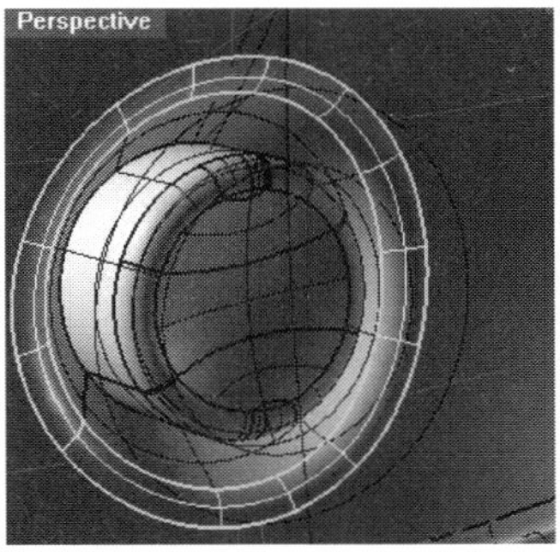

图 3-113　　　　　　　　　　图 3-114

Step 08　出风口细节调节

❶ 在前视图上画出如图 3-115 所示的一个带倒角的矩形，注意倒角值要设大一些，将画出的矩形向下复制两条，如图 3-116 所示。

❷ 同时画出角部的三角形，并进行点的调整，如图 3-117 所示，同时利用点编辑调整 3 条矩形，如图 3-118 所示。

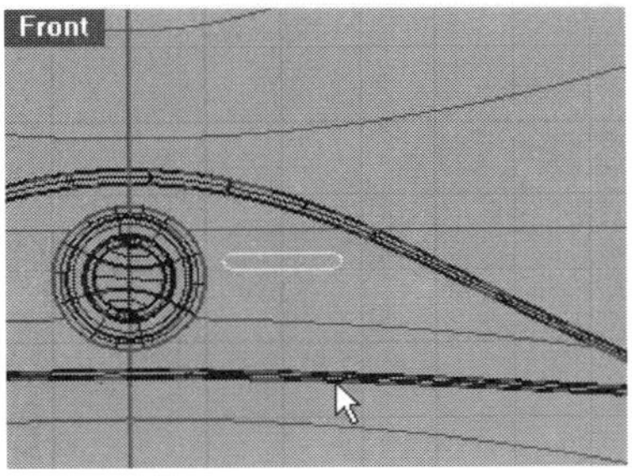

图 3-115 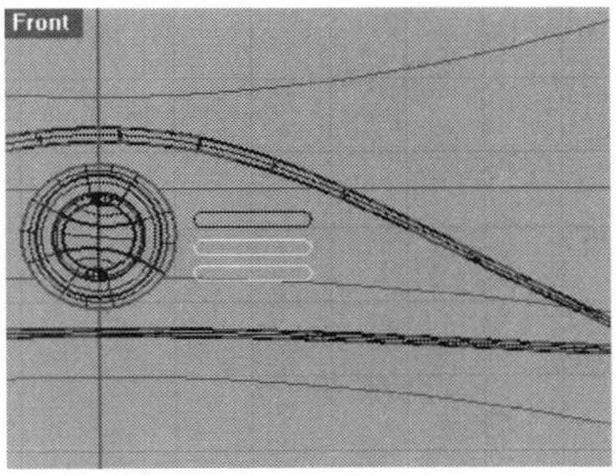　　　　　　　　图 3-116 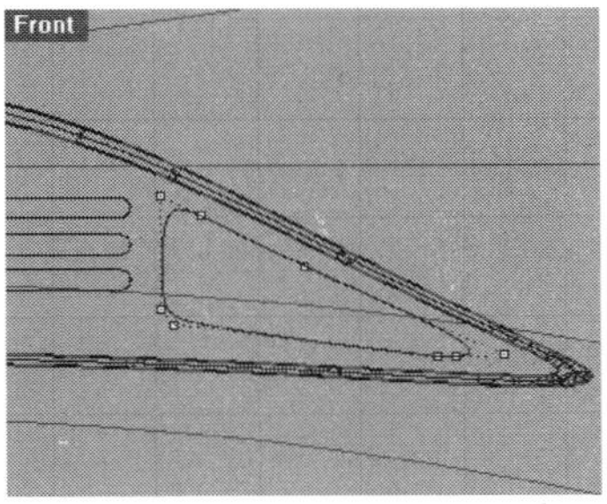　　　　　　　　图 3-117

❸ 单击线条偏移复制工具（），对角部三角形进行偏移复制，并对复制出来的线条比较尖锐部分进行点调节，删除少部分点，如图 3-119 所示，同样对带倒角的矩形进行偏移复制，如图 3-120 所示。

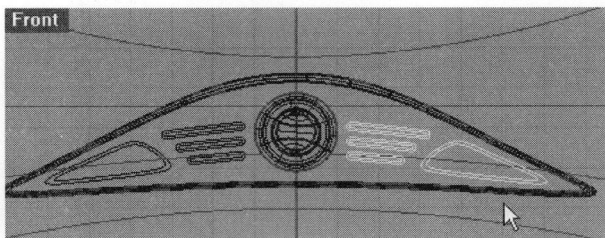

图 3-118　　　　　　　　图 3-119　　　　　　　　图 3-120

④ 将得到的整个曲线部分进行镜像复制，得到如图 3-121 所示的曲线效果。

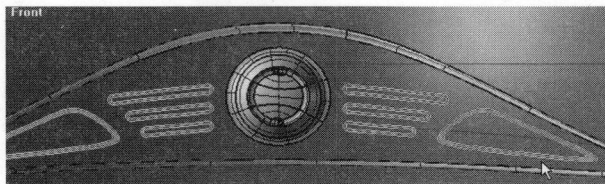

图 3-121

Step 09　镜像复制处理细节

① 用得到的线条进行剪切，得到如图 3-122 所示的效果。

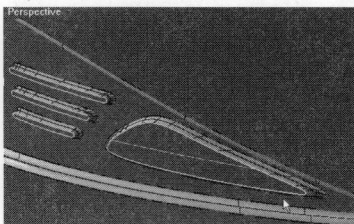

图 3-122

② 在顶视图上将分离出来的一边的中间部分面向外垂直移动一点距离，如图 3-123 所示，做如图 3-124 所示的面融合。

③ 将分离和融合的面选中，向另外一边镜像复制，如图 3-125 所示。

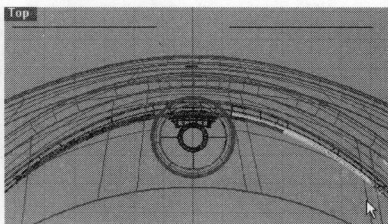

图 3-123　　　　　　　　图 3-124　　　　　　　　图 3-125

④ 这个部分建模完成，将所有曲线放置到〝曲线〞图层隐藏，然后将这个部分放置到黑色的主体部分上，中间的按钮放置到白色图层，用实体模式显示如图 3-126 所示。

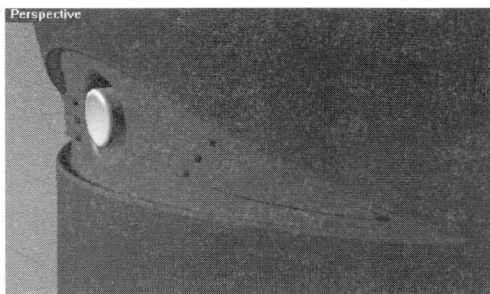

图 3-126

Step 10　装饰形凸起画线操作

接下来处理如图 3-127 所示的部分。

① 先在前视图上画出如图 3-128 所示的一个轮廓线，做封闭曲线的偏移复制，得到如图 3-129 所示的线条效果。

② 画出如图 3-130 所示的 3 条直线，把直线进行复制和移动，如图 3-131 所示。

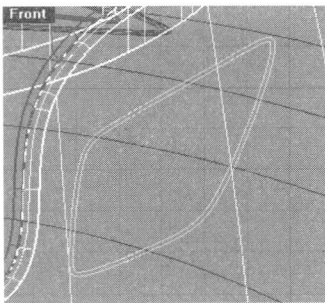

图 3-127

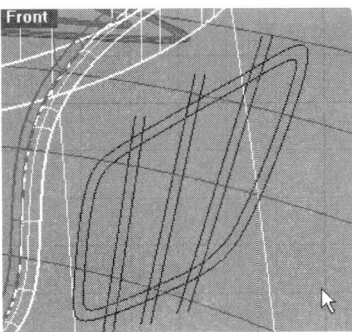

图 3-128

图 3-129

图 3-130

③ 用得到的线条进行相互剪切，并同时进行点编辑，如图 3-132 所示，用同样的方法进行线条调节，得到如图 3-133 所示的效果。

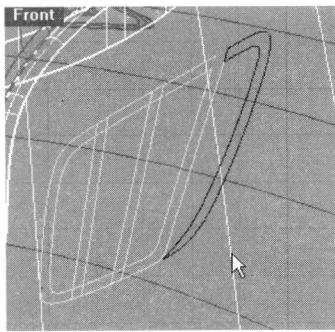

图 3-131

图 3-132

图 3-133

④ 用得到的线条对下曲面进行剪切，得到如图 3-134 所示的效果，然后单击提取 Iso 曲线工具进行如图 3-135 所示的曲面 Iso 的线条提取。

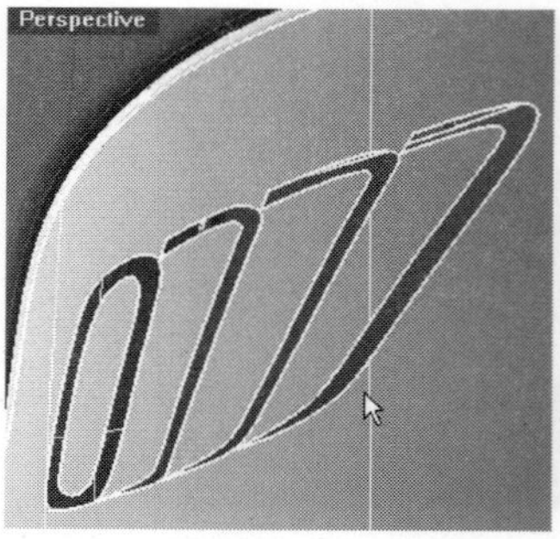

图 3-134

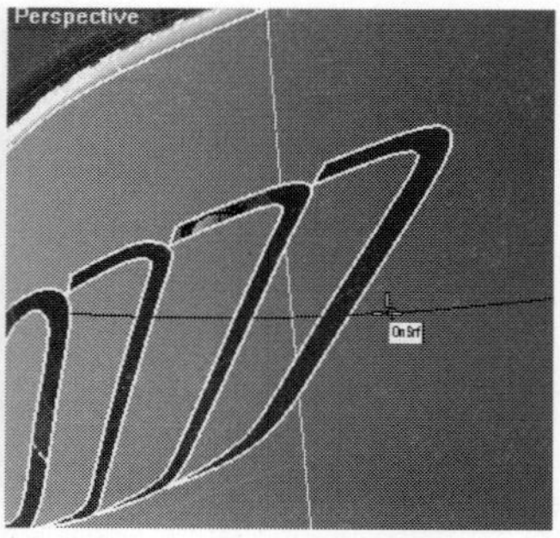

图 3-135

Step 11 融合出凹陷曲面

① 单击线条的融合工具（），在如图 3-136 所示位置进行线的融合，然后回到顶视图上，按 F10 键进入点编辑状态，进行如图 3-137 所示的点移动和调整。

② 为了使整个造型变化更丰富，同时保证曲面的接缝处的曲度，必须增加点，单击加点工具（），注意在命令栏上的对称选项要选上，调整曲线如图 3-138 所示，然后单击双轨建面工具，以两条剪切出来的面的边缘为轨道，一条短剪切面和中间画出来的线为截面线，当然结尾处必须选择 Point（点），得到如图 3-139 所示的曲面建模效果。

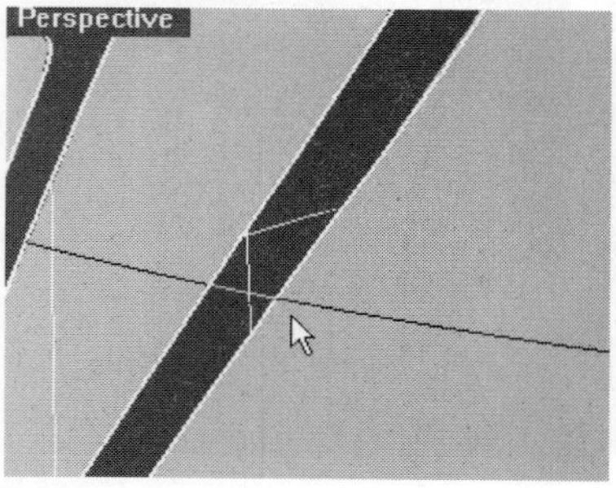

图 3-136

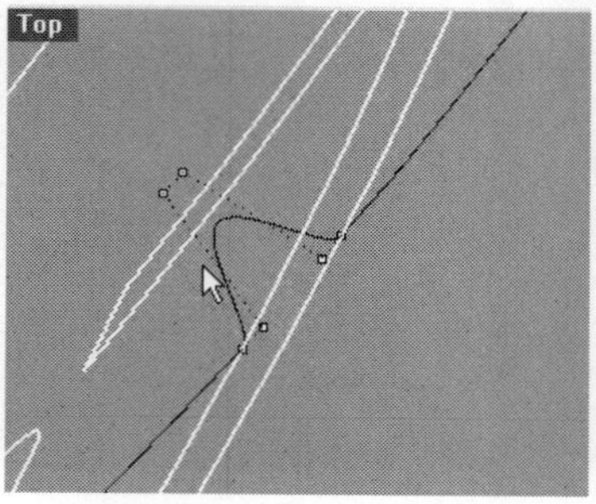

图 3-137

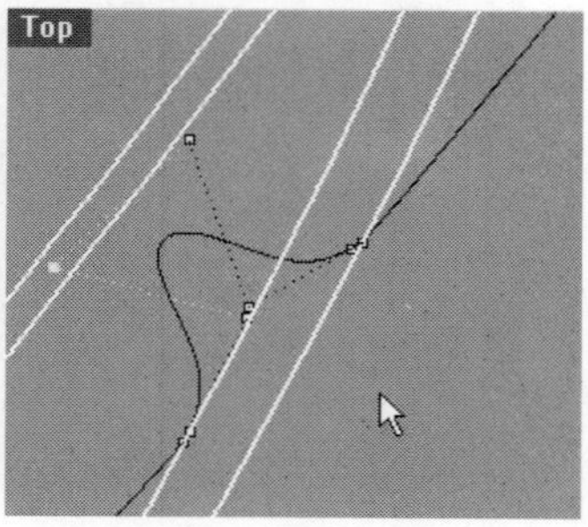

图 3-138

③ 确定后得到如图 3-140 所示的曲面效果，用同样的方法做其他两条渐消面，如图 3-141所示。

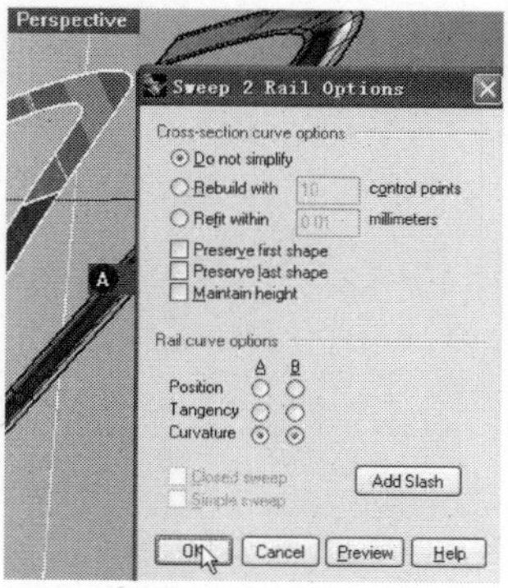

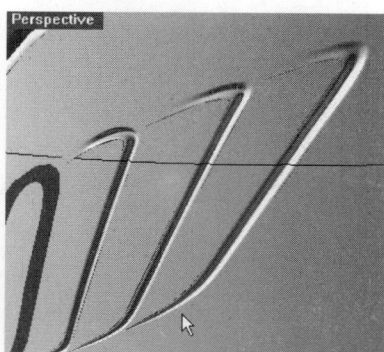

图 3-139

图 3-140

图 3-141

④ 将最左边分离出来的一个小面向内移动一定距离，如图 3-142 所示，然后单击面的融

合工具（🦘），对面的边缘进行融合，得到如图 3-143 所示的效果。

⑤ 将得到的这个部分用镜像复制工具（🗼），向另外一边复制一份，如图 3-144 所示。

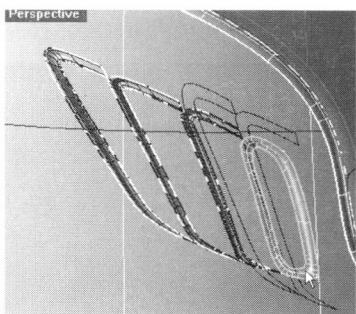

图 3-142　　　　　　图 3-143　　　　　　图 3-144

⑥ 用得到的面对这边的面进行剪切，得到如图 3-145 所示的效果。将曲线全部选中放置到〝线条〞图层进行隐藏，整体效果如图 3-146 所示。

图 3-145　　　　　　　　　　图 3-146

Step 12　下部缝隙处理

❶ 继续做缝隙细节，先在顶视图上画出一条直线作辅助线，如图 3-147 所示。然后，如图 3-148 所示，选择移动面的 Seam（缝隙）点工具。

❷ 将圆柱体的面的 Seam 点移动到侧面，准备做切割，如图 3-149 所示，然后单击分离工具，在另外一边捕捉 Int（交点），在命令栏上单击 Iso 线分离，得到如图 3-150 所示的面分离效果。

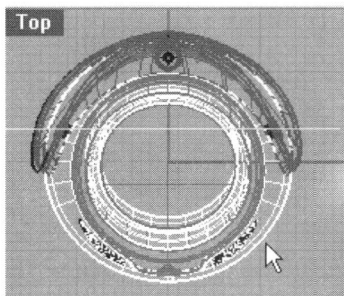
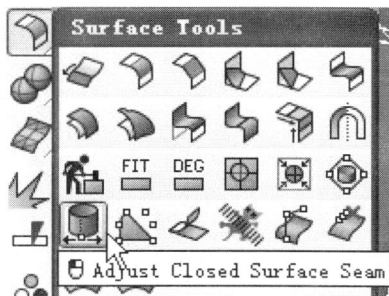
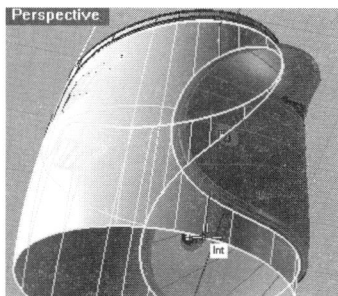

图 3-147　　　　　　图 3-148　　　　　　图 3-149

❸ 在前视图上画出一条直线准备用来做分离操作，如图 3-151 所示，分离后得到如图

171

3-152 所示的曲面效果。

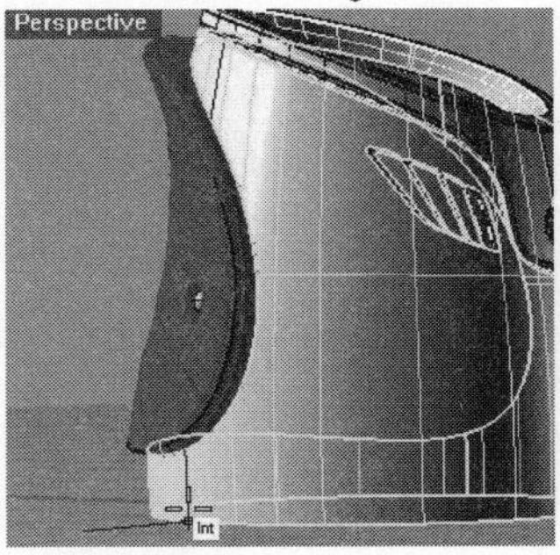

图 3-150 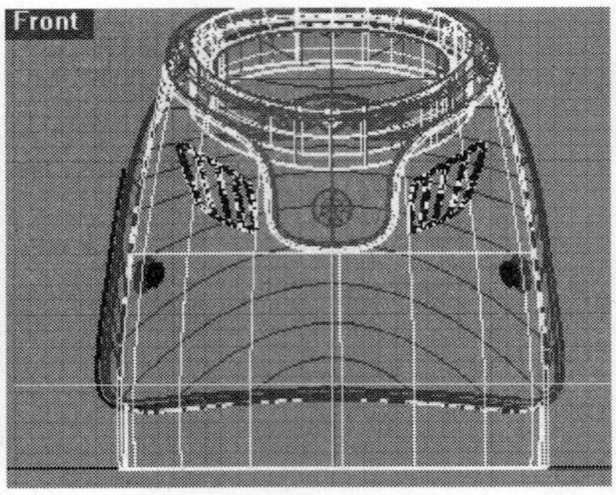　　　　　　　图 3-151 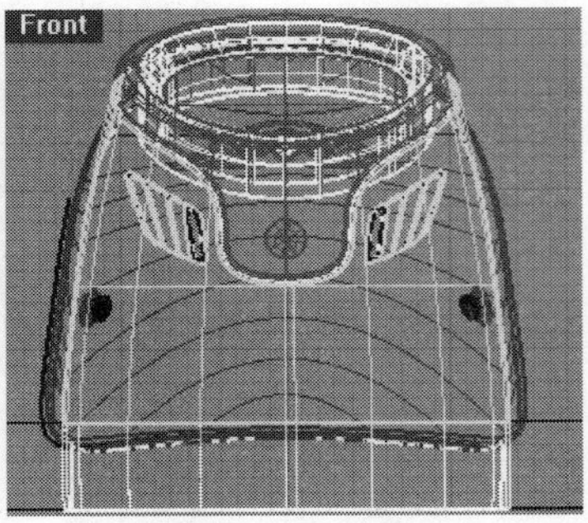　　　　　　　图 3-152

❹ 继续在前视图上画出一半的曲线形状，注意中间要做一条辅助线切开，如图 3-153 所示，然后将得到的曲线镜像对称复制一条，并做曲线匹配（⚡），在匹配的同时注意 Merge（结合），得到如图 3-154 所示的曲线效果。

❺ 用得到的线条对下面分离过的曲面再次做分离，得到如图 3-155 所示的曲面效果。

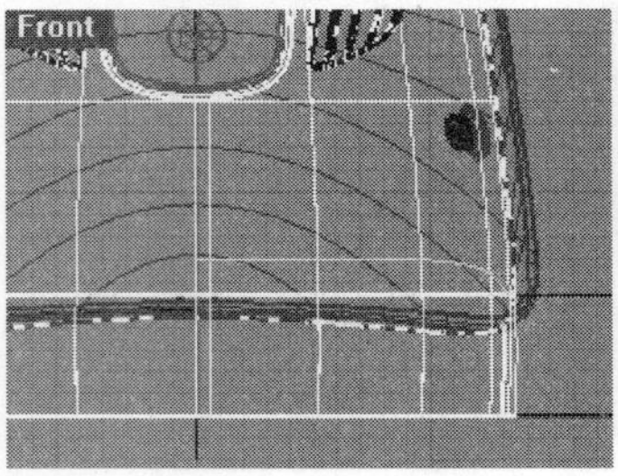

图 3-153 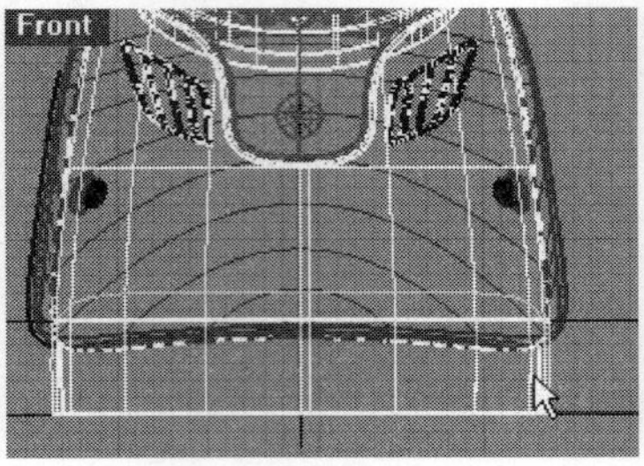　　　　　　　图 3-154 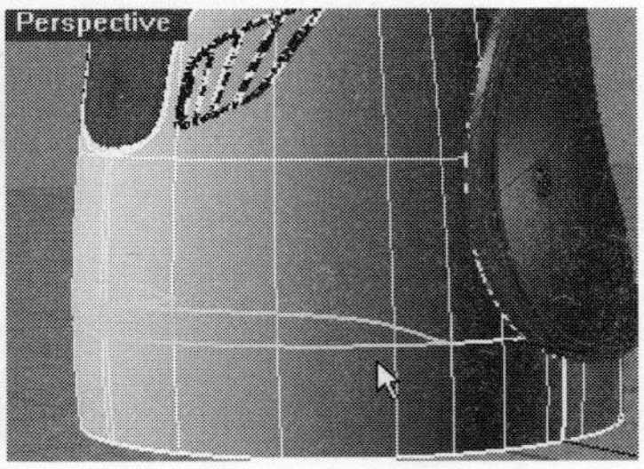　　　　　　　图 3-155

Step 8　继续处理缝隙细节

❶ 用做缝隙的方法来做这个部分的缝隙，将中间部分隐藏，然后单击沿曲面拉伸工具（🔧），做如图 3-156 所示的曲面拉伸，同样将下边缘进行拉伸，如图 3-157 所示。

❷ 将下边隐藏，把上面两个小边缘进行沿曲面拉伸，注意捕捉前面拉伸出来面的边缘，如图 3-158 所示，将上表面一起 Join（结合）起来，做实体倒角（🔲），得到如图 3-159 所示的倒角效果。

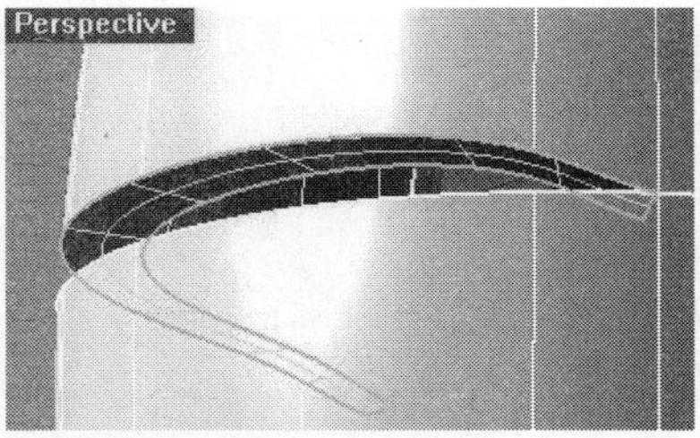

图 3-156　　　　　　　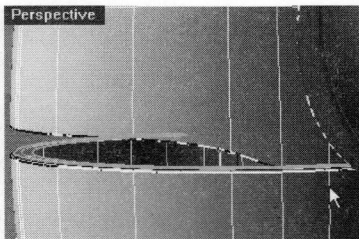　　　　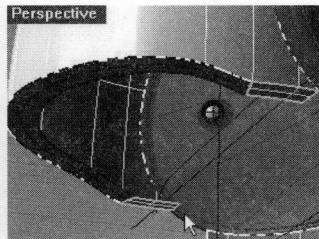

图 3-157　　　　　　　图 3-158

❸ 将中间分离出来的面显示出来，其他部分隐藏，如图 3-160 所示，对边缘进行沿曲面拉伸，如图 3-161 所示。

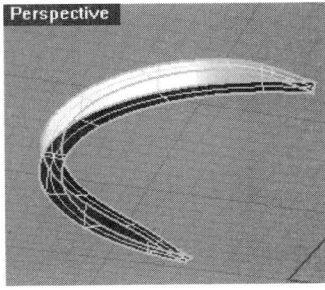

图 3-159　　　　　图 3-160　　　　　图 3-161

④ 做实体倒角，得到如图 3-162 所示的倒角效果，把其他隐藏的部分显示出来，然后用同样的方法把下边缘倒角处理，得到如图 3-163 所示的效果。

图 3-162　　　　　　图 3-163

Step 14　底部缝隙细节处理

① 在右视图上画出如图 3-164 所示的一条曲线，并进行点编辑调节。

② 用得到的线条将下面部分分离，得到如图 3-165 所示的效果。

图 3-164　　　　　　图 3-165

③ 将下面部分显示，其他部分隐藏，如图 3-166 所示。

④ 同样做沿曲面拉伸，得到如图 3-167 所示的曲面效果（下面曲面已经被分成了两个部分，可以做两次拉伸得到）。

图 3-166　　　　　　图 3-167

⑤ 将拉伸出来的面和主体面结合起来（Join），做实体倒角，得到如图 3-168 所示的倒角效果。

⑥ 用同样的方法做上面部分的倒角，得到如图 3-169 所示的曲面效果，将隐藏的部分显示出来，放置到黑色的图层上，如图 3-170 所示。

图 3-168	图 3-169	图 3-170

⑦ 将底部用加盖工具（⬚）封闭，如图 3-171 所示，对封闭的下边缘进行倒角，如图 3-172 所示。

图 3-171	图 3-172

3.1.3 头部建模

下面开始制作头部，即如图 3-173 所示的部分。这个部分整体造型呈现半球形，顶上有一个凸起，相对比较简单，细节也不多，下面一步一步地介绍制作的方法和步骤。

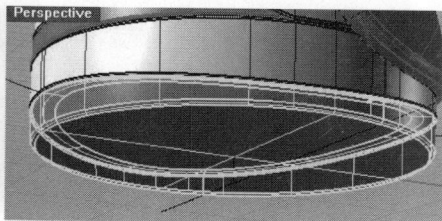

图 3-173

Step 01 头部曲线绘制

① 在前视图上画出一个圆形，如图 3-174 所示，向上部垂直移动并用单向缩放工具（⬚）进行压扁操作，得到如图 3-175 所示的线条效果。

② 在右视图上将线条移动到合适的位置，然后用两点加弧度画线工具画出一条曲线，如

图 3-176 所示，按 F12 键调整线条，得到如图 3-177 所示的线条效果。

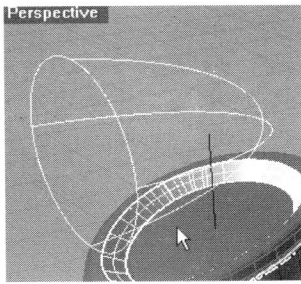

图 3-174　　　　　图 3-175　　　　　图 3-176

❸ 用同样的方法在顶部画出一条对称的弧线（注意调整点的时候要对称地选择两个点进行调节），如图 3-178 所示，3 条线在透视图的效果如图 3-179 所示。

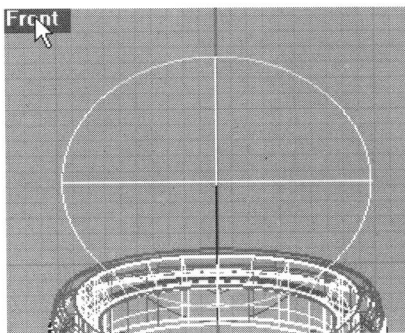

图 3-177　　　　　图 3-178　　　　　图 3-179

❹ 单击分离工具（　），对圆形线条做如图 3-180 所示的分离，分成 4 条线段，用这 4 条线段做边线，相交叉的两条线做截面线，做网格建面，如图 3-181 所示。

❺ 确定后得到如图 3-182 所示的面。

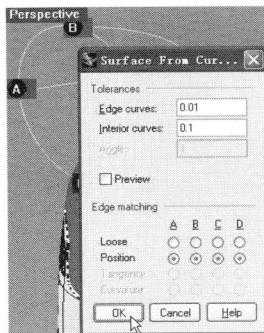

图 3-180　　　　　图 3-181　　　　　图 3-182

Step 02　头部曲面建模

❶ 单击偏移复制曲面工具（　），对得到的曲面进行偏移复制，得到如图 3-183 所示的曲面效果。由于面的边缘经过偏移有些错乱，必须经过剪切处理，所以在如图 3-184 所示的位置画出两条曲线（外表面也要做剪切，因为做网格建面，是对外边缘经过了分段处理），用得到的两条线分别对内外两个面进行剪切，得到如图 3-185 所示的曲面效果。

❷ 单击曲面融合工具（🍥），对内外两个面进行融合，得到如图 3-186 所示的曲面效果。

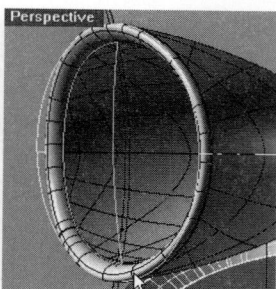

图 3-183　　　　　图 3-184　　　　　图 3-185　　　　　图 3-186

Step 03　封闭前部曲面

❶ 单击两点加弧度绘制曲线工具（🖊），画出如图 3-187 所示的一条弧线。

❷ 单击复制面的边缘工具（🔶），对剪切开的内面边缘进行曲面操作，如图 3-188 所示，对取出的圆形进行分离操作，用画出的弧线对这个圆形进行分离操作，分成如图 3-189 所示的两条半圆线。用这 3 条线进行 Loft（放样），得到如图 3-190 所示的一个弧形面，用实体方式显示如图 3-191 所示。

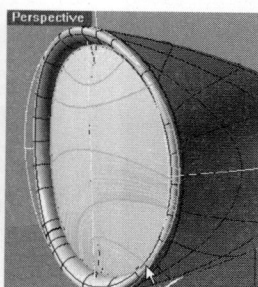

图 3-187

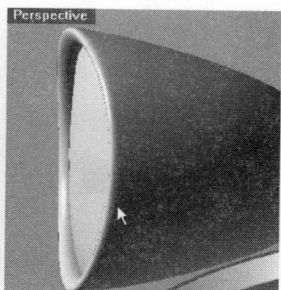

图 3-188　　　　　图 3-189　　　　　图 3-190　　　　　图 3-191

Step 04　顶部凸起建模

❶ 在右视图上用画曲线工具（⬚）画出如图 3-192 所示的一条曲线，然后单击通过直径画椭圆工具（⬭），捕捉画出曲线的两个端点画出一条椭圆形线，如图 3-193 所示。

❷ 将其他部分都隐藏，只保留这两条线，然后用曲线将画出的椭圆利用端点捕捉（☑ End）分离成两个半圆形，如图 3-194 所示，用这 3 条线做 Loft（放样），得到如图 3-195 所示的一个曲面。

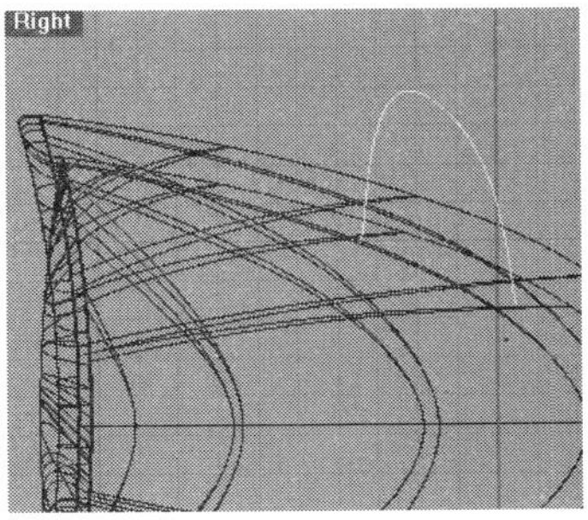

图 3-192 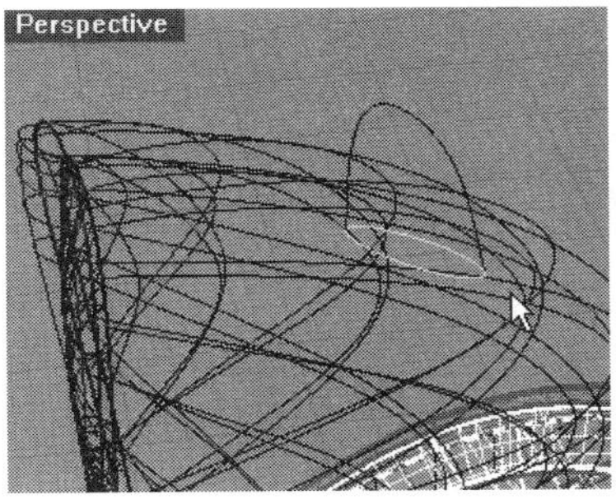　　　　　　　图 3-193 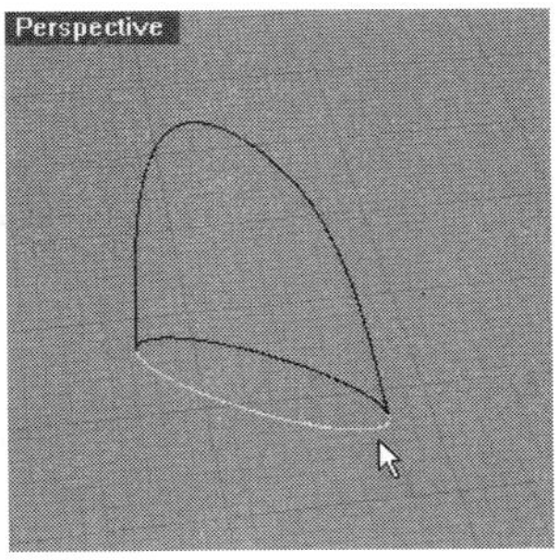　　　　　　　图 3-194

❸ 将其他部分都显示出来，然后单击相加布尔运算工具（🔮），将这个新建的曲面和下面的头部结合起来，如图 3-196 所示，单击实体倒角工具（📦），对交界线做倒角，得到如图 3-197 所示的曲面效果。

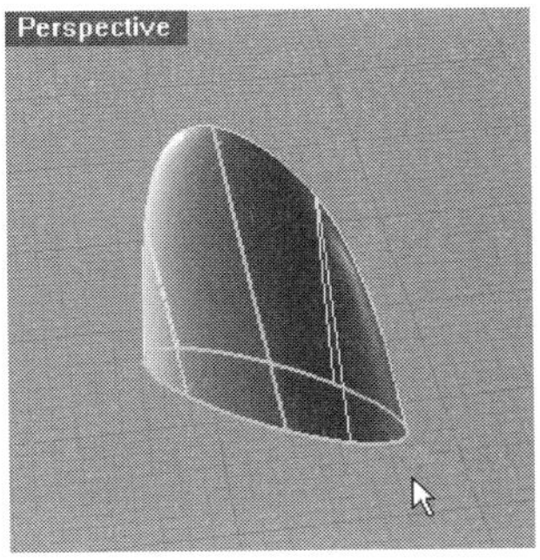

图 3-195 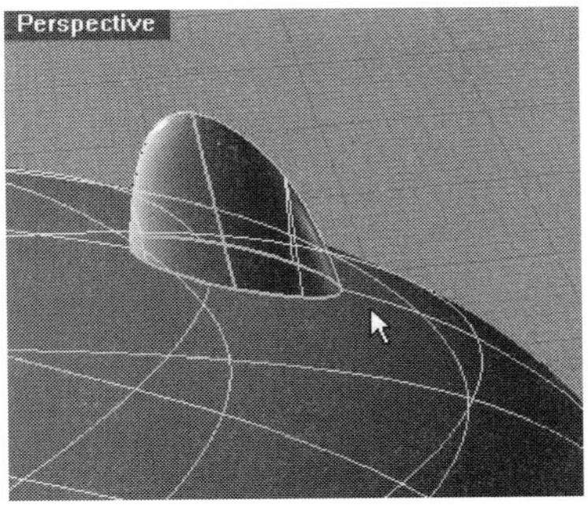　　　　　　　图 3-196 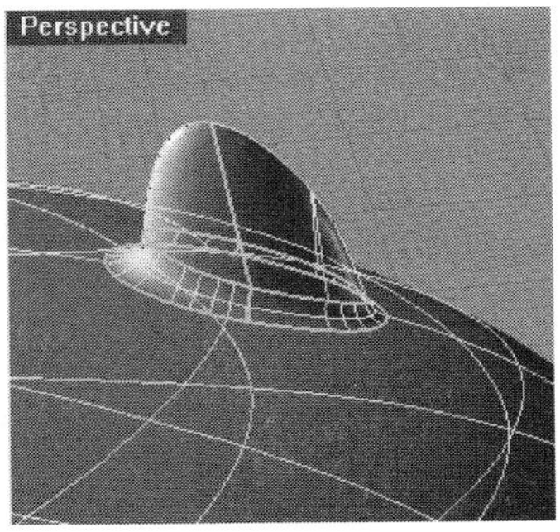　　　　　　　图 3-197

Step 05　头部缝隙制作

❶ 在右视图上画出如图 3-198 所示的两条曲线，用曲线倒角工具（🔪）对两条线右边进行倒角，得到如图 3-199 所示的结果。

❷ 用得到的曲线拉伸出一个面来，注意做双面拉伸，如图 3-200 所示，将拉伸的面和下面的半球状头部都复制一份并隐藏，然后用下面部分减去（🔮）上面的拉伸面，得到如图 3-201 所示的效果。

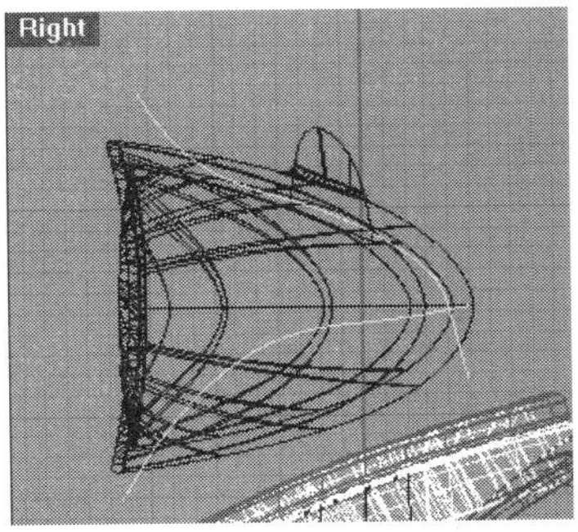

图 3-198 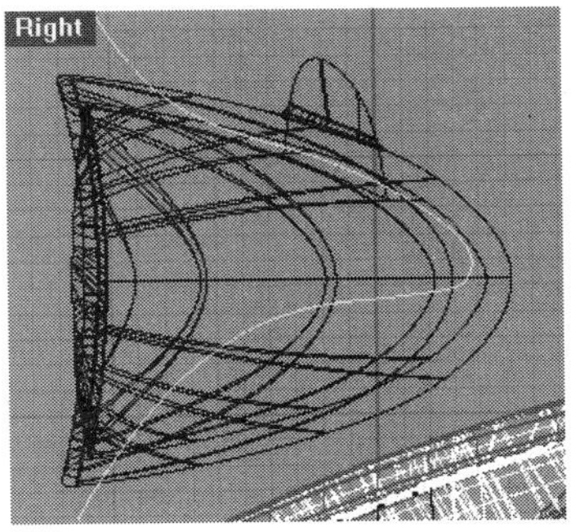　　　　　　　图 3-199 　　　　　　　图 3-200

❸ 对减出来的实体边缘做实体倒角（📦），得到如图 3-202 所示的倒角效果，将隐藏的部分显示出来，将另外已经剪切和倒角的部分隐藏，如图 3-203 所示。

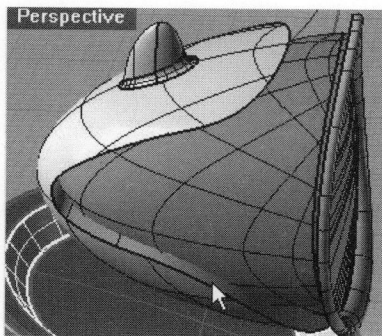

图 3-201   图 3-202   图 3-203

④ 再次做实体倒角，如图 3-204 所示，将隐藏部分显示出来，如图 3-205 所示。

⑤ 用同样的方法做侧面的缝隙，在右视图上画出如图 3-206 所示的一条线，用这条线做缝隙，得到如图 3-207 所示的缝隙效果。

图 3-204   图 3-205   图 3-206   图 3-207

Step 06 继续做缝隙处理

① 用同样的方法做中间的分离缝隙，只保留中间部分的实体，如图 3-208 所示画出中间缝隙的分离面，做相减布尔运算，得到如图 3-209 所示的效果。

② 做实体倒角（ ），得到如图 3-210 所示的效果。

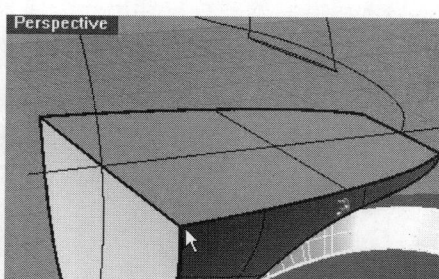

图 3-208   图 3-209   图 3-210

③ 同样做上半部分的剪切，如图 3-211 所示，做出来的效果如图 3-212 所示。

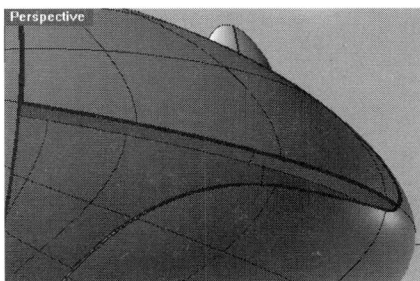

图 3-211

图 3-212

Step 07 脖子部分建模

❶ 下面对脖子部分进行建模操作，这个部分比较简单，先在如图 3-213 所示的位置画出一条曲线，然后做如图 3-214 所示的旋转建面操作。

❷ 做出如图 3-215 所示的一个旋转面，然后单击面倒角工具，对旋转建出来的面与上面的头部和下面的平面做倒角，得到如图 3-216 所示的效果。

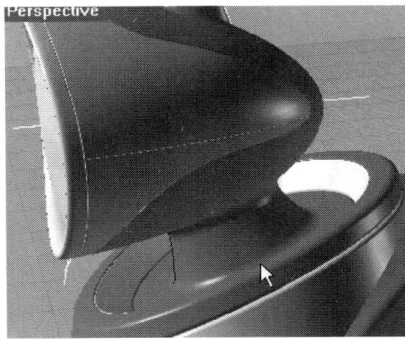

图 3-213

图 3-214

图 3-215

❸ 将所做的整个脖子部分放到黑色图层，用实体方式观察，如图 3-217 所示。

❹ 至此，整个部分的建模宣告结束，得到如图 3-218 和图 3-219 所示的效果。

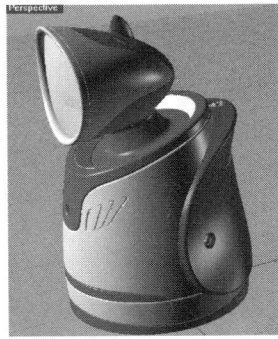

图 3-216

图 3-217

图 3-218

❺ 在 Cinema 4D 软件中渲染，得到如图 3-220 和图 3-221 所示的效果。

179

图 3-219   图 3-220   图 3-221

3.2 电热水壶产品建模

产品介绍

如图 3-222 所示，这是一款苏泊尔的电热水壶，壶、座分体设计，该水壶全部是由曲线构成，良好的曲面构成了水壶饱满的造型，同时，这个水壶的壶身部分和把手部分采用了整体的设计。

图 3-222

建模思路分析

整个电热水壶产品由 4 个部分组成，即如图 3-223 所示的壶底座、壶身、壶盖以及壶的把手部分。其中壶身主体部分主要通过绘制出空间曲线并利用网格建面来制作。

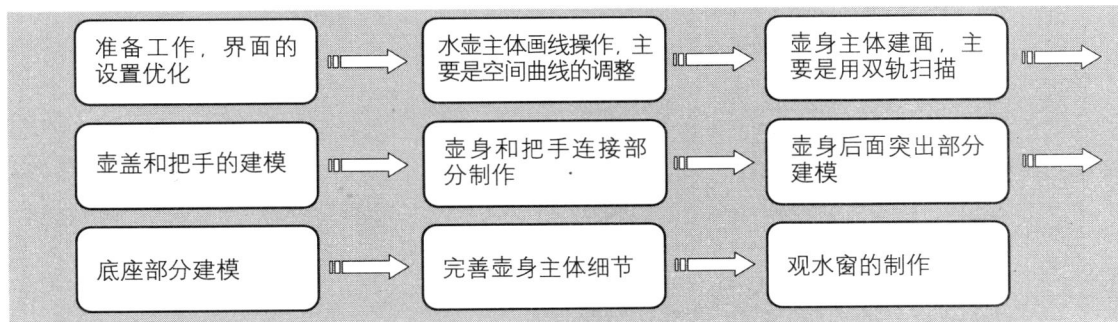

通过建立数条轮廓线的断面线命令和网格建面制作出壶盖部分

架构空间曲线，双轨工具做出基本壶的主体和把手连接部分

布尔运算制作观水窗

网格建面制作出把手的下半部分和壶的主体后面突出部分

单轨扫描制作出底座

图 3-223

制作流程分析

这款产品整体曲面比较流畅，但是建模的时候也可以分为好多个面来完成，基本流程如下。

准备工作，界面的设置优化	水壶主体画线操作，主要是空间曲线的调整	壶身主体建面，主要是用双轨扫描
壶盖和把手的建模	壶身和把手连接部分制作	壶身后面突出部分建模
底座部分建模	完善壶身主体细节	观水窗的制作

下面来介绍一下该产品的具体建模，为了更加方便，先设置工作界面。

3.2.1 建模前的准备工作

❶ 安装调点的插件。将文件夹 GumballDemoPlugIns 和 GumbIcon（配套光盘目录：DVD01\插件\Rhino 拖点插件）直接复制到 Rhino 插件安装文件夹 plug—ins（插件）下面。

❷ 启动 Rhino，单击 Render（渲染）菜单，再单击 Render Properties（渲染属性）命令，打开 Document Properties（文件属性）对话框，找到 Plug-ins（插件）选项，如图 3-224、图 3-225 所示。

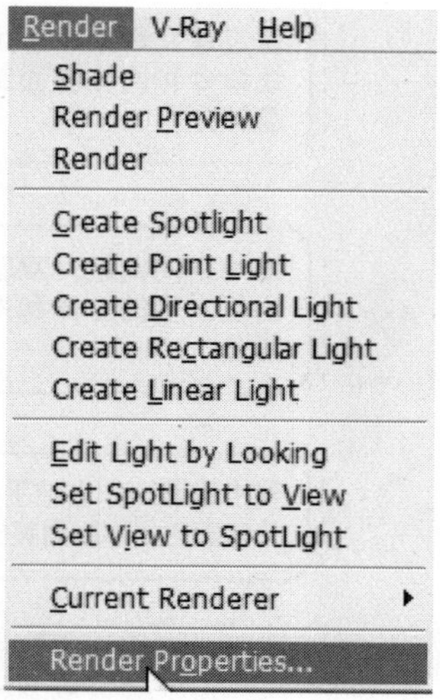

图 3-224

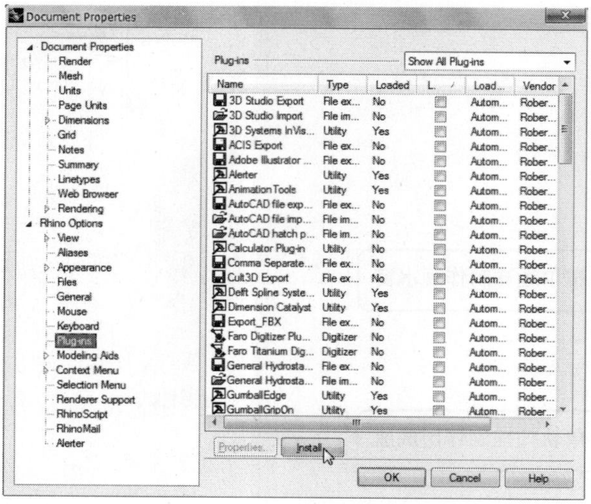

图 3-225

❸ 单击 Install（安装）按钮，在弹出的对话框中找到刚才复制到文件夹 Plug—ins（插件）下面的文件夹 GumballDemoPlugIns，依次打开下面 3 个 rhp 格式的文件，如图 3-226 所示。

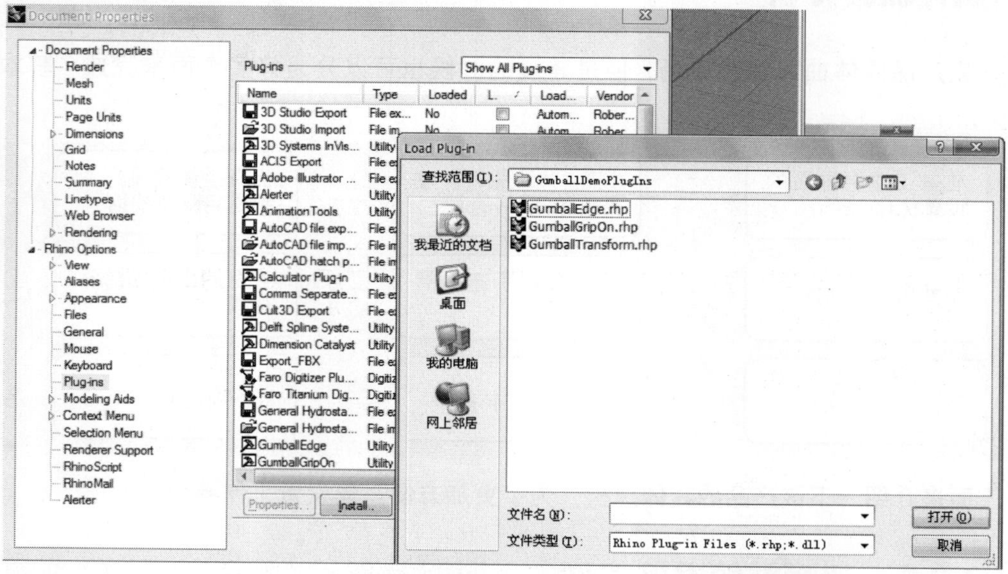

图 3-226

❹ 在 Tools（工具）菜单下单击 Toolbar Layout（工具栏展开）命令，如图 3-227 所示。打开 Toolbar 对话框，单击 File（文件）菜单下的 Open（打开）命令，找到刚才复制的 GumbIcon 文件夹下面的文件 gumb.tb 并且打开，选中 Gumb 前面的复选框，如图 3-228 所示。工具插件图标就很好地被显示出来，如图 3-229 所示。

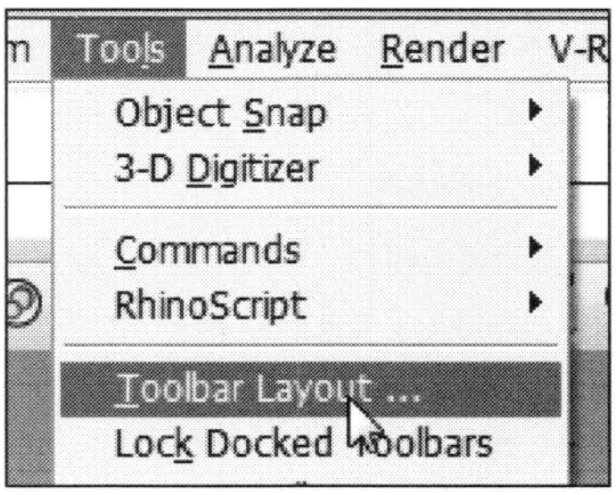

图 3-227 　　　　　　图 3-228 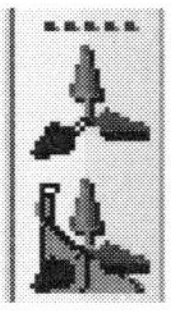　　　　　图 3-229

⑤ 画出一条曲线，按 F10 键跳出控制点，用此工具调节控制点的情况，如图 3-230 所示。

红色是 X 轴方向，绿色是 Y 轴方向，蓝色是 Z 轴方向。

为了更加方便、快捷地操作调节点，可以将此工具的快捷键设置成 F12。

⑥ 单击 Render（渲染）菜单，再单击 Render Properties（渲染属性）命令，打开 Document Properties（文件属性）对话框，找到 Keyboard（键盘）选项，将 F12 后面的内容修改成 !_GumballTransform，再单击 OK 按钮，这样调点工具的快捷键就很好的设置成了 F12。

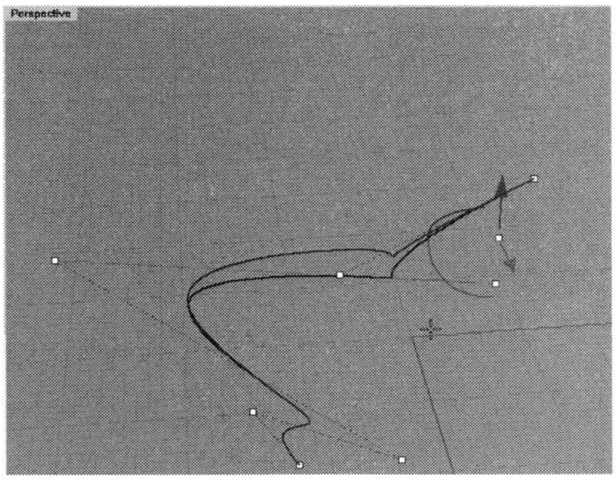

图 3-230

3.2.2　水壶主体画线操作

这个部分主要是在平面视图中绘制出水壶的轮廓线，然后将平面的曲线进行调节控制点，达到空间三维曲线的目的。其中主要用到匹配和重构曲线命令。

Step 01　主体画线操作

❶ 按 F9 键保持 snap 为打开状态，在 Front（前）视图中导入模型的参考图片 shuihu.jpg（配套光盘路径：DVD01\实例文件\背景图\shuihu.jpg），如图 3-231 所示。

图 3-231

❷ 以图片的上面左右两点正好捕捉到 10 个单位的网格点，完成图片的导入，如图 3-232 所示。

❸ 用通过控制点画线（▧）工具来勾画水壶最左边的线，（在画线过程中，可以按 F9 键来对捕捉网格点进行关闭），如图 3-233 所示。

❹ 绘制完成之后对曲线用曲线重建工具（▧）进行三阶 4 个控制点的重构。

183

❺ 重建完成之后对控制点进行调节，选中曲线按F10键打开控制点，选中一个要调节的控制点再按F12键就可以调用所装调点插件来进行调节了，如图3-234所示。

图3-232   图3-233   图3-234

❻ 使曲线尽量与参考图片边缘相符，最终效果如图3-235所示。

❼ 在Front（前）视图用通过控制点画线（▨）工具来勾画水壶上面的连接壶口和把手的线，如图3-236所示。绘制完成之后的效果如图3-237所示。

图3-235   图3-236   图3-237

Step 02 修改成空间曲线

因为现在所画的曲线还是一条平面曲线，我们现在要通过控制点的调节把它调节成一条空间三维曲线。首先用曲线重建工具将曲线重建成5阶，10个控制点的曲线。然后对照着4个视图观察线的形状，在调线的过程中要注意保持Front（前）视图中的线形状不变，如图3-238所示。

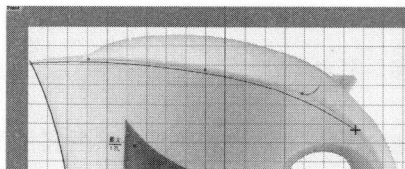

图3-238

操作提示

在利用插件调整控制点时，每次只要调节一个方面的位置，对照 3 个其他视图来观察，这样可以更加容易地调出所需曲线。

最后调节完成的曲线如图 3-239 所示。

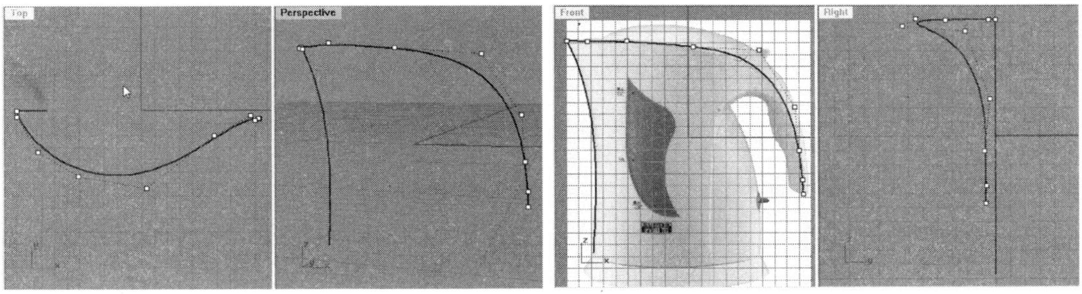

图 3-239

Step 03 绘制底部曲线

❶ 打开 end（端点）和 ortho（正交）捕捉，在 Front（前）视图中画出水壶底面的宽度线，作为画出水壶底面形状的一个参考，如图 3-240 所示。

❷ 在 Top（顶视图）视图画出一半水壶底面的形状，在 Front（前）视图用通过控制点画线（⬚）工具来勾画，如图 3-241 所示。

图 3-240

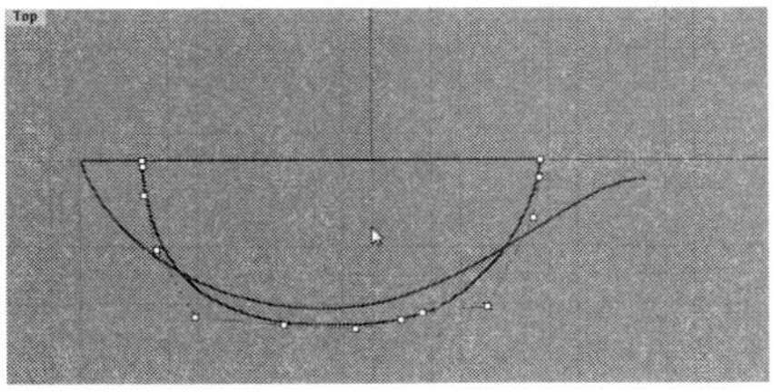

图 3-241

❸ 在 Top（顶视图）视图中，接下来用对称工具（⬚）来给所画曲线做个对称，在命令栏中单击 Continuity=Smooth（连续性=光滑），再单击 Smooth（光滑）来使曲线对称足够圆滑。如图 3-242、图 3-243 所示。

❹ 利用 Join（连接）将两条曲线连接之后，打开控制点观察，发现有些地方控制点过多，如图 3-244 所示。

图 3-242

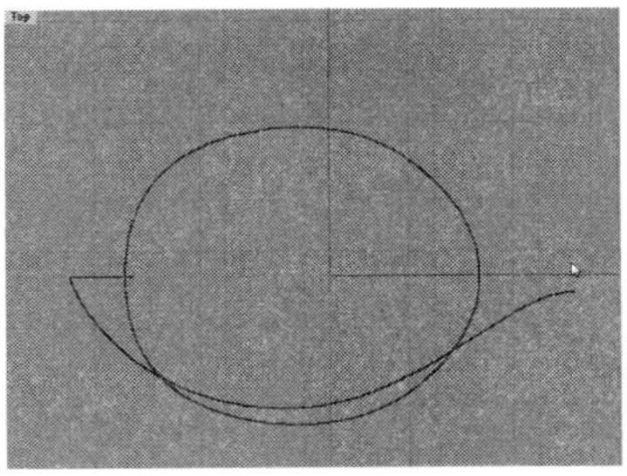

图 3-243

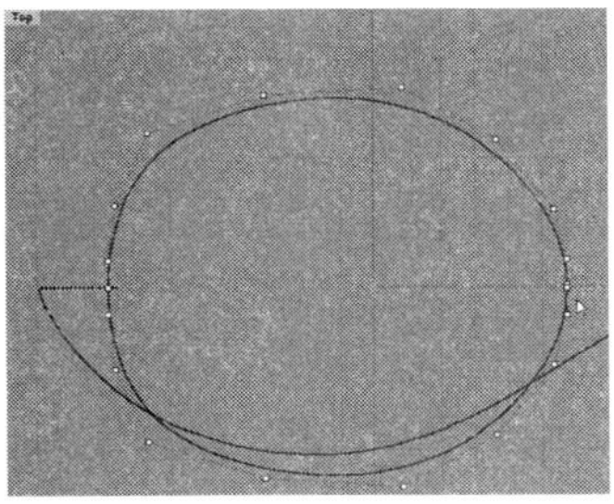

图 3-244

⑤ 有必要对其做一下重新建构，参数设置如图 3-245 所示，重新建构完成的曲线如图 3-246 所示。

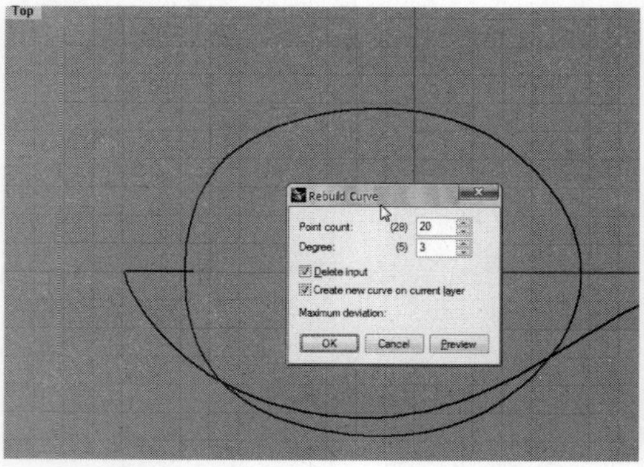

图 3-245

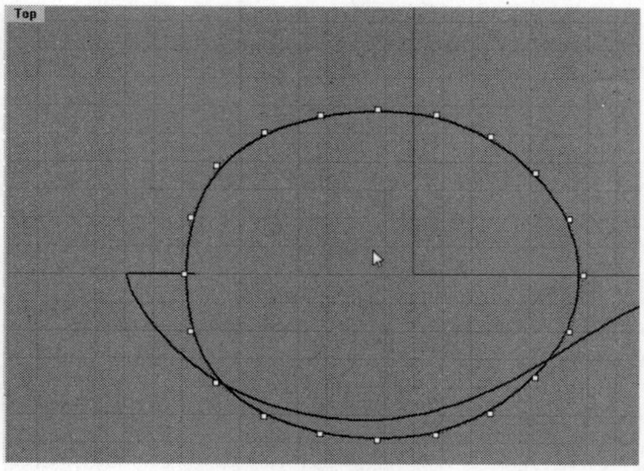

图 3-246

Step 04 绘制壶身曲线

① 打开 near（最近点）和 perp（垂直）捕捉画出决定壶身的一条线，如图 3-247、图 3-248 所示。

② 在 Right（右）视图中打开控制点进行调整，最后效果如图 3-249 所示。

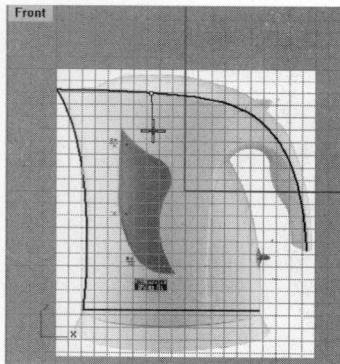

图 3-247

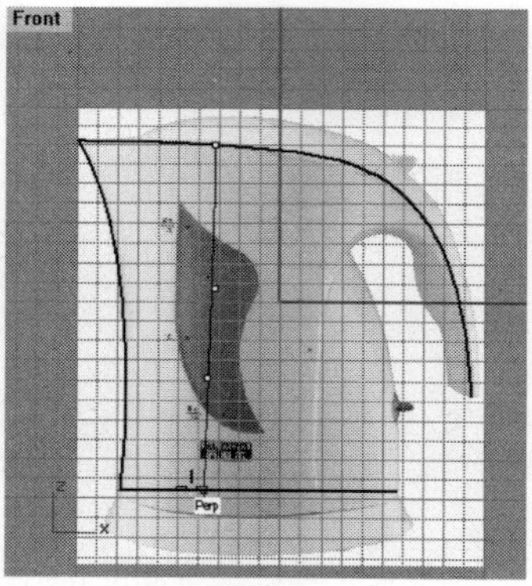

图 3-248

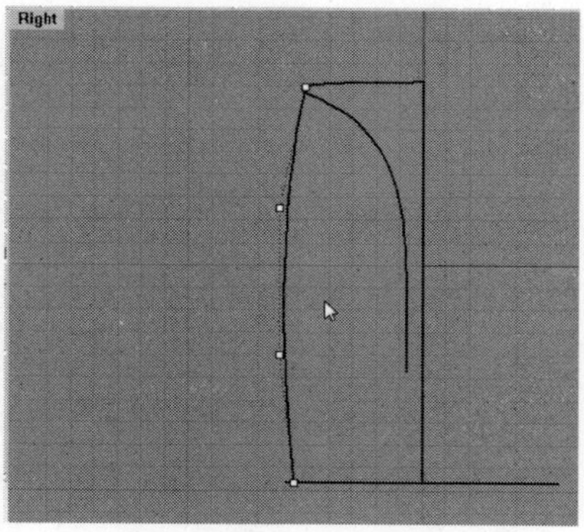

图 3-249

③ 利用同样的方法再画出两根决定壶身的截面线，如图 3-250 所示。

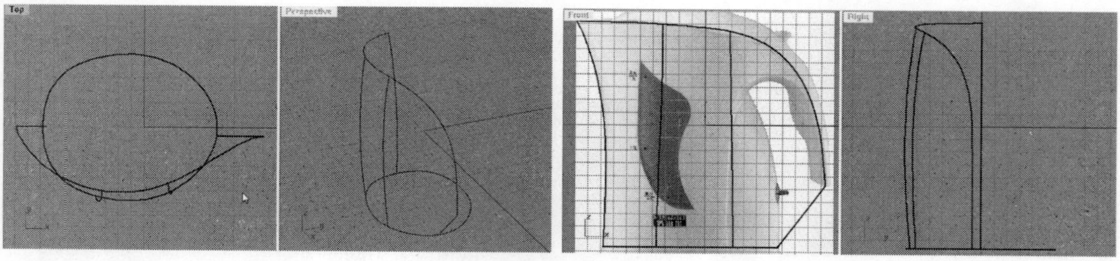

图 3-250

④ 对最上面的曲线重构成 5 阶 16 个控制点，如图 3-251 所示。

⑤ 用对称工具对其进行对称操作，效果如图 3-252 所示。

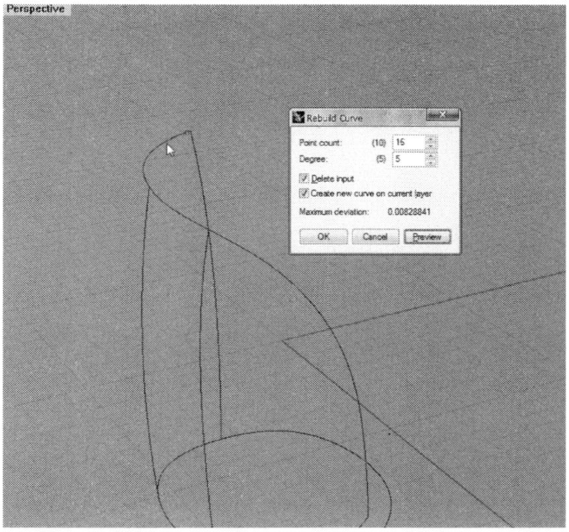

图 3-251

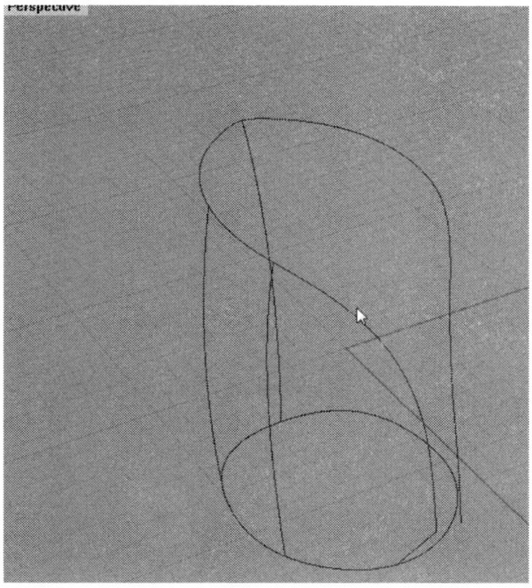

图 3-252

⑥ 将两条曲线进行匹配并组成一条单一曲线，如图 3-253 所示。

⑦ 将左边的 3 条线做个镜像到右边，如图 3-254 所示。

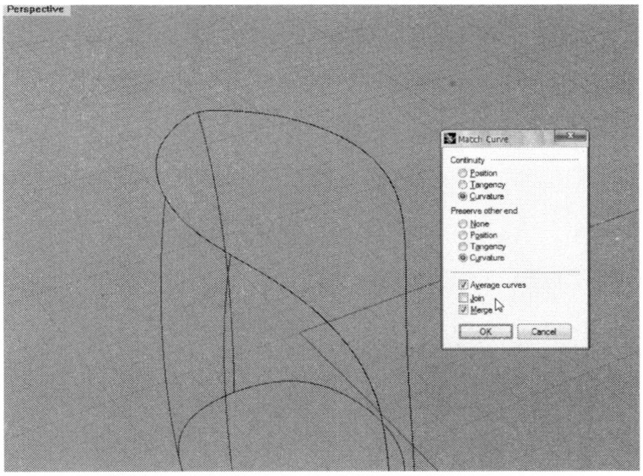

图 3-253

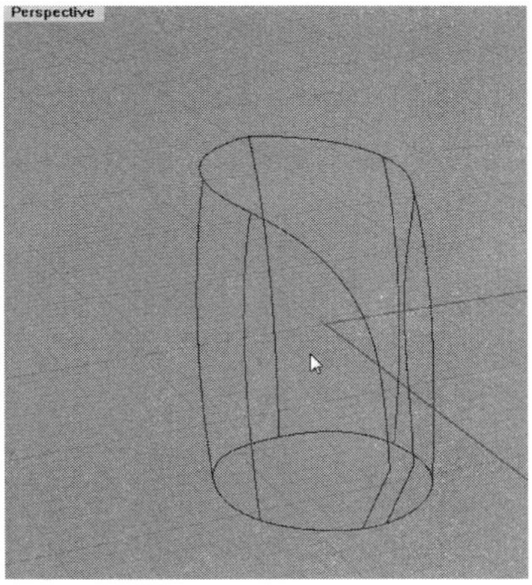

图 3-254

⑧ 用曲线融合工具对把手尾端的曲线做一个融合，如图 3-255 所示，得到如图 3-256 所示的效果。

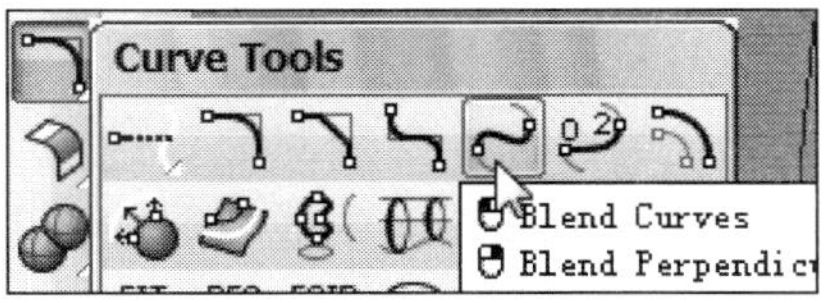

图 3-255

⑨ 将最上面的一根线和融合生成的线结合成一根线，如图 3-257 所示。

187

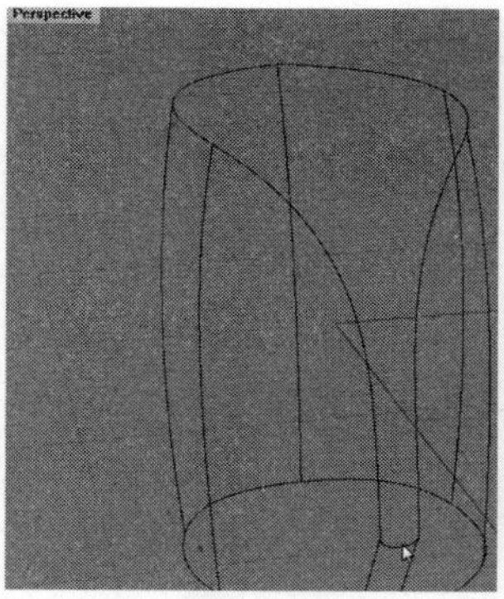

图 3-256

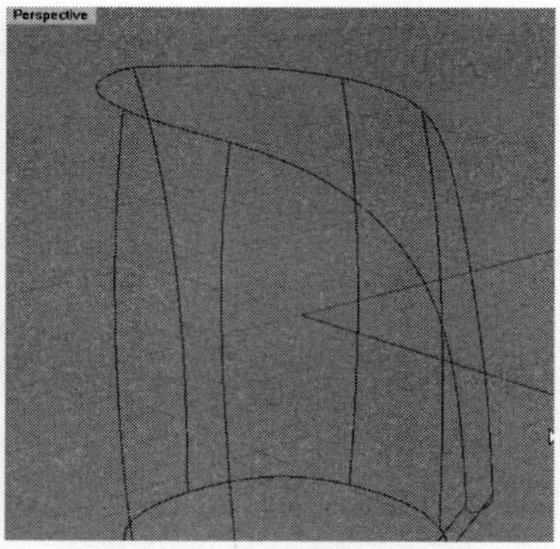

图 3-257

3.2.3　壶的主体建面操作

本小节通过刚才构建的曲线用双轨命令来进行壶体主要部分的制作。如果对生成的主体曲面不是很满意，我们可以重新调节曲面来达到我们的目的，这也是一个反复尝试的过程，以期达到最佳效果。

接着用双轨建面工具（图 3-258）来做壶的主体部分，注意在双轨建面设置中选择如图 3-259 所示的第二项。

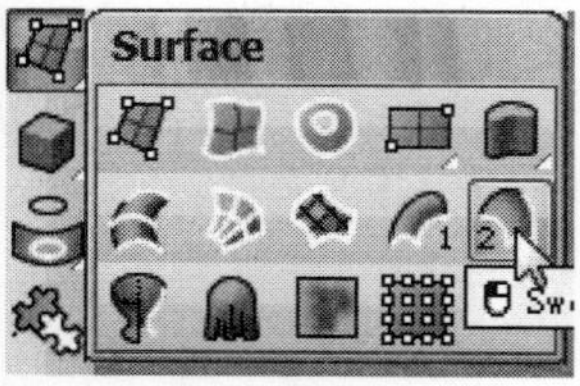

这样主体部分就被很好地建构出来，如图 3-260、图 3-261 所示。

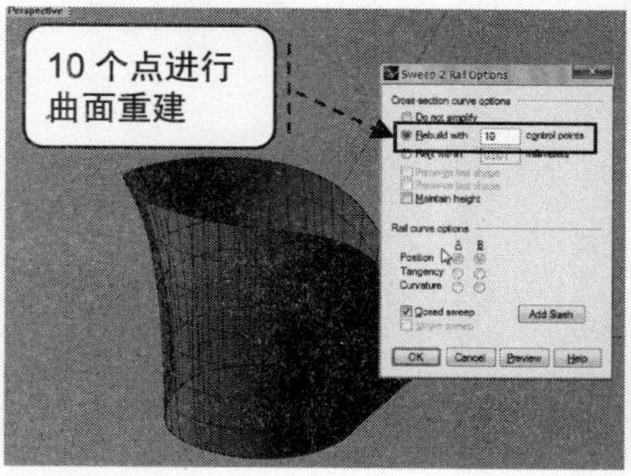

图 3-258

10 个点进行
曲面重建

图 3-259

图 3-260

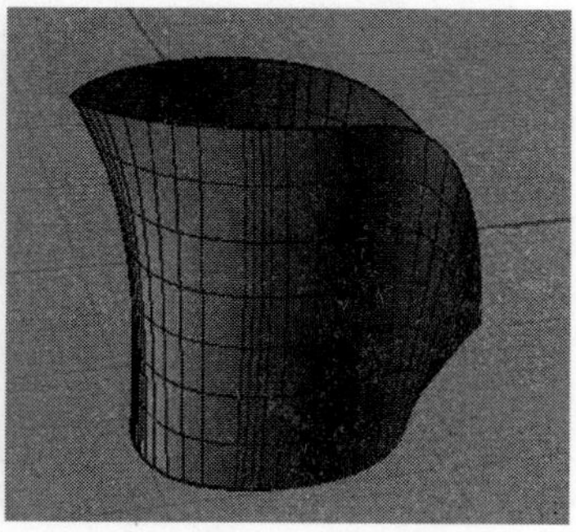

图 3-261

3.2.4　壶盖和把手建模

这个水壶的把手和壶盖是一体化的曲面，然后对壶盖进行了分割，所以在建模过程中要把它们两个作为一个整体来做。主要通过曲线来生成断面线，匹配完成之后，再利用网格建面的方式完成。

Step 01　绘制上部曲线并做融合

❶ 在 Front（前）视图中绘制出壶盖和手柄的一条线，如图 3-262、图 3-263 和图 3-264 所示。

图 3-262　　　　　　　　图 3-263　　　　　　　　图 3-264

❷ 接下来要在主体中提取一条结构线来和手柄尾端的线条做一个融合，先用如图 3-265 所示的显示曲面边线工具（🔲）使主体的边线显示出来，如图 3-266 所示。

图 3-265　　　　　　　　图 3-266

❸ 观察得到曲线的起点，并用调整封闭曲面的接缝工具（🔲），如图 3-267 和图 3-268 所示。将曲面的接缝正好调整在中间部位，调整前后曲面接缝，如图 3-269 所示。

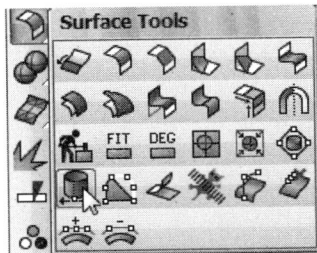

图 3-267　　　　　　　　图 3-268　　　　　　　　图 3-269

❹ 用抽离结构线工具（🔲）抽离出一条正中间结构线，如图 3-270 和图 3-271 所示。

❺ 用曲线融合工具将两条线进行融合，完成如图 3-272 所示，用曲线匹配工具将融合生成的线和上面手柄的线进行匹配并结合成一根单一曲线，如图 3-273 所示。

Curve From Object

图 3-270

图 3-271

图 3-272

❻ 在 Top（顶）视图中用边缘分割命令将主体的上面边线分割一下，注意要保持上下对称，如图 3-274 所示。

图 3-273

图 3-274

Step 02 绘制凸起断面线

❶ 用建立通过数条轮廓线的断面线命令来建立一系列的曲线，如图 3-275 和图 3-276 所示。

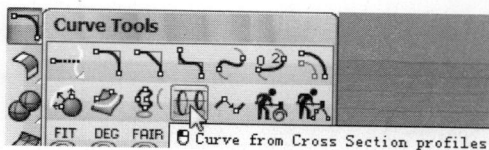

Curve Tools

FIT DEG FAIR   Curve from Cross Section profiles

图 3-275

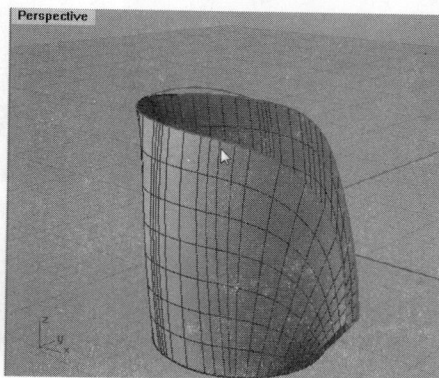

图 3-276

❷ 生成断面线的效果，如图 3-277 所示。

图 3-277

❸ 利用从中点画直线工具（图 3-278）依次画出如图 3-279、图 3-280、图 3-281 所示的直线，注意打开 knot 点捕捉。

图 3-278

图 3-279　　　　图 3-280　　　　图 3-281

❹ 把所画的线在 Front（前）视图中投影到曲面上，完成效果如图 3-282 所示。

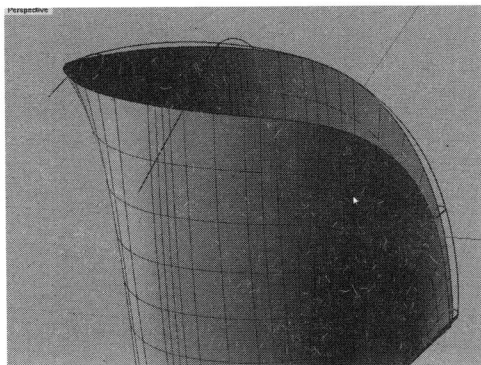

图 3-282

❺ 删除或者隐藏投影用的直线,并将生成的截面线进行重构4阶15个控制点,如图3-283 所示。

❻ 对截面线的左右两边和投影到曲面上的线进行匹配,如图 3-284 所示。

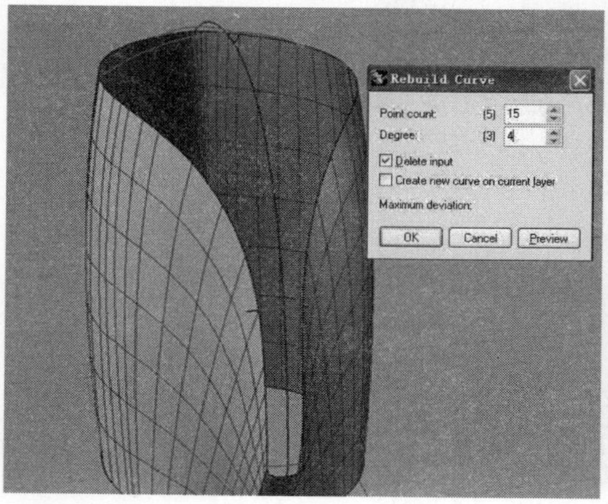

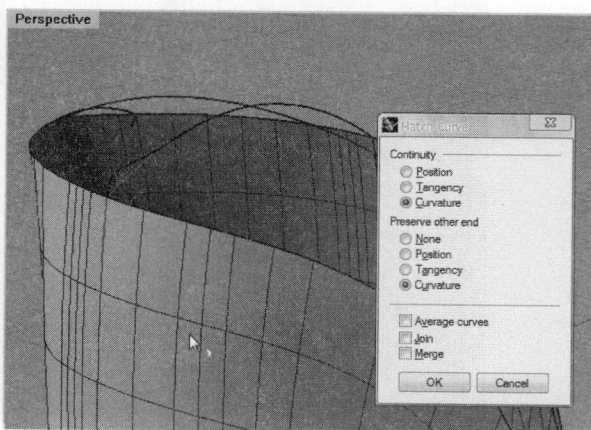

图 3-283   图 3-284

❼ 对匹配生成的线重新进行一下修正,在修正的过程中不要动曲面最顶部决定高度的那 个控制点,适当地删除一些控制点,也要注意左右对称,如图 3-285 所示。

❽ 其他 3 条截面线也用同样的方法进行修正。也可以用 End Bulge(调整曲线端点转折) 工具来对两端进行适当的调整,如图 3-286 所示。

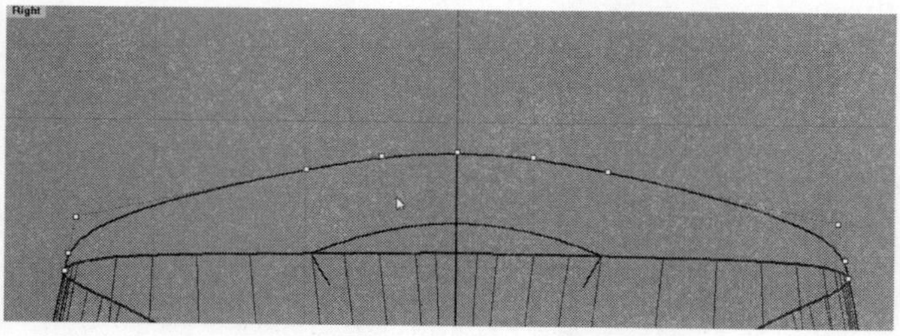

图 3-285 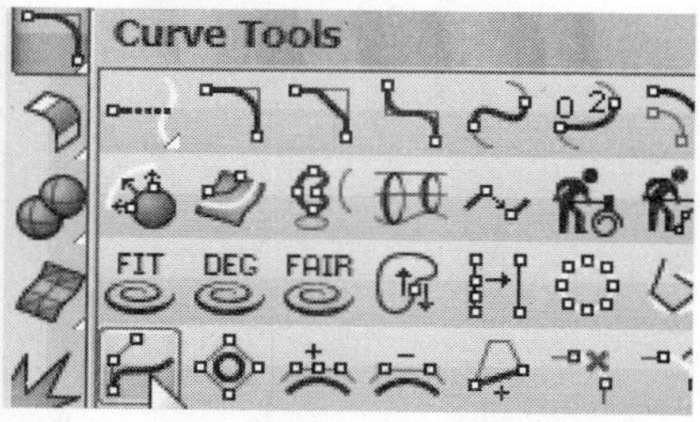   图 3-286

❾ 调整完成后如图 3-287 和图 3-288 所示。

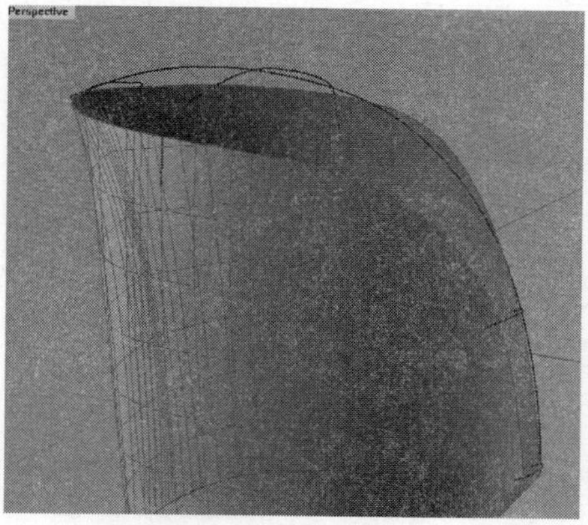

图 3-287

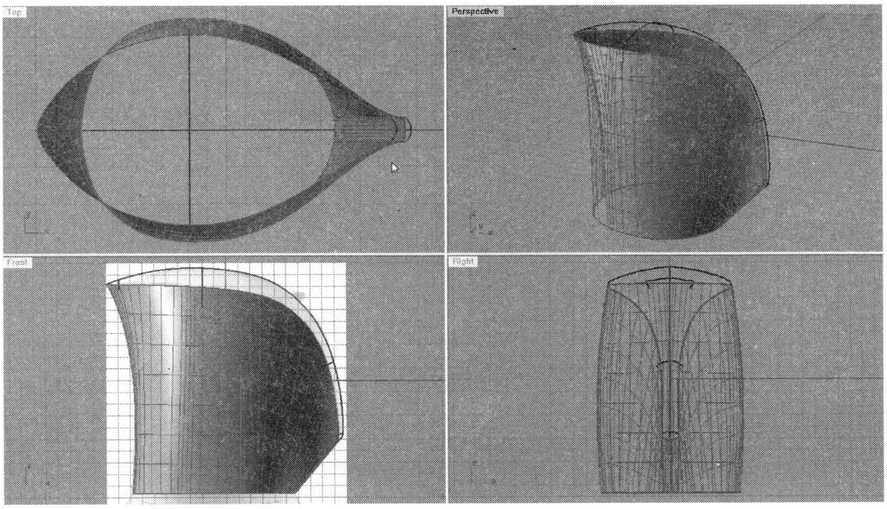

图 3-288

高手点拨

　　End Bulge（调整曲线端点转折）工具可以编辑曲线的形状而不改变端点处的相切方向或曲率。利用这个工具，可以改变一条曲线（例如：以 Blend 指令建立的混接曲线）的形状，但始终维持这条曲线与其他几何图形之间的连续性。

　　编辑曲线时，曲线控制点的移动会被限制在某个路径上，避免曲线在端点处的切线方向或曲率被改变。

Step 03　顶部曲面建模

❶ 用网格建面工具来建构出壶盖和把手，如图 3-289 所示。

❷ 如果在建构网格的过程中对把手的感觉不满意，可以调整其截面线直到满意为止，建构完成如图 3-290 所示。

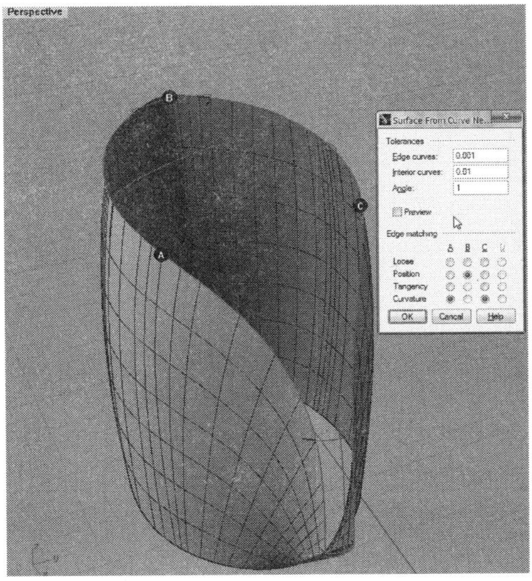

图 3-289

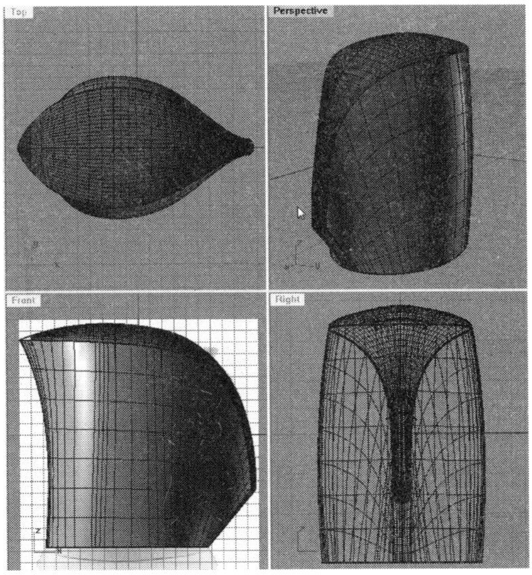

图 3-290

3.2.5　壶身和把手连接部分制作

这个水壶的把手下面也是和壶的主体相互平滑过渡的，连续性非常好，对于这个部分，我们可以采用网格建面的方式来完成。

Step 01　切割把手大体形状

❶ 将两个曲面锁定，把所有曲线转移到一个新图层，并且隐藏新图层。在 Front（前）视图参考背景图画出如图 3-291 所示的线条。

❷ 解除曲线锁定，并且用刚才所画的曲面来切出水壶主体曲面，最后效果如图 3-292 所示。

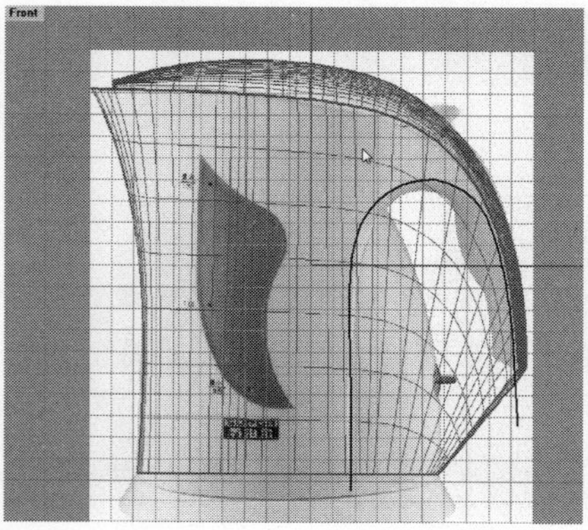

图 3-291

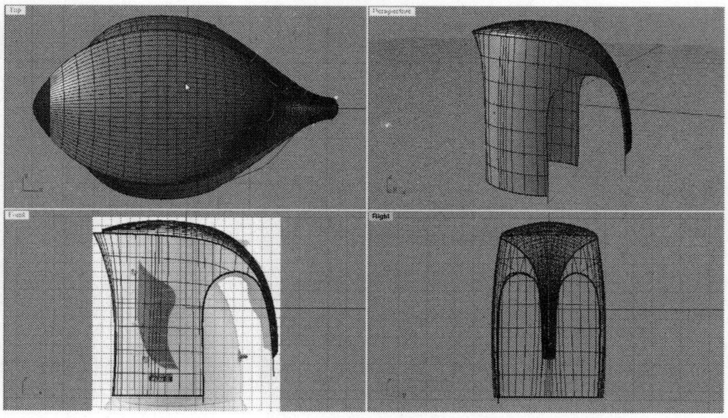

图 3-292

Step 02　绘制把手轮廓线

❶ 隐藏裁剪用的曲线，在 Front（前）视图中画出如图 3-293 所示线条。

❷ 将把手尾端的线条和曲面上的中线做个融合，生成一条线，如图 3-294、图 3-295 所示。

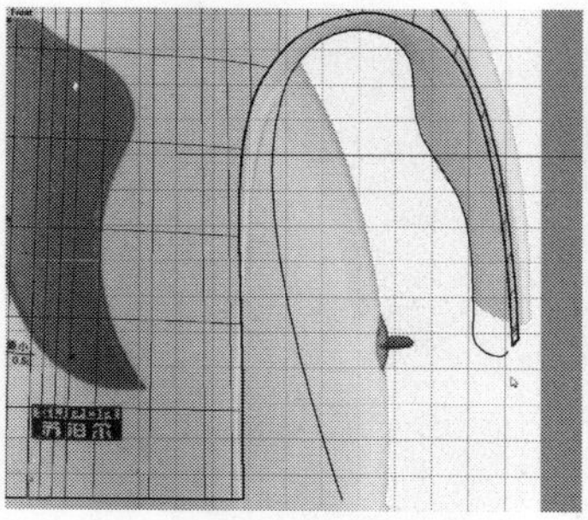

图 3-293

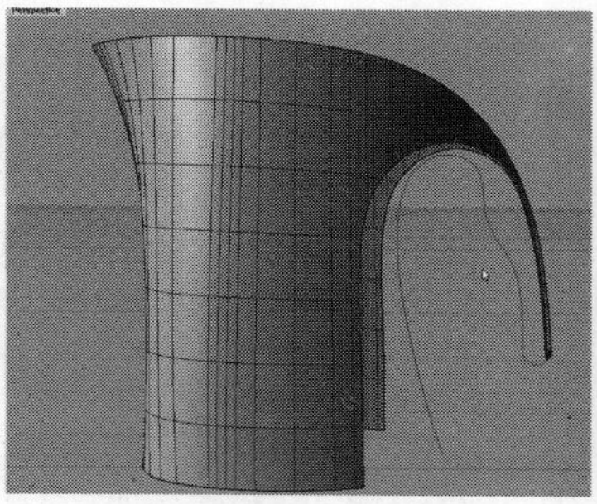

图 3-294

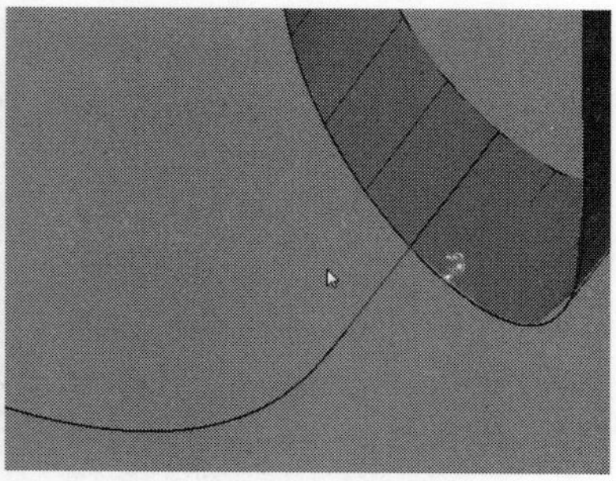

图 3-295

❸ 将生成的曲面和所画的曲线进行匹配并结合成一条单一曲线，如图 3-296、图 3-297 所示。

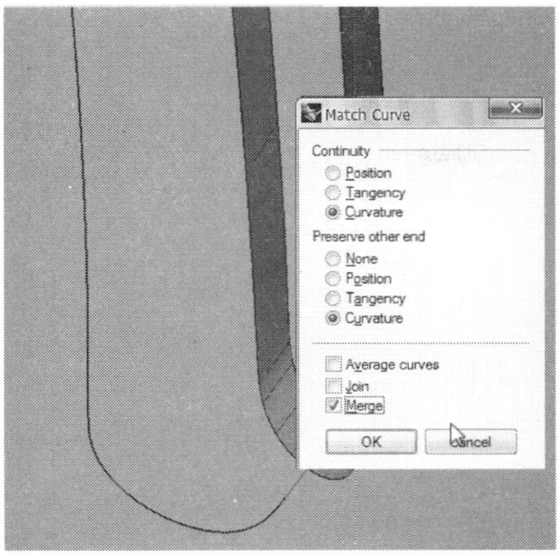

图 3-296

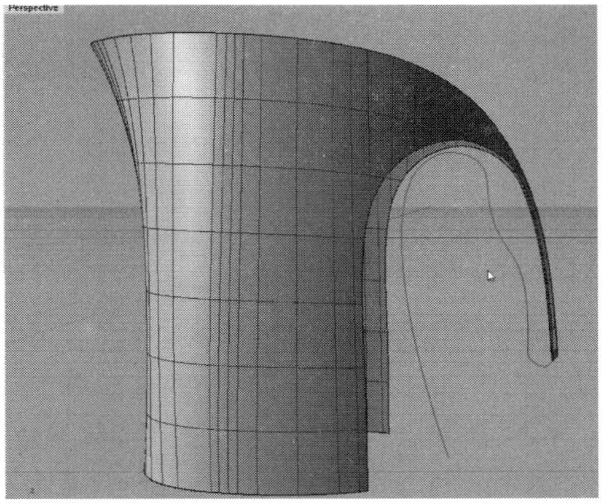

图 3-297

④ 利用曲线融合工具，选择底面的两条边，生成如图 3-298 所示的曲线。

⑤ 打开中点捕捉曲线捕捉到底面线的中点，如图 3-299 所示。

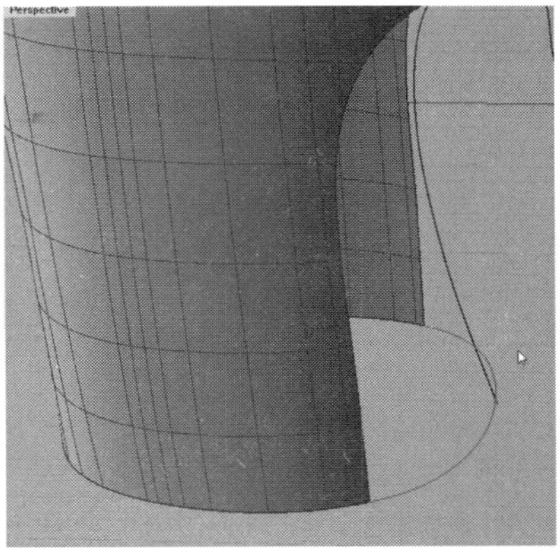

图 3-298

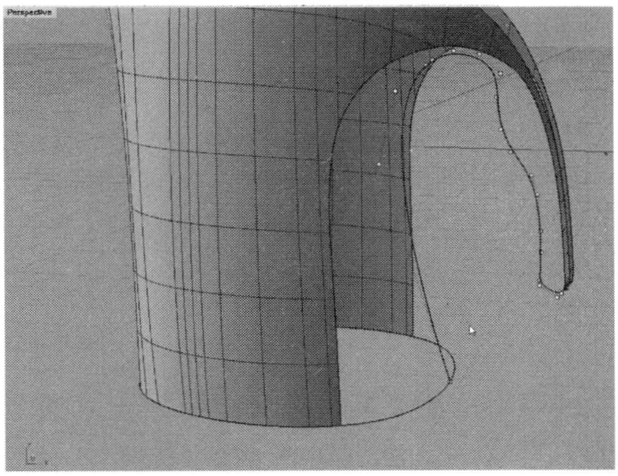

图 3-299

Step 03　网格建面操作

用网格建面工具来建构曲面，如图 3-300 所示，得到如图 3-301 所示的效果。

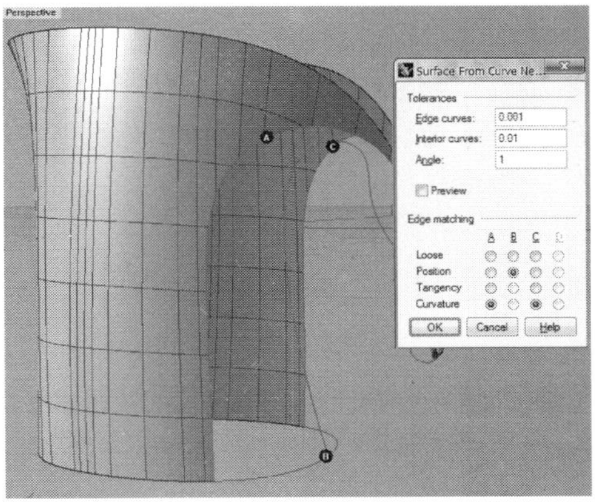

图 3-300

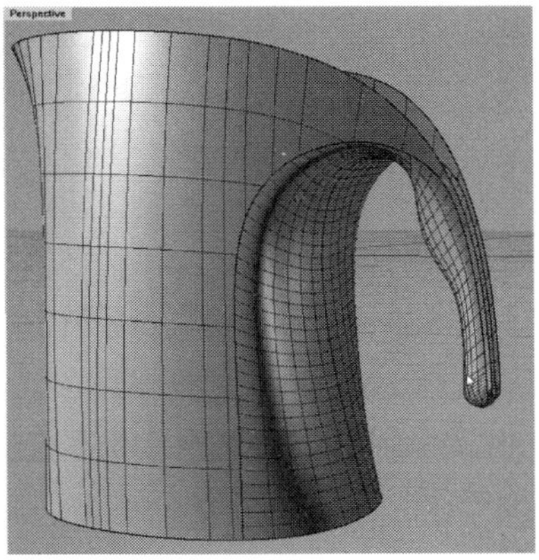

图 3-301

3.2.6　壶身后面凸出部分建模

这个部分主要是通过分割上面的曲面来得到一个边界线，难点在于对于分割曲线的调节，要在每个视图中观察。分割完成之后用网格建面完成。

Step 01　绘制大体侧面轮廓线

❶ 将底面的一条曲线显示出来，如图 3-302 所示。

❷ 在 Front（前）视图中参考背景图片画出一条曲线，曲线下端捕捉到底面曲线，绘制好的效果，如图 3-303、图 3-304、图 3-305 所示。

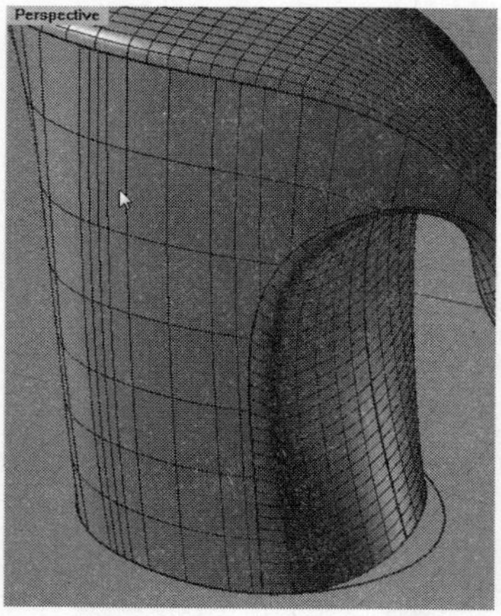

图 3-302 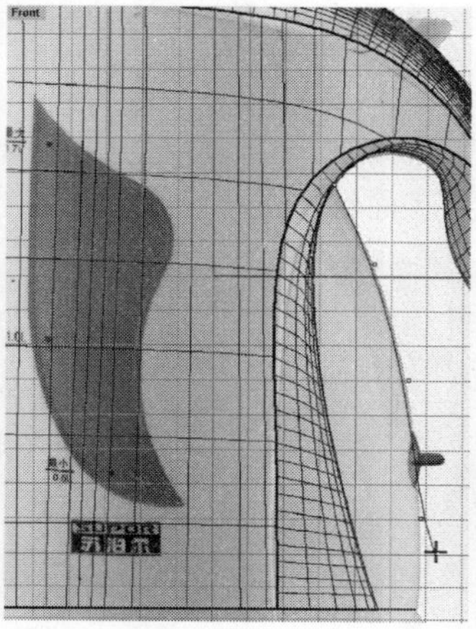　　　　　　　　图 3-303 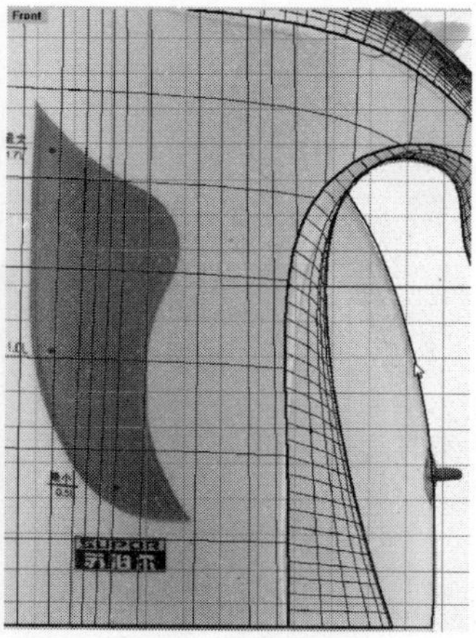　　　　　　　　图 3-304

❸ 在曲线上用点工具（ 🔧 ）标记出一点以作为画线的参考点，如图 3-306 所示。

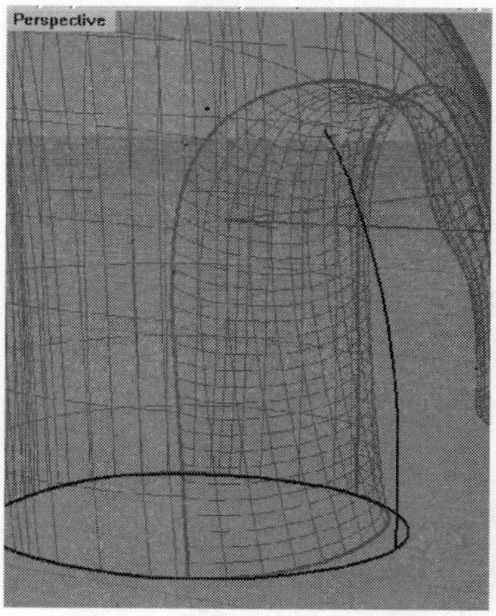

图 3-305　　　　　　　　图 3-306

❹ 在 Front（前）视图中适当位置画出一条直线，此处正好是水壶两块面的交界处，如图 3-307 所示。

❺ 在 Front（前）视图将直线投影到曲线上得到两条参考曲线，删除投影用的曲线，如图 3-308、图 3-309 所示。

图 3-307

图 3-308

图 3-309

Step 02　正面轮廓处理

❶ 右键单击 End 捕捉，关掉其他捕捉，利用椭圆工具（图 3-310）在 Right（右）视图中绘制一个椭圆。在绘制的过程中注意参考椭圆的最高点，捕捉的是投影生成的线的下端，如图 3-311 所示。

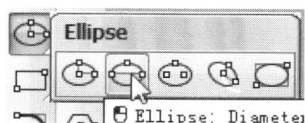

图 3-310

❷ 将椭圆的下半部分用分割工具通过点打断，并且删除下半部分，如图 3-312 所示。

❸ 将剩下的椭圆曲线用曲线重建命令重建成 4 阶 7 个控制点的曲线，并且调节控制点，最后得到如图 3-313 所示的曲线。

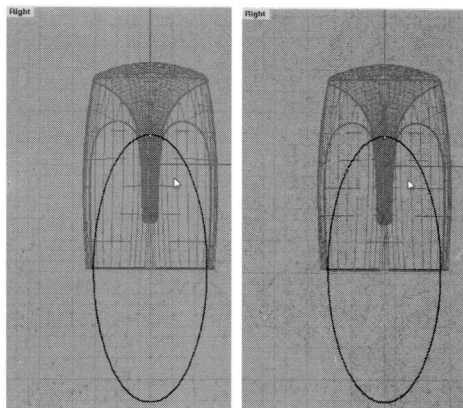

图 3-311

图 3-312

图 3-313

Step 03　切割处理

❶ 在 Right（右）视图中用（🖻）投影到曲面工具将曲线投影到曲面，如图 3-314 所示。

❷ 删除投影在把手部分多余的曲线，利用另一条投影生成的曲线，用分割命令将曲面分割，删除分离之后不要的曲面，最后效果如图 3-315 所示。

❸ 将底面的曲线显示出来并且用分割工具打断，最后效果如图 3-316 所示。

❹ 用边缘分割命令将曲面的边缘打断成 3 段，如图 3-317 所示。

图 3-314 　　　　　　 图 3-315 　　　　　　 图 3-316 　　　　　　 图 3-317

Step 04　构建网格面

① 用网格建面工具做出最后的曲面，如图 3-318 所示。

② 接下来模拟倒角，右键单击边缘工具 (⊥)，并分别选中两个曲面的边缘，单击 all 将边缘线合并，如图 3-319、图 3-320 所示。

③ 用复制曲面边缘线命令，复制曲面的一条边缘线，将复制出来的曲线两端分别适当延长，如图 3-321、图 3-322 所示。

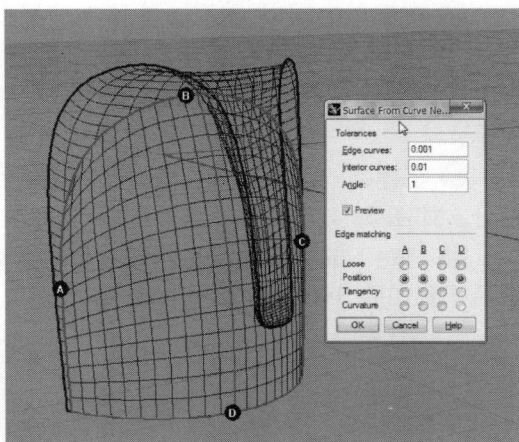

图 3-318

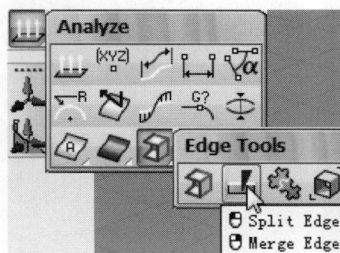

图 3-319

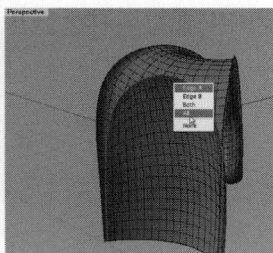

图 3-320

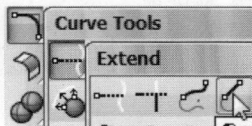

图 3-321

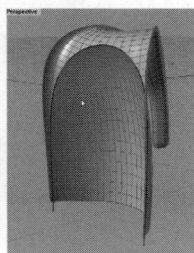

图 3-322

Step 05　做管子倒角

① 选中曲线，用 Pipe 工具 (◔) 制作出一个半径为 0.05 的管道，如图 3-323 所示。

② 用管道将两个面分割，单击分割命令 (⊥)，点选两个曲面，右键单击，再选择管道，再单击右键，删除管道和曲线，最后效果如图 3-324 所示。

③ 删除中间的两个小面，用融合曲面工具将两个曲面做出一个模拟的倒角，如图 3-325 所示。

图 3-323   图 3-324   图 3-325

3.2.7 底座部分建模

底座部分非常简单，可以用放样完成，也可以用单轨完成。这里通过单轨完成。

Step 01 底座部分画线

❶ 提取底面的边缘线并结合，如图 3-326 所示。

❷ 因为底座一般比壶身底面大一点点，所以对底面曲面做一个偏移，偏移值为 0.1，如图 3-327 所示。

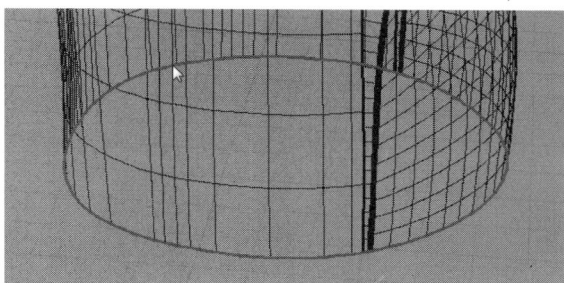

图 3-326   图 3-327

❸ 删除里面的一条线，对外面的线进行重构，如图 3-328 所示。

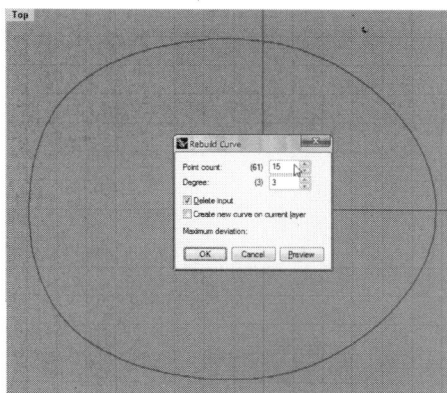

图 3-328

Step 02 底座建模操作

❶ 在 Front（前）视图中画出底座的一条线，曲线上的点不能太多，一些不需要的点就删除或者重建，如图 3-329 所示。

❷ 接下来用单轨扫描生成底座，如图 3-330 所示。

图 3-329   图 3-330

❸ 用加盖工具（ ）给底座加上下两个盖，如图 3-331、3-332 所示。

图 3-331   图 3-332

3.2.8 完善壶身主体细节

细节部分主要是一些小按钮的制作，利用实体相互进行布尔运算得到。

还有对于一些曲面进行分割，分割完成之后可以使用偏移命令将曲面偏移成实体，最后倒角来完成。

Step 01 封闭底面

用以平面曲线为边界建立平面工具（ ）将壶底面封闭，如图 3-333 所示。

Step 02 构建壶盖形状曲线

❶ 在 Top（顶）视图中画出一个椭圆，用来切出壶盖的形状，如图 3-334 所示。

❷ 画出另一条分割线，如图 3-335 所示。

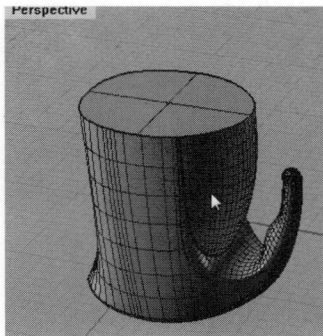

图 3-333

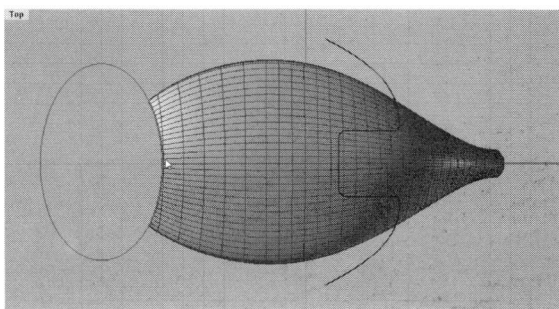

图 3-334

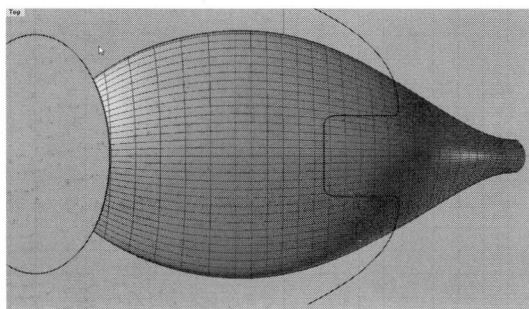

图 3-335

❸ 先用椭圆对壶盖进行剪切，效果如图 3-336 所示。

❹ 用分割工具选中另一条曲线将壶盖分割成两部分，如图 3-337 所示。

图 3-336

图 3-337

❺ 用圆角矩形画出如图所示的矩形，在画的过程中要注意选择 center（中心），保证和曲面的中心线一致，如图 3-338 所示。

图 3-338

Step 03　创建圆柱体按钮形状

❶ 接下来用圆柱工具画出按钮的大致形状，绘制的过程中注意捕捉刚才圆角矩形的 Knot 点，如图 3-339～图 3-342 所示。

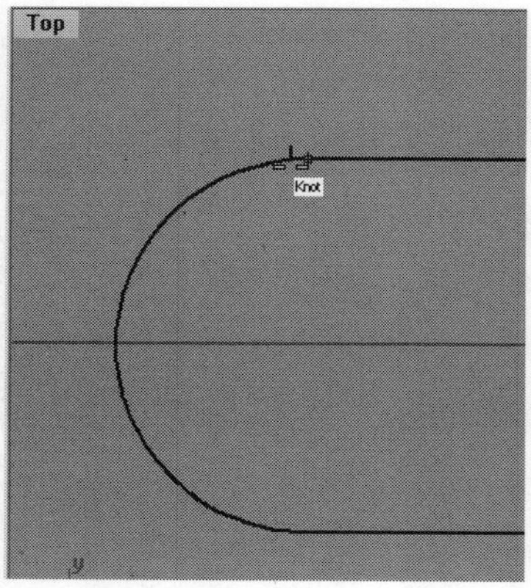

图 3-339 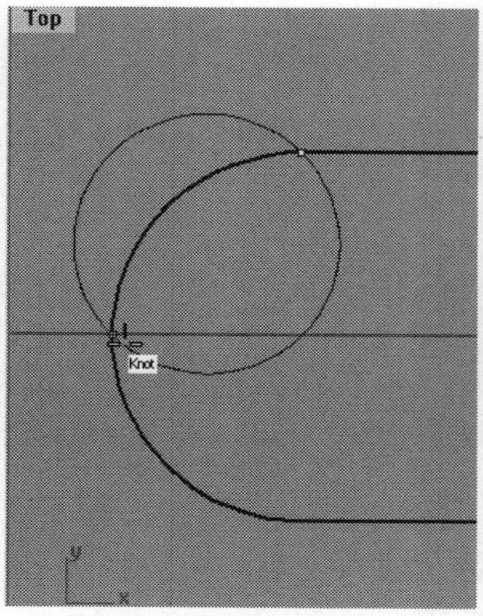   图 3-340 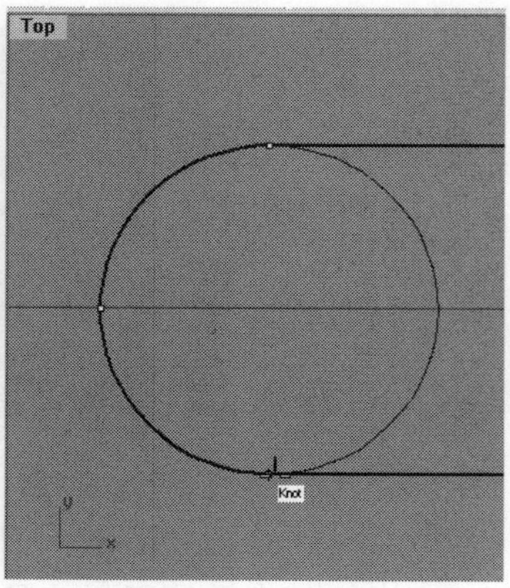   图 3-341

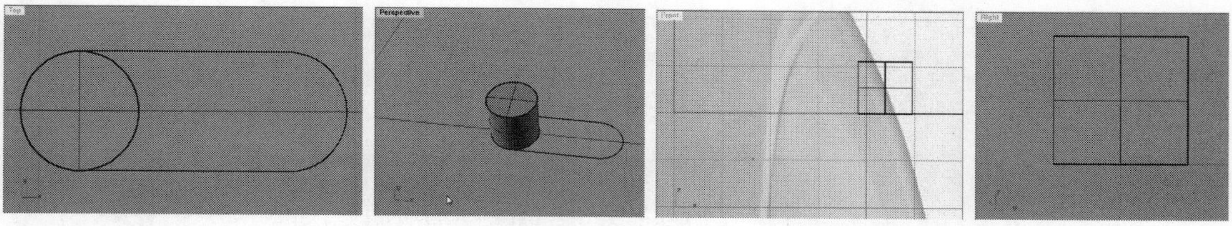

图 3-342

❷ 对圆柱适当地用平面缩放工具进行缩小操作，注意捕捉中心点，如图 3-343 所示。

❸ 接下来做出按钮的防滑槽，在 Front（前）视图中画出截面线，如图 3-344 所示。

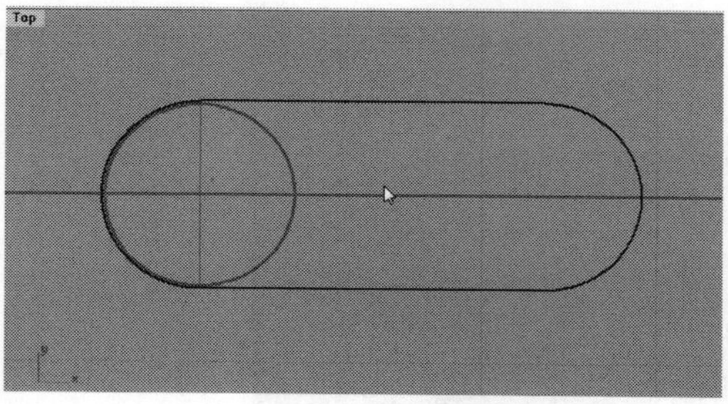

图 3-343

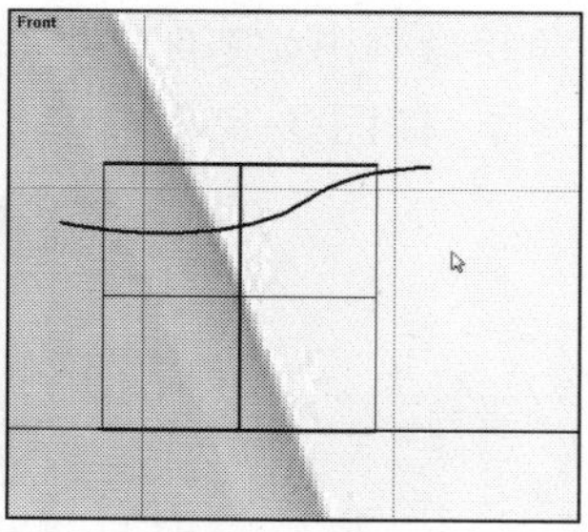

图 3-344

❹ 用拉伸工具将所画曲线拉伸成面，如图 3-345 所示。

❺ 接着用布尔运算差集将圆柱体的上面减去，如果留下的是圆柱的上面，则需要用改变曲面法向（🔲）的命令对曲面做个法向改变。最后效果如图 3-346 所示。

❻ 用实体倒角工具（🔳）对其进行 0.01 大小的倒角，如图 3-347 所示。

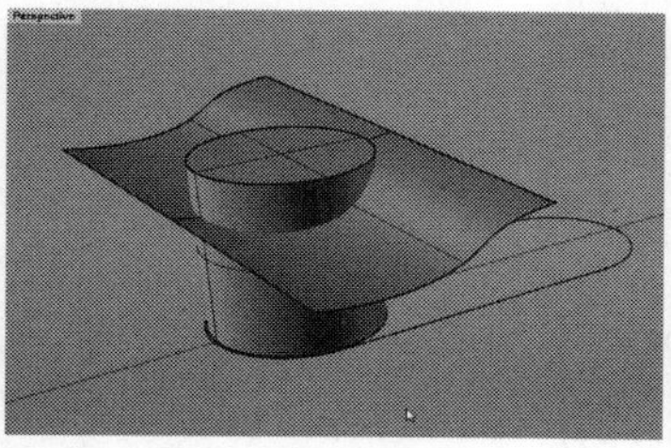

图 3-345 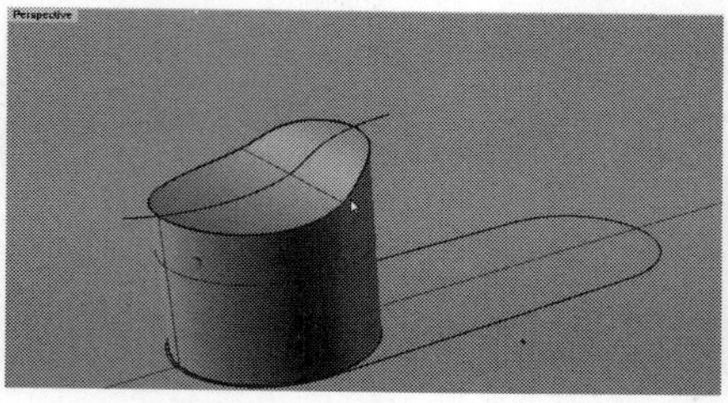   图 3-346 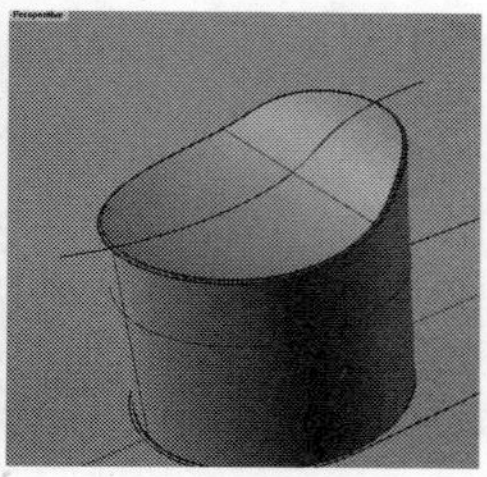   图 3-347

Step 04 防滑槽细节

❶ 用长方体绘制工具，绘制出 3 个防滑槽，并适当调整大小和位置，对 3 个长方体进行 0.01 大小的倒角操作，最后如图 3–348 所示。

图 3–348

❷ 将长方体与圆柱主体进行布尔相加运算，并将边界做 0.01 大小的实体倒角，最后效果如图 3–349 所示。

图 3–349

Step 05 按钮下部缝隙处理

❶ 接下来将曲面向内偏移 0.05，得到两个曲面，如图 3–350 所示。

❷ 将下面的一个曲面锁定，并用圆角矩形在 Top（顶）视图来剪切上面的曲面，若切除的面过大，则可以通过调节圆角矩形控制点的方式来调小一些，最后效果如图 3–351 所示。

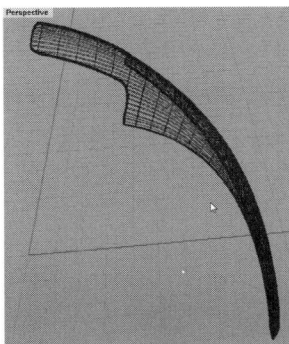

图 3–350

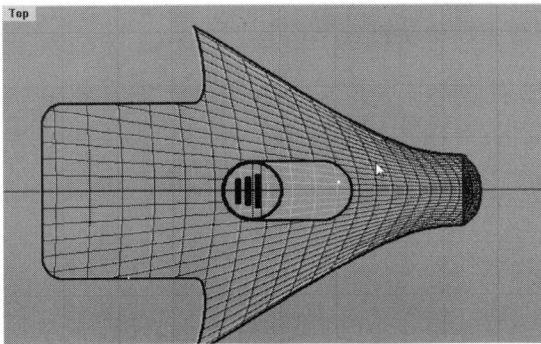

图 3–351

③ 用通过曲面的方向画直线工具 (图标) 在上面剪切过的曲面上画出一条直线，如图 3-352 所示。

④ 对圆角矩形的边缘做出一个拉伸面，方向参考刚才绘制的直线，结果如图 3-353 所示。

⑤ 用 (图标) 将两面组合，用倒角工具 (图标) 对其进行大小为 0.02 的倒角，如图 3-354 所示。

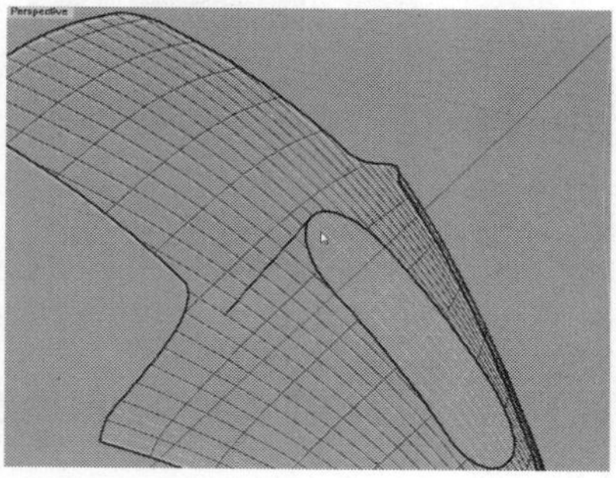

图 3-352 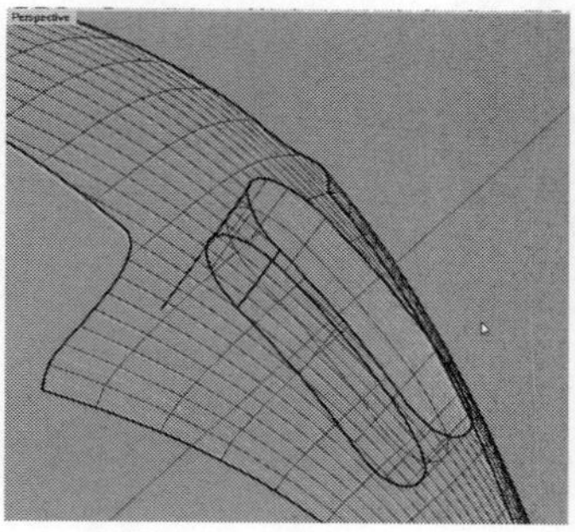　　　　　　　　　　图 3-353　　　　　　　　　　图 3-354

⑥ 将下面的曲面解除锁定，并用下面的曲面将上面的实体部分切除，如图 3-355 所示。

⑦ 在 Front（前）视图中移动事先做好的按钮，旋转到合适的位置，并且将其与下面的曲面做布尔相加运算，并对边缘进行 0.01 的实体倒角，效果如图 3-356 所示。

⑧ 在 Top（顶）视图中画出一个椭圆，注意椭圆部分将沟槽部分包括在内，并且用椭圆去剪切下面的面，最后效果如图 3-357 所示。

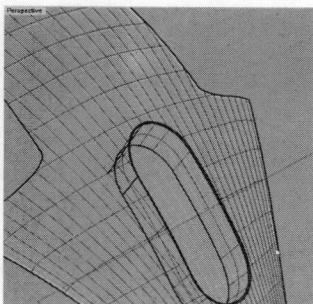

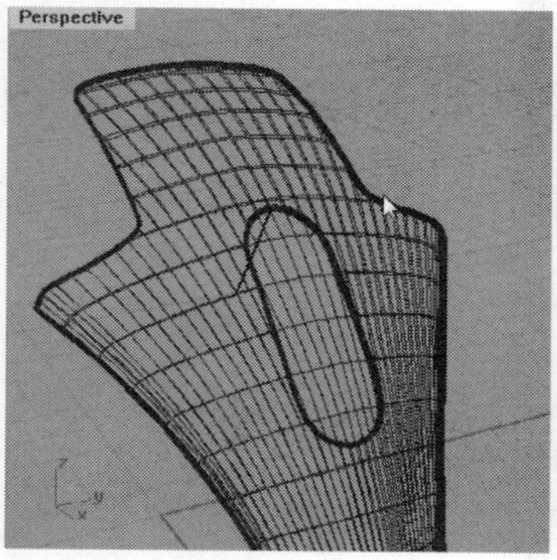

图 3-355 　　　　　　　　　　图 3-356 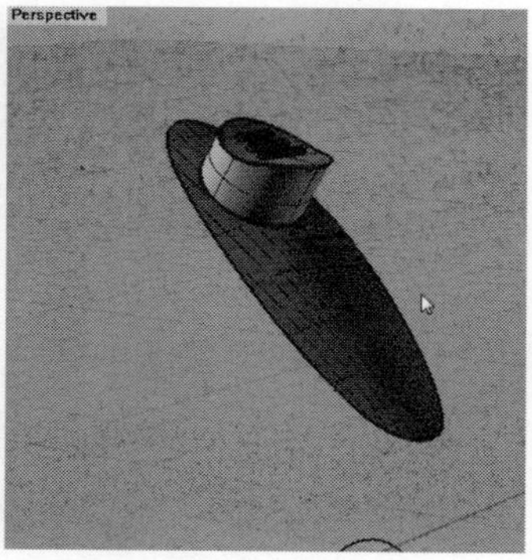　　　　　　　　　　图 3-357

Step 06　调整下面小旋钮细节

① 接下来处理下面的小旋钮细节。将其他面隐藏，留在需要剪切的后半面，在 Front（前）视图中参考背景图绘制出如图曲线，并在 Front（前）视图中剪切曲面，最后效果如图 3-358、图 3-359 所示。

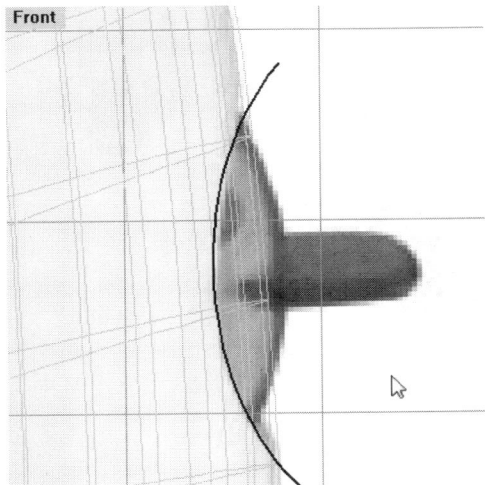
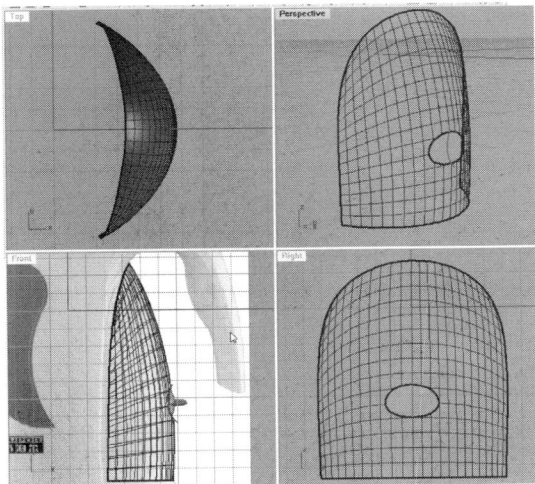

图 3-358　　　　　　　　　　　　图 3-359

❷ 对剪切出来的边缘做一个拉伸深度为 0.02 大小的曲面，并用实体倒角倒 0.01 大小的角，如图 3-360 所示。

❸ 绘制一个球体，按 F10 键打开控制点，调整控制点，最终大小效果如图 3-361 所示。

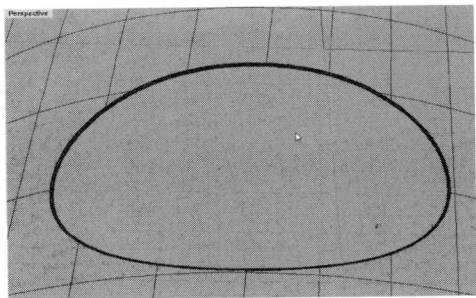
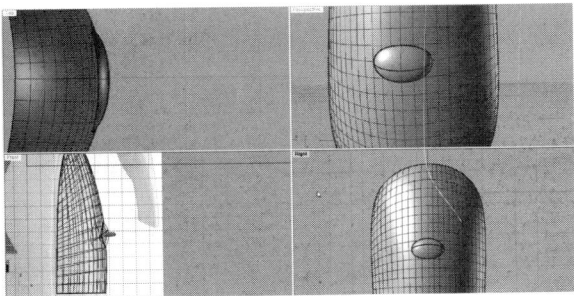

图 3-360　　　　　　　　　　　　图 3-361

❹ 在 Top（顶）视图中用圆角矩形（🖮）画一个圆角矩形，如图 3-362 所示。

❺ 用拉伸工具（🔲）对圆角矩形进行 0.2 大小的拉伸，注意要封口，单击 cap 使其成为 yes 项，并对生成的实体进行 0.02 大小的倒角，效果如图 3-363 所示。

❻ 将方形实体移动到下面的球体的合适位置，进行布尔相加运算。

❼ 对边缘进行 0.02 大小的倒角，如图 3-364 所示。

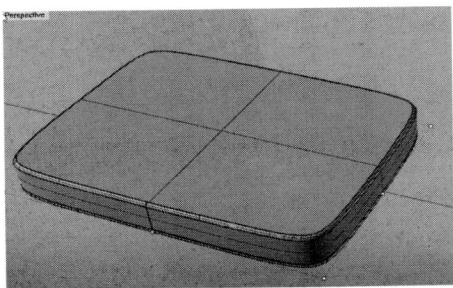
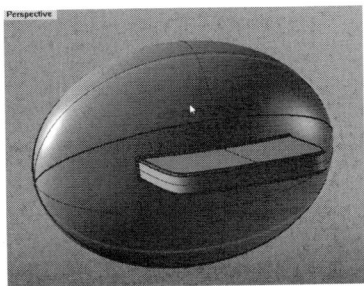

图 3-362　　　　　　图 3-363　　　　　　图 3-364

Step 07 把手尾端处理

❶ 将所有曲面显示出来并组合在一起,所有曲线转移到其他图层并隐藏,效果如图 3-365 所示。

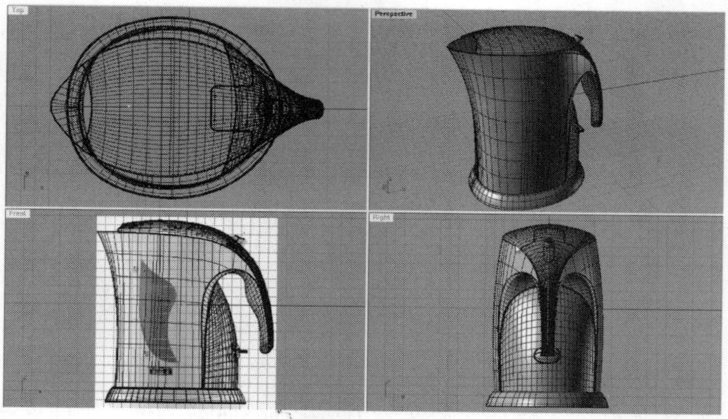

图 3-365

❷ 接下来切除把手的尾端部分,先在 Front(前)视图中画出一条如图 3-366 所示的曲线。

❸ 用拉伸曲线工具（ ）将曲线拉伸成曲面,如图 3-367 所示。

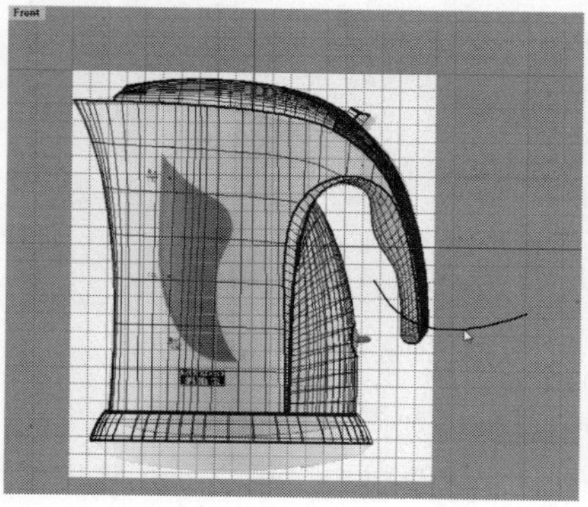

图 3-366

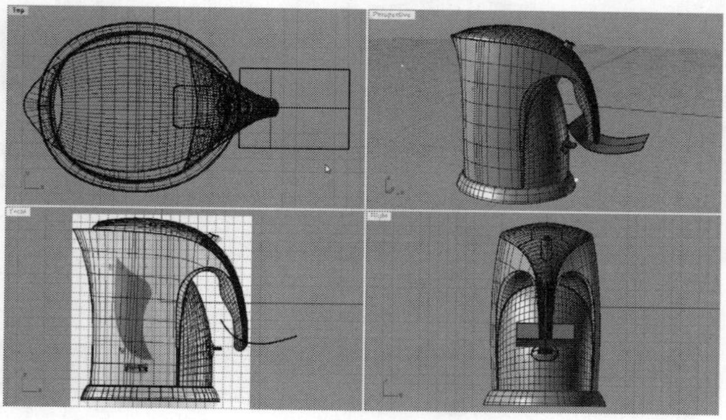

图 3-367

❹ 再用拉伸曲面工具对曲面进行拉伸成实体,如图 3-368、图 3-369 所示。

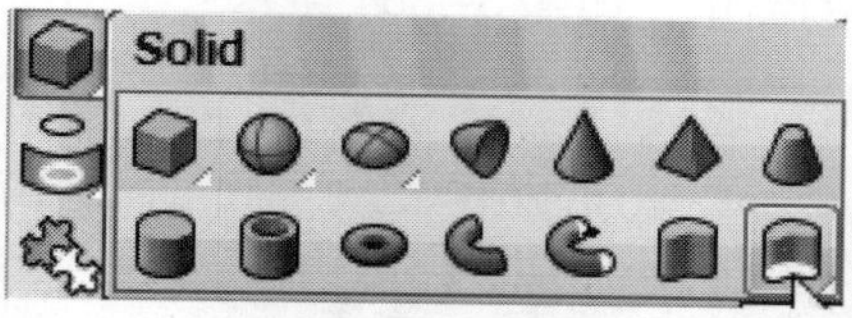

图 3-368

❺ 将所有曲线结合,再用刚才生成的实体,和壶的实体部分做一个布尔相减运算,效果如图 3-370 所示。

图 3-369

图 3-370

❻ 将曲面炸开，对尾部的面用平面缩放工具（🔲）在 Top（顶）视图中适当地放小一些，并在 Front（前）视图中向下移动一点，效果如图 3-371 所示。

❼ 用曲面融合命令来做出模拟倒角，最后的效果如图 3-372 所示。

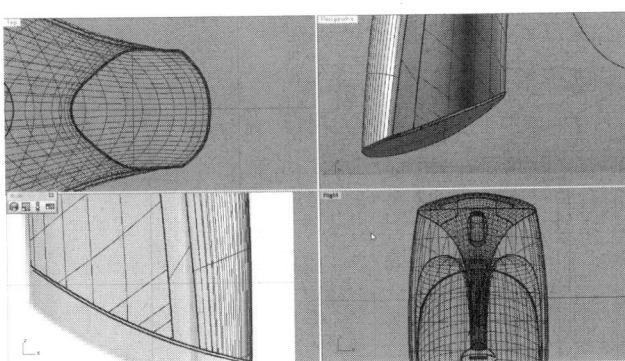

图 3-371

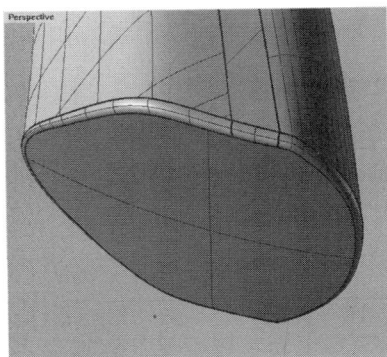

图 3-372

❽ 接下来是给壶体和壶盖加一点厚度。选择壶体部分，用曲面偏移命令（🖫）对壶体进行 0.1 大小的加厚（图 3-373），注意要点选 Solid（实体）选项，单击 FlipAll（反转所有）选项，使曲面偏移的方向朝内，最后的效果如图 3-374 所示。

```
Offset distance <0.100> ( FlipAll Solid Loose Tolerance=0.001 BothSides ): Solid
Offset distance <0.100> ( FlipAll Loose Tolerance=0.001 BothSides ):
```

图 3-373

❾ 同样的道理，给壶盖增加厚度，方向也是朝内，并且用实体倒角工具（🔳）给成实体的壶盖倒 0.01 大小的角，注意要一起选中壶盖实体的所有边。最后的效果如图 3-375 所示。

图 3-374

图 3-375

207

3.2.9 观水窗的制作

观水窗的制作也比较简单，只要通过拉伸成曲面命令，关键在于观水窗也是有倒角的，只不过倒角很小。

Step 01 观水窗线条绘制

❶ 接下来做水壶左边的观水窗。将其他不需要的物体全部隐藏，留下壶身部分。在 Front（前）视图中参考背景图画出所示曲线，如图 3-376 所示。

❷ 用拉伸工具做出个拉伸面，接着用分割命令来分割壶身，点选分割命令，点选壶身，点选曲面，效果如图 3-377 所示。

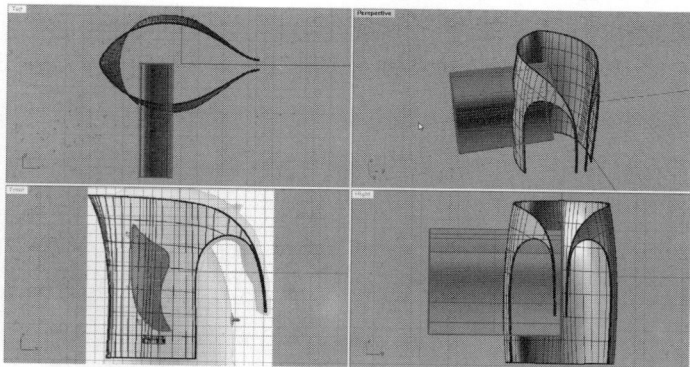

图 3-376　　　　　　　　　　　　图 3-377

❸ 接下来用壶身去分割曲面，点选分割命令，点选曲面，点选壶身，效果如图 3-378 所示。

❹ 删除两块曲面，如图 3-379 所示。

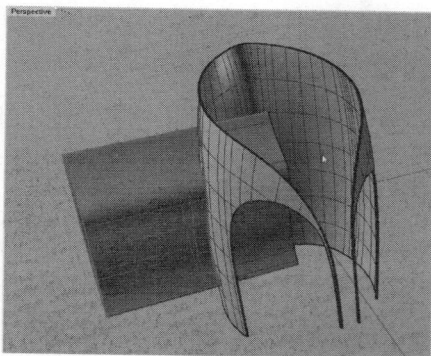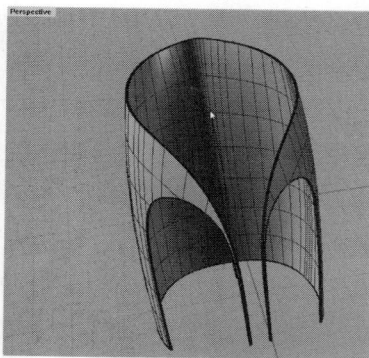

图 3-378　　　　　　　　　　　　图 3-379

Step 02 分离曲面并做倒角缝隙

❶ 选中剩下的一块曲面，按 Ctrl+C 组合键复制，再按 Ctrl+V 组合键粘贴曲面，如图 3-380 所示。

❷ 将一块曲面与壶身主体组合，并对实体进行倒角，大小为 0.02，如图 3-381 所示。

❸ 同理，另一块曲面与剩下的两块面组合成实体并倒 0.02 大小的角，如图 3-382 所示。

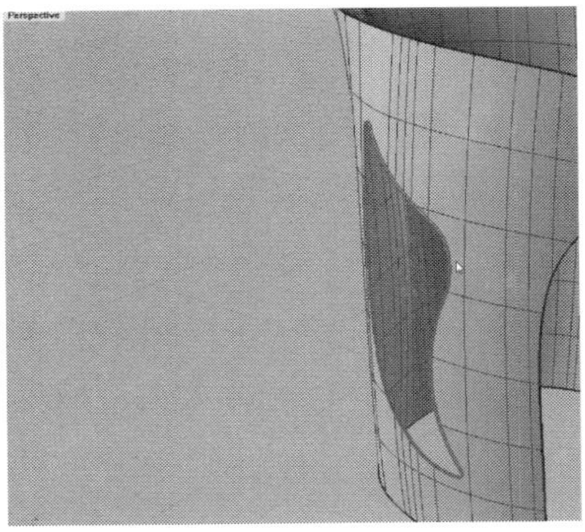

图 3-380

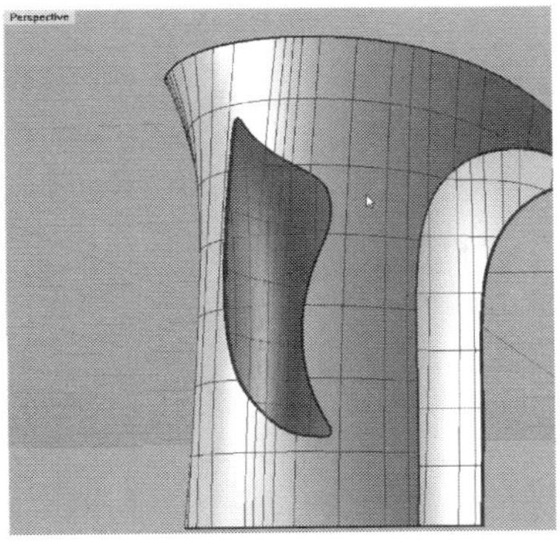

图 3-381

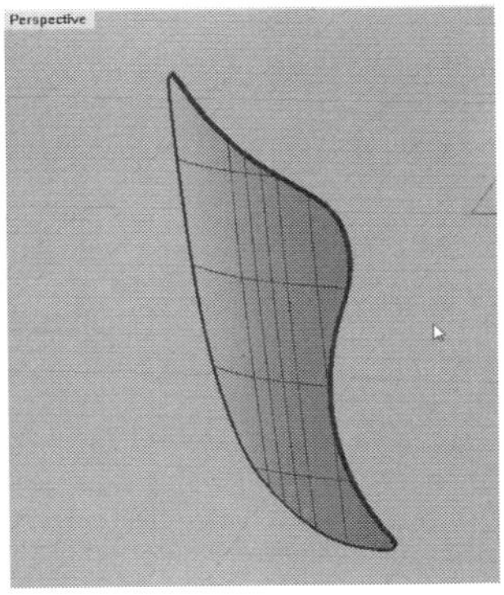

图 3-382

❹ 最后给壶嘴做个实体倒角和模拟倒角。至此，整个水壶已经建模完毕，最后的效果如图 3-383 所示。

❺ 把得到的模型通过 Vray 渲染，得到如图 3-384 所示的最终效果。

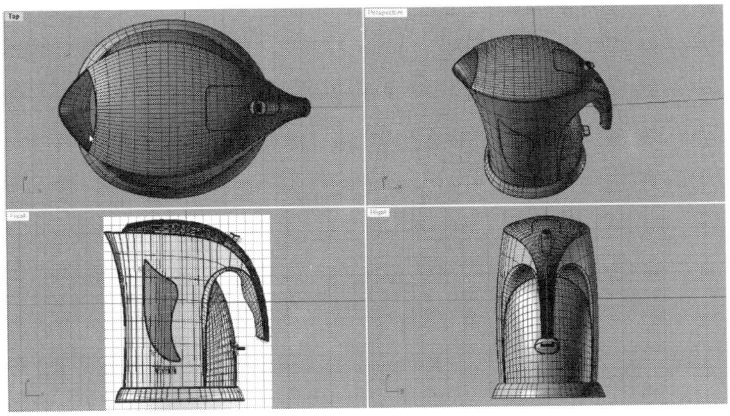

图 3-383

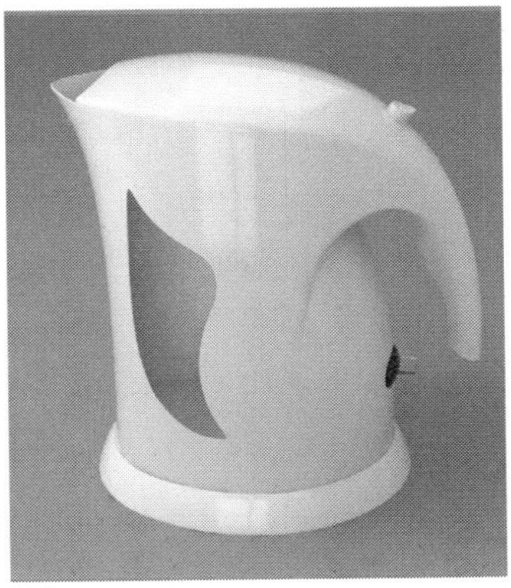

图 3-384

3.3 本章小结

　　本章结合家用普及型机器人和电热水壶两个产品的建模操作，讲解了如何利用 Rhino 4.0 软件进行圆柱形主体产品的建模方法和技巧。对于这类典型的曲面建模，需要把握曲面首尾相接的周期性规律，结合投影和剪切等手段，对曲面进行细节处理。本章同时利用讲解产品建模细节的机会，将产品缝隙、分模线等细节的基本做法清晰明确地进行了讲解。

凹陷曲面产品建模

本章重点

➤ 讲解在Rhino 4.0建模中典型的凹陷面的构建和匹配方法
➤ 结合典型的吸尘器和会议用鼠标等不同的家电产品,进行大弧面的构建、匹配和处理

学习目的

本章主要讲解了典型具有凹陷面的产品——吸尘器和会议用鼠标产品从画线到最终建成模型的整个过程。通过学习,读者可以了解该类产品建模的特点,同时也能够对弧面的转折和凹凸的处理有更深的认识。

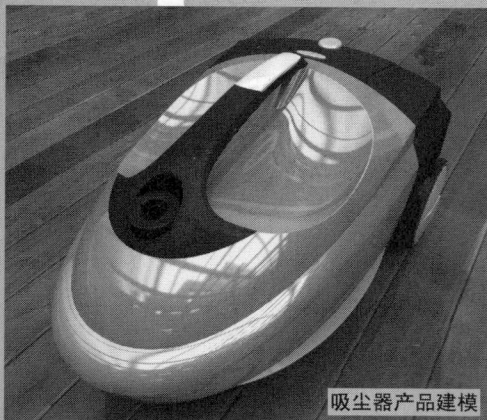

吸尘器产品建模

Logear无线会议专用鼠标建模

由于产品造型需要，对产品表面进行凹陷曲面的处理是常见的现象，如图 4-1、图 4-2 和图 4-3 所示就是类似的造型。对于凹陷曲面的建模，需要注意对于凹陷深度和弧度的把握，同时需要对凹陷面和突出面进行结合，以期做出平滑的效果。本章将结合两个典型实例，分别讲解这类曲面的建模方法和技巧。

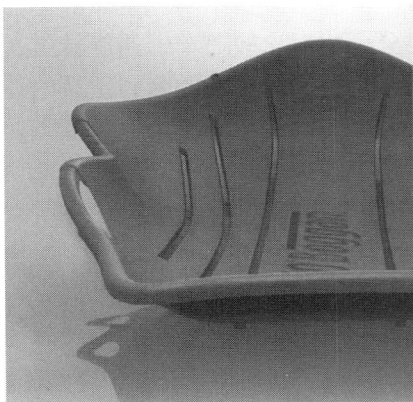
图 4-1

图 4-2

图 4-3

4.1 吸尘器产品建模

产品介绍

图 4-4 是一款吸尘器产品，造型比较稳重，色彩鲜艳，对比突出，富有时尚和科技的特色，块面分割比较合理，细节丰富，给人强烈的视觉冲击力。

该款吸尘器可以从以下 3 个方面来分析。

从造型方面来看，该款吸尘器是一款卧式吸尘器，机身采用流线型、大轮设计，在方便移动的同时，整体造型给人以动感、轻松的视觉感受。在整体造型设计中，采用了弧面、曲线、大圆角过渡的处理方法，符合这类吸尘器外观造型向着体积小型化、外观个性化的设计趋势。

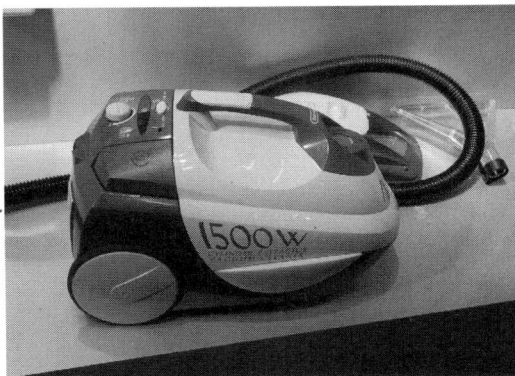
图 4-4

从色彩上来看，该款吸尘器用了橙黄色和黑色的强烈对比，在不失吸尘器沉稳特色的同时，亮丽的橙黄色让整个产品显得个性十足，符合年轻化的时尚潮流，富有鲜明的特征，充满了亲和力。

从功能上来看，整个吸尘器功能设计合理，能满足人们的基本使用。

从整体上来看，该款吸尘器显得功能突出、造型合理、结构细节丰富、色彩对比强烈。下面将针对这款产品进行建模操作，从轮廓线的绘制到最终立体形状的完成，——详细讲解。

建模思路分析

这款吸尘器产品整体呈现圆滑的造型，细节不太多，但是难度也不小，主体的上部分和下部分都可以简单地采用网格建面工具建成，轮子部分也相对比较简单，用旋转工具可以简单地建成，但难点在于中间提手部分，要使把手能够平滑而有机地融合到下面的造型中，需要做很多曲面的融合和匹配，尤其是插入部分的两头交叉处（图4-5），需要做切割后的曲面重建。

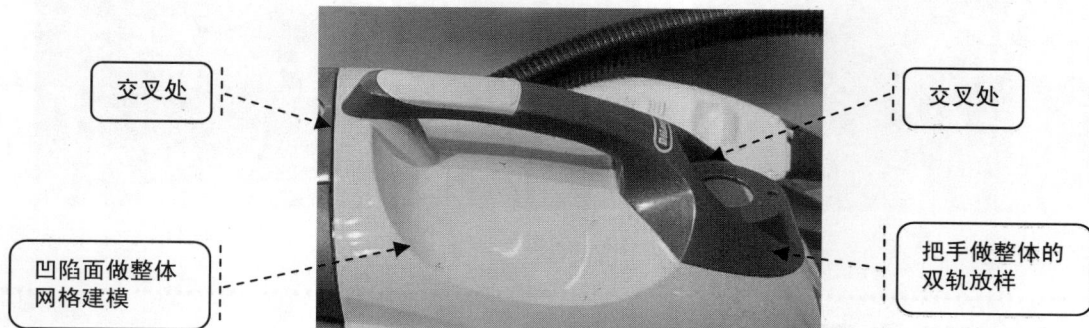

交叉处
交叉处
凹陷面做整体网格建模
把手做整体的双轨放样

图 4-5

制作流程分析

这款产品看起来比较简单，但是建模的时候有两个部分是难点，一个是倒 Y 形的交叉处的曲面融合后切割的补面，另一个是中间座椅部分的处理，基本流程如下。

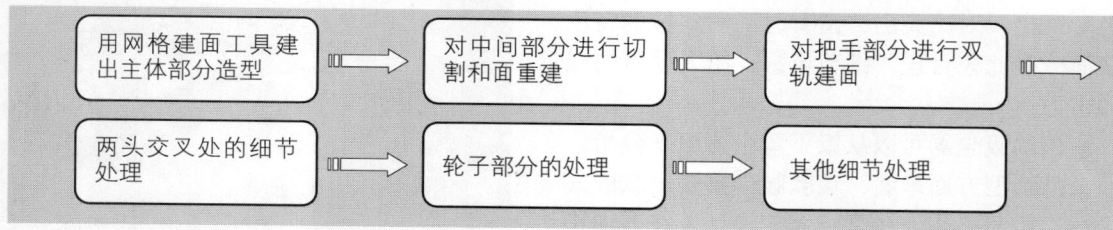

用网格建面工具建出主体部分造型 ⇒ 对中间部分进行切割和面重建 ⇒ 对把手部分进行双轨建面 ⇒

两头交叉处的细节处理 ⇒ 轮子部分的处理 ⇒ 其他细节处理

4.1.1 基本主体建模

Step 01 主体侧面画线操作

❶ 先画出如图 4-6 所示的一条直线，作为辅助线来画轮廓线。根据提供的产品侧面，进行产品的轮廓线绘制，先画出如图 4-7 所示的一条侧面轮廓线，然后进行调节。

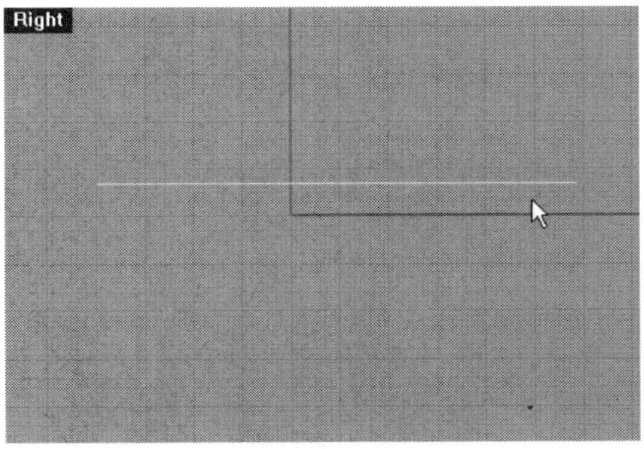

图 4-6 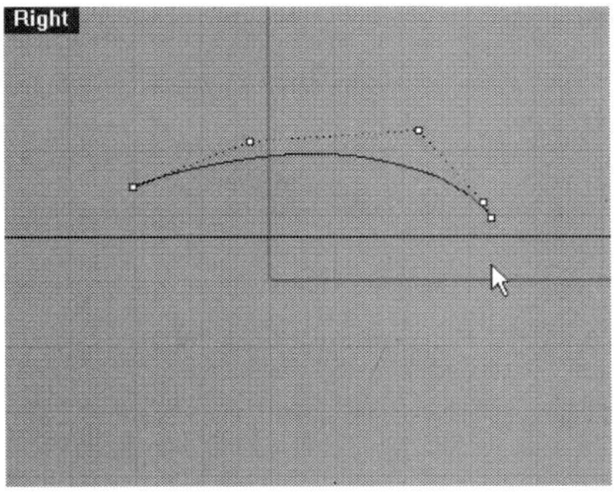   图 4-7

❷ 画出下表面的弧线，如图 4-8 所示。然后把后侧面的轮廓线一起画出来，做成封闭的曲线效果，如图 4-9 所示。

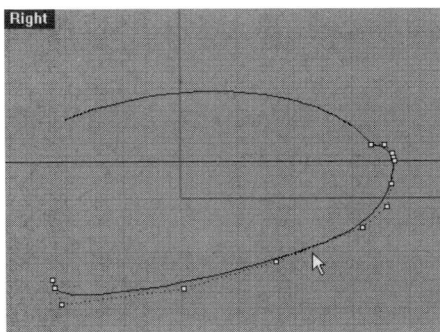

图 4-8 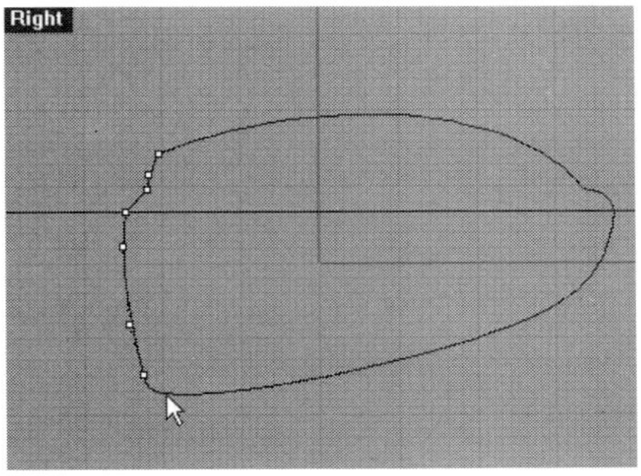   图 4-9

Step 02 主体正面画线操作

❶ 在顶视图上画出如图 4-10 所示的一条和前面的辅助线垂直的线。注意调整位置，在透视图上观察，如图 4-11 所示。

❷ 单击如图 4-12 所示的过两点画弧线工具。

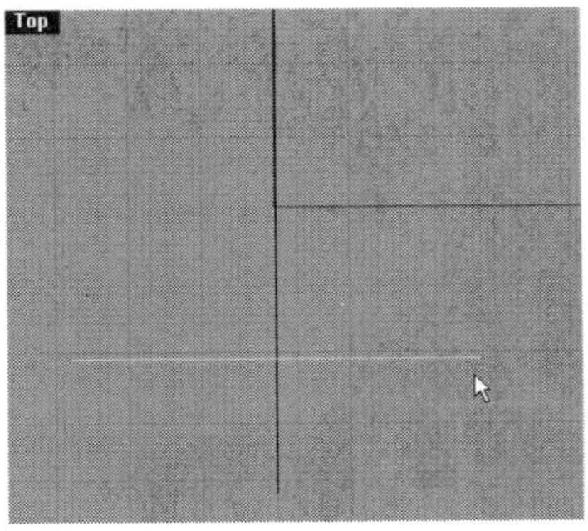

图 4-10 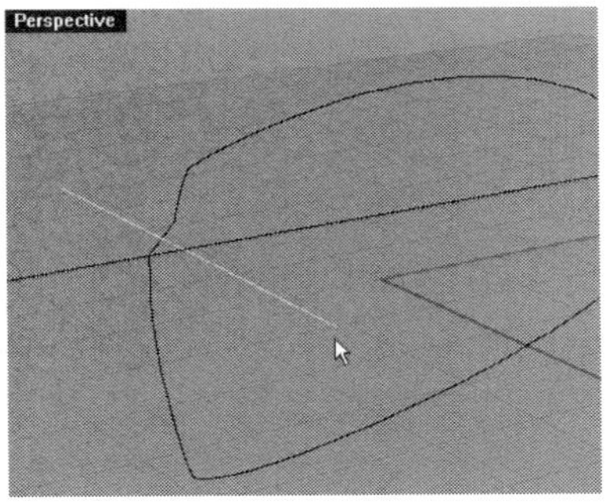   图 4-11 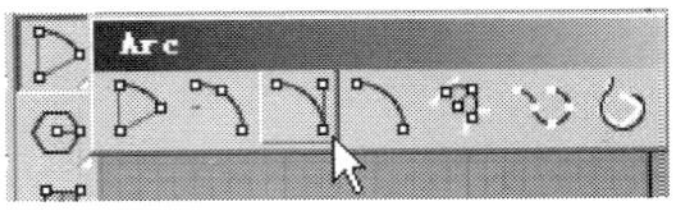   图 4-12

❸ 直接 Near（靠近）捕捉刚画出的直线和右边曲线的端点，画出如图 4-13 所示的一条弧线。用点编辑方式进行调整，调整成如图 4-14 所示的形状。

❹ 为了使整个线条在镜像的时候不会变形太多，可以用线的重建工具（）进行重建，按照如图 4-15 所示的方式进行设定。

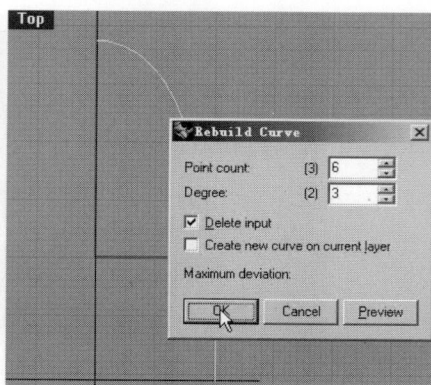

图 4-13   图 4-14   图 4-15

⑤ 设定好以后，利用镜像复制工具（🔲）进行镜像复制工作，如图 4-16 所示。单击线匹配工具（🔧），对两边的线条进行匹配，注意两边的平均变化，如图 4-17 所示。

⑥ 确定后得到如图 4-18 所示的线条效果。

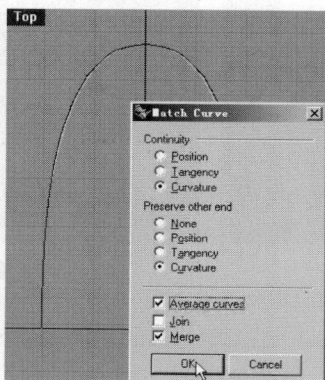

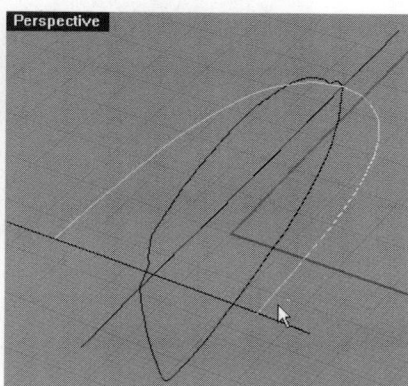

图 4-16   图 4-17   图 4-18

Step 03 绘制后部和底部曲线

① 单击两点画弧线工具（✏️），利用这条画出的曲线的两个端点画出如图 4-19 所示的一条弧线。单击复制工具（🔲），将得到的弧线向下复制一条，如图 4-20 所示。同样把中间的一段弧线向两边复制，如图 4-21 所示。

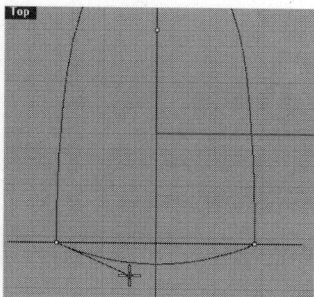

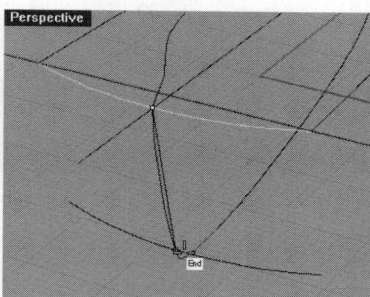

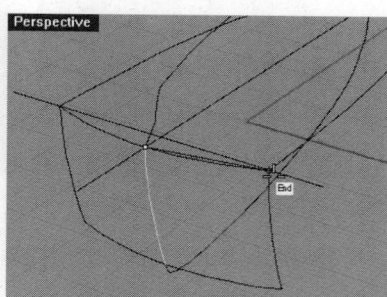

图 4-19   图 4-20   图 4-21

❷ 再次将上表面的弧面向下复制，得到如图 4-22 所示的曲线效果。将得到的曲线用单向缩放工具（█）进行压缩，如图 4-23 所示。

❸ 在右视图上进行旋转，得到如图 4-24 所示的效果。在顶视图上，将多余的点删除，然后对比调节两边的点，调节成如图 4-25 所示的效果。

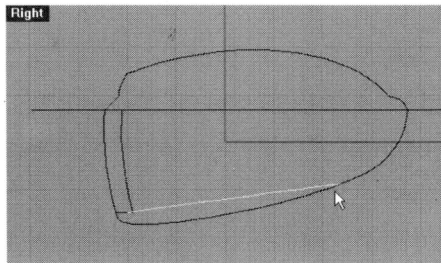

图 4-22　　　　　　　　　图 4-23　　　　　　　　　图 4-24

❹ 这样，基本的线条都已经画完，如图 4-26 所示。

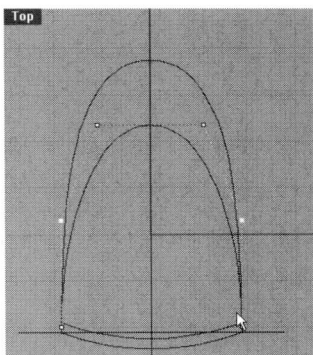

图 4-25

图 4-26

Step 04　四周曲面建模

❶ 下面开始建面操作，先单击双轨建面工具（🔧），利用如图 4-27 所示的 4 条线建面，将如图 4-28 所示的截面线打断，利用 Int（相交）捕捉方式。

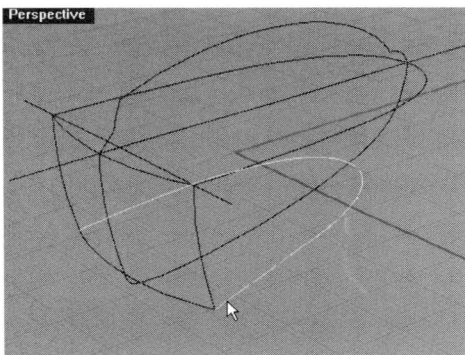

图 4-27　　　　　　　　　　　　　　　图 4-28

❷ 得到如图 4-29 所示的一段截面线。

❸ 利用上下两条弧线和得到的截面线，作如图 4-30 所示的双轨放样面，得到如图 4-31 所示的曲面效果。

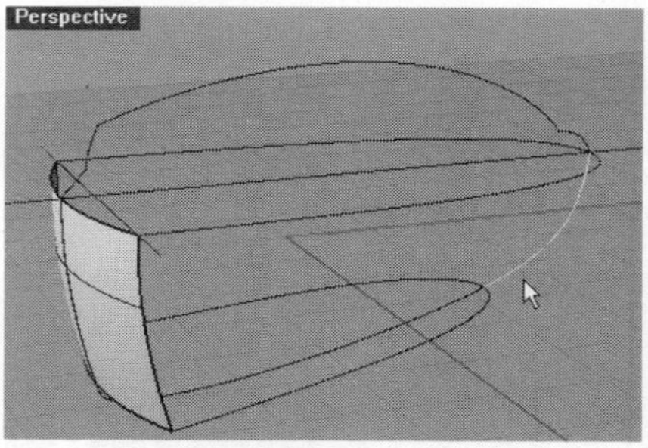

图 4-29

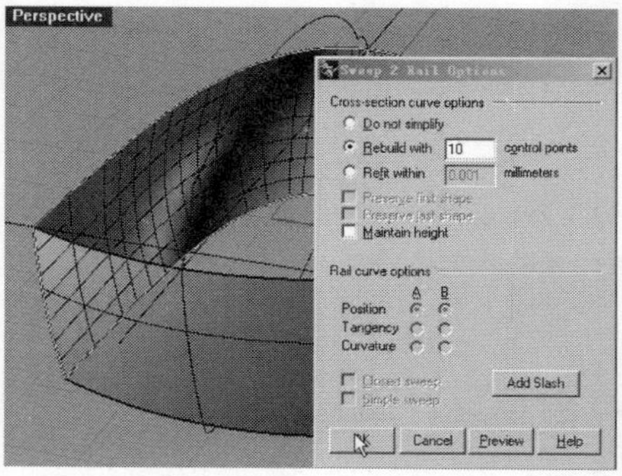

图 4-30

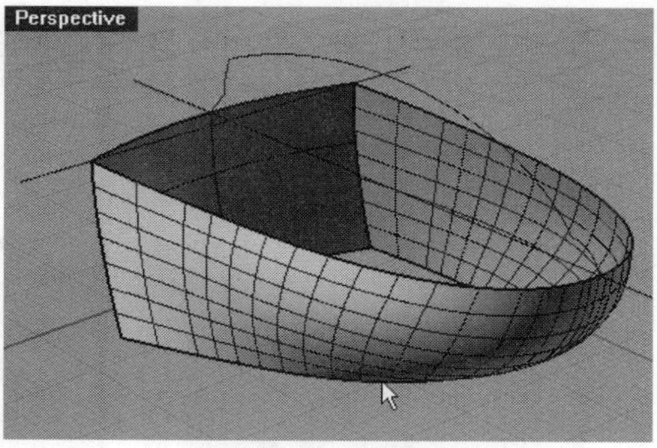

图 4-31

Step 05 处理底部曲面

接着处理底部的曲面，如图 4-32 所示是底部和中间的一条曲线。

❶ 单击网格建面工具（图），利用底部的边线和上面的一条线，进行网格建面操作如图 4-33 所示。

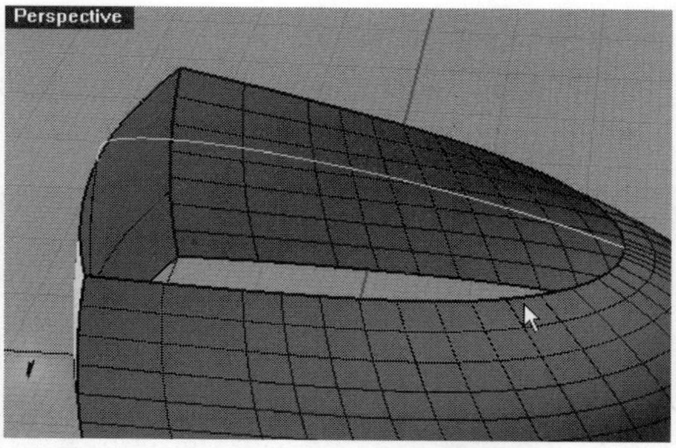

图 4-32

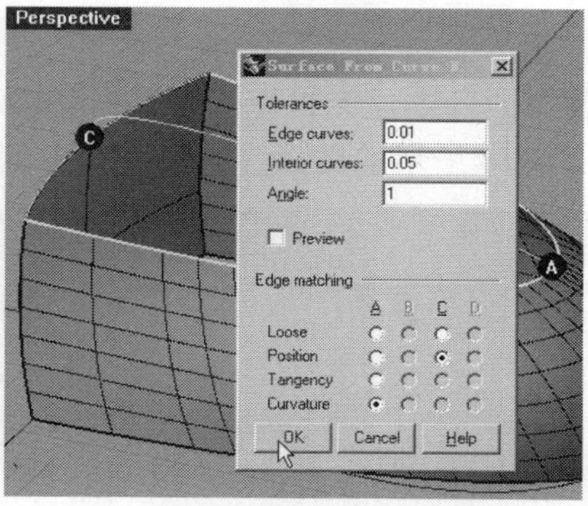

图 4-33

❷ 确定后，得到如图 4-34 所示的底部曲面。这个曲面和周围的曲面连续性较好，用斑马线观察，如图 4-35 所示。

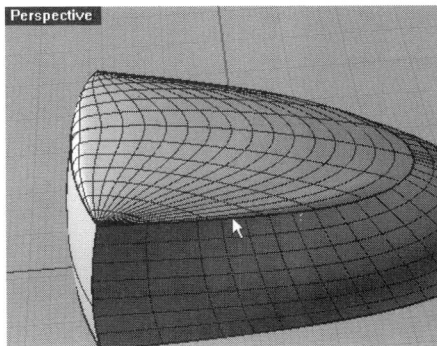

图 4-34   图 4-35

Step 06 上部小曲面操作

❶ 回到上部，将如图 4-36 所示的上边顶部的曲线继续复制一份，注意用端点捕捉。

❷ 将复制出的曲线在顶视图上进行按比例缩小，如图 4-37 所示。调整好以后，在如图 4-38 所示的位置画出一条短线。将得到的短线向另外一边镜像复制一条，得到如图 4-39 所示的短线。

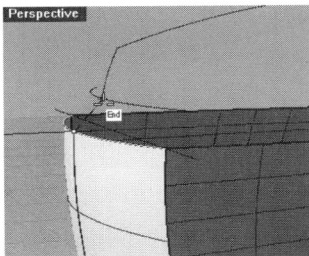

图 4-36   图 4-37   图 4-38

❸ 单击如图 4-40 所示的按方位复制工具。

❹ 将下面已经建面的线条向上复制，并进行按比例缩小，如图 4-41 所示。这样就可以进一步建面了，先在后部做双轨放样，得到如图 4-42 所示的曲面。

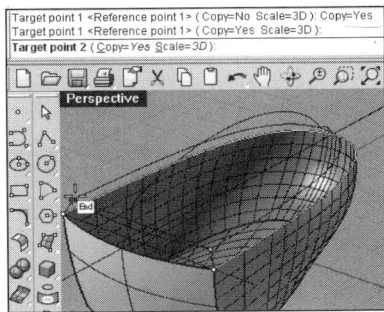

图 4-39   图 4-40   图 4-41

❺ 继续选择如图 4-43 所示的线条来做双轨建面，得到如图 4-44 所示的曲面效果。

图 4-42　　　　　　　　　　　　　图 4-43　　　　　　　　　　　　　图 4-44

Step 07　后部小曲面建模

❶ 在前视图上画出如图 4-45 所示的一条短线，注意方向的调整，如图 4-46 所示。

❷ 向另外一边镜像对称复制，得到如图 4-47 所示的效果。再次在前视图上利用过两端点画弧线工具（ ），过这两条短线的上端点画出如图 4-48 所示的一条弧线。

图 4-45　　　　　　　　　　　　　图 4-46　　　　　　　　　　　　　图 4-47

❸ 在右视图上进行旋转操作，如图 4-49 所示。调整后，得到如图 4-50 所示的线条效果。

❹ 利用得到的曲线，作如图 4-51 所示的双轨放样。

图 4-48

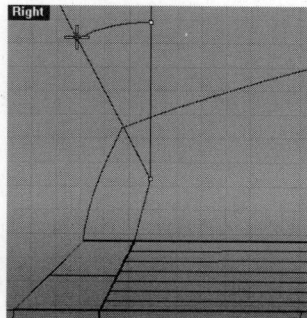

图 4-49

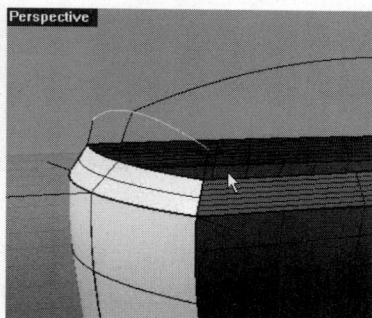

图 4-50

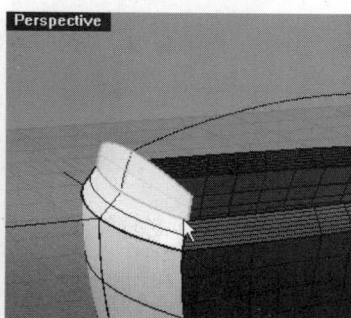

图 4-51

218

Step 08　构建左右小曲面

❶ 在右视图上，过建出曲面的端点和下面双轨面的边缘线画出一条曲线，并作点方式的调节，如图 4–52 所示。

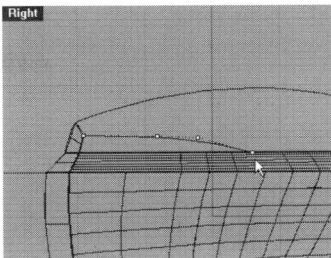

图 4–52　　　　　图 4–53

❷ 用画出的线条将下面的建面用的线条打断成如图 4–53 所示的形状。单击如图 4–54 所示的 2、3 或 4 边建面工具，进行建面操作。

❸ 作如图 4–55 所示的 3 边建面。将得到的面向另外一边镜像复制，并同样把另外一边的下边线打断，如图 4–56 所示。

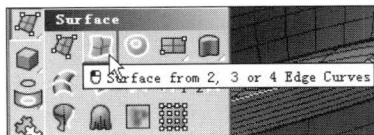

图 4–54

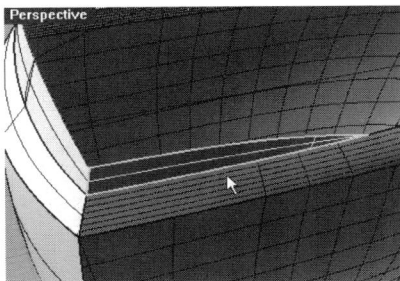

图 4–55　　　　　图 4–56

Step 09　顶部弧面处理

❶ 用过两点画弧线工具（ ）建出来的两个对称的小曲面的边线画出如图 4–57 所示的一条对称曲线。

❷ 注意要用 XYZ 坐标对齐方式对所做的曲线做单方向对齐，如图 4–58 所示。利用上面的 4 条边线，用网格放样工具（ ）做网格建面，如图 4–59 所示，得到如图 4–60 所示的曲面。

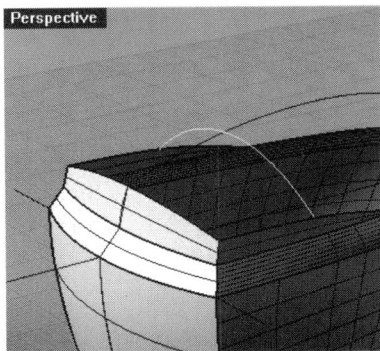

图 4–57

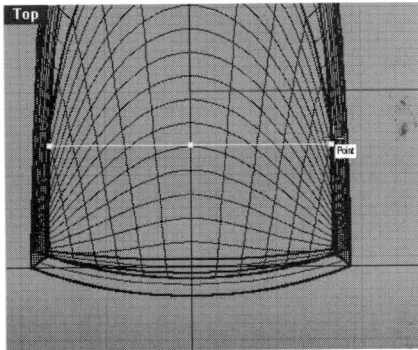

图 4–58

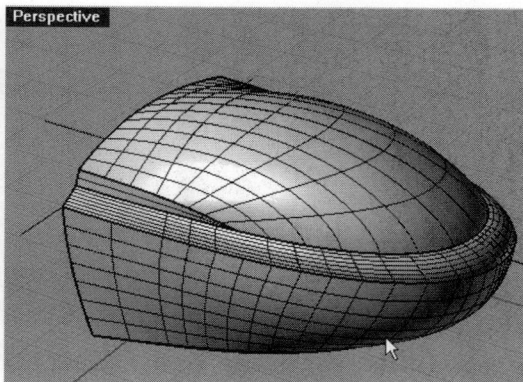

图 4-59　　　　　　　　　　　　　　　图 4-60

4.1.2　顶部凹陷处理

　　这个部分相对比较麻烦，先需要进行切割，然后进行补面操作，补面以后对于边缘的处理相对比较难，尤其是两边的相交部分。

Step 01　绘制切口轮廓线

　　❶ 在顶视图上画出如图4-61所示的一条辅助直线。单击画非理性圆工具（⊙），结合捕捉交叉点进行画圆操作，如图4-62所示。

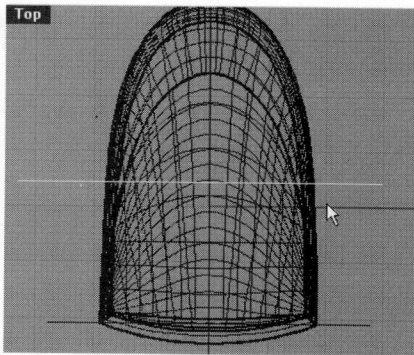

图 4-61　　　　　　　　　　　图 4-62

🔧 经验技巧

　　为什么要画非理性圆呢？

　　因为非理性圆的点数分布合理，连续性好，可以进行拉点操作，调整形状。如图 4-63 所示的是理性圆，可以看出理性圆比较规范，点数分布均匀，但是由于本身圆形是 2 阶曲线，如图 4-64 所示用 Rebuild（重建）曲线工具观察可以看出来，这样的曲线只有两阶。

　　所以在拉动曲线上的点时，曲线会出现不平滑的调节效果，如图 4-65 所示。

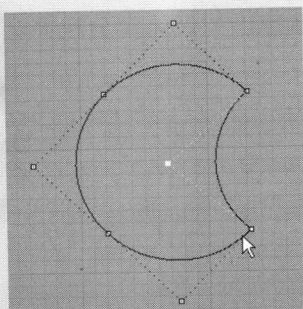

图 4-63　　　　　　图 4-64　　　　　　图 4-65

　　而如果用非理性圆，如图 4-66 所示的工具，画出的圆形用重建曲线工具进行重建，如图 4-67 所示。
　　不做重建，直接调节这样的圆形曲线，可以看到两种不同的圆形差别比较大，如图 4-68 所示，只是在绘制非理性圆的时候，要注意利用键盘上的 Shift 键将画出圆形上的点放置规范一些，便于后面的建模。

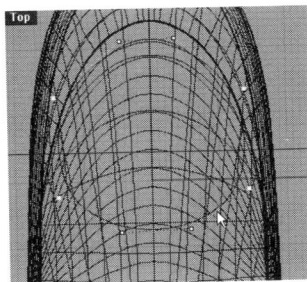

图 4-66　　　　　　图 4-67　　　　　　图 4-68

　　❷ 按 F10 键，进行点编辑操作，如图 4-69 所示，注意两边对称，利用中间的对称辅助线和比例缩放工具进行调节。
　　注意和原图的切割后的部分形状进行对照，原图是如图 4-70 所示的样子，经过对照和调整，最终调节成如图 4-71 所示的曲线效果。
　　❸ 用得到的封闭曲线对下面的面进行剪切，得到如图 4-72 所示的剪切效果。

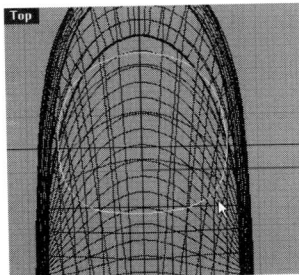

图 4-69

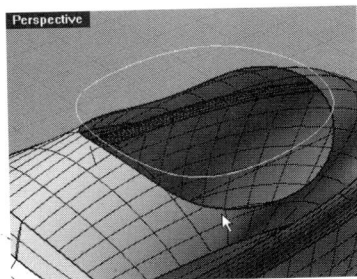

图 4-70　　　　　　图 4-71　　　　　　图 4-72

Step 02 凹陷部分建面

❶ 接下来将对整个凹陷部分进行建面操作。提取中间的结构线做融合，得到如图 4-73 所示的线条。

❷ 按 F10 键，用点编辑的方式在右视图中对得到的线条进行调整，如图 4-74 所示。用线重建工具（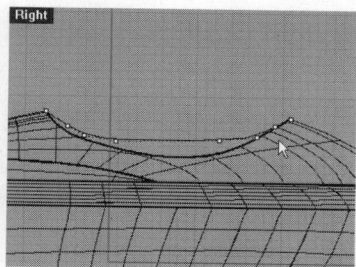）对这条线做重建，将点数增加为 8 个点，这样容易调节，经过调节，得到如图 4-75 所示的线条效果。

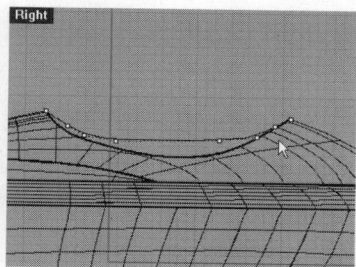

图 4-73　　　　　　　图 4-74　　　　　　　图 4-75

❸ 用过两点画弧线的工具（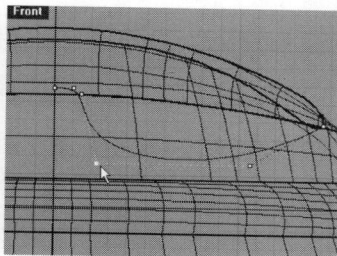），在前视图上捕捉靠近中间线和边线，画如图 4-76 所示的一条线，注意结合观察透视上的位置。对得到的线条重建，将点数增加为 8 个，并进行调整，如图 4-77 所示。

❹ 经过调整，得到如图 4-78 所示的一条截面曲线。回到透视图上，线条的相对位置如图 4-79 所示。

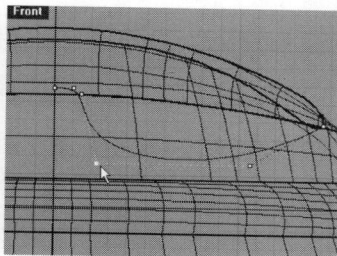
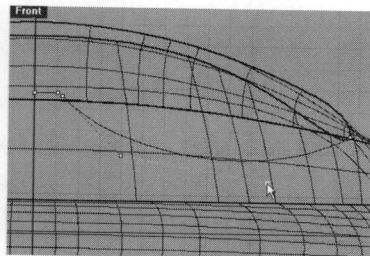

图 4-76　　　　　　　图 4-77　　　　　　　图 4-78

❺ 用边缘线打断工具（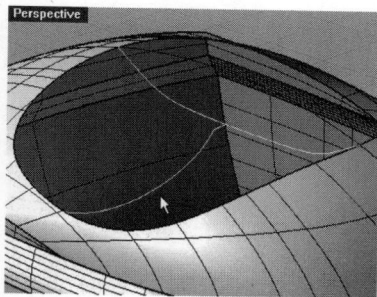），对下面剪切口进行打断操作，如图 4-80 所示。

❻ 把边缘从中间打断，一边再打断成 3 段，这样就可以做网格建面（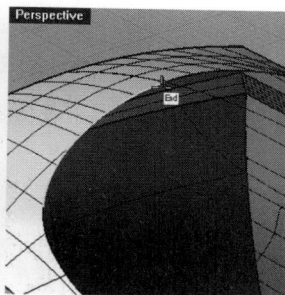）了，如图 4-81 所示。确定后得到如图 4-82 所示的曲面效果。将得到的曲面向另外一边镜像复制一份，得到如图 4-83 所示的效果。

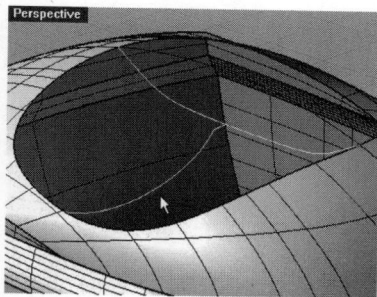
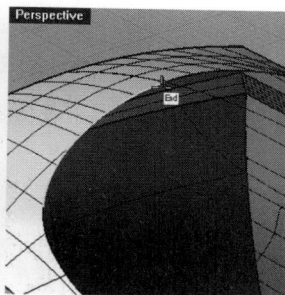
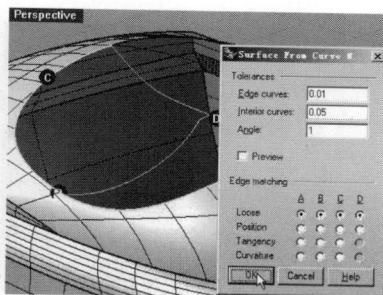

图 4-79　　　　　　　图 4-80　　　　　　　图 4-81

❼ 单击如图 4-84 所示的曲面匹配工具，准备进行曲面匹配操作。对两个对称的面进行匹配，匹配完成后就可以单击如图 4-85 所示的曲面结合命令。

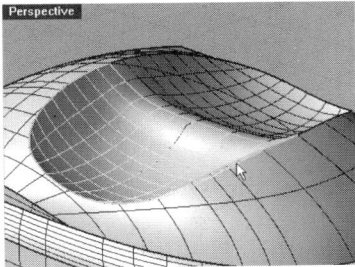

图 4-82　　　　　图 4-83　　　　　图 4-84

❽ 分别单击两个曲面的相交边缘，将两个曲面结合起来，如图 4-86 所示。

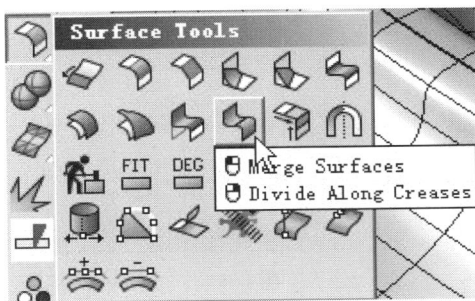

图 4-85　　　　　　　　　图 4-86

Step 03 处理拉手接头部分

❶ 在顶视图上如图 4-87 所示的中间位置画出一个非理性圆形。经过略微旋转，调成如图 4-88 所示的对称点效果。在右视图上进行旋转和调节，让整个线条位于面上，平行于曲面，并向下复制一条，如图 4-89 所示。

❷ 用得到的两个圆形进行放样，得到如图 4-90 所示的效果。

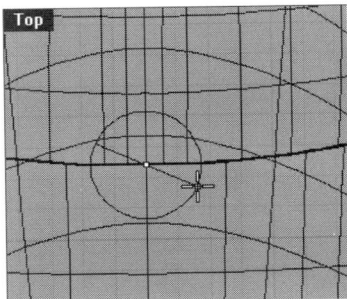
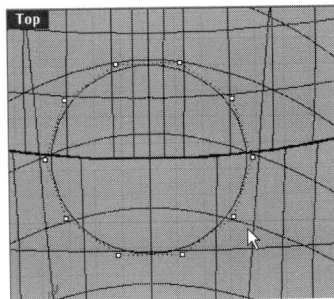

图 4-87　　　　　　　　　图 4-88

❸ 用如图 4-91 所示的加盖工具进行加盖，得到如图 4-92 所示的圆柱形效果。得到的实体复制一份，并隐藏，然后将下面倒角的两个面和倒角面结合（Join）起来。如果不能隐藏，可以做如下的处理，先用面的匹配工具，对上下两个面进行匹配，匹配的时候只需要做 Position（位置）的匹配即可，让面的位置对到一起，如图 4-93 所示。

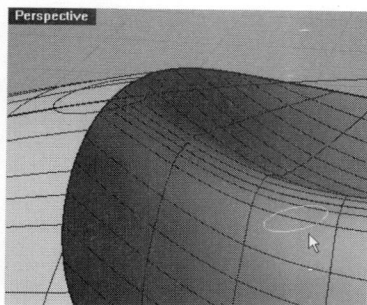

图4-89

图4-90

图4-91

图4-92

图4-93

高手点拨

由于在做网格建面的时候，将下面的面做了分离，所以尽管结合起来了，但是仍然有缝隙，不能用来做布尔运算，需要用如图4-94所示的边缝合工具进行缝合处理。

对如图4-95所示的缝隙进行缝合处理。同样对另外一边的缝隙也做这样的处理，处理完毕后就可以做布尔运算了，用相加的布尔运算工具（ ），把圆柱形的实体和下面的实体做相加布尔运算，得到如图4-96所示的效果。

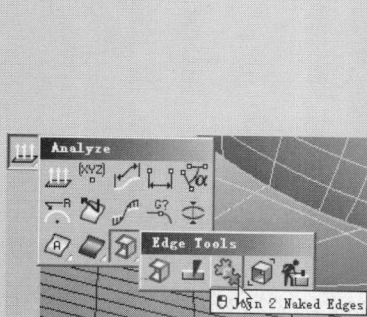

图4-94

图4-95

图4-96

Step 04 做倒角

❶ 用实体倒角工具（🔲）对得到的相交线进行倒角操作，如图 4—97 所示。倒角后得到如图 4—98 所示的效果。

❷ 将得到的实体打散，然后将上面的顶盖面删除，如图 4—99 所示。

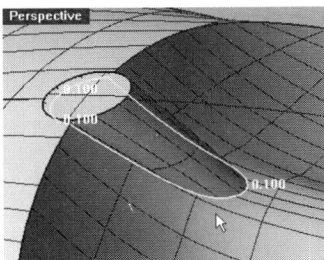

图 4—97　　　　　　　　图 4—98　　　　　　　　图 4—99

❸ 用分离工具（🔲）对上面打散出来的圆柱形面用自身的 Iso 线进行分离，如图 4—100 所示。把分离出来的上面部分删除，得到如图 4—101 所示的效果。

❹ 下面做这个地方的模拟厚度效果，具体做法为：先单击面偏移复制工具（🔲），将上面的圆柱形面向内偏移复制，得到如图 4—102 所示的效果。单击面融合工具（🔲），将偏移出来的两个面融合，如图 4—103 所示。

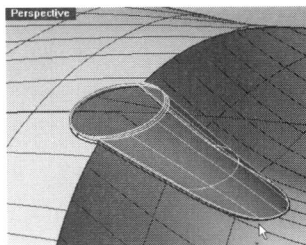

图 4—100

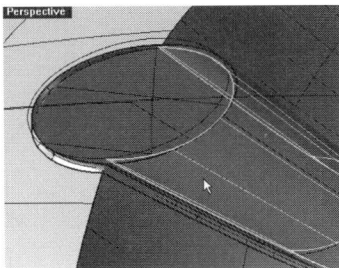

图 4—101　　　　　　　　图 4—102　　　　　　　　图 4—103

❺ 利用左边部分边缘作为轨道，融合面的边缘作为截面，做单轨放样（用🔲工具），如图 4—104 所示。确定后，用实体效果显示，得到如图 4—105 所示的效果。

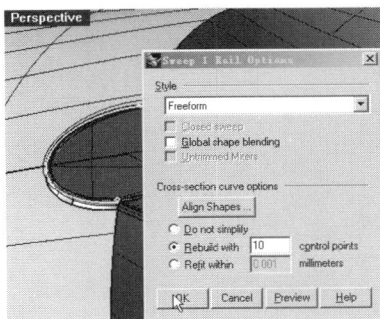

图 4—104

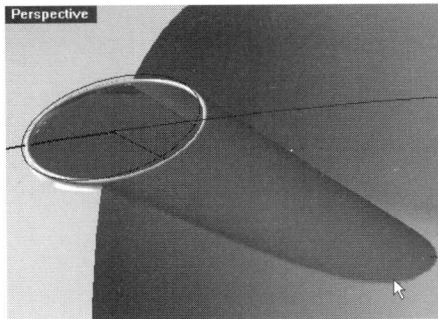

图 4—105

225

4.1.3 把手处理

下面来处理中间的把手部分，这个部分需要和凹陷面结合起来处理，在相交处需要将面切开重新进行补面操作。这个部分的处理值得学习，读者可以学习到如何利用现有的曲面来进行补面操作的方法和技巧。

Step 01 切割处理

❶ 画出如图 4-106 所示的一条直线，用来对上表面进行投影和切割。单击投影工具（），用这条直线投影到上表面上，得到如图 4-107 所示的曲线。

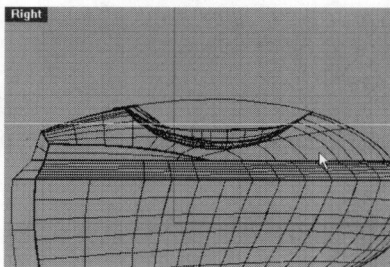

图 4-106   图 4-107

❷ 用曲线融合工具（）将得到的两条弧线中间融合起来，得到如图 4-108 所示的效果。利用这 4 段线备用，用来做把手的网格建面。接下来将用来投影的直线向右拉动，用来剪切右边部分，如图 4-109 所示。

❸ 切割后得到如图 4-110 所示的效果。

图 4-108   图 4-109   图 4-110

Step 02 绘制把手轮廓线

❶ 为了便于观察，把当前图层改在白色图层上，然后画把手边缘这条空间线，画法是先在一个侧面上画，然后在另外一个侧面上进行拉动调节，调成一条空间线，如图 4-111 所示。这样就先在右视图上画出了一条把手的轮廓曲线（为了观察方便，将该条曲线放置到白色图层上）。

❷ 在顶视图上进行调节，得到如图 4-112 所示的效果。注意两个端点部分的位置，靠中间的端点要接到中心线上，另外一个端点必须接到切开口子的端点上，如图 4-113 所示。

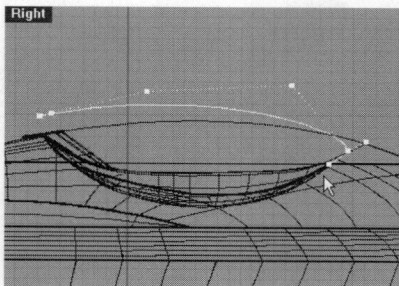
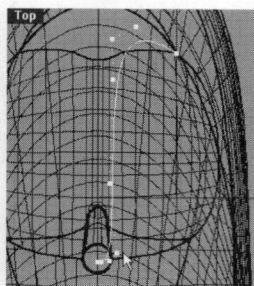

图 4-111   图 4-112

❸ 单击点的匹配工具（ 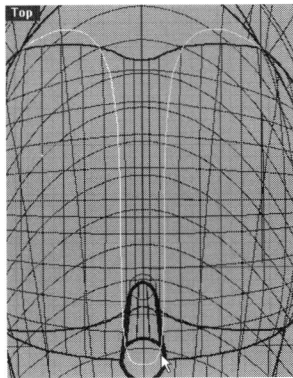 ），对得到的曲线和下面凹陷边缘线进行匹配，如图 4-114 所示。将匹配后的曲线在顶视图上镜像复制一份，得到如图 4-115 所示的效果。

| 图 4-113 | 图 4-114 | 图 4-115 |

❹ 在右视图上过投影曲线的中点画出如图 4-116 所示的一条弧线。根据实际的把手顶部形状进行调节，得到如图 4-117 所示的效果。

❺ 在前视图上画出如图 4-118 所示的一条弧线，注意两边对称。用同样的方法在切口处画出一条弧线，如图 4-119 所示。

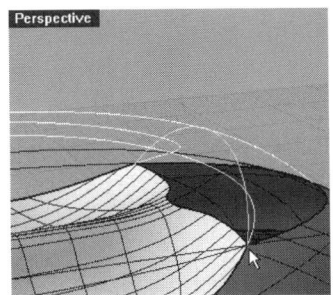
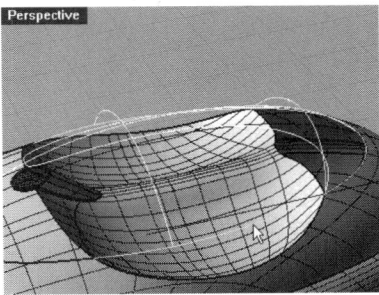
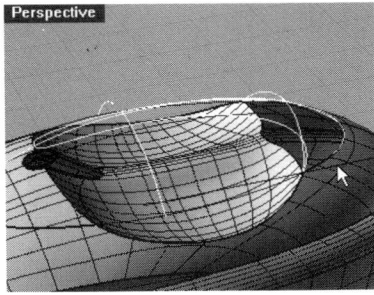

| 图 4-116 | 图 4-117 | 图 4-118 |

❻ 将下面四周的曲线 Join（结合）起来，如图 4-120 所示。然后在如图 4-121 所示的位置打断成 3 段，这样用网格放样工具的时候，可以避开和上面的弧线相交。

| 图 4-119 | 图 4-120 | 图 4-121 |

Step 03 把手大体曲面建模

❶ 利用下面分断的 4 条线和上面的 3 条弧线做如图 4-122 所示的网格建面。

227

❷ 得到如图 4-123 所示的曲面。将前面的画出的侧面弧线进行匹配并结合在一起，如图 4-124 所示。

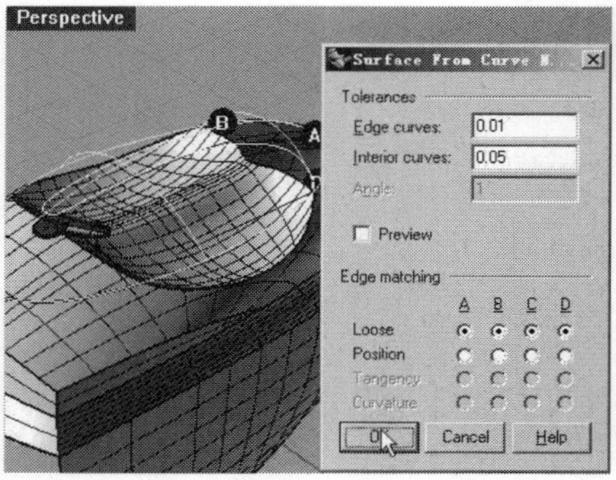

图 4-122

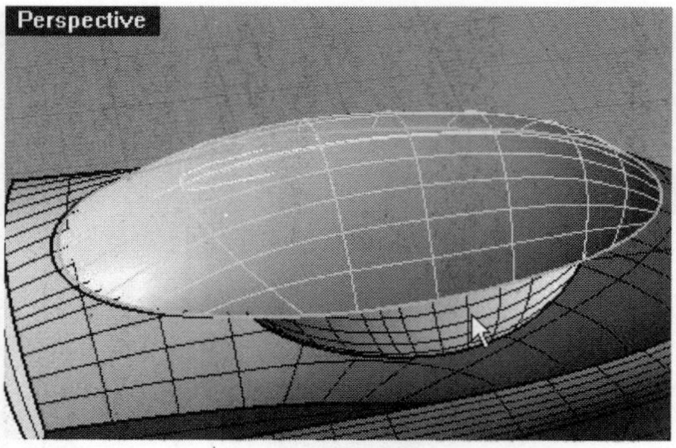

图 4-123

❸ 对这个面进行剪切，如图 4-125 所示。

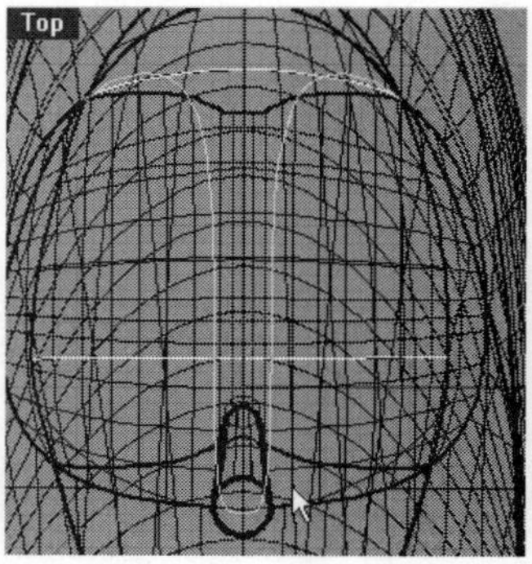

图 4-124

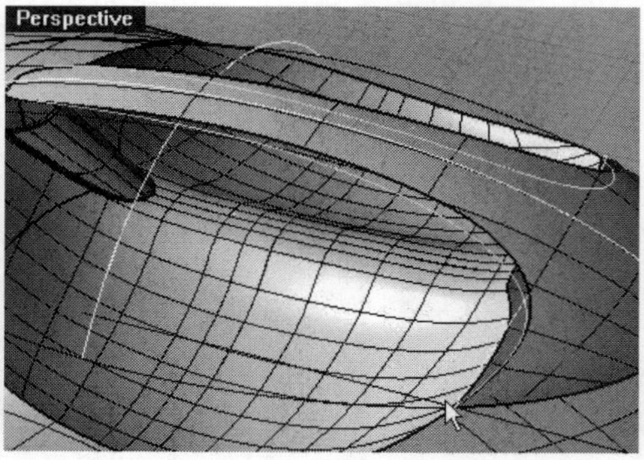

图 4-125

Step 04 绘制把手外侧面曲线

❶ 将插入圆柱部分的边缘线取出来，并进行合并，如图 4-126 所示。将这个圆形在顶视图上从中心缩小一些，再向下移动一定距离，如图 4-127 和图 4-128 所示。

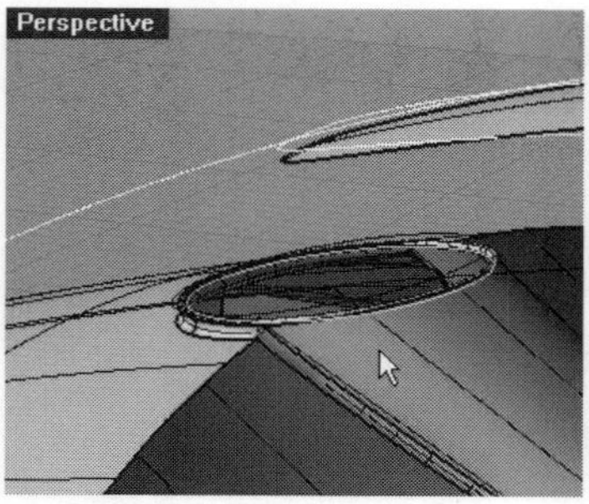

图 4-126

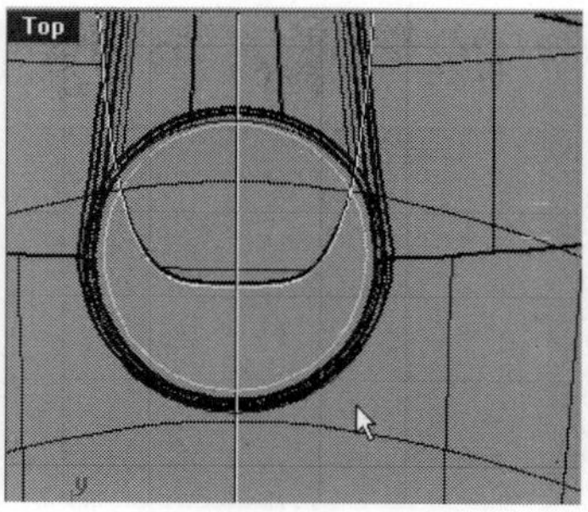

图 4-127

图 4-128

❷ 在顶视图上画出如图 4-129 所示的一条用来切割的直线，并画出一条侧面的轮廓线。在右视图再画出一条把手的下轮廓线，并调整成如图 4-130 所示的形状。

❸ 用前面画出的小短线将圆形切断，准备用来做匹配，如图 4-131 所示。这里的匹配要维持右边的线条端点几乎不改变位置，必须将这条线的端点处加几个点，否则匹配的时候线条变化会非常大，如图 4-132 所示是加点后的效果。

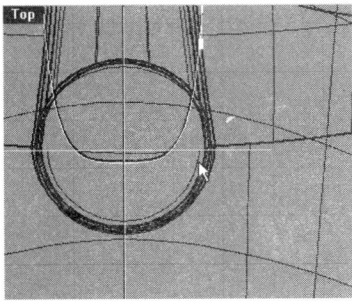

图 4-129　　　　　　　图 4-130　　　　　　　图 4-131

❹ 做线条的匹配，注意不要结合，得到如图 4-133 所示的效果。用调节线条工具（🔧）进行调节，得到如图 4-134 所示的效果。

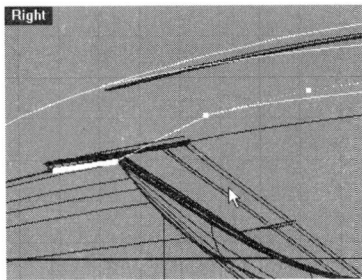

图 4-132　　　　　　　图 4-133　　　　　　　图 4-134

❺ 将得到的线条镜像复制到另外一边，如图 4-135 所示。现在可以将中间部分剪切留下的半圆形删除，然后用两边的镜像复制出来的曲线做融合，得到如图 4-136 所示的融合曲线效果。

❻ 将得到的融合曲线和两边的弧线匹配，注意匹配的时候要选择结合，这样 3 条线就结合成了一条单一曲线，然后在点编辑状态下对中间部分做调整，如图 4-137 所示。在端点处画出如图 4-138 所示的一条曲线。

图 4-135　　　　　　　图 4-136　　　　　　　图 4-137

❼ 用同样的方法画出如图 4—139 所示的两条小短线，用来做双轨放样操作。然后用单端边缘工具（⊥），将下面切开口子的一边打散成如图 4—140 所示的 3 段。

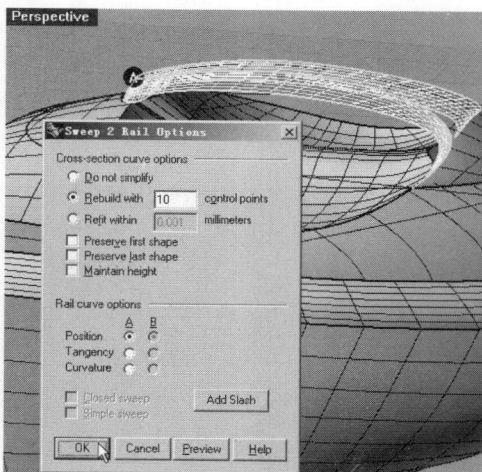

图 4—138

图 4—139

图 4—140

❽ 将其他干扰的曲线隐藏，如图 4—141 所示，现在已经具备双轨放样的条件了。

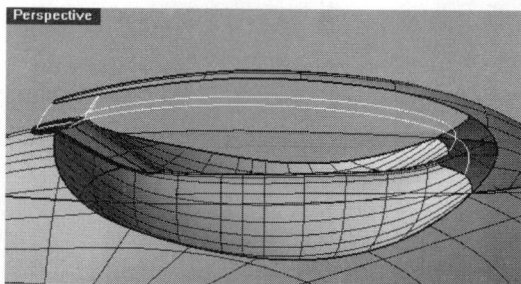

图 4—141

Step 05 利用绘制曲线建面

选择如图 4—142 所示的上下边缘，用切断出来的边缘和中间的 3 条小短线做双轨放样。得到如图 4—143 所示的实体效果。

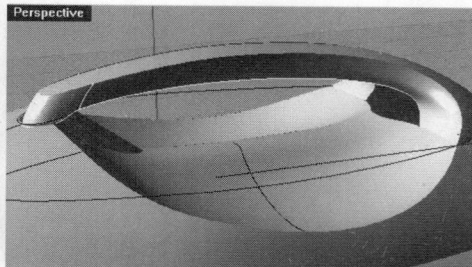

图 4—142

图 4—143

Step 06 把手下部建面

❶ 接下来对中间的空隙部分做处理。将刚建出来的双轨放样面隐藏，在顶视图上用前面用来剪切的线条来对融合出来的线条做分离处理，得到如图 4-144 所示的线条。然后过这段弧线的两端画出一条直线，如图 4-145 所示。

图 4-144

图 4-145

❷ 利用切断的两段弧线和刚画出的直线以及另外一边的切断出来的面边缘，做如图 4-146 所示的双轨放样。

❸ 将隐藏的面都显示出来，得到如图 4-147 所示的效果。

图 4-146

图 4-147

Step 07 右边插孔部分处理

❶ 接下来处理右端的插孔部分，先在如图 4-148 所示的顶视图上画出一个椭圆。调整椭圆的长宽比例和倾斜的角度，在透视图上观察得到如图 4-149 所示的效果。

❷ 用这条椭圆线将下面的曲面剪切，得到如图 4-150 所示的切口效果。将用来切口的椭圆线隐藏，然后单击通过直径画圆工具，在如图的顶视图上捕捉切口的两个对称的 1/4 点画出一个圆形，如图 4-151 和图 4-152 所示。

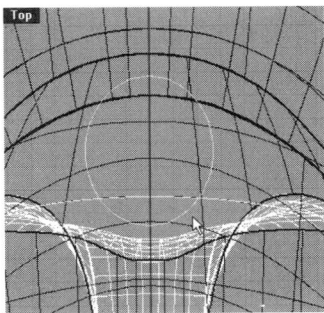

图 4-148

图 4-149

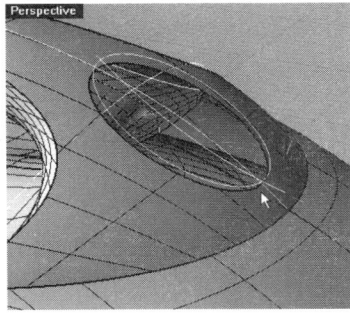

图 4-150

❸ 将画出的椭圆线从两个 1/4 点分开，然后把切口边缘线提出来并打断，如图 4-153 所示。分别把上下两部分做 Loft 放样，得到如图 4-154 所示的效果。

❹ 用平面建面工具（⊚）将切口的圆形封闭起来，如图 4-155 所示。然后将分离的圆形重新结合起来，并进行缩小，如图 4-156 所示。

❺ 将得到的线条对下面的封闭面做剪切，通过剪切的边缘线向下拉伸，得到如图 4-157 所示的插孔部分效果。

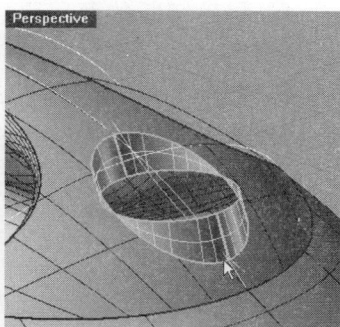

图 4-151

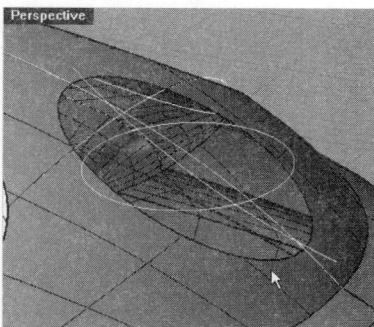

图 4-152

图 4-153

图 4-154

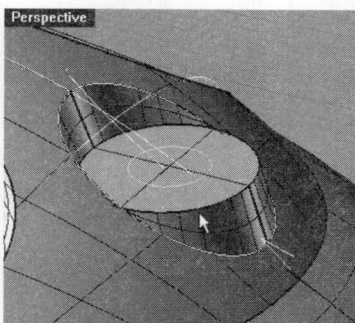

图 4-155

图 4-156

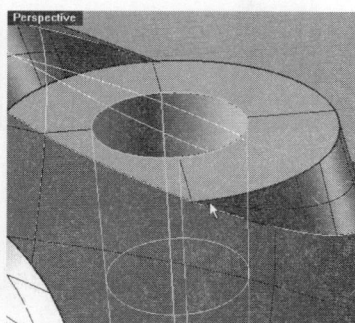

图 4-157

4.1.4 轮子部分建模

轮子部分建模相对较为简单，可以先用圆柱体来进行大致形状的创建，再进行拆开处理，然后处理细节。

Step 01 绘制轮子大形

❶ 先把下面主体部分 Join（结合）起来，如果结合有问题，可以用匹配工具将相邻的几个面匹配一下，然后再结合，这样就可以结合成一个实体了。在右视图上如图 4-158 所示的位置画一个圆形，将得到的圆形拉伸成实体，然后拉到一边，如图 4-159 所示。

❷ 将得到的实体复制一份，并缩小一些，如图 4-160 所示。在顶视图上把得到的大圆柱镜像复制到另外一边，如图 4-161 所示。

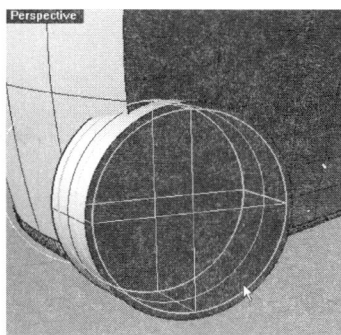

图4-158　　　　　　　　图4-159　　　　　　　　图4-160

❸ 单击相减的布尔运算工具（🖮），用主体减去两边两个大的圆柱，得到如图4-162所示的效果。将圆柱打散，把上下面删除，并把剩下的环压缩，得到如图4-163所示的效果。

图4-161　　　　　　　　图4-162　　　　　　　　图4-163

Step 02　做轮子外鼓出曲面

❶ 在顶视图上画出如图4-164所示的一条弧线，注意两边对称，可以用两点加弧线的方式来画。然后用得到的弧线进行旋转成面操作，得到如图4-165所示的一个旋转面。

❷ 将得到的面镜像复制一份，如图4-166所示。做面倒角，如图4-167所示。

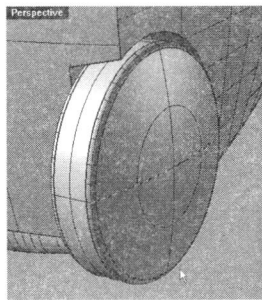

图4-164　　　　　图4-165　　　　　图4-166　　　　　图4-167

Step 03　做轮子表面分割

❶ 将中间的圆形同圆心缩小，得到如图4-168所示的圆形。用得到的圆形对轮子上下两个弧面做分割，得到如图4-169所示的效果。

233

❷ 将分离的中间部分隐藏，利用切口部分的边缘做放样，得到如图 4-170 所示的曲面效果。将得到的面复制一份备用，然后做倒角，如图 4-171 所示。

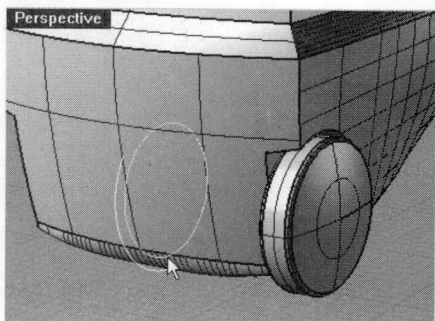
图 4-168

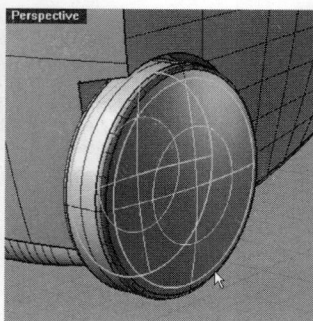
图 4-169

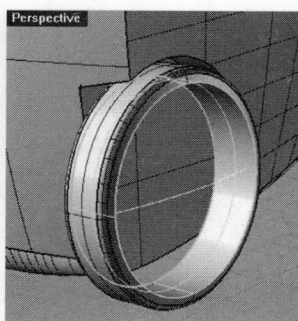
图 4-170

❸ 将隐藏部分显示出来,粘贴复制的圆环,将其他部分隐藏,同样做倒角,得到如图 4-172 所示的效果。将隐藏的部分都显示出来，得到如图 4-173 所示的效果。

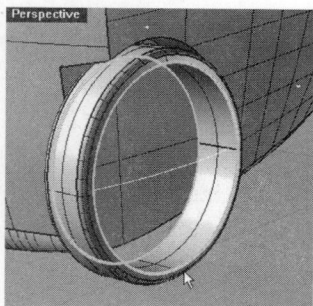
图 4-171

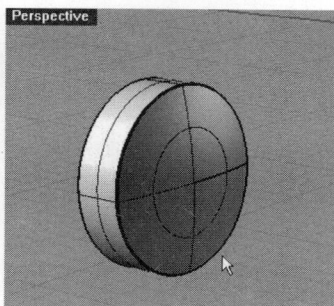
图 4-172

图 4-173

Step 04 做轮子细节

❶ 利用提取 Iso 工具（ ）对外表面进行提取 Iso 线的操作，如图 4-174 所示。利用得到的圆形上下两个 1/4 点画出如图 4-175 所示的两条直线。

❷ 做线条的剪切处理，结合起来，如图 4-176 所示。把外部的线条删除，如图 4-177 所示。

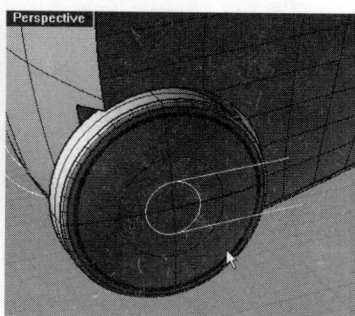
图 4-174

图 4-175

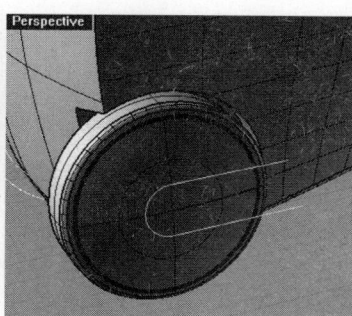
图 4-176

❸ 将得到的曲线进行复制并缩小（注意把右边的端点在点编辑状态下向右移动一些），如图 4-178 所示。用这两条曲线对下面的弧面进行切割，如图 4-179 所示。

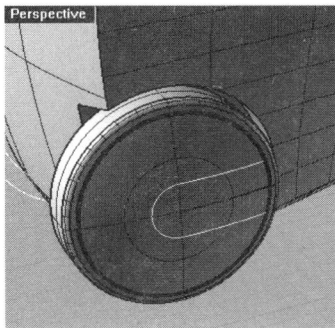
图 4-177

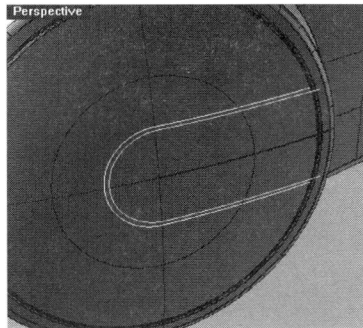
图 4-178

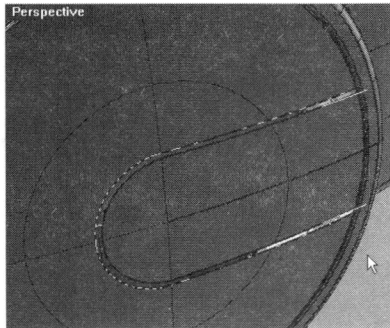
图 4-179

❹ 把分离出来的面重建一下，然后进行拉点调节，注意用如图 4-180 所示的选择 U 向点的工具进行一圈点的选择。

❺ 注意调整时，靠近边缘的两圈点是不能调节的，否则整个边缘的接口就会出现接缝，如图 4-181 所示的接口处是没有出现缝隙的。调节后得到如图 4-182 所示的向外倾斜的效果，但是接口处还是和原来的边缘紧密结合的。

图 4-180

图 4-181

图 4-182

❻ 用融合工具进行融合，如图 4-183 所示，得到如图 4-184 所示的融合面效果。

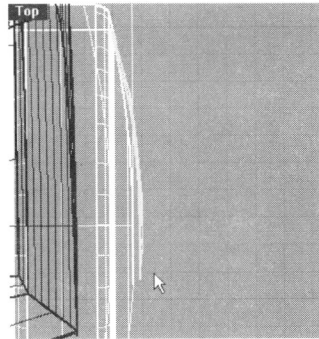
图 4-183

图 4-184

❼ 将线条全选后隐藏，在实体模式下观察，得到如图 4-185 所示的轮子部分大体效果。

图 4—185

Step 05 做轮子中间部分圆形凹陷

在中间部分做出一个小的凹陷，如图 4—186 所示。制作方法很简单，直接画出一条曲线，然后做旋转建面。将得到的整体轮子一起镜像复制一份到另外一边，得到如图 4—187 所示的效果。

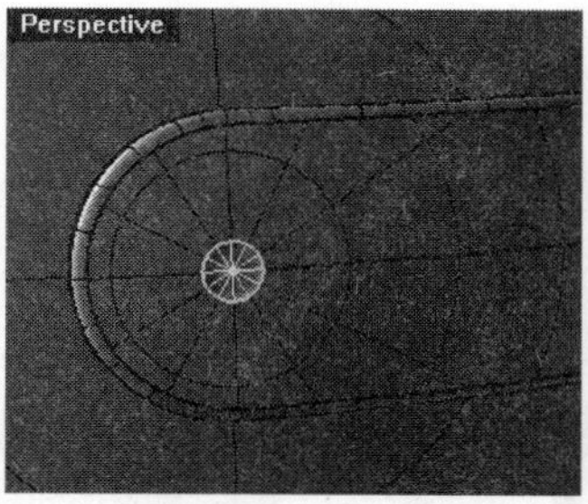

图 4—186

图 4—187

4.1.5 其他细节部分处理

接下来将进行一些细节的处理，比如两边的突出部分，顶部的分离细节，插孔部分的细节等。这些相对比较简单，但是制作过程需要细心和耐心，下面分别介绍。

Step 01 处理侧面突出部分

❶ 在右视图上画出两条曲线，用这两条曲线对整体进行分离，得到如图 4—188 所示的效果。然后利用复制面的边线工具（ ）复制如图 4—189 所示的边缘线。

❷ 捕捉提取出来的线条端点画出如图 4—190 所示的一条弧线。在右视图上调整这条线的高度，如图 4—191 所示。

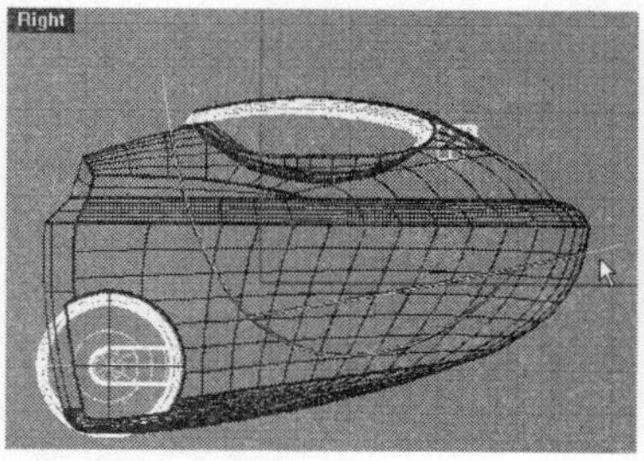

图 4—188

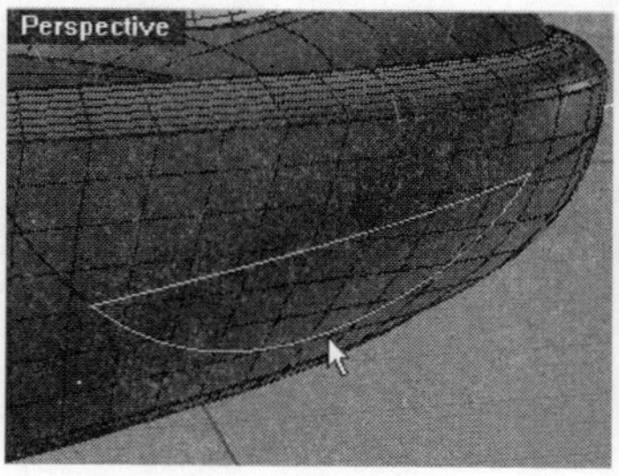

图 4—189

图 4—190

❸ 过这条弧线的中点和下面弧线的中点画出如图 4-192 所示的一条弧线,用来做建面准备。利用上下两条弧线、两条弧线的交叉点和中间的这段弧线来做双轨放样,得到如图 4-193 所示的曲面效果。

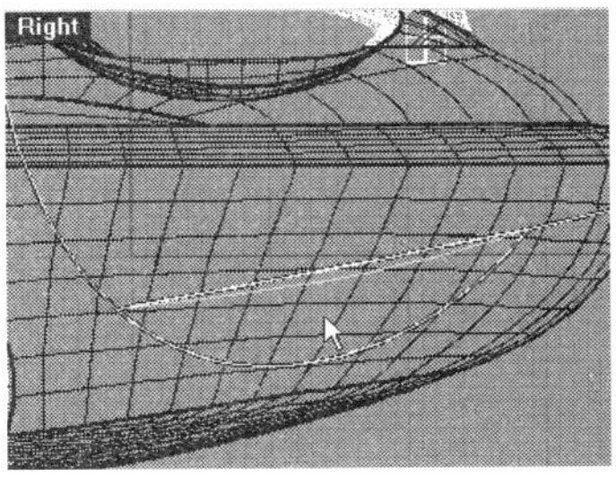

图 4-191

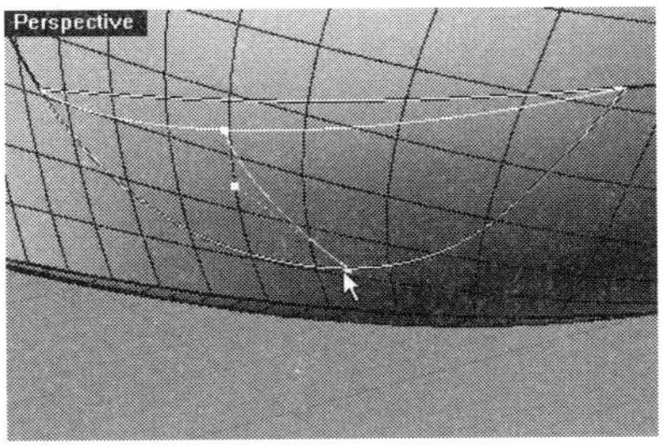

图 4-192

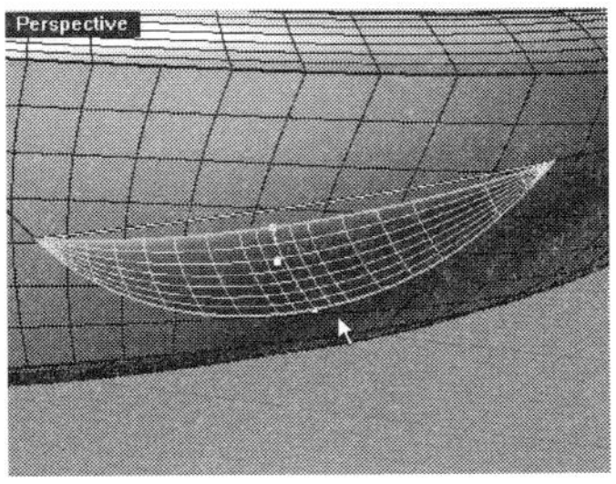

图 4-193

❹ 用放样命令将上面的口子封上,如图 4-194 所示。把得到的面镜像复制到另外一边,得到如图 4-195 所示的效果。

❺ 将分离出来的前半部分放置到黄色图层,如图 4-196 所示。

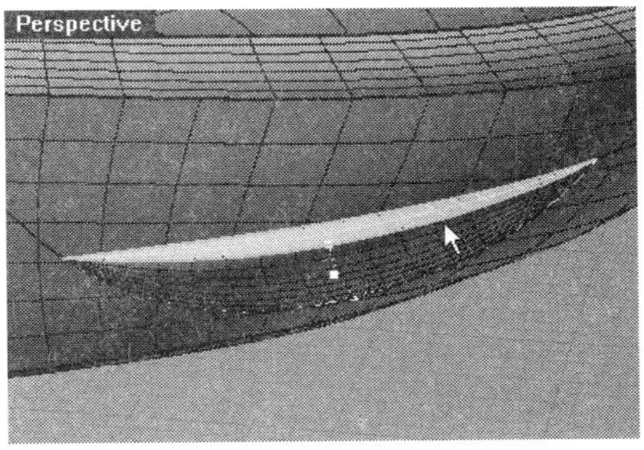

图 4-194

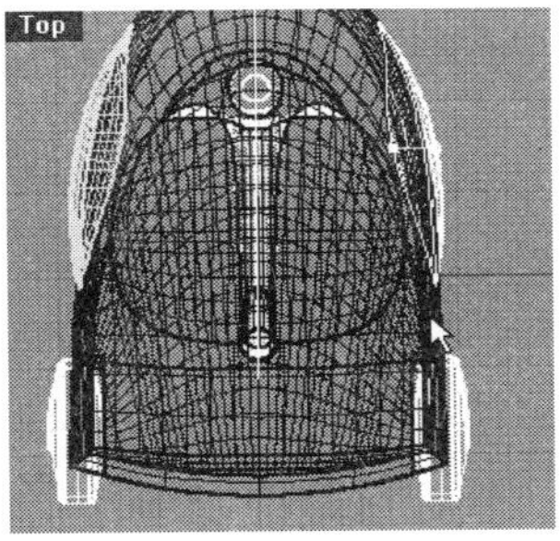

图 4-195

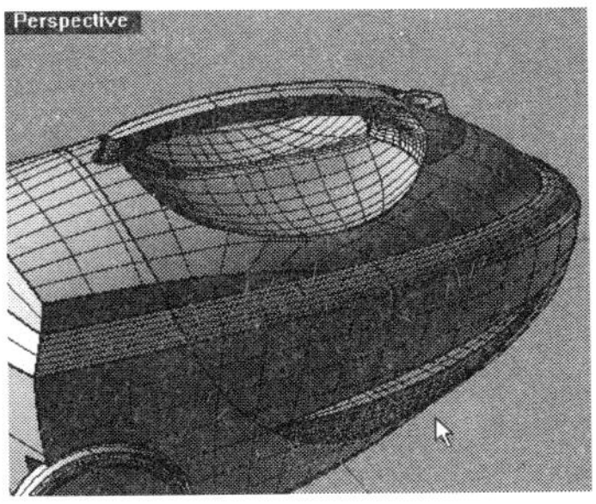

图 4-196

Step 02　处理尾部细节

❶ 接下来处理尾部细节,先在顶视图如图 4-197 所示的位置画出一条弧线,用来对尾部进行分割。

❷ 镜像复制一条并做分离,得到如图 4-198 所示的效果。将分离出来的两侧部分隐藏,如图 4-199 所示。

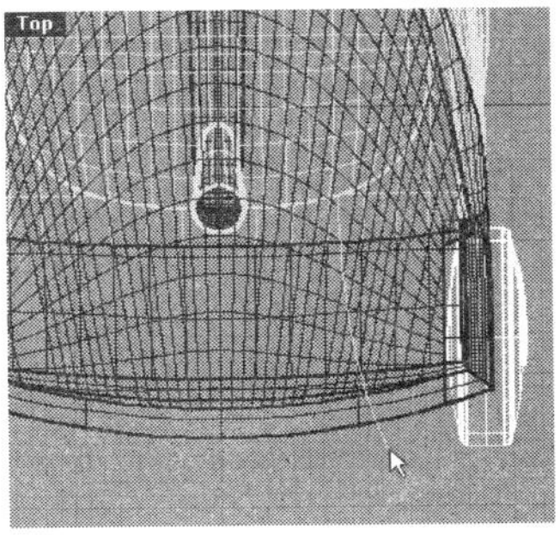

图 4-197

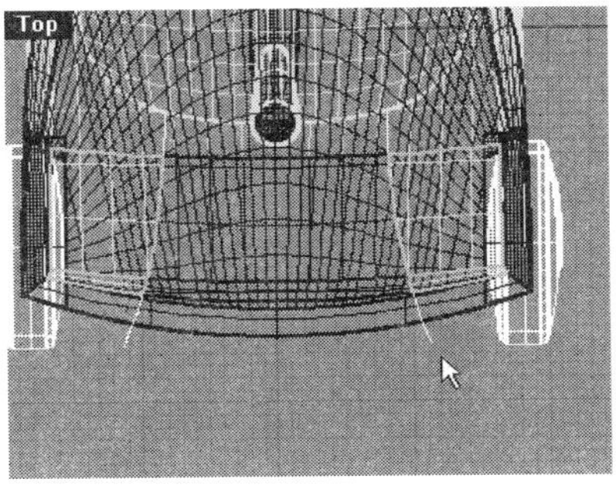

图 4-198

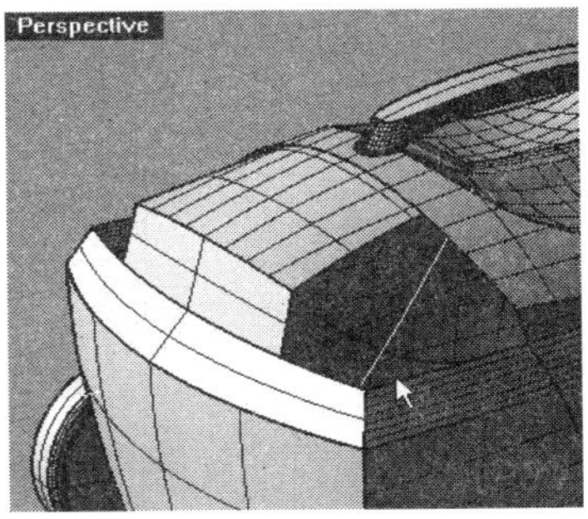

图 4-199

❸ 在内部中间部分画出一条弧线,并利用两边的边缘做双轨放样,如图 4-200 所示。再在下面的面上画出如图 4-201 所示的一条弧线并进行调整。

④ 过线条的端点和上面的端点画出如图 4-202 所示的一条弧线。用相邻的 4 条线做 4 边建面，得到如图 4-203 所示的一个面。

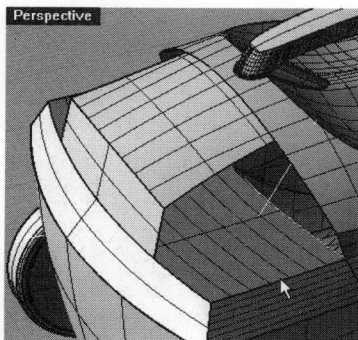

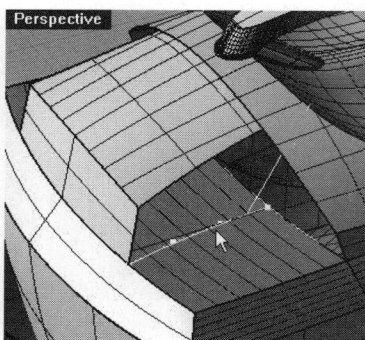

图 4-200　　　　　图 4-201　　　　　图 4-202

⑤ 将上下两个面的边缘打断，然后利用打断的边缘和做出来的两个面的边缘做 4 边建面，得到如图 4-204 所示的效果。将刚新建出来的两个面复制并粘贴一份，如图 4-205 所示。

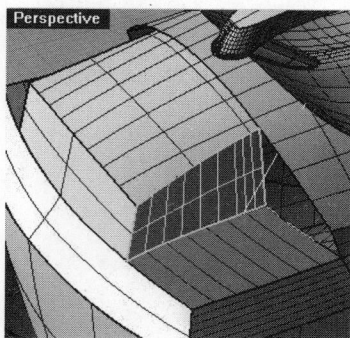

图 4-203　　　　　图 4-204　　　　　图 4-205

⑥ 将隐藏的面显示出来，并和粘贴的这两个面做 Join（结合），如图 4-206 所示。将得到的实体用单向缩放工具向内收缩一点，得到如图 4-207 所示的效果。

⑦ 将收缩过的实体向另外一边镜像复制一份，如图 4-208 所示。

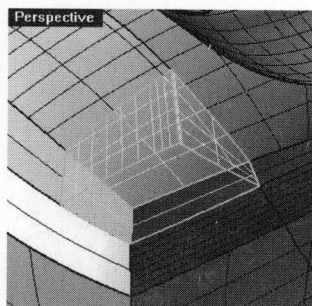

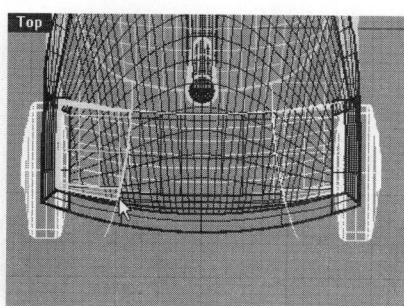

图 4-206　　　　　图 4-207　　　　　图 4-208

Step 03　处理尾部的顶面旋钮

① 下面继续处理尾部的顶面旋钮部分。先在顶视图上结合对称中心线画出如图 4-209 所

示的椭圆形线。用画出的椭圆和圆形对下表面进行分离操作，得到如图 4-210 所示的分割效果。对上面部分分离出来的面进行处理，先在右视图上将进行单向的缩放，并向外垂直拉出一段距离，得到如图 4-211 所示的效果。

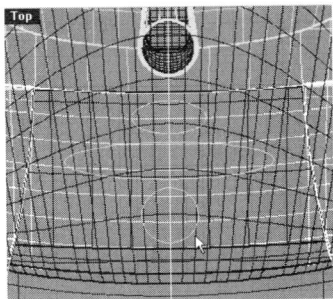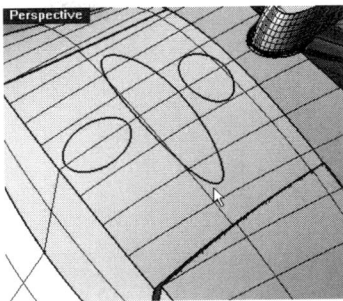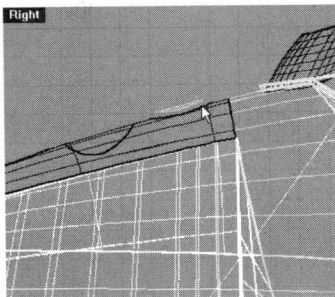

图 4-209   图 4-210   图 4-211

❷ 对拉出的面做垂直于下表面的拉伸，如图 4-212 所示。同样，对孔的边缘做拉伸，得到如图 4-213 所示的效果。

❸ 分别做面倒角，得到如图 4-214 所示的倒角效果。同样对中间部分做倒角，如图 4-215 所示。

❹ 同样，对旋钮孔的边缘做拉伸倒角，得到如图 4-216 所示的效果。将用来做旋钮的圆形向上移动到表面，然后拉伸成实体，如图 4-217 所示。

❺ 做倒角，并做适当的上下和旋转调整，得到如图 4-218 所示的旋钮效果。

图 4-212

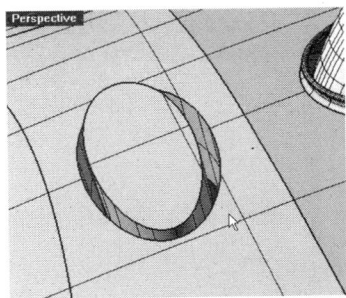

图 4-213   图 4-214   图 4-215

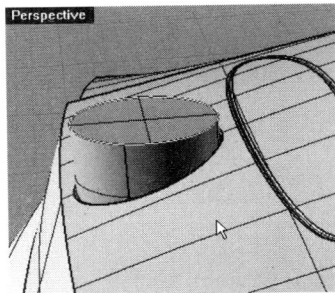

图 4-216   图 4-217   图 4-218

Step 04 处理尾部插管

下面处理尾部的插管部分，即如图 4-219 所示的部分。

❶ 将所属的小斜面和中线显示出来，其他部分隐藏（用反选隐藏工具 ），如图 4-220 所示。复制这个面的上表面线，并做对称的分离，可以对称加点，利用点的捕捉来分离，得到如图 4-221 所示的短线。在顶视图上做如图 4-222 所示的点调整。然后用得到的曲线投影到弧面上，得到如图 4-223 所示的一条弧线。

图 4-219

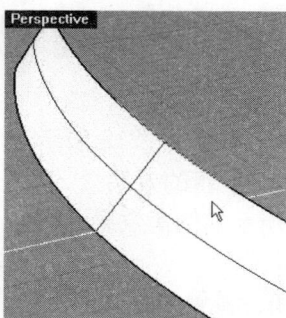

图 4-220   图 4-221   图 4-222

❷ 用过两个端点画弧线工具（ ）画出如图 4-224 所示的一条对称弧线。用得到的弧线在顶视图上做投影，得到如图 4-225 所示的一条投影弧线。

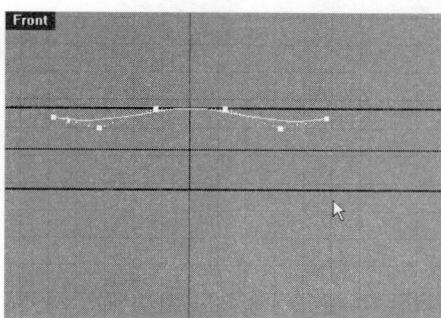

图 4-223   图 4-224   图 4-225

❸ 把上下两条弧线做放样处理，如图 4-226 所示。再次把上表面的两条弧线用来做放样处理，得到如图 4-227 所示的效果。

图 4-226   图 4-227

❹ 然后做插孔部分，在顶视图上画出如图 4-228 所示的一条圆形。利用这条圆形曲线做拉伸，拉伸出一个实体然后在右视图上进行旋转调整，得到如图 4-229 所示的效果。

❺ 把下面的两个面结合起来，做相减的布尔运算，得到如图 4-230 所示的效果。

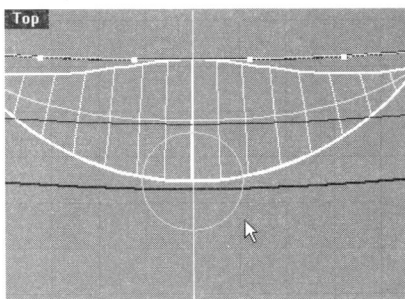
图 4-228

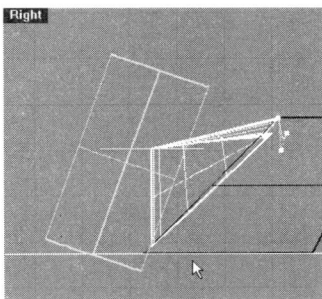
图 4-229

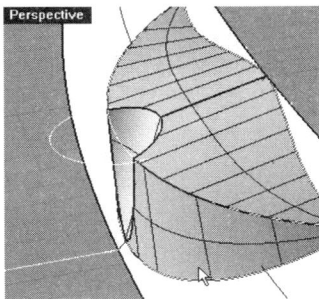
图 4-230

Step 05　做尾部渐消面

❶ 最后来处理尾部的一个渐削面，将所有的部分都显示出来，在前视图中用中心画矩形的方式画出一条对称的矩形，如图 4-231 所示。对上面两个角做倒角，如图 4-232 所示。利用按比例缩放工具捕捉对称的中心线来做缩小，缩小的同时进行复制，得到如图 4-233 所示的同心线条。

图 4-231

图 4-232

图 4-233

❷ 将得到的两条线在右视图上移动到如图 4-234 所示的位置，准备做分离操作。在透视图上做分离面操作，并将分离出来的中间部分面删除，如图 4-235 所示。

图 4-234

图 4-235

❸ 处理中间的渐削面部分，先用收缩曲面工具（▨）对中间部分面的点进行收缩，用添加线工具在曲面部分进行加线操作，得到如图 4-236 所示的线条效果。加线的时候注意，为了使上面的线条在调节时不影响最下面边缘的移动，必须加至少两条线，这是由整个面的阶数决定的。加完线条以后，对上面两排的线条进行调整，向外拉出，如图 4-237 所示。

❹ 添加完以后，对这个口子进行曲面的融合操作，得到如图 4-238 所示的融合曲面效果。

❺ 这样整个主体部分都建出来了，用实体模式观察，如图 4-239 所示。

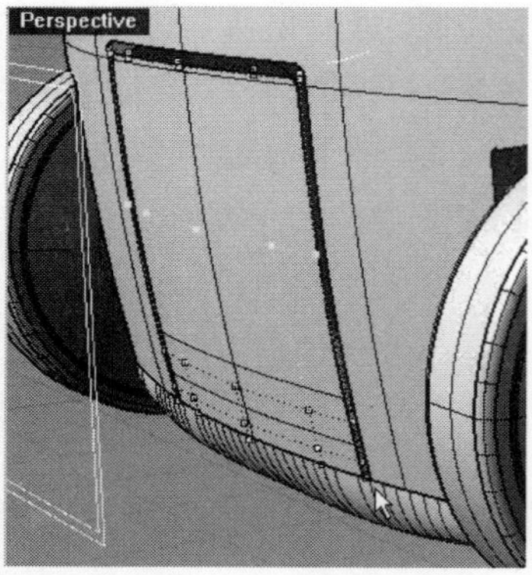

图 4-236

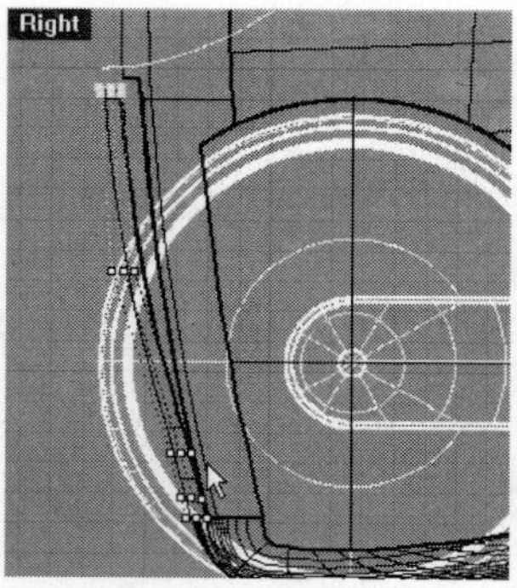

图 4-237

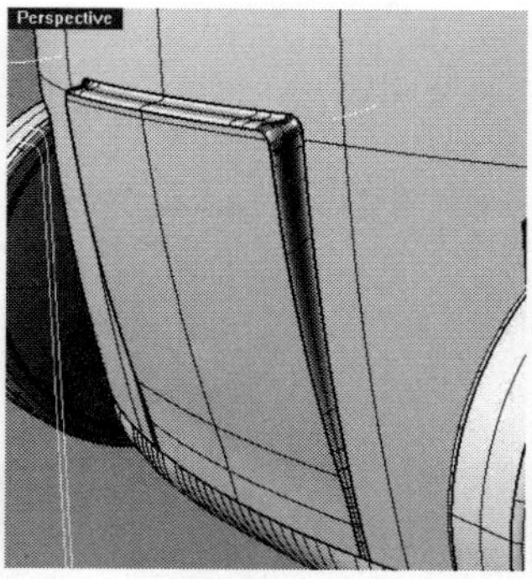

图 4-238

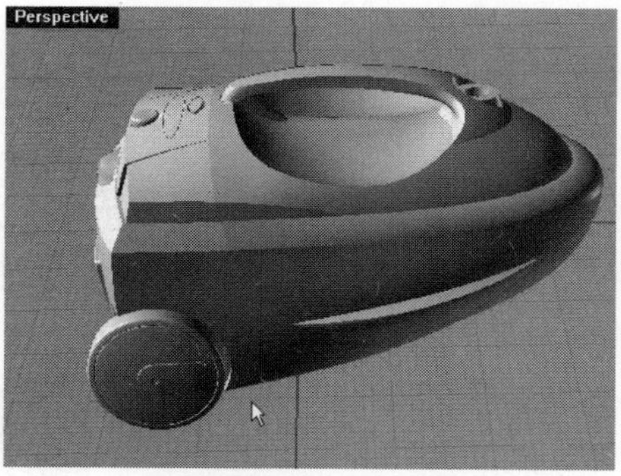

图 4-239

4.1.6 总体倒角操作

整体建完之后，很多部分的倒角还没有制作。在 Rhino 4.0 软件建模的过程中，造型没有确定的情况下是不能做倒角的，如果做了倒角，后面再需要用到这些造型时，就很难找到确定的造型，所以在本例中，在大体模型都建完之后才能进行倒角操作。

Step 01 设置模型图层

❶ 在倒角之前将各个部分分别放置到不同的图层上，用不同的颜色进行区别，利于设置不同的大小进行倒角，设置 5 个大的图层，用不同的色彩进行区别，如图 4-240 所示。

❷ 在透视图上观察效果如图 4-241 所示。先对主体部分进行倒角，将其他部分的突出隐藏，然后将主体结合起来，对下半部分做实体倒角（▣），值相对比较小，因为整体需要硬朗的效果，如图 4-242 所示。

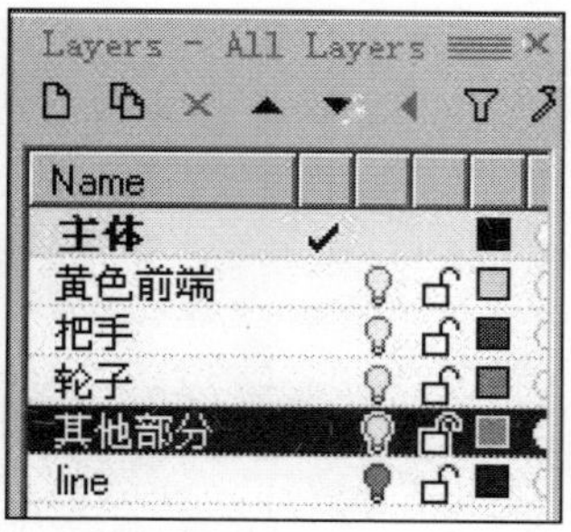

图 4-240

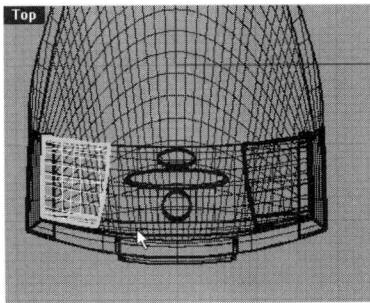

图 4-241

图 4-242

Step 02　对上部分做倒角

❶ 接下来对上部分进行倒角处理，先处理旁边的一个小部分。将这个部分的面补全，才能进行方便的实体倒角，如图 4-243 所示。做实体倒角，得到如图 4-244 所示的效果。

❷ 将隐藏的显示出来，并将做过倒角的部分镜像复制到另外一边，如图 4-245 所示。

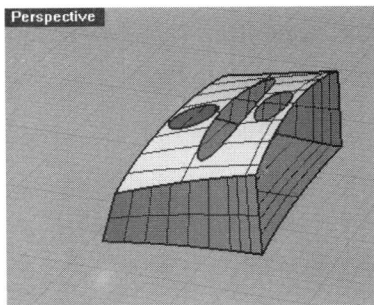

图 4-243

图 4-244

图 4-245

Step 03　处理中间部分

将其他部分隐藏，处理中间部分，做如图 4-246 所示的面补全操作。同样做实体倒角，得到如图 4-247 所示的倒角效果。这个部分处理完后，倒角的整体效果如图 4-248 所示，用 Shade（实体）模式显示。

图 4-246

图 4-247

图 4-248

Step 04 处理前部黄色部分细节

❶ 处理前部的黄色部分，将其他部分隐藏，只显示黄色图层，如图 4-249 所示。先对侧面的两个小面处做面倒角，得到如图 4-250 所示的倒角效果。

❷ 另外一边也做同样大小的倒角处理，然后对上面凹陷部分和外边面做面倒角，如图 4-251 所示。

图 4-249   图 4-250   图 4-251

Step 05 处理倒角细节

❶ 这样做面倒角总体看起来还不错，不过在角部会出现问题，如图 4-252 所示。用面相交工具（ ）对平面和倒角小窄面做相交，得到如图 4-253 所示的相交线。

❷ 用相交的线条对伸出的部分进行剪切，得到如图 4-254 所示的效果（如果不能剪切，可以适当对相交线做一点向外的延伸处理）。对另外一边也做同样的处理，倒角后得到如图 4-255 所示的整体效果。

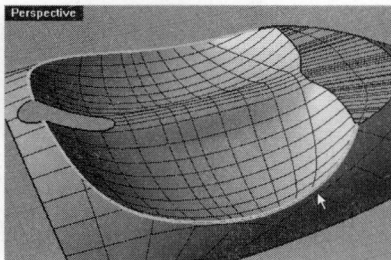

图 4-252

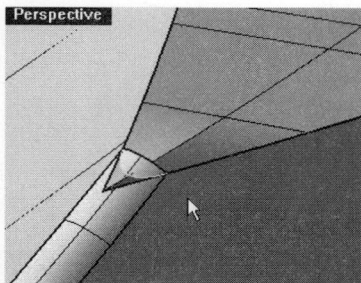

图 4-253   图 4-254   图 4-255

Step 06 把手部分处理

❶ 接下来处理把手部分，同样把其他部分隐藏，只显示出把手部分，如图 4-256 所示。

❷ 直接做顶部和侧面的面倒角，得到如图 4-257 所示的倒角效果。然后将中间的插管部分隐藏，重新做拉伸出来，如图 4-258 所示。

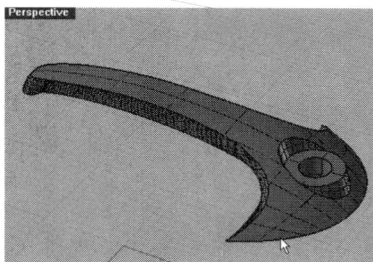

图 4-256　　　　　　　　　图 4-257　　　　　　　　　图 4-258

❸ 继续做面倒角,如图 4-259 所示。再次对中间部分重新进行拉伸后倒角,得到如图 4-260 所示的最终效果。

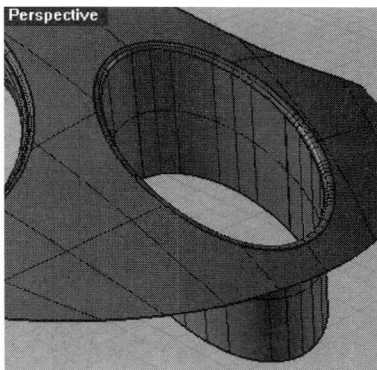

图 4-259　　　　　　　　　　　　　　图 4-260

Step 07 把手上部细节处理

继续处理把手上面的分离出来的部分, 即如图 4-261 所示的部分。

图 4-261

❶ 先在右视图上把手上画出如图 4-262 所示的一条弧线。单击投影工具 (🥫), 用画出的弧线对把手面进行投影, 如图 4-263 所示。

❷ 把得到的线条打断, 得到如图 4-264 所示的侧面一条弧线。将得到的线条镜像复制到另外一边, 如图 4-265 所示。

图 4-262　　　　　　　　　图 4-263　　　　　　　　　图 4-264

❸ 经过得到的线条的两个端点画出中间的弧线，如图 4-266 所示。分别用两边的弧线和中间画出的弧线做匹配，如图 4-267 所示（赋予不同的颜色以示区别）。

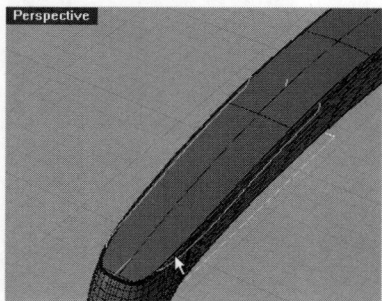

图 4-265

图 4-266

图 4-267

❹ 用得到的线条重新对下面的面做投影，注意选择投影方式，应该选择（🗃）这种投影方式，投影后得到不同的线段，然后 Join（结合）起来，如图 4-268 所示。把结合后的曲线对下面的把手实体进行分离，得到如图 4-269 所示的分离效果。

图 4-268

图 4-269

Step 08 处理两边凸起和尾部倒角

❶ 接着处理两边的突出部分，直接做面倒角，如图 4-270 所示。

❷ 处理尾部的插管处的倒角，先做两侧的实体倒角，如图 4-271 所示。然后提取中间部分的相交边缘线并进行结合，结合后做管子，如图 4-272 所示。

图 4-270

图 4-271

图 4-272

❸ 单击面相交工具（🔖），对实体和管子进行相交，然后将管子删除，如图 4-273 所示。用相交线对实体部分进行剪切，如图 4-274 所示。

❹ 提取上下两个面的中间部分的线条来做融合，得到如图 4-275 所示的一条弧线。提取上面的边缘线并进行结合，然后结合下面切开口子的边缘做双轨放样，得到如图 4-276 所示的倒角效果。

图 4-273 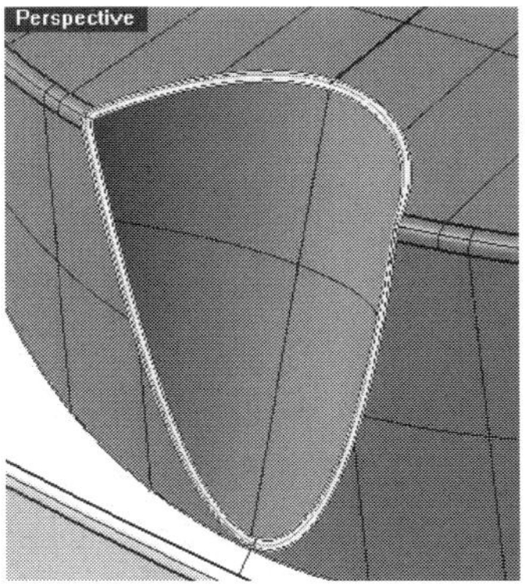　　　　　图 4-274 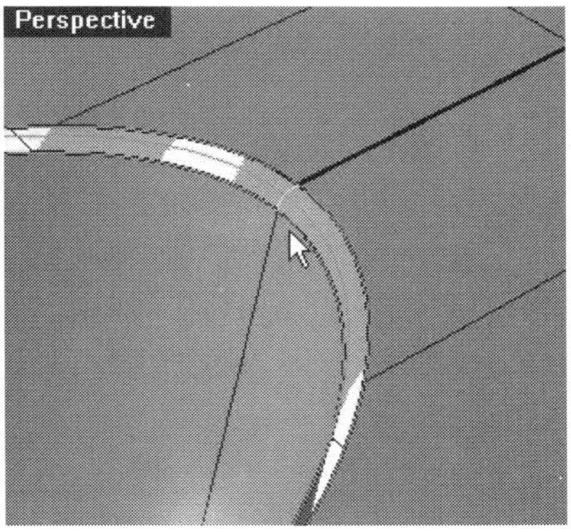　　　　　图 4-275

❺ 这样整体的倒角就处理完毕，整体效果如图 4-277 所示。
❻ 换个角度观察，效果如图 4-278 所示。

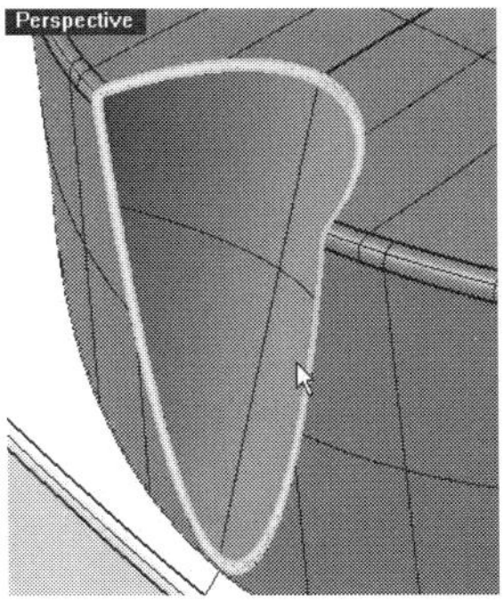

图 4-276 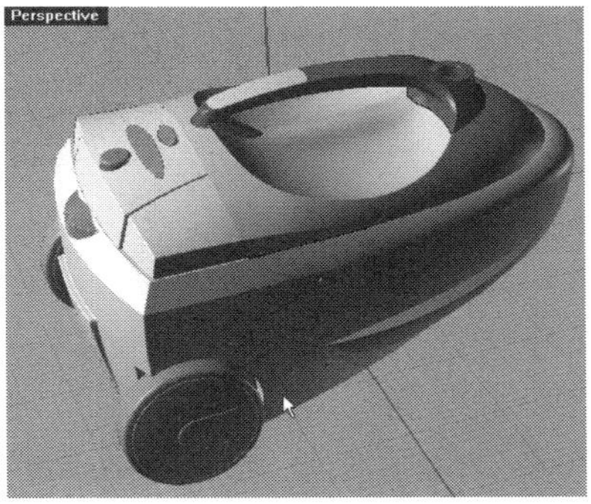　　　　　图 4-277 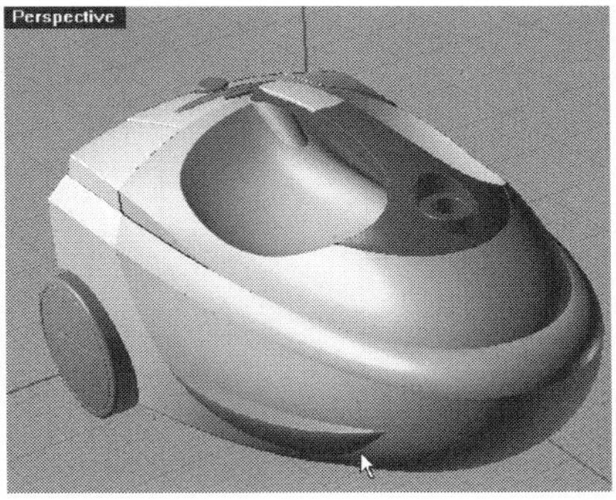　　　　　图 4-278

❼ 在渲染软件 Cinema 4D 中渲染，得到如图 4-279 和图 4-280 所示的最终真实效果。

图 4-279 　　　　　图 4-280

247

4.2 Logear 无线会议专用鼠标建模

产品介绍

如图 4-281 所示,这款是 Logear 的一款无线会议专用鼠标,鼠标的外观比较独特,其采用了符合人手握持的外观设计,如图 4-282 所示。用户可以很贴合手型地将其握在手中,鼠标的轨迹球和按键都集中在了上半部分,银色的圆环中间是一个轨迹球,后面有 3 个按键。左右两个比较长的按键,分别对应鼠标的左右键,而中间的按键则是用于指示光发射器的。如图 4-283、图 4-284、图 4-285 所示分别是这款鼠标各个部分的效果图。

图 4-281   图 4-282

图 4-283   图 4-284   图 4-285

建模思路分析

这款鼠标整体造型全是曲线,外观呈现流线型的风格,组合部分不是很多,但都是在曲面上的操作,这样使得难度增加。主要是可以分为上面曲面,下面对曲面以及鼠标轨迹球所在部分曲面 3 个大的部分来建模。建模难点在于鼠标的边界线的布置以及下面曲面的一条空间结构主线的布置,此外还有最后的分模线的制作也是有点难度的,因为后面电池盖和前面红外线指示器部分不是简单的切割,而是空间上的分割。

这个产品的制作过程中主要是利用平面的线来生成空间的曲线,从而利用网格建面的方式做出主体的曲面,然后在主体的曲面上进行一些细节的制作。

这个产品没有过多的视图可以作为参考，仅仅只有一个侧视图做参考，这样也使得建模难度加大，中间难免有少许细节部分与原产品有些出入。

模型的基本分析思路如图 4-286 所示。

图 4-286

文字说明（图中）：
上面和下面的曲面主要绘制出架构线，用网格建面制作

上面按钮主要用投影在曲面上分割之后用偏移曲面命令制作

螺钉孔主要由布尔运算制作

分模线主要由复制出的边线和做管子命令以及布尔运算制作

制作流程分析

这款产品整体比较圆滑，空间曲线较为丰富，在建模的时候，需要对每个空间的曲线制作进行反复的调试才能取得满意的效果。在制作的时候，按照这样的顺序进行建模操作。

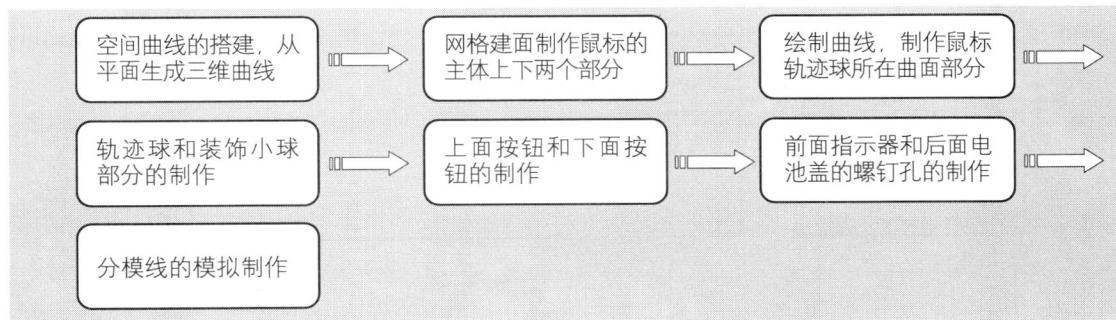

空间曲线的搭建，从平面生成三维曲线 → 网格建面制作鼠标的主体上下两个部分 → 绘制曲线，制作鼠标轨迹球所在曲面部分

轨迹球和装饰小球部分的制作 → 上面按钮和下面按钮的制作 → 前面指示器和后面电池盖的螺钉孔的制作

分模线的模拟制作

下面来介绍一下该产品的具体建模，从主体开始一步一步来讲解。

4.2.1　空间曲线制作

这个部分主要是用二维平面的曲线绘制，以及通过两个视图中的平面曲线建立一条 3D 曲线命令来生成空间三维曲线，还有对空间曲线的优化。绘制完曲线之后再利用建立通过数条轮廓线的断面线命令来生成一些断面线，并将断面线分割，为下面建面做基础。

Step 01 利用背景图画线

❶ 打开 Rhino 4.0 软件，在 Front（前）视图中导入鼠标的侧视图（配套光盘路径：DVD01\实例文件\背景图\鼠标侧视图.jpg），作为绘图的参考，依次单击操作如图 4-287 所示。

❷ 将鼠标中间的最下面部分放在 Z 轴上，最后效果如图 4-288 所示。

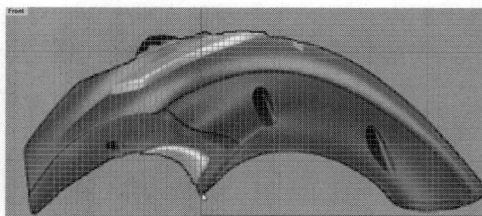

图 4-287　　　　　　　　　　　　　　　　　图 4-288

❸ 为了方便绘制曲线，先需要把网格线隐藏起来，用右键单击 Front（前）文字，如图 4-289 所示。在弹出菜单中选择 Grid Options（网格选项）选项，弹出 Document Properties（文件属性）对话框，将 Show grid lines（显示网格线）前面的勾选取消，如图 4-290 所示，也可以按 F7 键逐个视图取消网格。

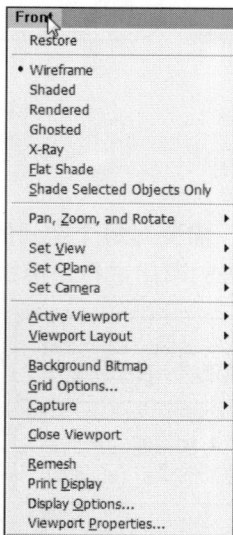
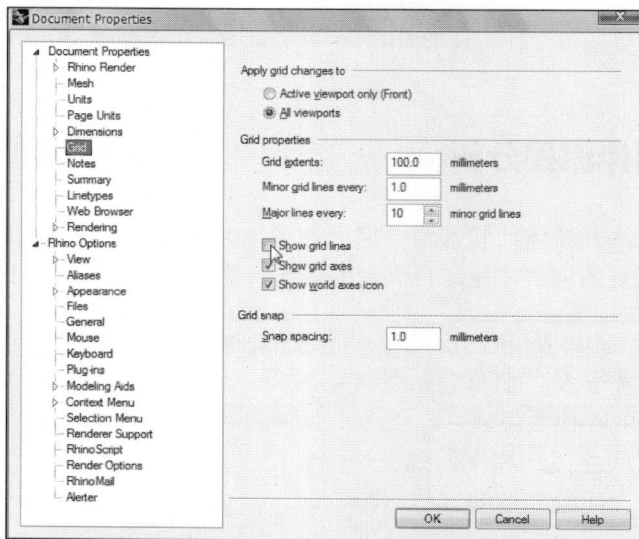

图 4-289　　　　　　　　　　　　　　　　　图 4-290

❹ 用绘制曲线工具（▨）画出最下面的曲线，如图 4-291 所示。

❺ 绘制完左右两边的曲线条，但是保持中间的地方暂时不连接，如图 4-292 所示。

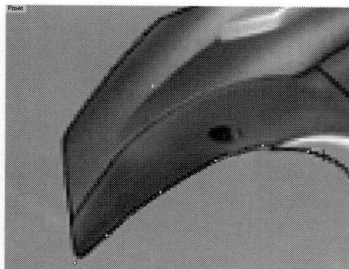
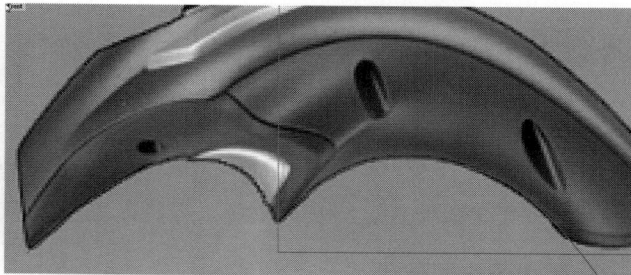

图 4-291　　　　　　　　　　　　　　　　　图 4-292

❻ 用融合曲线工具（▨）对两条曲线进行融合，如图 4-293 所示。

❼ 用匹配曲线命令（▨）对三条曲线进行匹配并结合成一条单一曲线，参数设置操作如

图 4-294 所示。

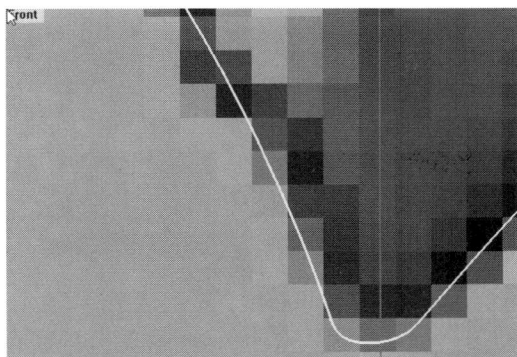

图 4-293　　　　　　　　　　图 4-294

这样最下面的一条边线就画完了。

高手点拨

在曲线转折非常突兀的时候，有时候不需要一口气绘制完成，可以绘制两条曲线之后，对其进行融合、匹配，这样就可以生成单一的曲线，同时也很好地保持了曲线的连续性。

Step 17　画空间线

❶ 另外一条边线是一条空间曲线，可以在Front（前）视图中画出一条曲线调整而得，但是这样的操作量很大，而且调整时间很长。这里用从两个视图中的平面曲线建立一条 3D 曲线命令（ ）来生成空间曲线。将平面捕捉模式保证打开状态（ Planar），用绘制曲线工具（ ）在前视图中绘制如图所示曲线，注意，在绘制的过程中转折处的地方可以适当地多加几个控制点。最后效果如图4-295 所示。

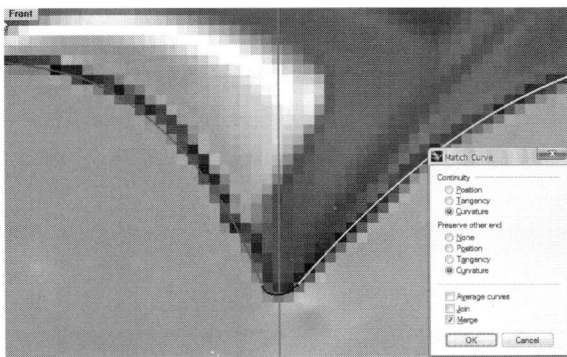

图 4-295

❷ 在 Front（前）视图中用点工具标注曲线转折的位置，并且在 Top（顶）视图中绘制一条直接，作为下面在顶视图中曲线转折的参考，如图 4-296 所示。

❸ 接下来用同样方法在 Top（顶）视图中绘制曲线，注意曲线的转折处是产品最宽的地方，这条线控制了产品的宽度，如果觉得太小可以对其进行适当移动，放大产品的宽度，如图 4-297 所示。

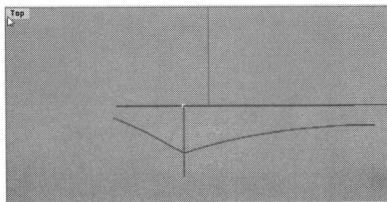

图 4-296　　　　　　　　　　图 4-297

251

🔑 高手点拨

从两个视图中的平面曲线建立一条 3D 曲线命令（🔘），当知道模型的一条轮廓线在两个不同方向看起来一样时，可以使用这个方法建立曲线。

当生成的曲线的控制点很多，曲线质量不高的时候，可以对曲线打断成几条曲线来进行优化，一般打断成三条曲线，然后再用匹配命令将优化过的断线连接成一条单一曲线，从而提高曲线的质量。

Step 03 画底部空间线

❶ 用两个视图中的平面曲线建立一条 3 曲线命令（🔘）生成空间曲线，先点选图标（🔘），如图 4-298 所示。在顶视图点选曲线，如图 4-299 所示。

❷ 在前视图中点选另一条曲线，如图 4-300 所示。最后生成空间曲线，如图 4-301 所示。

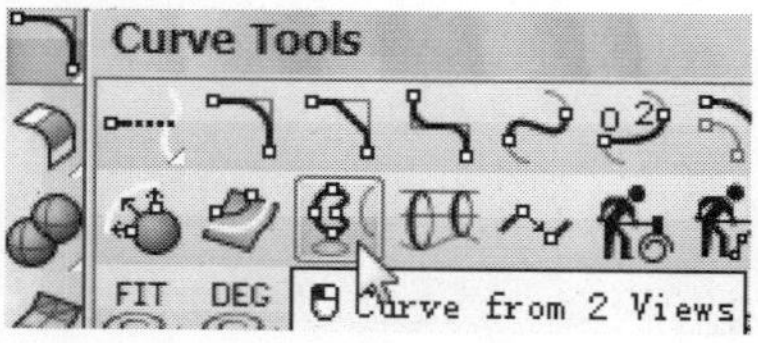

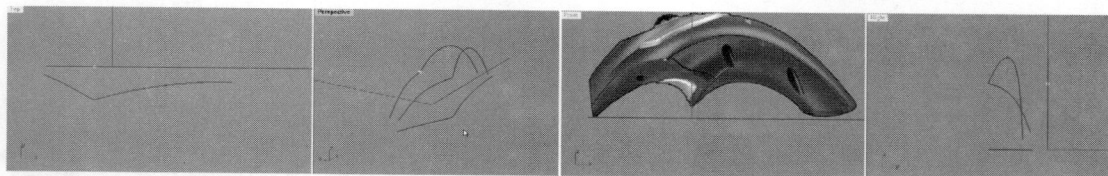

图 4-298 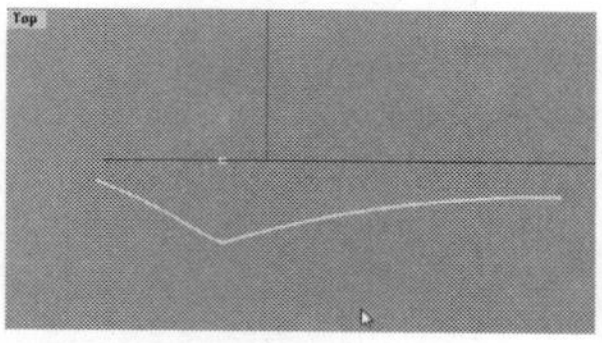　　　　　　　　图 4-299 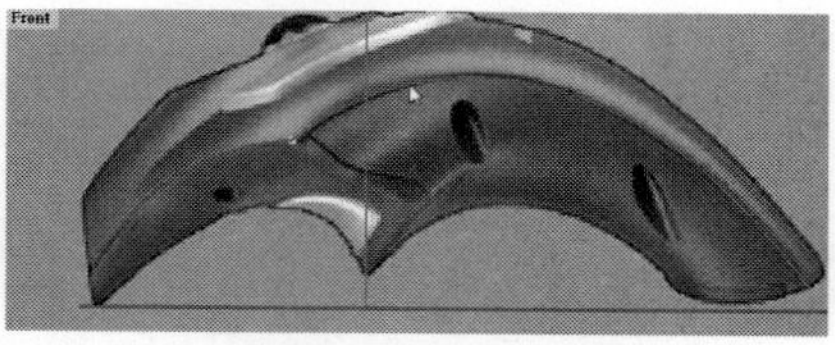　　　　　　　　图 4-300

图 4-301

Step 04 曲线优化

❶ 接下来对生成的曲线做一些优化，左键点选分割命令（🔘），再点选生成的曲线，接着点选命令提示栏中的 Point（点）选项 `Select objects to split. Press Enter when done (Point)`（或者直接在键盘中输入 p，回车）。在曲线上选择要打断的位置，如图 4-302 所示。样曲线就被打断了，这里选择两个点，将曲线打断成 3 段进行优化，图 4-303 所示。

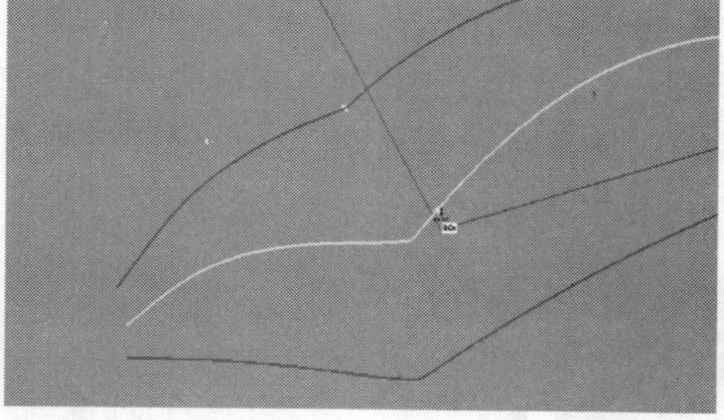

图 4-302 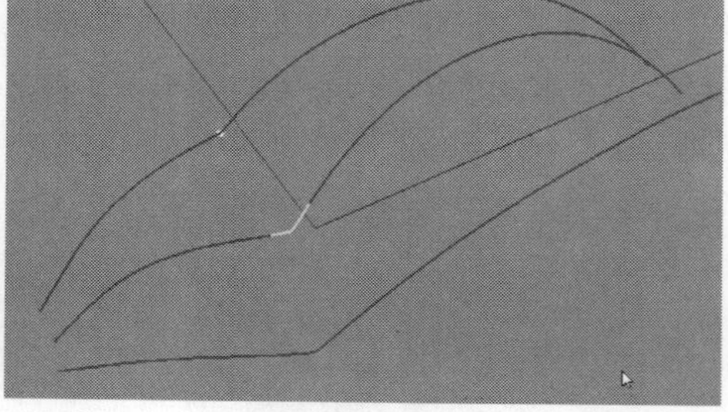　　　　　　　　　　　　图 4-303

❷ 用重构曲线命令（🔘）对曲线进行优化，如图 4-304 所示。中间的那条曲线是转折部分，优化之后可能差别很大，所以暂时不进行优化，保持原样。下面的曲线优化如图 4-305 所示。

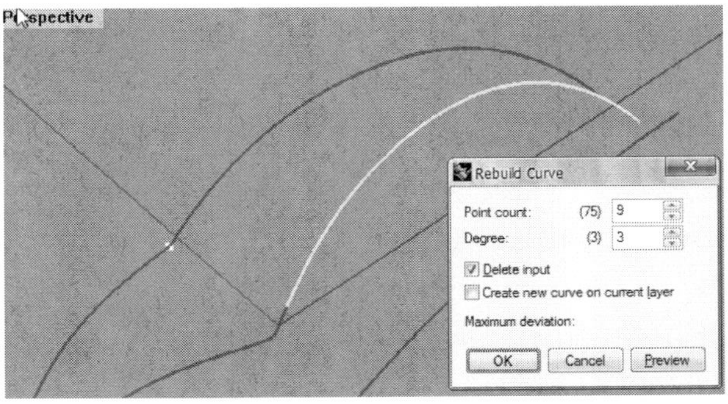

图 4-304

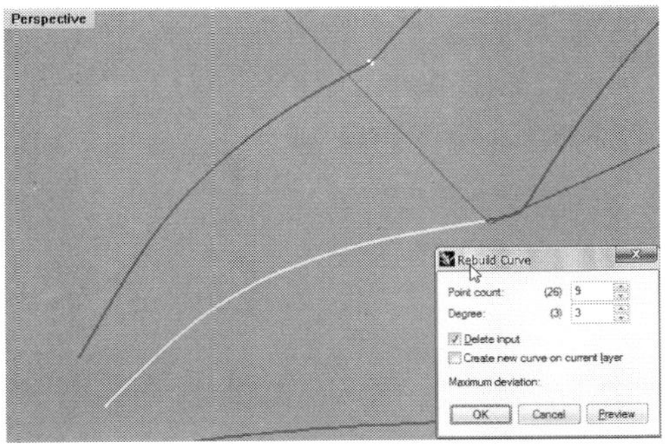

图 4-305

❸ 优化完成之后对 3 条曲线分别进行匹配操作，生成单一曲线，如图 4-306、图 4-307 所示。

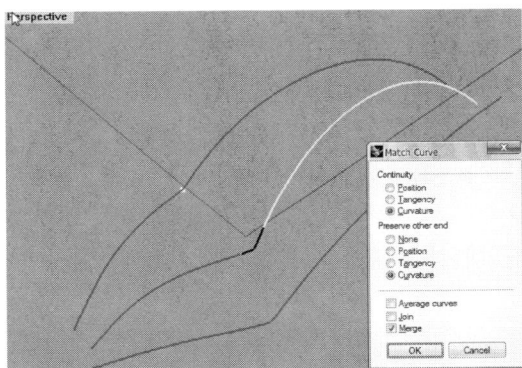

图 4-306

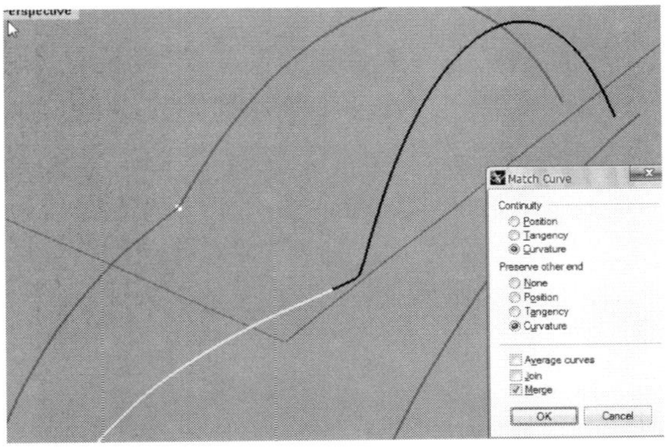

图 4-307

Step 05 绘制中间部分空间线

❶ 绘制中间的一条空间曲线，用刚才同样的方法，先用点工具标示出两个基本点，如图 4-308 所示。

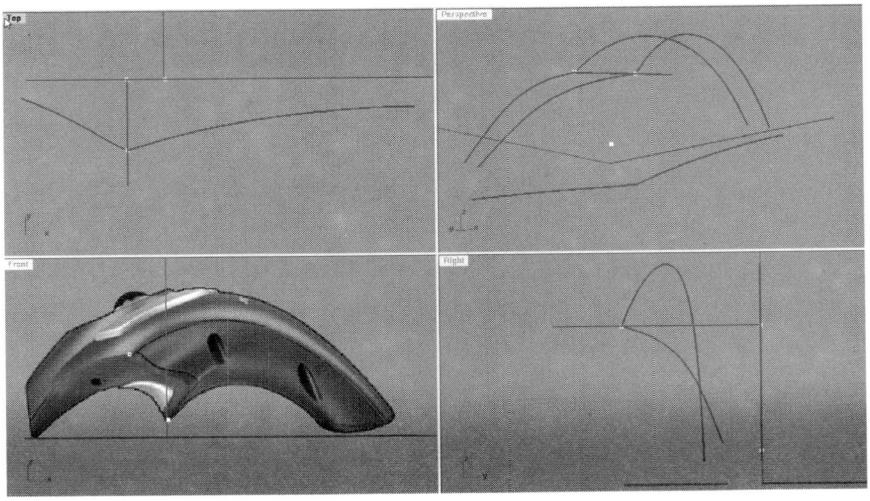

图 4-308

❷ 用绘制曲线工具在前视图中绘制曲线，注意在绘制的过程曲线的起点和终点都要捕捉到点上，如图 4-309 所示。

❸ 在右视图中绘制曲线，也要注意将曲线的端点捕捉到点上，如图 4-310 所示。

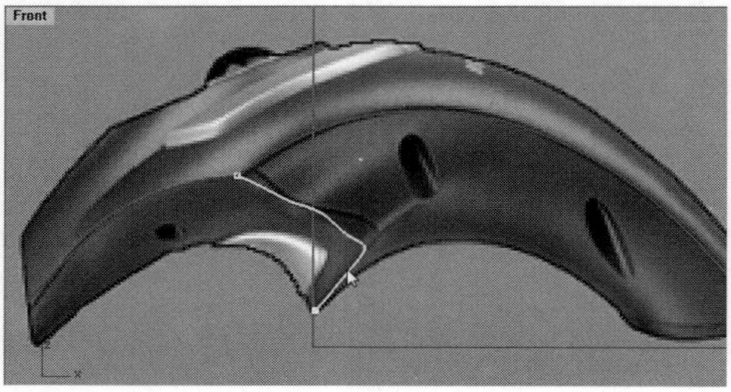

图 4-309

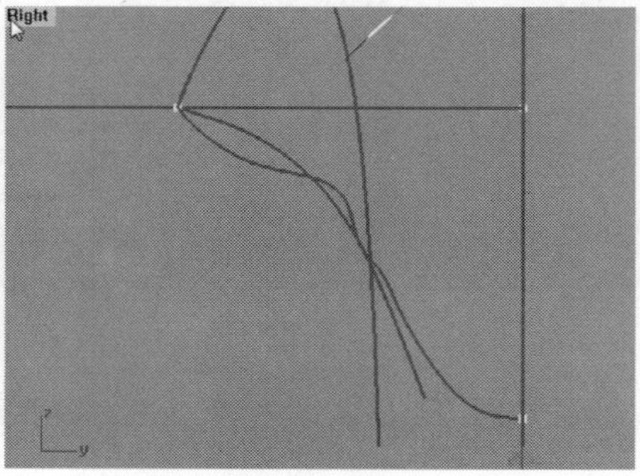

图 4-310

❹ 最后两条线的效果如图 4-311 所示。

❺ 可以看到右视图中的曲线不是平面的曲线，但是并不影响生成空间曲线，只要在右视图中看到的曲线形状满足条件就行。

❻ 用通过两个视图中的平面曲线建立一条 3D 曲线命令（⬤）生成空间曲线，点选图标（⬤），点选右视图中的曲线，命令行中提示 Curve extrusion direction（曲线的挤出方向），此时在 Top（顶）视图中单击鼠标左键按住 Shift 键水平拖动鼠标再次单击，就可以标注出方向，如图 4-312 所示。

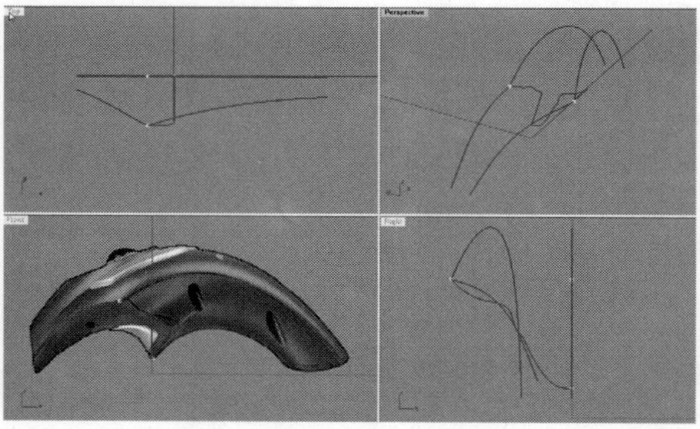

图 4-311

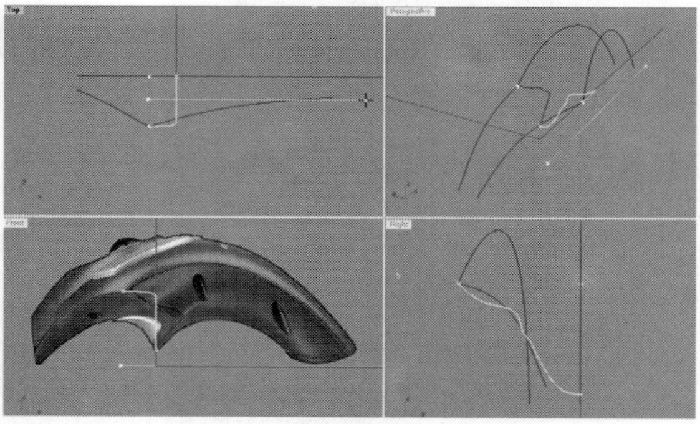

图 4-312

❼ 接下来在前视图中选择另一条曲线，如图 4-313 所示。

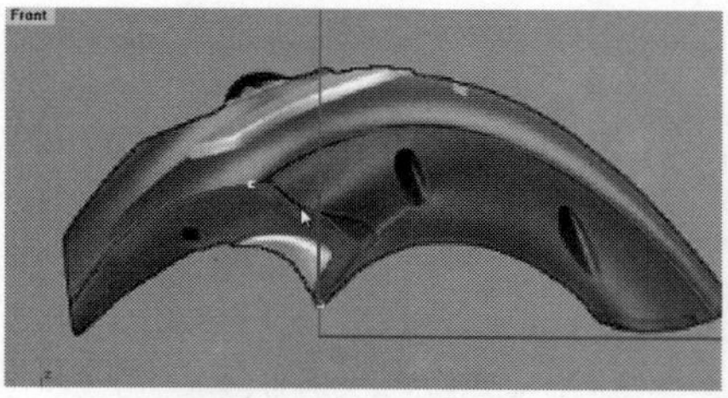

图 4-313

这样空间曲线就形成了，效果如图 4-314 所示。

❽ 隐藏曲线对两条空间曲线进行镜像操作，效果如图 4-315 所示。

图 4-314

图 4-315

❾ 为了建模方便，减少干扰，可以新建一个图层，并将其设置成隐藏的属性，将一些暂时不需要的线条调入到图层中，隐藏起来。

Step 06　做前部椭圆形曲线

❶ 用椭圆工具绘制前面的部分，选择通过直径画椭圆工具，并将端点捕捉打开，画出椭圆，如图 4-316 所示。

❷ 接下来用分割工具（🖱）将椭圆用点分割的方式分割成上下两个部分，如图 4-317 所示。

图 4-316

图 4-317

❸ 隐藏上面的半个椭圆，对下面的半个椭圆的顶部用（↩）做线融合，得到如图 4-318 所示的线条。

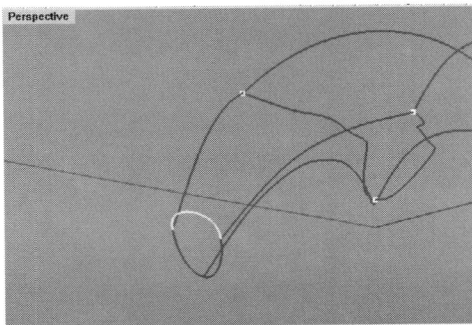

图 4-318

Step 07 绘制顶部轮廓和截面曲线

❶ 接下来在前视图中参考图片的轮廓线绘制线条，注意线条的左端要捕捉在刚才融合生成的曲线上，如图 4-319 所示。

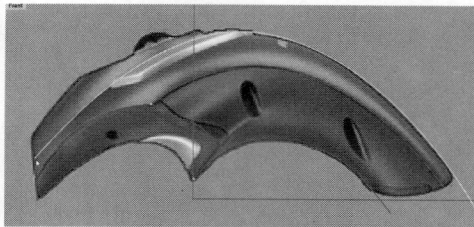

图 4-319

这样对于曲线的大体布置基本上完成了，接下来进行面的制作。这个产品要分成上下两部分，用从断面轮廓线建立曲线工具（⬚）和用网格建面（⬚）的方式完成。

❷ 选择从断面轮廓线建立曲线工具（⬚），在透视图中按顺时针或者逆时针依次选取 4 条曲线，如图 4-320 所示。

❸ 选取完成之后在前视图中定义曲线的生成位置，如图 4-321 所示。

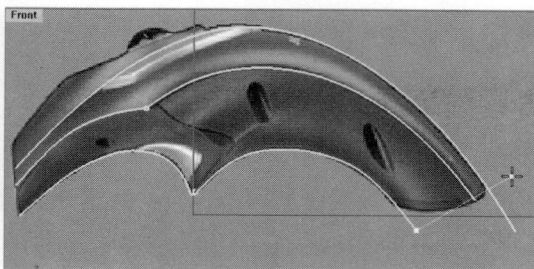

图 4-320   图 4-321

❹ 产品最前面的截面线已经完成了，所以在制作的过程中不需要再制作出来。在这个过程中生成线的多少和位置可以根据需求自由控制，在这里只生成了 4 条线。最后生成的曲线如图 4-322 所示。

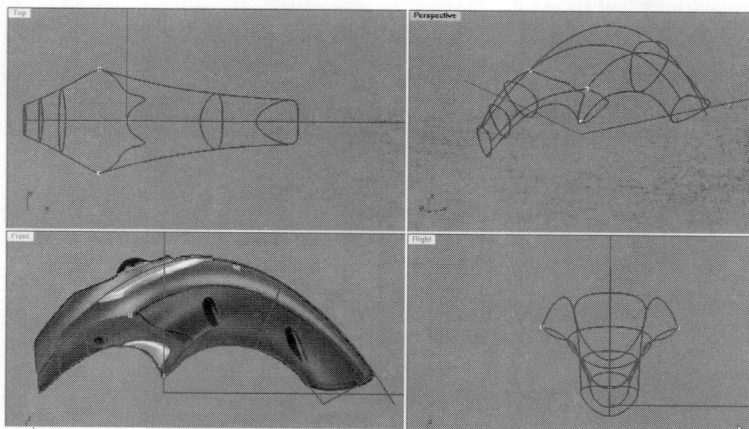

图 4-322

🔧 **操作提示**

在选择曲线的过程中，要按照一定的方向来选曲线。一般是在透视图中选择曲线，然后在其他视图中选择断面线的生成位置。如果需要开放的曲线，则可以单击 Close（闭合）选项，改变曲线的状态。

⑤ 将这 4 条生成的曲线用两边的线进行打断分割，点选分割命令（🔲），再点选 4 条生成的曲线，如图 4-323 所示。

⑥ 单击右键，再点选两条边界线，如图 4-324 所示。

图 4-323	图 4-324

⑦ 再单击右键，最后的分割效果如图 4-325 所示。

图 4-325

4.2.2　鼠标主体两个面的制作

这个部分主要是用网格建面来完成上面和下面两个面的制作。

Step 01 整体建面操作

❶ 接下来用网格建面的方式建下面的面，点选网格建面工具（🔲），再依次点选各边曲线，参数保持为如图 4-326 所示的位置即可。

❷ 下面的部分同样用网格建面完成，效果如图 4-327 所示。

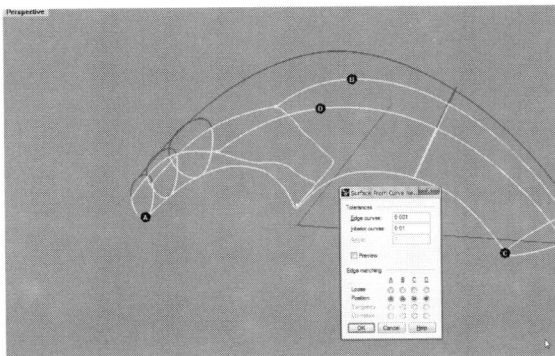

图 4-326

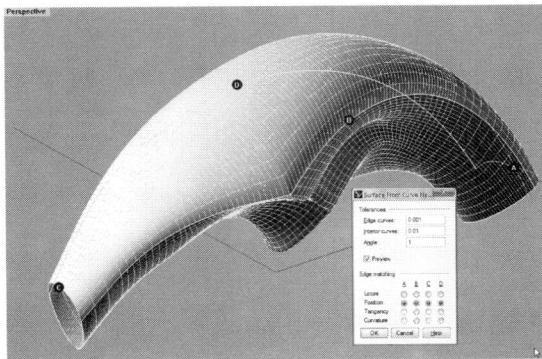

图 4-327

Step 02 绘制切割用的曲线

❶ 接下来制作前面的部分，首先将所有的线调入到隐藏图层。用边复制工具复制上面的曲面边线，如图 4-328 所示。

❷ 在右视图中画出直线，如图 4-329 所示。用直线将另外一条曲线剪切，如图 4-330 所示。

图 4-328

图 4-329

❸ 删除直线并将两条小线段用点工具标示出两点，如图 4-331 所示。

图 4-330

图 4-331

❹ 在顶视图中画出适当大小的圆，并且用点工具标示出圆心，注意圆心在 X 轴上面，如图 4-332 所示。

❺ 按 F10 键打开圆的控制点，并且将左边的控制点水平拖动，再将曲线用分割工具进行打断，如图 4-333 所示。最后将端点移动到刚才的标示点，注意打开点捕捉选项，如图 4-334 所示。

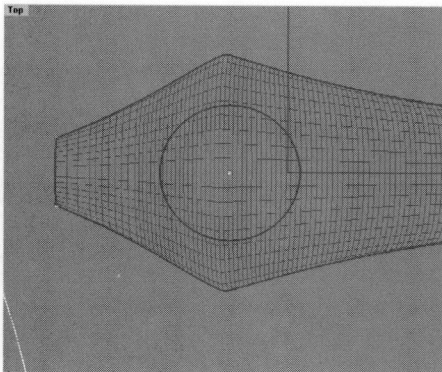

图 4-332

图 4-333

❻ 用得到的线去剪切曲面，如图 4-335 所示。

❼ 在前视图中参考图片绘制曲线，如图 4-336 所示。

图 4-334   图 4-335   图 4-336

Step 03 构建前段封闭小曲面

此时还要画出产品前面的大致形状的曲线，先要得到产品前面的最高点，进行如下操作。

❶ 连接两个标示点成一条直线，复制两个曲面的边缘线并结合成一条封闭的曲线，如图 4-337 所示。

❷ 用从平面曲线建立曲面命令（⬭）建立曲面，如图 4-338 所示。用曲面延伸命令（⬚）将曲面的上面延伸，使曲面和上面的曲线有相交的点，如图 4-339 所示。

❸ 用物件交集（⬚）命令得出最高点，操作为先点选物件交集命令，再点选曲面和曲面，如图 4-340 所示。

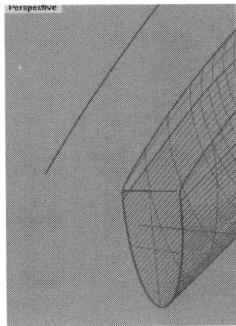

图 4-337   图 4-338   图 4-339   图 4-340

🔧 **高手点拨**

如何利用 Rhino 4.0 的切换操作平面功能进行坐标平面的切换，切换到指定的物体上去？下面结合这个例子进行讲解。

接下来将工作平面定义到物件平面上，这样为了更好地绘制曲线。操作如下，右键单击透视图文字，在弹出菜单中选择 Set CPlane（设置工作平面），点选 To Object（至物件），如图 4-341 所示。

选择如图 4-342 所示的平面。

再在透视图文字上面单击右键，在弹出菜单中选择 Set View（设置视图），点选 Plan（正对工作平面），这样视图就是正对着的。如图 4-343 所示。

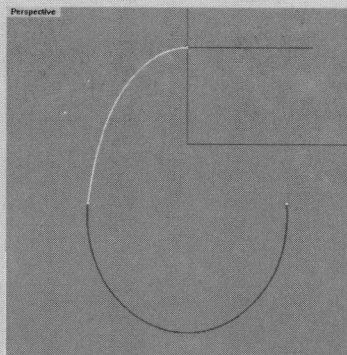

图 4-341   图 4-342   图 4-343

接着用直线工具绘制出直线，捕捉点，如图 4-344 所示。

用线融合命令生成曲线，如图 4-345 所示。适当地调整曲线的形状，如图 4-346 所示。

图 4-344   图 4-345   图 4-346

最后对曲面做个镜像，并且匹配成一调曲线，如图 4-347 所示。

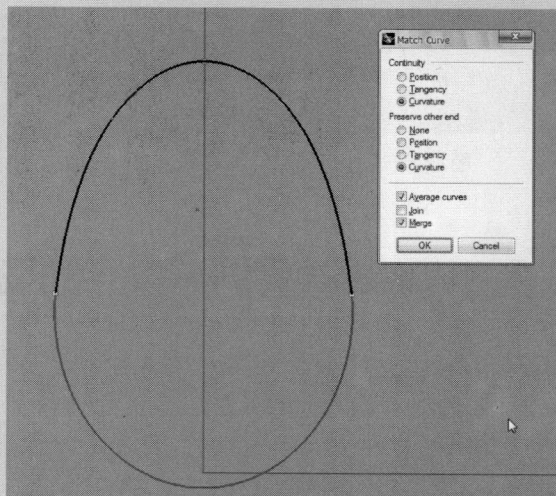

图 4-347

❹ 右键单击（田）恢复成四个默认视图。接下来用网格建面做上面的部分。

Step 03　建构补面

❶ 将曲面的边缘复制出来并且打断成 3 段，隐藏其他物体，如图 4—348 所示。

❷ 用网格建面建出上面的面，如图 4—349 所示。

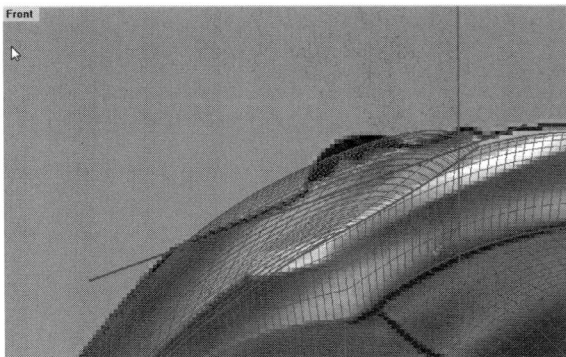

图 4—348

图 4—349

❸ 在前视图中绘制直线，如图 4—350 所示。

❹ 用直线去剪切曲面，剪切完毕之后再用从平面曲线建立曲面命令（🔘）建立曲面，如图 4—351 所示。

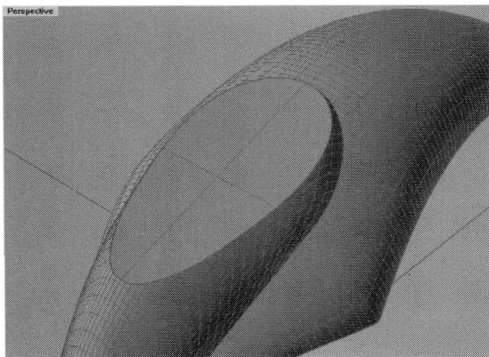

图 4—350

图 4—351

4.2.3　轨迹球部分制作

轨迹球的制作部分，主要是利用物件视图这个命令来讲坐标图放置在物件平面中，从而使绘制的曲线在物件上。装饰小球阵列完成。

Step 01　轨迹球画线

❶ 将其他曲面都隐藏，只留下如图 4—352 所示的曲面。

❷ 用刚才的方法将工作平面定位在物件上面，并且正对工作平面。绘制如图 4—353 所示的正圆，并且用点工具标注出圆的圆心。

图 4-352

图 4-353

③ 在直线工具栏中右键单击（🔲），再选择曲面，如图 4-354 所示。并且将直线捕捉到圆心，这样就建立了一条通过圆心的法向直线，如图 4-355 所示。

④ 在物件平面视图中绘制两个同心圆和一个小小的装饰球体，如图 4-356 所示。

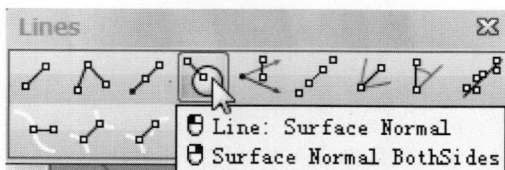

图 4-354

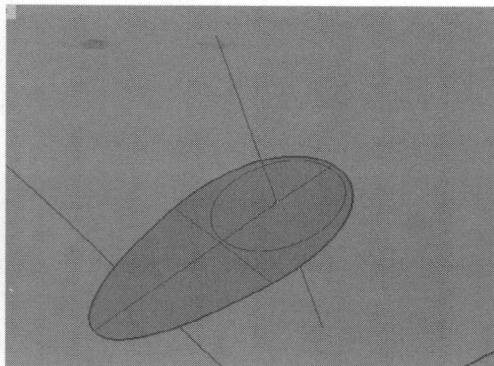

图 4-355

图 4-356

Step 02 绘制连接部分曲面

① 在前视图中将最小的圆适当地沿着法向方向上移一点距离，如图 4-357 所示。

② 用从平面曲线建立曲面命令（🔵）建立曲面，如图 4-358 所示。在正对物件视图中用第二个圆将曲面进行分割，并将内面的圆曲面删除，如图 4-359 所示。

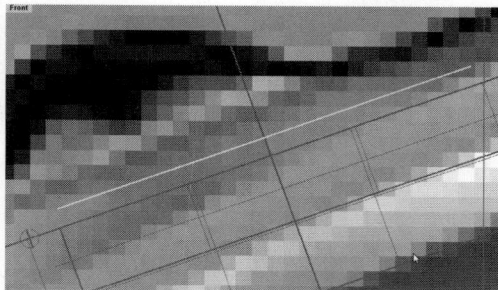

图 4-357

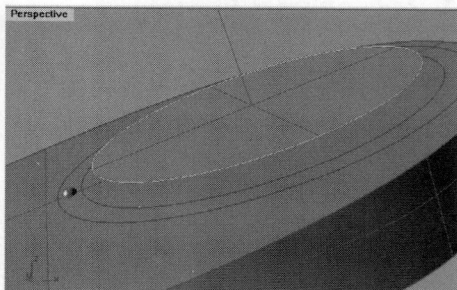

图 4-358

❸ 对两个面进行融合，如图 4-360 所示。

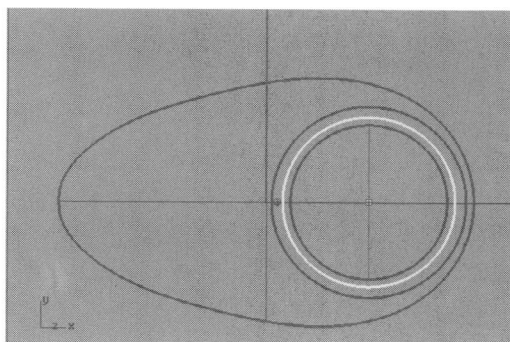

图 4-359

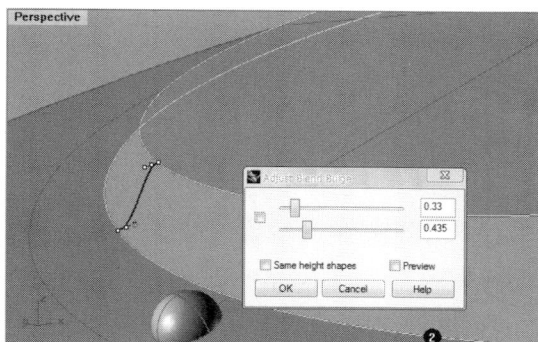

图 4-360

❹ 删除小圆的曲面，将边线进行拉伸（▣）曲面操作，如图 4-361 所示。

❺ 结合曲面并对其进行 0.05 大小的倒角，如图 4-362 所示。

图 4-361

图 4-362

❻ 用阵列工具（✲）对装饰小球阵列出 8 个小球，注意选择阵列中心为圆心，角度为 360°，如图 4-363 所示。用外面的圆对曲面进行分割，如图 4-364 所示。

图 4-363

图 4-364

❼ 对其边线进行拉伸曲面操作，如图 4-365 所示。

❽ 复制粘贴一个拉伸出来的曲面，产生两个曲面，分别与两个部分进行结合，最后对结合的两个物体进行倒圆角 0.05 大小的操作，最后效果如图 4-366 所示。

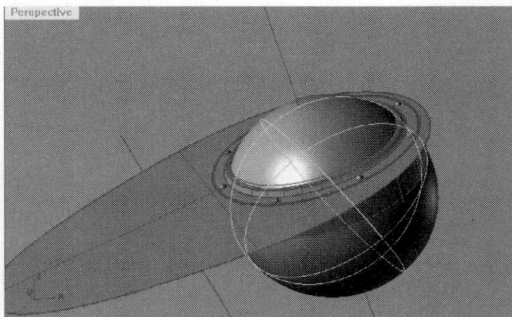

图 4-365

图 4-366

Step 03 绘制出轨迹球

❶ 用球体工具绘制鼠标的滚球，注意球体中心点要落在曲面的法向上，如图 4-367 所示。

❷ 将视图恢复到 4 个默认视图，隐藏所有曲线，此时的效果如图 4-368 所示。

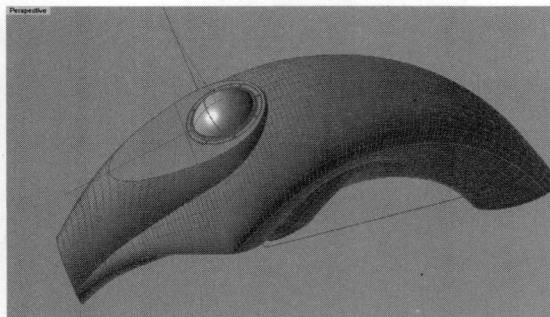

图 4-367

图 4-368

4.2.4　面之间衔接处的处理

Step 01 倒角细节处理

❶ 接下来对模型的边缘结合部分做一些处理。将所有多重曲面都炸开，保留上下两个主要的曲面，其他隐藏，右键单击分割工具（ ），用结构线将上下两个曲面分割，注意分割的不要太大，如图 4-369、图 4-370 所示。

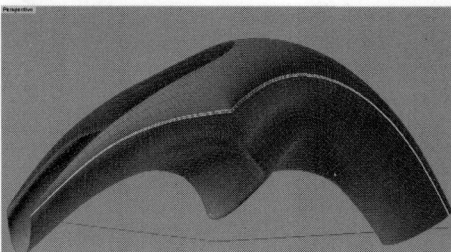

图 4-369

图 4-370

❷ 删除分割出来的小面，接下来用融合曲面工具进行补面，单击（⤾），点选两个曲面的边缘，单击右键之后在命令提示栏中单击 AddShapes（增加断面）选项，一次增加几条断面线，如图 4-371 所示。

❸ 增加好之后单击右键确认，最后得到的效果如图 4-372 所示。

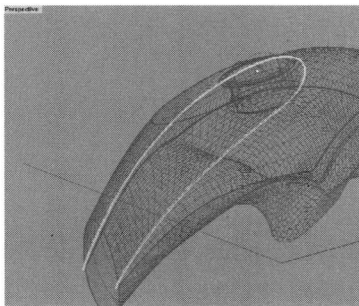

图4-371

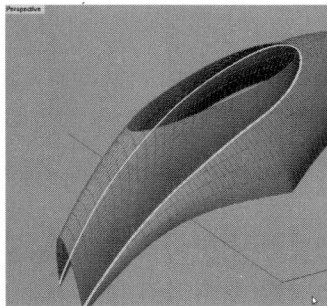

图4-372

❹ 增加断面线的目的是为了改善曲面的结构线，使结构线看起来更加顺畅、舒服。

❺ 对两个曲面的另一边采取同样的操作。

Step 02 上部模拟倒角

❶ 接下来对上面的部分进行模拟倒角效果。提取如图 4-373 所示的边线，并将其延长到物体外面。

❷ 保持曲线为选中状态，选取管道命令（⬮），生成半径大小为 0.1 的管道，如图 4-374 所示。

❸ 用管道去分割两个曲面，效果如图 4-375 所示。

图4-373   图4-374   图4-375

❹ 删除曲面，用曲线融合命令生成两条曲线，如图 4-376 所示。

❺ 接下来用双轨命令做出模拟倒角，选择两条长点的边线，右键单击之后选两条小的截面线，如图 4-377 所示。

图 4-376　　　　　　　　　　　图 4-377

6 显示所有曲面，此时的效果如图 4-378 所示。

图 4-378

Step 03 封闭前端曲面

1 结合所有曲面，在前视图中绘制直线：直线不能离物件边缘太远，稍微一点就行，这样保证能切出一个平面，如图 4-379 所示。

2 用直线去剪切物体如图 4-380 所示，然后复制最前面的边线并结合成封闭的曲面，用从平面曲线建立曲面命令（◎）建立曲面，效果如图 4-381 所示。

3 给最前面的面倒圆角（◎），大小为 0.1，如图 4-382 所示。

图 4-379

图 4-380

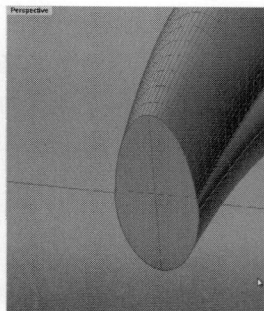

图 4-381

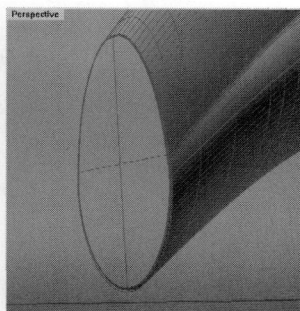

图 4-382

4.2.5 上下按钮的制作

上面的按钮要先通过剪切，复制边线等命令来获得按钮的边界线，投影到曲面之后分割曲面，然后偏移曲面生成按钮部分。

Step 01 补底部小面

❶ 做下面的手动按钮，对着按键边线，用曲线工具绘制曲线，如图 4-383 所示。

❷ 用曲面对下面的部分进行分割操作，选中曲面，点选分割命令，再单击下面的曲面，最后效果如图 4-384 所示。

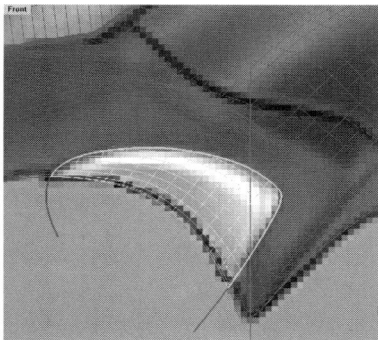

图 4-383　　　　　　　　　　　　　　　图 4-384

❸ 用曲面偏移工具对曲面进行偏移成实体，如图 4-385 所示。

❹ 在操作过程中要注意法向是向外，因为是要向外做偏移，改变方向则单击 Flipall（反转所有），再单击 solid（固体），最后生成的实体如图 4-386 所示。

❺ 用倒角工具对实体外边缘倒角，大小为 0.01，如图 4-387 所示。

接下来制作上面的按钮。

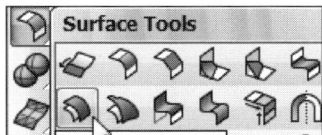

图 4-385　　　　　　　　　图 4-386　　　　　　　　　图 4-387

Step 02 画线操作

❶ 先复制曲面的边线，如图 4-388 所示。

❷ 保持曲线为选中状态，点选 Top 顶文字激活顶视图，点选（Z），如图 4-389 所示。若想删除原来的曲面，则在命令行中单击 yes，最后效果如图 4-390 所示。

图 4-388　　　　　　　　　图 4-389　　　　　　　　　图 4-390

③ 在顶视图中用曲线偏移工具（）向外偏移曲线，距离为 0.3，得到一条新的曲线，如图 4-391 所示。

④ 接下来用曲线绘制工具绘制曲线，如图 4-392 所示。

图 4-391　　　　　　　　　　　　　　　图 4-392

⑤ 对曲线进行镜像，如图 4-393 所示。

⑥ 用剪切命令对曲面做一些修剪，如图 4-394 所示。

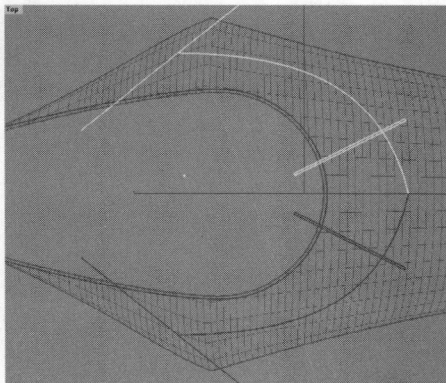

图 4-393

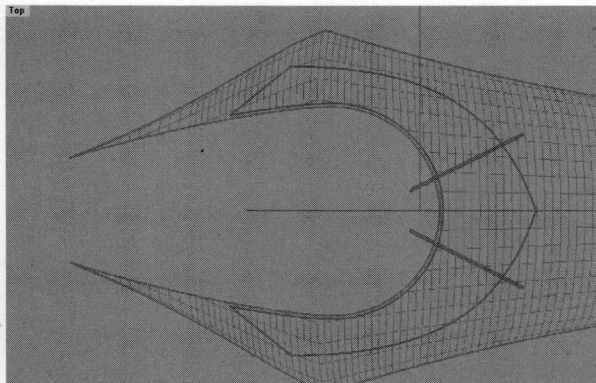

图 4-394

⑦ 对曲线进行一些倒圆角（）操作，倒角完成之后删除那些小圆角，如图 4-395 所示。

❽ 接下来用融合曲线工具来做出圆角，这样曲线的质量有很好的提高，如图 4−396、图
4−397 所示。

图 4−395　　　　　　　　　　　　　　　图 4−396

❾ 结合曲线，可以看出曲线的最右边还是个锐利的节点，接下来增加上下两个控制点，
删除公用的控制点，对曲线的控制点进行规整，最后效果如图 4−398 所示。

图 4−397　　　　　　　　　　　　　　　图 4−398

❿ 用分割工具对曲面进行分割，效果如图 4−399 所示。
⓫ 用偏移曲面工具做出按键部分，偏移大小为 0.3，方向为两边，实体，如图 4−400 所示。

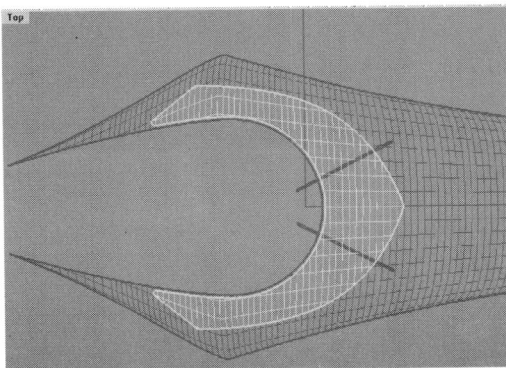

图 4−399

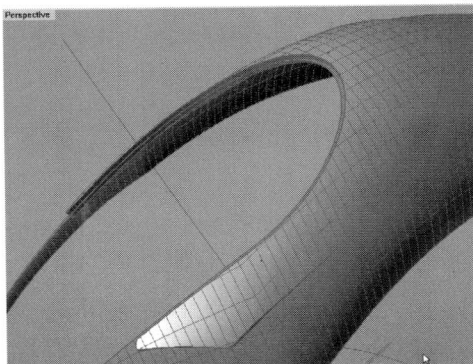

图 4−400

⑫ 选择下面两个方形，对其进行拉伸命令，如图 4-401 所示。

图 4-401

Step 03 拉伸实体做分离

❶ 拉伸的过程中输入 c，使其上下口闭合，最后结果如图 4-402 所示。

❷ 选择布尔差集命令，如图 4-403 所示。

❸ 点选按键部分，右键单击，先选取拉伸出来的方块实体，最后效果如图 4-404 所示。

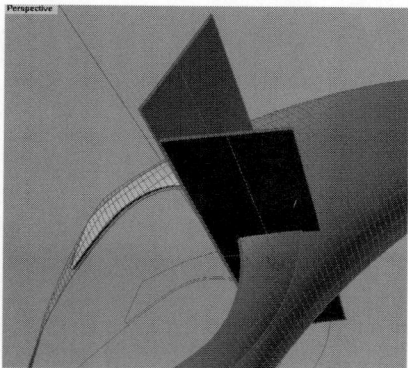

图 4-402

图 4-403

图 4-404

❹ 先对按键实体倒 0.4 大小的圆角，如图 4-405 所示。

❺ 接着对剩下的所有边线进行 0.1 大小的倒角，选取的过程中可以实行拖选，最后效果如图 4-406 所示。

❻ 隐藏按键，对边线进行拉伸曲面操作，如图 4-407 所示。

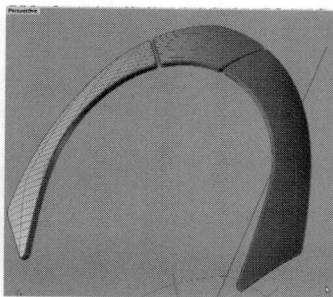

图 4-405

图 4-406

图 4-407

❼ 将拉伸出来的曲面与上面的曲面结合成多重曲面，并将其边线倒角，倒角大小为 0.1，效果如图 4-408 所示。

❽ 对上面的进行 0.2 大小的倒角，效果如图 4-409 所示。

图 4-408   图 4-409

4.2.6 尾端电池盖和螺钉孔的制作

尾端电池盖主要是通过相互分割命令和倒角命令完成。螺钉孔的制作主要是用圆柱体放置在孔的位置之后进行布尔相减运算得到。

Step 01 尾部封口曲面建模

① 接下来处理鼠标的尾端封口问题。在前视图中绘制曲线，如图 4-410 所示。
② 结合鼠标的主体曲面成实体，用曲线来对鼠标实体做剪切，如图 4-411 所示。

图 4-410   图 4-411

③ 将曲线拉伸成一个曲面，如图 4-412 所示。
④ 用鼠标实体来对拉伸的曲面进行分割，并删除外面部分，最后效果如图 4-413 所示。

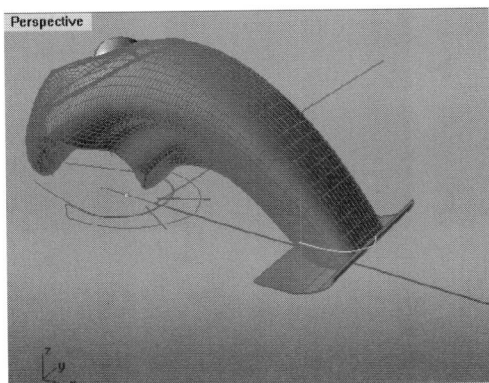

图 4-412   图 4-413

⑤ 结合成实体，对实体进行 0.2 大小的倒角，如图 4-414 所示。

图 4-414

Step 02 红外线指示灯部分建模

① 处 理 完 后 面 之后来处理前面的红外线指示灯部分，将模型炸开，只留下前面部分，隐藏其他部分，如图4-415 所示。

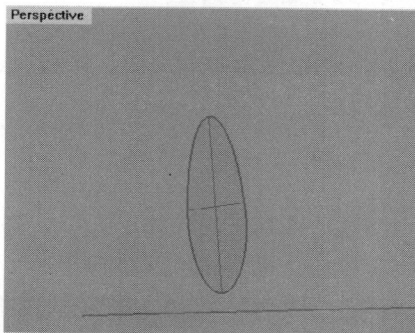

② 将工作平面设置为物件，正对工作平面绘制椭圆，如图4-416 所示。

图 4-415

图 4-416

③ 将曲面用内部的椭圆进行分割，得到两个曲面。再将内部的椭圆进行拉伸操作如图4-417 所示。

④ 将拉伸出来的曲面复制一个得到两个，一个与内面的椭圆相结合，另一个与外面的曲面相结合，组合成两个多重曲面，分别对两个多重曲面倒角，大小为 0.1，这样红外指示灯就被制作出来了。最后效果如图 4-418 所示。

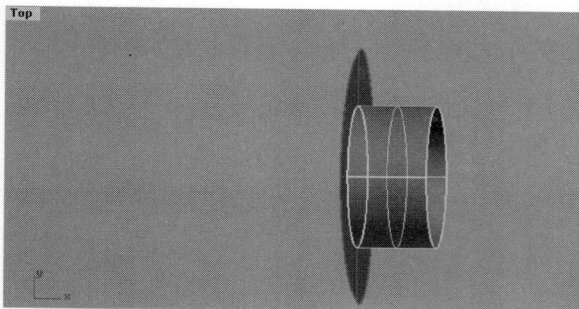

图 4-417

图 4-418

Step 03 孔的布尔运算

接下来制作鼠标的螺钉孔，主要采用了布尔运算。

❶ 绘制一个圆柱体，注意大小，复制 4 个。将顶视图设置成底视图，便于看孔的位置，对着视图将圆柱体移动到孔的位置，如图 4—419 所示。

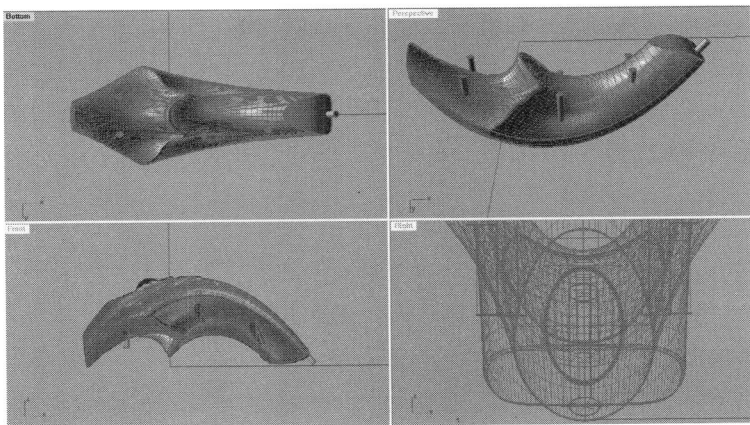

图 4—419

❷ 其中前面 3 个孔可以只放置一边，另外一边进行镜像，如图 4—420 所示。

❸ 对主体进行布尔差集的运算，如果运算出现错误，试着将多重曲面的法向改向。最后效果如图 4—421 所示。

图 4—420

图 4—421

❹ 对每个孔进行倒圆角的操作，大小为 0.1，如图 4—422 所示。

❺ 最后对产品的分模线进行处理，这个产品的主要部分由 4 块组成，分别为上面，下面，前面的按钮，和后面的电池盖，如图 4—423 所示。主要利用 pipe（圆管）和布尔差集命令完成。

图 4—422

图 4—423

4.2.7 鼠标分模线的模拟制作

电池盖分模线的做法是：先绘制电池盖侧面轮廓线，然后用轮廓线通过投影的方式，投到主体曲面上，得到相应的空间线。利用圆管命令来和布尔相减运算来制作出分模线，从而得出电池盖的造型。分模线的制作还是采用圆管和布尔运算完成，如果圆管的一些生成部分结构线很混乱，要对其进行分割之后再融合完成。中间的分模线用双轨扫描来得到。

Step 01 电池盖分模线制作

❶ 制作后面的电池盖的分模线，在前视图中绘制曲面，如图 4-424 所示。

❷ 在前视图中将曲面投影到鼠标实体上面，如图 4-425、图 4-426 所示。

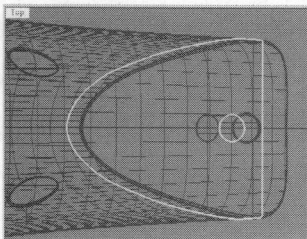

图 4-424

图 4-425

❸ 删除不要的圆，接下来用曲线偏移工具，如图 4-427 所示。选择如图 4-428 所示的边线，偏移的方向是向内，输入大小为 0.5，这个操作在透视图选择边线，在顶视图中确定偏移的方向，得到效果如图 4-429 所示。

图 4-426

图 4-427

❹ 在顶视图中对曲面进行一些剪切操作，结合曲线，最后效果如图 4-430 所示。

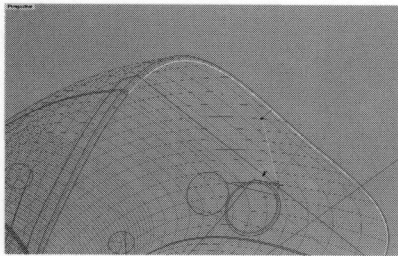

图 4-428

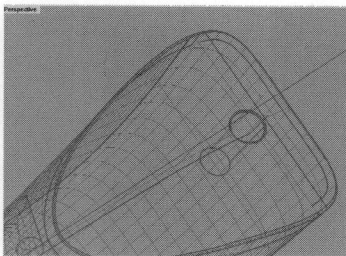

图 4-429

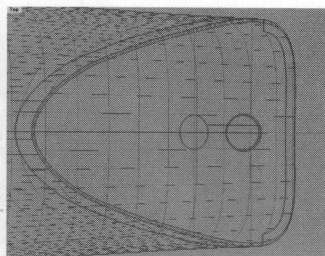

图 4-430

❺ 保持曲线为选中状态，再选择实体工具下面的圆管命名，如图 4–431 所示。输入大小为 0.03 的半径，生成圆管，放大圆管的转折处，如图 4–432 所示。

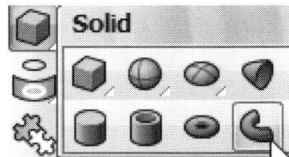

图 4–431

❻ 可以看出圆管的转折地方很尖锐，不是我们要的效果，接下来对圆管进行圆滑的处理，将圆管炸开成曲面，将两边的曲面用结构线打散，如图 4–433 所示。

图 4–432

图 4–433

❼ 接着用曲面融合命令对两个曲面进行融合，如图 4–434 所示，最后得到的效果如图 4–435 所示。

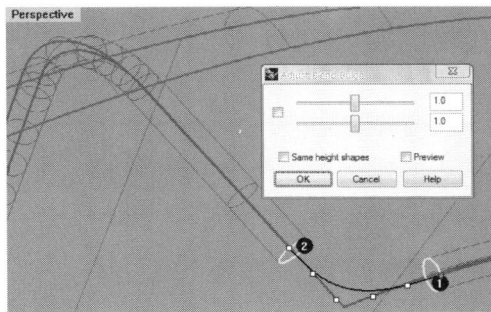

图 4–434

图 4–435

❽ 另外一边的尖锐处也是同样的处理，处理完成之后结合圆管成实体，然后与鼠标实体做布尔相减运算，最后得到分模线的模拟效果，如图 4–436 所示。

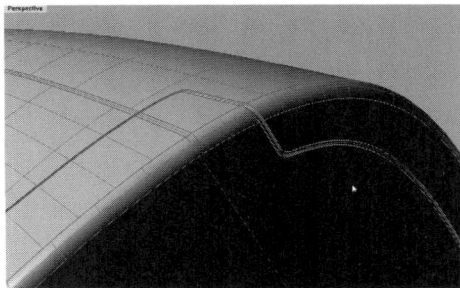

图 4–436

❾ 电池盖的分模线制作完毕，接下来用同样的方法制作其他分模线。

Step 02 红外线指示器分模线细节

① 复制边界线，并将视图再次对准到红外线指示器前面的物件视图，正对工作平面，绘制如图 4-437 所示的曲面，注意曲线要与上面的线相互连接。

② 将曲线投影在红外线指示器的面上，如图 4-438 所示。

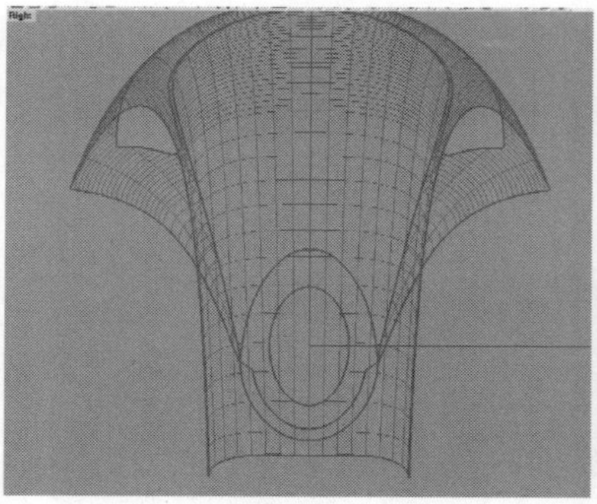

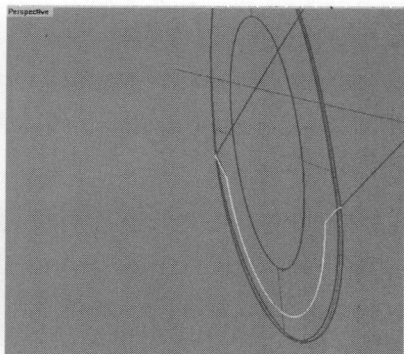

图 4-437

图 4-438

③ 结合曲面，并用圆管命令生成圆管，半径大小为 0.05，如图 4-439 所示。

前面的管道连接过于挤了，而且拐角处不够顺滑，如图 4-440 所示，需要进行一些处理。

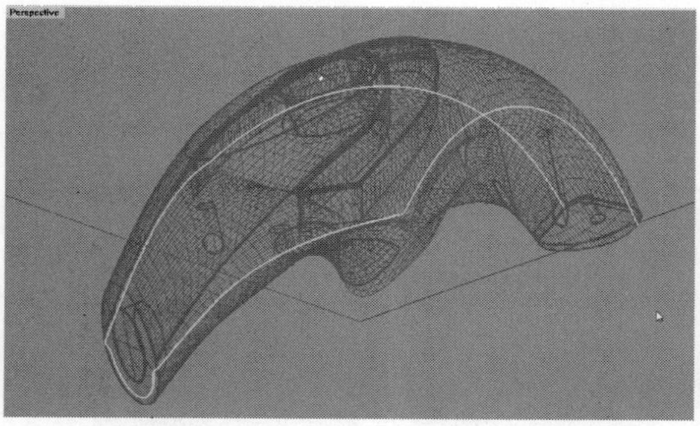

图 4-439

图 4-440

④ 将圆管道炸开，右键单击分割工具（🔨），将拐角处的上下两个圆管进行分割，如图 4-441 所示。

⑤ 用曲面融合命令进行融合，如图 4-442 所示。

图 4-441

图 4-442

⑥ 对另外一边也采用同样的操作，效果如图 4-443 所示。

⑦ 将圆管全部结合成实体。

⑧ 观察后面的电池盖，并不想将其布尔运算，可以复制一个后面的电池盖，并且将其隐藏，或者调入到其他隐藏的图层，如图 4-444 所示。

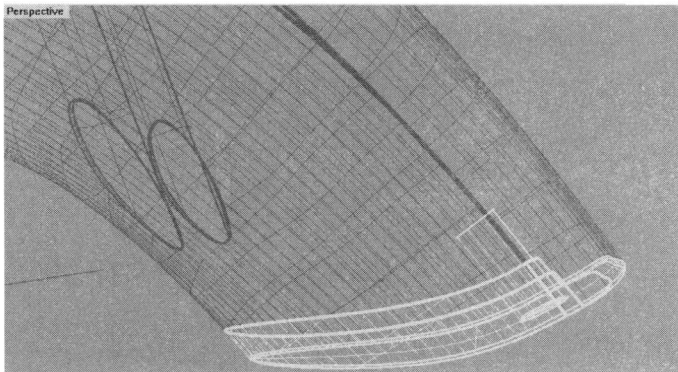

图 4-443   图 4-444

⑨ 将电池盖和鼠标主体结合，接下来进行布尔运算。单击布尔差集运算，选择主体，单击右键，再选择圆管，单击右键，这样分模线就被模拟制作出来了。

前面的效果如图 4-445 所示，后面的效果如图 4-446 所示。

图 4-445   图 4-446

⑩ 看得出后面的电池盖也被减掉了，利用之前备份的一个电池盖删去底面的电池盖部分，如图 4-447 所示。

⑪ 由于模拟倒角的一部分还存在，要将它剪切掉。打开刚才隐藏的电池盖，复制一条边线，如图 4-448 所示。

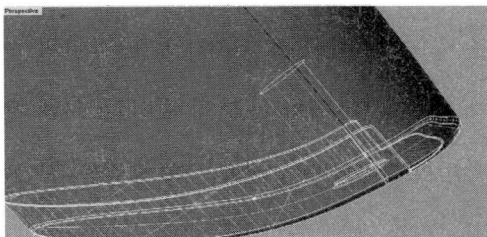

图 4-447   图 4-448

⑫ 隐藏电池盖，将主体显示出来，如图 4-449 所示，剪切完成之后的效果如图 4-450 所示。

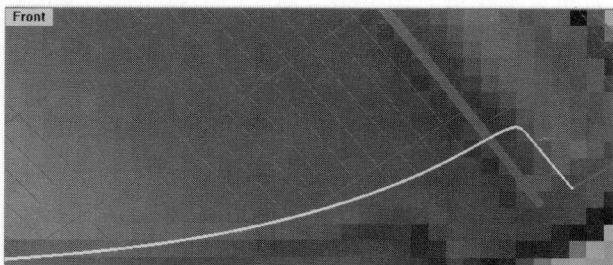

图 4-449

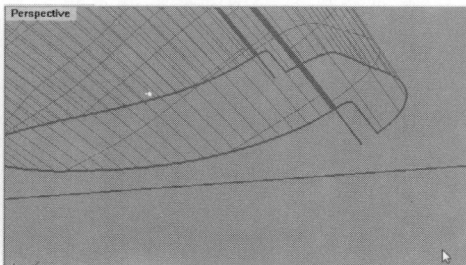

图 4-450

⑬ 显示出电池盖，将所有曲面组合成一个实体，分模线的最后下面还有一个小孔，我们用网格建模给补上，左右两边都要补，如图 4-451 所示。

图 4-451

Step 03 处理其他细节

❶ 接着还有前面的分模线，用双轨扫描来模拟。只显示底面的曲面，将其他的隐藏，用结构线分割的命令在适当位置分隔出小曲面，如图 4-452 所示。

❷ 删除中间的曲面，用融合命令做出一条曲线，如图 4-453 所示。调节下曲线的控制点，注意要向模型的内部调点，如图 4-454 所示。

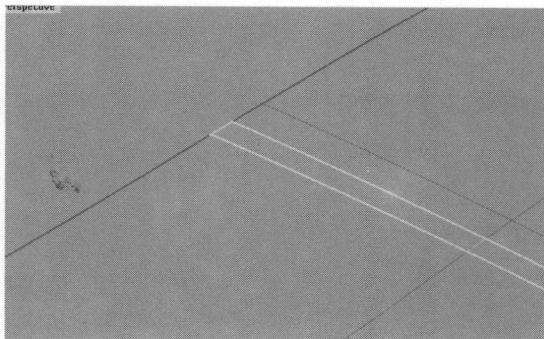

图 4-452

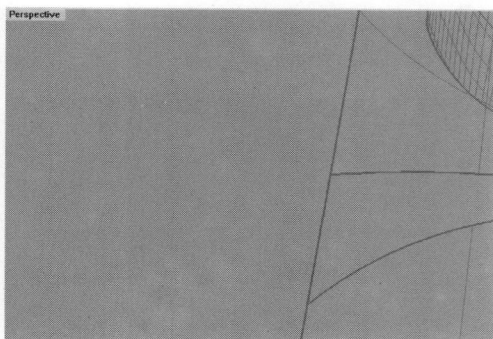

图 4-453

❸ 用双轨扫描做出模拟分模线的效果，如图 4-455 所示。

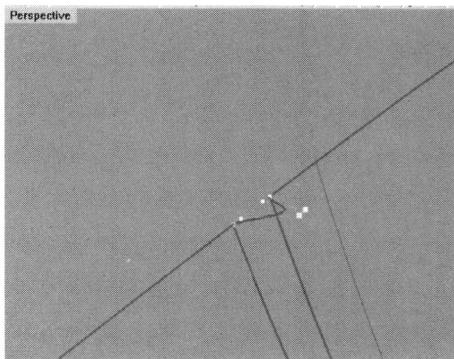 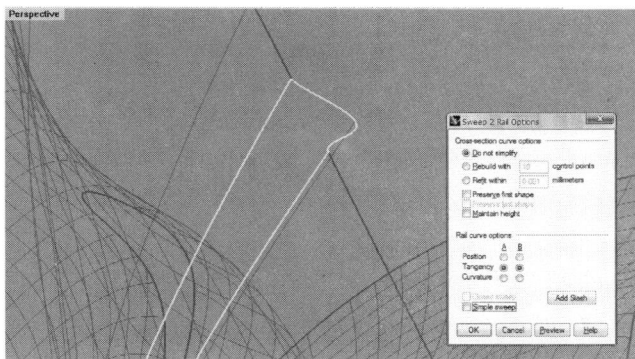

图 4-454   图 4-455

❹ 至此，这个鼠标的建模就完成了，根据鼠标的材质对各个部分进行图层的调节，便于后面的渲染操作。最后效果如图 4-456 所示。

最后渲染效果如图 4-457 所示。

图 4-456   图 4-457

4.3 本章小结

　　本章主要是讲述了吸尘器和无线鼠标这两个都具有凹陷曲面产品的建模。两个例子中的难点都是曲线的架构以及生成曲面的方法，其中包括曲线的优化和重构等，还有分模线的模拟制作的两种方法。集中讲解了网格建面工具的使用、曲面的融合等曲面操作，线的匹配、融合和重构，还有体与体之间的布尔运算等。这些都是凹陷曲面常用的处理方法，结合这两个例子的学习，可以掌握这一类曲面的常用的处理方法和技巧，从而可以举一反三，推广到其他类似的家电产品和电子产品的建模上。

表面多凹凸细节产品建模

本章重点

> 讲解在Rhino 4.0建模中如何处理表面凹凸的方法和技巧
> 结合典型的电动工具和剃须刀产品，进行细节建模

学习目的

本章采用Step by Step的方式向读者展示了如何利用Rhino 4.0软件来进行多凹凸细节表面的产品建模。通过对表面进行投影、剪切和拉伸曲面的操作，做出一定数量的缝隙来。对细节的把握是这类产品的关键，通过对细节的把握，教给读者如何对这类产品进行建模的方法。

电钻产品建模

电动剃须刀产品建模

为了丰富产品的造型，在产品的表面进行丰富的凹凸处理是很常见的现象，尤其是在电子产品和信息产品中，由于本身需要的造型元素很简单，为了使设计更有差异性，就需要调动各种手段，对产品进行细节处理，如图 5-1、图 5-2 和图 5-3 所示就是这样的处理效果。本章将结合两个典型的实例，分别讲解这一类曲面的建模方法和技巧。

图 5-1

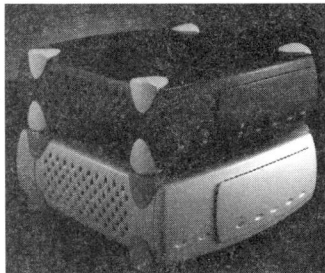
图 5-2

图 5-3

5.1 电钻产品建模

产品介绍

如图 5-4 所示是一款电动工具，该款产品造型比较新颖，细节、色彩搭配都比较丰富，富有力量感和时尚感，突破了传统电动工具粗笨厚重、色彩单调的缺点，富有设计感。

图 5-4

这款电动工具主要体现了以下两个特色。

一是"力"的要素。整个产品造型的过程本身就是对产品力度感的塑造。产品有了力的倾向，才会表现出一定的个性、理念和风格，整个产品的专业感要求产品力度感强劲，从而对产品的良好性能与效率进行暗示。可以用"强壮"、"威猛"、"结实"等形容词来描述这款工具的力度感。

二是"精致"。越是非专业的人越追求"装备精良"。这款电动工具设计不遗余力地表现了产品在结构、形态组合以及材质运用上的精致感使之具有一定观赏性和趣味性，形成一种高档感和品位。

建模思路分析

该电动工具产品由3个部分组成，即如图5-5所示的圆筒状上部、类似方形的底部和中间连接部分。根据形状的不同分别采用不同的方法来创建，具体细节比较类似，可以采用分离或者切割，然后做拉伸，利用拉伸的曲面和表面做倒角来处理这些缝隙。

图 5-5

制作流程分析

这款产品看起来比较简单，但是有很多细节，在建模的时候，需要对每个细节有深入的把握；在制作的时候，按照下面的顺序进行建模操作。

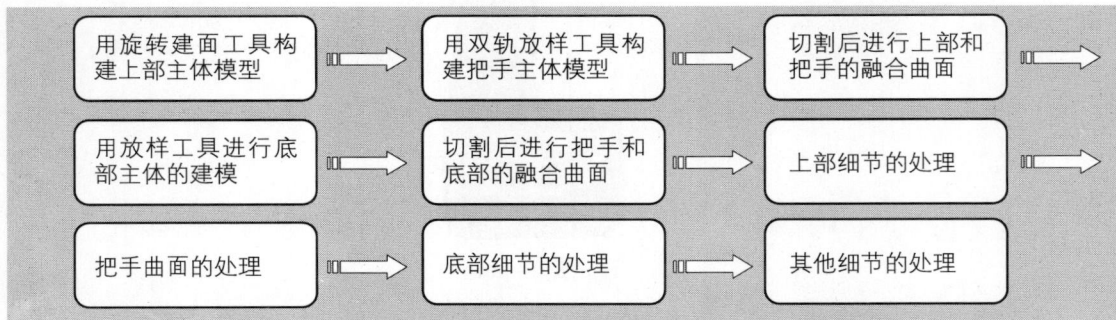

用旋转建面工具构建上部主体模型	用双轨放样工具构建把手主体模型	切割后进行上部和把手的融合曲面
用放样工具进行底部主体的建模	切割后进行把手和底部的融合曲面	上部细节的处理
把手曲面的处理	底部细节的处理	其他细节的处理

下面介绍一下该产品的具体建模，从主体开始一步一步讲解。

5.1.1 基本主体建模

在建模的时候，先对主体做大致的描绘，即对上部、底部和中间把手部分进行大致形状的建模。在这一步建模的时候，注意抓大放小，即忽略细节，先做整体的曲面建模，其他细节留待下一步再精细刻画。

Step 01 侧面画线操作

❶ 因为该产品有标准的侧面形状，在进行建模的时候，可以将这个侧面贴到下面，用标准的方式进行画线和建面，单击如图 5-6 所示的插入图片工具。

❷ 找到自己需要的图片，在右视图上拉动（图 5-7），把图片（配套光盘路径 DVD01\实例文件\背景图\手柄.jpg）导入进来，如图 5-8 所示。

❸ 导入的图片是黑白显示的，如果要彩色的效果，可以在左上角视图英文显示上单击右键，选择如图 5-9 所示的 Grayscale（灰度）选项，将灰度的勾选取消。

❹ 图片效果转成了彩色，如图 5-10 所示。单击背景图片工具，如图 5-11 所示。

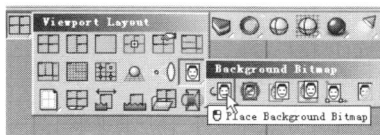

图 5-6

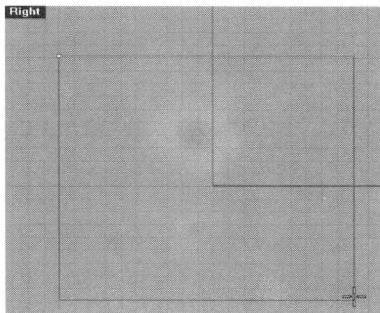

图 5-7

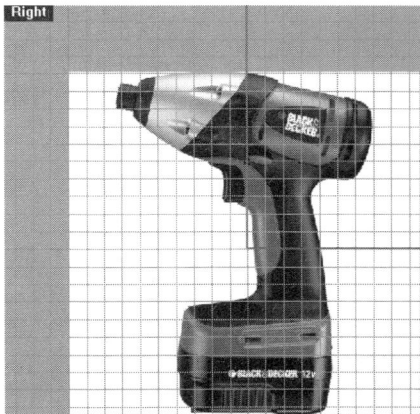

图 5-8

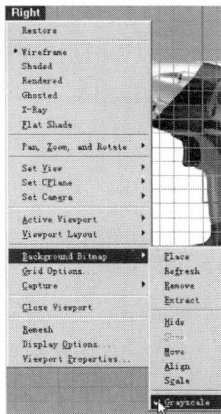

图 5-9

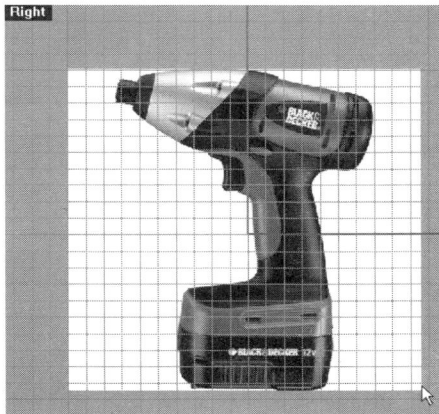

图 5-10

❺ 单击如图 5-12 和图 5-13 所示的工具进行移动和缩放操作。经过调整，可以基本上把图片放在以坐标中心为准的中心上，这样就可以开始画线操作了。单击画线工具（　），进行勾画轮廓的操作，画出如图 5-14 所示的两条曲线。

图 5-11

图 5-12

图 5-13

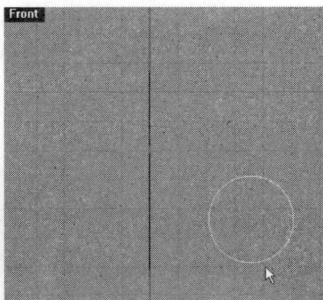

图 5—14

Step 02 上部圆筒状物体建模

❶ 回到前视图上，因为该电动工具上面部分的截面是个圆形，所以可以在旁边画出一个圆形，位置可以不管，在任意位置都可以，画圆可以用画非理性圆工具，便于后面的建面操作，如图 5—15 所示。画出如图 5—16 所示的一个圆形。

图 5—15

图 5—16

经验技巧

如何利用方向定位工具进行物体的指定位置复制？

在上一步骤中，画出了圆形，然后回到透视图上，单击如图 5—17 所示的工具。

根据这个命令的提示，单击圆形，然后单击捕捉工具栏上的 Mid（中点对齐）和 End（端点对齐），分别选择圆形的中点和端点，如图 5—18 所示。设定命令栏上的按比例放大选项，如图 5—19 所示。

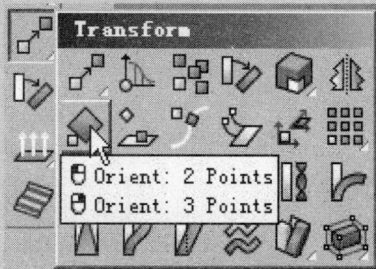

图 5—17

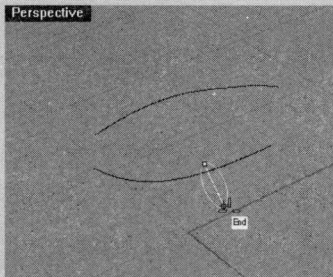

图 5—18

图 5—19

然后捕捉到曲线的两个端点，可以得到如图 5—20 所示的效果。用同样的方法，把这头的圆形复制并放大到另外一头，得到如图 5—21 所示的曲线效果。

图 5-20

图 5-21

❷ 通过这样的操作，可以营造出双轨放样的条件，利用两条曲线作为轨道，两个圆形作为截面形状，单击双轨放样工具（🔧），进行放样操作，得到如图 5-22 所示的效果。确定后，用加盖命令（🔧）将两端的口封闭起来，得到如图 5-23 所示的曲面效果。

图 5-22

图 5-23

Step 03 手柄部分建模

❶ 继续进行手柄部分的建模，先在右视图上画出如图 5-24 所示的两侧曲线。在顶视图上画出如图 5-25 所示的一个曲线（先画出矩形，然后进行对称调节）。

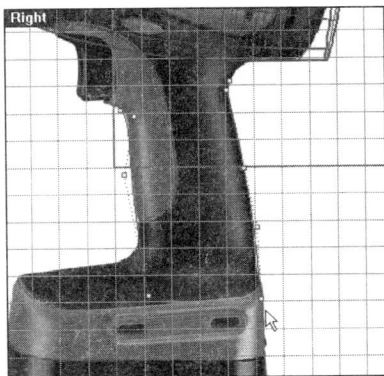

图 5-24

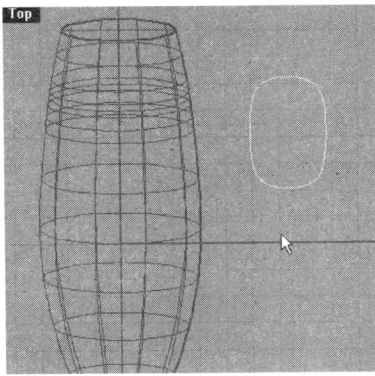

图 5-25

❷ 用定位工具（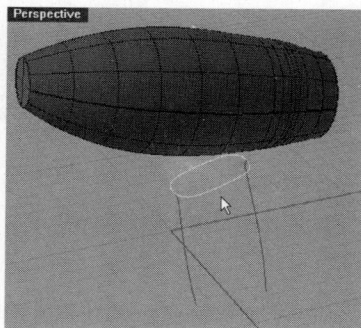）进行捕捉复制并同时进行缩放，得到如图 5-26 所示的效果。同样把下端复制并缩放，得到如图 5-27 所示的效果。

❸ 再次进行双轨放样，得到如图 5-28 所示的曲面。

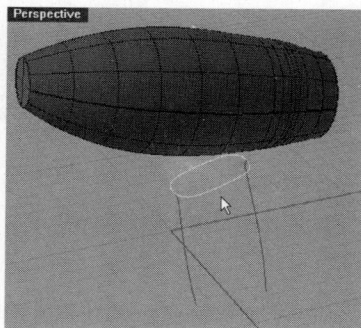
图 5-26

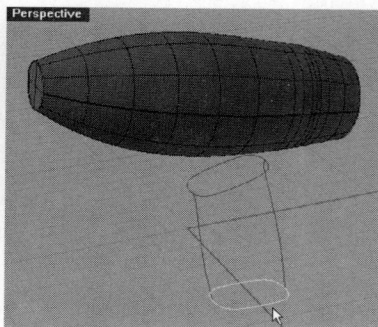
图 5-27

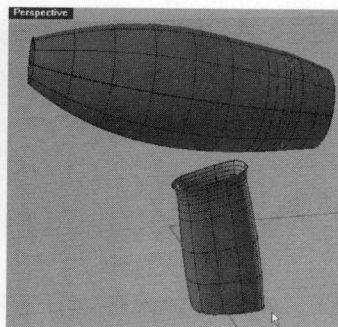
图 5-28

Step 04 两个部分的融合

❶ 接下来对两个部分进行融合操作，先画出如图 5-29 所示的两条用于剪切的曲线。用得到的线条对上下两个部分进行剪切操作，如图 5-30 所示。

❷ 切割以后，上下两个部分都有切口出现，可以直接做融合操作，不

图 5-29

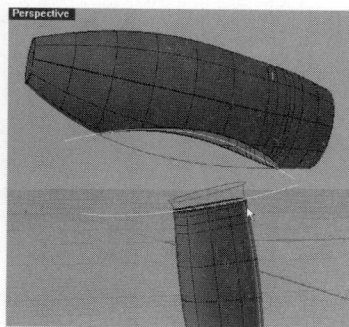
图 5-30

过在融合的时候，可以进行调整，单击面融合工具（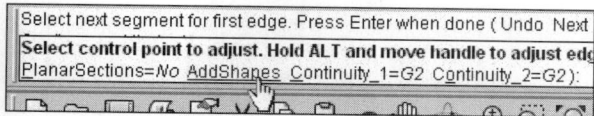），进行融合操作，如图 5-31 所示。

❸ 注意在命令栏上单击 AddShapes（增加控制点），如图 5-32 所示。

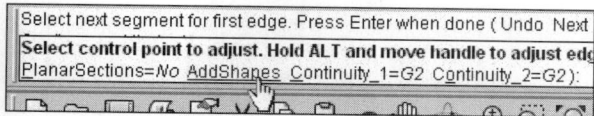
图 5-31

图 5-32

❹ 回到右视图上，捕捉切割出来的上下两个部分的端点，并对得到的曲线进行调节，使融合出来的曲面符合原来的造型，如图 5-33 所示。调整好以后，单击确定，得到如图 5-34 所示的曲面效果。

⑤ 这个融合的效果还是不错的，用斑马线（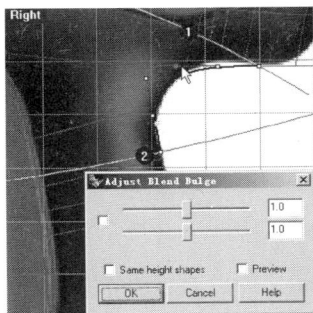）检测，如图 5-35 所示。

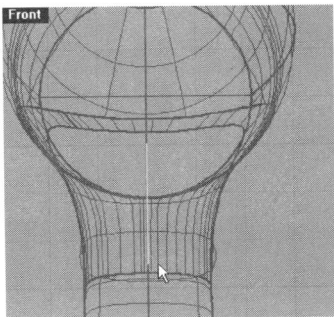

图 5-33　　　　　　图 5-34　　　　　　图 5-35

Step 05　弯曲结合部分曲面处理

① 接下来处理下面的橙色部分，这个部分由于和手柄部分是分离的，可以切出来单独处理。在处理的时候，可以先画出一条曲线，对这个部分进行切割处理，如图 5-36 所示。用得到的这条曲线对手柄和融合面进行剪切，得到如图 5-37 所示的效果。

② 同样，在右视图上画出如图 5-38 所示的一个曲线轮廓。回到前视图上则是一条直线效果，如图 5-39 所示。

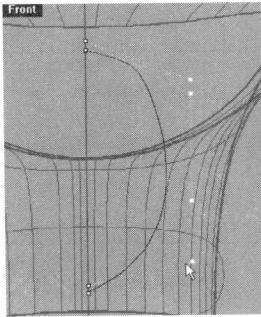

图 5-36　　　　　　图 5-37　　　　　　图 5-38

③ 按键盘上的 F10 键切换到点编辑状态，进行横向拉开点，如图 5-40 所示，注意上下两个点不要移动。继续调节，注意与整个手柄截面进行比较，不要让形状变化太大，调整成如图 5-41 所示的效果。

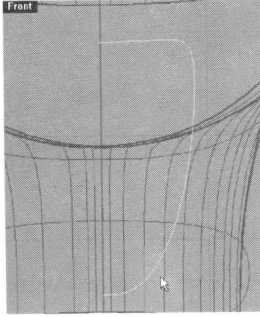

图 5-39　　　　　　图 5-40　　　　　　图 5-41

287

④ 在顶视图上调节，经过拉点调节，调节成如图5-42所示的效果。在透视图上则是如图5-43所示的效果。

⑤ 然后在前视图上用镜像命令（ 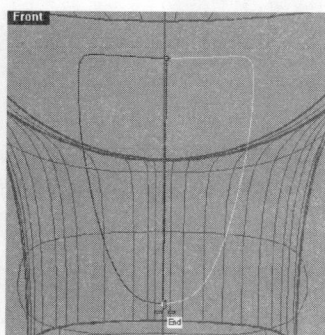 ）进行镜像复制操作，如图5-44所示。用曲线匹配工具分别对上下两个节点进行匹配，然后结合（Merge）在一起，得到如图5-45所示的效果。

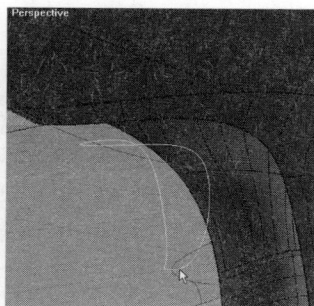

图5-42
图5-43
图5-44

⑥ 用提取Iso曲线工具（ ）在如图5-46所示的位置提取一条线条，注意捕捉1/4点。同样在下端提取如图5-47所示的一条曲线。

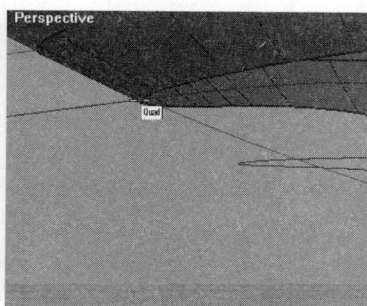

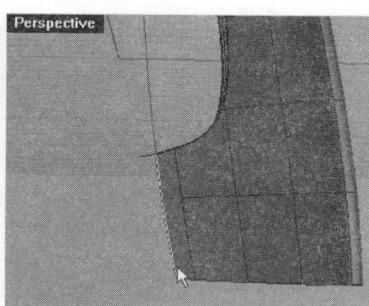

图5-45
图5-46
图5-47

⑦ 然后在右视图上捕捉上端提取出来的线条和前面画好的中间曲线的中点，画出如图5-48所示的一条线。然后用画出的曲线和前面提取的曲线先做匹配，如图5-49所示。

⑧ 同样的方法，在下面画出如图5-50所示的一条曲线。

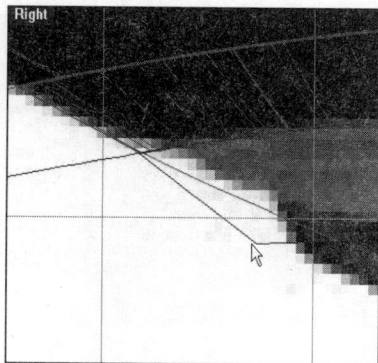

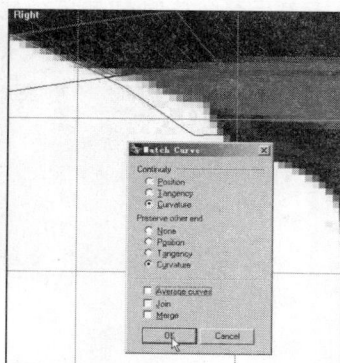

图5-48
图5-49
图5-50

⑨ 同样做匹配，如图 5-51 所示。这样建双轨曲面的条件已经成熟，如图 5-52 所示。

⑩ 单击双轨方法工具（🖱），然后在命令栏上单击如图 5-53 所示的 ChainEdges（链接边），也就是可以将多条断边结合成一条轨道的选项。

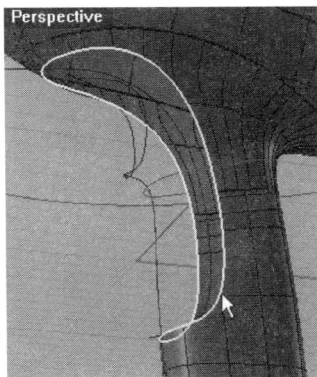

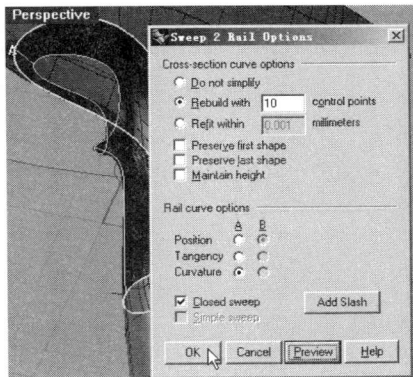

图 5-51　　　　　　　　　　　图 5-52　　　　　　　　　　　图 5-53

⑪ 根据提示选择下面剪切过的多条边，如图 5-54 所示。回车后先选择上面的曲线，然后选择上下两条截面线，如图 5-55 所示。

⑫ 回车后得到如图 5-56 所示的曲面。得到的曲面有些扭曲，不符合表面平滑的效果，需要进一步地处理，如图 5-57 所示，在右视图上画出一条用来做投影的曲线。

图 5-54　　　　　　　　　　　图 5-55

⑬ 单击投影工具（🖱），进行投影操作，得到如图 5-58 所示的两条投影线。将其中一条投影线删除，同时将所建的双轨面删除，如图 5-59 所示。

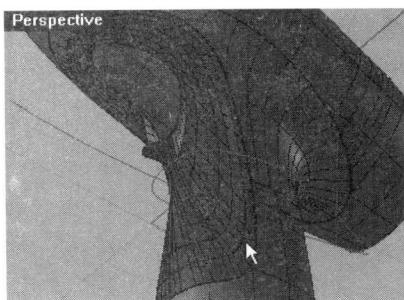

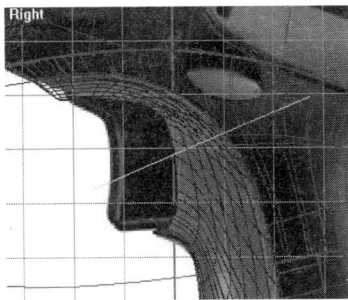

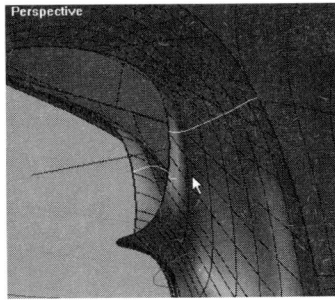

图 5-56　　　　　　　　　　　图 5-57　　　　　　　　　　　图 5-58

⑭ 将得到的投影线调整成如图 5-60 和图 5-61 所示的效果。

图 5-59　　　　　　　　　　　图 5-60　　　　　　　　　　　图 5-61

⑮ 将得到的曲线镜像复制到另外一边，如图 5-62 所示。由于有一条槽的原因，这个建出来的面不用考虑和切口其他部分的连续性，所以先将切口的边缘复制出来，并进行结合，如图 5-63 所示。

⑯ 单击网格建面工具，如图 5-64 所示。先单击内外两条线作为边框线，然后单击四段截面线，回车后得到如图 5-65 所示的建模效果和如图 5-66 所示的曲面效果。

图 5-62　　　　　　　　　　　图 5-63　　　　　　　　　　　图 5-64

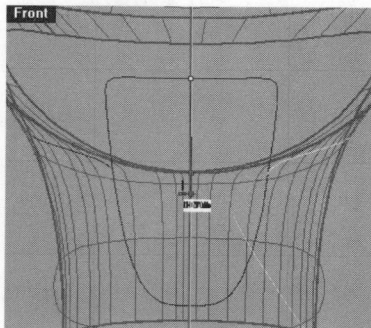

图 5-65

图 5-66

Step 06 底座部分处理

❶ 下面处理主体的下面部分，贯彻先大体效果、后细节处理的方针进行建模。画出如图 5-67 所示的上表面边缘曲线。在顶视图上对这条曲线进行点的编辑，如图 5-68 所示。

❷ 调整好以后，同样做镜像复制，如图 5-69 所示。然后进行线条的匹配处理，在匹配的同时进行结合，得到如图 5-70 所示的曲线效果。

图 5-67   图 5-68   图 5-69

❸ 在透视图上观察，效果如图 5-71 所示。将调整好的封闭曲线向下复制两条，按住键盘上的 Alt 键拖动，这样就可以快速复制了，如图 5-72 和图 5-73 所示。将下面两条曲线进行调整，得到如图 5-74 所示的曲线效果。

图 5-70   图 5-71   图 5-72

❹ 为了观察方便，把当前图层颜色改成白色的，然后单击如图 5-75 所示的放样工具。

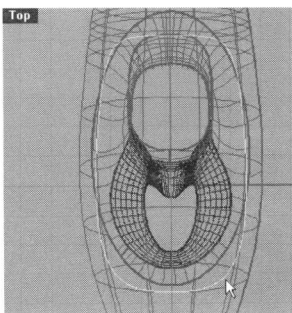
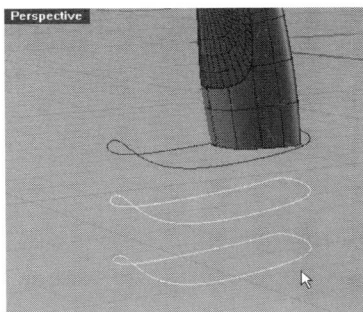
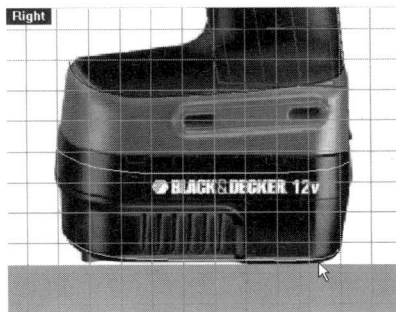

图 5-73   图 5-74   图 5-75

⑤ 连续单击这 3 条封闭曲线，得到如图 5—76 所示的效果。回车后得到如图 5—77 所示的曲面。然后将如图 5—78 所示的两条 Iso 线提取出来。

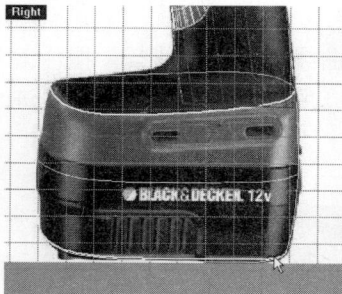
图 5—76

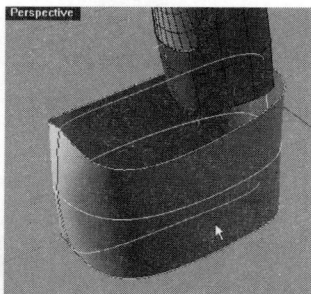
图 5—77

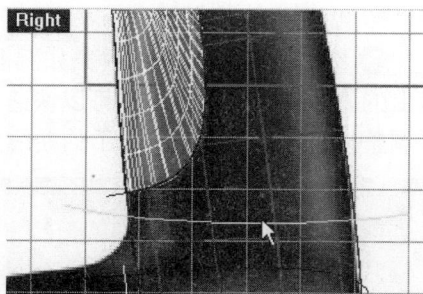
图 5—78

⑥ 在右视图上画出如图 5—79 所示的上下表面的曲线，调整后在透视图上观察，如图 5—80 所示。

⑦ 在如图 5—81 所示的右视图上画出一条曲线，用来做剪切手柄曲面。

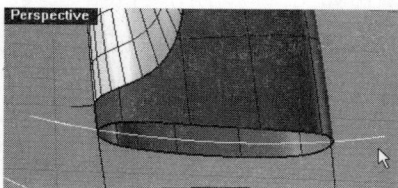
图 5—79

图 5—80

图 5—81

⑧ 切割后得到如图 5—82 所示的曲面效果。

⑨ 提取两边中间的 Iso 线，如图 5—83 所示。用线融合工具（🔗）对得到的两条线进行融合，如图 5—84 所示。

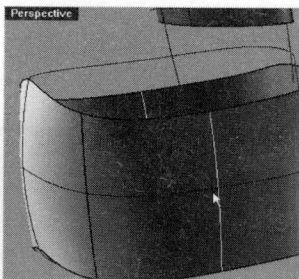

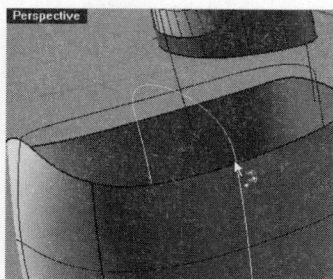

图 5—82

图 5—83

图 5—84

⑩ 在前视图上用单向缩放工具进行调节，将其拉高一些，如图 5—85 所示。在透视图上观察，如图 5—86 所示。

⑪ 这样基本的网格建面的线条已经有了，不过还要把下边的边线打断，通过对线条的观察可以知道，下面的曲面有一个基本端点在左边的中间，这样就和上面中间的线条相重合了，不符合网格建面的条件，需要把这个点移开，单击移动封闭点工具，如图 5—87 所示。

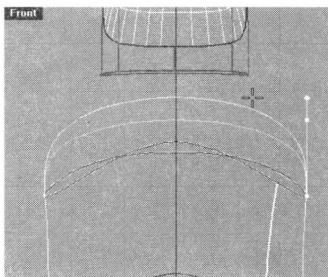

图 5-85

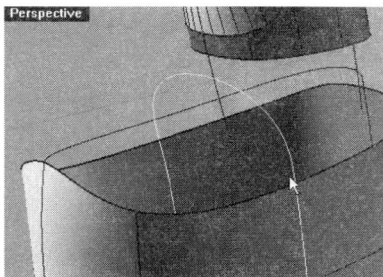

图 5-86

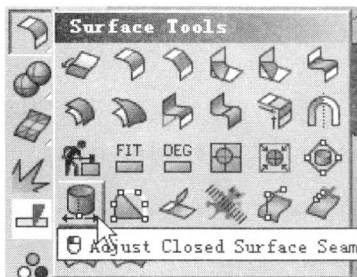

图 5-87

⑫ 单击工具后，调节起点，如图 5-88 所示。然后单击打断边缘工具（图），继续将下面的边打断，最终成四段，如图 5-89 所示。

⑬ 把得到的下边缘和上面的两条曲线用网格建面工具（图）建面，如图 5-90 所示。确定后得到如图 5-91 所示的曲面。

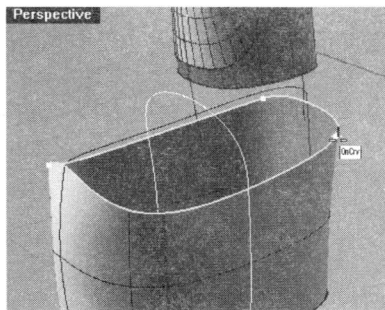

图 5-88

图 5-89

⑭ 再次观察原图的接口部分，如图 5-92 所示。

图 5-90

图 5-91

图 5-92

⑮ 可以看到融合的边缘，以此边缘画出如图 5-93 所示的一条曲线。用得到的曲线将下面的曲面剪切，得到如图 5-94 所示的效果。把不用的线条放到 Line 图层隐藏，如图 5-95 所示。

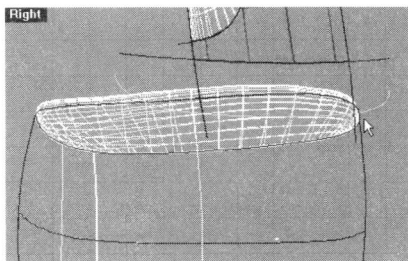

图 5-93

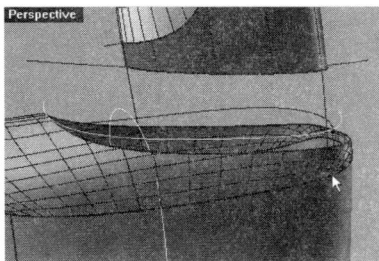

图 5-94

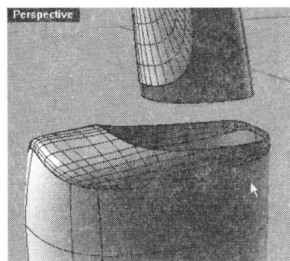

图 5-95

⑯ 单击曲面融合工具（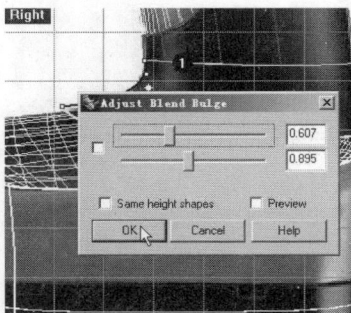），将上下切口进行融合，如图 5-96 所示（注意调节融合的上下线条调节）。确定后得到如图 5-97 所示的融合效果。

⑰ 用实体模式观察，如图 5-98 所示。

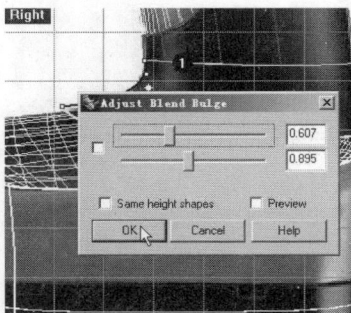

图 5-96　　　　图 5-97　　　　图 5-98

Step 07 钻头部分处理

❶ 对下表面进行倒角处理，单击曲面倒角工具（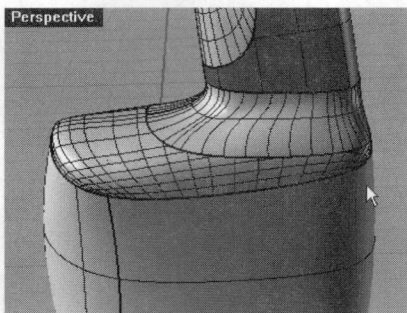），设置一定的大小，进行倒角，得到如图 5-99 所示的效果。然后回到整个产品的上部处理细节，首先处理头部，在如图 5-100 所示的位置，画出侧面轮廓曲线。

❷ 把头部的圆形中心作为旋转圆心，进行旋转建面操作，得到如图 5-101 所示的效果。

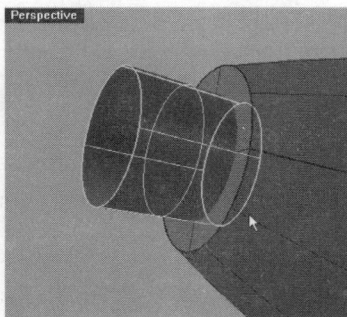

图 5-99　　　　图 5-100　　　　图 5-101

❸ 在右视图上用如图 5-102 所示的两点画弧线工具进行画线操作。把背景图暂时隐藏，在右视图上画出如图 5-103 所示的一条对称的弧线。然后单击旋转建面工具（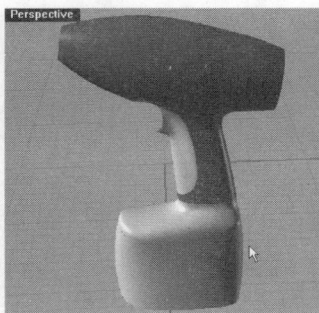），利用这条弧线，捕捉弧线的中心和下面圆形的中心，进行旋转建面操作，得到如图 5-104 所示的面。

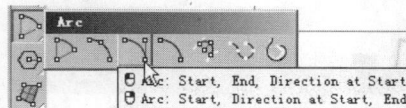

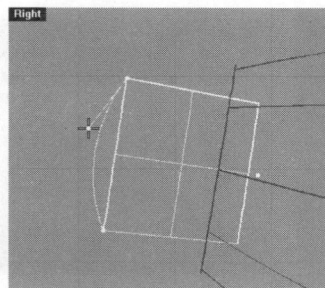

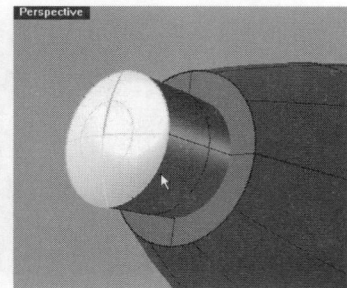

图 5-102　　　　图 5-103　　　　图 5-104

④ 利用曲面倒角工具（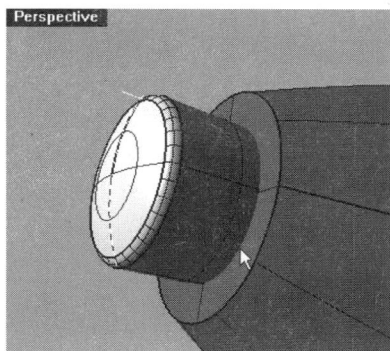）对相邻两个面进行倒角操作，得到如图 5-105 所示的效果。在透视图上切换到线框模式，利用拉伸的圆筒状曲面，对下面红色的封盖面进行剪切，得到如图 5-106 所示的效果。

⑤ 单击拉伸工具（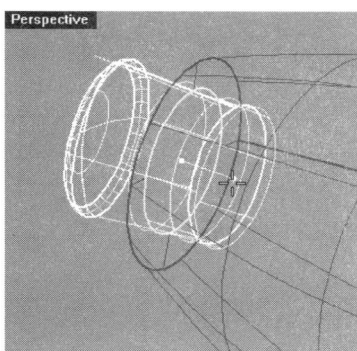），对剪切出来面的边进行拉伸操作，如图 5-107 所示。然后把伸出部分隐藏，切换到实体显示模式，如图 5-108 所示。

图 5-105　　　　　　　图 5-106　　　　　　　图 5-107

⑥ 同样对拉伸的面和上盖剪切过的面进行面倒角，得到如图 5-109 所示的效果。然后把外边缘进行倒角处理，如图 5-110 所示。

图 5-108　　　　　　　图 5-109　　　　　　　图 5-110

5.1.2　细节部分建模

该产品细节比较多，上部圆筒状造型上有很多凹凸，需要用不同的方法进行刻画，而中间把手部分需要对面重新建面，并对面进行融合，而底部的建模细节更是丰富，需要细心加耐心。下面就一步一步的介绍。

Step 01　侧面鼓出部分处理

① 接下来将要处理细节部分，从上面部分开始，先处理上面凸起部分，如图 5-111 所示。

② 在右视图上，画出如图 5-112 所示的椭圆形。经过调整，得到如图 5-113 所示的曲线效果。

图 5-111   图 5-112   图 5-113

❸ 用得到的椭圆形对表面进行剪切，得到如图 5-114 所示的效果（注意两边都要切）。为了观察方便，把当前层改到黑色图层上，然后用两点画弧线工具（ ） 进行画线操作，如图 5-115 所示。

❹ 结合顶视图和前视图进行调整，得到如图 5-116 所示的曲线，使其具有一定的向下弧度。用边缘打断工具（ ） 把切割出来的圆形的两个断点处的边缘打断，如图 5-117 所示。

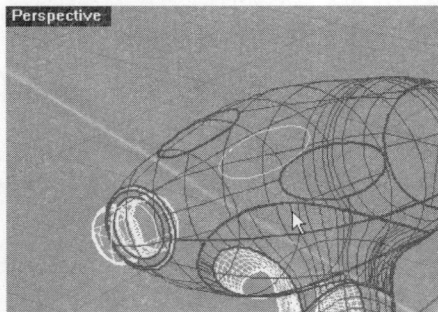

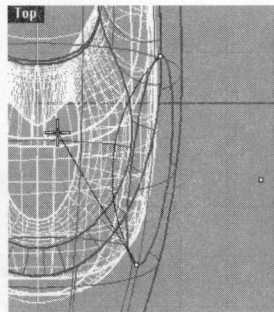

图 5-114   图 5-115   图 5-116

❺ 用放样工具（ ） 选择两个边和中间的一条曲线，进行放样操作，如图 5-118 所示。

图 5-117   图 5-118

❻ 回到右视图上，画出如图 5-119 所示的一条直线，用来做投影。单击投影工具（ ），对这条线进行投影操作，得到如图 5-120 所示的效果。

❼ 对借助于投影得到的线条的端点进行画弧线操作，如图 5-121 所示。调整后得到如图 5-122 所示的效果。

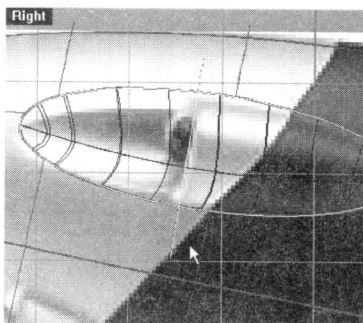

图 5-119　　　　　　　　图 5-120　　　　　　　　图 5-121

⑧ 用同样的方法画出另外一条曲线，如图 5-123 所示。经过调整，得到如图 5-124 所示的效果。

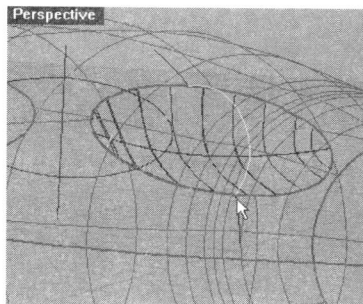

图 5-122　　　　　　　　图 5-123　　　　　　　　图 5-124

⑨ 用边缘打断工具（▁）把两边缘线中间打断，然后单击单轨放样工具（⌒₁），把横向的弧线作为轨道，两个半边缘线和中间的弧线作为截面线，进行单轨放样操作，如图 5-125 所示。确认后用实体模式观察，得到如图 5-126 所示的效果。

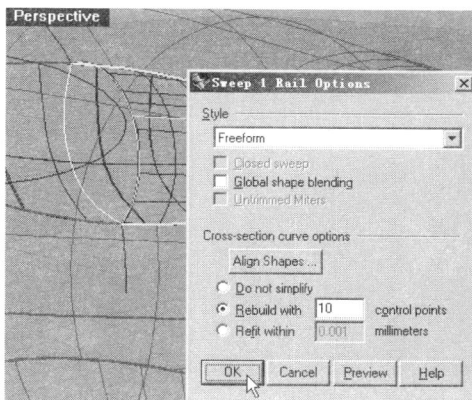

图 5-125　　　　　　　　　　　　图 5-126

⑩ 单击曲面的偏移复制工具，如图 5-127 所示。把凸起的曲面向内偏移复制，得到如图 5-128 所示的曲面效果。

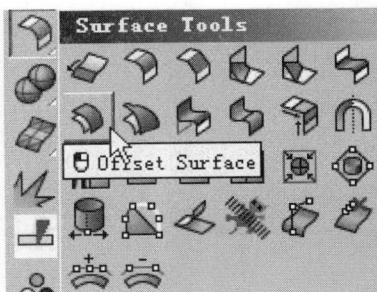

图 5-127

图 5-128

Step 02 鼓出部分内部建模

① 在前视图上如图 5-129 所示的位置画出一个圆形。

② 经过调整，使方向与外面相协调，如图 5-130 所示。将得到的圆形拉伸并加上盖子，如图 5-131 所示。

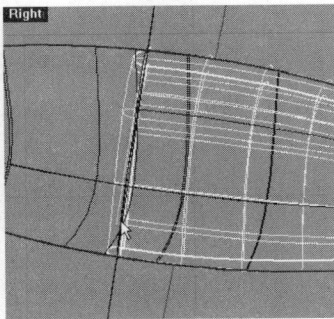

图 5-129

图 5-130

图 5-131

③ 将得到的圆柱体倒角，并向外拉出一些，得到如图 5-132 所示的效果。将所有的线条都选中，放置到隐藏的 Line 中，然后将得到的整个凹凸部分选中，如图 5-133 所示。在顶视图上进行镜像复制操作，注意选择中线的同时按住 Shift 键，如图 5-134 所示。

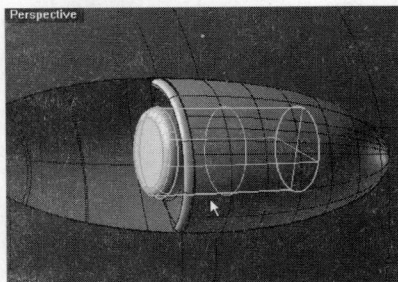

图 5-132

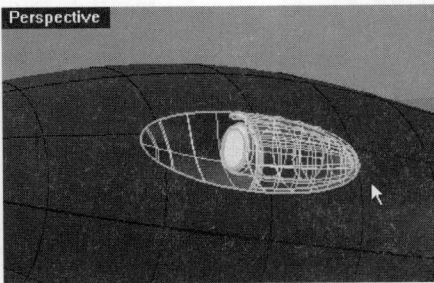

图 5-133

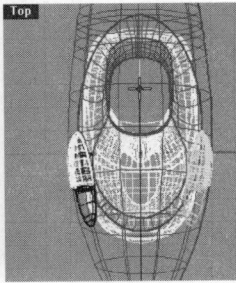

图 5-134

④ 换个角度观察，得到如图 5-135 所示的效果。分别在两边凹处和外表面做面倒角，如图 5-136 所示。

⑤ 用实体方式显示，得到如图 5-137 所示的效果。

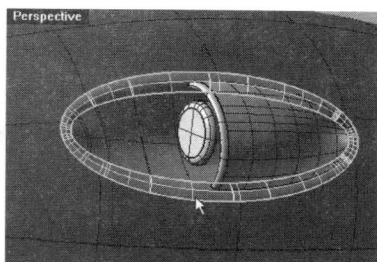

图 5-135   图 5-136   图 5-137

Step 03 下部凹陷部分处理

❶ 画出如图 5-138 所示的凹凸的轮廓。用得到的椭圆切割曲面，得到如图 5-139 所示的效果。

❷ 单击通过直径画椭球工具，如图 5-140 所示。

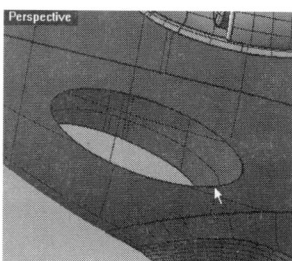
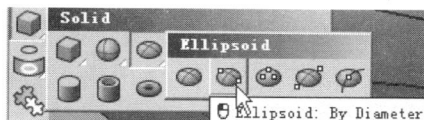

图 5-138   图 5-139   图 5-140

❸ 单击切割出来的椭圆口的长轴两个端点的 1/4 点，然后在顶视图上根据凹陷的深度拉伸，如图 5-141 所示。在右视图上接着拉伸出一定的宽度，注意这个宽度一定要大于切口的宽度，如图 5-142 所示。

❹ 得到的椭球在透视图上的效果如图 5-143 所示。然后在顶视图上适当把椭球向外拉动，因为上一步骤中比实际的要大一些，如图 5-144 所示。

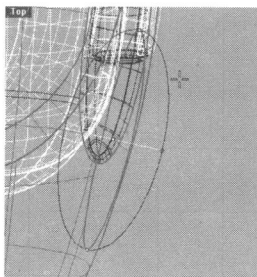

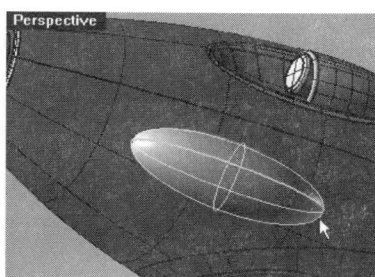

图 5-141   图 5-142   图 5-143

❺ 在顶视图上右键单击切割工具（🔲），把两个切口都封闭，如图 5-145 所示。然后用相减的布尔运算工具（🔵）把主体减去椭球，得到如图 5-146 所示的效果。

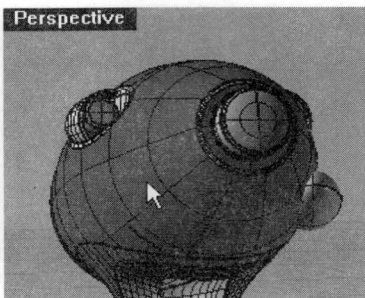

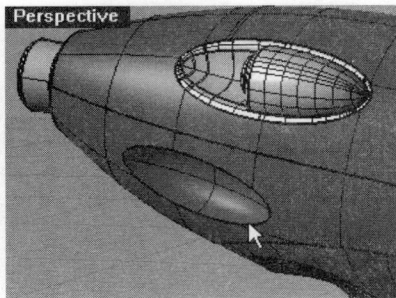

图 5-144　　　　　　　　图 5-145　　　　　　　　图 5-146

Step 04　处理凹陷的鼓出部分

❶ 把得到的实体打散，然后在向内凹的曲面上，用提取 Iso 线工具（🔲）在右视图上结合底图提取一条 Iso 线条，如图 5-147 所示。然后用线融合工具（🔲）将得到的曲线两头进行融合，得到如图 5-148 所示的曲线效果。

❷ 用点编辑方式对得到的曲线进行调节（结合顶视图和前视图），删除多余的点，如图 5-149 所示。在顶视图上，用过两端画曲线工具（🔲）捕捉调整好的曲线中点和椭圆右端的 1/4 点，画出一条曲线，如图 5-150 所示。结合 3 个视图进行调节，得到如图 5-151 所示的曲线效果。

图 5-147

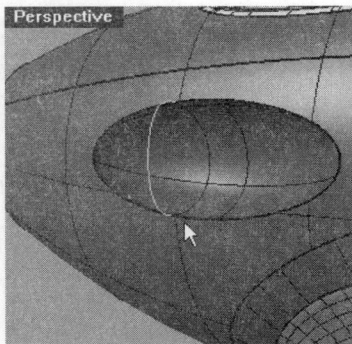

图 5-148　　　　　　　　图 5-149　　　　　　　　图 5-150

图 5-151

③ 用复制边线工具（ ![] ）提取如图 5-152 所示的切口椭圆的边缘线。将得到的曲线用分离工具（ ![] ）结合点方式打断成 3 段，如图 5-153 所示。

④ 然后单击单轨放样工具（ ![] ），把中间的弧线作为轨道，两边分离开的曲线和中间做好的弧线作为穿过的截面线，做出如图 5-154 所示的单轨放样面。

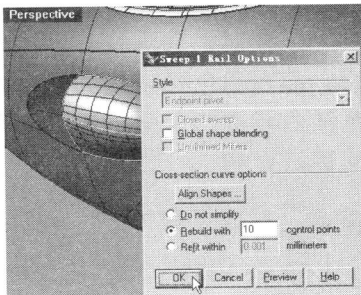

图 5-152　　　　　　　　图 5-153　　　　　　　　图 5-154

⑤ 利用上面做厚度的方式，先把得到的曲面向内偏移复制一些，然后用面融合工具进行融合处理，得到如图 5-155 所示的效果。将前一个凸起内部的圆柱体复制一份，放置在内部，如图 5-156 所示。

⑥ 将下面的部分打散，然后将如图 5-157 所示的部分选中，准备进行镜像复制操作。通过准确的镜像复制（镜像时必须准确地捕捉到顶视图中工具圆口的中心点），得到如图 5-158 所示的效果。

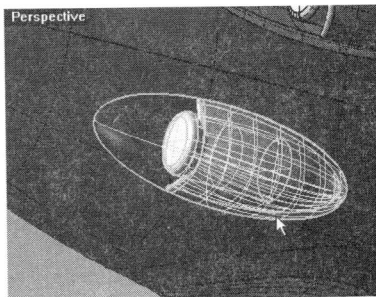

图 5-155　　　　　　　　图 5-156　　　　　　　　图 5-157

⑦ 再选择凹进去的曲面，对表面进行剪切，得到如图 5-159 所示的效果。然后分别对两边的凹陷面和表面做曲面倒角，得到如图 5-160 所示的效果。

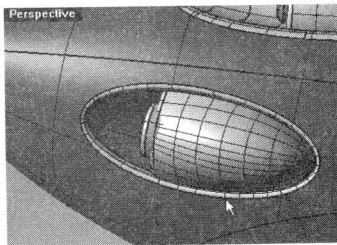

图 5-158　　　　　　　　图 5-159　　　　　　　　图 5-160

⑧ 这样整个部分的凹凸都做好了，这个部分由于是在斜面上，调节的时候有些困难，但是需要多训练，多观察，结合三个不同的视图进行调整，可以做出较为准确的效果来。

5.1.3 分型和尾部处理

需要对上部进行分型处理，用不同的色彩进行区分，这是工业设计中经常使用的方法，即利用色彩来加强产品的细节，让产品显得更加精细，体现科技特色，本例中用黑色和白色进行区分，这就要用分型的方法来进行处理。尾部也同样要进行细致处理，下面进行介绍。

Step 01 上部整体分离操作

① 结合原图，画出如图 5-161 所示的用来作为分离用的两条曲线。用分离工具（🔧）将这两条曲线的下面进行曲面分离，得到如图 5-162 所示的效果。

② 同样用右边的曲线，把穿过的主体凹凸部分一并分离，然后把中间部分都选中，放置到黑色图层中，得到如图 5-163 所示的效果。

 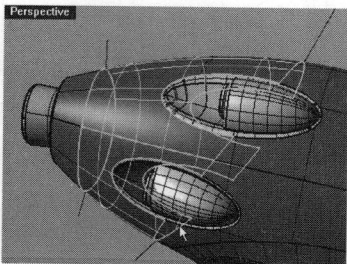 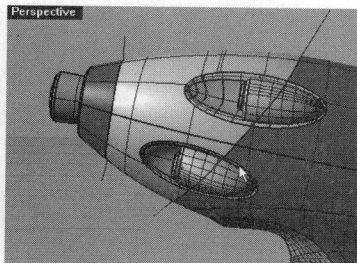

图 5-161　　　　　图 5-162　　　　　图 5-163

③ 新建一个图层为"切割1"，用黑色表示，然后把分离出来的都放置这个图层中，如图 5-164 所示。

④ 根据各个部分的关系，分别给各个部分命名，然后放置到不同的层中，得到如图 5-165 所示的图层。分别区别不同图层的颜色，如图 5-166 所示。

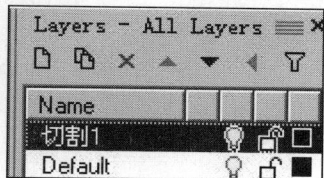  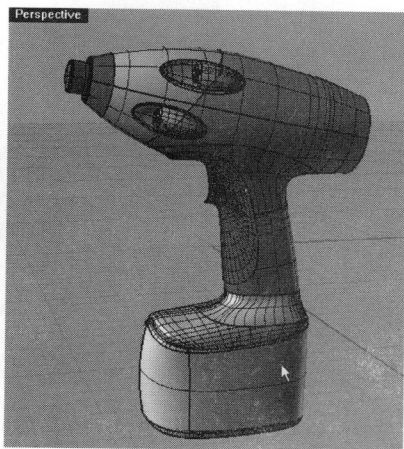

图 5-164　　　　　图 5-165　　　　　图 5-166

Step 02 处理尾部造型

① 然后处理尾部的造型，在右视图上画出如图 5-167 所示的曲线。用拉伸工具（▧）结合双面拉伸，在如图 5-168 所示的前视图上拉伸出一定宽度的曲面。

② 单击布尔运算的相减工具（▧），在尾部主体剪切拉伸出曲面，得到如图 5-169 所示的效果。将多余的圆形曲面删除，得到如图 5-170 所示的效果。用实体倒角工具（▧）对得到的实体边缘进行倒角，如图 5-171 所示。

图 5-167

图 5-168

图 5-169

图 5-170

图 5-171

Step 03 处理上部中间凹陷部分

① 把当前层放到黑色的图层上，然后在右视图上画出准备用来切割的曲线，如图 5-172 所示。用得到的曲线将尾部的中间部分剪切掉，得到如图 5-173 所示的效果。

② 将影像操作的层隐藏，只保留尾部和手柄两个层，如图 5-174 所示。然后在切割后的顶部如图 5-175 所示的位置画出截面曲线。

图 5-172

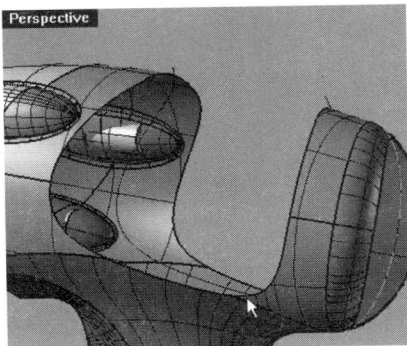
图 5-173

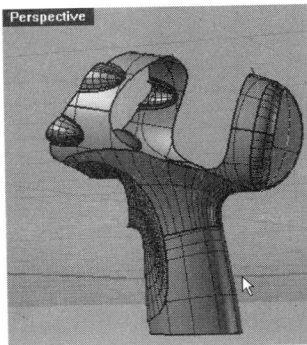
图 5-174

③ 继续画出如图 5-176 所示的顶部轮廓曲线。用曲线匹配工具（ ）进行线条的匹配，得到如图 5-177 所示的效果。

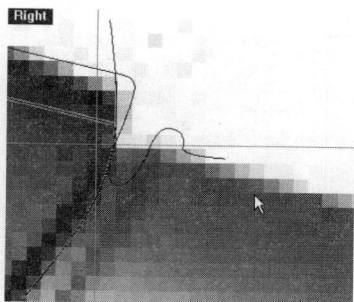
图 5-175

图 5-176

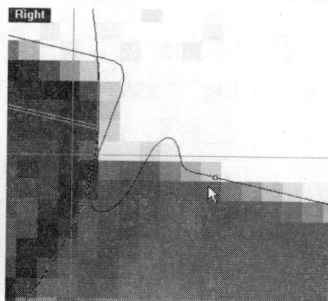
图 5-177

④ 单击单轨放样工具（ ），接着在命令栏上选择链接断边命令，如图 5-178 所示。

⑤ 连续单击切割出来的断边，回车后单击截面曲线，得到如图 5-179 所示的曲面效果。但是通过观察，发现这样单轨放样出来的曲面和实际的曲面效果不符合，如图 5-180 所示。

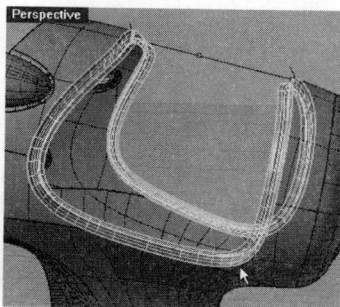
图 5-179

图 5-180

图 5-178

⑥ 单击提取 Iso 曲线工具，准备提取另外几条曲线用于曲面的重建，如图 5-181 所示。提取曲线以后，前面所建的单轨曲面就可以删除了，如图 5-182 所示。

⑦ 然后对右边提取出来的曲线进行调整，调整到如图 5-183 所示的形状，注意和两边的匹配。

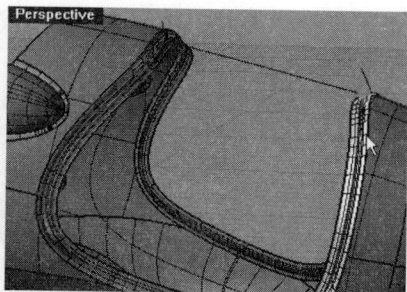
图 5-181

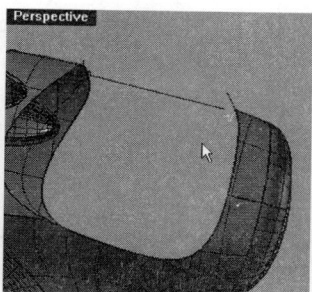
图 5-182

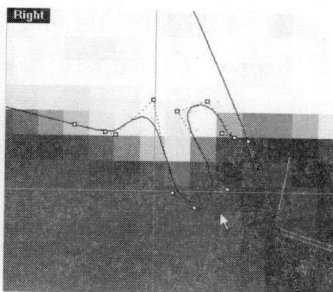
图 5-183

⑧ 同样，利用单轨放样工具将这两条线作为截面线，做单轨放样建面，得到如图 5-184 所示的效果。接着利用移动缝隙点（Seam）（ ）的方式，将在顶上的缝隙点移动到下边，如图 5-185 所示。

❾ 在面相对应的地方，用打断边缘线工具（▁）对面进行相应的点打断，如图 5-184
所示。

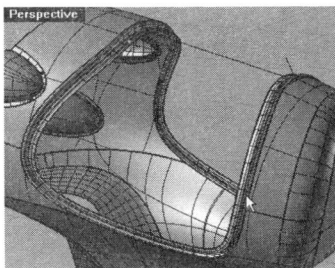

图 5-184

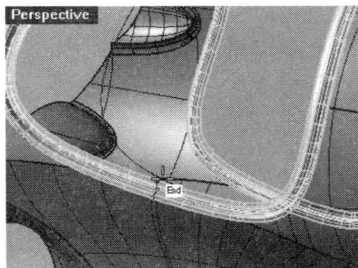

图 5-185

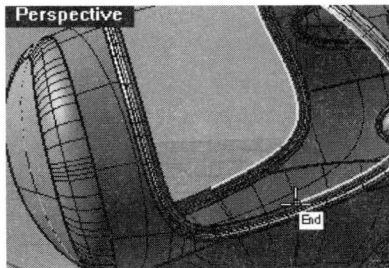

图 5-186

❿ 利用这分离开的两条边缘线，结合两个端点和顶端的线条，做出如图 5-187 所示的双
轨面。

⓫ 确认后得到如图 5-188 所示的效果。然后利用面的匹配工具（🔁）对双轨建出来的面
和中间的凹凸面做匹配，得到如图 5-189 所示的效果。

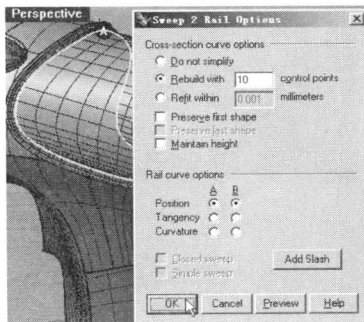

图 5-187

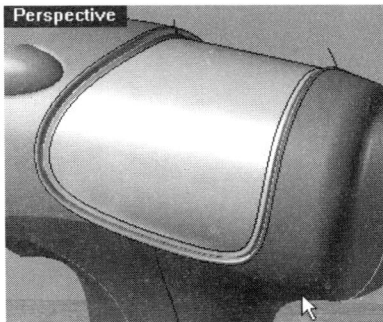

图 5-188

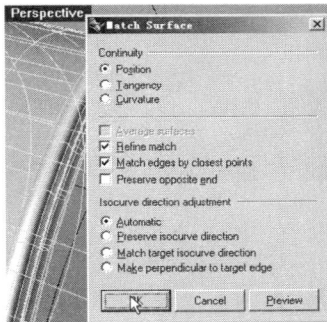

图 5-189

这样这个部分的外表面处理完毕，接下来处理具体的细节部分。

Step 04 处理凹陷部分三角形分离面

❶ 先在如图 5-190 所示的位置画出一个类似三角形的轮廓线。用画出的曲线将该下表面
分离，得到如图 5-191 所示的效果。

❷ 将分离出来的三角面隐藏，准备做拉伸曲面操作，如图 5-192 所示。

图 5-190

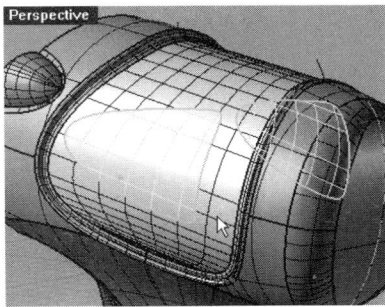

图 5-191

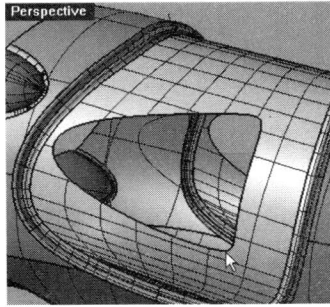

图 5-192

❸ 单击和曲面相垂直的方式拉伸曲面工具，如图 5-193 所示。然后沿剪切过的边缘向内拉伸出一个小切面，将这个小切面复制一份，以备后面使用，如图 5-194 所示。然后做曲面倒角，得到如图 5-195 所示的倒角曲面。

❹ 将复制的曲面粘贴出来，然后将隐藏的曲面显示出来，将外围的曲面隐藏，如图 5-196 所示。同样做倒角，得到如图 5-197 所示的效果。

图 5-193

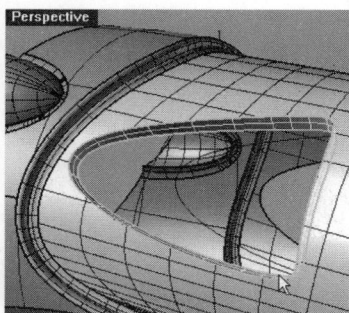

图 5-194

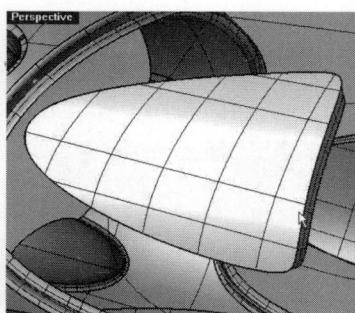

图 5-195　　　　　　　　　　　　　图 5-196

❺ 将得到的整个曲面整体镜像复制到对面，得到如图 5-198 所示的效果。处理完成后，得到如图 5-199 所示的实体效果。

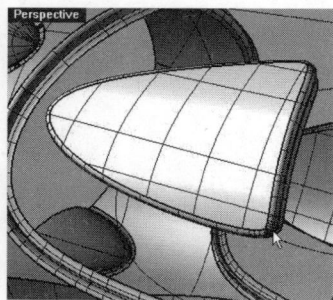

图 5-197

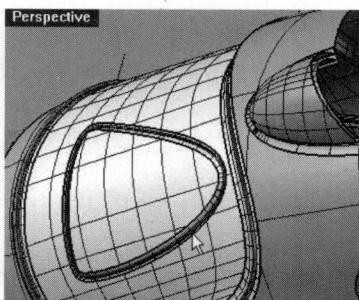

图 5-198

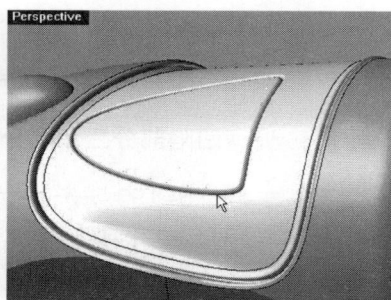

图 5-199

Step 05 凹陷面细节处理

❶ 做三角凹凸相邻的两个凹陷，先画出如图 5-200 所示的封闭曲线。用得到的曲线将下面分离，得到如图 5-201 所示的效果。

❷ 将得到的曲面在顶视图上垂直于外表面向内移动一定距离，如图 5-202 所示。单击放样工具（ ），把两个边缘进行放样，得到如图 5-203 所示的封闭曲面。

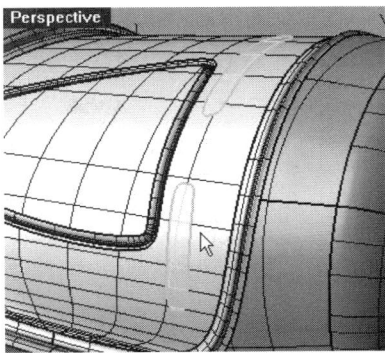

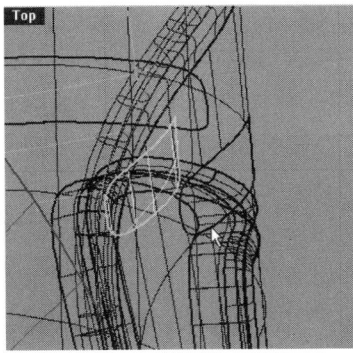

图 5-200　　　　　　　　　　图 5-201　　　　　　　　　　图 5-202

❸ 对外面的边缘进行倒角，得到如图 5-204 所示的倒角效果。用同样的方法对内部进行倒角，效果如图 5-205 所示。

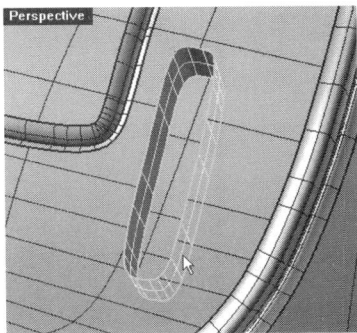

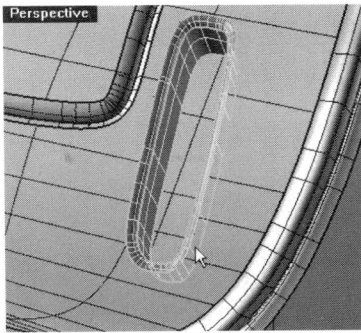

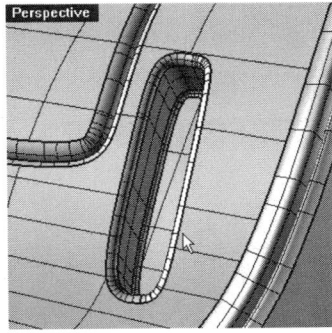

图 5-203　　　　　　　　　　图 5-204　　　　　　　　　　图 5-205

❹ 用同样的方法做上部凹陷，如图 5-206 所示。将得到的两个凹陷镜像复制到另外一面，并用倒角将外表面进行剪切，得到如图 5-207 所示的效果。

❺ 用同样的办法处理左下角的一个凹陷，得到如图 5-208 所示的效果。同样，把得到的凹陷镜像复制到对面，这个部分的细节就处理完毕。

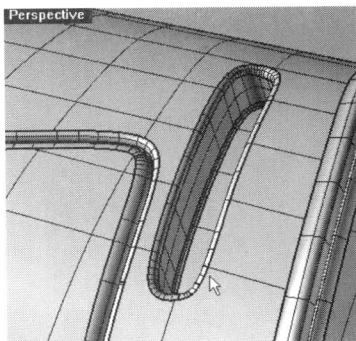

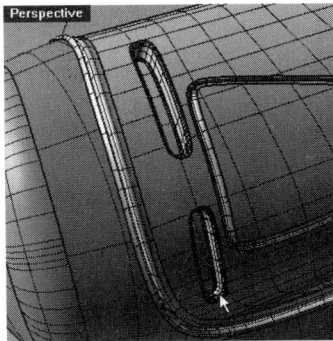

图 5-206　　　　　　　　　　图 5-207　　　　　　　　　　图 5-208

Step 06　上部椭圆形细节处理

❶ 接下来处理手柄中部的一个红色的椭圆形凸起部分，这个部分的处理也比较简单，先画出如图 5-209 所示的椭圆形。用画出的椭圆形将下面的曲面分离，如图 5-210 所示。

❷ 在前视图上将分离出来的小椭圆形曲面向外拉动一定距离，这个距离和这个凸起的高度有关，如图 5-211 所示。然后做这个凸起的细节，先单击垂直于曲面拉伸工具（🔘），把凹陷的断边向内拉伸出一定的距离，如图 5-212 所示。

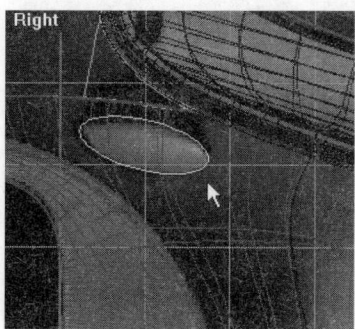
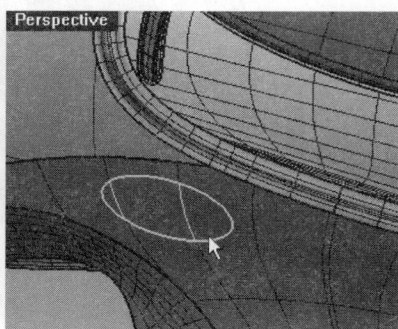
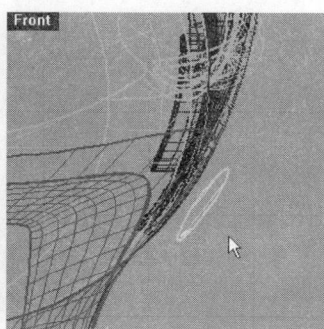

图 5-209   图 5-210   图 5-211

❸ 对得到的拉伸面和外表面进行曲面倒角，如图 5-213 所示。利用拉伸曲面的下边缘和外面拉出来的椭圆形面的边缘做放样（用放样工具🔳），得到如图 5-214 所示的效果。

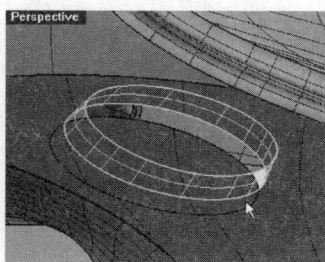
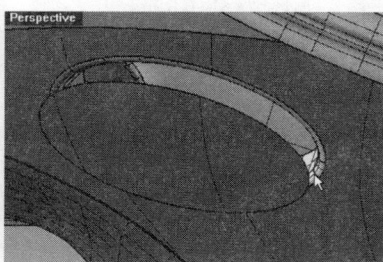
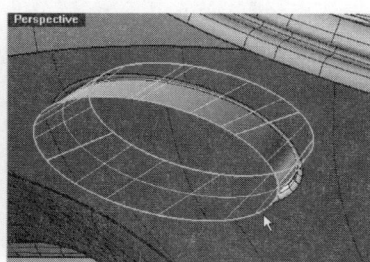

图 5-212   图 5-213   图 5-214

❹ 将得到的曲面和上表面结合起来，然后进行实体倒角（用实体倒角工具🔲），如图 5-215 所示。这一块的细节处理完毕，在 Shade（实体）模式下观察，效果如图 5-216 所示。

❺ 继续处理尾部的左右边的两个凹陷，处理的方法一样，这里就不再一一陈述了，简单讲解过程，如图 5-217 所示先画出轮廓线。然后同样分离后，向内拉伸分离出来的面，然后做放样，然后倒角，做出如图 5-218 所示的向内凹陷面效果。

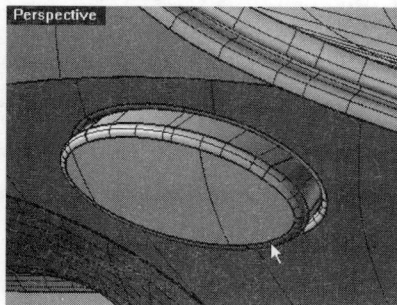

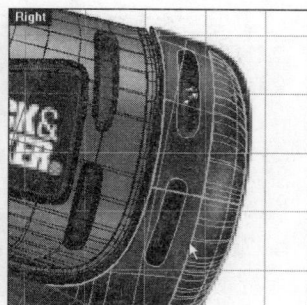

图 5-215   图 5-216   图 5-217

❻ 同样镜像到另外一边，得到如图 5-219 所示的效果。将表面分离的面删除，可以看到现在的倒角和原来的边缘有些不一样，需要进行处理，单击复制边线工具（🔷），将倒角的

边复制出来并结合，如图 5-220 所示。

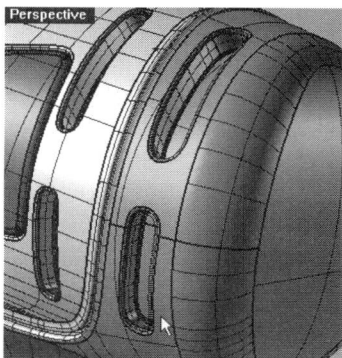

图 5-218　　　　　图 5-219　　　　　图 5-220

⑦ 为了使复制出来的线条方便地对表面进行剪切，可以选中线条和下表面，然后单击反选隐藏工具（🎮），将其他部分隐藏，如图 5-221 所示。用线条将内部的面剪切掉，得到如图 5-222 所示的效果。将下面显示出来，如图 5-223 所示。

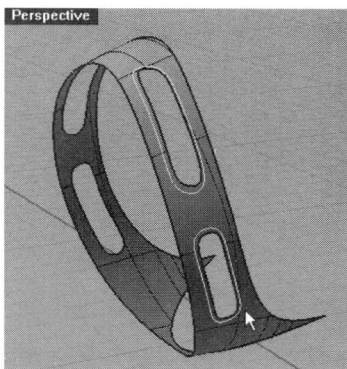
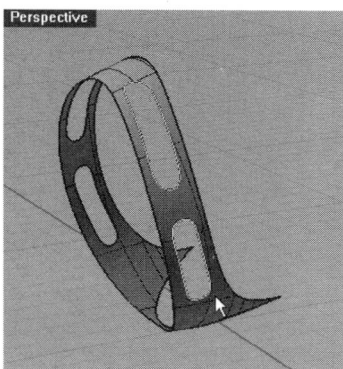
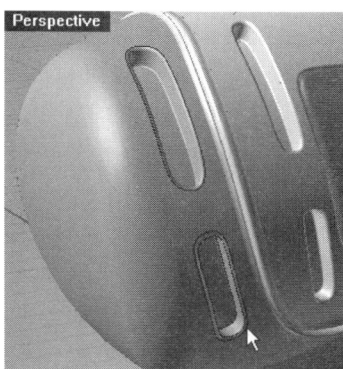

图 5-221　　　　　图 5-222　　　　　图 5-223

这个部分的细节处理完毕。

5.1.4　手柄部分细节处理

手柄是相对比较难的部分，因为这个部分是上部和底部连接处，如果处理得不好，造型会非常不流畅，同时这里的造型又受到上部和底部造型的影响，很难处理得很好，下面详细介绍一下。

Step 01　弯曲结合处细节处理

① 单击分离工具（🔧），在命令栏上单击 Isocurve（Iso 线），如图 5-224 所示。
② 对曲面进行分离，得到如图 5-225 所示的分离曲面。然后将得到的分离面删除，如图 5-226 所示。

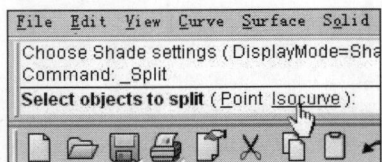

图 5-224　　　　　　　图 5-225　　　　　　　图 5-226

Step 02　构建双轨凹陷面

❶ 在右视图上画出一条用来做凹凸面的截面线的线条，注意这条线条要和上下两个面的提取线匹配，所以需要做两次线匹配操作（用 ⚙ 工具），使这条线条做出来的面能够和上下两个面连续（图5-227）。然后单击双轨放样工具（🔲），利用命令栏上的连续选择断边作为轨道选项来做双轨放样，如图5-228所示。

图 5-227　　　　　　　图 5-228

❷ 分别选择外边的多条断边作为双轨放样的一条轨道，如图5-229所示。选择完一条边以后，再单击另外一条边，最后选择做好的凹凸截面线，得到如图5-230所示的双轨放样操作面板，注意轨道的连续性，要选择 Curvature（曲率连续）。

❸ 确定后得到如图5-231所示的曲面效果。

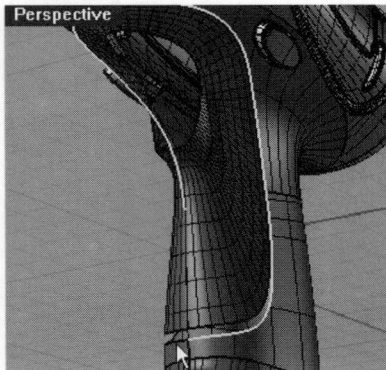

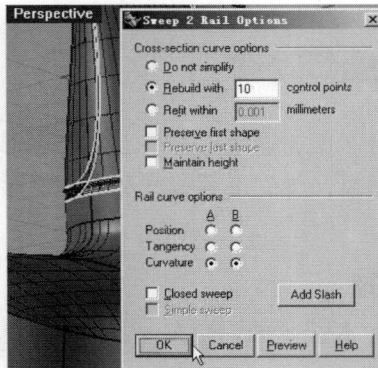

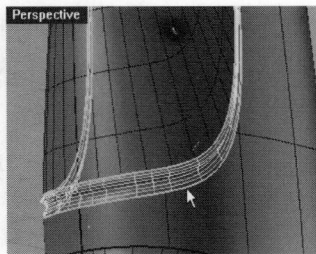

图 5-229　　　　　　　图 5-230　　　　　　　图 5-231

Step 03 重新建面操作

❶ 为了处理中间的黑色按钮部分，需要对前面所做的口部做一些调整。将口部的边缘线取出来，并向内做单向收缩，如图 5-232 所示。然后将前面步骤处理的左右截面线进行调整，如图 5-233 所示。

❷ 调整好以后，做镜像对称，并将前面所做的上下截面线显示出来，如图 5-234 所示。再次使用网格建面工具（ 🏁 ）做网格建面，得到如图 5-235 所示的效果。

图 5-232　　　　　　　　　　图 5-233　　　　　　　　　　图 5-234

❸ 单击曲面的偏移复制工具（ 🖐 ），向内偏移复制，得到如图 5-236 所示的效果。然后把得到的两个曲面相对应地进行融合，得到如图 5-237 所示的效果。

图 5-235　　　　　　　　　　图 5-236　　　　　　　　　　图 5-237

Step 04 按钮建模

❶ 画出如图 5-238 所示的按钮侧面轮廓曲线。把得到的封闭曲面进行双面拉伸，得到如图 5-239 所示的实体效果。

❷ 对得到的实体进行倒角，得到如图 5-240 所示的倒角效果。放置到"手柄"图层后，实体效果显示，如图 5-241 所示。

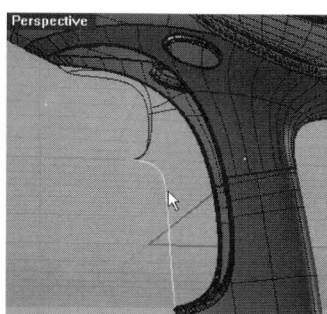

图 5-238

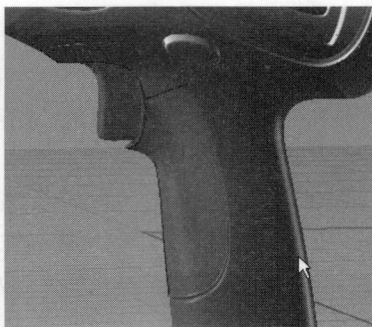

图 5-239   图 5-240   图 5-241

5.1.5   底部细节处理

底部的细节相对比较容易一些，细节虽然比较丰富，但是大部分都是通过投影来完成的，下面简单介绍一下这个过程。

Step 01   底部上端缝隙处理

❶ 接下来处理基座部分的细节，先将前面所做如图 5-242 所示的曲线显示出来。

❷ 将线条向上移动一定距离，如图 5-243 所示。用得到的线条对上盖面进行剪切，得到如图 5-244 所示的切割效果。用前面的做狭窄凹凸面的方法来做，在如图 5-245 所示的端口位置画出一条弯曲的截面曲线，注意和两边提取的 Iso 线条的匹配。

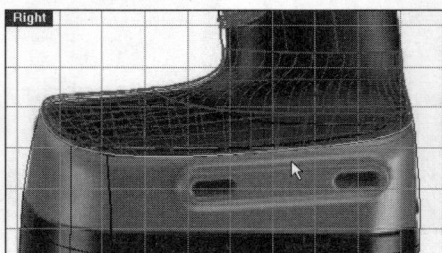

图 5-242

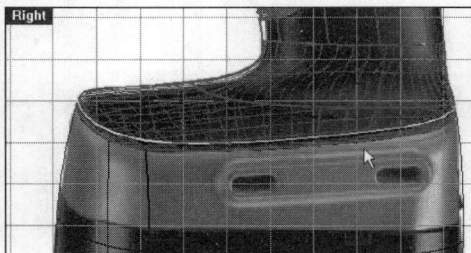

图 5-243

图 5-244

图 5-245

❸ 单击双轨放样工具（🔘），用断边连续的方式来做双轨面，如图 5-246 所示。

❹ 用实体方式显示，如图 5-247 所示。

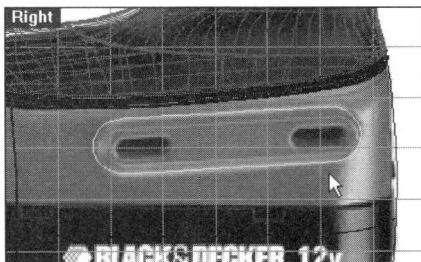

图 5-246

图 5-247

Step 02　底部侧面鼓出部分建模

❶ 在右视图上画出如图 5-248 所示的一个轮廓曲线，注意准确性，可以用一个矩形打散来做融合，然后调节融合的形状，这样可以做得更加标准。

❷ 用同样的方法，将下面的面分离，然后将分离出来的面向外拉出，如图 5-249 所示。然后用线条放样工具进行放样，如图 5-250 所示。

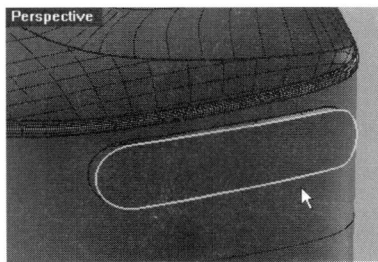

图 5-248

图 5-249

❸ 分别做倒角，如图 5-251 所示。再次镜像到另外一侧，用倒角边剪切掉重叠的部分，得到如图 5-252 所示的效果。

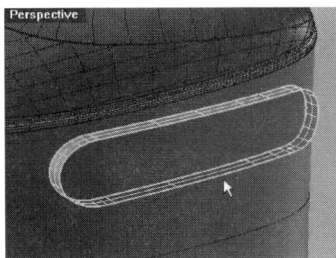

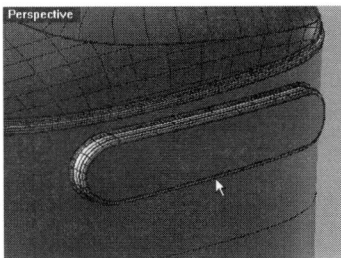

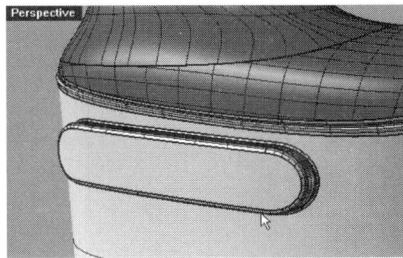

图 5-250

图 5-251

图 5-252

Step 03　鼓出部分细节处理

❶ 在右视图上画出内部凹陷的轮廓曲线，如图 5-253 所示。用画出来的线条对上面的面

做分离，然后向内拉进去，如图5-254所示。

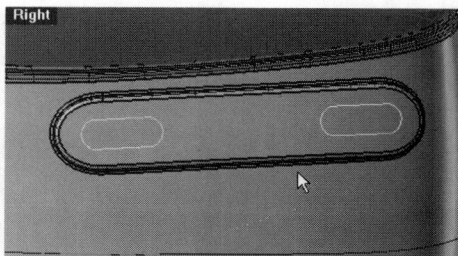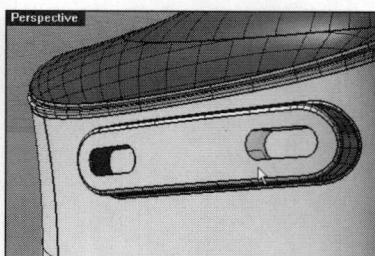

图 5-253   图 5-254

❷ 同样利用内外剪切出来的面的边缘做放样，如图5-255所示。然后用面倒角工具（🔧）对相应的面做倒角，如图5-256所示。

❸ 相应地将整个突出的部分镜像复制到另外一边，并相应的将重合的倒角面处进行剪切，得到如图5-257所示的效果。

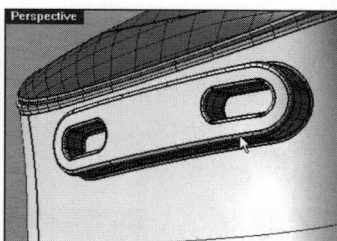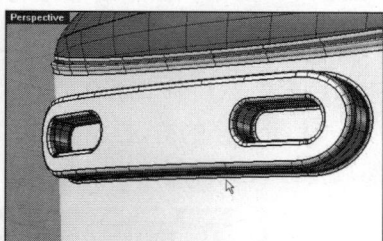

图 5-255   图 5-256   图 5-257

Step 04 基座左下部分大体形状处理

现在来处理最后一个部分，就是基座左下角的部分，即如图5-258所示的部分。

❶ 先画出如图5-259所示的一条用来做切割的曲线。然后向下复制一条曲线来进行调整，如图5-260所示。

❷ 根据实际形状进行调节，如图5-261所示。用得到的两条曲线将整个基座切开，如图5-262所示。

图 5-258

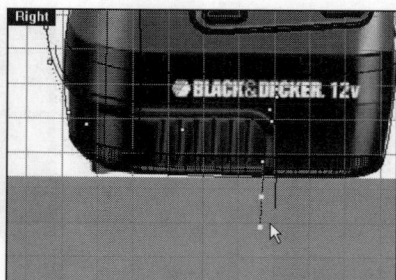

图 5-259   图 5-260   图 5-261

❸ 把分离开的部分用单向缩放工具（▥）进行缩小操作，如图5-263所示，并向上移动。在右视图上把多余的面用下面的曲线剪切，得到如图5-264所示的效果。

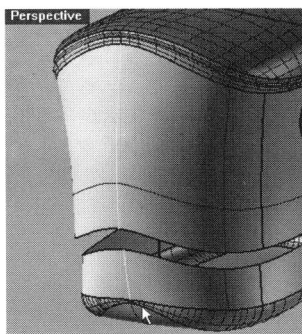

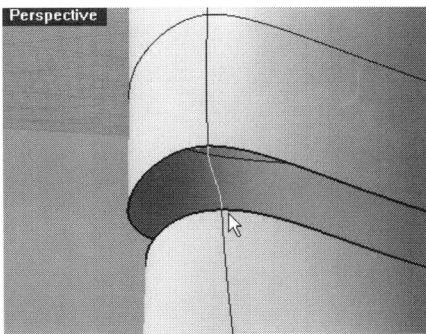

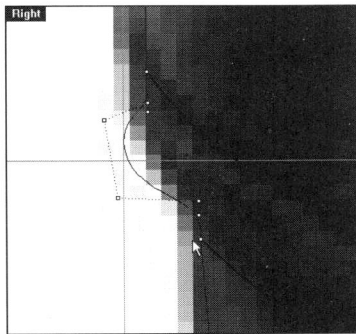

图 5-262　　　　　　　　　　　图 5-263　　　　　　　　　　　图 5-264

❹ 用提取 Iso 线工具（🖋）将在左边上下两个断面相对应的位置提取出两条 Iso 线条，如图 5-265 所示。用这两条线条直接融合，融合出如图 5-266 所示的线条。

❺ 将得到的线条用编辑点的方式进行调整，调整成如图 5-267 所示的效果。再次用双轨放样工具（🖋），选择上下两个连续的断边，回车后选择做好的截面曲线，得到如图 5-268 所示的双轨建模面板。

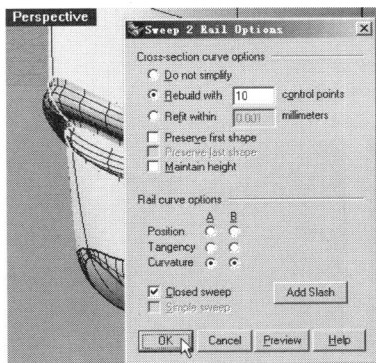

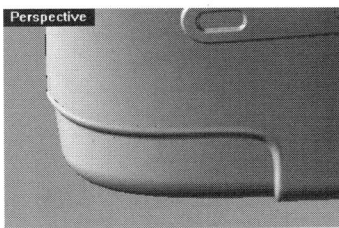

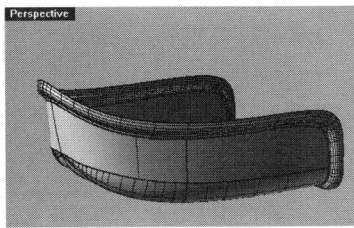

图 5-265　　　　　　　　　　　图 5-266　　　　　　　　　　　图 5-267

❻ 确定后得到如图 5-269 所示的曲面效果。将其他部分都隐藏，只保留要处理的这个部分，如图 5-270 所示。

图 5-268　　　　　　　　　　　图 5-269　　　　　　　　　　　图 5-270

Step 05　细节处理

❶ 在右视图上，依照背景图画出如图 5-271 所示的一条用来做凹陷跑道的圆曲线。用得到的曲线对外表面进行分离，如图 5-272 所示。

❷ 在顶视图中将分离出来的曲面向内拉进一定距离，如图 5-273 所示。然后将两个面的边缘取出来并结合起来，如图 5-274 所示。

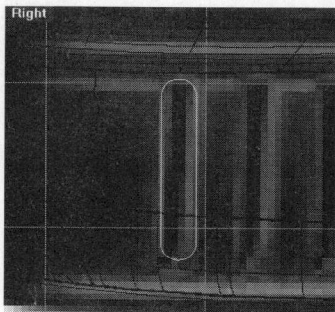

图 5-271

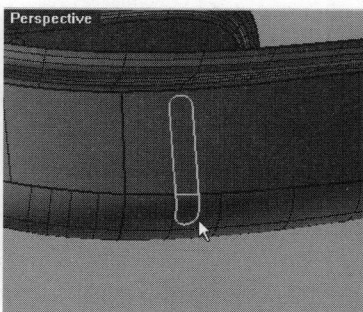

图 5-272

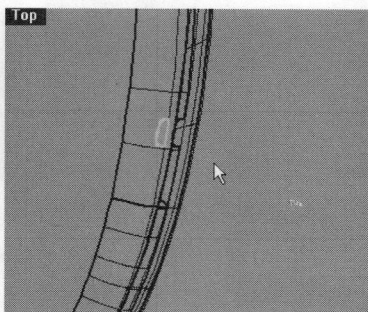

图 5-273

❸ 用得到的曲线进行 Loft（放样），得到如图 5-275 所示的连接曲面。将曲面和内外面结合成一个实体，然后进行实体倒角，得到如图 5-276 所示的效果。

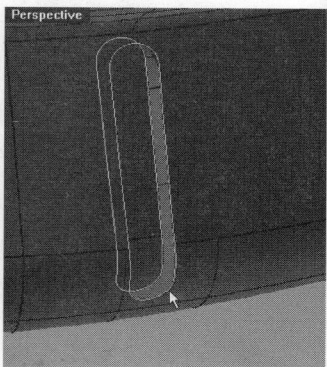

图 5-274

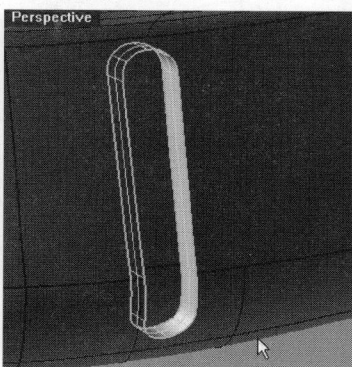

图 5-275

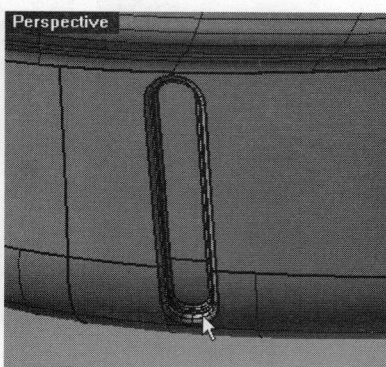

图 5-276

❹ 做其他 5 个凹陷的曲面，单击如图 5-277 所示的阵列命令。

❺ 单击第一个曲线，然后在命令栏 X 轴上输入 6，其他的 Y 轴和 Z 轴设置为 1，根据两个凹陷的距离来设置阵列的距离，得到如图 5-278 所示的 5 条曲线。用做第一个凹陷的方法来做其他 5 个凹陷，得到如图 5-279 所示的效果。

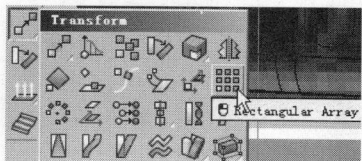

图 5-277

图 5-278

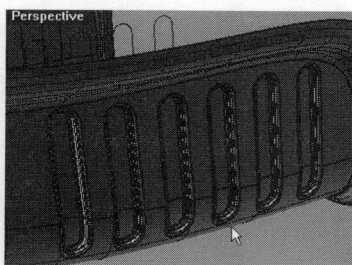

图 5-279

❻ 把得到的 5 个凹陷面向另外一边镜像复制，得到如图 5-280 所示的效果。将分离的外表面删除，然后处理倒角的重叠部分，如图 5-281 所示。

❼ 可以直接选择倒角，然后用剪切工具，对多余的面进行剪切，得到如图 5-282 所示的

效果。用同样的方法处理其他 5 个凹陷面的边缘，得到如图 5-283 所示的效果。

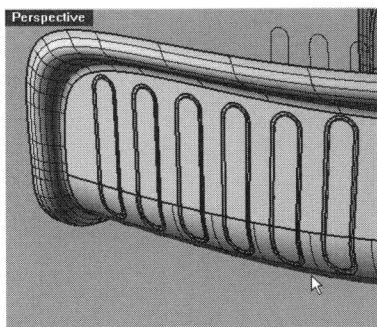 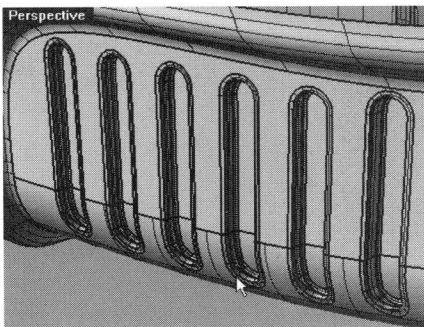 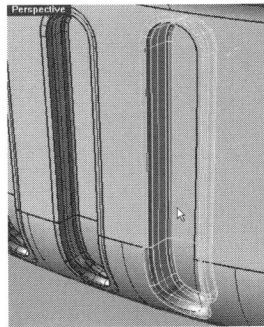

图 5-280　　　　　　　　　　图 5-281　　　　　　　　　　图 5-282

⑧ 这样这个部分就处理完毕，得到如图 5-284 所示的效果。然后画出如图 5-285 所示的一条线，用来把上下基座分开。

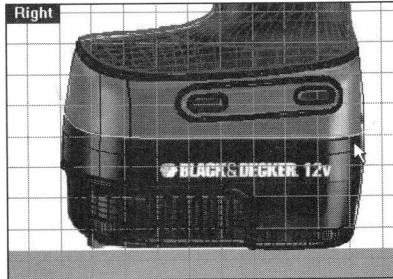

图 5-283　　　　　　　　　　图 5-284　　　　　　　　　　图 5-285

Step 06　底座细节处理

① 将其他图层隐藏，然后用线条将基座分成上下两个部分，如图 5-286 所示。将上半部分隐藏，然后单击垂直于表面拉伸曲面工具（🅱），做如图 5-287 所示的拉伸。

② 将得到的拉伸曲面复制一份备用，然后用曲面倒角工具（🅱）对拉伸的面和下表面进行倒角处理，得到如图 5-288 所示的倒角效果。将下半部分隐藏，然后把复制的曲面粘贴出来，如图 5-289 所示。

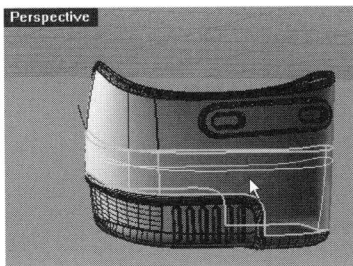 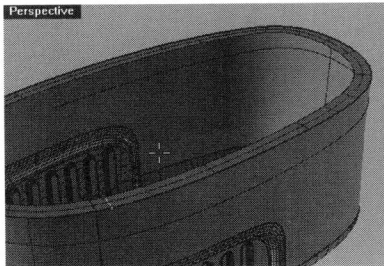 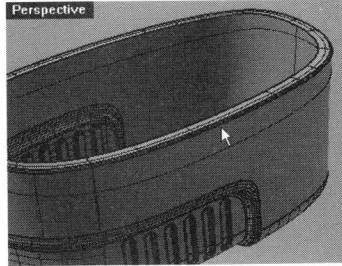

图 5-286　　　　　　　　　　图 5-287　　　　　　　　　　图 5-288

③ 同样做曲面倒角，得到如图 5-290 所示的效果。将隐藏的部分都显示出来，得到如图 5-291 所示的效果。

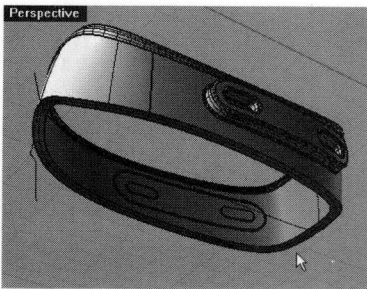

图 5-289

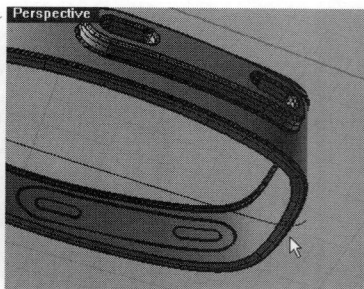

图 5-290

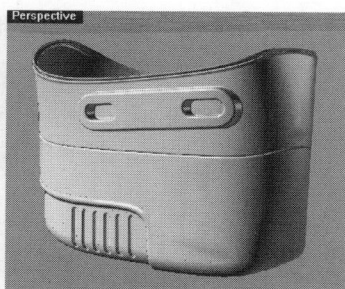

图 5-291

④ 将上下两个部分分别放置到两个不同的图层上，命名为"基座上"和"基座下"，用不同的颜色区别，如图 5-292 所示。

⑤ 将所有部分都显示出来，如图 5-293 所示。用实体模式显示，效果如图 5-294 所示。

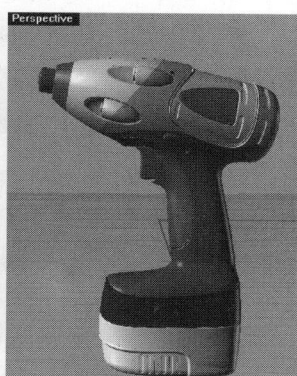

图 5-292

图 5-293

图 5-294

⑥ 在 Cinema 4D 软件中渲染，得到如图 5-295 所示的效果。

图 5-295

5.2　电动剃须刀产品建模

　　本节介绍的是一款电动剃须刀产品建模。选择这样一款产品进行讲解，主要是为了通过这个例子加深读者对网格建面工具的认识，同时通过对这个产品表面的细节处理来展示曲面凹凸的处理方法。

■ 产品介绍

　　如图 5-296 所示的是一款带底座的剃须刀产品。该款产品属于优良产品，不管从产品设计还是产品的性能方面都非常好，从造型上来看，这款产品全身流线型，手感良好，符合人体工程学，各个部分搭配合理，色彩协调，富有男性气质。从性能上来看，该款产品全身水洗，可以在各种情况下使用。

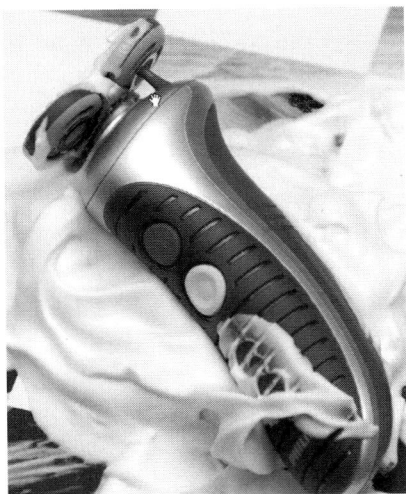

图 5-296

　　下面将对这款产品进行建模操作。

■ 建模思路分析

　　针对这一款产品（图 5-297），可以从整体和细节两方面来分析，从整体来看，这个剃须刀由 3 个部分组成，即剃须刀底座、剃须刀把手和剃须头，底座的建模相对比较简单，可以用简单的双轨放样操作或者放样工具来实现，然后做布尔运算，而把手部分是该造型的难点，主要是造型要想做到很准确比较难，整体造型只能用网格建面工具实现，而且表面的细节需要用到投影和切割，相对比较繁琐，而顶部的剃须头需要用旋转建面和做缝隙的方法来实现。

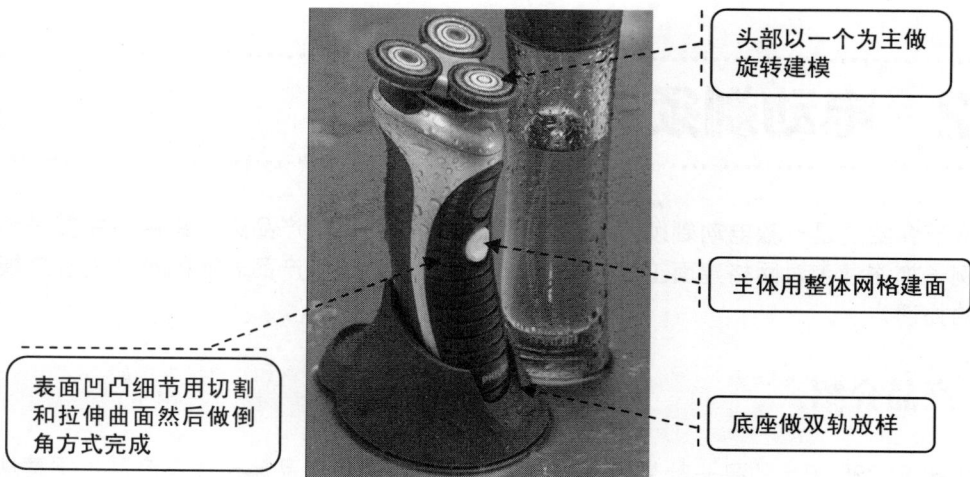

图 5-297

制作流程分析

这款产品看细节较为丰富，建模的时候按由主及次的顺序进行建模操作，基本流程如下。

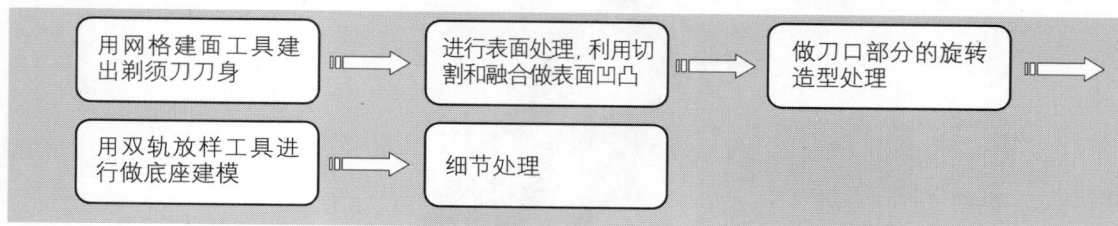

5.2.1 主体部分建模

这个部分主要针对主体的圆滑造型做处理，这个造型由几条空间线构成，可以利用这几条线的绘制来进行网格建面处理，勾画这几条空间线非常重要，需要有一点空间想象力，所以在绘制的时候要耐心调节，下面分别介绍。

Step 01 主体侧面轮廓线绘制

❶ 打开 Rhino 4.0 软件，单击画曲线工具（🖫），在前视图中进行外轮廓的勾画，如图 5-298 所示，画完以后按F10键进行点的调节，如图 5-299所示。

❷ 单击线条分离工具（🖴）对线条进行分离，如图 5-300 所示，分离后得到如图 5-301 所示的两条段线。

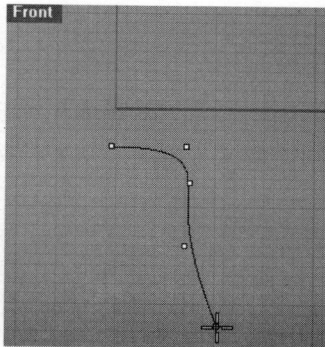

图 5-298

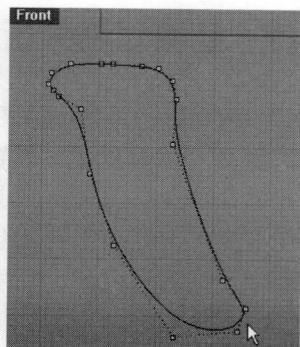

图 5-299

320

❸ 捕捉上下两个端点，在右视图上画出如图 5-302 所示的另一个侧面轮廓线，按 F10 键进行点调节，如图 5-303 所示。

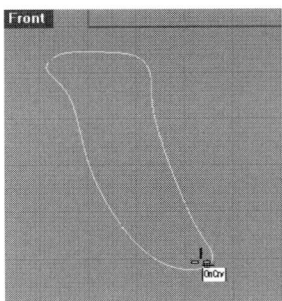 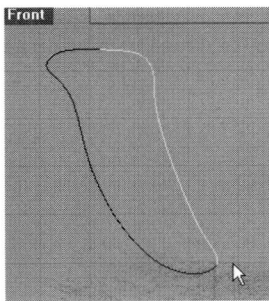 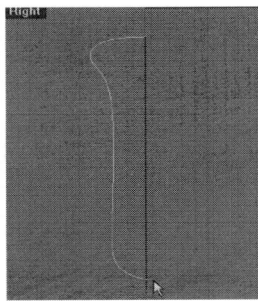 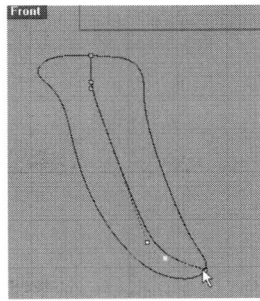

图 5-300   图 5-301   图 5-302   图 5-303

❹ 调整好以后如图 5-304 所示。把得到的线条对称镜像复制一条，得到如图 5-305 所示的线条效果。

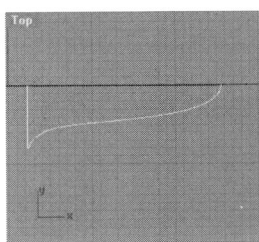 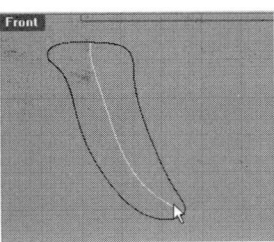 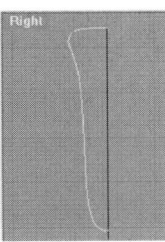 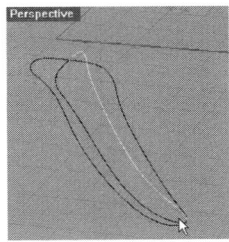

图 5-304   图 5-305

Step 02 截面线绘制

❶ 观察剃须刀的截面形状，可以发现有几个关键点，即图 5-306 中的 3 个位置是有剧烈变化的地方，所以需要进行截面线的绘制。

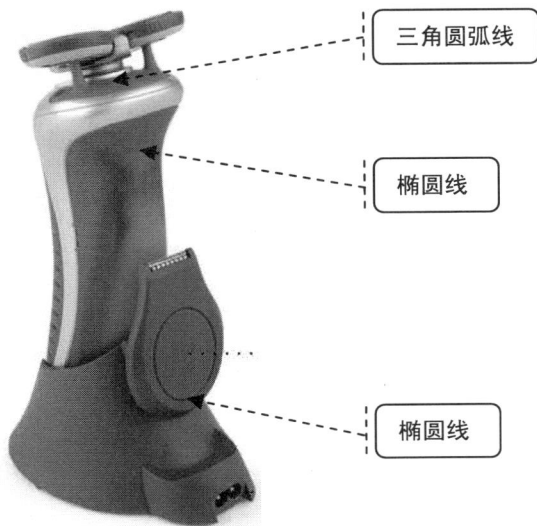

图 5-306

三角圆弧线

椭圆线

椭圆线

❷ 在绘制截面线的时候，注意中间部分需要由两个截面线组成，因为这个位置变化相对比较剧烈。下面开始绘制截面线，先画出如图 5-307 所示的一条曲线作为顶部的一半，然后画出一条直线作为剪切的辅助线条，如图 5-308 所示。

❸ 用直线对线条进行剪切，然后进行镜像对称复制，如图 5-309 所示，对上下两条曲线进行匹配（ ），如图 5-310 所示。

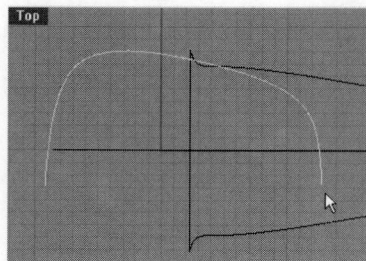

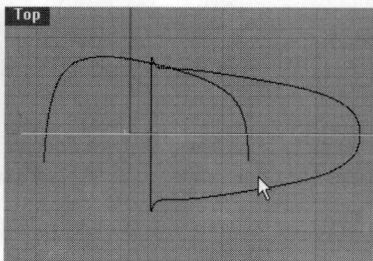

图 5-307   图 5-308   图 5-309

❹ 调整到如图 5-311 所示的位置，然后在顶视图上画出如图 5-312 所示的一个椭圆形，注意捕捉顶部的辅助线。

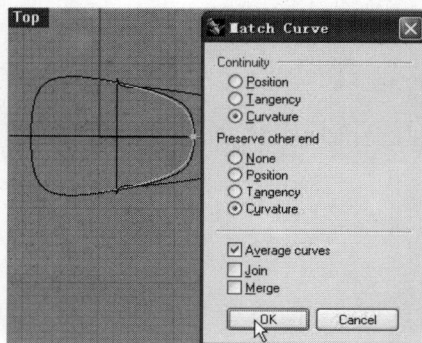

图 5-310   图 5-311

❺ 把线条移动到如图 5-313 和图 5-314 所示的位置。

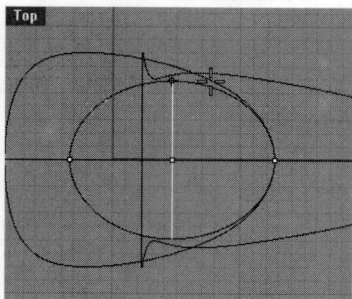

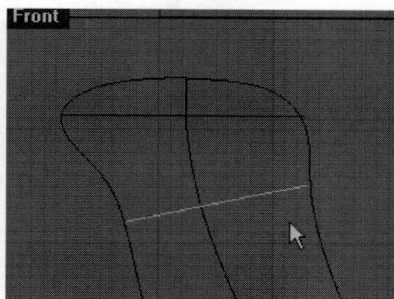

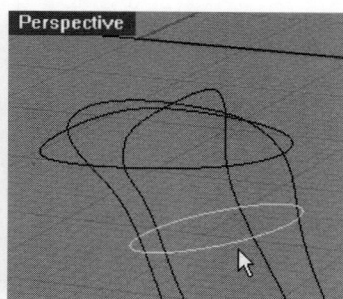

图 5-312   图 5-313   图 5-314

❻ 把得到的线条向下复制两个并调整大小，如图 5-315 和图 5-316 所示。

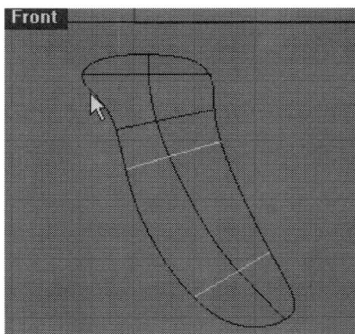
图 5-315

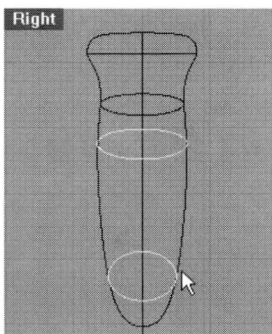
图 5-316

Step 03　主体建模和分离操作

❶ 下面开始建面操作，单击如图 5-317 所示的网格建模工具。

❷ 以此单击 4 条作为轮廓线的曲线，然后单击作为轮廓线的 4 条闭合线，如图 5-318 所示，回车后得到如图 5-319 所示的实体效果。

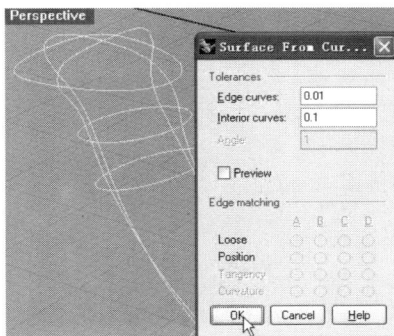
图 5-317　　　　　　　　　　图 5-318

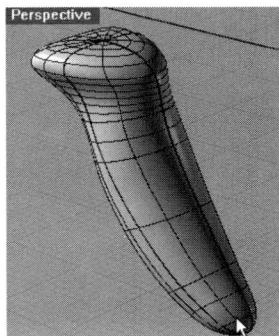
图 5-319

❸ 在前视图上画出如图 5-320 所示的一条曲线，用来做分离的线条用，然后单击分离命令（　），随后单击主体面，最后单击分离线条，回车后得到如图 5-321 所示的效果。

❹ 把上半部分隐藏，单击沿曲面拉伸曲面工具（　），拉出如图 5-322 所示的效果。将拉伸出来的曲面复制一份并隐藏，然后单击曲面倒角工具（　），做出如图 5-323 所示的一个倒角。

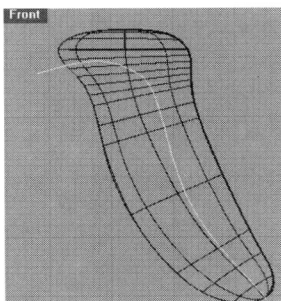
图 5-320

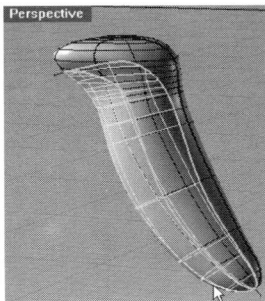
图 5-321

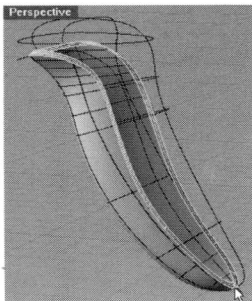
图 5-322

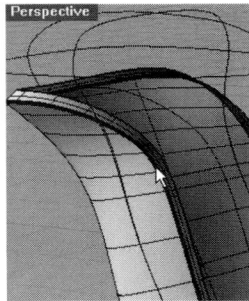
图 5-323

323

⑤ 把隐藏的面显示出来，并将做好的倒角下半部分隐藏，对上半面做同样的倒角，如图 5-324 所示。把做好的曲面显示出来，得到如图 5-325 所示的效果。

⑥ 用同样的方法来做上半部分的分离，如图 5-326 所示，画出一条曲线，用来做分离，用画出的曲线进行分离操作，得到如图 5-327 所示的效果。

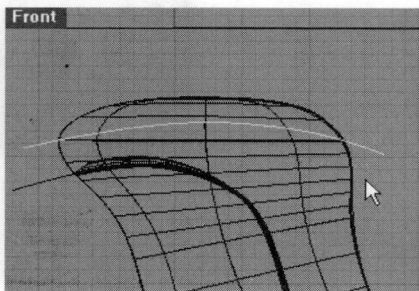

图 5-324   图 5-325   图 5-326

⑦ 同样做沿曲面拉伸，然后做曲面倒角，得到如图 5-328 所示的效果。

⑧ 在右边部分画出一条竖直方向的曲线，如图 5-329 所示，用画出的曲线做分离，如图 5-330 所示。

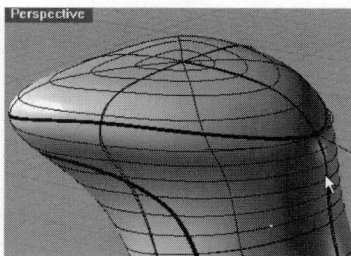
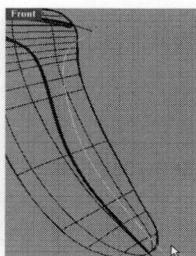
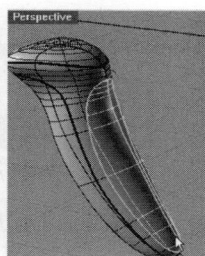

图 5-327   图 5-328   图 5-329   图 5-330

⑨ 分别做曲面拉伸和曲面倒角，得到如图 5-331 所示的缝隙效果。

⑩ 把 4 个部分放置到不同的图层上，分别命名为"把手上"、"把手左"、"把手中"、"把手右"，然后用不同的颜色显示，如图 5-332 所示。

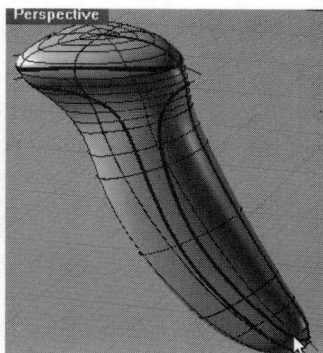
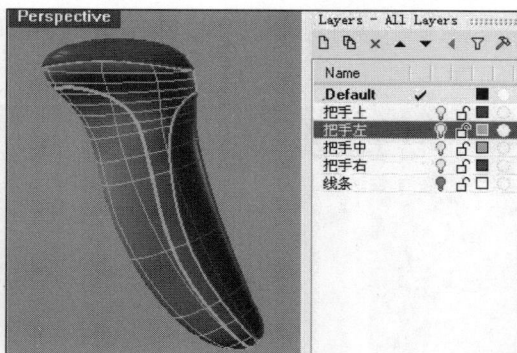

图 5-331   图 5-332

Step 04 侧面凹凸处理

❶ 接下来处理把手左边上的凸起部分，把其他 3 个图层隐藏，然后在如图 5-333 所示的位置画出一个凸起的轮廓线。

❷ 单击如图 5-334 所示的阵列命令。

❸ 将 Y 轴设置为 3，X 轴和 Z 轴设置为 1，可以阵列出如图 5-335 所示的 3 条曲线。将得到的曲线进行移动，使其靠近缝隙边缘，如图 5-336 所示。

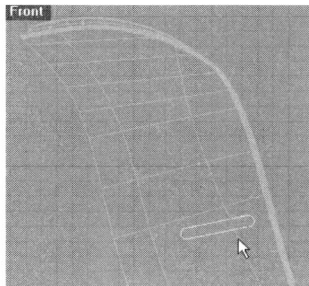
图 5-333

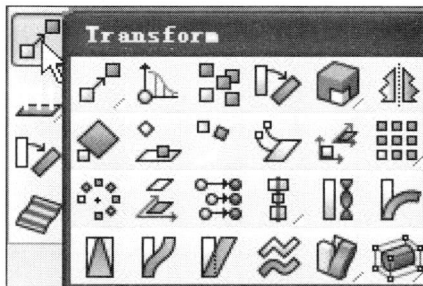
图 5-334

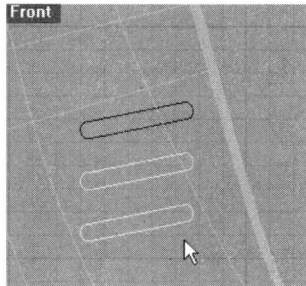
图 5-335

❹ 单击曲线偏移复制工具，如图 5-337 所示。

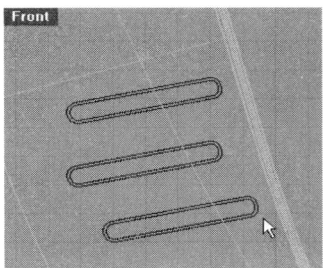
图 5-336

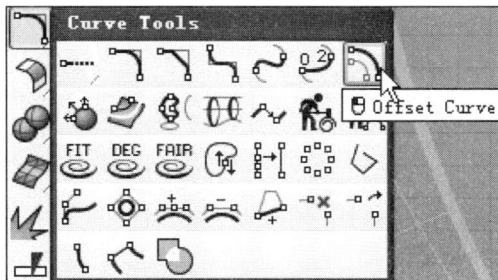
图 5-337

❺ 对得到的线条进行偏移复制，得到如图 5-338 所示的线条效果。用得到的线条对曲面进行剪切，注意只剪切偏移复制曲线的中间部分，如图 5-339 所示。

❻ 同样在下面做两个分离的面，如图 5-340 所示。

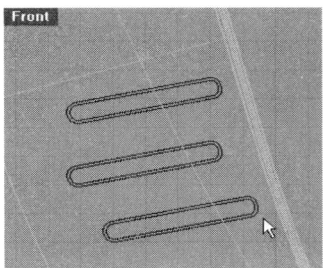
图 5-338

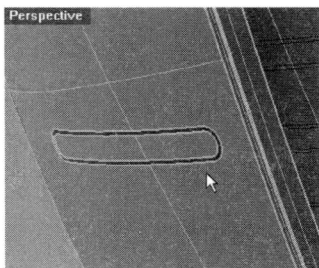
图 5-339

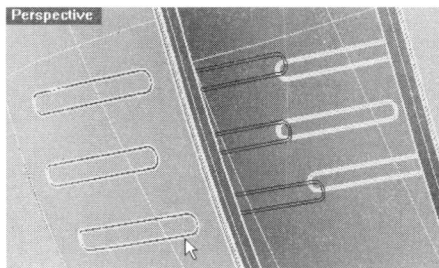
图 5-340

❼ 在右视图上对分离出来的小面进行移动，如图 5-341 所示。

❽ 单击曲面的融合工具（🦢），对拉动出来的曲面和下面的切割孔做融合，如图 5-342 所示。

图5-341

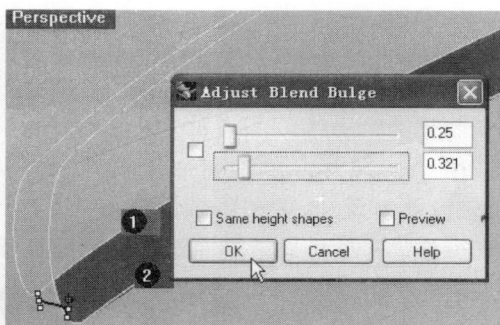
图5-342

⑨ 确定得到如图5-343所示的效果。对其他两个小面也做如此的融合操作，如图5-344所示。

⑩ 把分离出来的面删除，如图5-345所示。然后把融合出来的3个面镜像对称复制到这一边，如图5-346所示。

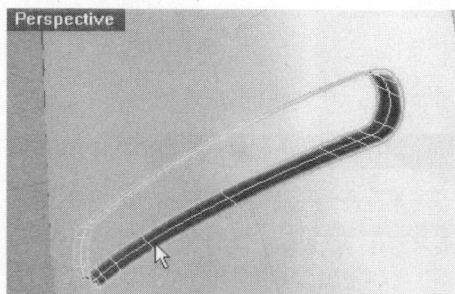
图5-343

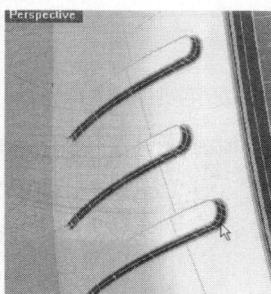
图5-344

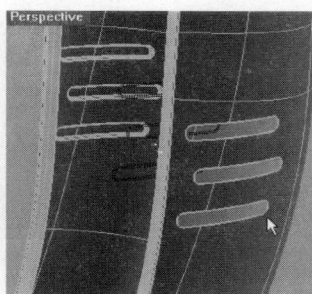
图5-345

⑪ 用实体方式显示做出来的效果如图5-347所示。

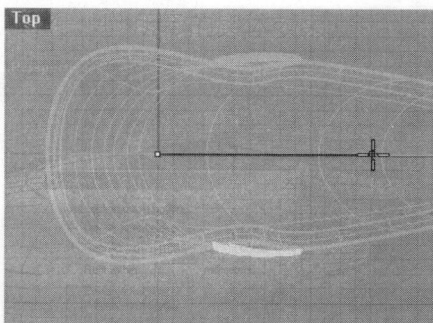
图5-346

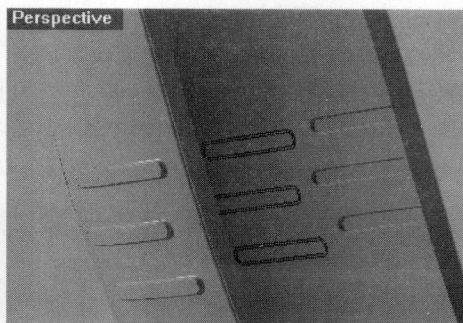
图5-347

Step 05 处理正面把手的椭圆形凸起

❶ 下面处理把手右边按钮部分的细节。在右视图上画出如图5-348所示的两个圆形。先处理上面的按钮，将画出的圆形向内用二维缩放工具（▦）向内缩小并复制一个圆形，得到如图5-349所示的圆形。

❷ 用两条圆形对下面的面进行剪切，得到如图5-350所示的效果。同时把两个面的边缘向内拉伸，拉伸出如图5-351所示的曲面。

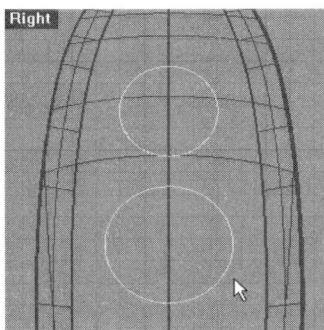 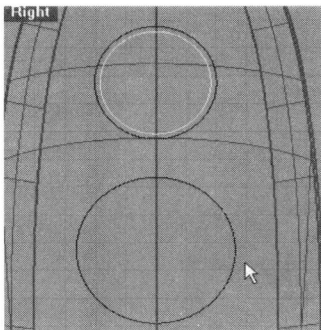

图 5-348　　　　　　　　　　图 5-349　　　　　　　　　图 5-350

❸ 先将外表面和拉伸曲面结合起来，做实体倒角（🔲）（图 5-352），得到如图 5-353 所示的倒角效果，然后对内部的两个面进行曲面倒角（🔲）。

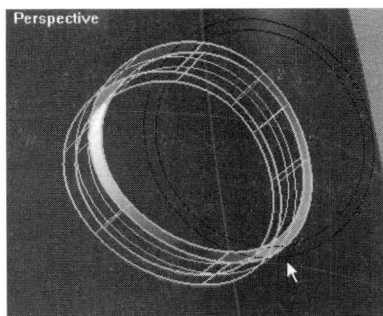 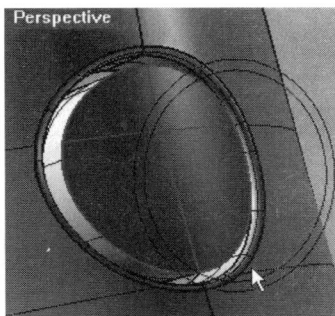 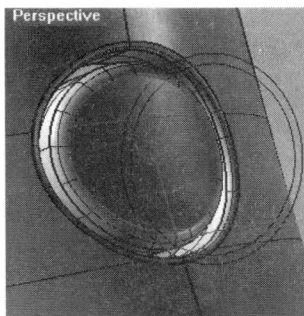

图 5-351　　　　　　　　　图 5-352　　　　　　　　　图 5-353

❹ 在右视图上画出如图 5-354 所示的一个逗号形状，然后用得到的形状对下面的面进行分离，如图 5-355 所示。

❺ 将分离出来的面进行缩小处理，并向外移动一定距离，如图 5-356 所示，对剪切出来的缝隙做面的融合操作，得到如图 5-357 所示的曲面效果。

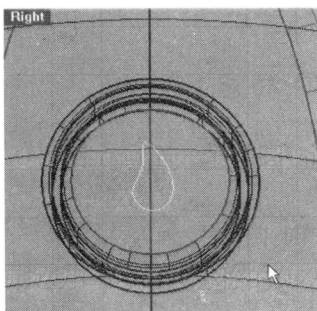

图 5-354

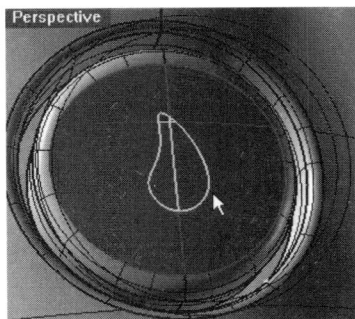 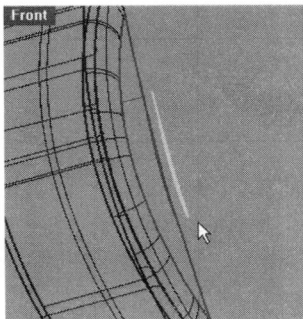 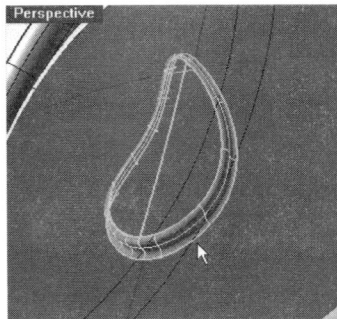

图 5-355　　　　　　　　　图 5-356　　　　　　　　　图 5-357

⑥ 把所有的线条放置到"线条"图层做隐藏，然后实体显示效果如图 5-358 所示。

⑦ 然后做下面的按钮，在右视图上如图 5-359 所示的位置，用大圆对把手右侧面进行切割，单击拉伸工具（▣），对剪切出来的面的边缘进行拉伸，如图 5-360 所示，注意命令栏上方向的设置和两边拉伸。

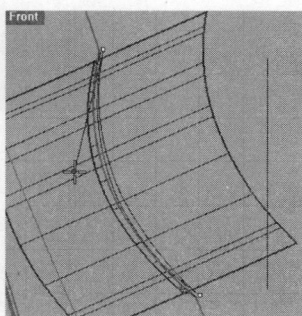

图 5-358	图 5-359	图 5-360

⑧ 将拉伸出来的曲面复制一份并隐藏，然后单击曲面倒角工具（◔），对表面和拉伸出来的面进行倒角，得到如图 5-361 所示的倒角效果，将隐藏的面显示出来，如图 5-362 所示。

⑨ 在侧面用两点和弧线工具（◝）画出如图 5-363 所示的一条曲线，利用这条直线向两边拉伸出一个面，如图 5-364 所示。

图 5-361	图 5-362	图 5-363

⑩ 单击相减布尔运算工具（◍），用把手右主体减去表面的辅助拉伸面，得到如图 5-365 所示的按钮表面效果，然后单击实体倒角工具（▣），对得到多边形实体进行倒角，得到如图 5-366 所示的效果。

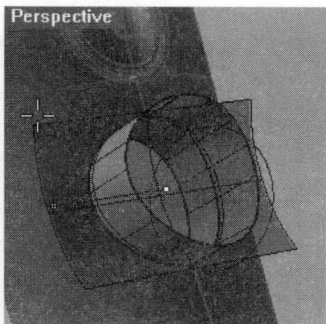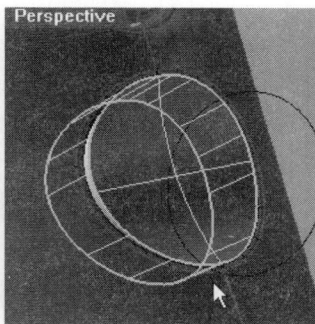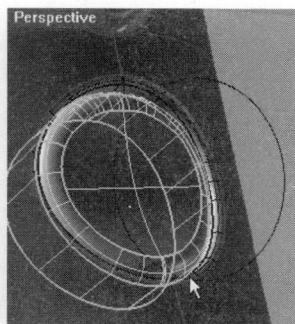

图 5-364	图 5-365	图 5-366

操作提示

注意拉伸辅助面的正反，如果面是反的，可以用正反面工具（▱）反过来，如果下面拉伸出来的面是分开的，必须借助面的结合工具（🢅）把两个面结合成一个单独面才能够进行布尔运算操作。

⑪ 在如图 5-367 所示的位置画出一个圆形，再向内画出一个同心圆，如图 5-368 所示。

⑫ 用外面的大圆对下面进行剪切，如图 5-369 所示，然后单击两点和弧度画线工具（🖊），在如图 5-370 所示的位置圆的两个四分之一点画出一条弧线。

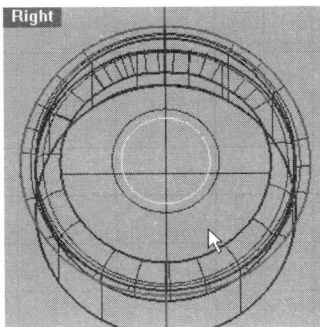

图 5-367

图 5-368

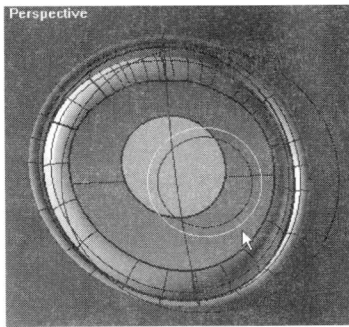

图 5-369

⑬ 将得到的线条用旋转建面工具（🍖）进行旋转建面操作，得到如图 5-371 所示的面，然后将得到的旋转面移动到如图 5-372 所示的位置，注意调整上下的位置。

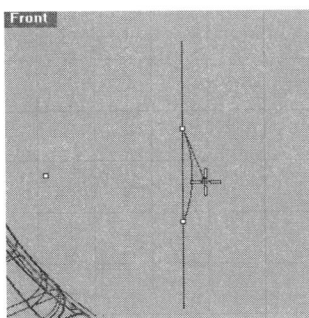

图 5-370

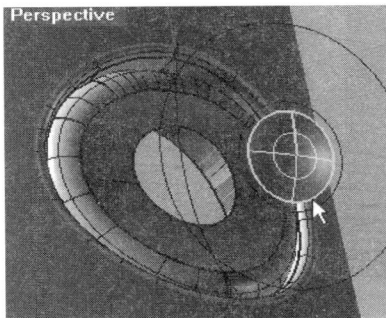

图 5-371

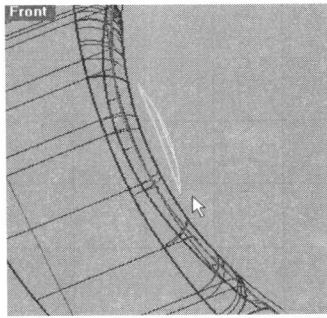

图 5-372

⑭ 用曲面融合工具（🢅）对边缘进行融合处理，得到如图 5-373 所示的效果。把线条全部选中放置到"线条"图层隐藏，然后把所有得到的按钮放置到"把手右"图层上，得到如图 5-374 所示的效果。

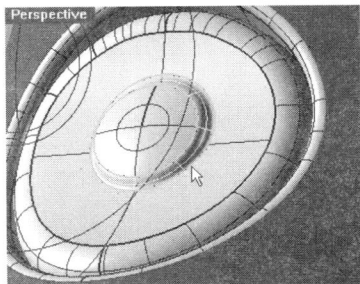

图 5-373

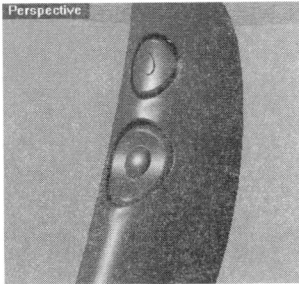

图 5-374

Step 06 正面凹陷处理

接下来处理这个把手右的表面凹凸，即如图 5-375 所示的效果。

❶ 先在如图 5-376 所示的位置画出一个矩形，然后单击阵列命令，如图 5-377 所示。

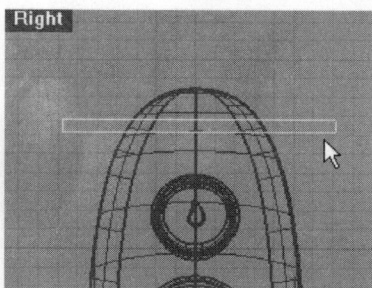

图 5-375　　　　　　图 5-376　　　　　　　　　　　　　图 5-377

❷ 向下做阵列操作，如图 5-378 所示，然后把余下的尾部的两条复制出来，如图 5-379 所示。

❸ 单击复制边缘工具（ ），复制如图 5-380 所示的线条。在顶视图上将复制出来的线条进行单项缩放（ ），得到如图 5-381 所示的效果。

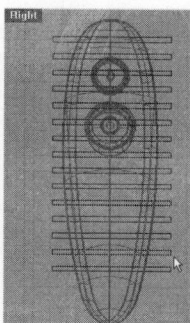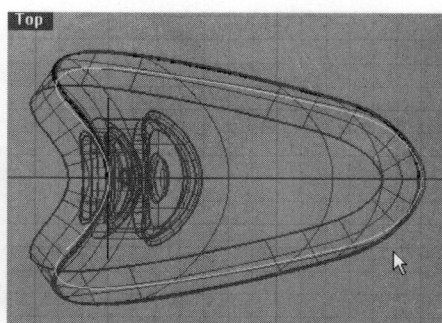

图 5-378　　　　　　图 5-379　　　　　　图 5-380　　　　　　图 5-381

❹ 回到右视图上，根据表面凹凸的形状，在如图 5-382 所示的位置画出两个圆，用投影的外围线条对阵列的线条进行剪切，得到如图 5-383 所示的效果。

❺ 再次利用本身的阵列线条和两个圆形进行相互剪切，得到如图 5-384 所示的线条效果，此时的线条效果如图 5-385 所示。

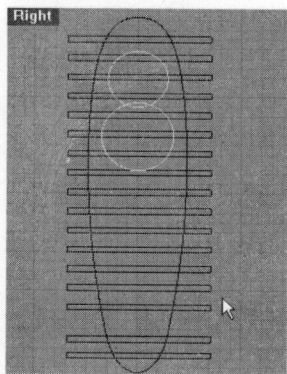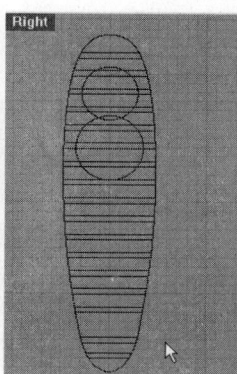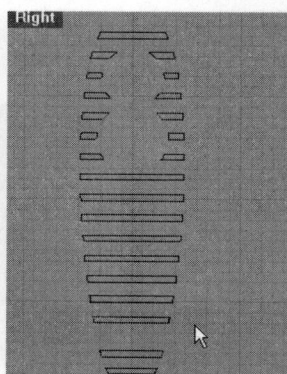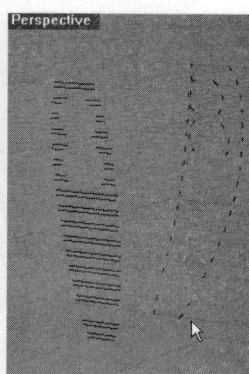

图 5-382　　　　　　图 5-383　　　　　　图 5-384　　　　　　图 5-385

经验分享

如何把所有线条的点放置到同一个坐标平面上？

需要把所有的线条放置到一个平面上，单击如图 5-386 所示的坐标点对齐工具。

全选所有的线条，按 F10 键，然后框选所有的点，单击右键以后，选择以 X 轴为方向进行对齐，如图 5-387 所示，得到如图 5-388 所示的线条效果。

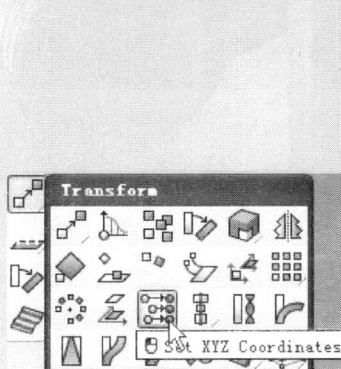

图 5-386

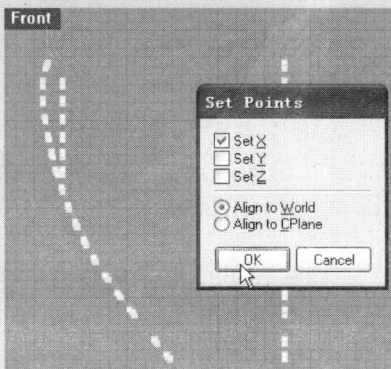

图 5-387

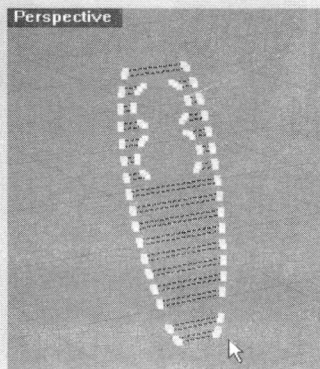

图 5-388

❻ 取消点的选择，单击线条倒角工具（🖌），对如图 5-389 所示的线条进行倒角，注意命令栏上的设置，一个是数值要设置小一些，另一个是结合（Join）要单击为 Yes（是）。

❼ 用同样的方法把所有的线条都倒角并结合起来，如图 5-390 所示，然后将所有的线条全部选中，用分离工具对把手右进行面的分离操作，得到如图 5-391 所示的效果。在前视图上向左移动一定距离，如图 5-392 所示。

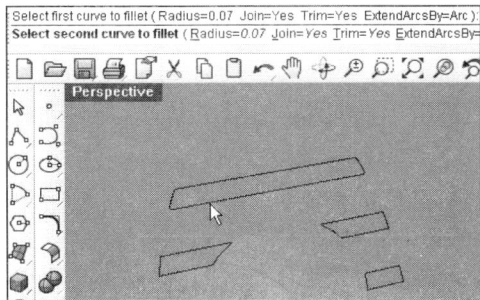

图 5-389

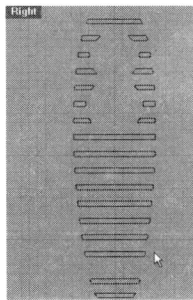

图 5-390

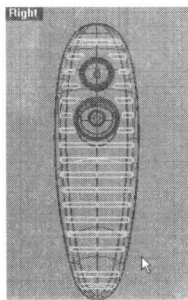

图 5-391

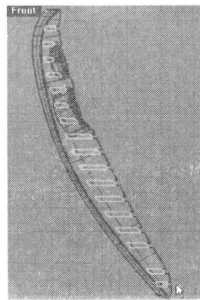

图 5-392

❽ 单击如图 5-393 所示的 Loft（放样）工具，在如图 5-394 所示的位置单击移动后的面的边缘，进行放样操作。

❾ 单击面倒角工具（🖌），对表面和放样出来的面进行倒角处理，如图 5-395 所示。

❿ 用同样的方法，对其他的凹陷处做处理，得到如图 5-396 所示的效果。

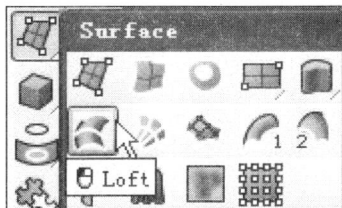

图 5-393

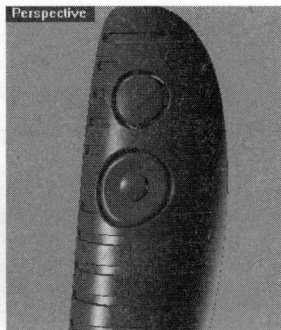

图 5-394　　　　　　　　　图 5-395　　　　　　　　图 5-396

5.2.2　顶部细节处理

接下来处理把手顶部细节，即如图 5-397 所示的位置。这个部分相对来说比较简单，只是在表面进行凹凸的处理，下面简单介绍一下。

图 5-397

Step 01　顶部基本形状建模

❶ 将其他图层隐藏，只显示把手顶部的面，如图 5-398 所示。

❷ 在顶视图上画出如图 5-399 所示的一个椭圆形，按 F10 键进行点调整，删除两边的端点，如图 5-400 所示。

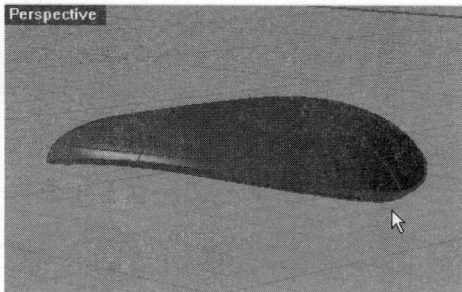

图 5-398

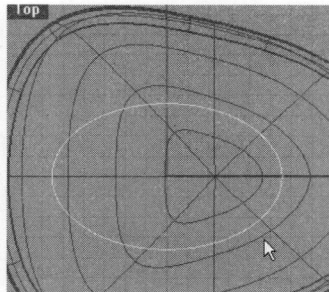

图 5-399

❸ 调整后的形状如图 5-401 所示，利用画出的线对下面的面进行剪切，如图 5-402 所示。

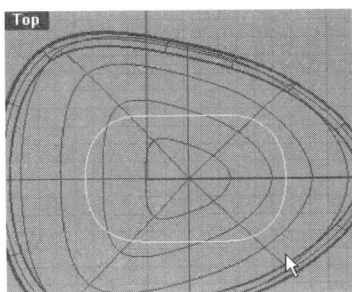
图 5-400

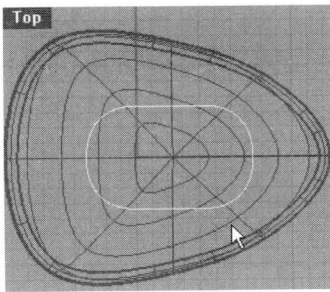
图 5-401

图 5-402

❹ 在如图 5-403 所示的位置画出一条小曲线，用得到的线条和下面曲面的边缘线做匹配（用线匹配工具 ），调整后的形状如图 5-404 所示。

❺ 单击单轨放样工具（ ），用切口的边缘线作为轨道，画出的小曲线作为截面线，做出如图 5-405 所示的曲面。单击提取 Iso 线工具（ ），对表面的线进行提取，得到如图 5-406 所示的一条线。

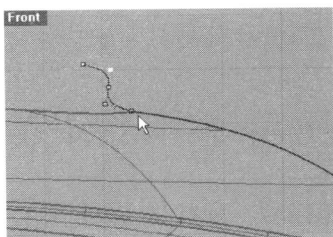
图 5-403

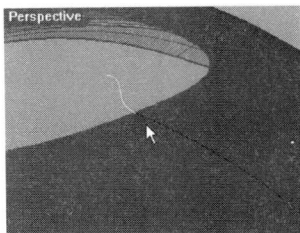
图 5-404

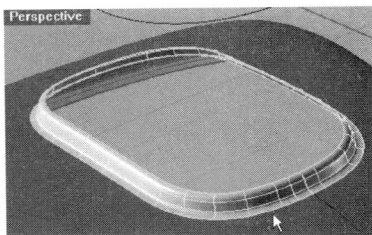
图 5-405

❻ 把得到的线条向上移动，并进行宽度和位置的调整，如图 5-407 所示，同样将前面用来剪切用的曲线进行宽度的调整，如图 5-408 所示。

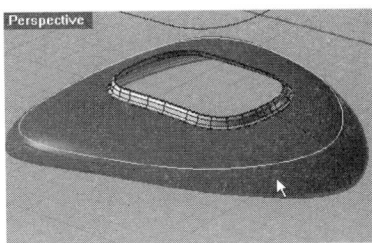
图 5-406

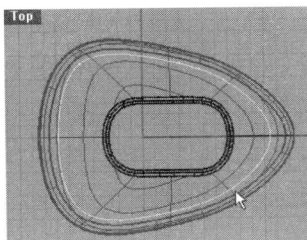
图 5-407

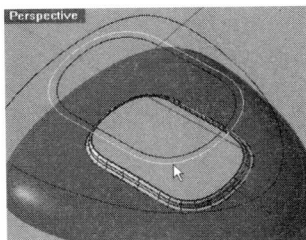
图 5-408

❼ 在如图 5-409 所示的位置画出一条直线用来做切割用，用得到的线条对前面的线条进行剪切，得到如图 5-410 所示的线条。

❽ 按 F10 键切换到点编辑状态，在前视图上全选所有的点，然后单击设定 XYZ 坐标对齐工具（ ），做如图 5-411 所示的 Y 轴方向对齐。

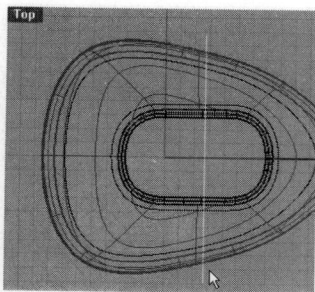
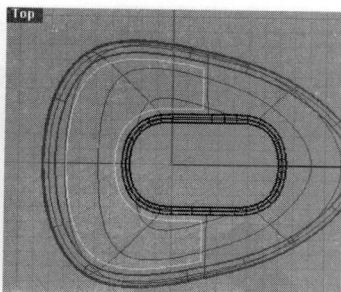
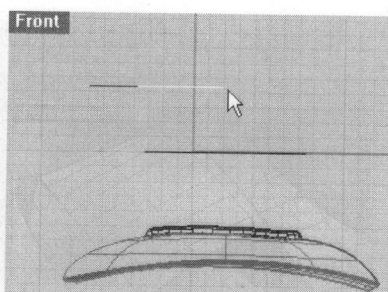

图 5-409   图 5-410   图 5-411

❾ 单击线倒角工具（🔧），对所对齐后的线条进行倒角，得到如图 5-412 所示的封闭线条效果。用得到的线条对下面的表面进行分离操作，得到如图 5-413 所示的分离面效果。

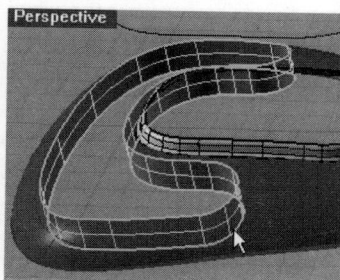
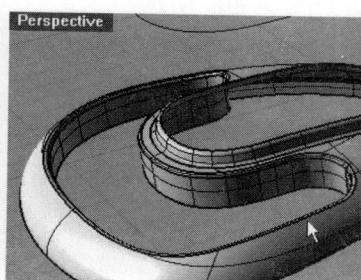

图 5-412   图 5-413

❿ 用同样的方法来进行曲面的缝隙操作，把分离出来的面隐藏，然后用拉伸工具（📦）对边缘进行拉伸，得到如图 5-414 所示的曲面效果。将拉伸出来的曲面复制一份并隐藏，然后做面倒角，得到如图 5-415 所示的倒角效果。

⓫ 将隐藏的上表面和拉伸面显示出来，然后做倒角，得到如图 5-416 所示的倒角效果。

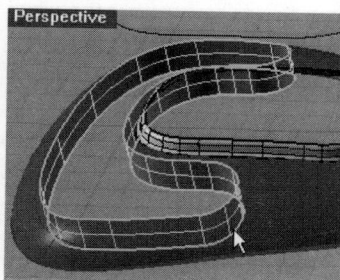
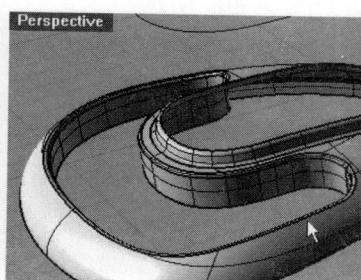
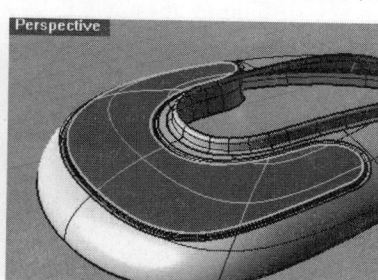

图 5-414   图 5-415   图 5-416

Step 02　圆形凹陷处理

❶ 在顶视图上如图 5-417 所示的位置画出一个圆形，用得到的圆形进行实体拉伸，拉出一个实体圆管，如图 5-418 所示。

❷ 单击镜像复制工具（🔩），将拉伸出来的圆管实体进行以 X 轴为中心的镜像复制，得到如图 5-419 和图 5-420 所示的效果。

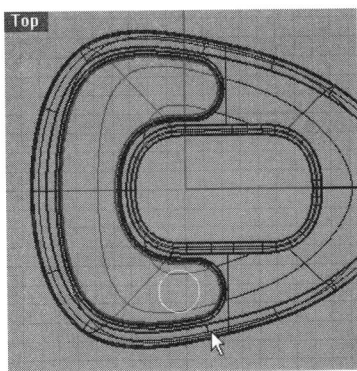

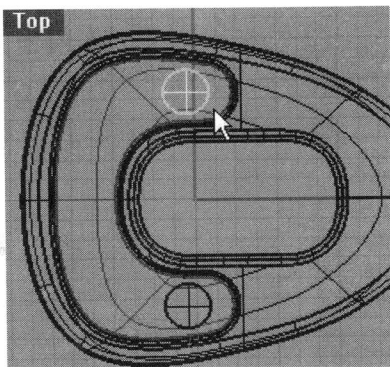

图 5-417　　　　　　　　图 5-418　　　　　　　　图 5-419

❸ 单击相减布尔运算工具（ ），用下面分离出来的面减去拉伸出来的圆管实体，得到如图 5-421 所示的效果，然后对剪出来的边缘进行实体倒角（ ），如图 5-422 所示。

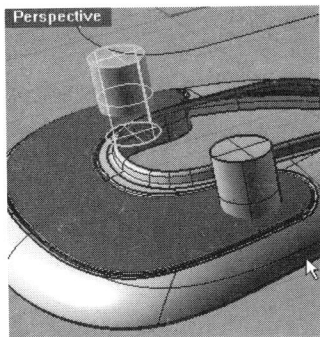

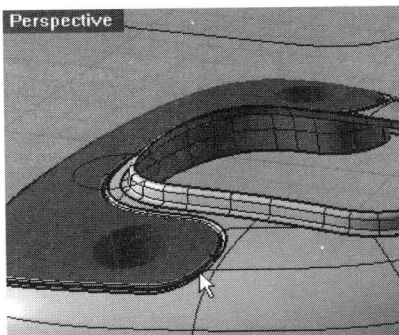

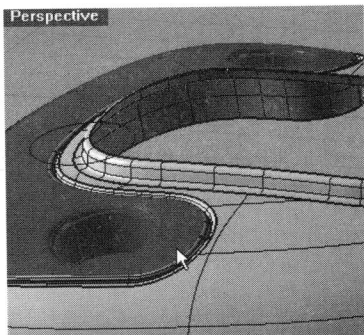

图 5-420　　　　　　　　图 5-421　　　　　　　　图 5-422

Step 03 圆柱形凸起建模

❶ 在顶视图上如图 5-423 所示的位置画出一个圆形，然后在前视图上放置到如图 5-424 所示的位置。

❷ 将这个圆向上复制一条并缩小，如图 5-425 所示，用画曲线工具（ ）捕捉上下两个圆的四分之一点，画出如图 5-426 所示的一条曲线。

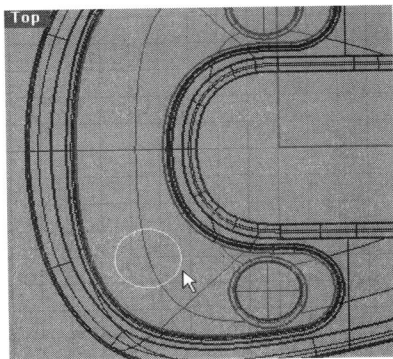

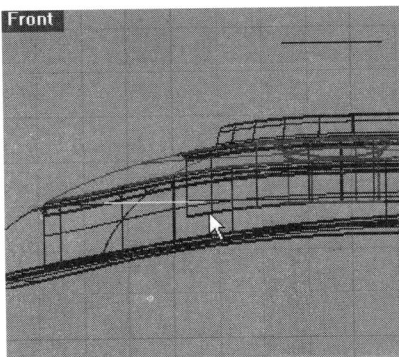

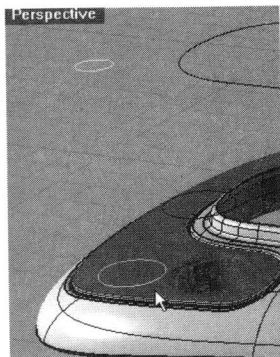

图 5-423　　　　　　　　图 5-424　　　　　　　　图 5-425

③ 将所画出的曲线向另外一边镜像复制一条,如图 5-427 所示,单击双轨放样工具(⌒),以两边曲线为轨道,上下两个圆形为截面线,画出如图 5-428 所示的一个曲面。

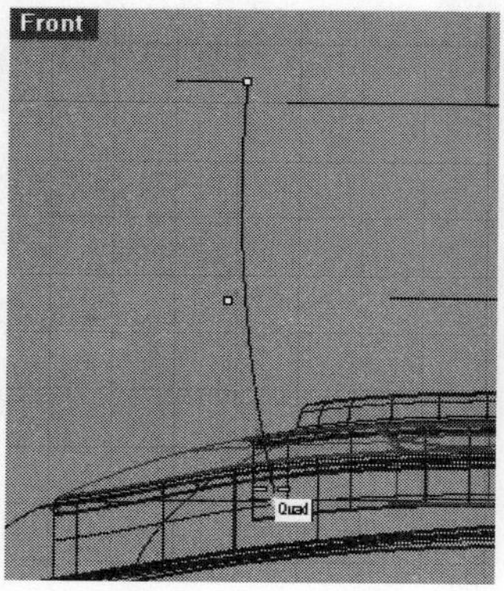

图 5-426 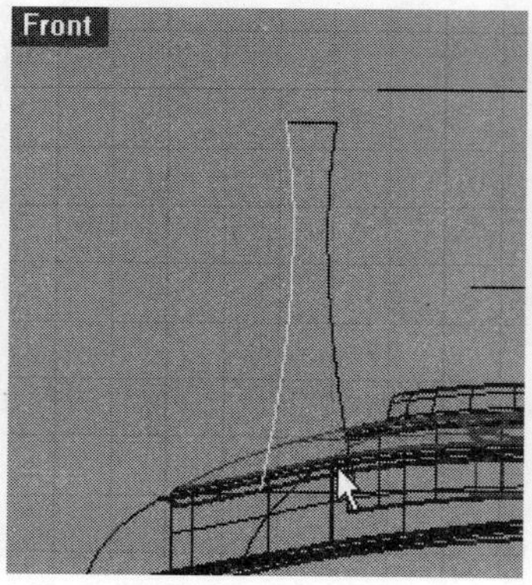 图 5-427 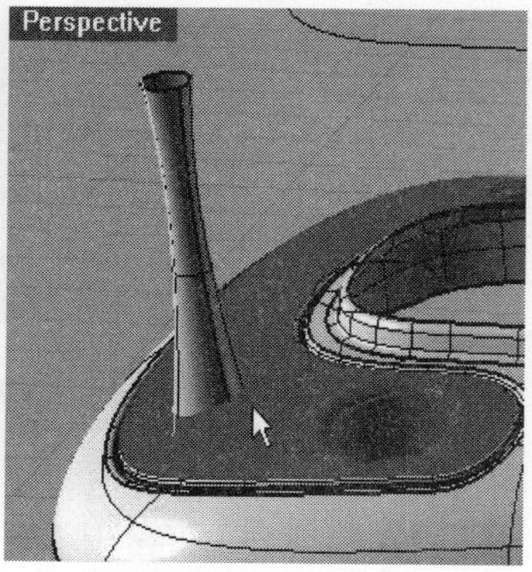 图 5-428

④ 单击面倒角工具 (🖐),对双轨曲面和下表面进行倒角,注意设置的倒角值要稍大一些,得到如图 5-429 所示的效果。然后单击曲面偏移复制工具,如图 5-430 所示。

⑤ 对上面管状的双轨曲面进行偏移复制,得到如图 5-431 所示的曲面效果,用曲面融合工具 (🖐),对内外两个曲面进行融合,如图 5-432 所示,得到如图 5-433 所示的效果,将得到的管状支撑整体镜像复制到另外一边,如图 5-434 所示。

图 5-429 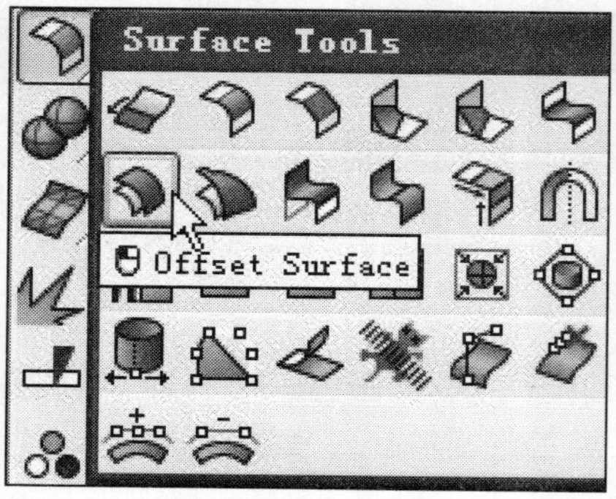 图 5-430 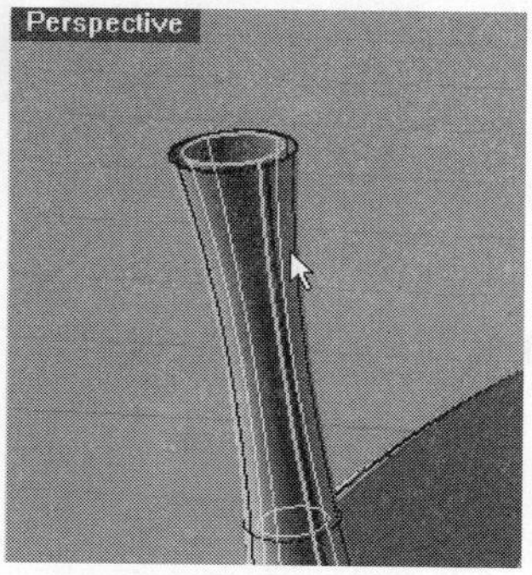 图 5-431

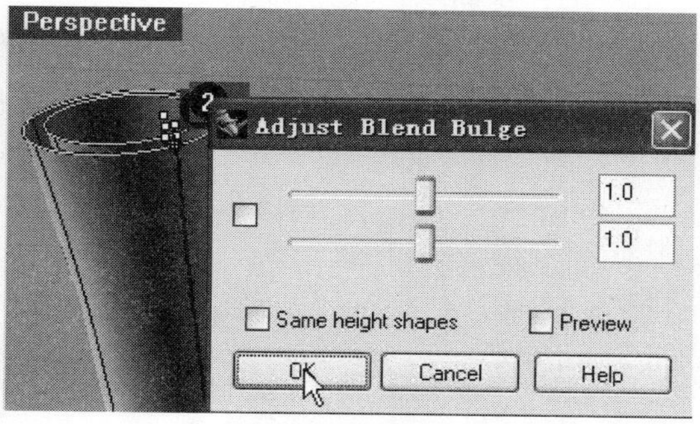

图 5-432 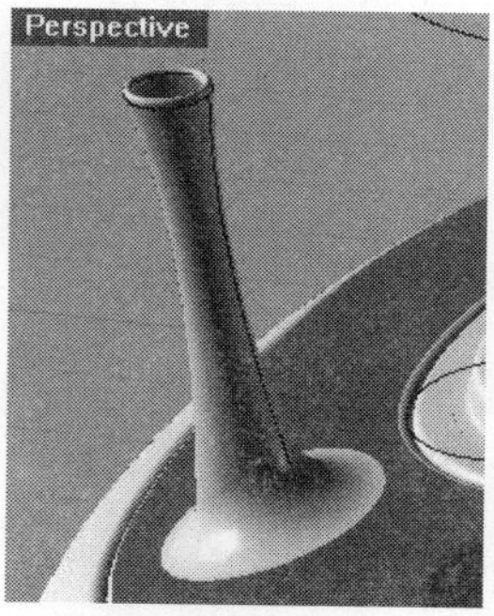 图 5-433

⑥ 用复制边缘工具 (◇) 复制出镜像复制过来的支撑下边缘,并将下面的倒角隐藏,如图 5-435 所示。用复制出来的边缘将下表面剪切,得到如图 5-436 所示的效果。

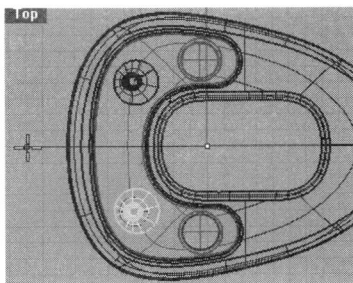

图 5-434

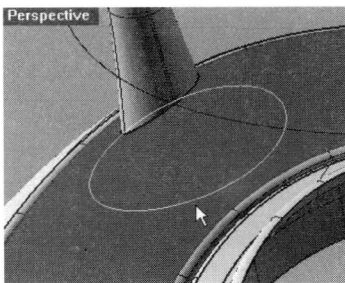

图 5-435

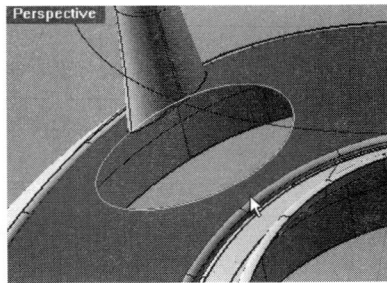

图 5-436

⑦ 将隐藏面显示出来，如图 5-437 所示。

⑧ 将所有的线条放置到"线条"图层隐藏，然后将所有该图层的曲面都放置到"把手上"图层上，用实体显示所有图层，得到如图 5-438 所示的效果。

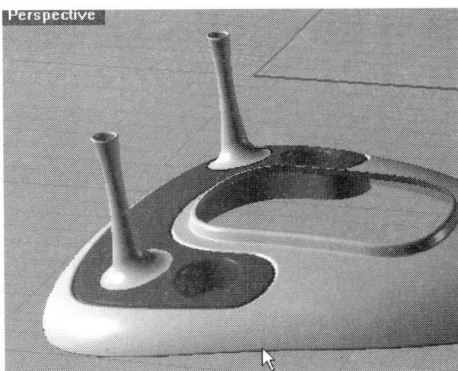

图 5-437

图 5-438

Step 04 封闭表面

❶ 对顶部切开的洞口进行封闭操作，单击如图 5-439 所示的打断边缘工具。在对应的两个端点打断成两个端点，然后单击 2，3，4 条边建面工具，如图 5-440 所示。

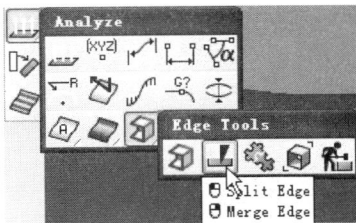

图 5-439

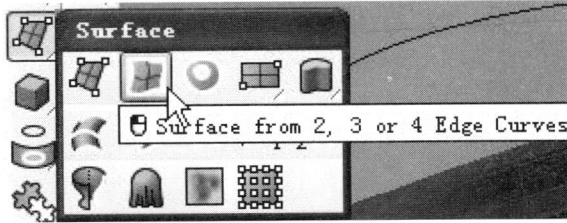

图 5-440

❷ 做出如图 5-441 所示的封口面。将得到的面向下移动一定距离，如图 5-442 所示。

❸ 单击曲面放样工具，对拉动后形成的边缘线进行放样，得到如图 5-443 所示的面。

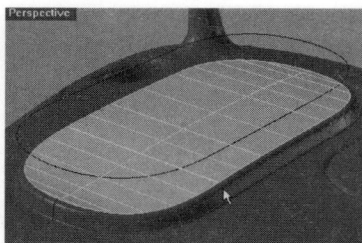

图 5-441　　　　　　　图 5-442　　　　　　　图 5-443

❹ 接着做倒角，得到如图 5-444 所示的效果，然后将下面的面向上移动并复制一个，注意略高于原表面，如图 5-445 所示。

❺ 同样对得到的曲面的边缘做面拉伸，然后结合并做实体倒角（⬢），如图 5-446 和图 5-447 所示。

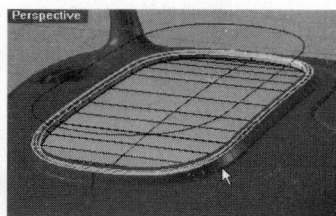

图 5-444

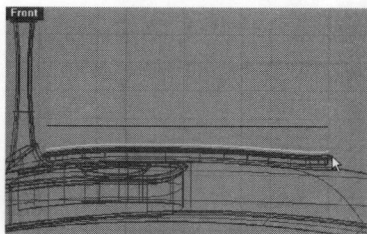
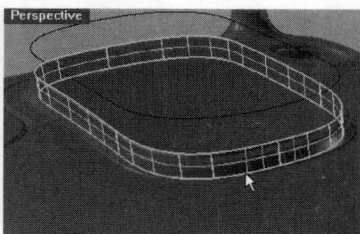
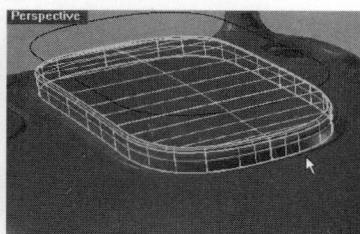

图 5-445　　　　　　　图 5-446　　　　　　　图 5-447

Step 05　中间连接部分处理

❶ 下面做中间的连接件部分。在顶视图上画出一个圆形，如图 5-448 所示，将得到的圆形移动到如图 5-449 所示的位置并向下拉伸，注意加盖（Cap）。

❷ 用得到的拉伸实体对下面的经过倒角的表面做相减布尔运算（⬤），注意在布尔运算之前对这个表面复制一份并隐藏，经过剪除后得到如图 5-450 所示的效果，把得到的圆柱体进行实体倒角，得到如图 5-451 所示的效果。

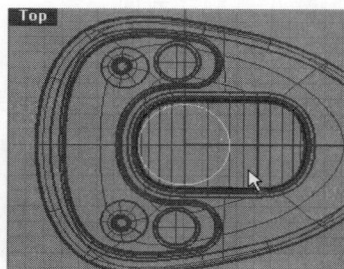

图 5-448

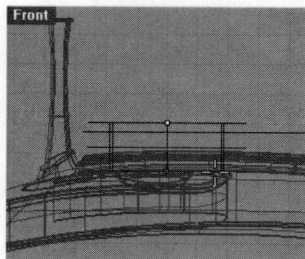
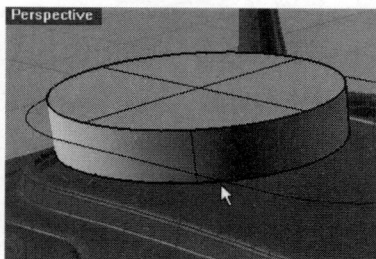
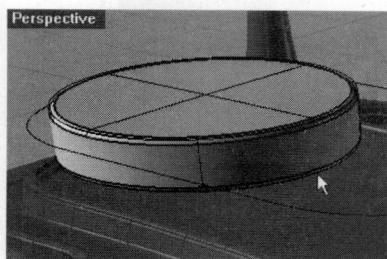

图 5-449　　　　　　　图 5-450　　　　　　　图 5-451

③ 将隐藏的下表面显示出来，如图 5-452 所示。

④ 在顶视图上如图 5-453 所示的位置画出一个圆形，用曲面拉伸工具进行拉伸，如图 5-454 所示。

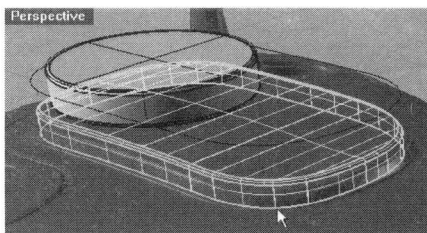 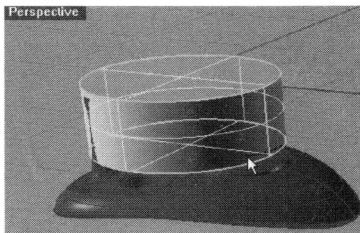

图 5-452　　　　　　　　　图 5-453　　　　　　　　　图 5-454

5.2.3　刀口部分处理

建出来的这个圆柱体用来做刀口下面的托架，要做好托架，必须要对上面的圆形刀口进行建模操作，所以接下来对剃须刀刀口的形状进行绘制，即如图 5-455 所示的 3 个圆形刀口。

图 5-455

Step 01　3 个刀口基座建模

① 单击画圆工具（ ），在坐标原点处画出一个圆形，如图 5-456 所示，向右移动一定距离，保持大致以原点为中心，如图 5-457 所示。

② 单击旋转工具（ ），在命令栏上单击 Copy（复制）选项，如图 5-458 所示。

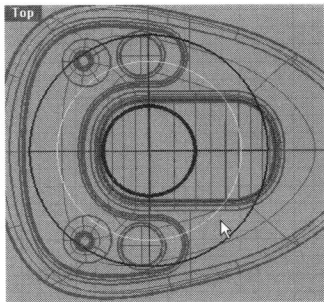 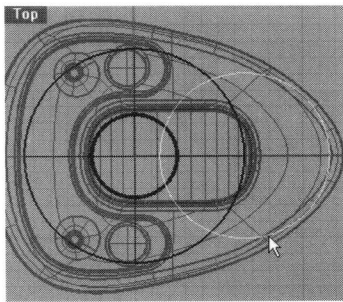 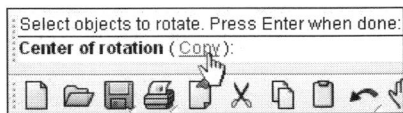

图 5-456　　　　　　　　　图 5-457　　　　　　　　　图 5-458

❸ 以坐标原点为中心，设置角度为 120°和 240°，复制出如图 5-459 所示的两个圆形。

❹ 将得到的 3 个圆形向上移动一点距离，超出前面拉伸出来做辅助的圆柱体，如图 5-460 所示，然后把 3 个圆形线条向下拉伸，注意加盖（Cap），得到如图 5-461 所示的实体效果。

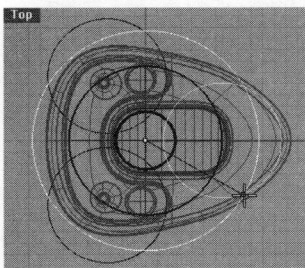
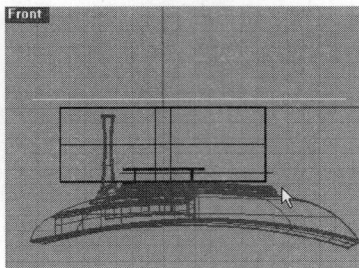
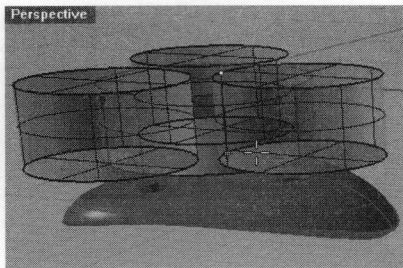

图 5-459   图 5-460   图 5-461

❺ 选择下面的圆柱体辅助实体，单击相减布尔运算工具（），减去上面的拉伸出来的 3 个圆柱形实体，得到如图 5-462 所示的托架效果，为了对托架做进一步的处理，将剪出来的托架选中，选择反选隐藏工具（），将其他部分隐藏，只显示托架部分，如图 5-463 所示。

❻ 单击两点和弧度画曲线工具（），捕捉剪切出来的两个端点画出一条曲线，如图 5-464 所示，然后将得到的线条调整位置，放置到如图 5-465 所示的位置，注意对称。

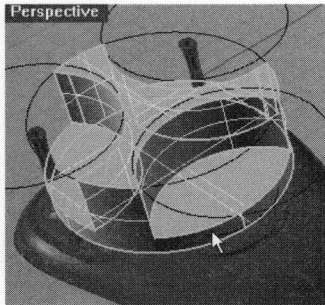
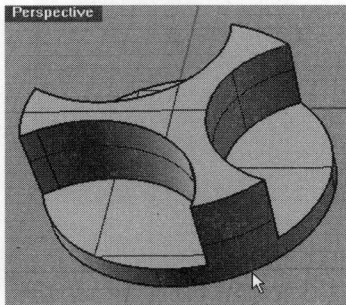
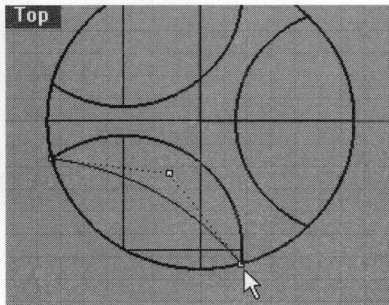

图 5-462   图 5-463   图 5-464

❼ 单击旋转工具（），结合命令栏上的 Copy（复制）选项，捕捉圆形的中心，也就是坐标原点，以 120°和 240°做竖直旋转复制，得到如图 5-466 所示的 3 条线，用得到的 3 条线进行拉伸，得到如图 5-467 所示的拉伸曲面效果。

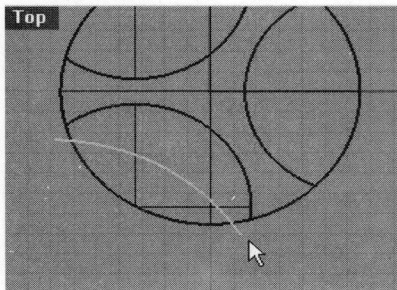
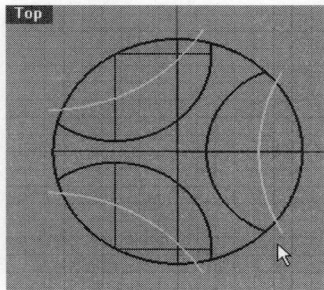
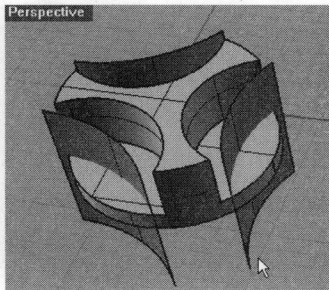

图 5-465   图 5-466   图 5-467

⑧ 单击相减布尔运算工具（ ），用主体对 3 个拉伸曲面进行剪除操作，得到如图 5-468 所示的效果，然后做实体倒角，得到如图 5-469 所示的效果。

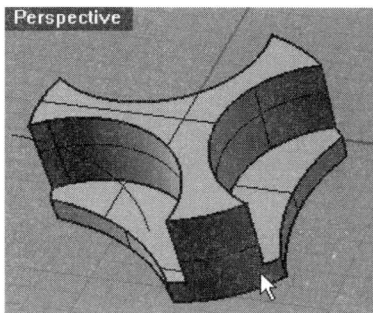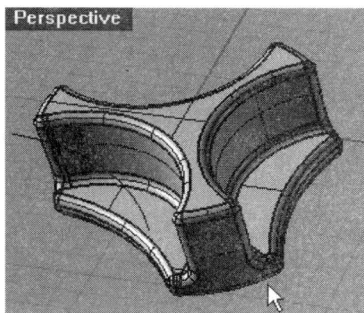

图 5-468   图 5-469

Step 02 圆形刀口基本形状建模

❶ 将隐藏的 3 个圆形显示出来，重新向下移动，如图 5-470 所示。

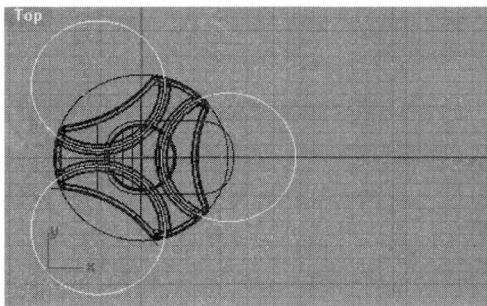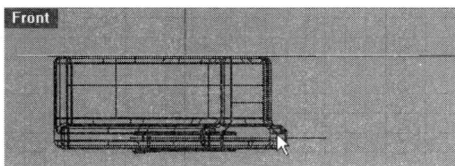

图 5-470

❷ 重新进行拉伸，注意加上盖子，得到如图 5-471 所示的 3 个圆柱体。

❸ 重新对 3 个圆柱体进行倒角，注意上表面的倒角值相对较小，下面的值较大，得到如图 5-472 所示的倒角效果。

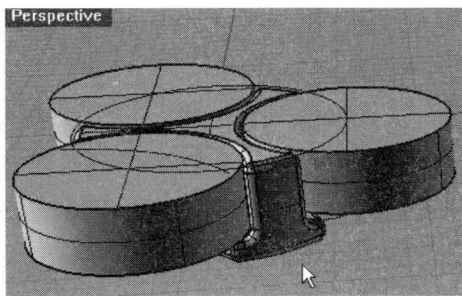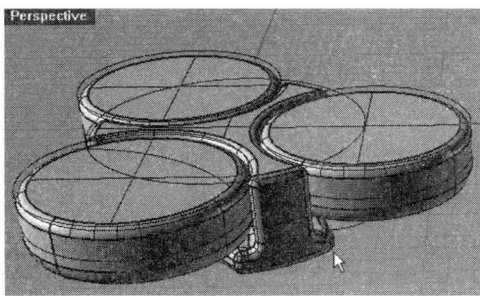

图 5-471   图 5-472

❹ 下面对圆柱形的刀口进行建模操作，先选一个来做，其他两个可以直接复制这个，如图 5-473 所示将其他部分隐藏，只显示一个圆柱，然后进行打散操作（ ）。最后将顶部平面和倒角面隐藏，如图 5-474 所示。

❺ 单击平面建面工具（ ），将口子封闭，得到如图 5-475 所示的曲面效果，将得到的

曲面复制一份并隐藏，然后将这个曲面和圆柱面结合，接着做实体倒角，得到如图 5-476 所示的效果。

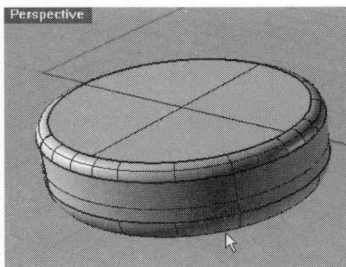

图 5-473

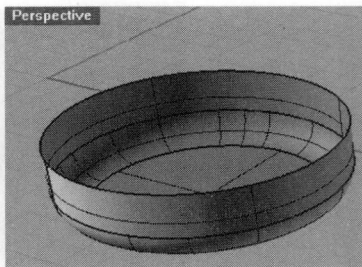

图 5-474

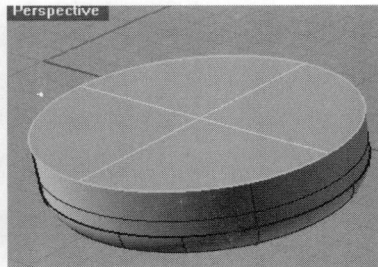

图 5-475

⑥ 将下面部分隐藏，保留上半部分，同样做倒角，得到如图 3-477 所示的效果，用这样的方法做出下面的缝隙，得到如图 5-478 所示的效果。

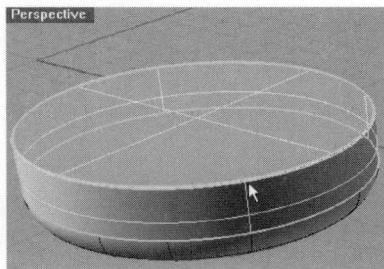

图 5-476

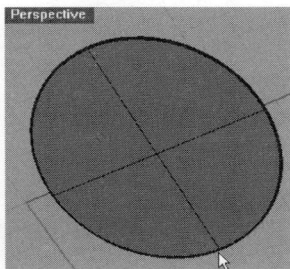

图 5-477

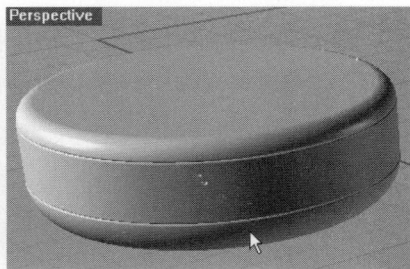

图 5-478

⑦ 在顶部画出两个同心圆，如图 5-479 所示，将得到的同心圆向下拉伸，注意加盖，得到如图 5-480 所示的辅助拉伸实体。

⑧ 单击相减布尔运算工具（ ），用上半部分减去辅助拉伸实体，得到如图 5-481 所示的效果。

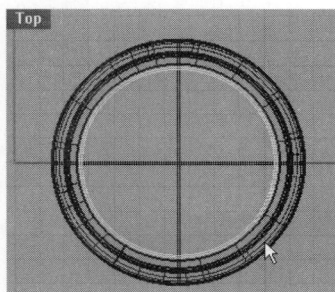

图 5-479

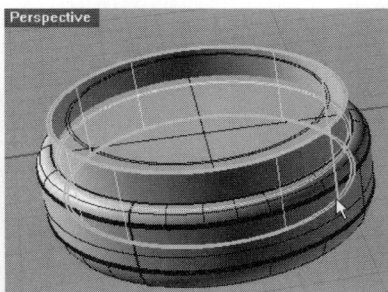

图 5-480

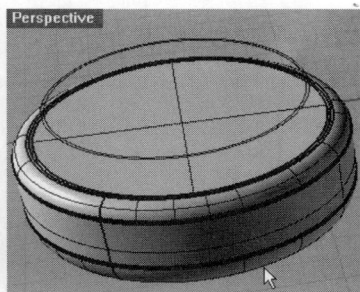

图 5-481

⑨ 单击如图 5-482 所示的从中心向两边画直线工具。

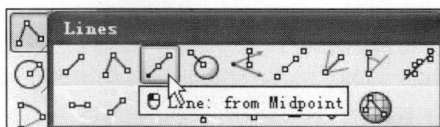

图 5-482

Step 13 圆形刀口细节处理

❶ 从圆形的中心向两边画出一条直线，注意角度大致 45°，得到如图 5-483 所示的效果，然后将得到的线条向右复制一条线条，将两端封闭，如图 5-484 所示。

❷ 将封闭好的线条 Join（结合）起来，并向下拉伸出一个实体，如图 5-485 所示，用分离出来的外圈实体减去拉伸出来的纵向扁实体，得到如图 5-486 所示的效果。

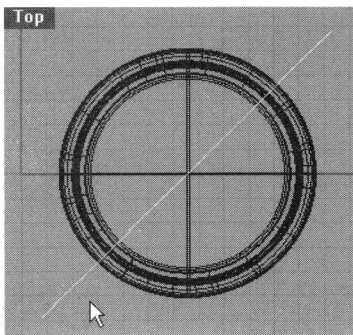

图 5-483

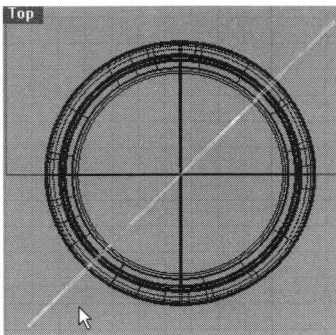

图 5-484

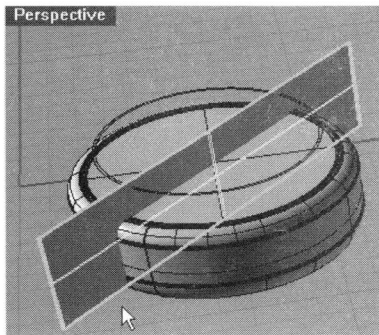

图 5-485

❸ 在如图 5-487 所示的顶视图上画出一个圆形，进行如图 5-488 所示的实体拉伸。

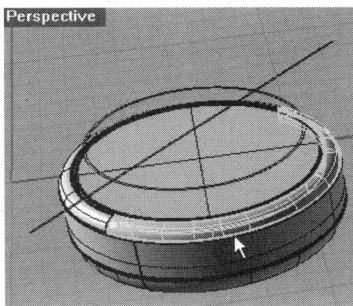

图 5-486

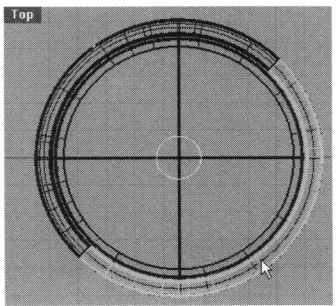

图 5-487

图 5-488

❹ 做相减布尔运算，得到如图 5-489 所示的孔，然后做倒角，得到如图 5-490 所示的效果。

❺ 同样画出两个同心圆，如图 5-491 所示，将得到的同心圆进行拉伸，注意加盖，得到如图 5-492 所示的效果。

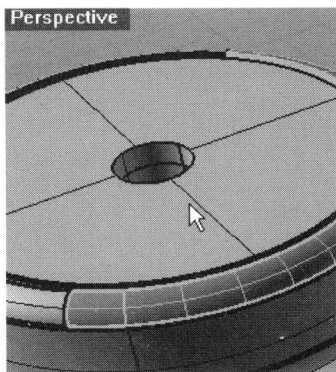

图 5-489

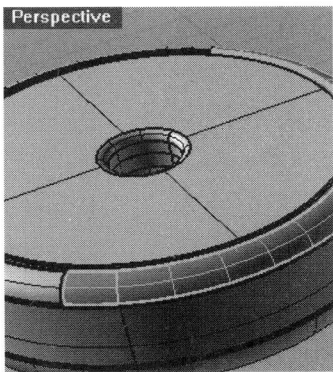

图 5-490

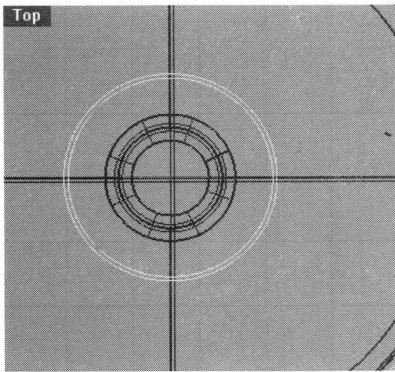

图 5-491

⑥ 再次做相减布尔运算，得到如图 5-493 所示的效果，然后做倒角，得到如图 5-494 所示的缝隙效果。

图 5-492

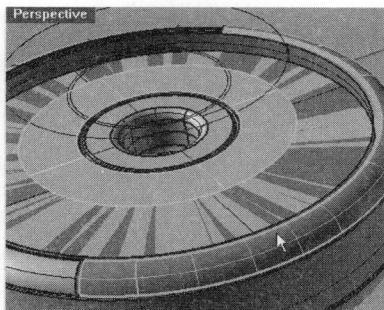
图 5-493

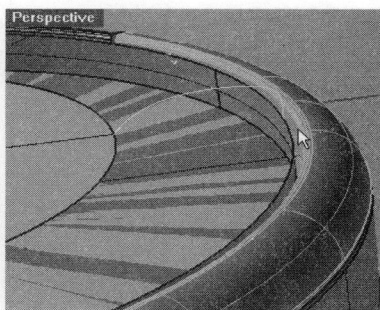
图 5-494

⑦ 画出一个圆形，如图 5-495 所示，将下面的实体打散，然后用画出的圆形对表面进行剪切，得到如图 5-496 所示的剪切效果。

⑧ 捕捉圆形 1/4 点画出一条曲线，如图 5-497 所示，调整形状如图 5-498 所示。

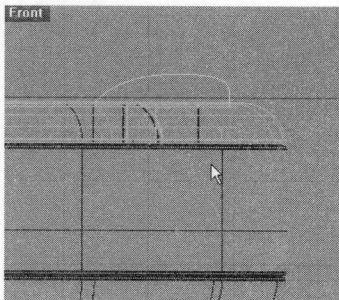
图 5-495

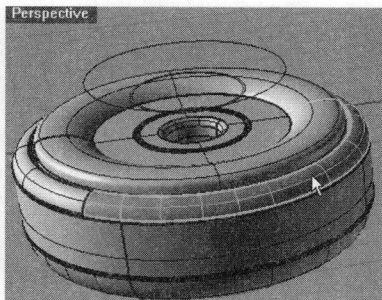
图 5-496

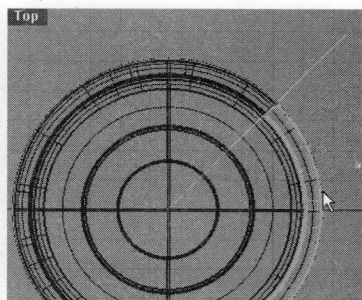
图 5-497

⑨ 用画出曲线进行旋转建面操作（🛠），利用圆形的中心为旋转中心，得到如图 5-499 所示的曲面效果。

⑩ 回到顶视图上，通过圆柱的圆心画出一条直线，如图 5-500 所示，再画出另外一条直线，如图 5-501 所示。

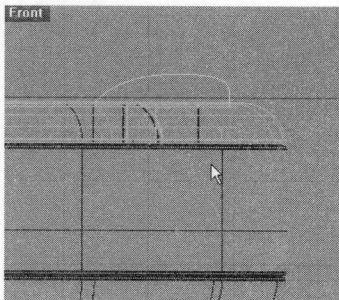
图 5-498

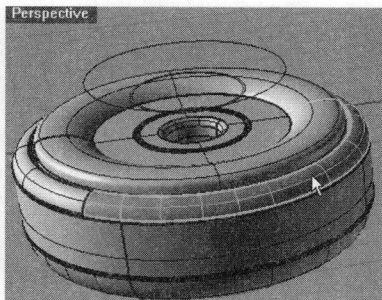
图 5-499

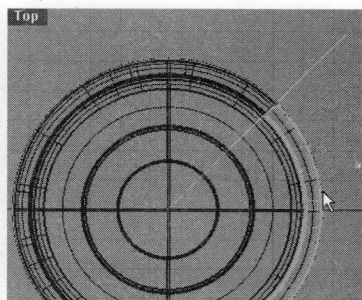
图 5-500

⑪ 将尾部用一条短直线封闭，然后在中心画出两个同心圆，如图 5-502 所示，用画出的线条和从中心画出的封闭三角线进行相互剪切，得到如图 5-503 所示的效果。

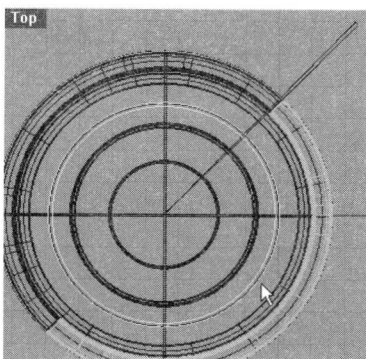
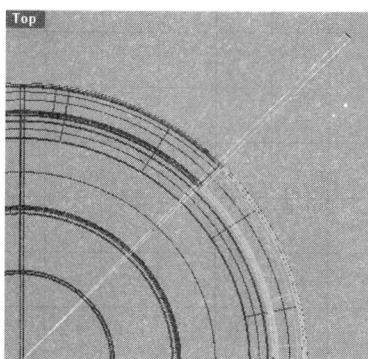

图 5-501　　　　　　　图 5-502　　　　　　　图 5-503

⑫ 做线条的倒角，同时设置为 Join（结合），倒角后得到如图 5-504 所示的线条效果，把得到的线条向下做拉伸做实体，注意加盖，如图 5-505 所示。

⑬ 在前视图上向上移动，移动到如图 5-506 所示的位置。

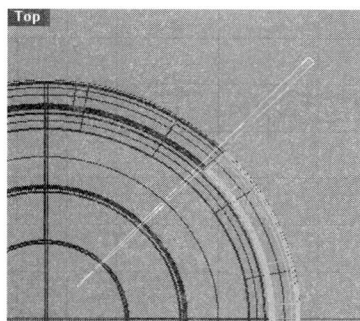
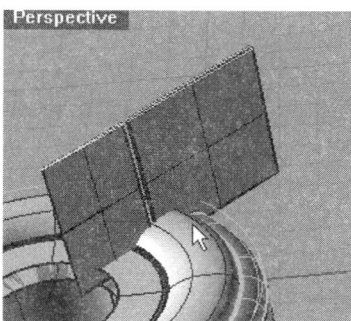
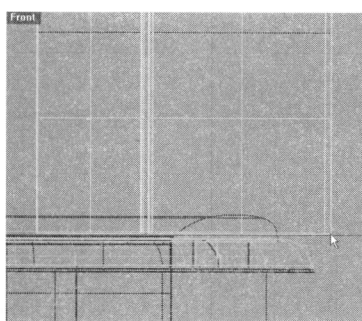

图 5-504　　　　　　　图 5-505　　　　　　　图 5-506

⑭ 单击旋转阵列工具，如图 5-507 所示。

⑮ 以圆心为阵列中心，进行旋转阵列，得到如图 5-508 所示的效果。单击相减的布尔运算工具（🔵），用下面的旋转面减去阵列出来的片状实体，得到如图 5-509 所示的效果。

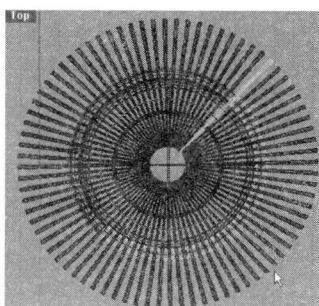
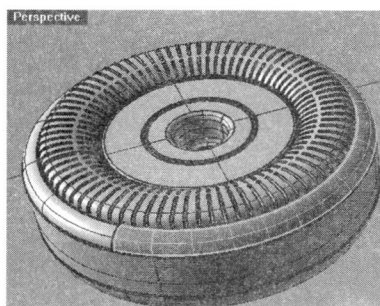

图 5-507　　　　　　　图 5-508　　　　　　　图 5-509

⑯ 将其他两个圆柱形刀口删除，如图 5-510 所示。

⑰ 选中整个建好的圆柱形刀口部分，单击旋转工具（🔲），设置坐标原点为中心，进行旋转复制（在命令栏上单击 Copy（复制）），分别输入 120° 和 240°，进行复制，得到如图 5-511 所示的效果。

⑱ 将所有复制出来的圆柱形刀口放置到新建的"刀口"图层，此时主体的建模告一段落，得到如图 5-512 所示的效果。

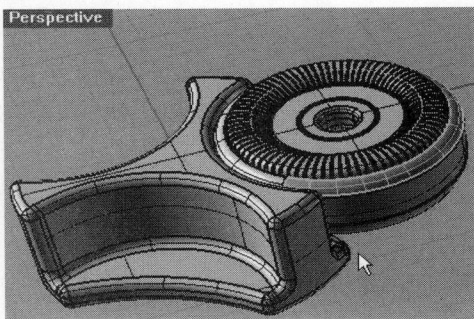
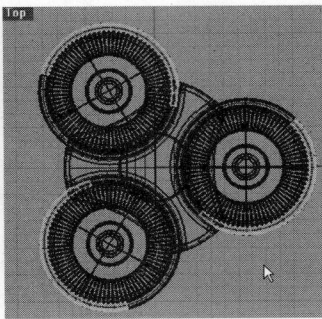

图 5-510　　　　　　　　　图 5-511　　　　　　　　　图 5-512

5.2.4　底座建模

这个部分是本例的最后一个部分，需要和前面所建模型配合，所以要依托主体的造型来做，同时要注意建模的方向，下面简单介绍一下。

Step 01　基座主体建模

❶ 接下来进行底座的建模。为了建模的方便，需要对前面所建的造型做整体的旋转，用旋转工具（🔲），以坐标轴原点为中心进行旋转，大致使整体旋转到竖直的角度，如图 5-513 所示，然后在如图 5-514 所示的前视图中画出一条小短直线，再向下复制一条，如图 5-515 所示。

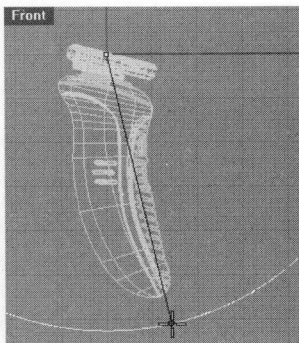
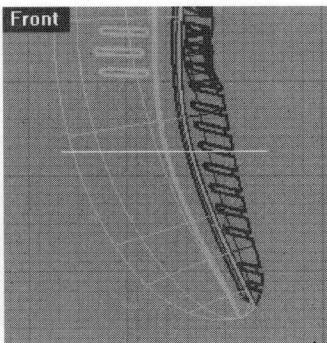
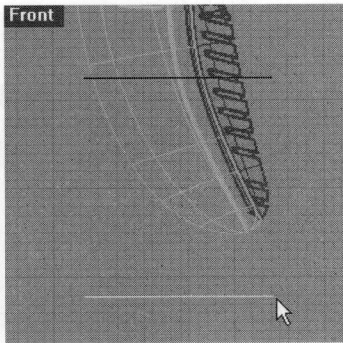

图 5-513　　　　　　　　　图 5-514　　　　　　　　　图 5-515

操作技巧

　　快速进行物体的复制，Rhino 4.0 中有技巧，比如在本例中，将要复制的这条直线向下拖动，拖动后按住键盘上的 Alt 键和 Shift 键，可以快速地向下复制一条小直线。

❷ 单击单向缩放工具（图标），对下面这条小短线进行拉宽操作，得到如图 5-516 所示的一条直线，捕捉上面直线的中点和两端，用两端画椭圆形的工具（图标），画出如图 5-517 所示的一个椭圆形。

❸ 用同样的捕捉方法在下面直线的中点画出一个圆形，如图 5-518 所示，然后捕捉椭圆形和圆形的 1/4 点画出一条作为侧面轮廓的曲线，如图 5-519 所示。

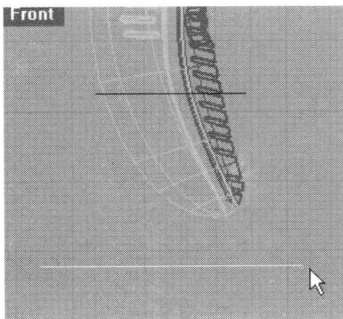
图 5-516

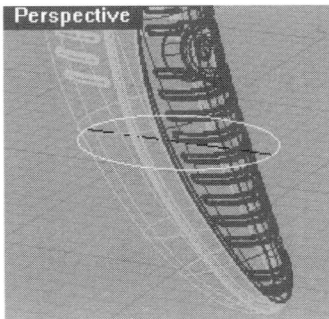
图 5-517

图 5-518

❹ 将得到的线条向另外一边对称镜像复制一条，得到如图 5-520 所示的线条效果，然后对左边的线条进行加点调节，线条效果如图 5-521 所示。

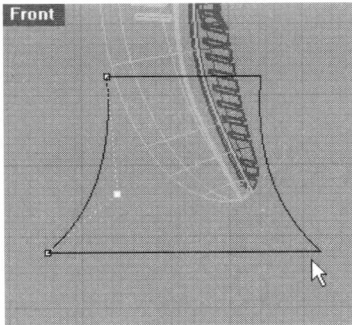
图 5-519

图 5-520

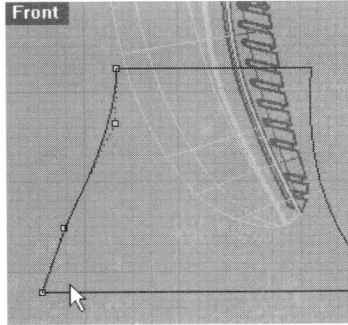
图 5-521

❺ 用双轨放样工具（图标）对画出的 4 条线进行双轨放样操作，得到如图 5-522 所示的曲面效果，用加盖工具（图标）将得到的曲面封口，如图 5-523 所示。用实体倒角工具对下边缘进行倒角处理，注意设置较大的数值，得到如图 5-524 所示的效果。

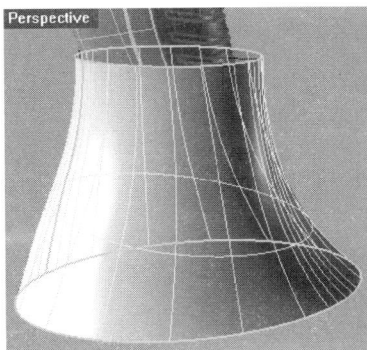
图 5-522

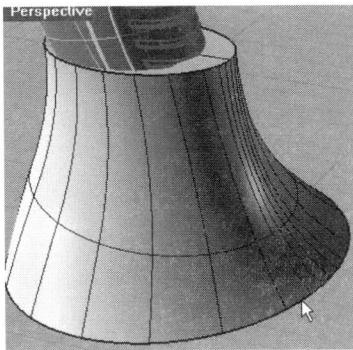
图 5-523

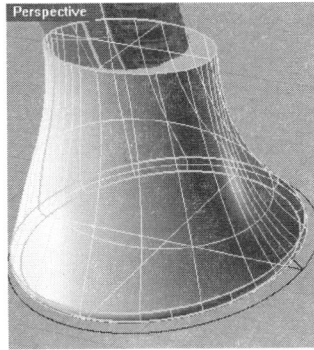
图 5-524

347

Step 02 做切割处理

① 在前视图上如图 5-525 的位置画出一条准备用来剪切的线条，把线条移动到模型外然后做拉伸，如图 5-526 所示。单击相减布尔运算工具，用下面基座主体减去上面的用来做辅助的剪切面，得到如图 5-527 所示的效果。

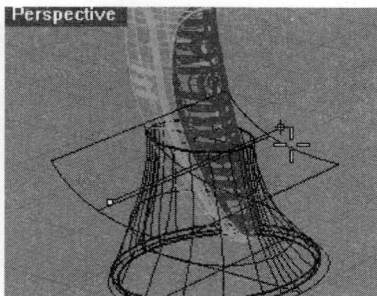
图 5-525

图 5-526

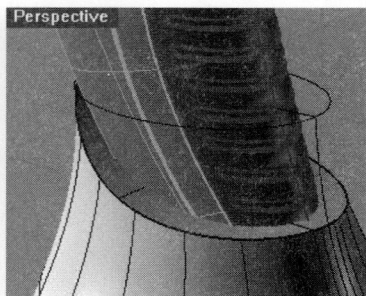
图 5-527

② 将前面所建的把手整体模型（未经布尔运算的模型）显示出来，如图 5-528 所示。如果没有这个模型，可以用前面保留的线条用网格建面工具进行重建，准备用来做布尔运算，将重建的模型和下面基座保留，其他部分隐藏，然后将这个模型稍微放大一些。用相减布尔运算工具将基座主体减去把手整体模型，得到如图 5-529 所示的效果。

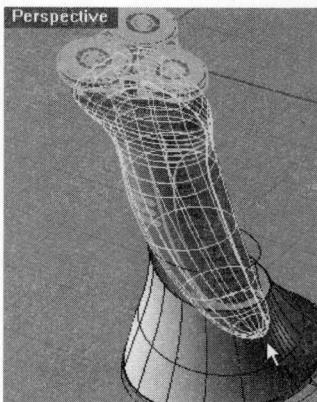
图 5-528

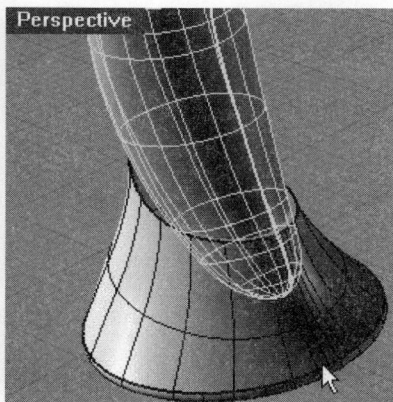
图 5-529

🔧 **操作提示**

在建模的时候要注意保留建模过程中使用到的线条，这样在后面需要用到前面所建的模型时可以把保留的线条用来重建，否则重新画线会大大增加建模的难度。

③ 只保留剪切过的下面基座主体，如图 5-530 所示。

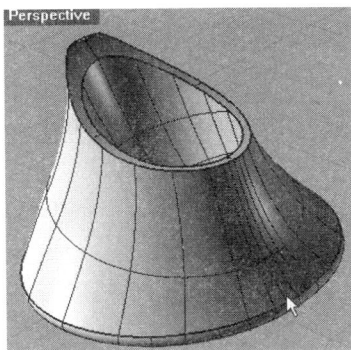

图 5-530

Step 13 正面分割和封口操作

❶ 接下来准备在口部做切口。首先画出一个曲面来做这个工作，在如图 5-531 所示的右视图上画出一条对称的曲线，然后将这条曲线向下复制并用单向缩放工具（ ▓ ）进行单向放大操作，如图 5-532 所示。

❷ 将放大后的曲线在前视图上向外移动到基座外面即可，如图 5-533 所示，然后使用放样工具进行放样建面操作，得到如图 5-534 所示的曲面。

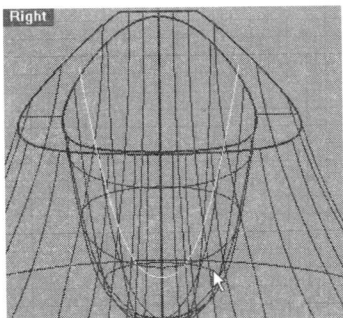

图 5-531

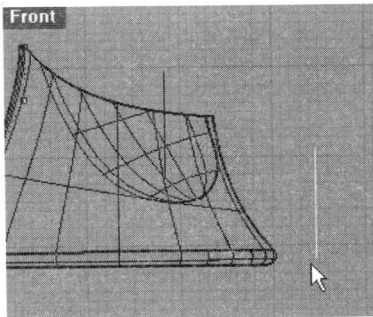

图 5-532 图 5-533

❸ 单击相减布尔运算工具（ ● ），用基座主体减去上面这个放样面，得到如图 5-535 所示的效果，然后用实体倒角工具（ ◼ ）对上半部分用同一数值进行倒角，得到如图 5-536 所示的效果。

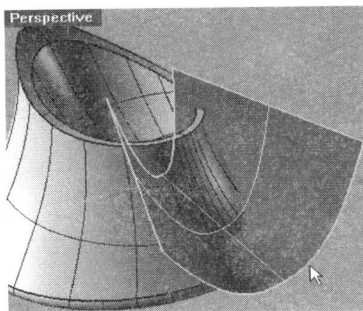

图 5-534

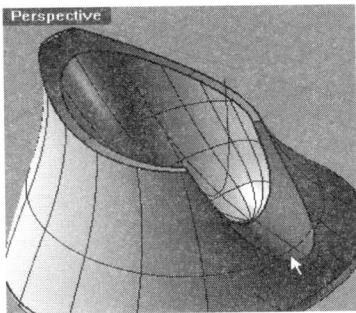

图 5-535

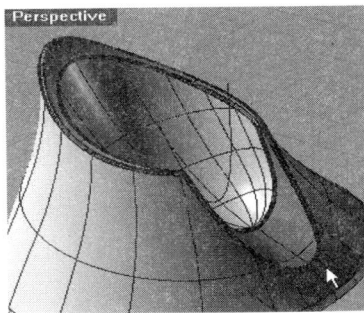

图 5-536

❹ 接下来处理尾部的插座，在顶视图上用中心画矩形工具画矩形，如图 5-537 所示。

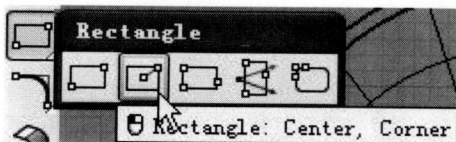

图 5-537

Step 04 后部突出部分处理

❶ 捕捉坐标原点，画出如图 5-538 所示的一个矩形，将矩形移动到左边，然后打散，保留 3 边，如图 5-539 所示。

❷ 将数值线条进行重建，数值如图 5-540 所示。

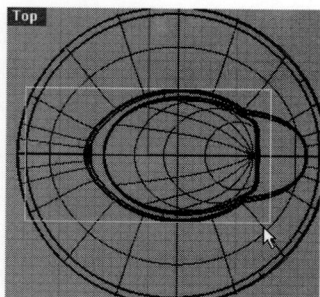

图 5-538

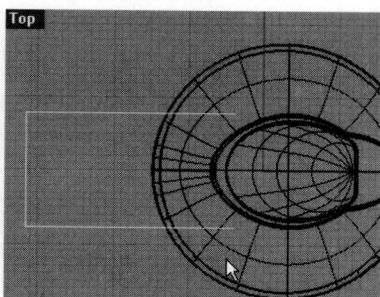

图 5-539

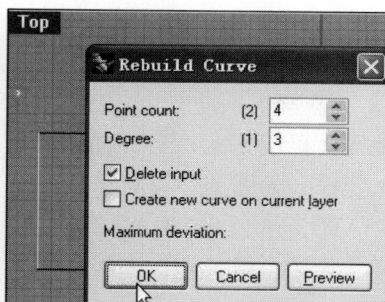

图 5-540

❸ 单击点的匹配工具（🖳），用重建后的线条对上下两条直线进行匹配，得到如图 5-541 所示的一条弧线效果。按键盘上的 F10 键，在点编辑状态下对这条线进行水平移动操作，如图 5-542 所示。

❹ 调整完成后得到如图 5-543 所示的曲线效果，在前视图上移动到下面与基座对齐，然后向上复制一条，如图 5-544 所示。

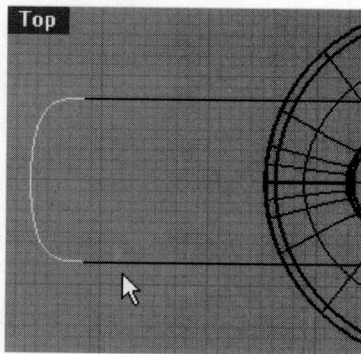

图 5-541

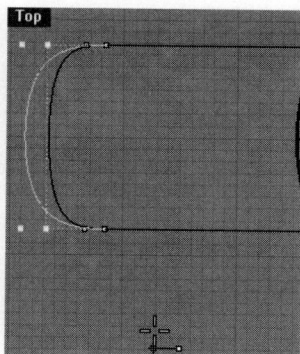

图 5-542

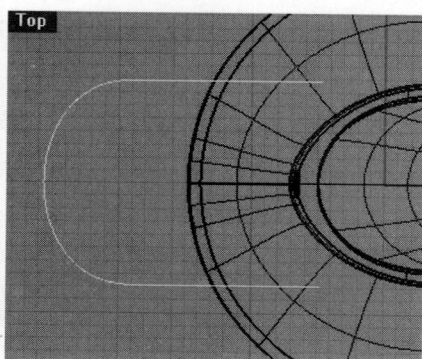

图 5-543

❺ 把得到的线条进行单向缩放调整，得到如图 5-545 所示的线条，按 F10 键进入点编辑模式，对左边的弧度部分进行拉点调整，如图 5-546 所示。

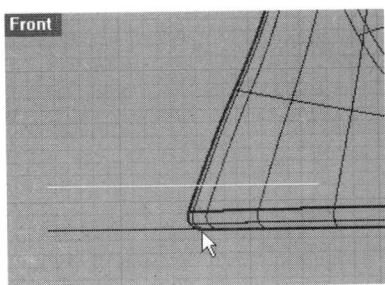
图 5-544

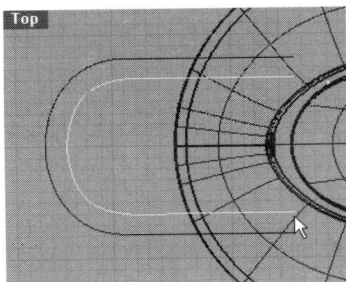
图 5-545

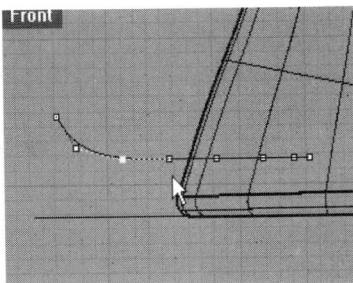
图 5-546

⑥ 捕捉这两条线的中点，画出如图 5-547 所示的一条弧线用来做截面线，准备做双轨放样操作。同样在右视图上两条线的端点处画出一条弧线，如图 5-548 所示。

⑦ 将得到的线条镜像对称复制到另外一边，然后做双轨放样操作，得到如图 5-549 所示的曲面效果。将基座隐藏，然后继续过端点画出两条直线，如图 5-550 所示。

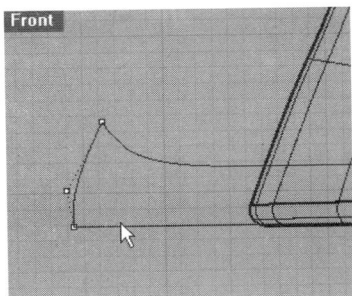
图 5-547

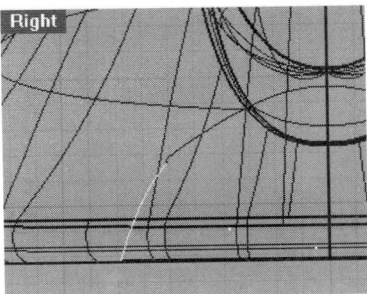
图 5-548

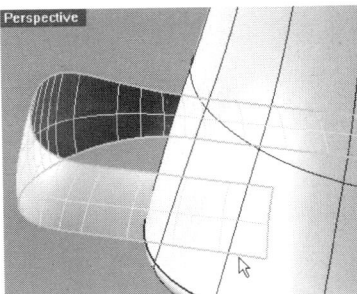
图 5-549

⑧ 继续做双轨放样操作，然后用平面建面工具（🔘）将底面封闭，得到如图 5-551 所示的面，使用打断曲面工具在最高处捕捉中心打断面，如图 5-552 所示。

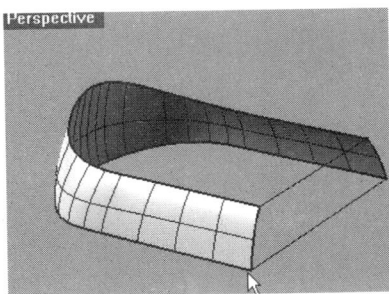
图 5-550

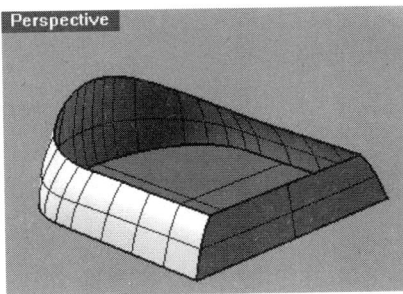
图 5-551

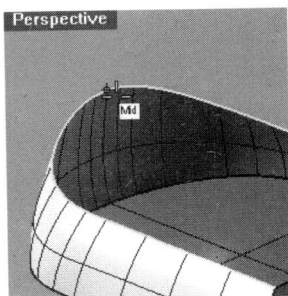
图 5-552

⑨ 做双轨放样，用打断面的两个边缘作为轨道，端口的直线和打断的断点作为截面线，做出如图 5-553 所示的一个封口面，然后将上表面的边缘线选中，使其向上移动一点距离，如图 5-554 所示。

⑩ 按键盘上的 F10 键，在点编辑状态下全选整条移动后的线条，然后使用 XYZ 坐标轴方向对齐工具（⬚）进行 Z 轴方向的对齐，如图 5-555 所示，用得到的线条向下做实体拉伸，注意加盖，得到如图 5-556 所示的实体效果。

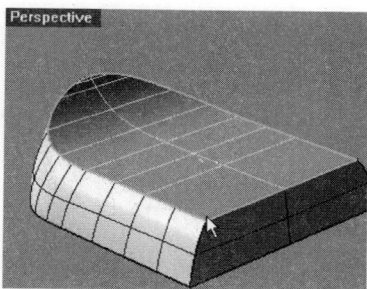

图 5-553

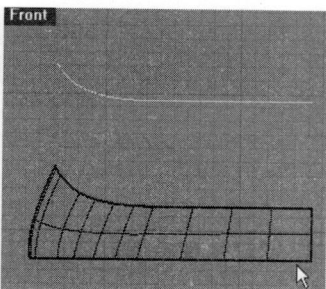

图 5-554

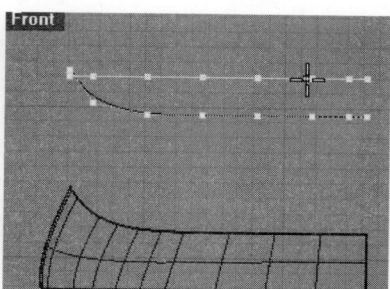

图 5-555

⑪ 把下面部分 Join（结合）起来，然后做相减布尔运算，减去上面部分，得到如图 5-557 所示的效果。然后做实体倒角，如图 5-558 所示。

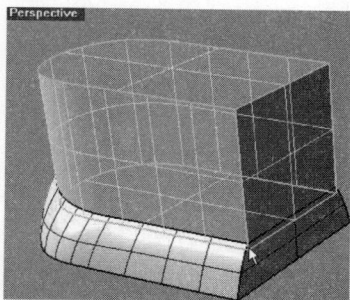

图 5-556

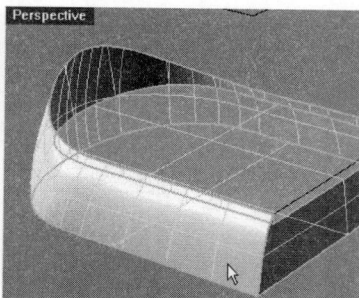

图 5-557

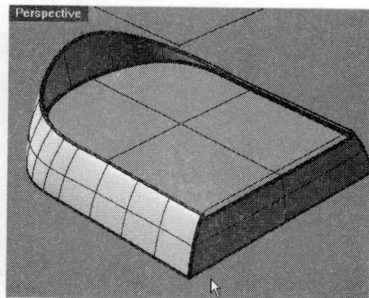

图 5-558

⑫ 将基座显示出来，如图 5-559 所示，用相加布尔运算工具（🔘）对两个相交的实体做相加处理，如图 5-560 所示。

⑬ 对得到的实体部分的线条做实体倒角，得到如图 5-561 所示的效果。

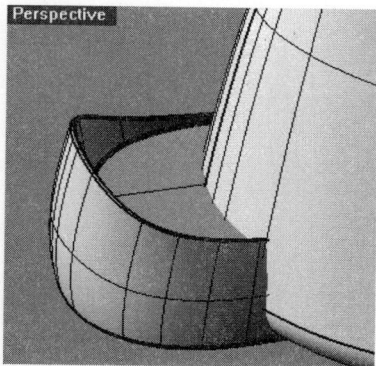

图 5-559

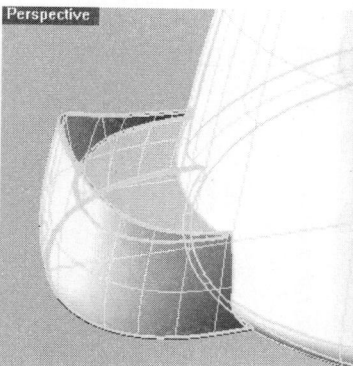

图 5-560

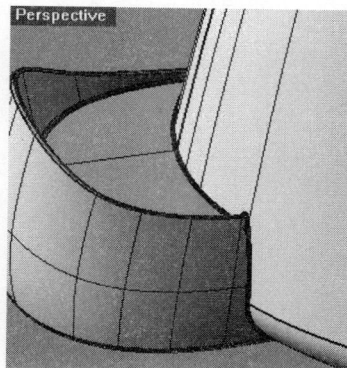

图 5-561

Step 05 突出部分电源插孔部分处理

❶ 在如图 5-562 和图 5-563 所示的中间位置用画方块工具画出一个方块。

❷ 在右视图上方块内部画出一个圆形，如图 5-564 所示，镜像对称复制一个圆形，如图 5-565 所示。

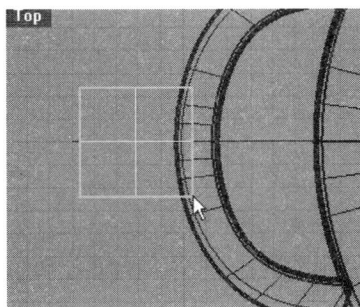

图 5-562

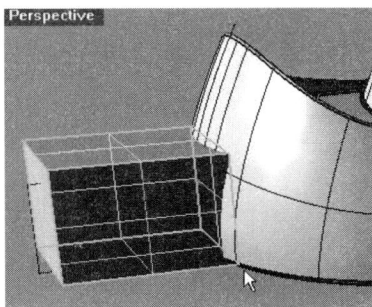

图 5-563

图 5-564

❸ 使用剪切工具（🛠️）把两个圆形相互剪切，得到如图 5-566 所示的线条。使用线倒角工具（🗝️）对两个圆形进行倒角，如图 5-567 所示，注意倒角的命令栏上设置 Join（结合）为 Yes（是）。

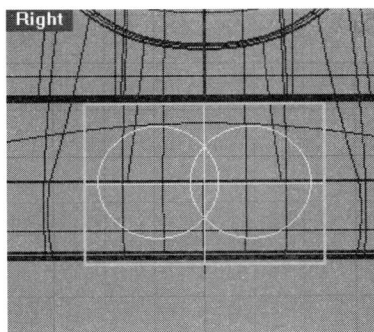

图 5-565

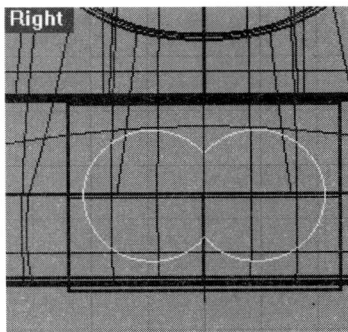

图 5-566

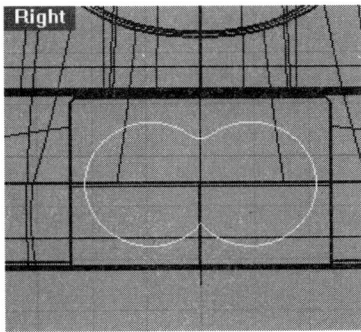

图 5-567

❹ 使用相减布尔运算工具（🔮）将外面的方块剪掉，得到如图 5-568 所示的效果，然后将做出的双圆形向外拉伸一个实体，如图 5-569 所示。

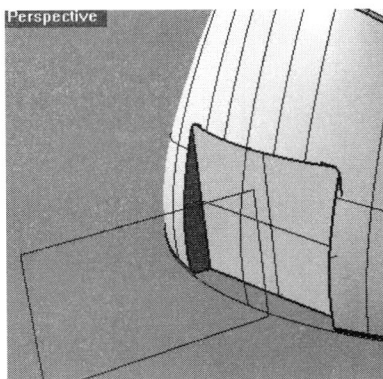

图 5-568

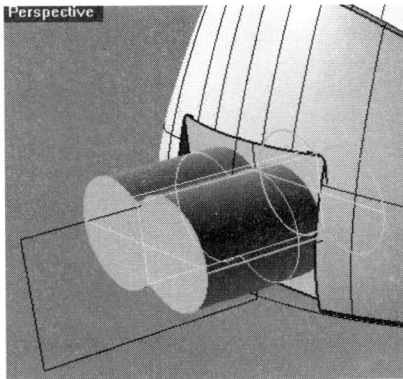

图 5-569

❺ 再次使用相减布尔运算将这个实体剪掉并打断，得到如图 5-570 所示的插线孔效果，然后在两个圆形的中心画出两个圆形，如图 5-571 所示。

❻ 把得到的线条向外做拉伸，如图 5-572 所示。

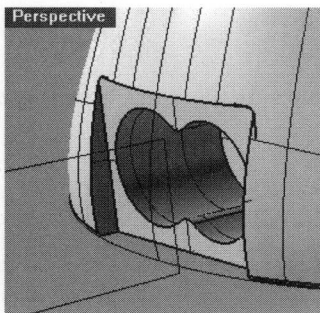
图 5-570

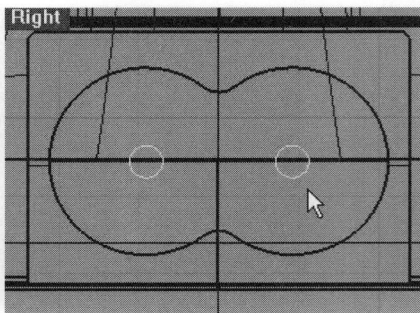
图 5-571

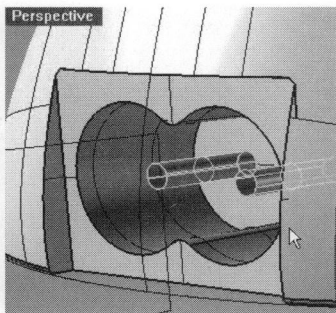
图 5-572

Step 06 电源插孔细节

① 单击画椭球体工具，如图 5-573 所示。

② 在命令栏上选择直径，画出如图 5-574 所示的一个椭球体（注意用分离工具的分离 Iso 线设置分离这个椭球体，只保留外面一半），将得到的椭球体复制到另外一个圆管上，如图 5-575 所示。

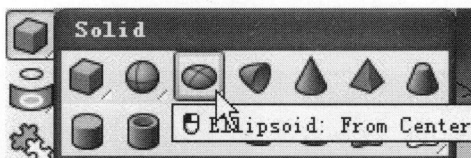
图 5-573

③ 将得到插孔的外面部分的边缘进行倒角，得到如图 5-576 所示的效果。

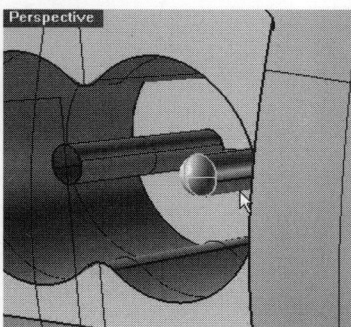
图 5-574

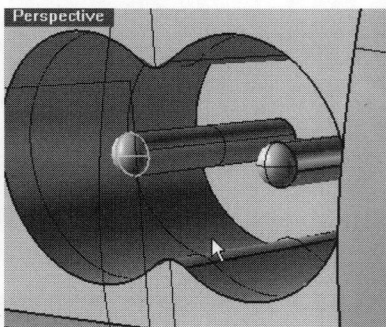
图 5-575

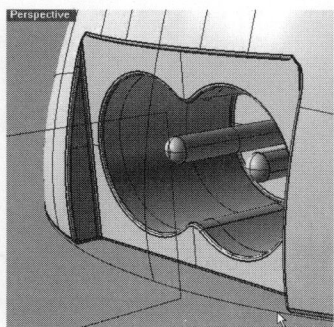
图 5-576

至此，主要部分的建模完成，得到如图 5-577 和图 5-578 所示的效果。

④ 导入到 Cinema 4D 软件中渲染，得到如图 5-579 所示的效果。

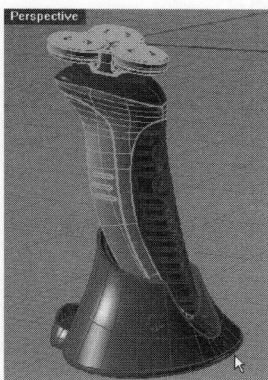
图 5-577

图 5-578

图 5-579

5.3 本章小结

　　本章主要讲解了利用 Rhino 4.0 软件进行表面多凹凸产品的建模方法和思路。从本章所讲解的电钻和剃须刀两个例子的建模过程来看，表面凹凸的处理方法并不困难，关键在于细节的把握，而经常用的处理方法就是利用投影、剪切，然后利用剪切出来的边缘进行拉伸，最后对拉伸出来的曲面进行倒角处理，从而得到相对比较真实的缝隙效果。通过本章的学习，读者可以举一反三，对于不同表面、不同的凹凸效果，都可以参考这样的方法来制作细节。

Cinema 4D R11
渲染实例

本章重点

> 讲解Cinema 4D R11的基本使用方法
> 结合典型的不同产品，进行渲染操作和讲解

学习目的

　　本章主要讲解前面几章所建出来的产品，如户外家具、电动工具和吸尘器产品的渲染和处理。通过渲染，能够得到相对比较真实的产品效果。

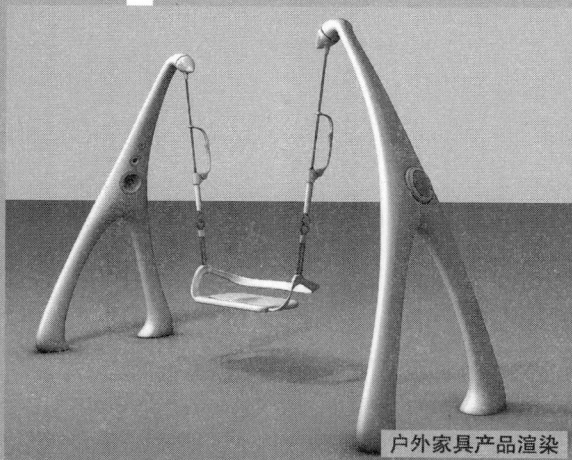
户外家具产品渲染

吸尘器产品渲染

6.1　Cinema 4D R11 软件介绍

Cinema 4D 是德国 MAXON 公司的旗舰产品，包括 Advanced Render、MOCCA、Thinking Particles、Dynamics、BodyPaint 3D、NET Render、 Sketch and Toon、Hair、MoGraph 共九大模块，实现建模、实时 3D 纹理绘制、动画、渲染（卡通渲染、网络渲染）、角色、粒子、毛发、动力系统以及运动图形的完美结合。所以 Cinema 4D 是一款功能全面的三维设计软件，能够应用于影视动画、建筑装饰、工业设计等领域。目前国内主要将 Cinema 4D 应用于工业设计产品渲染和影视特效渲染领域，尤其是在工业产品渲染领域，Cinema 4D 以其超强的渲染速度得到了无数工业设计师的青睐。

Cinema 4D R11 是 MAXON 公司于 2008 年 8 月正式发布的，作为下一代非线性动画的产品套装，Cinema 4D R11 在渲染速度和质量上都有所改进，包括重写的全局照明和令人期待的高级数字接景绘制工具，全方位地提升了渲染的性能，让人大为惊叹。Cinema 4D R11 主要在以下几个方面有一些改进。

1. 非线性动画

在关键帧之上进行动画。用户可以通过动画层和动作剪辑工具轻松创建由复杂层级下大量关键帧组成的动作片段，并可对其进行分层与循环操作。

2. 全新的全局照明

通过目前最流行的算法和计算机硬件可以轻松地使用全局照明引擎。这项高适用性的技术可以使用户在最短的时间里完成设置，从而达到超写实的渲染画面与动画。

3. BodyPaint 3D

新增三维模型表面丰富的细节绘制工具，同时改进的工作流程也是这次业界最流行的三维纹理绘制软件的重大升级中的一部分。这些改进甚至使得与导入笔刷、WACOM 绘图板、PSD 格式支持增强等工业级绘制流程之间的结合也变得容易很多。

4. 改善的渲染速度

通过对多线程和 CPU 效率的极大改善，使得渲染速度得到极大的改进。渲染的整体质量也得到很大的提高。新的参数使创建更加真实的玻璃材质成为可能。

5. 支持 64 位苹果操作系统

Cinema 4D R11 是第一个为了发挥 Mac OS X 10.5 优势性能而重新设计的完整 3D 动画处理套装。作为 Cocoa 应用程序环境下的 64 位程序，Cinema 4D 可以在 64 位操作系统模式下利用大内存资源创建和渲染复杂物体。所有的 64 位处理器现在都可以支持。用户可以很方便地在 32 位和 64 位模式下切换以适应其需求。

6. Projection Man

来自之前 MAXON 专门为 Sony Pictures Imageworks 开发的高级数字接景绘制工具，也用在几部巨片：《Hancock（全民超人汉考克）》、《Speed Racer（急速赛车）》、《Beowulf（贝奥武甫)》和《Surf's Up(冲浪企鹅)》等制作中，这个原来的专有工具增强了工作流，使绘制和修补背景变得更加容易。MAXON BodyPaint 3D 与 Adobe Photoshop 的无缝结合可以使编辑、制作数字布景，甚至是完整的三维环境变得更加简单。

7. CineMan

高级用户可以使用 Pixar's RenderMan Pro Server 渲染 Cinema 4D 项目，或通过支持的 RIB 格式，使用其他的 RenderMan-compliant 引擎渲染，如 3Delight(dna research)和 AIR(SiTex Graphics)。

8. COLLADA 支持

Cinema 4D R11 现在开始支持基于 XML 格式的开放标准 COLLADA，通过 COLLADA 格式可以在各程序之间进行数据传输。对于 Digital Content Creation(DCC)生产线来说，与各种 3D 程序之间交换场景现在变得更加容易。

9. 用户服务更加友好

在线升级机制确保用户一直可以获取最新的升级和新增功能。通过新的授权服务技术，帮助公司、工作室和学校扩大和管理他们的产品投入。

10. 其他特性

Cinema 4D R11 拥有优化的渲染控制设置、运动叠影、标注板工具和支持 3D 连接设备(苹果和 Windows 操作系统)等，其启动界面如图 6-1 所示。

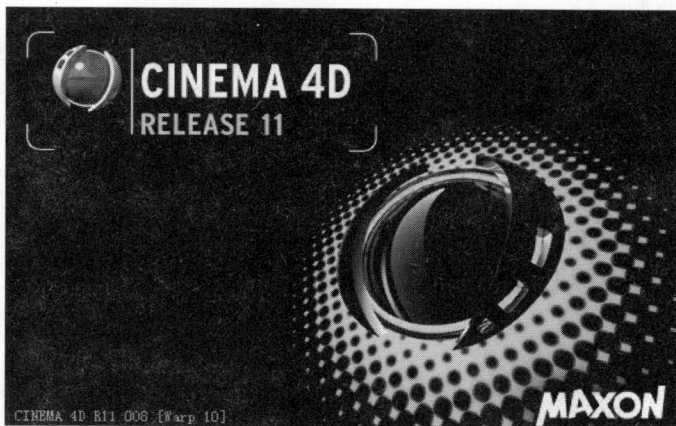

图 6-1

6.2 户外家具产品的渲染

6.2.1 文件的导入和导出

要想让 Rhino 4.0 建模的产品能够在 Cinema 4D 中渲染，必须将模型从 Rhino 4.0 中导出，用 OBJ 或者 DXF 格式，然后在 Cinema 4D R11 中导入进行渲染操作，所以先打开前面做好的户外家具模型，如图 6-2 所示。

为了保证渲染的效果，现在基本上采用 OBJ 方式来进行导出，然后在 Cinema 4D R11 中导入。用 OBJ 方式导出时要注意，根据不同的材质来进行选择，通过分析可以知道，本例子主要有 5 种材质：白色高光材质、灰色塑料、不锈钢、蓝色不锈钢和蓝色高光塑料。

❶ 导入白色高光材质的部分，这里可以通过图层结合物体的隐藏来实现，比如将其他材质的部分都隐藏，只显示白色高光材质部分，如图 6-3 所示。

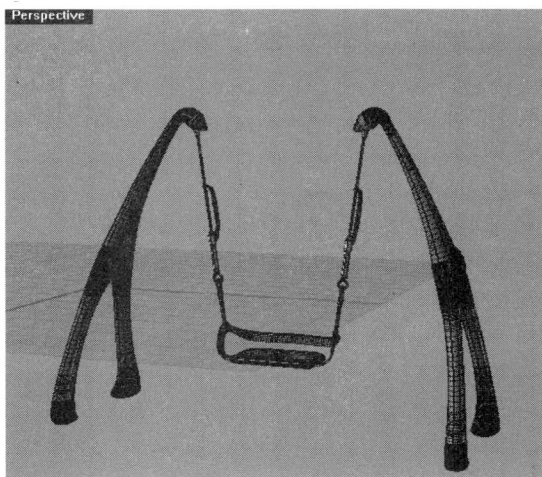

图 6-2

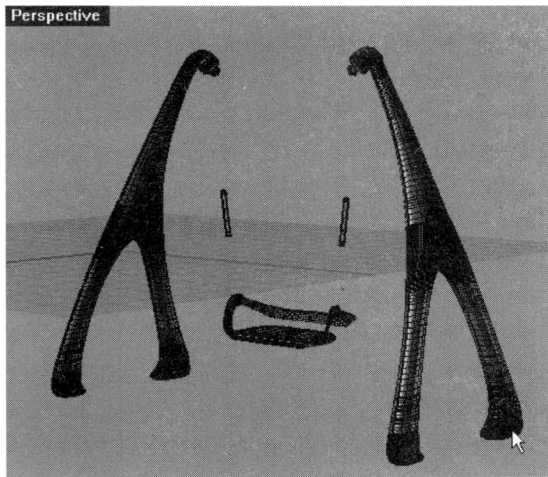

图 6-3

❷ 将余下的这些部分全选，然后单击导出选择部分，如图 6-4 所示。

❸ 输入导出的名字，然后选择格式为 OBJ，确定后弹出如图 6-5 所示的导出对话框。

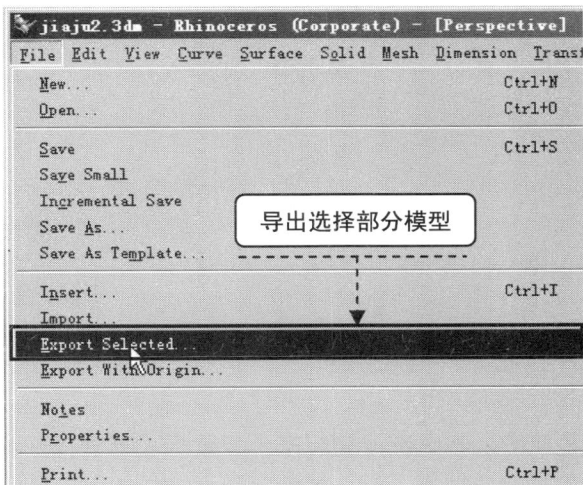

图 6-4

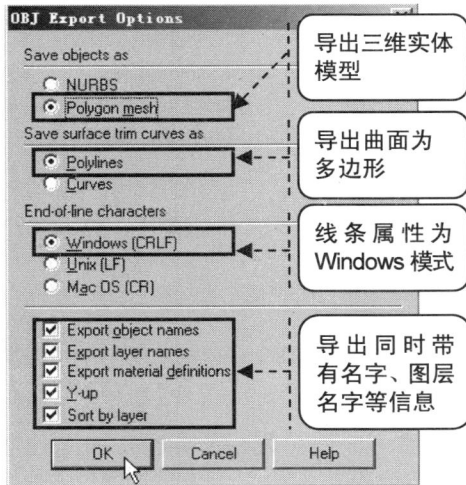

图 6-5

❹ 参考图 6-5 进行设置，然后确定，弹出如图 6-6 所示的导出精细程度的滑块。

❺ 注意控制整体的精细程度，如果细节比较多，而滑块又拉向 More polygons（更多面细节），那就会导致导出部分太大，使电脑处理起来困难，设置好以后确定就可以导出 OBJ 格式

的文件了。

⑥ 打开 Cinema 4D R11，在软件中选择如图 6-7 所示的"合并"命令。

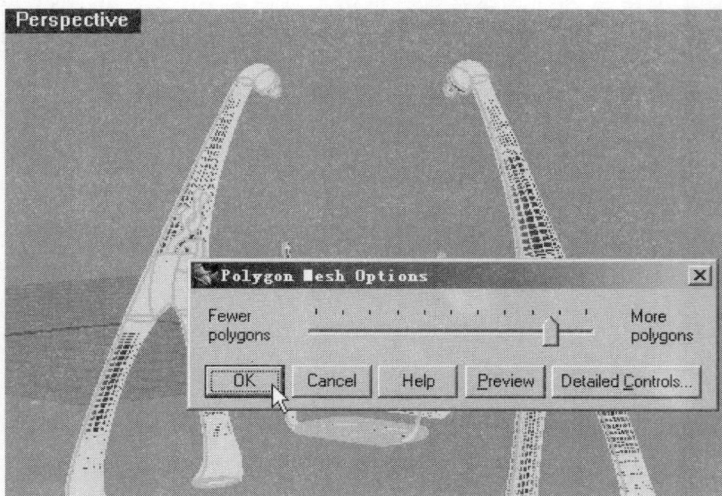
图 6-6

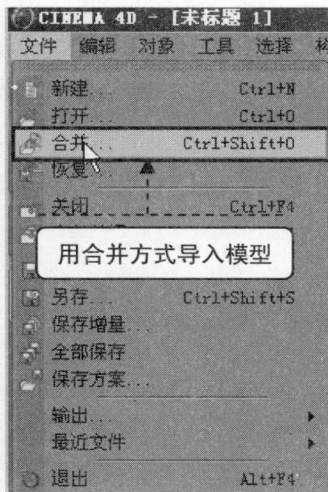
用合并方式导入模型

图 6-7

⑦ 选择刚导出的文件，确定后得到如图 6-8 所示的导入图形。

⑧ 因为两个软件使用的尺寸标准不一样，所以导入部分显得很小，适当用滚轮放大，或者用鼠标右键结合键盘上的 Alt 键，进行放大处理，如图 6-9 所示。可以看到右边的物体对象部分，有很多很杂的物体，如图 6-10 所示。

图 6-8

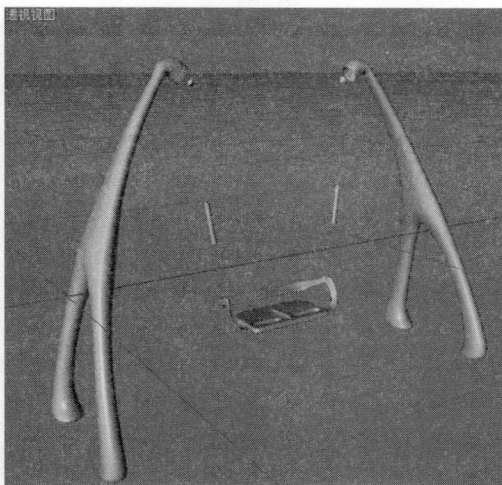
图 6-9

⑨ 一个一个赋材质会非常困难，可以把所有的物体都连接起来，用鼠标左键进行框选，把所有的部分都选上，如图 6-11 所示。选完后单击鼠标右键，在弹出的下拉菜单中选择"连接"命令，如图 6-12 所示。

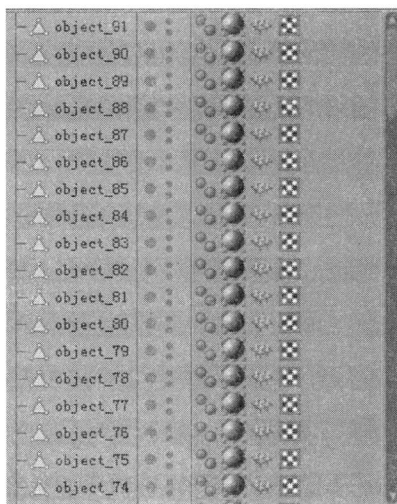

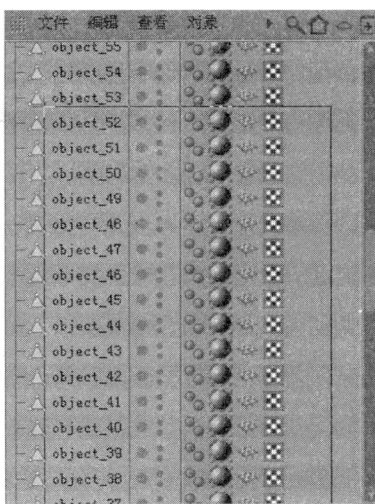

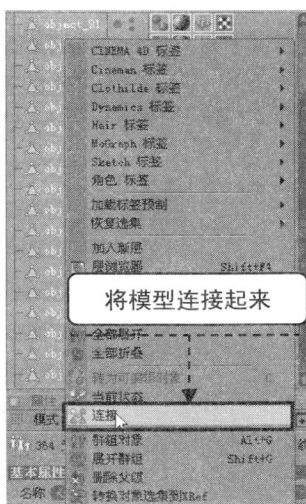

图 6-10   图 6-11   图 6-12

⑩ 连接后得到一个物体，双击后对其进行重新命名，如图 6-13 所示。

⑪ 再次框选连接前的那些琐碎的物体并删除，得到如图 6-14 所示的比较单纯的效果。

⑫ 为了操作方便，也可以将后面的所有材质都删除，包括下面部分自动赋上的材质，即如图 6-15 所示的部分。

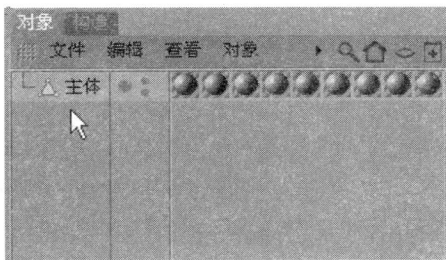

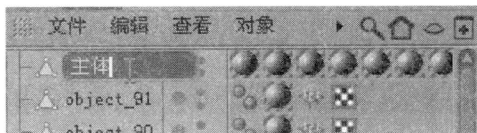

图 6-13   图 6-14

⑬ 保留几个必要的材质，如图 6-16 所示。

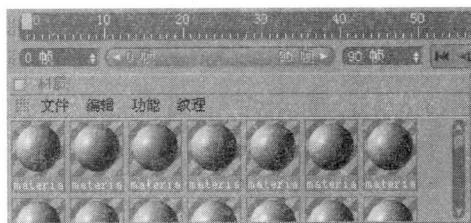

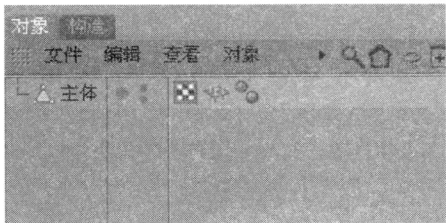

图 6-15   图 6-16

⑭ 这样就可以把同一种材质的所有部分都导入进来，可以方便地进行编辑材质和渲染操作了。用同样的办法对其他材质部分进行导入操作，得到如图 6-17 所示的物体效果。场景中的物体如图 6-18 所示。

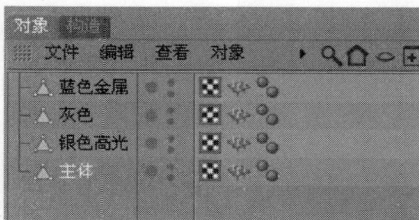

图 6-17

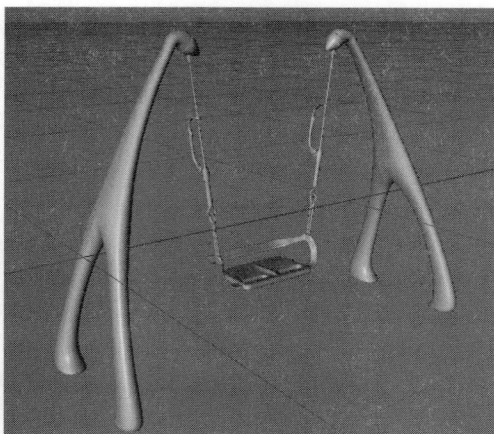

图 6-18

6.2.2 场景的布置

❶ 为了渲染出实际的效果，可以在上面灯光处单击进去。在弹出的界面中增加一个地面物体，如图 6-19 所示。

❷ 在右视图上将地面调到适当的位置，如图 6-20 所示。

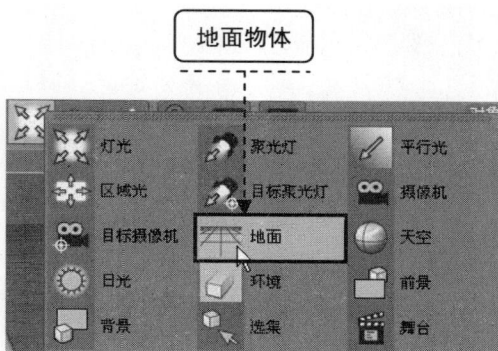

图 6-19

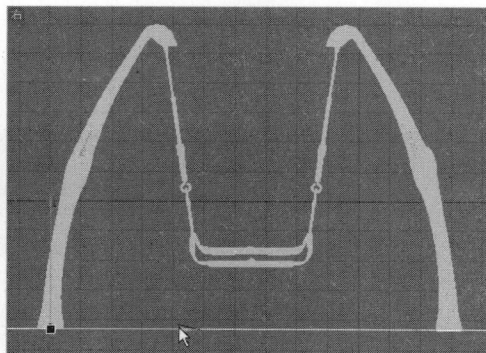

图 6-20

❸ 在如图 6-21 的位置选择"新建材质"命令。

❹ 双击弹出的新建材质球，如图 6-22 所示。将弹出的材质编辑器上的名字命名为"地板"，同时在"颜色通道"上单击颜色并点选一种蓝色，具体数值如图 6-23所示。

❺ 在反射通道增加一点反射，如图 6-24 所示。

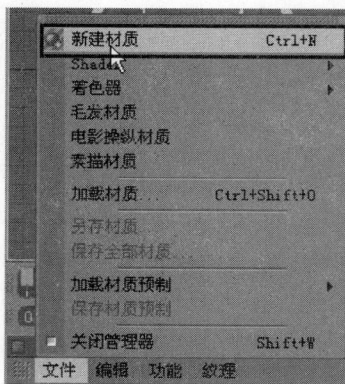

图 6-21

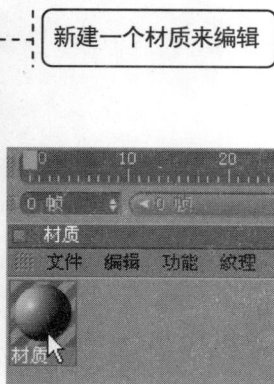

图 6-22

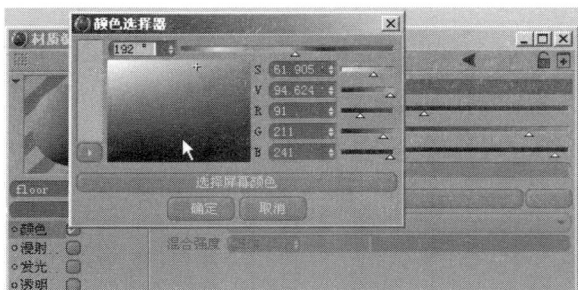

图 6-23

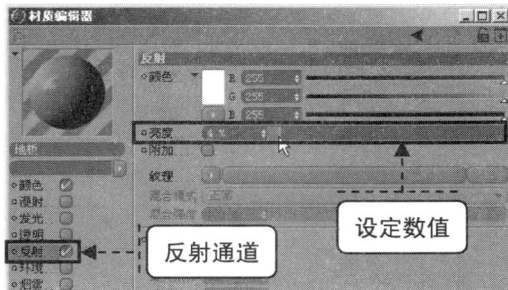

图 6-24

其他部分不用设置,地板材质就是为了突出一个背景,让前面的物体显示得更加清晰。

❻ 接下来单击摄像机工具,如图 6-25 所示。在如图 6-26 所示的位置加上一个摄像机。

图 6-25

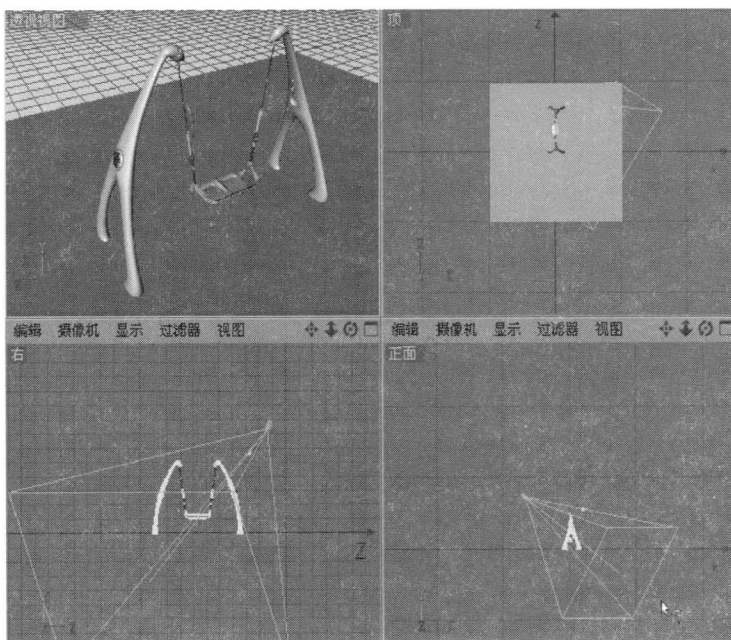

图 6-26

❼ 设置摄像机的属性如图 6-27 所示。

❽ 进行灯光的设置,先在如图 6-28 所示的位置打上一盏灯光,并命名为"主灯光"。

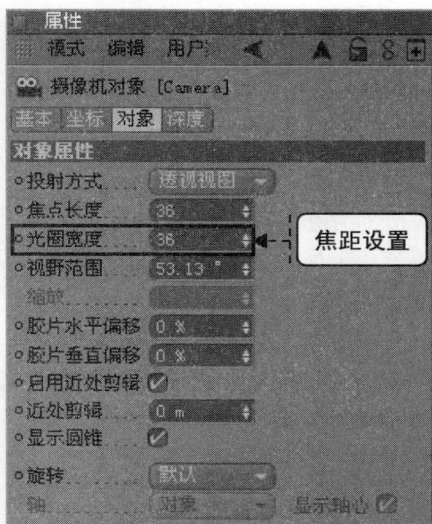

图 6-27

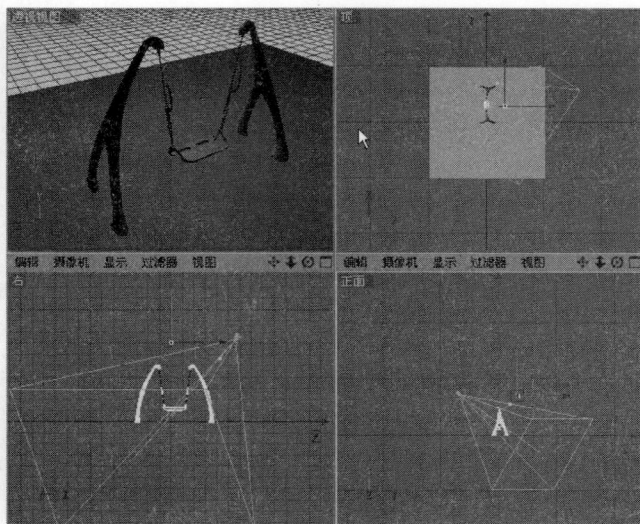

图 6-28

⑨ 在右边的对象栏中单击要进行设置的灯光，如图 6-29 所示。对这盏灯光进行常规设置，如图 6-30 所示。

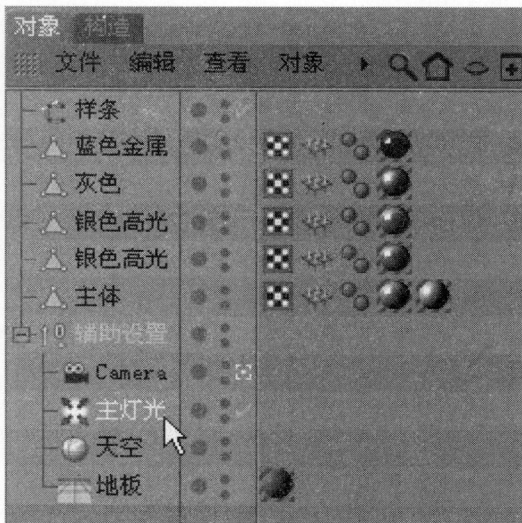

图 6-29

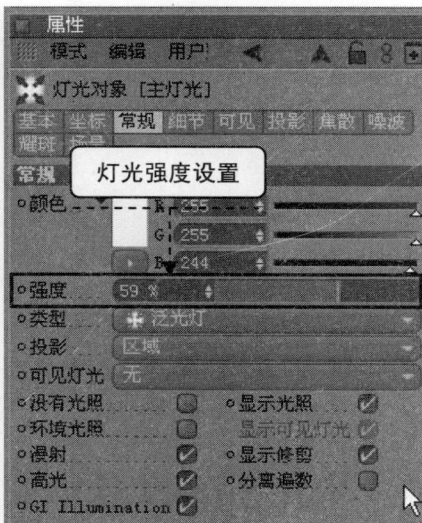

图 6-30

⑩ 继续进行可见性设置，如图 6-31 所示。

⑪ 最后对投影进行设置，如图 6-32 所示。

打了主光以后，必须打上两盏辅助光，放置在背面的暗部进行辅助，所以需要进行辅助光的设置。

⑫ 如图 6-33 所示，建立一盏辅助灯光。

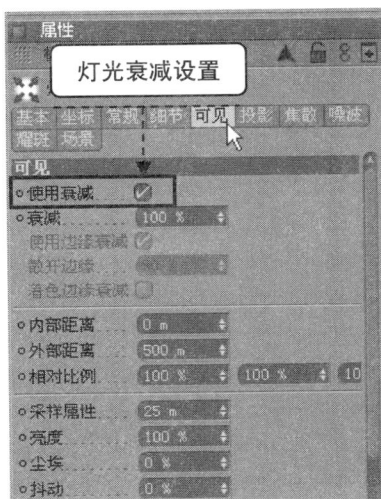
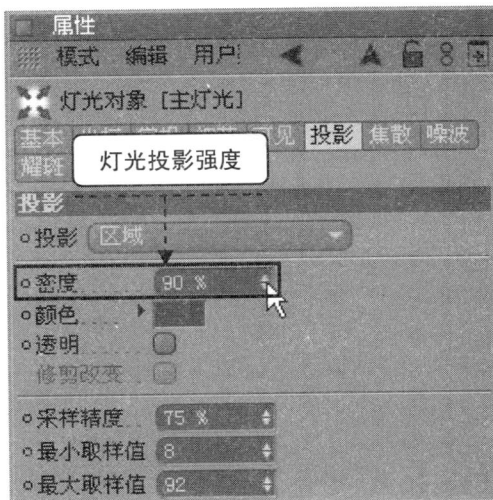

图 6-31　　　　　　　　　　　　图 6-32

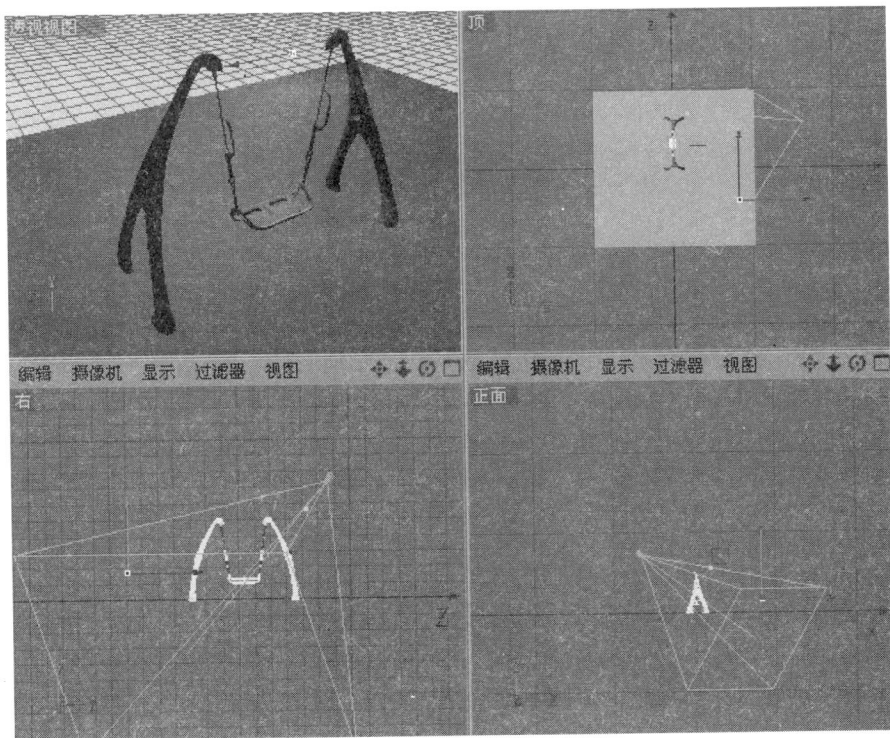

图 6-33

⑬ 对辅助灯进行设置，如图 6-34 所示是辅助灯光的常规设置。

⑭ 对辅助灯光的可见性进行设置，如图 6-35 所示。

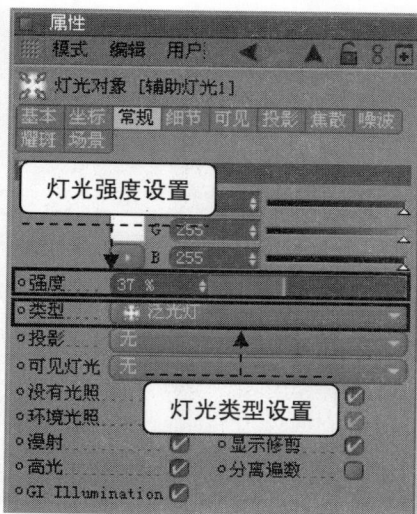

图 6-34

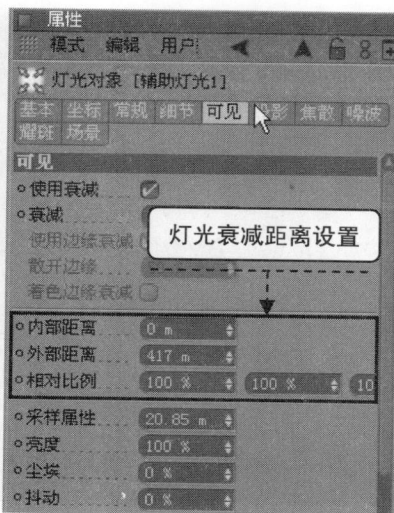

图 6-35

　　其他部分不用灯光，尤其是阴影部分不能勾选，辅助灯光只是用来辅助照亮暗部的，不是用来对物体进行布光的，所以不能产生阴影。

⓯ 用同样的方法设置如图 6-36 所示的第二盏辅助灯光。

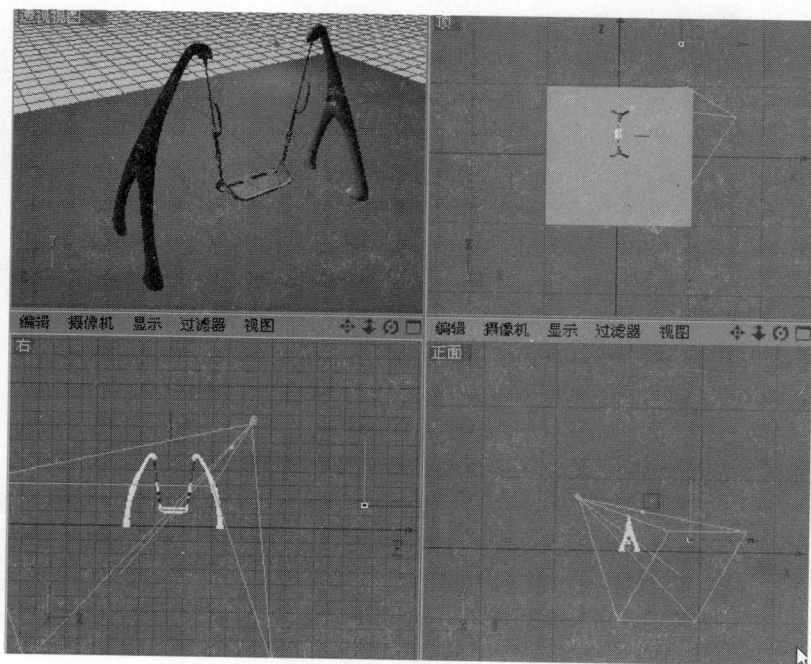

图 6-36

6.2.3　材质的编辑

　　灯光设置完毕以后，对物体的材质进行设置，首先设置主体部分的材质，这个部分是白色的塑料，为了让塑料的感觉更加强烈，所以设置时需要注意。如图 6-37 所示是新建的白色高光塑料材质，颜色通道上设置成绝对的白色。

❶ 加入一点反光，不能太强烈，否则成了烤漆的材质了，如图6–38所示。

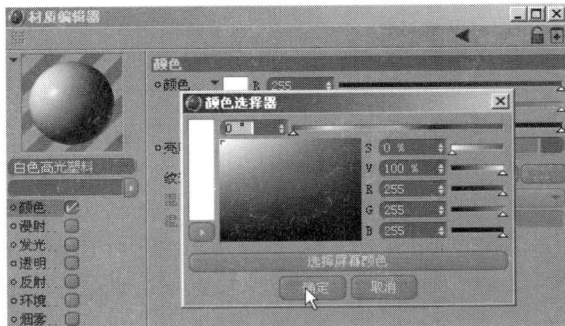

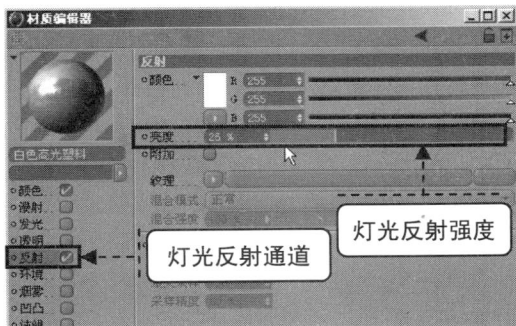

图6–37

图6–38

❷ 在"高光"通道上做如图6–39所示的设置。

❸ 设置完毕后将得到的材质赋给"主体"物体，再来处理其他部分的材质。新建一个"蓝色金属"材质，做如图6–40所示的色彩设置。

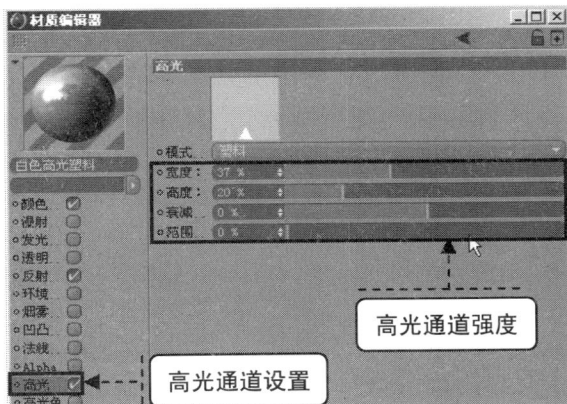

图6–39

图6–40

❹ 在"发光"通道设置一点发光属性，如图6–41所示。

❺ 继续设置"反射"通道，增加一些反射，体现金属的高反差特性，如图6–42所示。

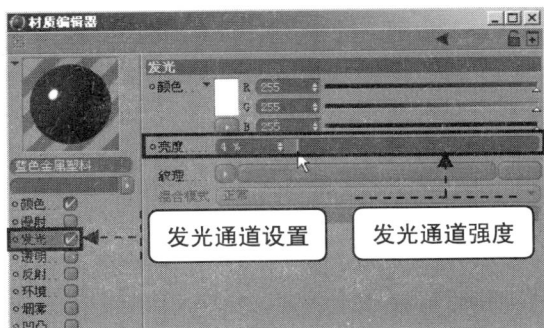

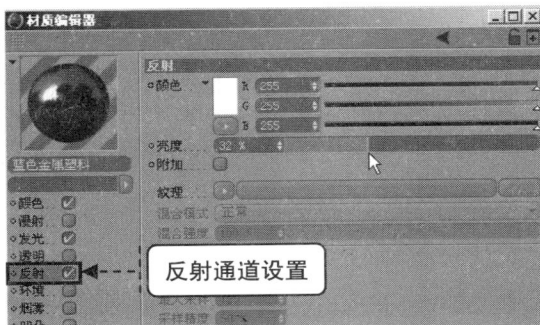

图6–41

图6–42

⑥ 设置"高光"通道，这个部分很重要，因为涉及整个金属的表面质感，做如图 6-43 所示的设置。

⑦ 把得到的金属材质赋给场景中的"蓝色金属"物体。

⑧ 新建一个"灰色"材质，用来编辑场景中的灰色材质部分，如图 6-44 所示，先在新建材质中设置好"灰色"材质的色彩。

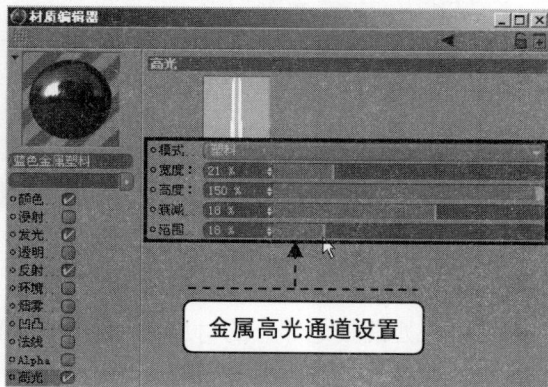

图 6-43

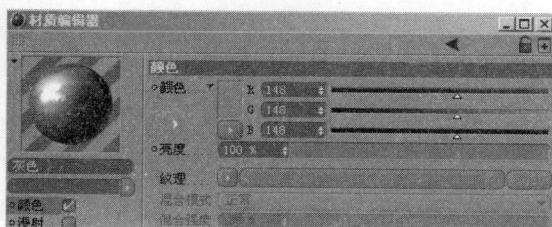

图 6-44

⑨ 进行与上一个材质类似的发光和反射的设置，如图 6-45 和图 6-46 所示。

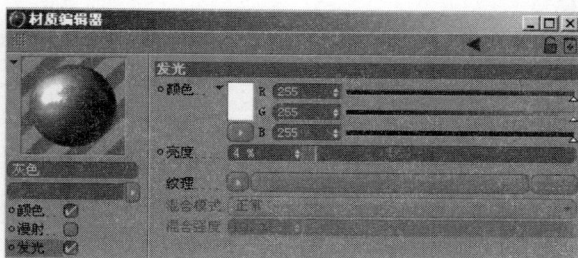

图 6-45

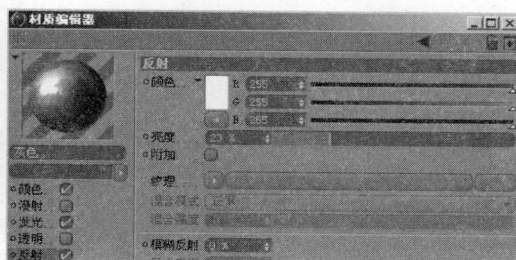

图 6-46

⑩ 继续设置"高光"通道，如图 6-47 所示。

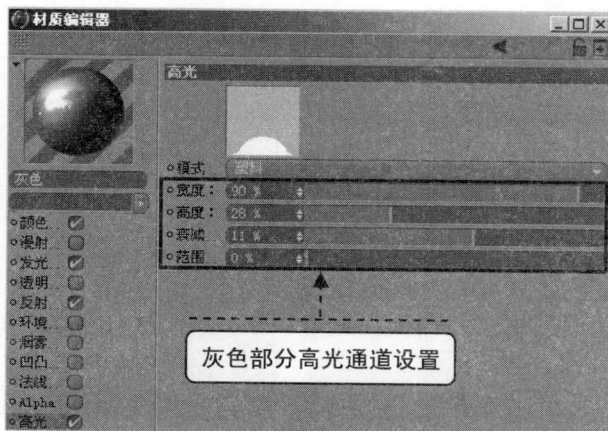

图 6-47

⑪ 将得到的 "灰色" 材质赋给灰色部分的物体。

⑫ 用同样的方法建一个新材质 "银色高光", 然后进行色彩通道的设置, 如图 6—48 所示。

⑬ 设置发光通道, 如图 6—49 所示。

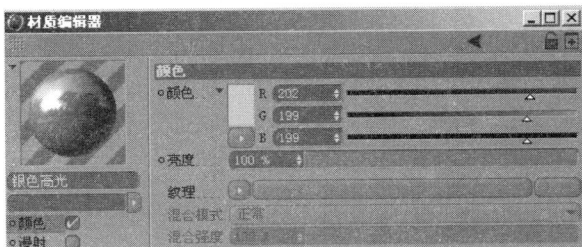

图 6—48

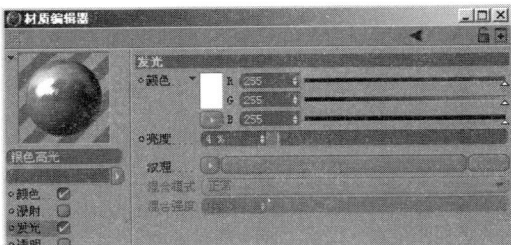

图 6—49

⑭ 设置反射通道, 注意要设置比较高的反射值, 如图 6—50 所示。

⑮ 设置 "高光" 通道的值, 如图 6—51 所示。

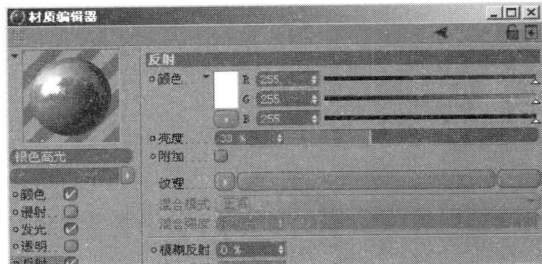

图 6—50

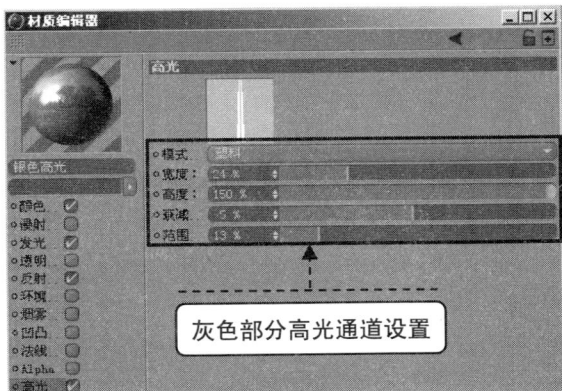

灰色部分高光通道设置

图 6—51

⑯ 把设定好的材质都赋给场景中的物体, 如图 6—52 所示。

⑰ 为了使渲染的整体亮度合适, 在场景中添加一个天空物体, 如图 6—53 所示。然后新建一个 "天空" 材质并进行编辑, 在 "发光" 通道添加一个 HDR 贴图, 如图 6—54 所示。

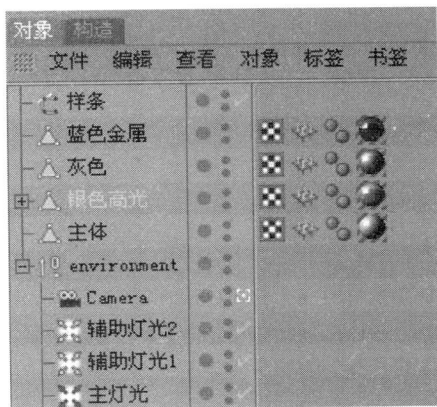

图 6—52

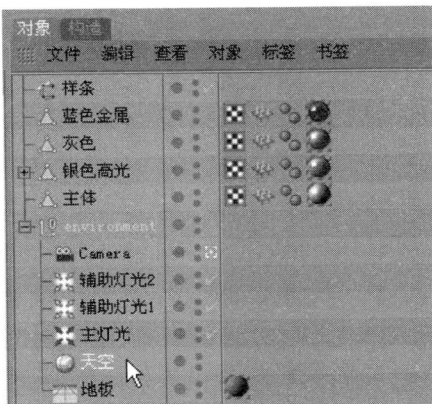

图 6—53

⑱ 把得到的材质赋给"天空"物体，如图6-55所示。

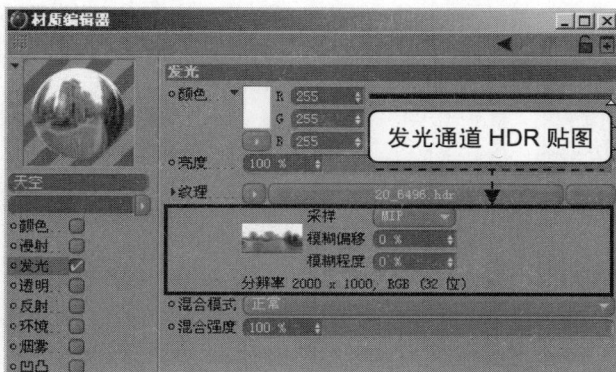

发光通道 HDR 贴图

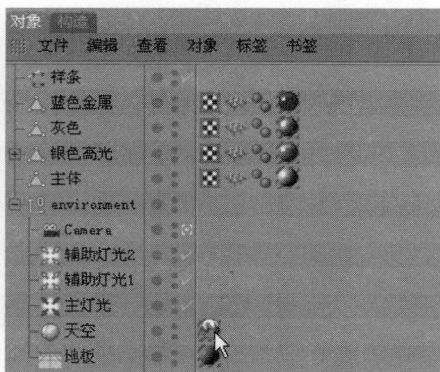

图6-54   图6-55

6.2.4 渲染

要进行渲染，还必须进行渲染设置。

❶ 单击"渲染"图标，如图6-56所示。

❷ 设置渲染的输出模式，设置好输出的图片大小和分辨率，如图6-57所示。

图6-56

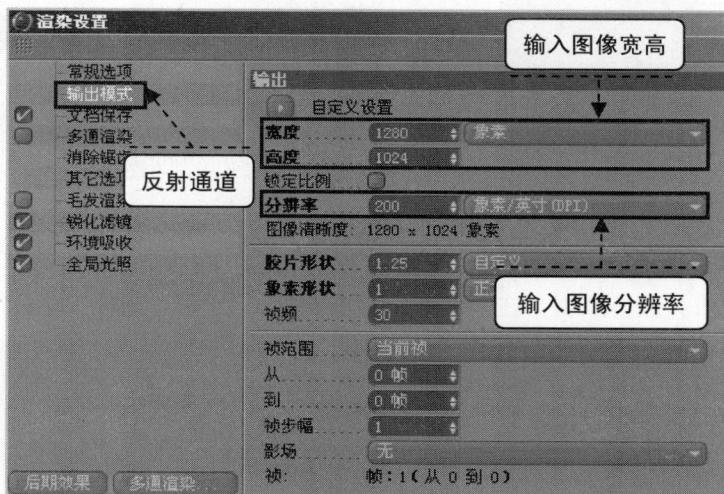

输入图像宽高

反射通道

输入图像分辨率

图6-57

❸ 设置文档保存的文件，如图6-58所示。

❹ 对环境进行设置，设置独特的锐化滤镜，如图6-59所示。

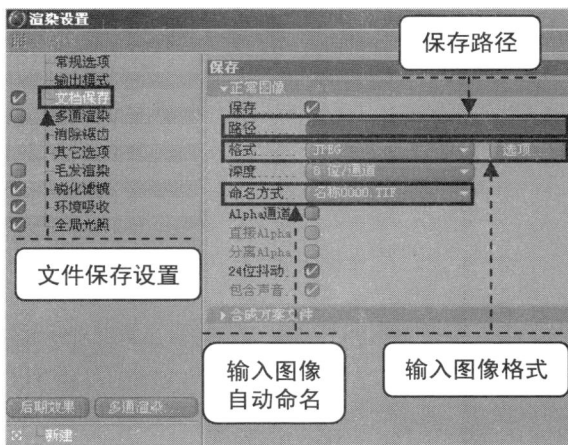

图 6-58

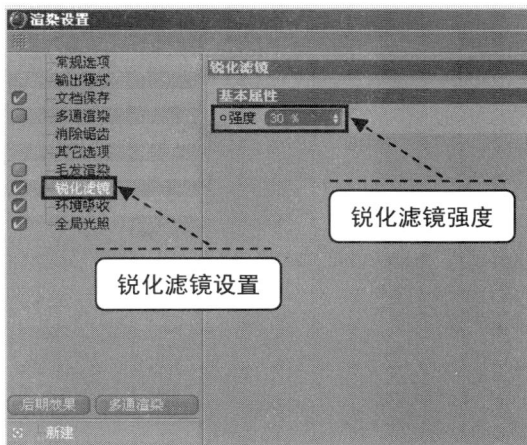

图 6-59

⑤ 设置环境吸收，如图 6-60 所示。

⑥ 设置全局光照，体现整体环境的光照效果，如图 6-61 所示。

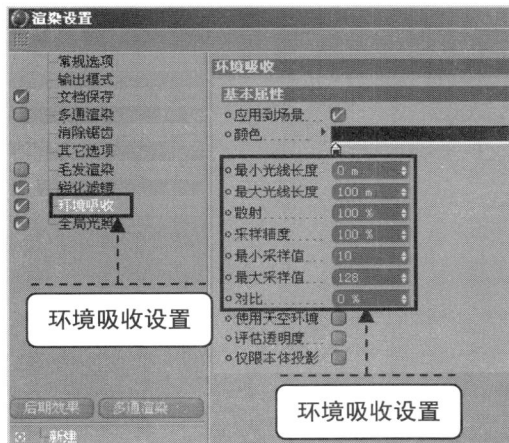

图 6-60

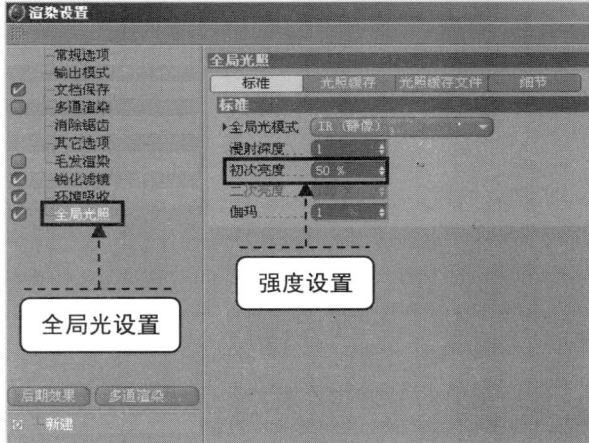

图 6-61

⑦ 设置完成以后，进行简单的渲染，效果如图 6-62 所示。

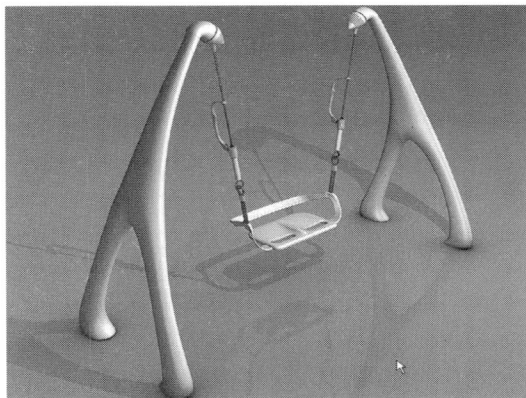

图 6-62

371

⑧ 换个角度来渲染，如图6-63所示。进行细节的渲染，如图6-64所示。

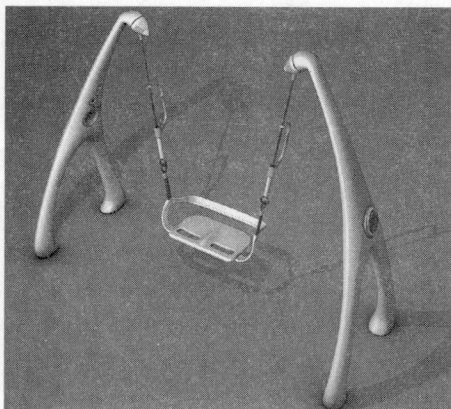

图6-63

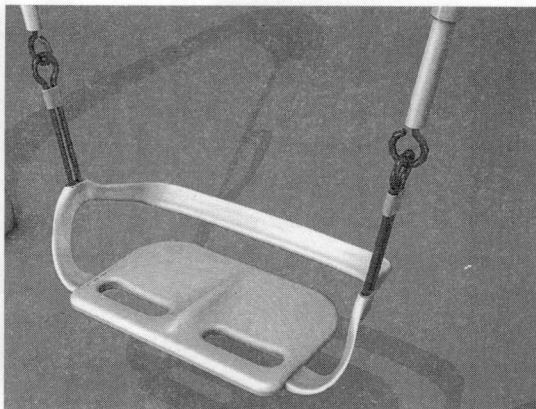

图6-64

⑨ 渲染音乐播放器的细节，如图6-65所示。喇叭的细节渲染如图6-66所示。

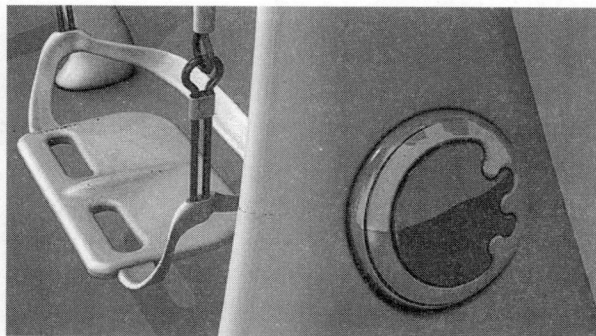

图6-65

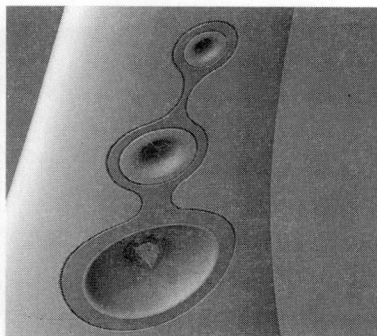

图6-66

最后渲染出的整体效果如图6-67所示。

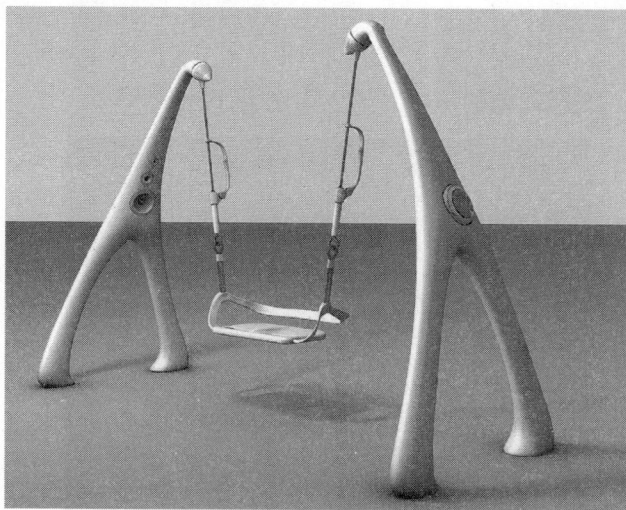

图6-67

6.3　吸尘器产品的渲染

用本书第 4 章所讲的吸尘器产品作为例子来讲述对该类家电产品的渲染操作，下面将详细讲述整个渲染的过程。

6.3.1　文件的导入和导出

在 Rhino 4.0 软件中打开做好的吸尘器文件，并根据实际的材质效果进行分层操作，得到如图 6-68 所示的效果。

分层后的图层面板如图 6-69 所示。

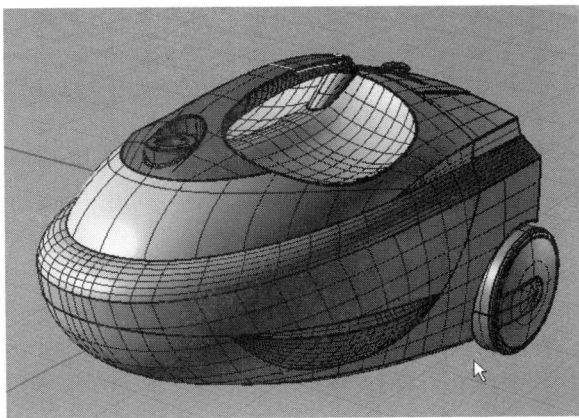 

图 6-68　　　　　　　　　　　　　　　　图 6-69

按照 6.2.1 小节户外家具的导入方式，用 OBJ 格式的文件，分别导入各个部分的吸尘器，得到如图 6-70 所示的效果。

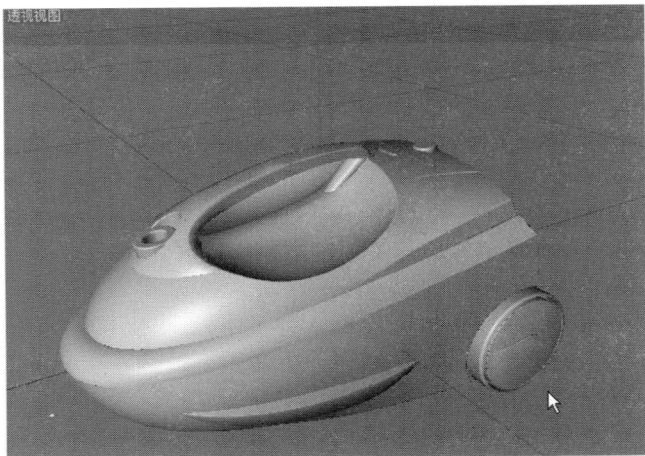

图 6-70

373

分层后的图层面板如图 6-71 所示。

接下来进行渲染的准备工作，本例打算采用天光结合 HDR 贴图来进行渲染。所以需要用到"天空"物体来进行打光操作，如图 6-72 所示，建立一个"天空"物体。

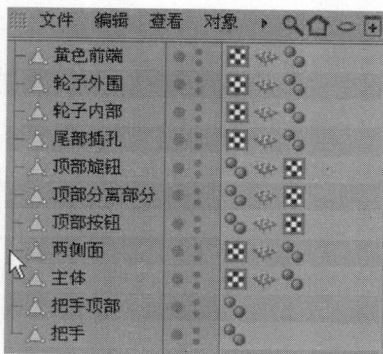

图 6-71

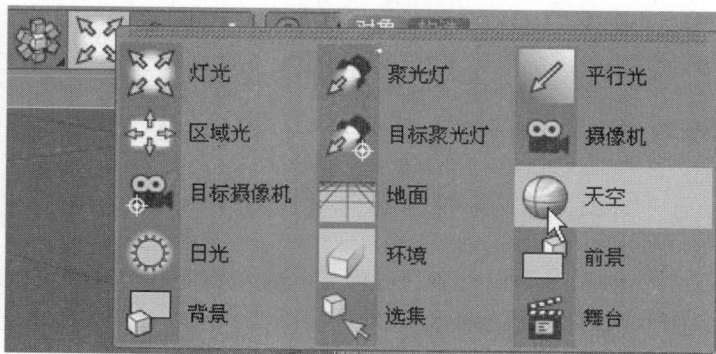

图 6-72

6.3.2 材质的编辑

❶ 选择如图 6-73 所示的"新建材质"命令，新建一个材质，双击新建的材质球，将其他部分的勾去掉，只选择"发光"部分，并在发光的纹理模式下单击"加载图像"，如图 6-74 所示。

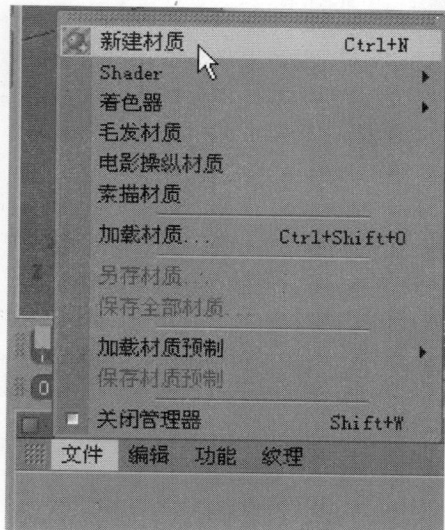

图 6-73

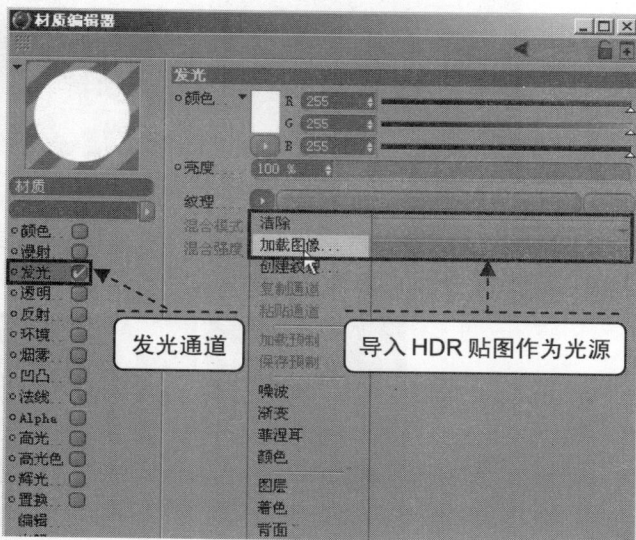

图 6-74

❷ 载入准备好的一幅外部 HDR 贴图，如图 6-75 所示。得到如图 6-76 所示的 HDR 发光效果。

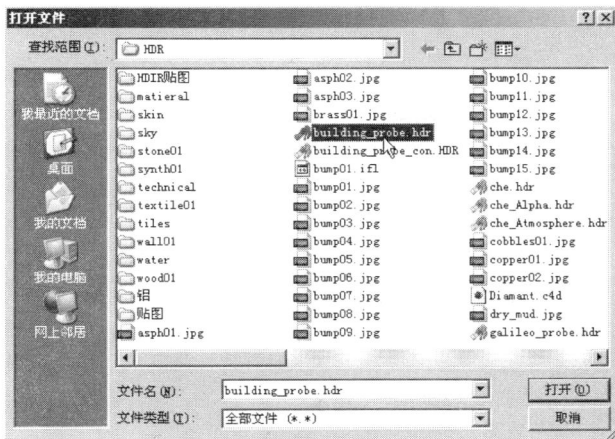

图 6-75

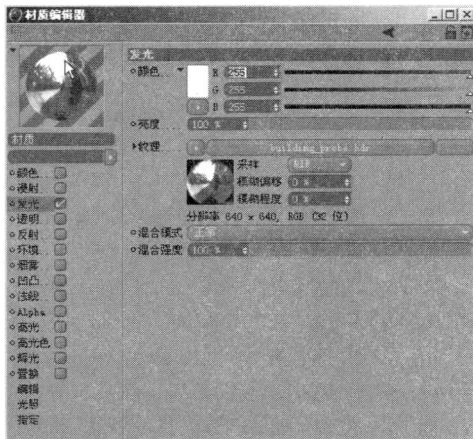

图 6-76

❸ 把得到的材质拖到"天空"物体的后面，赋给物体，如图 6-77 所示。这样就把发光材质赋给了天空。然后单击如图 6-78 所示的设置选项。

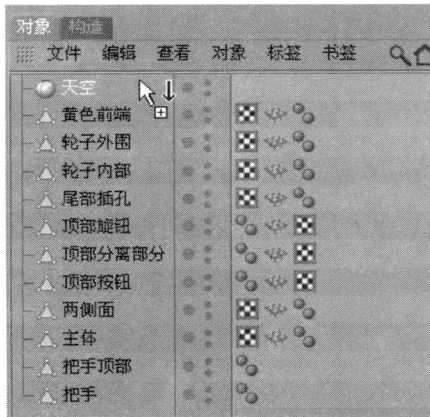

图 6-77

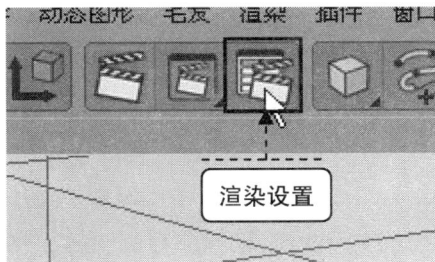

图 6-78

❹ 在弹出的渲染设置选项中，在"其他选项"部分中关闭"使用自动灯光"选项，这样就只是保留 HDR 的天空光源。

❺ 为了使渲染效果更好，接下来需要在吸尘器的下面设置一个地板，通过新建一个"地面"物体作为地板（图 6-79），新建一个"地面"物体。

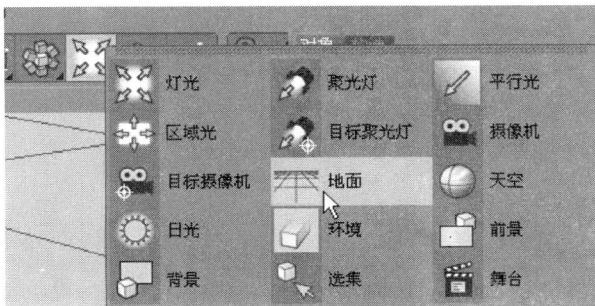

图 6-79

375

⑥ 在右视图上将"地面"物体移动到紧贴吸尘器的下端的位置，如图 6-80 所示。对地板材质进行编辑，新建一个材质球，双击后进行编辑，在颜色通道里面加载一个木纹贴图，并将亮度值设定为 33%，如图 6-81 所示。

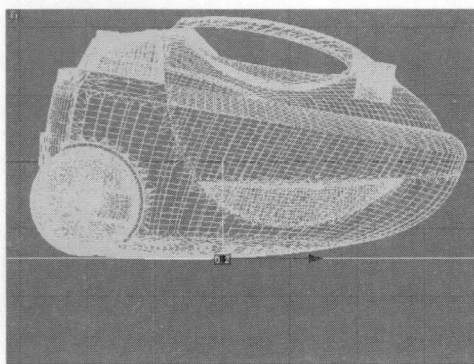

图 6-80

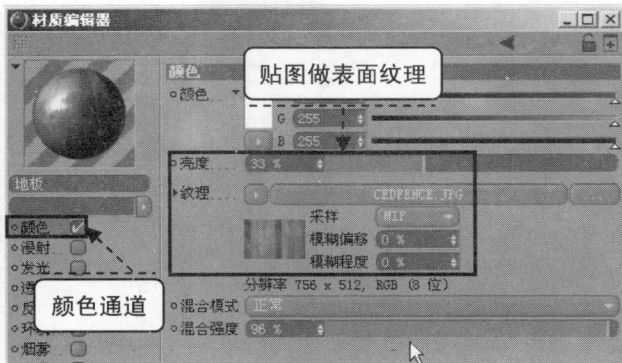

图 6-81

⑦ 在反射通道里面输入 14% 的亮度值，如图 6-82 所示。

⑧ 将颜色通道里面的贴图复制一份，如图 6-83 所示。

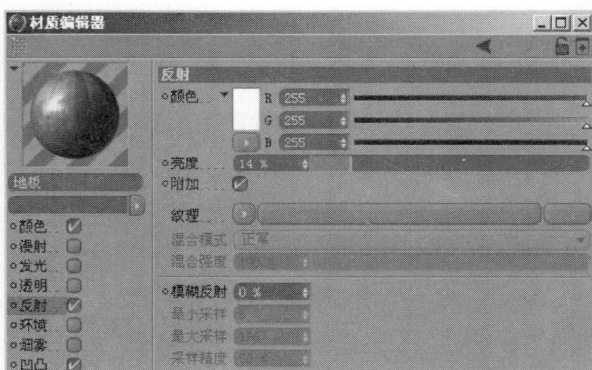

图 6-82

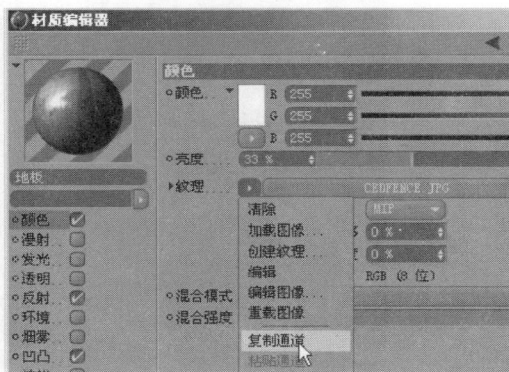

图 6-83

⑨ 在凹凸通道粘贴通道，并将亮度设置为 1%，使其有一点凹凸的实际效果，如图 6-84 所示。然后将高光通道设置为如图 6-85 所示的值。

图 6-84

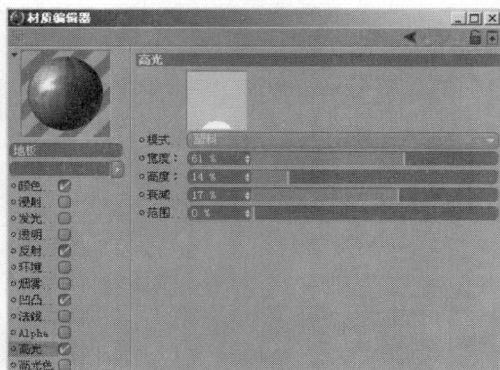

图 6-85

⑩ 把设置好的地板文件赋给"地面"文件，如图 6—86 所示。

⑪ 接下来对"主体"部分进行材质编辑操作。新建一个"主体"材质，然后双击进行编辑，如图 6—87 所示是材质的颜色设置。

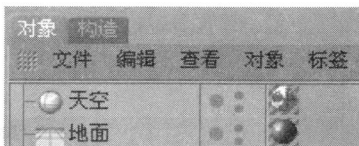

图 6—86

⑫ 设置反射通道，尽管主体是磨砂材质，但是仍然有一些反光，如图 6—88 所示。

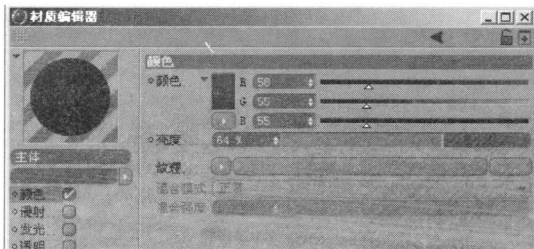

图 6—87

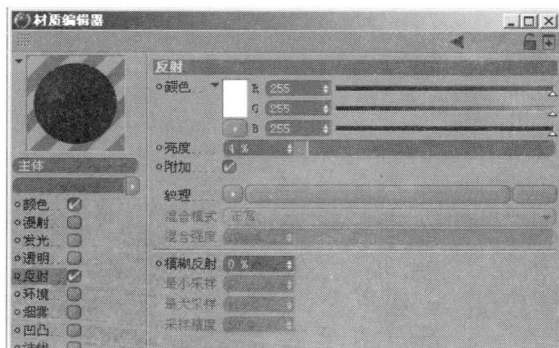

图 6—88

⑬ 继续设置凹凸通道，在如图 6—89 所示的凹凸通道里面单击加入"简单噪波"选项。

⑭ 对凹凸通道内的简单噪波效果进行调整，如图 6—90 所示。

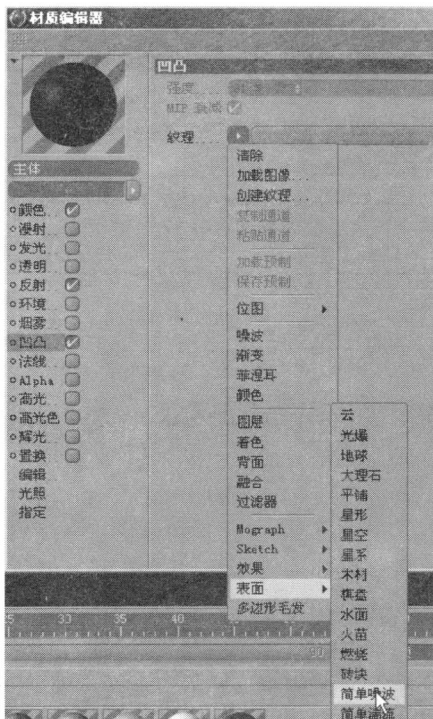

图 6—89

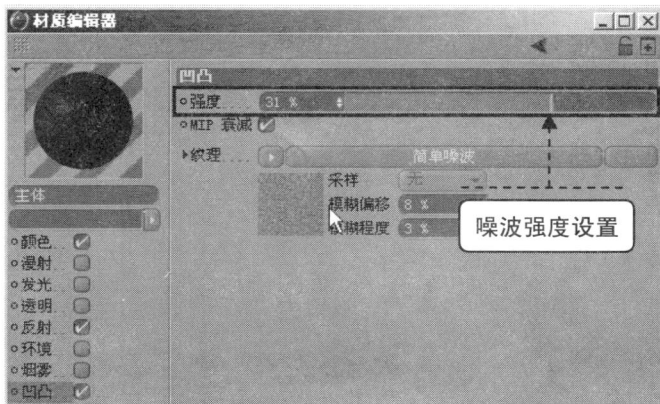

图 6—90

⑮ 对高光通道部分进行调整，如图 6—91 所示。

⑯ 选择如图 6—92 所示的黑色亚光部分并进行材质的赋予操作，得到如图 6—93 所示的效果。

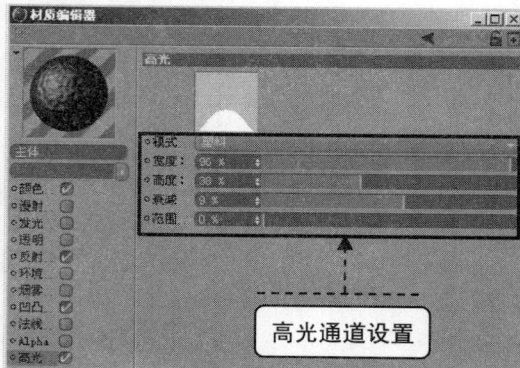

图 6—91

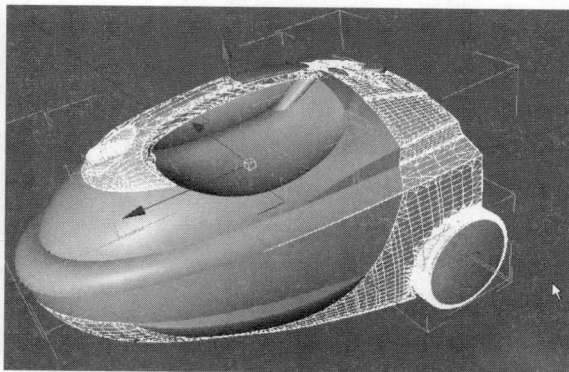

图 6—92

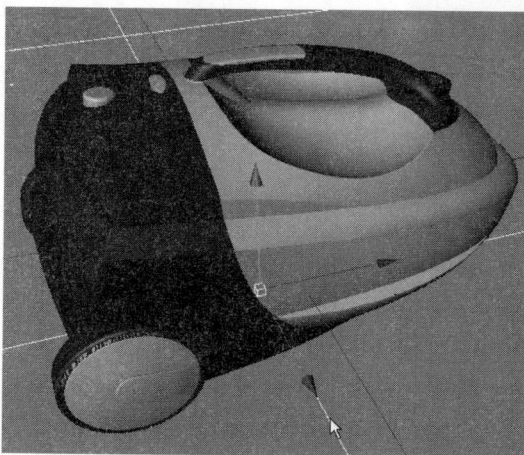

图 6—93

⑰ 对黄色的前端部分的材质进行编辑。同样新建一个材质，双击后进行编辑，如图 6—94 所示是颜色通道的编辑效果。

⑱ 调节反射通道，如图 6—95 所示。

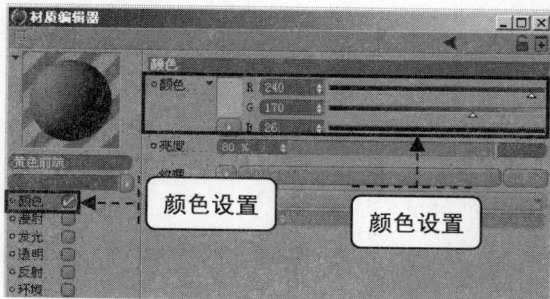

图 6—94

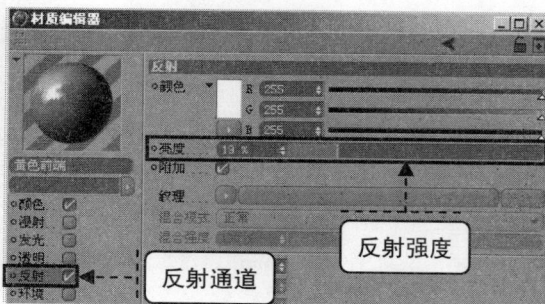

图 6—95

⑲ 继续调节高光通道，得到如图 6-96 所示的效果。

下面调节主体前段的浅黄色部分材质，如图 6-97 所示，新建一个材质后设置颜色通道。

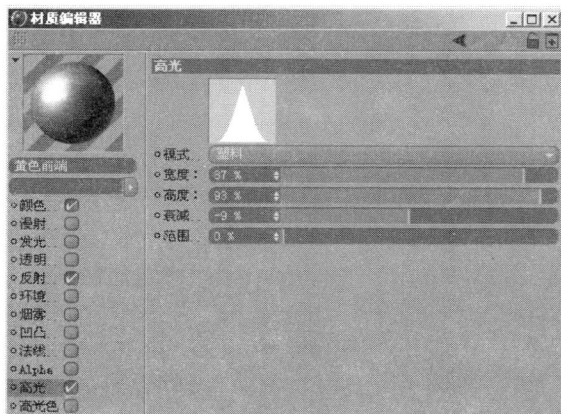

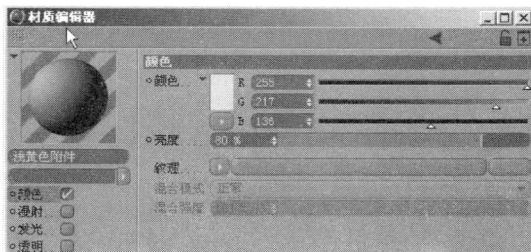

图 6-96   图 6-97

⑳ 调节该材质的反射通道如图 6-98 所示，调节高光通道如图 6-99 所示。

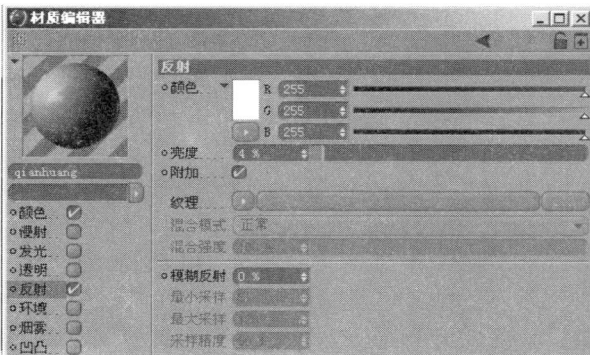

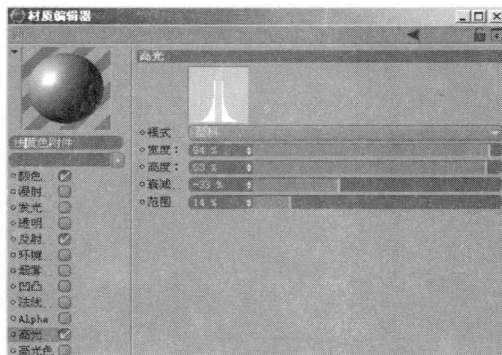

图 6-98   图 6-99

㉑ 把得到的材质赋给图中前段的装饰附件部分，得到如图 6-100 所示的效果。

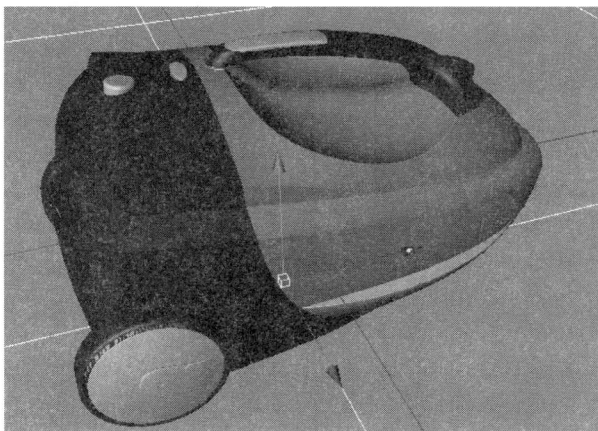

图 6-100

㉒ 继续编辑轮子的材质。继续新建一个材质，并设置颜色通道，如图 6-101 所示。编辑该材质的反射通道，如图 6-102 所示。

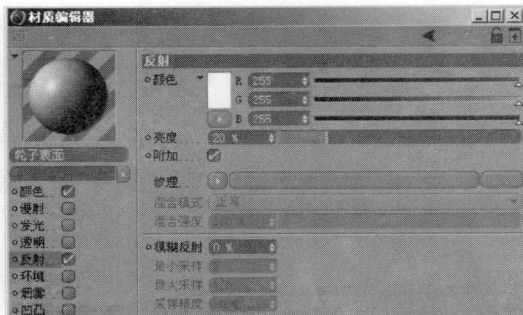

图 6-101   图 6-102

㉓ 设置该材质的高光通道，如图 6-103 所示。

㉔ 把得到的银色材质赋给轮子的表面和把手的顶部，如图 6-104 所示。

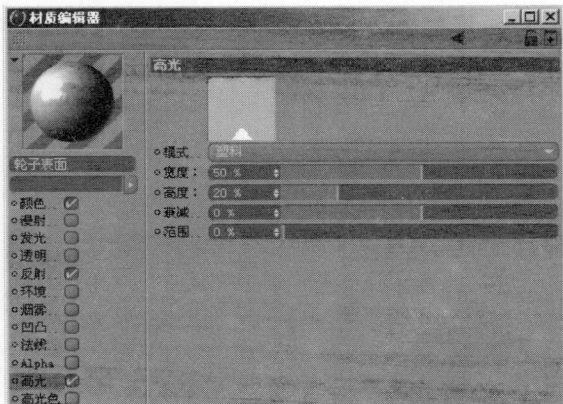

图 6-103   图 6-104

㉕ 继续编辑顶部旋钮的材质，如图 6-105 所示是新建材质的颜色通道部分。

㉖ 设置反射通道，如图 6-106 所示。

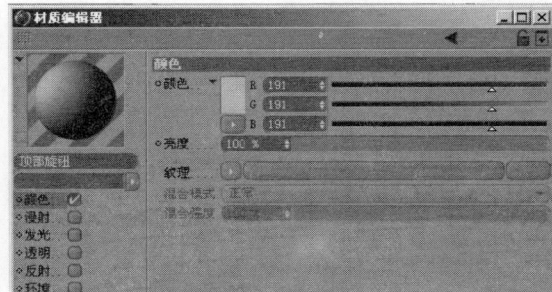
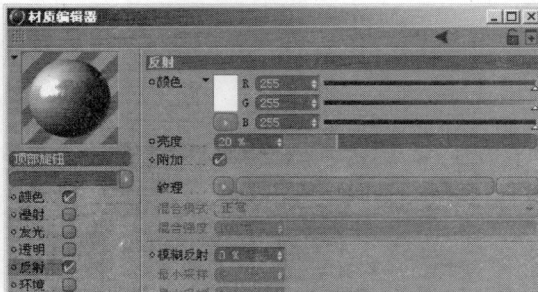

图 6-105   图 6-106

㉗ 设置高光通道，如图 6-107 所示。

㉘ 把得到的材质赋给如图 6-108 所示的顶部旋钮部分。

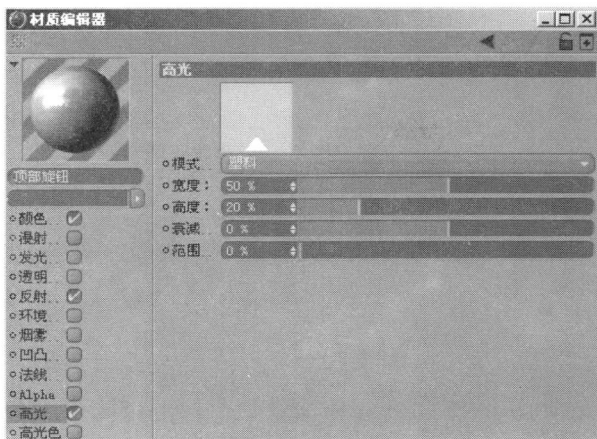

图 6-107

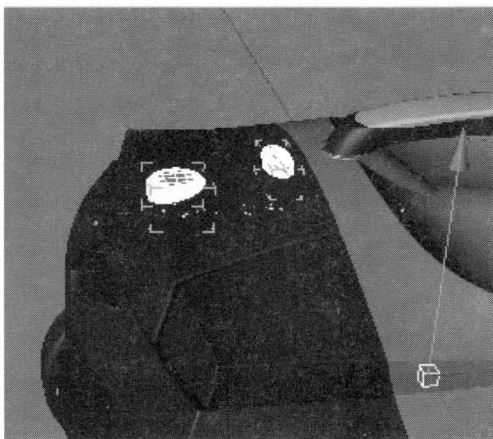

图 6-108

6.3.3　渲染

材质赋予完毕，接下来进行渲染设置。

❶ 单击如图 6-109 所示的渲染设置选项。

图 6-109

❷ 在弹出的渲染材质编辑中，对渲染出来的图片大小和渲染图片的精度进行设置，如图 6-110 所示。

❸ 在渲染的"文档保存"选项中设置渲染的格式和放置路径，如图 6-111 所示。

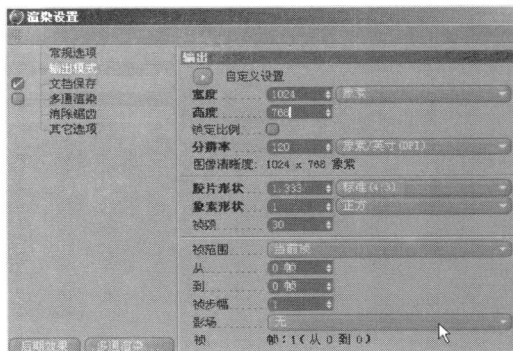

图 6-110

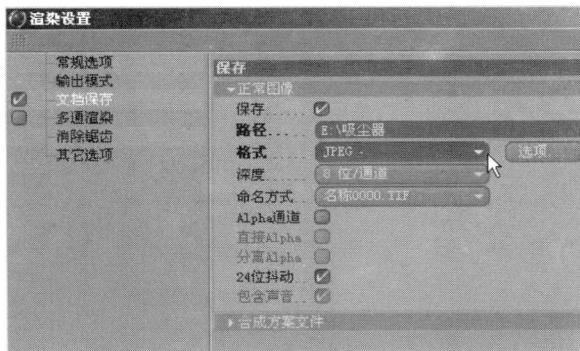

图 6-111

❹ 在"其他选项"中做如图 6-112 所示的设置，注意"使用自动灯光"处的勾去掉。

❺ 勾选"全局光照"，在"标准"设置中做如图 6-113 所示的设置，即将全局光的"漫射深度"及"初次亮度"值降低，这样可以节省渲染的时间。

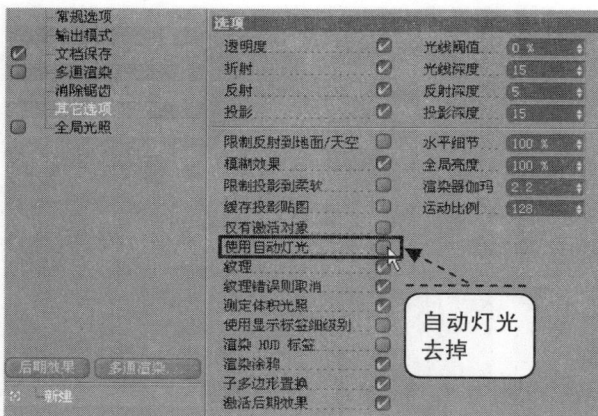

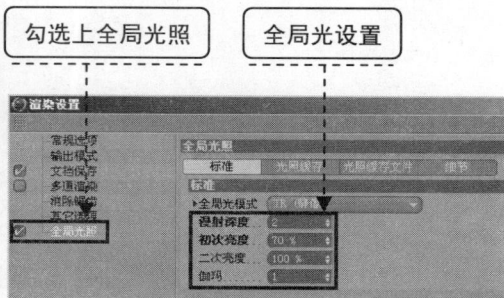

图 6-112 · 图 6-113

⑥ 其他部分作默认的全局光设置即可，渲染观察效果，如图 6-114 所示。

⑦ 换个角度观察，效果如图 6-115 所示。

图 6-114 · 图 6-115

⑧ 可以看出，整个背部较暗且没有明显的细节，需要打一盏灯光进行照射。如图 6-116 所示，单击增加光源的选项。

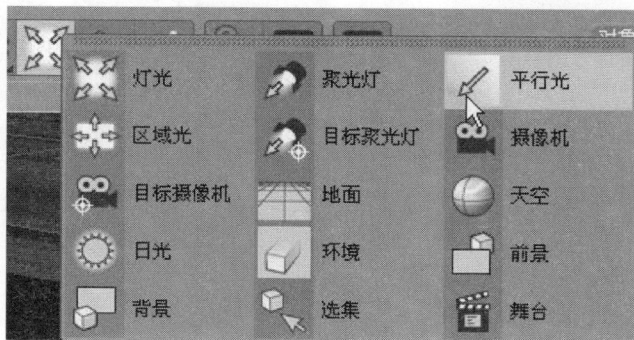

图 6-116

⑨ 插入一盏平行光，放置到如图 6-117 所示的位置。把灯光的亮度调节为如图 6-118 所示的值。

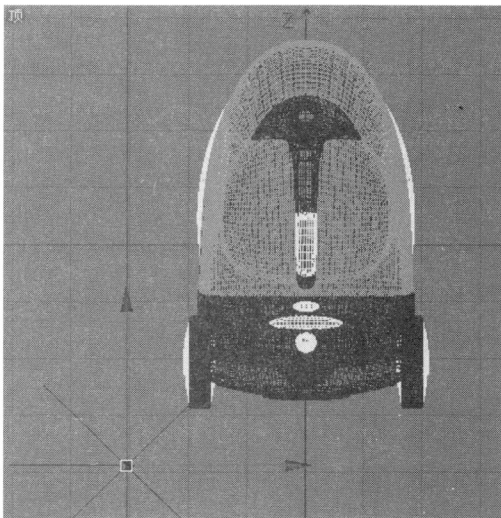

图 6-117

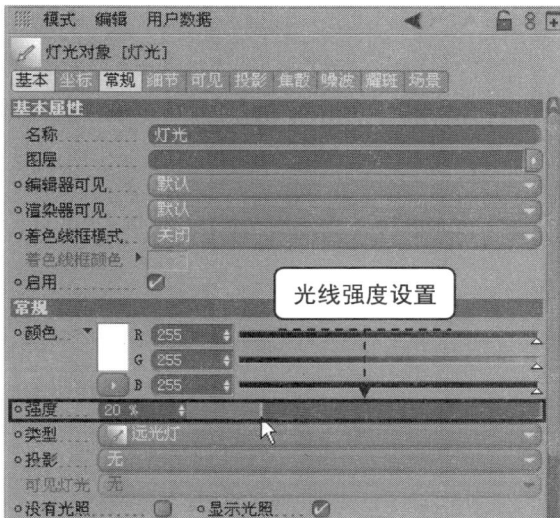

图 6-118

⑩ 再次渲染，可以看出背部的细节已经显示出来了，如图 6-119 所示。

⑪ 再次换个角度来渲染，效果如图 6-120 所示。

图 6-119

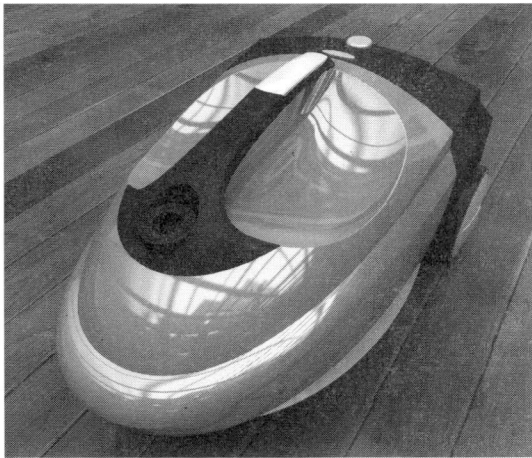

图 6-120

6.4 本章小结

　　本章主要讲解了 Cinema 4D R11 软件的基本用法，从对界面的认识到基本工具的用法，再到如何利用这个软件进行导入产品模型的渲染，分别把本书中建出来的两个产品模型导入进行了渲染操作。通过操作，读者可以了解如何利用 Cinema 4D R11 配合 Rhino 4.0 软件进行渲染操作的基本方法和技巧，知道如何将所建模型的真实效果展示出来。

V–ray for Rhino
渲染实例

本章重点

➢ 讲解V-ray for Rhino的基本参数和基本使用方法思路

➢ 结合典型的不同产品，进行渲染操作和实例讲解

学习目的

　　本章主要讲解利用V-ray for Rhino软件对前面几章所建出来的水壶和手电钻产品的渲染和处理，通过渲染，能够得到相对比较真实的产品效果。

水壶渲染效果图

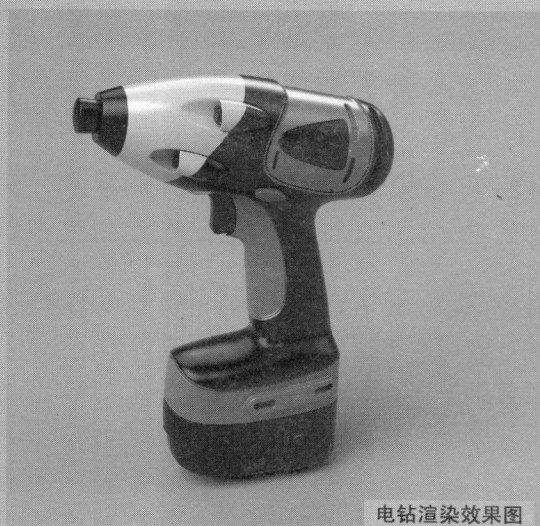

电钻渲染效果图

7.1 V-ray for Rhino 渲染插件介绍

V-ray（图7-1）是3ds Max上享有盛名的一套渲染软件，与另外两套：Brazil、FinalRender一样，都是很早就支持全局光照明（Global Illumination）的软件。过去的渲染软件在应付复杂的场景时，必须花费很多时间调整不同位置的灯光亮度才能得到平均的照明，最聪明的懒人灯光——"全局光"就可以很简单地完成这个作业，在完全不需要放置任何灯光的场景，也可以计算出很出色的图片。

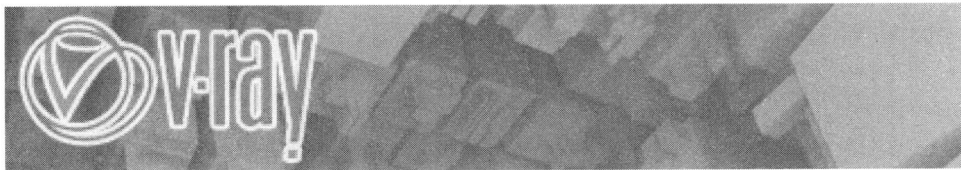

图 7-1

HDRI（High Dynamic Range Image）高动态范围影像是一种32位（最高可达96位）的图片，一般的24位图片从最暗到最亮的256阶无法完整表现真实世界中真正的亮度，例如户外的太阳强光就远比R255、G255、B255的白色要亮上百万倍，如图7-2所示。因此透过HDRI对高亮度数值的描述能力就可以成为着色程序用来仿真环境光源的依据。HDRI图片都是记录某个场景当时环境的真实光线的照片，V-ray也允许使用者以任何图片仿真HDRI作为环境光源。

V-ray提供了4种：Light Cache、Photon Map、Irradiance Map、Quasi Monte-Carlo渲染引擎。每个渲染引擎都有各自的特性，使用者可以依据场景的大小、产品类、建筑景观类、图片尺寸以及对质量的要求，互相搭配不同的渲染引擎以及参数设定去计算最终的图片。如图7-3所示。

图 7-2

图 7-3

V-ray 的材质设定相当灵活，除了常见的漫射、反射、折射，还增加有自体发光的灯光材质。另外还支持透明贴图、双面材质、纹理贴图以及凹凸贴图。每个主要材质层后面还可以增加第二层、第三层来得到更真实的效果。利用光泽度的控制也能计算，如雾面玻璃、雾面金属以及喷沙的材质效果，更可以透过光线的分散（sub-surface scatter——SSS）计算如玉石、蜡、皮肤等表面稍微透光的材质，如图 7-4、图 7-5、图 7-6 所示。预设的多个过程控制的纹理贴图可以用来设定特殊的材质效果，最让使用者津津乐道的就是 V-ray 的算图速度非常快，一般在关闭预设灯光、打开 GI，其他都使用 V-ray 预设的参数设定，就可以得到逼真的透明玻璃折射、物体反射以及非常高质量的阴影。即使是最花时间计算的景深（depth of field）、光线焦散（caustics）、透光（translucent）效果也都能在很短的时间计算出结果，更棒的是每个着色引擎计算的光照数据都可以单独储存起来，这在切换使用不同着色引擎或是另外要计算大尺寸图片时就可以直接拿来套用而无需再次重新计算，这样便可省下非常可观的计算时间、提高作业效率。

图 7-4　　　　　　　　　图 7-5　　　　　　　　　图 7-6

V-ray for Rhino v4 新增加了置换贴图，使用者可以使用任何图片对对象制作真实的置换贴图，与 Bump 凹凸贴图不同的是，由于置换贴图能以图片的灰阶改变模型的形状产生真实的凹凸纹路，所以能计算出比 Bump 的凹凸贴图更加逼真的结果，如图 7-7 和图 7-8 所示。

V-ray for Rhino v4 新增加了阳光这种灯光模式，以往在针对建筑物制作环境光源时，因为只能使用平行光模拟日光，常常会造成亮的部分过亮、暗的部分却还不够亮的情形，有时需要增强 GI 的环境光源达到平衡，但是却容易出现建筑物内部光源平衡后、建筑物外部又太亮的问题。只要使用一盏太阳光就可以解决这种室内、室外照明不平衡的问题。太阳光允许使用者设定日光的经纬度、时区、日期与时间、强度、灰尘与臭氧浓度，如图 7-9 和图 7-10所示。

图 7-7　　　　　　　　图 7-8　　　　　　　　图 7-9　　　　　　图 7-10

V-ray for Rhino v4 新增加了双面贴图功能，只要透过双面贴图便可以使指定对象内外使用不同的材质。另外，V-ray for Rhino v4 还新增了网络分散运算的功能，使用者可以透过有内部网络连结的计算机共同计算同一个场景来加快效率。V-ray for Rhino v4 支持了真实的光学镜头，即使在相同亮度的场景下，使用者也可以透过调整光学镜头的光圈、快门以及 Iso 值达到不同的曝光效果。

7.2 V-ray for Rhino 面板调出

V-ray for Rhino 安装完毕之后，菜单栏中多了一个 V-ray 项。它的工具列并不是自动开启的，需要先打开工具列，如图 7—11、图 7—12、图 7—13 所示。

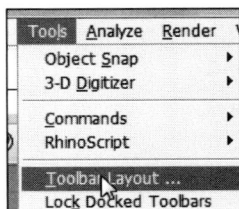
图 7—11

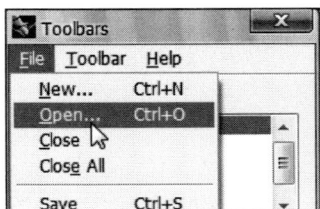
图 7—12

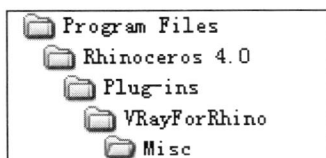
图 7—13

找到 Misc 文件夹，并打开 VRayForRhinov4.tb，如图 7—14 和图 7—15 所示。

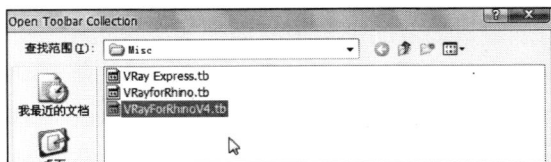
图 7—14

图 7—15

工具列图标解析如表 7—1 所示。

表 7-1　V-ray for Rhino 工具列

图　标	左　键	右　键
	开启材质编辑器	
	开启 V-ray 选项	调整网格设置
	开启渲染窗口	
	开始渲染	框选范围渲染
	新增一个地板平面	
	新增一个太阳光	
	开启 asgvis 公司网页	

7.3 材质部分详解

单击图标（🔷）或者单击 V-ray 菜单下的 Material Editor 就可以调出材质编辑窗口，如图 7-16 所示。

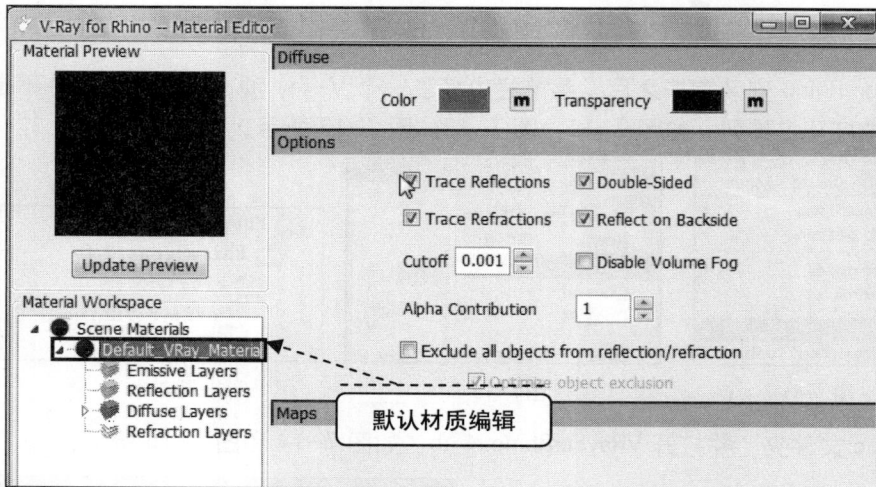

图 7-16

在 Material Preview 中单击 Update Preview，材质窗口显示的是当前材质的效果预览图。

在 Material Workspace 窗口中右键单击 Scene Material，则可以弹出如图 7-17 所示的界面。

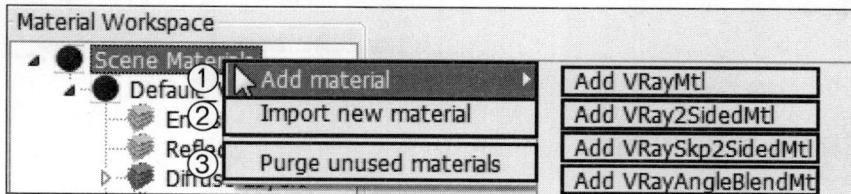

图 7-17

① Add material：增加新的材质。在这里可以创建 4 种类型的材质。

■ Add VRayMtl：增加 V-ray 标准材质。

■ Add VRay2sideMtl：增加 V-ray 双面材质。

■ Add VRaySkp2SidedMtl：增加 V-raySkp 双面材质。

■ Add VRayAngleBlendMtl：增加角度融合材质。

② Import new material：导入新材质。

③ Purge unused materials：清除不用的材质。

右键单击 DefaultMaterial，则会弹出如图 7-18 所示的界面。

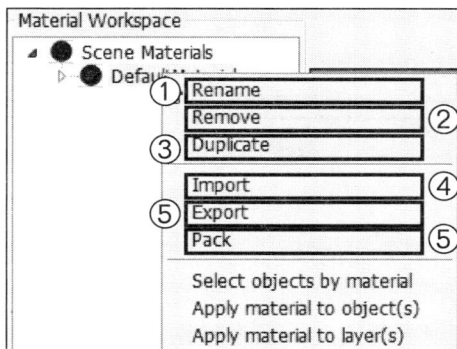

图 7—18

① Rename：对材质进行重命名。

② Remove：移除所选的材质。

③ Duplicate：复制材质。

④ Import：导入新材质。

⑤ Export：导出所选材质。

⑥ Pack：将所选材质打包，包括贴图都一起打包。

单击 DefaultMaterial 前面的三角形，展开材质，如图 7—19 所示。

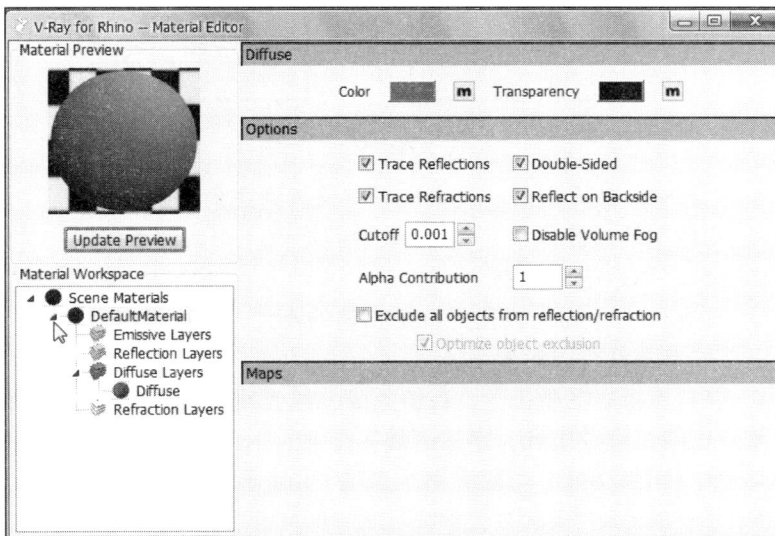

图 7—19

默认只使用 Diffuse（材质的漫反射颜色），而 Reflection Layer（反射）、Emissive Layer（自发光）都是不用的，要使用时必须在上面右击并选择 add new layer 命令。如在 Emissive Layer 上右击并选择 add new layer 命令，意思就是你要使用这个功能。

7.3.1 Emissive layer（自发光层）

自发光层设置如图 7—20 所示。

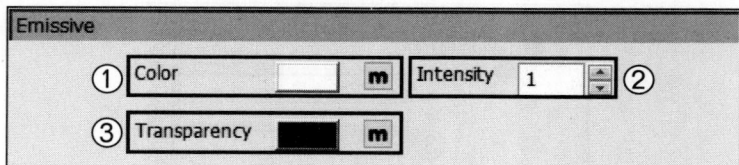

图 7-20

① Color：颜色，设定所要发光的颜色，后面字母 m 代表贴图通道，可以单击进行发光贴图。

② Intensity：自发光强度，数值越大强度越高。

③ Transparency：透明，V-ray 是用颜色代表数值的，全黑代表 0%，全白代表 100%。

7.3.2　Reflection（反射层）

如图 7-21 所示的是反射层参数设置。

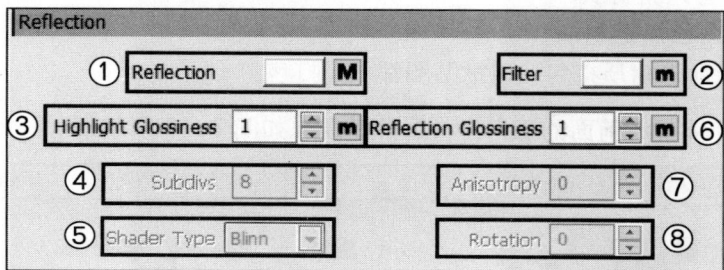

图 7-21

① Reflection：反射，从黑到白，代表从没有反射到完全反射。

② Filter：过滤色，能过滤颜色。Filter 设置成绿色，那么你看到的物体反射的颜色基本是绿色的。同样也可以用贴图来控制。

③ Highlight Glossiness：高光级别，就是物体的高光。最高值是 1，最小是 0。只要把 1 变小的话，它下面的参数就可以设置了。

④ Subdivs，控制反射的品质细分，数值越高就越光滑，但是渲染速度就会变慢，数值越小就就越差，可以来模拟磨砂玻璃、磨砂金属等。

⑤ Shader Type：阴影类型。里面有两个选项 phong 和 blinn。

⑥ Reflection Glossiness：反射高光级别，跟 Highlight Glossiness 的设置方法一样，这个是设置反射高光级别的。只要把 1 变小，它下面的参数就可以设置了。

⑦ Anisotropy：各向异性。

⑧ Rotation：旋转角度。

7.3.3　Diffuse（漫反射）

漫反射颜色设置如图 7-22 所示。

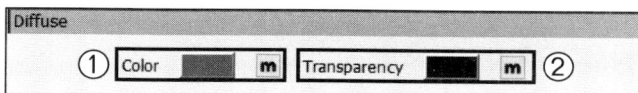

图7-22

① Color：颜色，就是物体自身的颜色，m代表材质贴图。

② Transparency：透明，还是用颜色控制的，黑色代表完全不透明，白色代表完全透明。

7.3.4 Refraction（折射）

折射参数设置如图7-23所示。

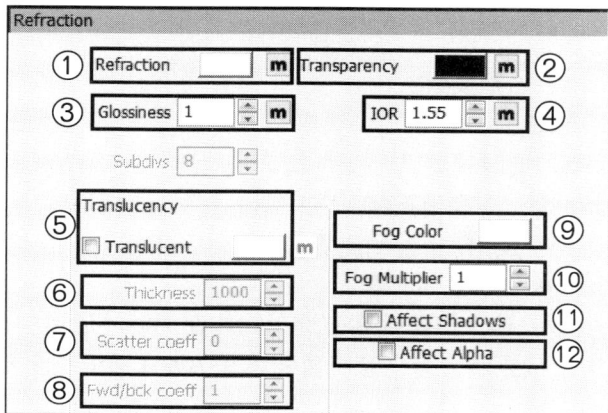

图7-23

① Refraction：折射，折射也是用颜色来控制的。

② Transparency：透明还是用颜色控制的，黑色代表完全不透明，白色代表完全透明。

③ Glossiness：折射光泽度，用来模糊折射效果。

④ IOR：折射率。透明材质的折射率。例如：真空10000；空气10003；冰13090；水13333；玻璃15000；玻璃，锌冠15170；玻璃，冠15200；氯化钠15300；水晶20000；钻石24170等。

⑤ Translucent：半透明，勾选它那么光线就可以在材质内部进行传递，但是用它的前提是你选择了折射。

⑥ Thickness：厚度，用于限定光线在物体表面下跟踪的深度，如果你不需要完全散射的话那这个值就可以。

⑦ Scatter coeff：散射系数定义在物体内部散射的数量，0意味这光在任何方向都被散射，1代表光在次表面散射过程中光线不能改变散射方向

⑧ Fwd/bck coeff：向前向后系数，控制光线散射方向0意味着只能向前，0.5意味着前后散射相等，1跟0相反。

⑨ Fog Color：雾颜色，光穿透材质时就变得稀薄，用来模拟厚物体比薄物体透明度低的效果。

⑩ Fog Multiplier：设置雾强度，建议不要超过1。

⑪ Affect Shadows：影响透明物体投射的影子。

⑫ Affect Alpha：接受阿尔法通道。

7.3.5 Options（选项）

Options（选项）参数设置如图7-24所示。

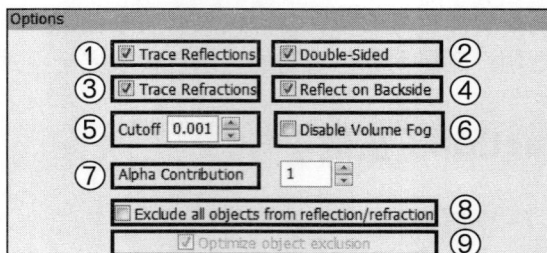

图7-24

① Trace Reflections：追踪反射。

② Double-Sided：双面。

③ Trace Refractions：追踪折射。

④ Reflect on Backside：内表面反射。

⑤ Cutoff：终止，用于反射/折射的临界值。

⑥ Disable Volume Fog：禁止体积雾。

⑦ Alpha Contribution：这个值是控制被选择物体在Alpha通道中如何显示。值为1意味着物体在Alpha通道中正常显示，为0意味着物体在Alpha通道完全不显示，值为-1会反转物体的Alpha通道。

⑧ Exclude all objects from reflection/refraction：排除所有物体的反射、折射。

⑨ Optimize object exclusion：优化物体排除。

7.3.6 Maps（贴图）

Maps（贴图）参数设置如图7-25所示。

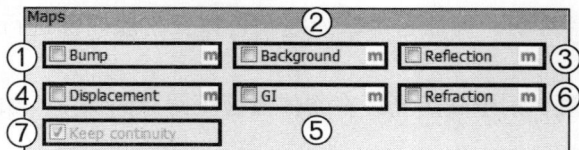

图7-25

① Bump：凹凸。

② Background：背景。

③ Reflection：反射。

④ Displacement：置换。

⑤ GI：全局光照明。

⑥ Refraction：折射。

⑦ Keep continuity：保持连续性。

单击任何一个地方的 m，可弹出下面的对话框：以下是选择 Bitmap 形式的结果，如图 7-26 所示。

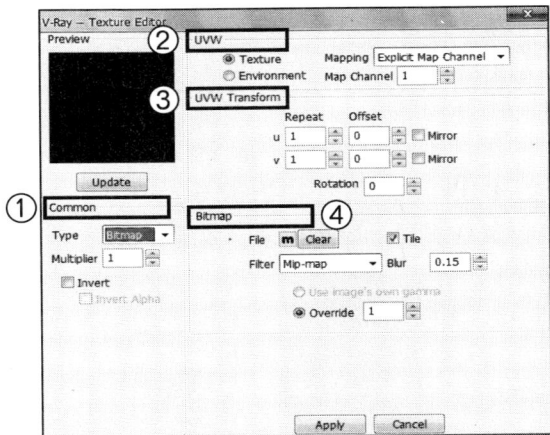

图 7-26

左上角的黑框是设置的贴图效果，设置完后点 update 可观察到。

① Common

Type 贴图类型。比较常用的有 Bitmap 位图（用来贴纹理和环境贴图）和 Fresnel 费涅耳（做有反射效果的材质比较好，例如玻璃，陶瓷等）。

Multiplier 是调节强度的，比如凹凸贴图，强度越大凹凸感觉越强。

② UVW

■ Texture：纹理贴图，给模型贴上纹理贴图。

■ Mapping：有 3 个选项，分别是清晰贴图通道；以世界坐标为标准的；物体坐标系，每个物体有自己的坐标系，贴图的位置以物体坐标为准。

■ Environment：环境，做环境贴图。里面有 3 个选项，第一个是模拟立方体环境，相当于把模型放在一个立方体里；第二个是球形空间，模拟球形，相当于把模型放在一个球体空间内，一般用 hdr（高动态范围图像）文件做环境。

■ Map Channel：贴图通道。

③ UVW Transform

■ Repeat：调整贴图大小。

■ Offset：偏移，移动贴度的位置。

■ Mirror：镜像。

■ Rotation：旋转。

④ Bitmap 位图

■ File：后面有个 m，单击 m 添加想要的图片，删除贴图直接单击 Clear 按钮。

■ Tile：重复，就是一张贴图接一张贴图排列。

■ Filter：过滤贴图。

■ Blur：迷糊，使贴图变模糊，值越大越模糊。

■ Use image's own gamma：使用图像自身的伽马值。

■ Override：替代。

7.4 水壶的渲染

❶ 打开 Toolbars（工具栏）对话框，选择 File（文件）→Open（打开）命令，找到 Misc 目录下面的 VRay Express.tb 将其打开，如图 7—27 所示。

❷ 在选项前面勾选，使其在界面上显示出来，效果如图 7—28 所示。

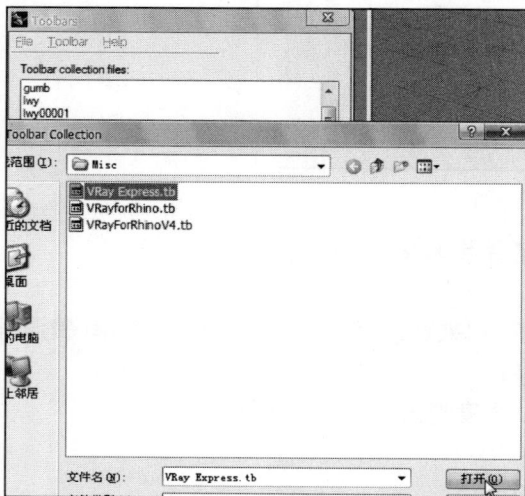

图 7—27

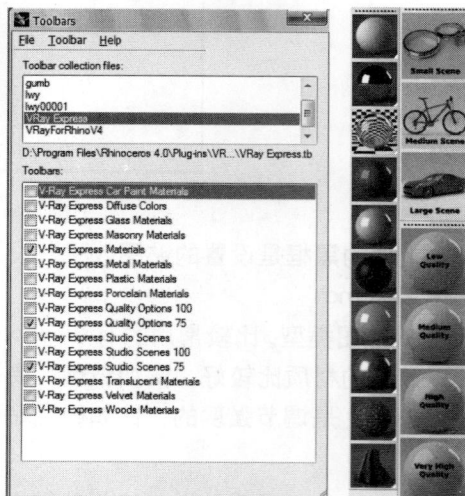

图 7—28

图 7—28 右侧就是 Rhino 中 V-ray 自带的材质和场景文件，以及渲染的品质高低文件。

❸ 将建模完成的水壶场景文件打开，赋给 small scene（小场景）的场景。可以看到由于所建水壶较小，需要给水壶进行等比例放大，并把水壶放置在场景中的合适位置，如图 7—29 所示。

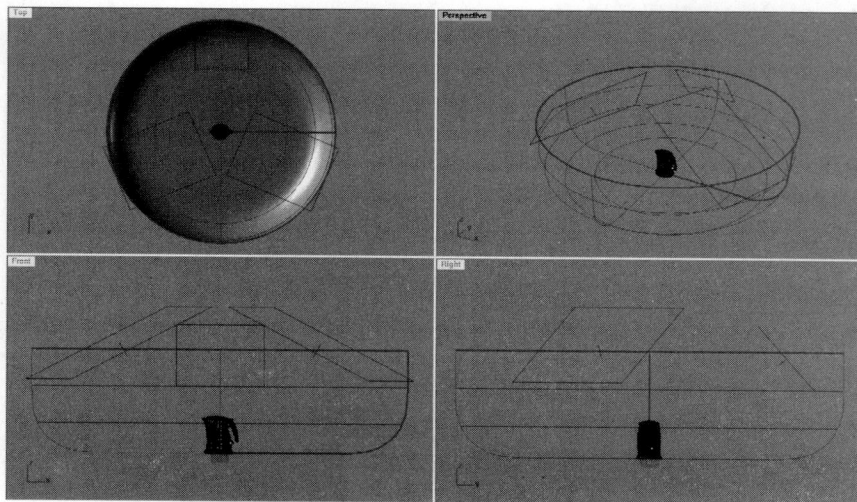

图 7—29

❹ 适当地改变下左右两盏灯（从顶视图看）的面积大小、灯光参数、旋转下角度，最上面的一盏灯光保持不变。参数从左到右依次为左边的主光，右边的辅导和上面的背光，如图7-30所示。

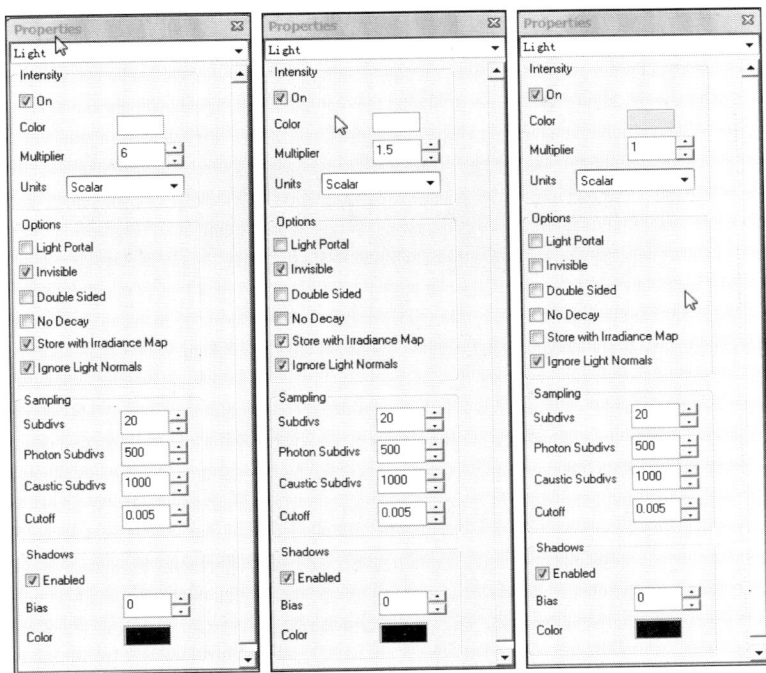

图 7-30

❺ 建立两个矩形面，调整其角度、大小，作为反光板用，如图 7-31 所示。

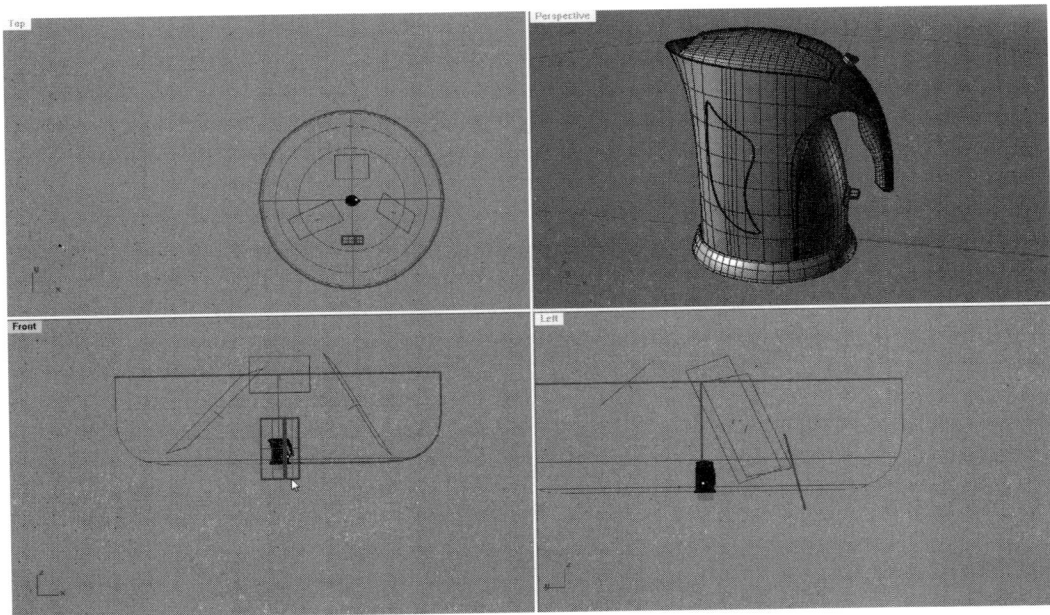

图 7-31

⑥ 接下来指定材质。壶体大致分为两种材质：一种是白色的壶体材质，另一种是观水窗口和后面的小旋钮部件的半透明材质。将模型按材质要求分成两部分，进行群组。场景中还有一个作为地面的材质和一个反光用的材质。

⑦ 打开材质编辑器，设置壶身主体材质，我们可以直接单击 Porcelain Materials（瓷材质）那栏材质球下面的白色材质，可以看见在材质编辑器中白色的 porcelain White（瓷材质）材质被放入了进去。给材质重命名为 zhuti，如图 7-32 所示。

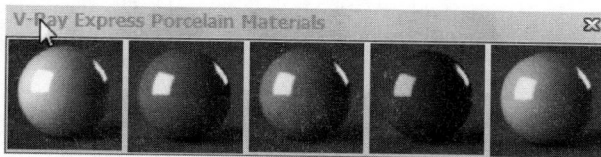

图 7-32

⑧ 在材质的 Reflection Layer（反射层）层单击右键，再选择 Add new layer 命令新增一个反射层。最后的调整参数如图 7-33 所示。

⑨ 接下来指定半透明材质，单击 glass material（玻璃材质）材质球下的 glass blue（蓝色玻璃），新增一个材质球并命名为 chuangkou。将 Diffuse（漫反射）和 Fog Color（雾色）的颜色值都改为 R75、G135、B220，其他参数设置如图 7-34 所示。

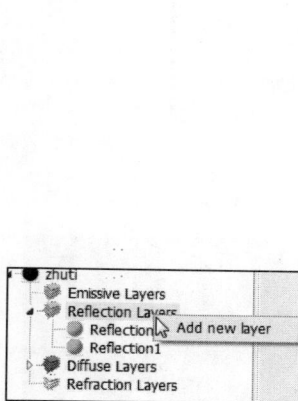
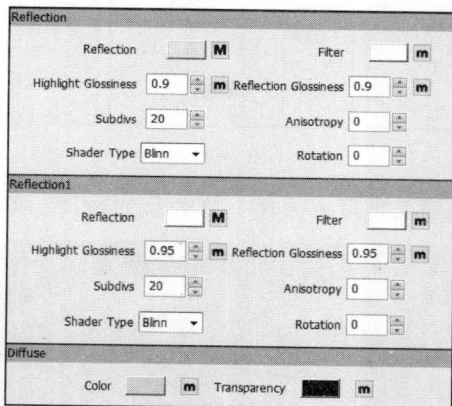
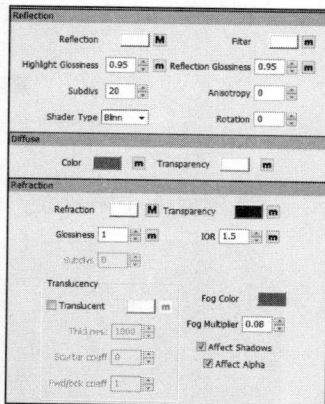

图 7-33   图 7-34

⑩ 接下来指定反光板材质，新建一个材质并命名为 fanguangban，新增一个发光层，将颜色改为白色，强度为 2，如图 7-35 所示。

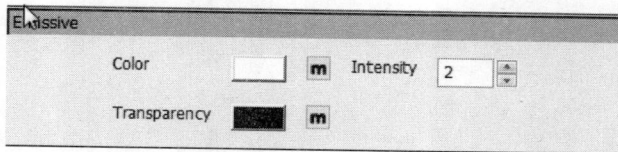

图 7-35

⑪ 新建一个默认材质命名为 diban，保持默认值。

⑫ 将对应的材质分别赋给相应的物体，方法是选中物体，然后用右键单击相应的材质名称，再选择 apply material to objects（应用材质到物体）命令，就可以把材质赋给相应的物体。

⓭ 直接单击 low quality（低质量）按钮▦则可以直接进行测试运算。在背景中贴上一个 HDR 环境贴图（app_living.hdr），修改 uvw 为 Environment（环境），其他默认，如图 7-36 所示。若觉得效果不好，可以更改一些参数。测试渲染效果如图 7-37 所示。

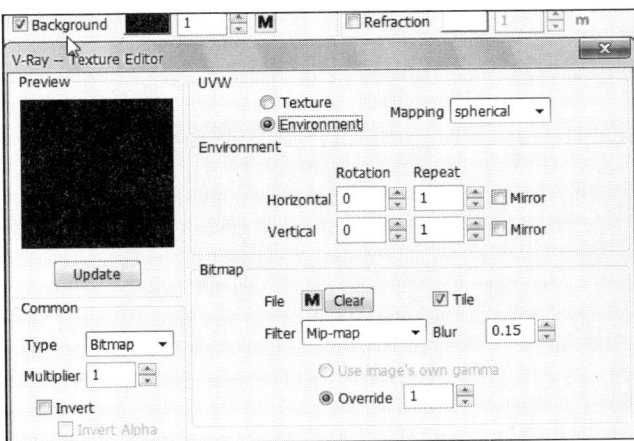

图 7-36

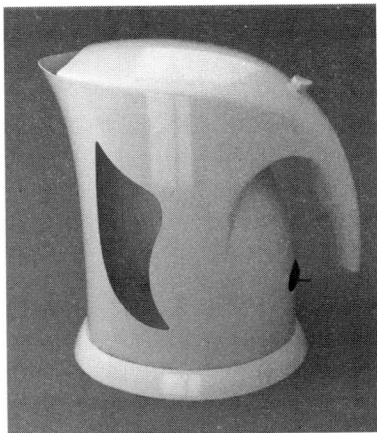

图 7-37

⓮ 测试渲染结果基本满意后，接下来直接单击 very high quality（非常高质量）按钮，调整出图的大小和渲染的分辨率，如图 7-38 所示。

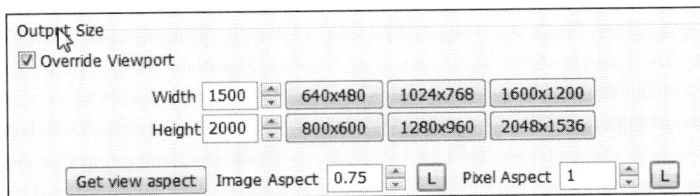

图 7-38

渲染完成效果如图 7-39 所示。

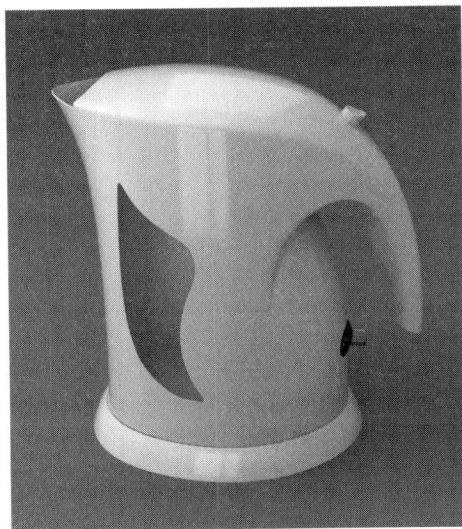

图 7-39

397

7.5 电钻的渲染

电钻的渲染和水壶的渲染过程思路基本是相同的，布置的场景如图 7-40 所示。

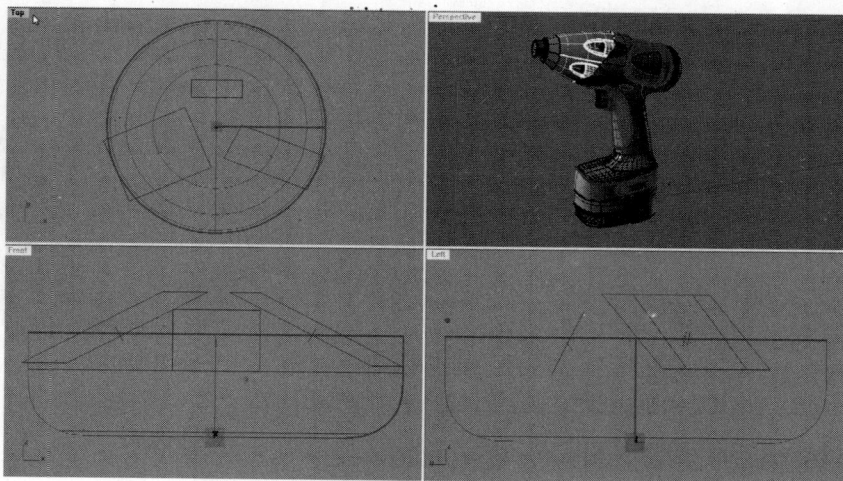

图 7-40

❶ 从 Front（前）视图来看左、中、右 3 盏灯光的参数，如图 7-41 所示。

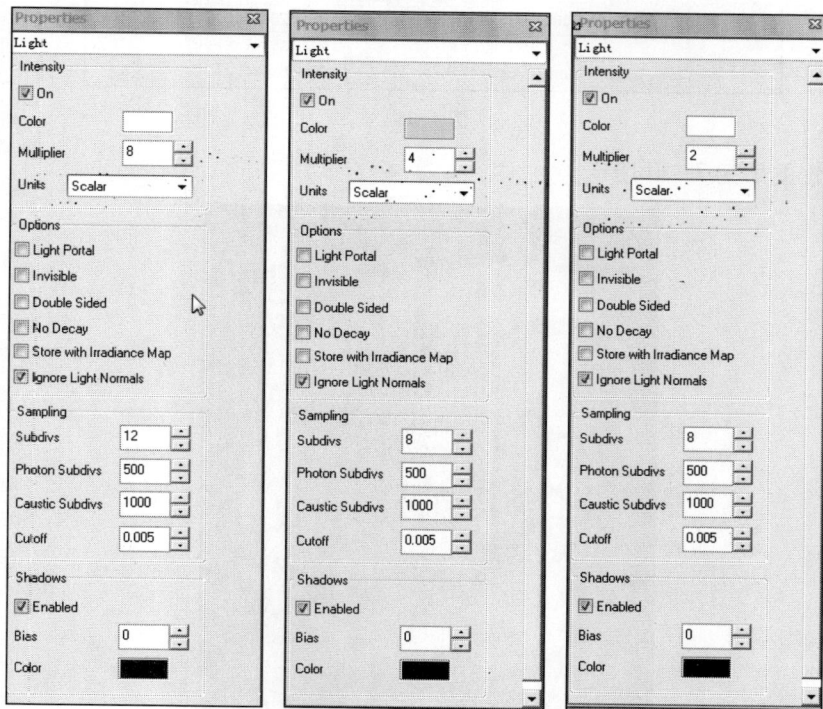

图 7-41

❷ 设置黑色部分参数如图 7-42 所示。

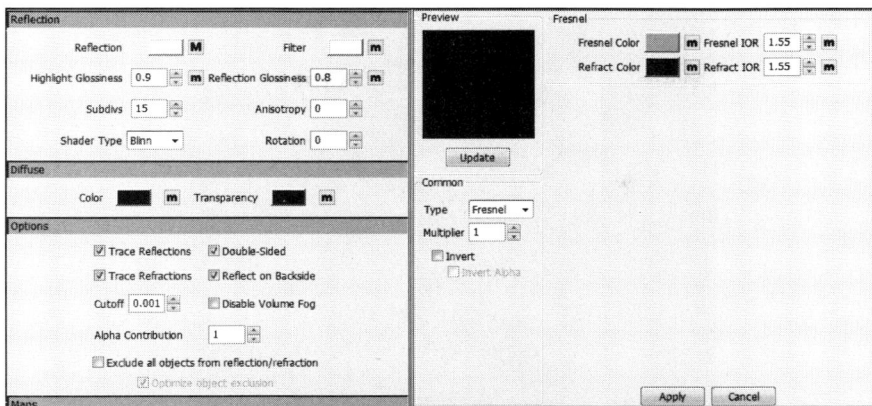

图 7-42

❸ 设置白色部分 Diffuse（漫反射）中 Color（颜色）为 R190、G190、B190，如图 7-43 所示。

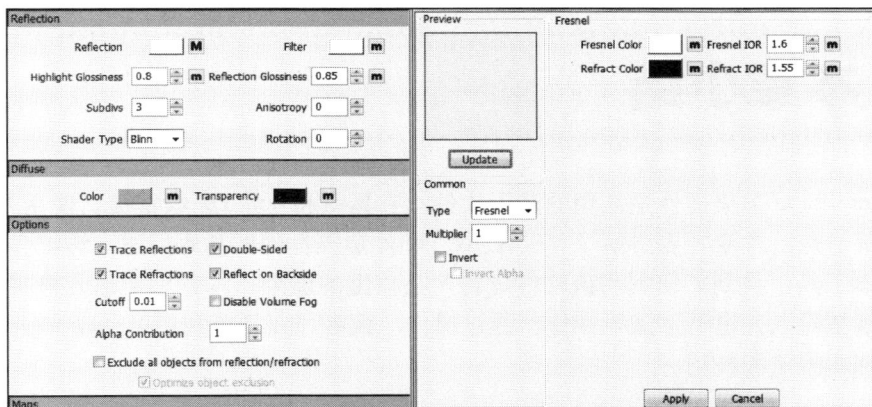

图 7-43

❹ 设置橙色部分 Diffuse（漫反射）中 Color（颜色）R210、G65、B15，如图 7-44 所示。

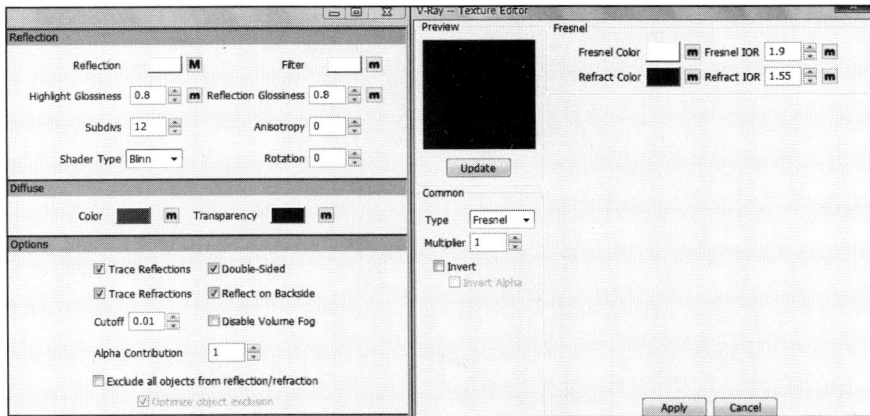

图 7-44

⑤ 给地板一个默认的材质，将 GI 中的天光改成蓝色，最后渲染的效果如图 7-45 所示。

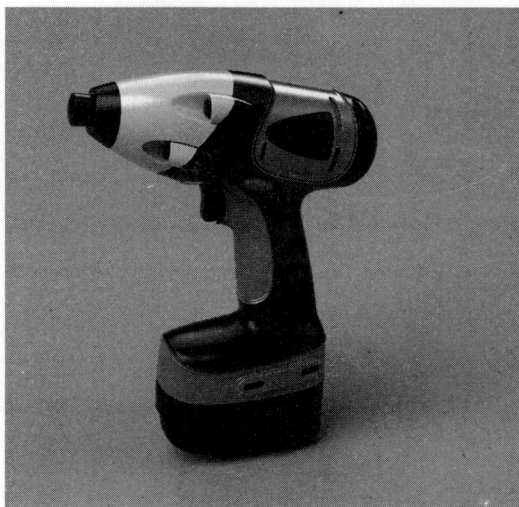

图 7-45

7.6　本章小结

　　V-ray for Rhino 渲染插件是常用的渲染软件，它具有和 Rhino 无缝链接、使用方法简单、渲染效果好等特点。本章主要讲解了 V-ray for Rhino 渲染插件的基本用法，详细介绍了从基本界面到基本工具，再到如何利用该软件进行产品模型的渲染。本章后半部分将书中建出来的两个产品模型导入并进行了渲染操作，通过操作，读者可以了解利用 V-ray for Rhino 进行渲染操作的基本方法和技巧。